도서출판 **삼일**

항공교통론
+ + Air Transportation Theory + +

김맹선 최진호 共著

저자 약력

김맹선

한국항공대학교 항공운항과를 졸업하고, 연세대학교(석사) 및 고려대학교(박사)를 졸업하여 행정학 박사학위를 취득하였다.
항공교통관제소장 등으로 근무하였으며 국제민간항공기구(ICAO) 총회 등의 국제회의에서 수차례 한국대표로서 업무를 수행한 바 있다
한국항공대학교의 교수로서 후학을 양성하였으며 항공교통론의 지속적 연구를 통해 대한민국 항공의 역사와 항공교통업무 실무를 집대성하였다.

최진호

호주에서 항공운항학을 전공하고, 한국항공대학교 대학원에서 이학석사(항공교통) 및 경영학 박사학위를 취득하였다.
국내 울진비행교육훈련원 설립 및 항공특성화대학 지원사업 등 조종, 정비 등 다양한 항공분야 인력양성사업을 주도하며 항공인력 양성 정책 업무를 추진하였고, 항공사 항공안전 감독 등 항공운송산업 발전에 이바지하고 있다.
급변하는 항공산업의 역사와 실무를 중심으로 항공교통론 교재를 전면 개정하였다.

머 리 말

항공교통론

2002년 항공교통론 강의교재로 초판을 발행하였으나 당시에는 너무나 미흡한 내용으로 발간된 상태에서 강의를 계속하였고 미흡한 내용을 보완하고, 변화된 항공산업 및 정책 등을 반영하여 항공교통론을 전면 개편하여 발행하게 되었습니다. 아직도 부족한 부분이 많이 있으나 꾸준히 보완하도록 하겠습니다.

이 책은 항공관련 학문에 입문하고, 항공교통론을 연구하는 학생들에게 항공교통업무에 대한 폭넓은 이해의 폭을 제공하고자 교통수단별 발전배경을 단계별로 기술하였고, 모든 교통수단 중에서도 최첨단의 과학 기술을 다루고 있는 항공교통의 발전배경, 발달과정, 항공교통에 있어 필수적인 구성요소들, 지원체계, 항공교통의 특성 및 운영체제를, 그리고, 항공정책분야에 있어서는 정책방향과 대책, 지원과 규제, 항공사의 고유한 업무들을 설명하였습니다.

특히 우리나라 초창기 항공운송산업의 태동기 등의 항공역사에 대한 세부적인 내용을 기록하며 국내 항공역사에 대한 세부내용을 담은 유일한 책으로서, 항공관련 학문에 입문하거나 항공 분야에 관심있는 일반인들에게 유용한 정보를 제공하기 위해 노력하였습니다.

항공교통업무분야에 있어서는 항공기 운항 시에 적용되고 있는 국제기준 중 항공교통규칙(국제민간항공협약 부속서 2)의 내용과 항공교통업무(국제민간항공협약 부속서 11)의 내용을 번역하여 구성하였으며 각 내용에 관련되는 협약, 항공법규 등을 삽입하고 실제업무 수행 중에 유사한 기준과 절차의 이해가 용이하도록 편집하였습니다.

본 항공교통론은 처음 발간 시 부득이 국내학계에서 출간되어 사용 중인 유사분야의 저서(항공수송론, 항공운송정책론 등)에서 항공교통에 관련된 일부내용을 인용 및 발췌하였고, 특히 국제민간항공협약 부속서 2 및 부속서 11은 본인의 편저서(1989년 발행된 국제민간 항공협약 및 부속서 번역집) 등을 추가, 보완하였습니다.

본 교재는 크게 제1장부터 제6장까지 항공교통 및 사업에 대한 총론으로 구성하였고, 제7장부터 제8장까지는 항공교통업무 분야의 실무를 담은 각론으로 구성되어 있습니다. 각 장별 내용을 세부적으로 요약하면 다음과 같습니다.

제1장은 일반교통에 관한 개념과 교통수단별 종류인 육상교통(철도 포함), 해상교통 및 항공교통을 간략하게 소개하였습니다.

제2장은 교통수단별 발전과정을 교통수단별로, 국. 내외로 구분하여 자세히 설명하였습니다.

제3장은 국제항공법의 출현과정, 국제민간항공협약과 부속서 및 국제민간항공 안전관련 협약에 대하여 설명하였습니다.

제4장은 항공교통의 특성과 역할로서 항공교통의 발전개요, 특성과 역할에 대하여 기술하였습니다.

제5장은 항공교통의 구성과 지원체제로서 항공교통의 구성요소인 항공기, 항공종사자, 항공로, 공항시설에 대하여 그리고, 지원체제로는 공역관리와 항공교통관제를, 항공사가 수행하는 운항관리, 정비관리, 객실관리 및 지상조업의 지원체제로 구분하여 기술하였습니다.

제6장은 정부의 항공교통정책과 항공사업으로 구분하여 항공교통정책으로는 항공정책에 대한 방향과 대책에 대하여 기술하였고, 정부의 항공사에 대한 지원과 규제 그리고, 항공사업에 대하여는 사업의 종류, 운영형태, 동향과 변화추세를 분야별로 기술하였습니다.

제7장은 항공교통규칙(협약 부속서 2)은 항공교통의 핵심이며 필수지침으로 이해하기 쉽도록 번역 후 협약, 항공관련 법규 등을 삽입하였습니다.

제8장은 항공교통업무(협약 부속서 11)는 항공교통업무수행에 근간이 되는 필수 국제기준으로 이해하기 쉽도록 번역 후 협약, 항공관련 법규 등의 관련 내용을 삽입 하였습니다.

부록으로는 국제민간항공협약(파리협약, 하바나 협약, 국제민간항공협약), 국제민간항공 안전관련 협약(동경협약, 헤이그협약, 몬트리올협약, 몬트리올 협약 개정 의정서 등) 등을 부록으로 추가하였습니다.

특히, 국제민간항공협약의 근간이 되었던 파리협약의 원문은 국내 항공관련 출판물 중에 유일하게 삽입되었습니다.

특별히 본 항공교통론의 전면 개편을 위하여 자료의 보완과 교정에 도움을 주신 여러분들과 자료의 제공 등 물심양면으로 지원하여준 정부 공무원분들, 그리고 본 교재의 발간에 협조하여 주신 여러분들에게도 감사의 마음을 전합니다.

2021년 2월 1일

저자 일동

CONTENTS

항공교통론

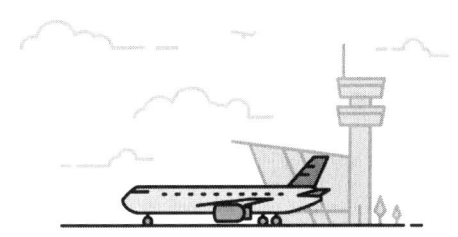

제1장
교통의 개념과 수단별 종류

교통(수송)의 개념 ·· 2
1. 교통의 수단별 종류 ································· 2

제2장
교통수단별 발달과정

1. 육상교통 ··· 6
2. 철도교통 ··· 12
3. 해상교통 ··· 17
4. 항공교통 ··· 22

제3장
항공법의 출현

1. 국제 항공법의 태동 및 제정과정 ·········· 56
2. 국제민간 항공협약과 부속서 ················ 67
3. 국제민간 항공안전관련 협약 ················ 83
4. 국내항공법의 제정 및 개정 ··················· 90

제4장
항공교통의 특성과 역할

1. 항공교통의 특성 ····································· 96
2. 항공교통의 역할 ····································· 106

제5장
항공교통의 구성과 지원체제

1. 항공교통의 구성 ····································· 116
2. 항공교통의 지원체제 ····························· 172

제6장
항공교통정책과 항공사업

1. 항공교통정책 ·································· 230
2. 항공사업과 항공업계의 동향 ·············· 249
3. 코로나19 위기의 항공산업 ················· 269

제7장
항공규칙

1. 정의 ··· 274
2. 항공규칙의 적용 ····························· 290
3. 일반규칙 ······································ 296
4. 시계비행규칙 ································· 342
5. 계기비행규칙 ································· 346

제8장
항공교통업무

1. 정의 ··· 396
2. 일반사항 ······································ 411
3. 항공교통 관제업무 ·························· 450
4. 비행정보업무 ································· 463
5. 경보 업무 ····································· 476
6. 항공교통업무용 통신기준 ·················· 480
7. 항공교통업무용 정보 기준 ················· 489

부 록

1. 신호 ··· 542
2. 민간항공기의 요격 관련 ···················· 558
3. 순항 고도표 ··································· 561
4. 무인자유기구 ································· 564
첨부 A. 민간항공기의 요격 관련 ············ 571
첨부 B. 불법간섭행위 ·························· 578

별 첨

1. 국제민간항공 협약 ·························· 580
2. 항공안전관련 협약 ·························· 638

제 1 장

교통의 개념과 수단별 종류

항공교통론

교통(수송)의 개념
1. 교통의 수단별 종류

제1장
교통의 개념과 수단별 종류

교통(수송)의 개념

교통이란 사람(人)이나 짐(물건)을 한 장소에서 다른 장소로 이동하는 데 따른 수송수단의 총체를 교통이라 한다.

그 옛날 원시시대에서부터 인간은 필요한 물건을 이웃 간에 상호 교환하고 잉여물건은 타지역 또는 장터에서 자신이 생산하지 못하는 필요한 물건과 상호 물물교환 하게 되었으며, 이런 물건들을 머리에 이거나, 지게를 비롯한 수레, 우마차 등의 수단으로 다른 장소로 운반하는 과정에서 육상, 수상 등의 각종 교통수단을 이용하는 방법을 개발하게 되었다.

이러한 물물교환을 중심으로 한 유통과정에서 사람과 물건이 장소적으로 이동하게 되고 생산된 원료나 물건이 멀리 떨어진 다른 지역으로 수송할 수 있도록 운반수단을 제공하는 것이 교통이라 하겠다.[1]

1 교통의 수단별 종류

1. 육상교통(Land Transportation)

가장 먼저 시작된 수송의 형태로 초기에는 가축, 수레를 이용한 원시형태였으나 근대에 이르러 철도, 자동차로 발전하게 되었다.

---

[1] Britanica, 교통의 역사에서

2. 철도교통(Railroad Transportation)

철도교통은 육상교통의 일부분으로 발전하여 왔으며, 1776년에 증기의 힘을 이용한 제임스 와트의 증기기관이 발명되었고, 석탄광산에서 일하던 조지 스티븐슨(1781~1848)은 석탄을 손쉽게 수송하기 위하여 증기기관을 이용한 증기 기관차를 1814년에 개발하였다.

3. 해상교통(Marine Transportation)

해상교통은 처음에 배를 이용한 어업활동으로 출발하여 육상교통으로 불가능한 먼 해외지역간의 교통수단으로 성장하여 왔으며 현재는 선박 건조기술의 발달로 대량수송의 역할을 담당, 국제무역 거래의 중추적 역할을 하고 있다.

4. 항공교통(Air Transportation)

육상교통과 해상교통에 비해 비교적 늦게 등장한 교통수단으로 처음 등장했을 때는 기존 교통수단의 보조역할 정도의 미미한 역할을 하는데 지나지 않았지만, 그 후 제1차 및 제2차 세계대전 이후에는 급속한 발전을 거듭하여 현재는 전체 교통수단 중에서 가장 선도적인 중심적 위치를 확보하게 되었다.

항공교통론

제 2 장

교통수단별 발달과정

1. 육상교통
2. 철도교통
3. 해상교통
4. 항공교통

제2장
교통수단별 발달과정

1 육상교통

1. 육상교통의 발달과정

가. 고대

오랜 옛날 사람들은 가지가 벌어진 나무를 잘라 단순히 그 위에 물건을 얹어 운반하는 방식을 이용했으나, 이것이 차츰 변형되어 나무막대를 V자 또는 Y자 형태로 묶은 썰매가 만들어지고, 보다 이후에는 동물의 힘을 빌어 썰매를 끌게 하는데 까지 발전되었다.

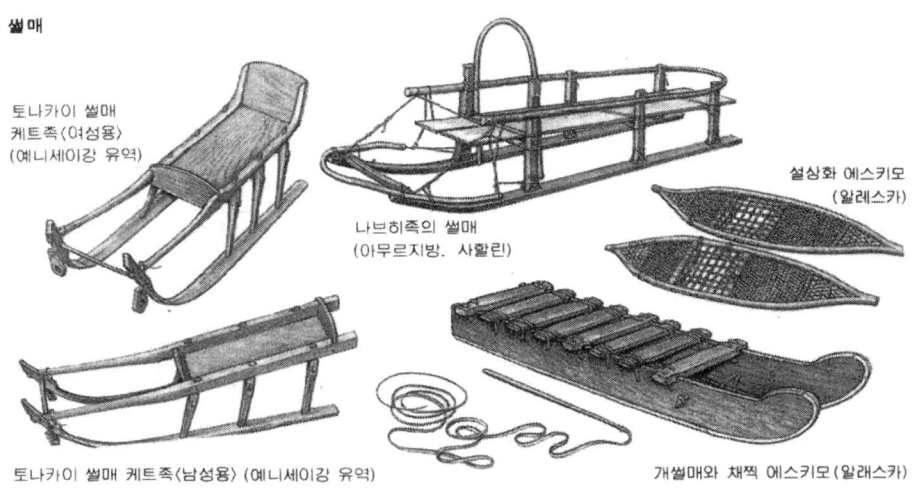

[그림 1] 썰매

짐을 나르는 데 이용된 최초의 동물은 나귀였다. 바퀴의 발명은 교통수단의 획기적인 발전을 가져왔다. BC2000년경에는 말을 가축으로 기르기 시작하고, 바퀴살이 발명되는 2가지 중대한 발전이 이루어짐에 따라 2륜 마차가 등장했다.

나. 중세와 근대

AD 10세기경에는 차대 받침을 만들어 승차감을 높인 탈것이 등장했으며, 14~15세기에는 기존의 2륜 마차를 4륜으로 바퀴수를 늘려 안정성을 높였다.

15세기 초 유럽에서는 헝가리에서 개발된 마차 코치가 가장 뛰어난 교통수단으로 손꼽혔는데, 오늘날 영어로 4륜 마차를 뜻하는 코치(coach)라는 단어도 헝가리의 도시 코츠(Kocs)에서 유래한 명칭이다.

17세기 중엽부터는 4륜 마차가 보다 가볍고 작아지는 경향을 보이기 시작했다. 기존의 마차는 6~8인승 또는 화물수송용으로 그 규모가 큰 편이었으나, 이때부터 경량화 되어 2인승 마차가 개발되기 시작했다.

1800년대 초에는 미국에서, 여러 필의 말이 끄는 짐수레형 마차 웨건(Wagon)이 개발되었다. 2인승 소형마차는 정해진 요금을 내고 승객이 원하는 곳까지 갈 수 있었는데, 당시 이 마차에 붙여졌던 캡(cab)이라는 이름이 지금도 택시를 뜻하는 단어로 쓰이고 있다.

2. 국내 육상교통의 발달과정

가. 고대 - 조선시대

우리나라 교통발달과정은 서양에 비하여 매우 느리게 발달되었다. 사람들은 육로에서 탈것을 이용하는 대신 걸어 다녔고, 화물도 동물을 이용하기보다는 사람이 직접 밀고 끄는 손수레로 운반했으며, 동물을 부리는 경우에도 수레를 끌게 하는 것이 아니라 등에 길마[2]를 지우는 것이 보편적이었다. 길마나 손

---

2) 길마: 길마는 직접 운송하는데 사용된 것이 아니라, 소를 이용하여 운반할 때 등에 올려 안장 역할을 했던 도구.

수레 이외의 수송도구로는 사람이 지는 지게가 널리 쓰였고, 일부 지방에서는 소를 이용해 서양의 썰매와 비슷한 발구3)를 끌게 하기도 했다. 탈것으로는 남여(籃輿:덮개가 없는 작은 가마) · 평교자 · 가마 등이 있었으며, 조선 말 기부터는 인력거와 자전거도 선보였으나 그다지 많이 이용되지는 않았다.

▲ 지게　　　　　　▲ 발구　　　　　　▲ 가마

한국의 육상교통망은 오랜 역사를 가지고 있다.

삼국시대에는 신라 소지왕4)9년(AD488)에 우역을 세우고 관로를 닦았다는 기록이 있으며, 고려시대에는 역제도가 정비되어 전국에 22개의 역도와 525개의 역이 설치되고 역에는 토지와 역민이 배정되어 있었다. 조선시대에는 역참제도가 보다 체계적으로 정비되어, 서울을 중심으로 해서 의주로 · 경흥로 · 평해로 · 동래로 · 제주로 · 강화로의 6대 간선도로를 비롯한 전국적 도로망이 발달되었다.

또한 임진왜란 이후에는, 군사통신을 전담하는 파발제가 신설되어 서울-의주를 잇는 서발, 서울-경흥 간의 북발, 서울-동래 간의 남발 등 3방향의 파발로가 이용되었다. 주요 도로의 주변에는 약 30리마다 역과 참을 두었는데, 역(驛)은 국가의 행정 통신과 공물(公物) 수송을 담당했고, 참(站)은 공무로

---

3) 사진의 발구는 많은 눈이 쌓였을 때 썰매와 같은 역할을 하는 것으로 사람이 앞에서 끌어줌으로써 화물의 운송을 용이하게 해주는 긴요한 수단이 된다.
4) 신라 제21대왕, 재위 (479~500) 일명 비처마립간(毗處麻立干)이라고도 한다. 성은 김씨(金氏)이고, 자비마립간의 장자로서 왕은 어려서부터 효행이 있었으며, 스스로 겸손하고 공손하였으므로 사람들이 모두 감복하였다고 한다. 487년에 사방에 우역(郵驛)을 설치하고 국내의 기간 도로인 관도(官道)를 수리하였으며, 490년에는 수도인 경주에 처음으로 시사(市肆)를 열어 사방의 물화(物貨)를 유통시켰다.

여행을 하는 사람들에게 숙식을 제공해 역의 보조기관 역할을 했다. 조정에서 설립한 참이나 관(館) 이외에도 고려시대부터 사설 숙식제공 시설인 원(院)이 크게 발달되었다.

조선시대에는 억불정책에 따라 원(院)이 국영화 되었다. 가장 번성한 시기에 1,200여 개의 원(院)이 분포한 때도 있었으나, 조선 중기 이후 18세기에 접어들면서 주막·객주 등과 같은 사설여관 시설들로 대체되었다. 조선말 갑오개혁 이후로는 역제와 파발제가 폐지되면서 우체사와 철도국이 그 기능을 대신하기 시작했고, 옛 도로망은 점차 일본이 닦은 신작로로 대체되었다.

나. 현대

1) 도로 교통

① 도로 일반

근세에 들어서 1903년 고종황제를 위한 황실전용 자동차의 출현과 함께 자동차를 위한 도로가 개축되기 시작하였다. 일반인을 위한 자동차의 영업은 1912년에 시작되었으나, 자동차 교통이 대중화되지 않아 도로는 크게 발달되지 못하였으며, 1950년대까지는 철도가 주된 교통수단 이었다.

1950~1960년에는 자동차교통이 점점 증가하였으나, 1950~1953년에 있었던 한국전의 전후 복구사업에 전력하느라 도로에 대한 투자는 미흡하였다.

1961년 이후 수 차례의 경제개발 5개년 계획을 세워 시행하면서, 도로개발이 경제개발에 절대 필요함을 인식하고 도로분야에 많은 투자를 하게 되었다.

1962년에는 건설부가 신설되어 도로건설을 전담하였고, 1968년 12월 28일에 서울과 인천을 잇는 최초의 4차선 고속국도(29.5㎞)가, 1970년 7월 7일에 서울과 부산을 잇는 4차선 고속국도(428㎞)가 건설되었다.

경제사회개발이 본격 시작된 1968년에서 1980년까지 고속도로 6개 노선 1,224㎞가 건설되어 산업이 고도성장을 하는데 견인차 역할을 하였다.

그리고 1981년에서 1987년 88서울 올림픽이 개최되기 전까지 88고속도로와 중부고속도로를 건설하여 지역 균형개발의 기틀을 마련하였고, 국민소득수준의 향상으로 인한 급속한 차량증가는 1988년 이후 중앙·서해안·서울외곽순환 고속도로 등 9개 고속도로의 신설에 착수 대도시, 대규모 공업지역 등을 상호 연결함으로서 물류 체계를 개선하였다.

② 고속도로

지난 1968년 2월 1일 경부고속도로 기공식에서 박정희 대통령은 "이 경부고속도로야말로 우리 조국 근대화의 상징적 도로이며 남북통일과 직결되는 도로라고 말한 것으로 기억합니다."라고 1970년 7월 7일 경부고속도로(428km) 개통식 에서 치사 하였다.

우리나라 고속도로는 서독의 아우토반(Autobahn)[5]이 그 모태이다.

1964년 12월 독일을 방문한 당시 박정희 대통령은 1928년 히틀러에 의해 착공되고 1932년 개통하여 독일 부흥의 발판이 되었던 본과 퀼른 간을 잇는 20km 고속도로 아우토반을 달려보고 고속도로 건설의 결심을 굳힌다.

1968년 12월 28일 서울과 인천을 잇는 경인고속도로의 건설로 가시화 되고 1970년 수많은 어려움을 극복하고 경부고속도로를 개통함으로써 우리나라에 고속도로 시대가 활짝 열렸다. 고속도로가 건설되면서 국민 생활에는 참으로 많은 변화가 일어났다.

※ 경인고속도로: 1967년 3월 24일에 착공하여 1968년 12월 21일 완전 개통.
※ 경부고속도로: 1968년 2월 1일에 착공하여 1970년 7월 7일 완전 개통.

1인당 국민소득이 1백 60여 달러에 불과할 정도로 보잘 것 없는 경제력을 이겨내고, 고속도로 건설에 필요한 자금을 외국에서 빌려왔고, 부족한 자금은 서독의 광부로, 간호사로 일하면서 벌어들인 돈과 이역만리 월남 땅에서 피와 땀과 눈물의 대가로 받은 귀중한 돈을 건설비로 사용하여 건설한 고속도로가 조국 근대화를 이룩하는 밑거름은 물론 국민화합에도 한 몫을 하게 된 것이다. 70년대는 고속도로가 양적으로 성장하는 시기였다.

---

[5] 1933년에 히틀러가 정책적·군사적 목적으로 건설하기 시작한 아우토반. 이 아우토반은 1933년에 착공되어 제 2차세계대전중인 1942년 까지 9년 동안에 3680km가 완성되었는데, 전쟁이 끝나고 독일이 동서로 분단될때 약 2110km가 서독 영역이 되어 전재(戰災)복구·산업부흥에 크게 공헌하였다.

1971년 영동고속도로(신갈-새말), 1973년 호남·남해고속도로(대전-순천-부산)가 건설된 것을 시작으로 1975년 영동고속도로(새말-강릉)와 동해고속도로 (동해-강릉), 1977년 구마고속도로(대구-마산)의 건설이 계속되었다.

1990년대에 들어서면서 고속도로 확장과 신설사업은 더욱 활기를 띄게 된다. 서울 외곽순환고속도로와 1991년 경부고속도로 수원-청원과 부산 대구, 영동고속도로 신갈-원주, 남해고속도로 하동-광양, 광양-순천, 옥포-내서와 냉정-구포 구간에 대한 확장공사가 시작되어 순차적으로 개통되었고, 1994.7.6 제2경인고속도로 인천-안양 구간(26.7km) 목포를 잇는 2001.12.21 서해안고속도로(353km), 2001.11.21 대전-진주 구간(59.4km), 2009.7.1 서울-용인 구간(22.9km), 2009. 7.15 서울강일-춘천 구간(61.4km)이 잇달아 완공되었다.

한국의 도로는 2010년초 현재 104,387km로서 고속국도(3,412km), 일반국도(14,356km)·특별광역시도(18,735km), 지방도(18,317km), 시·군도(49,567km)의 5가지 종류로 구분되어 있다.

③ 자동차

한국에서 자동차가 처음 등장한 것은 1903년 고종황제가 승용차를 이용하면서 부터였으며, 1945년 해방 당시 차량 수는 남북한을 합해 7,300여대였다.

일제시대는 철도교통 위주였고, 한말 이래 1945년 해방될 때까지 일제는 철도망을 구축하고 신작로를 닦고 항만 건설사업을 벌여, 1930년대 중반 무렵에는 육상·수상 교통망이 새로운 골격을 갖추게 되었다.

○1903년	자동차 최초도입 (고종황제)	일본 16대
○1945년	해방당시 남북한 전체 7,386대	일본 14만대
○1985년	100만대(5월)	일본 4,615만대
○1990년	300만대(10월)	일본 5,769만대
○1995년	800만대(7월)	일본 6,585만대
○1997년	1,000만대(7. 15)	일본 7,003만대

2 철도교통

1. 철도교통의 발달과정

가. 초창기(1801~1808)

1765년 J.Watt가 증기기관을 발명한 이후, 1825년에는 스티븐슨(George Stephenson)이 영국의 스톡턴과 달링턴 사이에 세계 최초의 일반 대중용 철도를 개통시키고, 그 뒤 1830년 9월 리버풀-맨체스터 철도가 완성되자 영국에서는 본격적인 철도시대가 열리기 시작했다.

※ James Watt: 1736. 1. 19 ~ 1819. 8. 25 (스코틀랜드), 기계 제작자, 발명가.

나. 성장기(1805~1900)

1857년 영국에서 최초의 철교가 부설되었으며, 1828~1842년 기간동안 테임스 강에는 강바닥을 통과하는 터널이 뚫렸고, 알프스의 몽스니 터널(13Km)[6]처럼 긴 암석터널도 만들어졌으며, 1980년에는 세계최장의 도로터널로서 스위스 중부 알프스를 가로지르는 산고타르도 터널(San Gottardo Tunnel)[7]이 개통되었으며, 1988년에는 세계최장의 일본의 세이간 해저터널(53.85Km)[8], 1994년에는 영-불 해협인 도버 해저터널[9](50Km)이 개통되었다.

---

[6] 알프스의 몽스니 터널:1857~71년에 2개의 선진도갱(先進導坑)으로부터 뚫고 들어가서 완성된 13㎞ 길이의 이 철도 터널은 제르맹 소메예의 감독하에 건설되었다.

[7] 산고타르도터널(San Gottardo Tunnel):세계에서 가장 긴 도로터널. 스위스 중부 알프스를 가로지르는 터널의 하나, 길이 16.322km, 도로 나비 7.8m의 2차선이다. 1980년에 개통되었다.

[8] 세이간 터널: 1988년 거의 반세기를 걸쳐서 완성한 세이칸 터널은 전체길이 53.85km 최심부가 수면으로부터 240m 밑에있는 세계 최장의 해저터널이다. 철도 전용의 터널로서 현 쓰가루 해협선은 약 45분만에 통과한다. 본주와 홋카이도를 연결한 것으로 기후에도 좌우되지 않는 대동맥으로 되어있다. 2개소의 정점은 세계 철도 사상최초의 해저역으로 본주측은 탓피, 홋카이도측은 요시오카에 있다.

[9] 도버해협 터널: 영국-프랑스간 해저터널은 영-불간 도버해협을 연결하는 해저터널로서 영국여왕 엘리자베스 2세와 프랑수아 미테랑 프랑스 대통령이 참석한 가운데 1994년 5월 6일 프랑스 북부도시 칼레에서 개통되었다. 영-불해저터널은 지난 1986년 미테랑 대통령과 마거릿 대처 전영국총리가 서명한 건설협정에 따라 총공사비 1백50억달러(약 12조원)를 투입,약6년만에 완공한 것으로, 도버해협의 최단거리인 프랑스 칼레와 영국 폭스톤 사이의 해저 약 50㎞를 3개의 지하터널로 연결하고 있다.

현재 전 세계 철도노선의 60% 정도는 그 궤도10)가 표준형으로서 1,435mm 폭으로 제작되어있다. 표준궤도에 비해 폭이 좁은 협궤(1,067-750mm)는 건설비용이 절감되고 또 그 위를 달리는 차량 역시 작기 때문에 운행비용도 적게 드는 이점이 있으나, 속도를 높이면 안정성이 떨어진다는 약점을 가지고 있다.

※ 표준궤: 1,435mm, 광궤: 1,524mm

2. 국내철도의 발달과정

1880년대 이후 서양문물의 도입과 함께 막연하나마 철도에 관한 지식과 중요성이 인식되기 시작했으며, 1889년에는 조선 정부에서 철도부설 문제가 논의되기도 했다.
1894년 일본은 한일잠정합동조관11)의 체결로 조선에서의 실질적인 철도부설권을 확보했다.

※ 한일잠정합동조관은 1894년 경부간 철도 건설에 관한 조약이 맺어지고, 1898년 '경부철도합동조약'으로 경부철도의 부설권이 일본인 회사에 강압적으로 특허된후 서울과 부산 사이에 부설된 복선철도로 길이 444.5km를 경부철도주식회사에 의해 1904년 12월 27일 완공. 1905년 5월 25일에 서울 남대문 정거장(서울역) 광장에서 개통식이 거행되었다.

가. 조선시대

1899년 9월18 일본에 의해 한국 최초의 철도인 경인선의 노량진-제물포 33.2km 구간이 개통된 것이 한국 철도의 출발이었지만, 실질적인 철도 운수업은 이듬해인 1900년 7월 한강철교의 완공으로 지금의 서울역(남대문 앞)까지 노선이 연장되면서부터 비로소 시작되었다고 할 수 있다. 이를 계기로 한국의 철도 부설권을 장악한 일본은 1901년부터 경부선을 건설하기 시작하여 1905년 1월 1일 경부선(서울-초량)이 개통되었다.

---

10) 철도의 폭은 광궤(1,524mm: 러시아, 몽골), 표준궤(1,435mm: 한국, 중국, 북한) 협궤(1,067mm, 750mm)등으로 협궤는 경전철, 산업용, 지방선에 활용되고 있다.
11) 1894년 8월 20일 일본은 한국정부를 위협하여 '조일잠정합동조관'을 체결하고, 경인, 경부철도를 부설할 것을 약정하였으나, 청일전쟁이 일본의 승리로 기울어지자 이 계획은 연기되었다. 이런 상황에서 1896년 7월 우리 정부는 철도의 부설·감독·관리를 담당하는 철도사를 설치하고, 국제표준규격에 따라 철도를 건설할 것을 규정한 '국내철도규칙'을 제정·공포하였다.

1904년에 러-일 전쟁이 일어나자 병력과 군수품 수송을 위한 군용철도로 간선철도를 부설하기 시작해, 1905년에 연안해안과의 연결을 목적으로 부설하기 시작한 마산선(마산-삼랑진)이 개통되었다. 1906년4월3일 경의선(서울-신의주)이 개통되어 경부선과 경의선이 이어져 남북 종관철도(남북 종관철도)가 완성되었으며, 1911년에 압록강철교가 완공되자 1912년 부산~장춘간 직통 급행열차가 운행되었고, 1913년 시베리아를 경유하여 유럽과도 연락운수가 개시되는 등 경부선과 경의선이 아시아와 유럽을 연결하는 국제철도로서의 기능을 담당하기도 했다.

한일합병[12] 후에도 일본은 한국의 쌀과 지하자원을 일본으로 실어가고, 일본의 공업제품을 들여오기 위해 많은 철도를 부설하였다.

나. 현대

1945년 해방 이후에도 일부 노선이 신설되기는 했지만, 노선의 증가보다는 전철화·복선화를 비롯한 기술적인 면의 개선이 철도사업의 중심을 이루었다. 8·15해방 당시 철도의 총 연장은 6,362㎞에 이르렀다.

1972년에는 경제성이 취약한 수려선(수원-여주)이, 1980년에는 진삼선(진주-삼천포)이 각각 폐선되었으며, 최근에는 철도의 수송능력을 더욱 높이기 위해 서울-부산 간 고속전철이 1992년 6월30일 착공되어 2004년4월1일 1단계공사가 완공되어 운용되고 있으며, 제2단계 공사는 2004.4-2010년까지 공사후 전 구간이 개통되었다.

지하철도는 서울지하철이 1971.4.12.-1974.8.15.에 1호선(서울~청량리)이 한국 최초로 준공되어 인천·수원 방면의 수도권교통이 원활해졌으며 1978.3.9.~1996.3.20에는 2호선(시청-성수-시청, 성수-신설동, 신도림-양천구청)이 1980.2.29.~1993.10.30.에는 3호선(지축~수서)이 1980.2.9.~1994.4.1.에는 4호선(당고개~남태령)이 1990.7.11.~1996.12.30.에는 5호선(방화-상일동, 마천)이, 1994.1.8.~2000.8.7.에는 6호선(상월곡~봉화산)이, 1990.12.30.~1996.10.11.에는 7호선(장암~온수)이, 1990.12.30~1996.11.23에는 8호선(암사-모란)이 개통되었으며, 2001.3.1.~2009.7.24에는 9호선(김포공항~신논현)이 개통되었으며, 2001.4.1.~2007.3.22.에는 (김포공항~인천)이 개통되어 운용되고 있고, 2004.6.1.~2010.12.31.에는 (김포공항~서울역)이 공사중에 있다. 2006.11~2012.12 기간 중에는 강남에서 분당(신분당선)선이 건설되었다.

---

12) 韓日 合併條約 : 1910. 8.22 締結 - 1910.8.29 宣布

부산지하철은 1981. 6.23~1994. 6.23에는 1호선(노포동~신평)이 1991.11.28.~1999.6.30에는 2호선(호포~서면)이 개통되었고, 1997.11.25.~2005.11.28에는 3호선 (대서~수영)이 운용중에 있다.

대구지하철은 1991.12.7.~1997.11.26에는 1호선(대곡~안심)이, 1997.1.10.~2005.10.18에는 2호선 (문양~사월)이 개통되어 운용중에 있다.

인천지하철은 1993. 7. 5~1999.10. 6에는 1호선(굴현-동막)이 개통되어 운용중에 있다.
광주지하철은; 1996. 8. 10~2004. 4. 28에는 1호선(동구용산-상무)의 20.1Km중 11.69Km 1구간 개통되어 운용중에 있다.

대전지하철은; 1996. 10. 15- 2007.4.17에는 1호선(판암-반석)이 운용중이며 2호선(관저동-관저동)의 경우 1호선 개통 후 공사가 진행되었다.

북한은 총 연장길이 5,214km (남한은 3,446km)의 철도를 경의선을 평부선(개성~평양)·평의선(평양~신의주)으로, 함경선을 강원선(고원~평강)·평라선(평양~나진)·함북선(청진~나진)의 구간으로 나누는 등 해방 전의 철도망을 개편해 기본 철도망으로 삼고, 삼지연선(혜산~삼지연)·청년 이천선(세포~평산)·북부 내륙선(만포~운봉~혜산) 등을 신설했다.

최근에는 협궤를 표준궤로 개설하고 전철화를 진행하고 있다. 또한 1973년 34㎞ 구간의 평양지하철을 개통·운행하고 있다.

북한의 국내철도노선은 약 70여개이고 그 중 100km가 넘는 것이 14개 노선이 있으며, 30km 미만 노선이 33개로 집계되고 있다.

주요 철도망으로는 서해안 지역을 연결하는 경의선(북한의 평의선 및 평부선, 개성~사리원~평양~신의주)과 동해안 지역을 잇는 원라선(평라선 구간 중 원산~흥남~청진~나진) 및 동서를 횡단하는 평원선(평양~원산)을 기본축으로 하고, 이와 함께 북부내륙지역을 순환하는 북부내륙 순환선계 및 황해남·북도 지역을 순환하는 서부순환선계 등이 있다.

이밖에 주요 간선철도노선으로 평의선(평양~신의주), 평부선(평양~개성), 평라선(평양~나진) 등이 있다.

국제철도노선으로는 5개의 대중국 노선과 1개의 대러시아 노선이 있으나 현재는 ▲신의주~중국 단동 ▲남양~중국 도문 노선과 ▲두만강역~러시아 핫산 노선 등 3개의 국제철도 노선만 운행되고 있다.

신의주~단동을 통한 대중국 노선은 총연장 1347km의 평양~신의주~단동~북경 구간을 정기적으로 운행하고 있고, 청진~남양~도문~연길 노선은 주로 청진항을 이용하는 중개화물을 수송하는데 주로 활용되고 있다.

북한과 러시아 간 여객 노선은 평양~두만강~핫산~하바로프스크~시베리아~바이칼~모스크바 노선(총 연장: 1만214km)이 주 2회 운행하고 있으며, 신의주~중국 단동~바이칼~시베리아~ 모스크바 노선(총연장: 8666km)은 주 1회 운행되고 있다.

북~러간은 궤도폭이 다르기 때문에 두만강역과 핫산역에서 환차시설을 설치·운영하고 있으며, 나진과 청진까지는 광궤와 표준궤의 혼합선이 부설되어 있다.

이러한 북한 철도망의 특성은 다음과 같이 네 가지로 요약해 볼 수 있다.

첫째, 철도가 전 국토를 순환하거나 지역을 순환하는 체계를 갖추고 있다.
둘째, 중국 및 러시아와 연결되는 국경 철도를 확보하고 있어 철도가 국제간의 중요한 경제적 의의를 가지고 있다.
셋째, 1997년 말 현재 철도 총 연장 5,214km 중 79%인 4,132km가 전철화 되어있으나, 노선의 98%가 단선이어서 구간별 수송능력은 미약한 편이다.
넷째, 단거리 노선이 전체의 약 50%를 차지하고 있는데 철도노선 100여개 중 100km 이상인 노선은 14개 노선뿐이며, 30km 이하 노선이 30여개에 이른다. 이는 지역간 순환 체계화와 광산·탄광· 공장 및 기업소 등의 산업시설 인입선 확보에 중점을 둔 결과이다.

3 해상교통

1. 해상교통의 발달과정

가. 고대

옛날 사람들은 주위에서 쉽게 구할 수 있는 재료를 이용해 물에 뜨는 도구를 만들었다. 나무가 많지 않은 이집트와 페루에서는 짚·갈대·파피루스(왕골의 일종)등으로 뗏배를 만들어 썼으며, 지중해 연안에서는 짐승의 통가죽에 바람을 불어넣어 띄웠다.

나무가 자라는 지방에서는 뗏목을 만들어 강을 따라 내려가는 데 이용했으며, 신석기시대부터는 도구가 더욱 개선됨에 따라 나무의 속을 파낸 통나무배가 만들어지고 더 나아가 양옆으로 나무판자를 높이 대서 배의 용적을 늘린 형태도 등장했다.

BC 2000년경에는 배의 소재로 통나무 용골(龍骨)을 사용하기 시작했는데, 아직 노를 이용해서 배를 움직였기 때문에 노젓기에 적합하도록 배의 폭을 매우 좁게 만들었다.

▲ 갤리선

고대 지중해 해역에서는 갤리(galley)[13]선이 주로 사용되었다. 갤리선은 선체의 폭이 좁고 선측에 수십 개의 노가 열을 지어 설치된 배로서, 상선보다는 전함으로 더 많이 쓰였다.

▲ 바이킹선

바이킹선14)은 파도를 막기 위해 이물과 고물을 높게 만들고 노젓는 구멍에도 문을 여닫을 수 있도록 장치해 바닷물이 들어오는 것을 방지했으며 북해의 거친 바람에 견딜 수 있도록 가죽으로 돛을 만들었다.

중국에서는 통나무배로부터 나무를 포개어 만든 상자형 배로 발달되었고, 다시 정크(junk)선이 등장했다. 정크는 고물이 높고 용골이 없는 대신 선체가 여러 개의 선실로 나누어져 있고 방향타, 즉 키가 매우 크다는 점 등은 모든 정크선의 공통적인 특징이었다.

---

13) 갤리선(Galley);로마의 멸망과 더불어 자취를 감춘 군용 갤리선은 9세기 말부터 다시 등장 여러 도시 국가에서 해군력의 주축으로 사용. 갤리선은 그후 16세기 까지 지중해의 군선으로 군림하였는데 이는 당시 해전이 배와 배가 맞부딪치는 접전에 적합하고 지중해에는 계절풍이 없고 바람방향이 불확실하여 닻에만 의존할 수 없으며 노에 의한 인력으로 빠른 기동력과 조종성을 발휘할 수 있었기 때문이다. 군용갤리선은 대형, 중형, 소형 등 여러 가지가 있었다. 소형 갤리선으로는 16~20개의 노와 1~2 개 의 삼각범(lateen sail)을 가진 galliot, 8~10개의 노와 1개의 돛을 가지고 13~16세기 동안 잡용선 (serve-boat)으로 쓰여진 프리게이트(frigate)등이 있고, 대형 갤리선으로는 전장이 180 피트, 폭이 20~25 피트, 노의 길이가 40피트에 이르고 다섯 사람이 저어야 하는 것도 있었다. 갤리선의 노역은 모든 사람이 각자 노 한 개씩을 잡는 zenzile 또는 tezaruolo 방식과 여러 사람이 다 함께 노 한 개를 젓는 scaloccio 방식이 있다.

14) 바이킹 선(Viking Ship)은 돛이 없고 연안에서 노 만을 사용했으나 원양에 진출하면서 마스트 한 개를 세워 간단한 사각범을 달고 항해하기 시작하여 8~9세기의 바이킹선은 범노선으로 되었다. 선수부와 선미부는 같은 모양으로 치솟고 그 끝에는 용머리 등 동물의 머리같은 것을 장식하여 위용을 갖추었으며 배의 앞 머리에는 목재 또는 피혁재의 원형 방패를 나란히 세워 파도와 적의 활동을 막았다. 또한 방패에 현란한 색칠을 하여 모양을 내는 것도 있었다. 바이킹선 중에는 전장 50m, 용골길이 45m, 노수 34쌍(68)개에 이르는 것이 있고, 일반적인 크기는 항양선인 경우에 전장 25~30m, 노의 수는 20~25쌍, 승원 80~120명 정도이다. 노의 배치에 있어 지중해의 갤리선은 2단, 3단으로 하고 있는데 대하여 바이킹선은 끝까지 1단에 머물렀고, 외판 고착에 있어서 위판밑에 아랫판을 겹쳐서 붙이는 전형적인 클링커식 이음으로 구조되었다.

나. 중세와 근대

북부 유럽에서는 400여년간 바이킹선이 계속 사용되었으나, 그 구조는 차츰 개선되어 선수와 선미에 전투용 탑이 세워졌고 이후에는 돛대에도 탑이 설치되었다. 또 중세에는 항해를 돕는 여러 가지 기구가 도입·발명되었다. 11세기경 나침반이 유럽에 처음 도입되었고, 지중해와 흑해 지역에서는 해도(해도)가 사용되기 시작해 점차 주변으로 확산되었다. 15세기에는 돛을 이용한 범선의 발달 16세기 무렵에는 군함건조 경쟁이 벌어졌다. 17-18세기에는 상선이 크게 발달하였다. 19세기 후반에는 조선기술의 획기적인 발전이 이룩되었다.

제2차 세계대전을 거치면서 선박의 수와 톤 수가 급증했을 뿐 아니라, 상륙정(landing ship tank/LST)과 같은 군사형 선박을 비롯한 새로운 유형의 배들이 등장했으며, 선체의 용접술이나 조선용 공작기계의 표준화 등 기술의 측면에서도 현저한 발달이 이루어졌다. 종전후에는 대형비행기의 등장으로 인해 장거리 여객선시대는 종말을 맞이했다. 원자력함(原子力艦)과 수중익선(水中翼船)의 개발, 컨테이너수송선 등이 등장한 것도 20세기 후반에 이루어진 중요한 사건들이다.

다. 특수선

▲ 컨테이너선

① 컨테이너 수송선은 제2차 세계대전 중 군대에서 포장된 화물을 해외기지로 수송하는 효율적인 방법으로 성공을 거두었던 경험과, 종전 후 하역 작업의 임금 상승을 배경으로 발달되기 시작했다.

② 특수선의 형태로는 차량전용선(roll-on roll-off)을 돌 수 있다.

③ 차량과 승객을 함께 싣는 페리(ferry)선이 있는데 이는 단거리 항해에 주로 이용되며, 배의 규모도 작다.

④ 고위도지방에서는 겨울 결빙기에 얼음을 깨고 뱃길을 열어줄 배가 필요하기 때문에, 쇄빙선을 이용한다. 이 배는 앞으로 나가면서 얼음을 깨고 뱃길을 열게 된다.

▲ 쇄빙선

▲ 수중익선

⑤ 배 안에 여러 개의 탱크를 장치해 석유 등을 실어 나르는 탱크선이 있다.

⑥ 원자력선의 이용은 제2차 세계대전 이후 잠수함으로부터 시작되었다.

⑦ 날개가 달린 수중익선(hydrofoil)의 형태를 들 수 있다. 배는 물위를 움직일 때 만들어지는 파도와 배 뒤로 몰려드는 물결로 인한 마찰 때문에 속도를 내는 데 한계가 있다. 이를 극복하기 위해 선체는 물위로 완전히 띄우고 단지 날개만 물 속에 잠기게 하는 수중익선이 고안되었다.

2. 국내 해상교통의 발달과정

가. 조선 시대

나라의 화물수송은 육로보다 뱃길을 이용하는 조운[15]에 더 크게 의존했다. 조운은 세금으로 수납한 곡식을 조창[16]에 모은 다음 국가가 관리하는 선박에 실어 뱃길을 통해 서울로 운반하는 체제였다.

---

15) 조운(漕運):고려·조선시대에 각 도에서 국가에 수납하는 전세(田稅) 및 대동미(大同米)를 수운(水運)으로 경창(京倉)까지 수송하던 일. 조전(漕轉)·조만(漕輓)이라고도 한다. 조전은 때로는 강수(江水)를 이용하는 참운(站運)이라는 보조수단을 쓰기도 하였다. 경기·충청·황해·전라·경상 등의 연해읍(沿海邑)에서는 조선(漕船)에 의하여 이를 경창에 수송하였으며, 조선이 없는 여러 읍에서는 지방의 관선(官船)인 지토선(地土船) 혹은 사선(私船)을 임차(賃借)하여 강이나 바다를 이용하여 운송하였다. 이러한 제도는 고려 초부터 있었으며, 1390년(공양왕 2)에는 내륙지방의 수운을 위하여 좌우 양 수참(水站)을 설치하였다. 조전기간은 매년 2월부터 가까운 거리는 4월까지, 먼 거리는 5월까지였으며, 이 기간을 지키지 않았을 때에는 책임자가 처벌을 받았다.

내륙 수로는 민간의 화물수송에도 긴요하게 이용되어, 소금과 해산물은 강을 거슬러 중상류지방으로 전달되고, 목재를 비롯한 내륙의 생산품은 강을 따라 하류지역으로 수송되었다. 강바닥이 얕은 곳에서는 준설작업으로 간이 운하 형태의 '뱃골'을 만들어 상류부에 가항수로(가항수로)를 늘렸다. 배가 닿는 포구에는 부정기 시장인 '갯벌장'(예, 소래시장 등)이 세워졌으며, 큰 마을로 발전되는 경우도 많았다. 내륙 수로는 여러 가지 산물의 수송뿐만 아니라 사람의 왕래에도 도움을 주어, 하천유역을 따라 자연스럽게 하나의 문화권이 형성되었다. 내륙 수운은 중부 이남의 4대 하천인 한강·금강·영산강·낙동강 과 예성강 등을 중심으로 발달되었다.

일본과는 일찍이 조선 초 부터 동래 부산포, 웅천 내이포, 울산 염포의 삼포(三浦)에서 대마도를 거쳐 일본 본토에 이르는 해로를 통해 연결되었다. 조선시대에는 해금(海禁) 정책으로 인해 해상교통이 크게 번성하지 못했으나, 19세기 후반 부산(1876)·원산(1880)·인천(1883)의 3개항이 개항되면서 수상교통은 해운 중심의 새로운 시대로 접어들게 되었다.

나. 현대

1876년 강화도조약 체결로 부산·인천·원산이 차례로 개항되면서 수상교통은 조선시대의 내륙수운이나 연안 수송으로부터 외국과의 해운으로 전환되었다. 이에 따라 수상교통의 거점 또한 개항장 중심으로 재편성되기 시작했으며, 선박은 목선에서 기선으로 대체되었다.

외국선이 출입할 수 있는 1종 지정 항으로는 인천·목포·군산·장항·여수·제주·통영·삼천포·마산·진해·장승포·부산·울산·포항·묵호·속초·서귀포·옥포·동해·광양·삼척·완도·고정·고현·평택항등이 있다.

국내 여객선 항로 가운데 외딴 섬에는 정부가 재정을 보조하는 낙도 보조항로가 개설되어 있다.

---

16) 조창(漕倉)은 말 그대로 조세미를 보관하기 위해 만든 창고를 말한다. 조창은 조세미의 수송을 위해 수로가에 설치했던 것으로 고려 성종 11년 (992)부터 조선 말기까지 계속 실시되었다. 고려, 조선시대 때 조세미(租稅米)를 경창(京倉)으로 운반하기 위해 쌓아 놓았던 곳집. 수로 연변이나 연해안 요충지에 세웠으며, 조선시대 때는 전국 10군데에 있었다.

4 항공교통

항공교통은 모험가, 예술가, 및 개척자들의 노력과 제1차 및 제2차 세계 대전을 통하여, 항공기 및 관련시설과 장비가 급속하게 발달되었는 바 항공기는 고속화, 전천후화, 대형화 됨으로서, 항공교통의 혁신적인 발전을 이루었다.

1. 항공기의 발달과정

창공을 새들과 같이 날고싶은 인간의 꿈은 이태리의 레오날도 다빈치(1452-1519)[17])에 의해 1500년경 설계된 각종 항공기의 모형들과 비행을 동경하는 많은 모험가들의 희생속에 현재의 항공기 발달에 모체가 되었는바, 항공기의 발달과정을 비행체별로 구분하면, 연(Kite) → 기구(Baloon) → 활공기(Glider) → 비행선(Airship) → 비행기(Aircraft)로 구분할 수 있겠으나, 동시에 개발 및 발달된 비행 장치들이 있음으로 절대적인 순서라고 할 수는 없겠다

▲ 연

---

17) 이탈리아의 화가·조각가·건축가. 피렌체 공화국 빈치에서 출생/프랑스 클루에서 사망:(1452 ~1519. 5. 2)

가. 연(Kite)

연의 사용 연대는 정확한 자료가 없으나 Clive Hart 가 저술한 "Kite and Glider"에서 BC 2~3세기경부터 중국을 위시하여, 한국 등 아시아 국가에서 각종 경축행사, 신호등의 목적으로 사용되어 왔으며, 유럽을 비롯한 여러 국가에서도 평화적인 경축행사, 명절등은 물론, 해상구조에 필요한 위치 표시, 각국의 동향 감시용으로 사용되었다.

나. 기구(Baloon)

기구의 발달사는 이설이 있으나, David Monday가 저술한 Balloons 에서 1709.8.8 브라질 태생의 Gusmao(1686-1727)신부가 폴튜갈의 John 5세가 지켜보는 가운데 3.6m 의 높이로 열기구를 부양시킨 기록을 최초의 기록으로 명시하고 있다.

1783.4.25.에는 프랑스의 몽골피에(Mongolfie;1745-1799) 형제(Etienne & Josepe)가 열기구를 프랑스의 리용 부근 Annonay에서 10.7m 기구에 더운 연기를 채워 기구를 거리2.4㎞, 고도305m 까지 부양 상승시킨 후 수평으로 91m를 이동시키는데 성공하였고, 1783.6.4. 몽골피에 형제가 2차시험에서 13m크기의 대형 열기구에 바구니를 달고 닭, 오리, 양을 태운 얼기구를 루이16세외 왕비인 메리 엔트와네트가 지켜보는 가운데 베르사이유 궁전앞에서 1830m 까지 상승 부양시키는데 성공하였다.

▲ 열기구

그 후, 1783.11.21,13:56 자원한조종사인 피라톨 데 로제(Francois pilatre de Rozer/1754-1785)와 멀키 데 아란테(Marquie De Arlandes)가 몽골피에 의 가스기구를 이용하여 최초로 탑승하고 9km의 구간을 약 25분간 비행에 성공 함으로서 인간최초의 탑승기구로 기록되어 있으며, 그 후에, 1783.12.1 샤롤과 로벨 형제가 수소가스 기구(지름8.6m,용적 325.5㎥)를 제작후 탑승하여 약 2시간동안, 43km의 구간의 장거리, 최장시간 비행에 성공하는 기록을 남겼으며, 1785.1.7 프랑스출신 피에르 와 미국인 제퍼리(Jean Pierre Blanchard & John Jefferies)가 수소가스기구를 타고 2시간 30분만에 영·불 도버 해협 횡단비행에 성공하는 비행 기록을 남겼다. 그 후 기구는 군사적으로도 이용가치가 있어 1793년 프랑스에서는 역사상 최초로 기구부대가 구성되었고, 1861~1865년 미국의 남북전쟁에서도 정찰용 기구가 사용되었다.

▲ 제퍼리의 기구

다. 활공기(Glider)

▲ 레오나르도 다빈치의 활공기 설계도

▲ 회전익 항공기의 설계도

1893.8.9 독일의 오토 리리엔탈(Otto Lilienthal/1848-1896)[18]이 양팔에 날개장치를 부착하고 언덕에서 뛰어내리는 방식으로 비행을 하였으나 1896.8.9 비행중 돌풍으로 추락한 후 8.10일 사망하는 비운을 맞았다.

---

18) The international Encycropedia of Aviation, New york, Crown Publisher, 1984, p.33

1899.9.30 영국의 펄씨 필쳐(Percy Pilcher/1866~1899)가 오토 리리엔탈의 비행기록과 경험을 토대로 각종활공비행을 시도하였으며, 1899.9.30 에는 펄씨 필쳐가 소형 엔진을 부착한 Hawk 활공기로 시험비행중 복엽날개의 지주로 사용된 대나무지주가 부러저 10미터 상공에서 추락 후 동년 10.2 사망 하는 등 개척자들의 희생은 계속되었다.

그런 와중에도, 1900년부터 오하이오 데이톤 출신인 라이트형제(Orville& Wilbur Wright/ 1871~1948)는 독실한 기독교 가정에서 목사의 아들로 태어나 자전거 수리공으로 일하고 있었으나, 비행에 관심이 많아 전직한 비행개척자들이었으며, 활공기를 개발하다 희생당한 오토리리엔탈과 펄씨. 필쳐의 활공기 비행기록과 경험을 탐독한 후 비행가가 되려고 결심한 후 활공기를 직접제작하여 시험비행을 실시하고, 비행경험에서 지득한 각종의 비행원리를 참고로 향후 동력항공기인 Flyer 1호 개발 시에 활용하게 된다.

라. 비행선(Airship)

많은 선구자들이 비행선에 대해 여러 가지 구상을 했다. 대표적인 것으로서 1817년 영국의 케일리 경 (Sir George Cayley: 1773~1857)이 설계한 비행선(1817년), 1835년에 포리(Pauly)와 에그 (Egg)가 구상한 고래 모양의 비행선 돌핀(Dolphin), 레녹스(Lennox)가 착상한 비행선 이글(Eagle) 등을 들 수 있다.

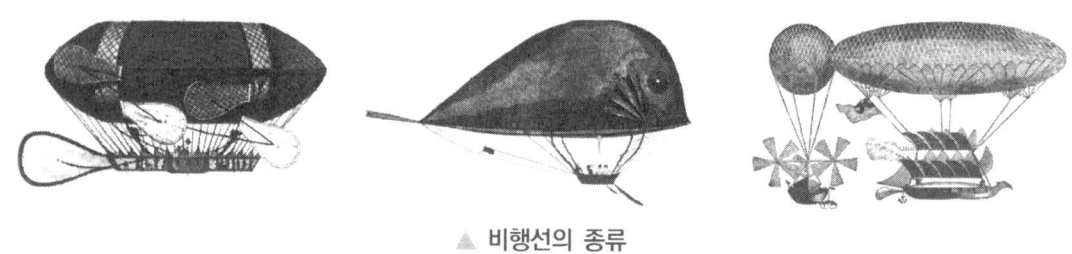

▲ 비행선의 종류

1852,9,24, 프랑스의 헨리 기파드(Henri Giffard/1825-1882)가 3 마력의 엔진을 부착한 비행선 (길이 43.9m . 반경 11.9m . 용적 2492㎥. 3 마력엔진)으로 파리에서 트라브까지의 27km를 비행하는 데 성공하게 된다.

1884.8.9. 프랑스의 르나드와 크렙(Charles Renard & Krebs/1850~1905)은 프랑스의 비행선 개척자로서 8 마력의 엔진을 부착한 La France라는 비행선(길이 50.3m,반경 8.23m, 총용적 1869㎥. 중량 857kg)으로 8km의 거리를 23.5km/h 속도로 비행에 성공하였고. 1898.9.20 브라질의 산토스 듀몽(Alberto Santos Dumont/1873~1932)이 소형 엔진을 부착한 비행선(엔진: 25마력, 직경: 2,5미터, 엔진회전수: 900RPM)으로 시험비행을 시작하고, 길이 25m의 황색 유선형으로 된 "뒤몽 비행선 1호"를 제작하여 1889년 9월 20일 고도 400m로 파리 상공 처녀비행에 성공하였으며, 이후 1909년까지 모두 14척의 비행선을 만들었다.

올림픽 대비(박갑제), 한국체육진흥공단(심금현)은 "비행선 6호"는 1906.11.12에 파리를 출발하여 에펠탑을 돌아오는 왕복비행경기 대회에서 30분의 비행기록으로 일주비행에 성공하여 프랑스 정부로부터 25,000프랑의 상금을 획득 하였으며, 1900.7.2 독일의 페르디난드 폰 제프린(Ferdinand Von Zeppelin/1838~1917)은 LZ-1엔진을 장착한 경식 비행선(전장:237미터, 직경 :34미터, 수소가스용량:10만5000㎥, 속도:32km/h,. 항속거리:10,000킬로미터, 승무원:36명, 탑승객:20명)을 제작후 1928에는 유료관광비행을 실시한 바 있다.

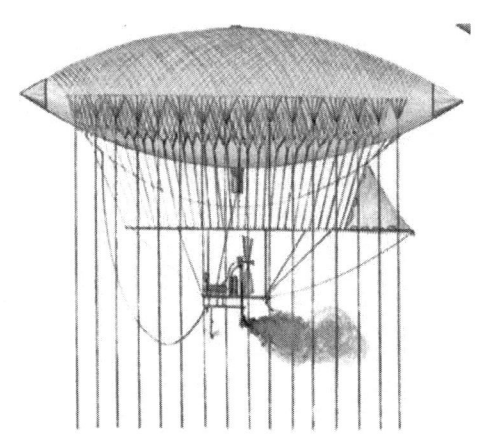
▲ 산토스 듀몽의 비행선

▲ 제프린의 비행선

▲ Flyer1호

▲ 피어폰트 랭그리의 비행기

마. 비행기(Aircraft)

1903.10.8 및12.8 미국의 스미소니안[19] 연구소 교수이며, 철도 공학자인 피어폰트 랭그리(Samuel Pierpont Langley/1834.8.22.~1906.2.27)[20] 교수는 미 국방성으로부터 5000불의 지원을 받아 수상기 제작에 참여 하였는바 동료인 Glenn이 설계한 Aerodrome호(날개 길이가 16ft, 2 마력을 부착한 복엽기)를 타고 와싱턴의 포토맥강 수상 구조물에서 실시한 2차의 시험 비행(1903.10.7 및 1903.12.8) 결과 약800미터를 활공 낙하(Sliding)비행 하였으나 수상용 복엽 항공기가 포토맥 강에 빠져버려 공인받지못하자 시험비행을 중단하였으며, 동료였던 미국의 대설계사인 Glenn은 1914 Aerodrome 호의 설계를 변경한 후 수상비행에 성공시킴으로서 현 수상기의 원조가 되는데 공헌하였다.

1903.12.14 라이트 형제[21]는 활공기를 직접 제작하여 많은 연습비행을 실시하고 그후 동력장치를

---

19) 스미소니언 박물관의 설립은 영국의 화학자인 스미슨(James Smithson)이 1829년 사망하면서 약 55만 달러의 상속기부금을 미국 정부에 위탁한 데서 비롯되었으며, 미국 위싱턴에 15개의 박물관 군으로 형성되;어 있다.

20) 미국의 랭글리((Samuel Pierpont Langley 1834.8.22 ~1906.2.27)교수는 미국의 천문학자, 물리학자, 항공술 개척자로서 기체역학에 관해 체계적인 연구를 전개한 저명한 학자로, 스미소니언 연구소에서 풍동(風洞)을 만들어 각종 실험을 하면서 가볍고 출력이 큰 가솔린 기관 개발에 힘썼다. 미국 매사추세츠 록스베리에서 출생, 사우스캐롤라이나 에이킨에서 사망.

21) 라이트 형제-Orville and Wilbur Wright, Orville Wright,/미국 오하이오 데이턴 출생 (1871. 8. 19~1948. 1. 30), Wilbur Wright, /미국 인디애나 밀빌 근처 (1867. 4. 16~1912. 5. 30).
  ※ Flyer1호기 제원: 最大重量: 398kg/自重:274kg, 複葉機, 2개의propeller로 自轉車 체인을 사용한 역회전 방식사용. 회전수 :1000rpm,. 수냉식 4기통 12마력, 시속:32-35km/h,. 전장: 6.43m,. 익폭: 12.29m, 날개면적: 47.38㎡.

부착한 Flyer1호를 타고 시험 비행코자 노스 케로라이나 키티호크 해변에 설치한 나무레일을 이용 제1차 및 제2차 시험비행에 도전하였으나 실패하자, 자기들의 시험비행결과를 면밀히 재검토하고 미비점을 보완한 후에, 1903.12.17. 10:30 동전에 의한 조종순서 가리기에서 이긴 동생오빌 라이트(Wright Orville/당시29세)가 노스케로나이나주 키티호크 해안 킬데빌힐에 있는 모래밭에서 Flyer1호를 타고 제3차시험 비행에서 12초 동안 36미터(120피트)를 비행에 성공함으로서 최초의 동력항공기에 의한 비행기록을 남겼다.

그 후 1903.12.17.12:30 형인 웰버(당시33세)라이트가 다시 Flyer1호를 타고 제4차 시험비행 에서 59초 동안260미터(852휘트)를 비행에 성공 하였으나 착륙도중 돌풍으로 Flyer1호기가 뒤집혀 기체가 파손되었다.

그 후에도 비행은 계속되어, 1904.5 다시 제작한 Flyer 2호기로 고향인 데이톤에서 8마일 떨어진 hoffman 광장에서 시범비행을 실시하였다.

라이트형제는, 1905.5 비행경험을 축척하고 다시 제작한 Flyer 3호기는 30분 이상의 비행 성능과 30km 이상의 거리를 비행 가능한 성능으로, 그리고, Bank, Turn, Circling, S-Turn등 조종성능이 개선된 항공기가 출현하게 되었다.

유럽에서 최초의 동력비행으로는 1906.10.11 Saint Dumont이 14-Bis 비행기(익폭11.2m,. 길이 9.7 m,. 속도: 40 km/h,.)로 21초 동안, 225미터를 비행하였으나 미국의 Wright 형제에 비하여 성능은 월등히 뒤지는 기록이었지만 유럽에서 시행된 최초의 동력비행이었다는 기록을 남겼다.

그 후 항공기는 급속하게 발달하여 1907년에는 코르뉘에 의해 비록 몇 초에 불과하지만 헬리콥터의 수직이륙비행에 성공하였다.

1909.7.25 프랑스의 베르리오트 루이스(Bleriot Louse/1872-1936)가 X-1형 단엽기(속도: 72km/h,.익폭:7.8m,.길이:8m,)로 38km의 도버해협을 37분에 횡단비행에 성공하여 영국의 London Daily Mail Newspaper 사에서 현상금 1000파운드를 제공받은 바 있으며, 1910년 미국에서는 시콜스키1889.5.25.~1972.10.26)[22]가 헬리콥터 제작에 성공했다.

---

[22] 시코르스키-Igor (Ivan) Sikorsky.미국의 항공기 제작자/러시아 키예프 태생, 미국 코네티컷 이스턴에서 사망

▲ Flyer1호

▲ 14-Bis 비행기

▲ Flyer1호

▲ X-1형 단엽기

▲ S-1헬리콥터

▲ VS-300 헬리콥터

1910.9.23 프랑스의 죠지 샤브스(Georges Chaves/1887-1910)는 알프스 산맥을 횡단 비행하는데 성공하였고, 1911.4.12 프랑스의 Pierre Pier,(Bleriot 비행학교 수석교관)가 400km의 파리-런던간을 3시간 56분만에 무착륙 횡단비행에 성공함으로서 가장 최장의 비행기록을 수립하였다.

1913.9.23 05:45 로렌드 가로스(Roland Garros)가 Morane Sauliner Monoplane (비행거리:738km/460mile,. 속도:120km/h,. 익폭:9.6m,.길이:6.15m,.)을 타고 프랑스의 남부인 Frejus Aerodrome 을 이륙하여 8시간만에 지중해를 횡단 비행하여 북아프리카 튜니시아의 Bizerta 에 착륙하는데 성공하는 등 항공기의 발달은 날로 급속하게 발전하였다. 그 후에도 많은 비행기록들이 수립되었다.

1914년 제1차 세계대전23)이 발발하면서 비행기는 동일한 모형이 대량 생산되는 체제로 바뀌고, - 독일은 체공시간이 긴 전투기를 제작하는 데 앞서 장거리 폭격용 체플린급 비행선과 대형 폭격기를 개발해냈으며, - 프랑스는 전투기 분야를 비롯해 항공사진촬영과 무선교신분야에서 큰 발전을 이루었다. - 영국은 독일이나 프랑스에 비해 항공분야가 낙후된 상태에서 참전했으나 해군용 항공분야에서 우위를 다져 전후에는 주도적으로 항공모함 개발의 기틀을 마련했다.

▲ 제1차 세계대전당시 항공기

---

23) 제1차 세계대전: 1914. 7. 28 ~ 1918.11.11

1927.5.20-21 미국의 우편배달 조종사인 찰스A.린드버그(Charles A. Lindbergh /1902-1974)[24]는 49시간의 불면훈련을 사전에 충분히 실시하고 뉴욕의 루스벨트 비행장을 『Spirit of Saint Louis』호[25])를 타고 대서양을 향해 동으로 비행중 도중에 폭풍우, 농무, 수마와 싸우면서 33시간 39분만에 5,810km의 프랑스의 루브르제 비행장에 착륙하여 뉴욕/파리간 대서양 단독횡단 비행에 성공하는 기록을 남겼다.

▲ Spirit of Saint Louis

▲ Spirit of Saint Louis

2. 항공운송사업의 태동과 발달

가. 항공운송사업의 태동.

1903년 12월 3일 라이트형제(Orville & Wilbur Wright)가 동력에 의한 비행 성공을 한 이후 민간 항공 부문에서는 1912년 그라프 폰 체펄린의 비행선에서 돈을 받고 사람을 태운 것이 상업적 항공 교통의 시초라고 할 수 있다.

1910년 6월 28일 독일의 DELAG(Die Deutsche Luftschiffahrts AG)사가 1909.11.16 항공사를 설립하고, 제1차 세계대전이 발발한 1914년까지 비행선으로 운송 및 관광사업을 실시하였다.

---

24) 린드버그-Charles Augustus Lindbergh,미국의 비행기조종사/디트로이트에서 출생, 하와이 마우이에서 사망 /1902.2.4~1974.8.26)
25) Spirit of Saint Louis호는 46피트의 날개 길이에 5,135파운드의 무게를 갖고 있고, 225마력의 엔진을 장착한 단엽기였다.

1913년 12월 4일부터 미국의 STA(ST.Petersburg Tampa Air-boat Line)사가 Tampa-Petersburg 구간을 매일 2회 운항하였다.

제1차 세계대전이 종료 후 항공교통은 급속히 발달되어 1920년 무렵에는 유럽의 주요 도시 간에 많은 정기 항공노선이 개설되었다.

1919년 2월 5일에는 독일의 DLR(Deutsche Luft Reederis)사가 베를린과 바이마르 구간을 연결하는 운송사업을 하였고, 1919.2.8 프랑스의 LAL(Lignes Aeriennes Latecoere) 항공사와 영국의 AT&T(Aircraft Transport & Travel)이 파리~런던,. 베를린~라이프치히~바이마르간에 정기항로를 개설하였다.

1919년 8월 25일에는 영국의 AT&T(Aircraft Transport & Travel)사가 DH-16 4인승 복엽기로 런던-파리구간을 운항하였고, 1919년 8월 18일에는 호주의 Qantas Air Lines(QF/QFA) 설립하였다.

1919년대의 대표적인 항공기로는 독일의 Junkers사가 개발한 전 금속제의 F-13으로서 세계 최초의 밀폐식 객실과 난방시설을 갖춘 순수 민간용 항공기였다.

1919년 10월 7일에는 네덜란드의 K.L.M(Koniklijke Luchtvart Matchapij Royal Dutch Airlines) 항공사가 설립되었다.

1920년대에는 유럽 각 국에서 국적기(國籍機)를 가지려는 시도가 전개되어 임피리얼 항공사(BOAC 와 BEA의 전신), 에어프랑스, K.L.M(Royal Dutch Airlines), 루프트한자, 스위스에어, 일리타리아 등 여러 항공사가 설립되었다.

1921년에는 중국항공이 북경-제남간을, 호주의 콴타스 항공, 미국의 팬암항공, 프랑스의 Air Union(Air France 의 전신)항공사가 설립되었다.

1922년 6월 4일에는 일본의 일본항공운송사가 덕조~고송 구간을 1929년까지 주3회 운항하였으며, 1923년2월9일에는 소련항공(AF/AFL)을 설립하고 모스크바~고르키, 키에프~오데사 구간을 운항히였다.

1925년 5월 30일에는 Delta Airlines(CA/CCA)이 설립되었고, 1926년 4월 26일에는 United Airlines(UA/UAL)이 설립되었다.

1926년 8월 1일에는 Northwest Airlines(NW/NWA)이 설립되어 1947.7.15.부터 서울~동경~디트로이트 구간을 취항하였다.

1927년에는 영국의 Imperial Air Lines이 설립되어 카이로-바스라 구간을 운항하였고, 1927년 5월 20일에는 찰스 A.린드버그(Charles. A. Lindberg 1902-1974)[26]가 뉴욕~파리간 5,800km의 대서양 무착륙 횡단비행을 33시간에 비행하였다.

1926. 4월 1일부터 일본항공운송사는 동경~대판~복강, 울산~경성~평양~대련 구간을 주 3회, 1928년 10월 20일에는 일본항공운송사를 일본항공운송주식회사로 개칭하고, 1932.11.2.부터 봉천~북경, 승덕~장가계, 신경~동경, 신의주~봉천~신경~하얼빈~치치하르 구간을 운항하였다.

1931년 3월 26일에는 Swiss Air lines(SR/SWR), 1933년 8월 30일에는 Air France(AF/AFR), 1933년 11월 3일에는 VASP-Brazilian Air lines(VP/VSP), 1934년 7월 15일에는 Continental Micronesia(CS/CMI), 1936년 2월 17일에는 Ansett Australia AN/AAA)등의 항공사가 설립되었다.

1936년 9월 12일에는 조선항공사업사가 설립(한국최초의 항공사)되어 1936.10 조선항공사업사에서 여의도~이리구간을 운항하였으며, 1937년 1월 조선항공사업사에서 여의도~대구구간을 운항하였다.

---

[26] 찰스 A. 린드버그(Charles A. Lindbergh),1902, 2, 4,- 1974, 8, 26. Spirit of Saint louse 호는 리안 M2를 개량한 리안 NYP로서, 린드버그의 설계에 따라 단일(單一) 기관의 고익단엽기로 만들어졌다. 이 기종의 표준은 5인승이지만, 이 비행기는 기실(機室) 대부분의 공간을 보조연료 탱크로 사용했다. 동체 앞부분의 기관덮개를 연장하여 바람막이로 이용했다. 옆창문으로만 직시(直視)할 수 있으므로 정면은 잠망경(潛望鏡)에 의존했으며, 라디오 수신기도 없었다. 공냉식 성형기관(成形機關)으로 작동되었으며 최고 237HP(마력)으로 날개길이 14m, 전장 8.4m이다. 보조연료 탱크를 포함한 연료 용량은 450갤런이었다. 해수면에서 화물을 싣고 200km/h의 최고속도를 낼 수 있으며, 항속거리(航速距離)는 6,600km이다.

나. 운송용 항공기의 개발

1935년 12월에 개발된 DC-3를 위시하여, 그 후 DC-4, Convair-240, DC-6, IL-14, L-1049, DC-7, F-27, Viscount-700, Lockheed Electra, IL-18, YS-11등 제2차 세계 대전 후 각종의 프로펠러 및 터보프롭 항공기가 개발되었다.
1946년에는 영국에서 세계최초로 제트엔진의 항공기 코메트(DH-106) 1호기를1949.7.29 생산하여 1952년에 런던-요하네스버그 노선을 첫 취항한 이후, 1950년대에는 F-27, 1960년대에는 미국의 보잉사에서 B707, 더글라스사의 DC-8, 록히드사의 CV-880, 프랑스의 Carravell, 영국의 Comet등 제트 여객기의 양산시대를 맞이하였다.

1954년에는 4발 기관을 장착한 보잉 707제트 여객기가 첫 시험비행을 거친 뒤 1958년부터 상용화되었고, 이밖에도 보잉 720, 콘베어 880, DC-8, 보잉 727, 트리덴트, 카라벳, 보잉 737, DC-9 등을 비롯해, 소련의 Tu -104, Tu-114 제트여객기 등이 개발되었다.

1970년부터는 대형 제트기가 출현하기 시작했다. 가장 대표적인 보잉 747은 무게 32만 7,300kg, 길이 56.4m로서 365~490명의 승객을 실어 나를 수 있는 거대한 규모였다. 고속 비행기도 개발되어 1970년에는 영국과 프랑스의 합작품인 콩코르드와 소련의 Tu-144가 선보였는데, 2가지 기종 모두 마하 2급의 초음속 여객기로서 1970년대 말부터는 영불합작 항공기인 콩코르드가 대서양 횡단노선에서 상용화되었다.

항공기의 개발로 인한 항공운송의 변화추세로서 나타난 현상으로는, 다음과 같다.
첫째, 항공기의 고속화로 장거이 비행이 가능, 둘째, 항공기의 대형화로 이용객의 대량수송능력, 셋째, 항공기의 전천후화로 일기에 영향을 받지 않고 비행이 가능, 넷째, 항공기의 성능상 고속화, 전천후화, 대형화로 인한 전 세계를 일일생활권으로 변화시키는 계기가 되었다.

3. 국내 항공의 발달과정

가. 일제시대

우리나라에서 비행기와 같은 의미의 장치를 사용하였다는 기록이 조선시대인 철종때(1831~1863)에 비차(飛車)27)가 있었다고 하나 설화일 뿐이며, 실제의 항공기로 첫선을 보인 것은 1913.5.13 일본 해군기술 장교인 나라하라(娜樣原森次)가 용산의 연병장에서 공개 비행행사를 가진 것이 처음이며, 1914년 8월 18일 일본인 다까소오(高佐右剛知)가 미국제 Curtiss형 복엽기로 용산 삼각지의 육군 연병장에서 비행하였다.

1916년 3월 에는 여의도에 육군용 비행장을 건설하고, 1916년 10월 17일 일본인 오자기(尾妓行輝)가 미에(三重, 70마력)호로 여의도에서 유료 관광비행을 실시하였고, 1917. 5. 미국인 아트 스미스가 여의도에서 곡예비행대회를 개최하였다.

▲ 조선시대의 비차

▲ 안창남의 봉호

우리나라 조종사가 최초의 비행(봉호/50마력)을 한 것은 안창남28)이 1922년 12월 10일 단발쌍엽

---

27) 飛車: 조선시대 철종(1831~1863)때 고증학자 이규경 선생의 오주연문장전산고(五洲衍文長箋散稿)의 '비차변증설(飛車辨証設)', "임진왜란(1592~1598)당시, 영남의 진주성이 왜군에 포위당했을 때 비차(飛車)를 이용하여 성주를 탈출시켰다."고 기록되어 있음. 1590년대에 정 평구와 윤 달규가 제작한 것으로 추정(현재 기록만 존재하고 형상이나 설계도는 미 발견)하나 입증된 자료는 없음.

28) 1921. 5 韓國人 最初의 安昌男(1900.1.29.생, 휘문교 출신22세) 飛行士 資格取得(小溧飛行學校)
　1921.6 일본지바에서 개최한 민간항공기대회에서 2등입선, 무시험으로 1등비행사자격취득
　1922.11.6 日本帝国飛行協会主催도쿄/오사까 区間 往复郵便 飛行大会에서 優勝
　1922.12.10 安昌男(금강호) 歸國飛行(汝矣島에서 組立後 南山, 창덕궁 등 飛行).

1인승 비행기인 금강호로 여의도에서 5만여명의 관중이 지켜보는 가운데 역사적인 모국방문 비행행사를 가진 것이 처음이다.

1923년 12월 19일 이기연이 서울에서 고국방문 비행을 실시(張白虎)하였으며, 1924년 2월 11일에는 포천에서, 1925년 4월 30일에는 대전, 전주 등에서 비행을 실시하였으며, 1926년에는 경성항공사업사를 설립하고, 1927년 9월 10일에는 4번째 고국 방문 비행 중 경북 점촌에서 곡예비행 중 추락사망하였다.

1925년 12월 일본인 니시오씨에 의한 조선항공연구소를 설립하고, 유람비행을 실시 (여의도~이리 구간)하였으며, 1927년 9월 1일에는 서울~전남 송정리(270km)구간을, 1930년 10월 22일에는 금강산 시험비행, 1931년에는 서울~함흥을, 1933년에는 서울~함흥~혜산진을, 1934년에는 서울~함흥~나남~혜산진 구간을 비행하였다.

1927.12.9에는 신용욱이 조선비행가 협회를 설립하고, 회장에 신용욱, 총무에 서웅성. 도쿄지부장에 김동업이 추대되었다.

그 후, 1927년 12월 14,15,17일에는 신용욱의 고국방문비행을 타이거호로 11:15~12:00까지 실시하였고, 1928년 4월 15일 전북 고창, 전주, 정읍에서 실시하였다.

1928.10.24 에는 신용욱이 조선비행학교를 조선총독부에서 설립인가를 받았으며, 우리나라에서 정기항공노선의 첫 개설은 전일본항공 운수주식회사(1928년 10월 20일 설립된 일본항공의 전신)에서 1929년 4월 1일에 육군의 업무연락용 운송 사업을 6인승, Fokker universal호로 개시하였다.

운항구간으로는 후쿠오카~대구~서울~평양~신의주~대련구간을 운항하였으며, 서울~울산간 단독노선이 1929년 6월 21일에 처음 개설되었다. 이는 식민 대륙의 기항지로 이용하고자 1929년 6월 21일에는 울산~서울노선을 개설하고, 1929년 8월 29일에는 서울~인천구간을 시험비행 하였다.

1929년 9월 2일에는 서울~울산~대련 구간을, 1929년 9월 10일에는 후쿠오카~울산~서울~평양~대련간을, 1937년 1월 11일에는 서울~청진구간을 운항하였다. 당시의 귀국비행가 및 비행사 자격

1922.12.13. 서울~인천간 왕복비행
1930년 4월 6일 중국에서 항공교관으로 활동하던 중 비행기 추락사고로 세상을 떠났다.

취득자들은 다음과 같다.

귀국 비행자: 이기연(1923), 이상태(1924.2.15.), 장덕창(1925.6.12.). 신용욱(1927.12.14)

일본의 조종사 자격제도시행: 1921년 4월 25일 자격시험실시: 1921년 5월

장덕창(19세,이토 비행학교)이 2번째 비행사 자격취득: 1922.3월

1922~1930:일본에서 비행사 자격취득자: 이상태, 이기연, 진계, 유훈면, 정재섭, 문성기, 김치한, 권태용. 신용욱, 서웅성, 김영수, 김동업, 강세기, 이창균, 강우양 등

여류 비행사: 권기옥[29](1925, 중국), 이정희[30](1926.11.29 공군 여자항공대장으로 김경오, 정숙자 등 15명의 여류조종사배출), 박경원[31](1927.1월 및1933.8.8, 모국방문 비행 중 일본의 하꼬네야마(上根山)에 충돌하여 사망), 김복남 (1938)등이 있다.

1928년에는 서울 여의도와 경상남도 울산에 비행장이 착공되고, 1929년 봄에는 도쿄[동경]~울산~다롄[대련]을 연결하는 우편·화물수송 항로가 개통됨으로써 한국에서 항공교통시대가 시작되었다.

---

[29] 권기옥은 3 · 1만세운동으로 옥고를 치르고 중국으로 망명, 상해 임시정부의 추천으로 1924년 초 중국 운남항공학교 1기생으로 들어간다. 1925년 2월 28일 항공학교를 졸업하자, 조선총독부에 폭탄을 쏟아붓겠다는 일념으로 상해로 돌아온다. 그러나 임시정부에는 비행기를 살 돈이 없었다. 고민 끝에 원로 독립운동가의 추천으로 중국 군대의 항공대에 들어가서 비행기 조종사로 10년 넘게 활동한다. "권기옥은 중국 운남항공학교 1기 졸업(1925년)생으로 한국인 최초의 여류 비행사이며 중일 전쟁 참가, 총 7000시간을 비행했다"고 기록하고 있다. 또 초창기 여자 비행사로 권기옥-이정희를 기록하고 있다.

[30] 이정희는 이정희는 조선 경성부 누상동 75번지에서 1910년 1월 26일생으로 서웅성의 호의와 배려로 1926년 11월 19일 일본으로 건너가 다치카와의 일본비행학교를 거쳐 1927년 11월에 삼등비행사의 자격을 취득하였고, 1928년 7월 5일의 2등비행사 시험에 합격되었다. 해방이 되고 1949년이 되었을 때 '여자항공대'의 책임자가 이정희였다. 해방 4년만에 그는 어느덧 공군 대위로서 여자항공대의 대장이 된 것이다. 그후, 6.25 사변으로 납북되었다.(대한항공 10년사 P.619)

[31] 박경원은 자신의 비행기 '청연(푸른제비)'을 소유하게 되는 과정에서 고이즈미의 큰 은혜를 입었다. 고이즈미는 일본 제국비행협회 회장이자 중앙조선협회 회장이기도 한 시카야 항공국 인사들에게 영향력을 행사하여 박경원이 군용기를 불하받도록 해주었던 것이다. 또 불하받은 군용기의 수리 보증금까지 지원해주었다. 1931년 11월 20일 항공국에 박경원 소유 비행기로 등록된 '청연'은 고이즈미 체신장관의 선물로 알려지고 있으며, 박경원이 일본비행학교를 졸업하고 3등 비행사 자격증을 딴 것은 1927년 1월 28일이었다. 1933년 8월 7일 오전 10시 35분, 청연호는 이륙한 지 50분 만에 짙은 구름 속에서 하코네 산 중턱에 부딪혀 추락했다. 8월 9일 박경원은 유골이 되어 도쿄로 돌아왔다.
1946.3.1조선항공사업사를 국제항공사로 개칭;.美軍政廳에서 日本이 使用한 모든 施設, 裝備에대한 使用 禁止措置로 飛行場, 航空機 등은 美軍政에 의거 押留등 使用禁止됨. 따라서, 日本時代의 朝鮮航空社의 名稱使用은 물론, 飛行機의 所有權에도 問題가 있어 새로운 形態의 航空社가 必要하게 되었음.

1930년에는 운항노선이 서울까지 연장되고 운항편수도 늘어나면서 항공운송이 본격화 되었다. 1930.5.15. 신용욱이 조선비행학교를 설립하고, 9월에는 유람비행을 지도리식 4인승, 복엽기로 실시하였다.

국내 항공운송사업의 효시는 1936년 9월 12일 신용욱이 설립한 조선항업사(조선비행학교를 조선항공사업사로 개편)에서 1936년 10월 여의도~이리구간 운항 개시 후, 1937년 1월 여의도~대구 구간을 운항하였으며, 1938년에는 광주까지 연장되었다.

1939년 11월 김영수가 1939.4.7.귀국비행 실시 후 대구에 조선항공연구소를 설립하고, 1944년 10월 폐교한 바 있으며 1944년 2월 20일 조선항공기제작소를 신용욱과 일본해군이 각각 50%투자하여 설립하였다.

1944년 10월 2일 조선비행기공업주식회사를 화신산업의 박흥식과 조선군 사령부간에 설립하였다.

▲ 권기옥

나. 해방 후

8·15해방 이후의 항공활동으로는 1945년 8월 16일 조선항공대를 서웅성, 윤창현, 김석항, 이정희 등 30명이 발족하였다. 1945.9.16. 조선항공대등 각종단체를 해체하고, 조선 항공협회 발족을 서웅성, 윤창현, 김석항, 이정희 등 30명 이외에, 김동업, 표명호, 김영수, 김양욱, 김광한, 안동석, 이근석 등 100여명이 발족하였다.

1946년 3월 1일에는 신용욱씨의 조선항업사를 국제항공사로 개편하였다.

1946년 3월 15일에는 중앙 활공연구소 설립(김석항, 안동석, 이원복 등) 1946년 3월 30일 대한학생항공연맹을 설립(이원복, 임달현, 이진황, 문종수, 유경식 등) 하였다. 이사장 윤창현, 회장 안동혁, 학생대표 이원복, 총무부장 임달현, 훈련부장 유경식, 연구부장 이진홍

1946년 4월 29일 조선항공기술연맹설립(황병선, 신치호 등), 1946년 5월 28일 한국항공건설협회 설립(최용덕, 윤창현, 김동업, 이계환, 서현규, 신치호, 이정희, 김석항 등 200 여명) 회장: 최용덕, 부회장: 이영무

다. 정부수립 후

1948년 10월 1일 신용욱이 국제항공사를 합명회사 대한국민항공사(KNA: Korean National Airlines)32)로 개편하고, 미국제 Stinson(190마력, 전폭10.4m 중량1,020kg, 속도210km/h. 5인승) 단발항공기 3대를 도입하여 운용하였다.

1948년 10월 30일에는 대한국민항공사에서 국내선 면허를 취득하고, 서울~부산, 광주, 제주, 강릉, 옹진 구간을 운항하였다.

▲ 대한국민항공사

---

32) 1948.10. 국제항공사를 대한국민항공사로 개칭; 해방과 동시에 국제항공사의 활동시 일제시대 사용중이던 항공기를 미 군정에 압류 당하였으므로, 새로 구입한 항공기의 원리금상환과 운영적자를 감당하기에는 역부족으로 합명회사 형태로 자본금의 추가확보와 기자재의 구입이 필요하였음.

1949년 2월 1일에는 서울~강릉, 서울~광주~제주, 서울~옹진간 국내선 노선을 개설하여 운영하였고, 1950년 6월 25일 전쟁이 발발하자 합명회사 대한국민항공사 소유 Stinson 단발기 3대를 군에서 징발하였다.

스틴손 항공기 2대는 6.25 당일 공군에 징발당 하였고, 나머지 1대는 부산에 내려간 김양욱 공군대위에 의해 임대증을 써주고 징발 하였다. 1950년 12월에는 대한국민항공사가 미국에서 DC-3 2대를 도입하고, 부산/제주, 부산/광주 구간을 운항하고, 1951.9.22 에는 서울/광주,군산, 구간을 운항하였다.

국제선은 미국에서 1949.6.29 체결한 한·미 잠정협정(미국항공사에게 일방적인 권리부여)에 의거 1949.9.1부터 서울-도쿄-서울구간을 Northwest Airlines이 취항하였으나, 당시 한국은 대형기가 한대도 없었던 시절이었다.

1951.6.19 대한국민항공사는 한국은행에서 100만불을 대부하고, 1951.6.28에는 합명회사 대한국민항공사를 주식회사 대한국민항공사로 개칭하였으며, 1951.10.5 대한국민항공사에서 DC-3항공기로 부산~도쿄구간에 부정기운항허가를 받았으며, 우리 정부는 10.19부로 허가하였다.

1952.3.1 자유중국에서 한·중 간 잠정협정에 의거 1952.5.10.부터 대북~도쿄~서울간을 주2회 운항하였으나 대한국민항공사(KNA)는 능력이 없어 1953.8월에 미국에서 DC-4 항공기1대를 도입한 후에야 대만에 취항하였고, 1959.7.28에 미국의 록히드사에서 콘스탤레이션 항공기를 도입하고 1959.8에 서울-시에틀 간을 취항하게 되었다.

1952.12.11에는 한국정부가 ICAO에 가입하여 회원국이 되었으며, 1953.10.27에는 대한국민항공사가 미국에서 DC-4, 1대를 도입하였다.

1954.7.2 에는 한·영 항공협정을 체결하고, 1954.7.2.부터 서울~대북~홍콩 구간을 주 2회, 1955.3.22.부터는 주3회, 1954.8.29부터 대한국민항공사는 서울~대북~홍콩 구간을 주1회 운항하였다.

▲ 최초의 국제선취항 DC-4 항공기

1956.4월에는 대한국민항공사가 미국 Alaska Airlines에서 DC-3 1대를 도입하였으며, 1956.5.24에는 여의도 국제공항을 준공(370평)하고, 1957.4.24 한·미 항공협정체결[33]하여 대한국민항공사에서 서울/시에틀 구간에 부정기 운항을 개시하였다.

1957.7.7 대한국민항공사소유 DC-3 항공기 1대가 부산 수영비행장에서 착륙중 돌풍으로 전복사고가 발생하였고 1957.9.10 미군기지인 김포비행장을 김포국제공항으로 승격하고, 1957.12.7 항공통신소설치(서울, 부산, 강릉, 광주), 1958.1.27 국제공항 이전 (여의도/1954.4 → 김포/1958.1.30), 1958.1. 30 김포공항을 김포국제공항으로 지정하고, 지방비행장을 대통령령 제1341호로설치(서울, 부산, 강릉, 광주, 제주)하였다.

이런 와중에, 1958.2.16 부산발 서울행DC-3 1대(창랑호)가 평택상공에서 피납[34]되어 평남순안 비행장에 강제 착륙된 후 1958.3.6 납북자 34명중 26명이 귀환되었다.
1959.4.22 대한국민항공사는 미국에서 DC-3 1대를 추가 도입하고, 1959.7.28. 대한국민항공사는 미국에서 Lockheed-749(4발 프로펠러) 1대를 도입하였다.

▲ 최초의 피납 항공기 DC-3

1960.8.6 한진그룹에서 '한국항공'을 설립(Air Korea)하였다. 1961.3.8에는 정기항공운송사업으로 서울~부산간에 취항하였다.

---

33) 항공협정 내용: 한국: 한국/중간 제지점/알라스카, 씨에틀, 미국: 미국/중간기착점/서울 이원제지점
 ※ 본 협정 체결로 1949.6.29 체결된 한.미 항공운수 잠정협정은 폐기.
34) 납치범들은 모두 7명으로 김형(35세),김미숙(처),김애희(51),아들 김택선, 길선(19),백순기(27),이관호(26,군인)등 북한간첩단이었다.

국내항공법을 제정코자 항공법 제정안을 1959.8.21 법제처 협의를 마치고, 1960.11.11 국무회의에 상정, 의결한 후, 1961,1.11 민의원 제38차 회의와 1961.2.22 참의원 제17차 회의를 통과 후 1961.3.7 구항공법을 폐기하고 신항공법을 공포한 후 1961.6.7.부터 시행하였다.

1961. 7. 1 김포공항관리 권한을 교통부가 미공군에서 인수하였고, 1961.8.10 항공법 시행령을 공포(대통령령 제96호)하였다.

1961.8.25 대한국민항공사장 신용욱은 운영자금 부족으로 마포샛강에서 투신자살하자 정부에서 운영감독관으로 신유협(당시 공군예비역 준장)을 임명하여 운영하게 하였다[35].

1961.9.22 정부에서 대한국민항공사에 1백만불의 보조금을 지급하고, 신용남(신용욱씨 동생)씨가 대한국민항공사의 대표에 취임하였으나, 운영자금의 부족은 회생이 불가능한 국민항공사에게 더 이상의 정부보조금 지원보다 정부의 투자에 의한 국영항공사를 운영하겠다는 정부방침에 따라, 1962.2.21 대한항공공사법을 임시국무회의에서 의결하고, 1962.3.23에 공포 (법률제 1040호)하였다.

1962.4.25에는 대한국민항공사에서 세금이 체납되자 보유 항공기 3대(DC-3, 2대, DC-4, 1대)를 광화문 세무서에서 압류 하였다.

1962.6.19에는 국영의 대한항공공사(KAL)를 설립하고 초대사장에 신유협을 임명하였고, 1962.7.3에는 대한국민항공사가 한국은행에서 대부받은 1백만불 중 체납된 83만3천불의 미납으로 항공기 소유권이 한국은행으로 이전되었고, 1962.11.27에는 대한국민항공사(KNA)의 항공운송면허가 취소되었다.

---

35) 당시상황으로본 대한국민항공사장 신용욱씨 자살사유(본 저자의 의견)
　　대한국민항공사는 1945년 해방이후에는 일제시대에 사용하던 항공기를 미군정청에 의거 사용할 수 없게 되었으며, 1950.6.25 발발된 한국전쟁으로 1948.10에 도입한 미국제 Stinson 단발기 3대마저 군에 징발되었고, 1950.12월에 도입한 DC-3 2대와, 1953.10 도입한 DC-4 1대, 그리고 1956.4 Alaska Airlines에서 도입한 DC-3 1대로 운송사업을 어렵게 운영하고 있었으나, 1957.7.7일 부산에서 DC-1대가 불시착하여 대파되었으며,다른 1대(창랑호)도 1958.2.28일 북한에 납북되는 등 보유 항공기의 가동율이 극도로 악화되었다. 보유중인 DC-4/1대와 DC-3/1대로 운송사업을 계속하기 위하여 1959.4.22.일 다시 미국에서 DC-3. 1대를 도입하고,1959.7.28일 미국에서 Lockheed-749 4발 프로펠러 항공기 1대를 추가 도입하였으나, 항공기 이용승객의 저변 취약, 각종장비의 노후화로 운항에 투입되는 시간보다 정비로 인한 지상계류가 많고, 수입이 극도로 악화되어있는 상태에서 고비용 외국인 조종사 활용으로 인건비의 지출이 엄청나게 큰부분을 차지하고 있었고, 1960.11.29일 한국항공(Air Korea)이 항공운송사업을 개시하게되어 적자운영 상태에서 운송사업을 경쟁으로 하여야 하였다.
　※ 외국인 조종사의 급여는 월 700불과 각종수당이 지급되고 있었으나, 한국인은 외국인의 3분의 1 수준에도 미치지 못하였으며 특히 내국인 조종사는 기장요원이 없었고, 실력이 있어도 미국인이 기장승격을 시켜주지 아니하여 불만요인이 상존하고 있었다.
　　1961.1.7 상업은행에서 200만원의 융자를받아 운영자금으로 활용 하는 상태였으나, 1951.6.19일 한국은행에서 빌린 100만불 융자금과 상업은행의 200만원 상환금 부단 등 과 항공기 Overhaul 정비를 위한 홍콩에서의 장기계류 문제(정비비를 지불하지 못하여 항공기는 억류상태), 부품의 적기도입 불능 등으로 항공기가 운항할 수 없는 상태에서 항공사는 도저히 회생불능 상태에 처해 있었음.

1962.9.7에는 항공법 및 시행령에 이어 항공법 시행규칙이 공포(교통부령 제135호)되어 항공에 관한 기본법이 완료되었다. 또한 유사법령으로, 1961년에는 항공기 제조사업법을 1978년에 항공공업진흥법으로, 1987.12.4에는 항공 우주산업 개발촉진법으로 제정·공포되었다.

1962.11.30에는 대한국민항공사의 사업중단(창업 14년), 1962.12.1에는 대한항공공사(KAL)에 국내선 취항허가, 1963.4 대한항공공사(KAL)에 한국/일본 노선 취항허가, 1965.9.1. 서울~부산~후쿠오카 노선 취항, 1967.6.1. 서울~대북~홍콩 노선 취항 등 활발한 항공사업을 개시하였다.

1963.9.3 부산수영 비행장을 부산국제공항으로 승격(임시국제공항지정: 1950.8) 1966.6.29 아세아항업 주식회사(사장 박창헌)가 설립되었으며 1970.2.28에는 약제살포, 어군탐지, 전선가설등 사업 범위를 추가하는 허가를 받았다.

1967.9.1에는 대한항공공사에서 최초의 제트여객기인 DC-9(HL-7201)항공기가 서울~오사카 구간 비행 중 자재 불량으로 오사카 상공 도착 전 기내에서 화재가 발생(수리비 $535,000)하는 어려움도 맞게 된다.

1968.4.26에는 제주공항을 국제공항으로 승격(대통령령 제3449호), 1968.7.25에는 대한항공공사에서 서울~동경 노선 취항(DC-9 주6회), 1968.8.8 세기항공(국쾌남)설립, Piper Cherokee 6, 4대로 시작 1966.11.20.에는 서울~진해간 매일운항하였다.

1969.8.22. 진해를 출발하여 서울로 비행 중 안성산에 추락하여 조창대 의원 등 5명이 사망한 사고가 발생되어 1969.8.23 부정기 항공운송사업이 중지되었다.

1969.1.17에는 극동항공 소유 DC-3(HL2010)항공기가 속초를 출발하여 김포공항에 착륙 중 강착장치 조작과실로 동체 착륙하여 항공기의 파손(수리비:$30,000)에 따른 후유증으로 문을 닫게 되었다. (기장: 권혁종 / 탑승정비사: 차형태 / ※ 극동항공설립연도: 1967년)

라. 현대

대항항공공사는 국가예산제도의 경직성과 적은 규모의 예산이라도 확보하는 데에는 정부의 승인을 얻어야 하며, 노후기종을 대체하는 데에는 엄청난 예산이 소요됨으로 쉽지 아니 하였고, 잦은 항공기의 고장으로 항공기의 가동율은 떨어지고 운영수입은 적자이었으며, 외국인 기장의 임금, 무임 승객의 과다 등 국가공기업의 특성상 항공회사의 핵심운영 요원의 증원은 필요하였으나, 일반 행정 등 지원 요원은 외부의 영향 등으로 계속 증가됨으로서 항공사의 수입에 비하여 고정적인 인건비의 지출이 많아 공사체제하의 항공회사는 운영이 불가능하게 되었다.

이런 사유로 대한항공공사의 운영은 민영화 방침에 따라 1969년 2월 28일 '한진'에 경영권을 인계하고, '한진'은 인계 받은 항공기 8대로 오늘의 대한항공을 설립하여 민간 항공 시대에 우리나라 경제발전과 더불어 세계적인 항공사로 성장하였는바 그 과정을 살펴보면 다음과 같다.

1969.2.28. 대한항공공사(1962년 6월 19일 ~ 1969년 2월 28일)를 민영화하여 '한진'그룹에 양도(항공기 8대: DC-9 ,DC-3 2, DC-4, F-27 2, FC-27 2, 부하가: 15억 47만 8천 원, 부채 23억원 부담조건, 직원: 1,229명 / 3실 6부, 27과 → 1실5부 17과로 축소, 자산: 36억 원, 국제선: 서울~동경, 오사카, 후쿠오카 / 주6회운항, 국내선: 13개노선 /일7회 운항)

1969.3.1 '한진상사'에서 대한항공공사 운영권을 인수하여 1969.3.6. '대한항공'을 설립(정기항공운송사업)하여 1969.9.15. 주식회사 대한항공으로 명칭을 변경하였다.

'대한항공'이 민영 항공회사로 출발한지 얼마 안 된 상태에서. 1969.12.11에는 YS-11A(HL5209) 항공기가 강릉비행장을 이륙하여, 서울로 향하여 비행 중 무장괴한들에 의해 피랍[36]된 후 북한의 순안공항에 강제 착륙 하였다. (피랍인원: 51명 / 승객47명, 승무원4명, 항공기 당시가격: $30만(9천만))

그 후 1970.2.14 승객 51명중 승무원 및 일부승객을 제이한 39명이 귀환되었으나, 억류자는 16명(승객 12명, 승무원 4명)이었다. (피랍인원: 51명(승객47명,승무원4명), 승무원: 기상 / 유빙하, 부기장 / 최석만, 여승무원: 정경숙, 성경희), 항공기 당시 가격: $30만(9천만))
1971.1.12에는 항공운송사업을 진흥시키고자 항공운송사업진흥법을 제정·공포하였으며, 1971.1.23에는 F-27(HL5212) 속초발 서울행 항공기가 속초공항을 이륙 후 범인(1명)에 의해 피랍도중 수습기장(전명세)이 범인을 덮쳐 수류탄 폭발로 범인(객실승무원 김상태)과 함께 사망하고 항공기는 고성군 초도리 해안 모래사장에 비상착륙하면서 대파되었다.

---

36) 1969.12.11, 12:25분경 강릉을 출발하여 서울로 향하던중 북한 간첩 채헌덕등 3명에 의해 YS-11 항공기가 납치되었다.

이때의 피해 상황으로는 사망: 2명,(수습기장, 기타 1명), 부상 26명이었으며(기장: 이강흔, 부기장: 박완규) 이 사건으로 국내 공항에서 경찰관에 의한 탑승객의 신체 및 휴대품 등에 대한 검색제도가 도입되었다.

1974.12.26 에는 계속되는 피납 방지와 기내폭력사건을 방지하고 안전운항을 확보코자 항공기 운항안전법(법률제2742호)을 제정하였다. 이는 1963.9.14 일본의 동경에서 체결된 항공기내에서 범한 범죄 및 기타 행위에 관한 협약(동경협약)을 준거하여 제정하였다.

그러나 국제정세의 변화 속에서 항공기 위해 행위가 다양화되자 국제민간항공기구는 이에 대응하는 협약으로 헤이그협약, 몬트리올 협약 등이 제정되었고, 특히 2001.9.11 미국 뉴욕의 세계무역센터(WTC)빌딩의 항공기 테러에 영향받은 세계 각국은 이러한 추세에 대응코자 여러 가지 대책을 수립하여 시행중이며, 특히 정부는 항공기 안전강화대책의 일환으로 동경 협약 등을 준용한 항공기 안전운항법을 2001.12.20일 개정한후 2002.8.26 항공안전 및 보안에 관한 법률로 완전 개정한바 있다.

1976.8.2 대한항공B-707(HL7412)항공기가 이란 테헤란공항을 이륙하여상승 비행 중 좌선회해야 되는 상황에서 약10도정도 우선회 되면서 이란 테헤란공항 서북방 8마일 지점 산악에 부딪쳐 추락함으로써 전파되어, 승무원(5명) 전원이 사망(사망 5명, 손해 $700만(33억 9천5백만 원))하였으며, 1976.10.14에는 부산국제공항을 김해로 이전하고 김해국제공항(대통령령제8260호)으로 지정하였다.

1978.4.20 KAL B-707 (HL7429)항공기가 파리에서 앵커리지로 비행중 항로이탈(항공사의 항법착오로 소련령공에 침범)로 소련전투기(SU-15)에 의해 피격된 후 소련의 무르만스크 이만다라 호수 빙판에 05:06분 비상 착륙(승객 2명이 총격으로 사망: 한국인1명, 일본인1명)하는 사고가 발생하였다.

※ 조치사항: 기 장 및 항공사 / 면허취소, 부기장 / 1년간, 기관사 / 3개월 업무정지
  항공사의 항법착오로 소련령공에 침범(승객 2명 총격으로 사망 / 한국인 1명, 일본인 1명), 1978.4.23 기장 등을 제외한 전원 송환

민간항공의 급성장 과정에서 1970년대 이후에는 국내적으로 사건과 사고 등으로 많은 시련을 겪게 되었으며, 국외적으로는 1978년 미국의 항공산업 규제완화정책 시행이후 국제 간 경쟁이 치열하여지고 전 세계적으로 복수 항공사체제로 가는 추세가 나타나면서 정부에서는 1988년 서울 올림픽을 대비하여 제2민항을 1988년 2월 13일 금호그룹에 아시아나 항공을 설립허가 함으로서 본격적인 민항공 경쟁시대로 돌입하여 국제경쟁력을 갖춘 항공운송산업이 발전하는 계기가 되었다.

이런 민간항공의 시련과 발전을 위한 노력 등을 살펴보면, 국내 항공노선을 확충하여 서울(김포), 부산(김해), 제주, 대구, 진주(사천), 여수, 광주, 목포, 포항, 울산, 예천, 강릉, 속초 등 전국의 주요 도시와 관광지를 연결하였으며, 1980년 5월 30일에는 국제공항관리 및 유지보수 업무를 전문적으로 취급하기 위한 한국공항공단을 설립하고, 김포를 포함하여 김해, 제주국제공항에 대한 전문적인 관리와 보수 유지 등 시설 현대화에 박차를 가하였다.

※ 한국공항공단은 2002년 3월 2일부로 한국공항공사로 전환되었다.

1980.11.19 대한항공 B-747(HL7445)항공기가 로스앤젤스를 출발하여 김포공항 14방향으로 착륙 중 정상 착지점보다 520미터 전방 언덕에 접지시킴으로서 뒷바퀴가 부러져나가고 동체로 활주로를 약1,700미터 미끌어지다가 화재가 발생하여 16명이 사망(승객9명, 승무원6명, 공항경비 포대병 1명)하고 15명이 부상을 당하는 사고가 발생되었으며, 당시 보상액은 1인당 미화 75,000$ 이었다.

1983.5.5 에는 중국여객기가 납치범 탁장인에 의거 피랍된 후 춘천에 불시착 하였으며, 탑승객 105명과 납치범(탁장인)은 항공기 납치범으로 재판 후 사형 선고 후 대만으로 추방하였고, 승무원 및 승객은 1983.5.10 모두 중국으로 송환하였다.

중국여객기 불시착사건으로 한·중간 최초의 정부간[37]대화가 이루어졌으며, 양국간 대화채널 마련 및 수교의 계기가 마련되었다.

1983.8.17에는 중공군 조종사 손천근 대위가 MIG-21기를 타고 귀순하였고, 1983.9.1.에는 대한항공 007편 B-747(HL7442) 항공기가 앵커리지를 출발하여 서울로 비행 중 캄차카반도와 사할린 근해 상공에서 소련전투기에 의해 피격되어 추락당하는 사고가 발생하였다. (사망: 269명(승객 240, 승무원29), 항공기: 대파, $32백만(256억 원)손해, 보상액: 1인당 미화 10만$ *일부는 제소후 추가 보상실시)

이 사건으로 국제민간항공협약 제3조의2항을 신설(제3조의2 민간항공기 및 국가항공기)하는 계기가 되었다.

---

[37] 사건당시 항공국장이었던 김철용국장과 중국측의 심투(沈頭) 항공국장간에 공식적인 정부간 대화가 항공통신망인 AFTN을 이용하여 이루어졌으며, 사건개요 와 금번 사건처리에 국제적인 법규와 관례에 따라 처리하겠다는 한국측의 향후추진계획을 통보하자, 중국측에서 중국의 의사를 전달하여 오고, 심투항공국장 일행이 중국 항공기를 타고 김포공항에 도착하므로서 한국과 중국간 최초의 공식대화가 개시되었다. 대화가 단절된 상태에서 중국정부 항공국장 일행의 방문으로 국가간의 외교문제로 격상되자, 당시 외무부 기획관리실장이었던 공노명씨가 한국측의 수석대표로 교체되면서 양국간의 공식대화는 물론 향후 양국간 국교수립에 좋은 계기가 되었다.

1983.12.24 대한항공DC-10(HL7339)화물기가 앵커리지공항을 이륙코자 활주중 이륙활주로를 착각하여 활주로 이탈하여 인명피해(경상4명), 항공기(대파($33백만) 264억 원 손해), 대한항공에 엄중경고 처분이 내려졌다.

1986.9.14일에는 김포국제공항의 국내선 청사밖의 재떨이에 설치된 폭발물이 폭발하여 5명이 사망하고 30명이 넘는 부상자가 생겼다.

제10회 아시아경기대회 개막 직전에 발생한 폭발사건으로 치안당국은 범행에 사용된 시한폭탄이 고성능화약(콤퍼지션-4)으로 일반인이 입수하기 곤란한 점, 1983년의 대구 미문화원폭파사건이나 미얀마의 양곤테러사건과 수법이 유사한 점, 불특정 다수인의 무차별살상을 목적으로 한 점에서 북한과의 관련설을 강하게 시사했다.

※ 몬트리얼 협약의 추가 의정서 적용대상

1986.12.26 에는 국내공항의 확충으로 강릉, 포항 비행장을 설치(대통령령 제12015호)하였다.

1987.11.29에는 KE858/B-707(HL7406)항공기가 아부다비/방콕/서울구간 운항 중 미얀마 영해 안다만 해상서 북한 공작원에의해 공중폭파(김현희(마유미)/김승일(신이치)-시한장치폭발물 기내설치)된 사건이 발생[38]하였다.

이 공중폭파사건으로 사망 115명(승객 95명, 승무원20명)이 발생하였으며, 이번 폭파사건이후 승객의 휴대품 중 전자제품에서 배터리 분리 회수제를 시행하고, 탑승객의 본인 수화물이 아닌 경우에는 항공기에 탑재시키지 않는 것은 물론 기내에서는 전자제품의 사용제한 등 항공법규에 의한 안전관련 조치가 국내외적으로 시행되었다.

1988년 2월 13일에는 각 국이 항공사의 복수운항체제의 변화추세와 88올림픽을 대비하고 급증하는 한·일간 승객의 수송에 대처하기 위하여 금호그룹에 제2민항을 설립 인가하였다. 1988년 2월 17일에는 금호그룹의 제2민간항공을 서울항공으로, 동년 2.24일에는 정기 항공운송사업 면허를 취득하였다.

---

[38] 하치야 마유미(김현희,26세),북한 노동당 조사부 소속 과 하치야 신이치(김승일,70세),북한노동당 조사부소속 전문공작요원에 의하여 시한폭탄과 액체폭발물에 의하여 공중폭파 - 김현희의 자백

1988년 8월 8일에는 서울항공을 아시아나항공(AAR)으로 명칭을 변경하였으며, 1989년 1월 10일에는 서울~제주간 운항을 개시하여 오랫동안 계속된 단일 항공사의 체제에서 복수 민항공 경쟁시대로 돌입했다.

1988.9.12 에는 대한항공이 소련영공을 첫 비행하게 되었고, 1989.7.27. 대한항공 803편 DC-10(HL7328) 여객기가 리비아의 트리폴리공항에 착륙 중 사고발생(사망자 80명, 부상자 139명, 항공기 대파, 화재발생)

※ 당시 트리폴리 공항은 ILS가 고장 상태였으나 기장이 ILS고장 NOTAM을 전달 및 확인하지 않고 정상 작동되는 것으로 착각하여 착륙 중 공항 도착 전 지상에 충돌로 기체는 대파되고 화재발생(당시 피해액 234억 5천만 원)

1989.7.27 우주항공소속 S-58T헬리콥터가 울릉도~포항(강구)구간 운항 중 엔진고장 및 엔진화재로 울릉도 인근 해상에 추락 사망자 13명, 기체 전파

※ 2개의 엔진중 #1엔진에서 불이나자 당황한 기장이 불이난 #1엔진대신에 정상적인 #2엔진에 소화기를 터트리면서 모든 엔진이 정지된후 바다에 추락한 사고
※ 경찰서장등 모든 승객이 승무원의 권유를 무시하고 비상용 Life Jacket을 착용하지 않고 비행하여 추락 시 승객 모두 익사, 승무원 3명은 규정에 따라 구명복을 착용하여 무사

1988.12.23에는 제2민항 아시아나항공이 서울, 부산, 광주 구간의 국내선에 첫 취항 하였다.

1989.11.25 대한항공 75편 F-28/터보젯트(HL7285)항공기가 김포공항 활주로상에서 이륙중 1번 엔진 고장에 대한 이륙조작 과실로 이륙 직후 추락, 착륙대내에서 지상 충돌 후 화재발생 (항공기: 대파, 전소 (100억 2천 5백만 원), 인명피해: 사망1명, 부상 40명)
1990년대에는 민간항공이 내실을 기하고 치열한 국제 경쟁 속에서 선진항공으로 발돋음 하려는 노력을 모든 항공분야가 합심하여온 시기이다.

1990.2.6 예천비행장 설치하였고, 1990.2.10에는 아시아나항공이 서울~동경 노선에 취항하였으며, 1990.3.6에는 아시아나항공이 서울~후쿠오카 노선에, 1990.5.29에는 대한항공이 서울~가고시마 노선에, 1991.6.21에는 아시아나항공이 서울~히로시마에 정기 여객 노선을 개설하였다.

1990.6.21 지방공항의 공항관리업무를 한국공항공단으로 이관하였으며, 1991.11.11 서울 및 부산지방항공관리국을 서울 및 부산지방항공청으로 명칭을 변경하였다.

1992.1.16 아시아나항공 B-767(HL7264) 항공기가 제주공항에 착륙중 Hard landing으로 동체전방 및 중간부위가 크게 파손됨(항공기 대파: 수리비: 65.4억 원, 외국인기장 및 부기장: 항공종사자면허 취소)

1993.7.26에는 아시아나항공 여객기 B737-500 / 130인승(HL-7229)가 서울~목포구간 운항중 공항 접근로상 목포~해남 운거산에 충돌추락 (15:40:36)하여 승객 104명, 승무원 6명 중 66명이 사망하고(승객 64명, 승무원2명) 44명(중상 43, 경상1명)의 부상자가 발생되었으며, 항공기는 전파하여 약 240억 원의 피해액이 발생되었다. 당시 1인당 보상액은 1억 6천만 원이었으며, 항공사는 과징금 4천 500만 원 부과되었다.

1994.8.10 대한항공 A300-600 / 258인승(HL7296)항공기가 제주공항(11:22) 착륙 중 활주로 끝을 지나 외곽 담장과 충돌하여 화재가 발생되어, 승객 160명(승객 152명, 승무원 8명) 중 9명의 부상자가 발생되었으며, 항공기는 전소되어 500억33만 원 피해액이 발생되었다.

1995.1.1에는 김포공항에 항공기의 이착륙회수를 증가시키고, 공역활용의 증대를 위하여 서울북쪽에 직항로(P-518 통과 G-597에 연계)를 개설하였다.

1995.3.1에는 1952.7부터 주한 미 공군이 설치하여 운영 후, 1958. 1 국방부에서 인수 운영 중이던 항로관제업무를 우리 정부 항공교통관제소에서 인수 운영하게 됨으로서 민간항공기의 관제서비스와 공역관리의 일원화에 획기적인 전환점을 이루게 되었다.

1995.11.20.~1996.1.12에는 민간항공의 국제협력증진과 양국 간의 협조유대강화차원에서 제1차 중국의 항공교통관제사(23명)교육을 한국공항공단과 대한항공의 협조아래 실시하였다.

1996. 3.25~1996.5.17에는 제2차 중국 항공교통관제사(16명)교육을 한국공항공단과 아시아나항공의 협조아래 실시함으로서 중국 관제기관 및 관제사가 우리나라 항공사인식에 좋은 계기를 마련해 줌으로서 향후 민간항공기의 중국영공 통과 비행 등에 폭넓은 지지와 실무자간의 협조가 있어 왔다.

1996.2.9에는 대구공항을 대구국제공항으로 승격(대구~일본 노선에 취항)시키고, 1997.2.28에는 강원지역의 교통망의 애로를 해소코자 원주공항을 개항하였다.

1997.8.6.에는 대한항공 080편,B-747-300b(HL7468)항공기가 미국령 괌의 아가냐공항에 착륙 접근 중 공항으로부터 약6킬로미터 떨어진 니미츠힐에 추락 후 탑승자 254명중 사망자 229명, 부

상자 25명과 항공기는 대파되고 전소된 사고가 발생되었다.

1997. 11.19에는 남북한 직항로선(B467) 개설을 위한 4자간 회의(ICAO, 한국, 북한, 중국, 일본)를 1996.9.10. ~ 9.13까지 태국의 방콕 ICAO 지역사무소에서 개최하고 북경~북한간, 북한~한국간, 한국경유 북한~일본간 및 한국~소련간의 항로를 신설하는데 합의하고, 관제 직통 통신망의 구성문제만 남아 있었으나 우리가 제의한 판문점을 통한 직통선을 관제통신망으로 사용하고, 1997.11.19. 10:00시에 남북간 직통관제통신망 개통식을 평양과 대구에서 정부간 당국자인 양국 관제소장간에 시험통화를 통한 공식 개통한 후 미비점을 보완 1998.4.23부터 정식 운용하기 시작하였다. 당시의 시험통화[39]는 한국의 대구항공교통관제소장과 북한의 평양관제소장 간에 실시하였다.

1999. 2.1 인천국제공항공사 출범(수도권 신공항 건설공단을 인천국제공항공사로 변경)하였다.

1999.04.15 대한항공MD-11(HL7316) 화물기가 중국 상하이 홍치아도 공항을 이륙 후 상승 비행 중 추락(항공기 고도의 착각-1500미터를 1500피트로 알고 실속)

※ 인명피해: 사망자 9명(승무원 5명, 지상인원 4명), ※ 항공기 피해: 대파

※ 1933년.5.29 항공기에 의한 제3자에 끼친 손해에 관한 조약(로마조약)적용대상

2000.11월에는 KANSU(깐수: 남북한 비행정보구역 경계지점)와 부산 간에 국제선 A-586직선항로(269해리/498km)를 신설함으로써, 종전 깐수-인토스-강릉-포항-부산으로 이어지는 우회 항공로(392해리/725km)대신 신설 직선항공로를 이용함으로서 123해리(228km) 단축되었다.

이 직선항로 신설로 일본공역으로 비행하던 월 60편의 외국 국제선 항공기가 A-586식선항로를 이용함으로써 연간 미화 83.4만 달러(11억원)의 항공경비를 줄이고 우리나라도[40] 영공통과료/항행안전시설사용료 수입 증대 효과를 보게 되었으며, 경제적 공역관리로 국제항공운송계에 이바지하게 되었다.

---

[39] 당시 남북 당국간 시험통화자는 대구항공교통관제소장(김맹선)과 평양항공교통관제소장(최익수) 간에 이루어졌으며, 판문점을 경유한 직통선을 이용한 통화로서 통화예정시간을 1997.11.17 10:00부터 계획되었으나, 통화상태가 불량하여 10:30분에 전화가 연결되었으며, 국제민간항공기구 아태지역 사무소 항행안전시설시설 담당(Mr.langarjan)과 먼저 시험통화를 하고 통화음질이 3 By 3 상태로 곤란하여 대기중 10:40분경에 다시 연결 후 남북간 항공교통 관제소장간에 통화가 실시되었다.

[40] 연간 8,400만원의 영공통과료/항행안전시설사용료(2000년도 약143억원) 수입 증대 효과 와 경제적 공역관리로 국제항공운송계에 이바지하게 되었다.[연료 절감 $376,936 (B747-400 항공기 시간당 연료소모량 23,700lbs/hr,. 영공 통과료 절감 $457,271(일본: 8만9천엔/ 950, 520원, 우리나라: 116,210원)]-2001.4.24 건교부 발표자료

2001년에는 항공분야에 어려움이 많았던 반면에 도약의 기회가 주어진 시기였다.

첫째는 2001.9.11의 미국 뉴욕의 무역센터 빌딩,워싱턴 펜타곤에 대한 항공기를 이용한 테러로서 전세계의 민간항공계에 항공기 테러에 대한 안전대책의 강화조치와 결항 및 승객 감소에 따른 항공사의 수입감소로 항공사의 운영상 어려움이 있었다.

둘째는 미 연방항공청의 우리나라에 대한 항공안전 2등급 격하조치로 인한 대외적인 신용도 추락과 항공조직의 위기였다.

이는 제29차 국제민간항공기구총회(1989년)에서 결의된(Assembly Resolution A29-13) 항공안전감사계획의 일환으로 ICAO 전문가에 의하여 지난 1996년 3월부터 신청국들에게 항공안전 평가를 실시하였으며, 1999년 8월까지 신청국 72개국 중 51개국에 대하여 ① 종사자의 자격분야(Annex 1: Personnel Licensing), ② 항공기의 운항분야(Annex 6: Operation of Aircraft), ③ 항공기의 감항성분야 (Annex 8: Airworthiness of Aircraft)의 평가를 실시한 결과 51개 피 검사국가중 35개국이 기준에 미달되자 1998.9.22.~10.2 기간동안 개최된 제32차 국제민간항공기구 총회에서 의제25로 ICAO의 세계항공안전계획인 ICAO 세계안전감독·감사 프로그램(Universal Safety Oversight Audit Programme)의 채택을 전체회의에 회부하고 비 의무적인 현행 프로그램과는 달리 이를 전 세계에 적용키 위한 국제민간항공기구의 방침에 따라, 정기적·의무적·조화적·체계적인 감사의 수행과 감사결과의 투명한 공개를 원칙으로 하도록 하는 안이 가결되었다.

이러한 감사 프로그램을 1999년 1월부터 시행하기로 결정됨에 따라 우리나라에도 2000년 6월 5일부터 14일까지 실시한 항공기 운항, 안전성, 항공종사자의 자격관리 등 3개 분야에 대한 점검결과 28건의 지적사항을 개선하도록 권고 받고 2001.5월 중순까지 23건은 완료하였으나, 나머지 5개 사항은 법규의 제정, 조직의 보강 등 시간이 소요되는 관계로 12월 말까지 추진하겠다는 이행계획서를 ICAO에 제출한 상태에서 미 연방항공청의 안전점검이 실시된 것이다.

이는, 한미 항공협정상의 안전이행기준과 미연방항공청(FAA)의 국제항공안전평가계획(IASA :International Aviation Safety Assesment, Program)에 의거 FAA의 점검이 1차는 2001.5.22.~25일까지, 2차는 2001.7.16.~18일까지 실시된 후 8.17일 부로 항공안전2등급이라는 치욕을 맞게 된다.

미 연방항공청이 실시한 안전점검은 ICAO가 지적한 내용과 같은 3개 분야에 대한 내용이었으며, 우리나라의 항공안전등급을 2등급으로 격하시킴으로서 한국의 항공행정 및 안전관리능력을 대외적으로 추락시킨 사건이었다.

이에 따라 정부의 후속 대처노력과 항공행정관련 요원들의 부단한 노력은 항공법규의 개정, 조직의 보강, 필요 인원의 확보, 항공사고조사기구의 독립 등 민간항공행정에 많은 개선을 가져오는 계기가 되었으며, 항공청의 독립은 진행되지 아니한 상태에서 미연방항공청은 2001년12월6일 한국의 항공안전등급을 1등급으로 상향 조정한 바 있다.

항공교통론

제 3 장

항공법의 출현

1. 국제 항공법의 태동 및 제정과정
2. 국제민간 항공협약과 부속서
3. 국제민간 항공안전관련 협약
4. 국내항공법의 제정 및 개정

제3장
항공법의 출현

1 국제 항공법의 태동 및 제정과정

1783.11.21 몽골피에 형제의 기구를 로제와 달란테가 탑승비행에 성공하고, 1783.12.1.에는 샤롤과 로벨 형제가 수소가스 기구를 타고 약 2시간, 43km의 구간의 비행에 성공하게 되자, 프랑스는 1784.4.23 경찰명령으로 특별한 허가를 받지 않은 기구비행을 금지시키는 경찰명령이 공포됨으로써 최초의 항공규제가 시작되었다.

1785.1.7에는 진 삐에로와 존 제퍼리가 수소를 사용한 기구로 영·불 해협을 횡단비행에 성공하는 등 인간 탑승기구가 타국의 영공을 비행하게 되고, 추락등 사고 발생시는 인명 및 재산피해가 빈번하게 발생하게 되자 프랑스에서는 1819년에는 기구에 반드시 낙하산을 탑재하도록 하는 안전운항에 관한 정부의 규제조치가 최초로 발령되었다.

1903.12.17일 Wright 형제가 동력항공기를 개발한 이후 제1차 세계대전을 치르는 과정에서 각종 항공기는 급속하게 발달되었고, 영공의 불법침범비행, 사고의 빈발등의 사유로 각국이 영공주권의 배타적인 권리와, 자국민과 재산의 안전 확보등 국제간 공역의 규제 필요성이 대두되었는 바, 제1차 세계대전이 종료된 1년 후, 1919년 각국이 영공에 대한 국가주권인정과 부정기 운항에 관한 무해통행(Innocent passage)을 규정한 파리조약이 국제항공공법의 시초로 탄생되어 민간항공에 많은 영향을 준 후, 동 조약은 1944년의 국제민간항공협약 의 모델이 되었다. 국제 항공법의 출현 과정을 살펴보면 다음과 같다.

1. 제1기: 항공초기-제1차 세계대전 종료 시까지

1784.4.23 프랑스 경찰에서 "허가없는 기구의 비행금지"라는 경찰명령을 포발함으로써 시작된 항공규제는 1819년에는 기구에 반드시 낙하산을 탑재하도록 하는 안전운항에 관한 정부의 규제조치가

세계최초로 발령되었으며, 그 후 1785. 1. 7 진 삐에로와 존 제퍼리가 영·불 해협을 수소기구로 횡단하게 되자 국제간에 항공기의 안전운항을 위한 항공보안시설의 개발, 기상정보의 취득 및 교환, 비행규칙 등의 기준제정 등의 필요성이 대두되었다.

1822년에는 미국의 보통법 법원에서 항공기 불법행위 사건을 처리한 기록과, 1889년에는 프랑스에서 국제규칙의 작성을 위한 최초의 국제항공법회의를 개최하였으며, 1891년에는 프랑스와 이태리간 최초의 국제협약을 체결하였다,

1893년에는 파리에서 국제항공법 회의를 개최되었으며, 1899.7.29 제1차 헤이그 평화회의에서 "기구에서 어떤 폭발성 물건도 투척하지 못하도록 하는 선언문(Declaration Prohibiting the Discharge of Projectiles and Explosives from Balloons)"이 채택되었다.

1908.7.1 폰 제프린은 LZ-4엔진을 장착한 비행선으로 12명의 승객을 탑승시키고 파리에서 스위스 구간의 372km를 비행하였고, 1909.7.25에는 프랑스의 부레리오트가 영.불 도버해엽을 40분만에 횡단하자 이에 따른 무해통행의 권한개념 등[41] 항공의 국제성이 부각되어 항공법 국제위원회가 설립되었다.

1910.5.26. 영국. 프랑스 등 19개국 대표가 파리에서 국제항공법 제정을 위한 국제회의를 개최하고 최초의 국제항공법 초안을 작성하였으나 영국과 프랑스의 의견차이로 협정체결은 실패하였다.

1913.5.26 독일과 프랑스 간 항공협정을 체결하였는바, 이는 1909년부터 독일의 기구가 프랑스 상공을 수차례 침범 비행하자, 1910년에 기구의 침범 사건을 계기로 독일-프랑스 간 국제항공 외교관 회의를 파리에서 개최하였지만 1913년에야 양국간에 항공협정이 체결되었다. 당시에 체결된 항공협정에서는 외국항공기의 자국 상공 비행인정, 자국영역에 비행금지구역 설정, 군용항공기의 허가없는 비행금지 조항이 성문화되었다.

1916.2.16 제1차 세계대전중 독일의 쉐퍼린 비행선이 네덜란드 영공을 침범비행하자 네덜란드에서 발포[42]하는 사건이 발생하였고, 각국이 자국 영공에 대한 배타적인 주권인정 등 공역의 규제 필요성이 대두하게 되었다.

---

41) Compendium of International Civil Aviation, IATA, p.6
42) 최완식, (1979), 항공법학, 창문각, p. 23

2. 제2기: 제1차 세계대전종료-제2차대전 말기까지

제1차 세계대전 이듬해인 1919.1.18 파리에서 국제회의가 개최되었고, 1919.10.13에는 파리협약(세계최초의 성문화된 국제협약: 부록 참조)이 탄생되었다. 1차 세계 대전 종료 후 각국의 영공에 대한 국가주권 인정과 부정기 항공에 관한 무해통행 등을 규정한 파리협약(The Convention Relating to the Regulation of Aerial Navigation/항공기에 의한 항공 운항의 규제를 위한 협약)이 체결되었다.

파리협약은 국제항공법의 효시로, 협약 대상 38개국가중 32개 국가가 참여하였고, 1922.7.11부터 발효된 후, 국제민간항공을 위한 국제적인 통일공법으로서 국제항공운송의 발달을 촉진하는데 크게 기여하였으며, 세계 각국이 파리협약을 준거하여 자국항공법을 제정하였다. 특히 일본은 파리협약 체약 당사국가로서 상기 협약을 근거로 일본항공법을 1921.4.8에 제정[43]하였다.

※ 파리협약 제정시 참가국(26개국): 미합중국, 벨기에, 볼리비아, 대영제국, 중국, 쿠바, 에쿠아도르, 프랑스, 그리스, 과테말라, 아이티, the Hedjas, 온두라스, 이탈리아, 일본, 리베리아, 니카라구아, 파나마, 페루, 폴란드, 포르투갈, 루마니아, 세르비아-크로아티아-슬로베니아 공화국, 시암, 체코슬로바키아, 우루과이,

※ 협약 비준시는 미국에서 불참[44]

그 후 파리협약은 1926년의 이베로-아메리칸협약, 1928년의 하바나 협약, 그 후 1944년의 시카고 협약의 모델이 되었다.
파리협약의 주요내용으로는 다음과 같다.
① 영공주권의 확립(제1조),
② 부정기 항공에 있어 무해항공의 자유 인정(제2조),
③ 비행금지구역의 설정(제3조),
④ 항공기의 국적 및 등록, 감항증명 및 항공종사자의 기능증명, 비행규칙, 운송금지품,
⑤ 항공기의 안전성 기준 등 통일된 기준유도,
⑥ 체약국의 항공기는 체약국 상공에 무착륙횡단 비행인정(제15조),
⑦ 연안 운송의 유보, Air Cabotage개념도입(제16조),

---

43) 법제처, 조선총독부편람, 조선총독부령 56호(1927.5, 5)

44) 제 5대 대통령 이었던 제임스 먼로 (1817-1825)시절 유럽국가에 대한 혐오감이 먼로주의로 표출되어 국제연맹과 파리협약을 비준을 반대하였음. 첫째, 국제연맹규약상 회원국간 전쟁이 발발시 자동개입이 문제, 둘째, 유럽보다는 미주국가위주의 보호주의 성격

⑧ 체약국의 군용 항공기는 사전에 특별한 허가 없이는 다른 체약국의 영역 상공을 비행하거나 그 영역에 착륙하는 것을 금지(제32조)하는 등 각국의 공통적인 이해사항을 성문화 시킨 최초의 국제항공공법이었으며, 동협약이 체결됨에 따라 국제항공의 협력기관으로 국제항행위원회(ICAN/International Commission for Air Navigation)가 설립되었다.

※ 제1차 세계대전 동안 미국과 영국의 영향력있는 단체들이 이러한 기구의 설립을 강력히 주장했으며, 미국의 우드로 윌슨 대통령은 또다른 파괴적인 세계분쟁을 막기 위한 수단으로 그 주장을 열렬히 지지했다.

국제연맹 규약은 집단안보(침략국에 대한 연맹회원국의 공동행동)와 국제분쟁의 중재, 무기감축, 개방외교정책의 원칙을 그 내용으로 하고 있으며, 파리 평화회의(1919)에서 연합국이 그 안을 만들어 서명했다. 국제연맹을 통해 아시아와 아프리카에 있던 식민지들이 위임통치 형식으로 연합국 사이에 분배되는 체제가 이루어졌다.

1925년에는 제1차 국제사법국제회의가 개최되었고, 1926~1947까지 설치하여 운영 후 ICAO에 편입되었으나, 항공 운송사업자의 책임에 관한 협약을 기초하였고, 국제사법에 대한 통일기준을 설정하였으며, 국제법률전문가위원회인 CITEJA(Commitee International Technical D'Expertice Juridigues Aeriens)를 설치 운영하고 후에 ICAO의 Legal Committe로 흡수 되었다.

1926.11.1.에는 이베로/아메리칸협약(Ibero-American Convention on Air Navigation)을 체결하였는바, 1차 대전중 중립국가로서 파리협약에 참가하지 않은 미국, 스페인, 중남미 제국 등 21개국이 참여한 이 협약은 영공주권주의 인정 등 파리협약 내용을 대부분 수용하였으나 발효되지는 못하였다.

1928.2.28에는 상업항공에 관한조약(Inter-American International Convention on Commercial Aviation, 일명: 하바나 협약 또는 Pan-American Convention)이 체결되었는데, 파리협약에 불침한 미국을 위시한 범 미연합국 28개 국가가 쿠바의 수도 하바나에서 체결하였다.
① 영공주권주의 인정,
② 평등한 대우,
③ 강제착륙권리,
④ Cabotage 금지를 주요 내용으로 하는 조약을 체결하고, 1928.6.13일부터 발효되었다.
그 후 국제항공운송이 발달하면서 통일된 규칙이 필요하게 되었다.
그중에서도, 여객, 화주에 대한 운송인의 책임에 관한사항으로 국제협약으로 제정된 항공사법이 출현하였다.

※ 하바나협약 참여 및 비준국가: COUNTRY SIGNATURE RATIFICATION

Antigua & Barbuda, Argentina, Bahamas ,Barbados ,Belize ,Bolivia ,Brazil, Canada, Chile, colombia, Costa Rica, Cuba, Dominica, Dominican Republic, Ecuador, El Salvador, Grenada, Guatemala, Guyana, Haiti, Honduras, Jamaica, Mexico, Nicaragua, Panama, Paraguay, Peru, St. Kitts & Nevis, St. Lucia, St. Vincent & Grenadines, Suriname ,Trinidad & Tobago, United States, Uruguay, Venezuela

1929.10.12에는 폴란드의 수도 바르샤바에서 체택된 바르샤바 조약(Convention for the Unification of Certain Rules Relating to International Carriage by Air)[45]은 국제항공운송에 있어서 일부규칙의 통일에 관한협약으로, 항공표 및 항공운송에 관하여 각국이 법적기준을 통일하고, 여객·화주에 대한 운송인의 책임 제도를 확립하는 제도로서 주요 내용은 다음과 같다.

① 1929.10.12 바르샤바 협약은 과실책임주의(Willful Misconduct)를 채택하면서도 항공운송회사의 파산 등을 방지하고자 운송인의 책임을 제한하는 유한 책임제도를 도입하였다. 보상책임 한도액을 여객1인당 125,000프랑(약$10,000)으로 하고, 운송인의 고의성이 인정될 경우에는 운송인에게 무한책임을 부과토록 하였다.

② 이후 1955.9.28에는 헤이그에서 보상책임 한도액을 250, 000프랑(약 $20,000)으로 인상하였고,

③ 1961.9.18 과달라하라 의정서에서는 항공운송사업자의 적용기준을 모든 운용자 에게 적용 (원 소유자, 임차 운용자, 재 임차 운용자)

④ 1966.5.16 몬트리올협정에서는 여객에 대한 보상책임한도액을 $75,000로 인상하고, 과실추정주의를 절대책임주의(무과실책임주의)로 하였고,

⑤ 1971.3.8. 과테말라의정서는 무과실책임주의와, 보상책임한도액을$100,000로 인상하고, 책임한도액의 절대성과 국내 보조보상제도의 도입 등이 있었으며,

---

[45] 항공진흥협회, (1984), 국제항공운송인의 배상책임제도, 항공진흥협회, pp. 1-31
폴란드의 수도 바르샤바에서 서명된 협약으로 프랑스가 1925년 제1회 국제항공법회의에 제출한 원안을 기초로 국제항공법 전문가위원회에서 작성된 안을 협약으로 채택하였다.

⑥ 1975.9.25 몬트리올 추가의정서에 의거 보상책임한도액의 화폐단위를 SDR(Special Drawing Right)로 변경하고, 추가 의정서로서 제1, 2, 3, 의정서로 화폐단위를 채택하였다.

※ 특별인출권(SDR: Special Drawing Rights)이란 IMF가 금을 대체하기 위해 만든 국제공통화폐를 말함.
※ 특별인출권의 가치: SDR의 가치는 1US$(순금 기준 0.888671g)으로 정해졌으나, 1970년대 국제환율체계가 변동 환율제로 전환되면서 매일 거래가치를 달러로 환산해 표기하고 있다.

⑦ 1999.5.28 미국의 강력한 주장에 따라, 몬트리올 협정을 체결하였는바, 여객의 보상책임한도를 100,000SDR 까지는 무과실 책임주의로 하되, 100,000SDR 초과시는 손해배상청구에 의하도록 하는 운송인의 과실책임주의를 채택함으로써 국제 항공운송에 있어 손해배상책임제도가 일단락 되었다.
 - 미국인의 가치를 상향조정하려는 의도
 - 몬트리얼 협정에 가입하지 아니하는 항공사는 미국취항 금지조치
 - 미국인이 탑승하였거나, 피해를 입은 경우에는 재판에 의거 처리됨으로 보험료를 예상할수 없음.

1933.4.12에는 항공기에 의한 전염병의 전염을 방지하기 위한 국제항공위생조약(Haegue Convention/International Sanitary Convention for Aerial Navigation)이 체결되었고, 그 후 1951년에 WHO의 세계보건기구의 국제 위생규칙으로 대치되었다.

1933.5.29에는 항공기에 의한 지상의 제3자에 끼친 손해에 관한조약으로 로마조약(Rome Convention/International Convention for the Unification of Certain Rules Relating to Damage Caused by Aircraft to Third Parties on the Surface)을 체결하여 항공기의 중량에 따라 배상액을 달리히고 항공운송인의 책임확보조치를 의무화 하는 조약으로,
 ⇒ 1938.9.29(브럿셀 조약으로)
 ⇒ 1952.10.7(로마조약으로)
 ⇒ 1978.9.23(몬트리올 의정서로)
 ⇒ 1978. 로마조약에 의거 1995.2.4부터 발효되었다.

1933.5.29에는 항공기 억류방지 조약으로 로마조약(Convention for the Unification of Certain Rules Relating to Precautionary Attachment of Aircraft) 이 체결되어, 손해배상책임범위를 명시하고, 국제선 항공기의 보험가입을 의무화 하였다.

1938.9.29에는 브뤼셀조약(Convention for the Unification of Certain Rules Relating to Assistance and Salvage of Aircraft or by Aircraft at Sea)인 해상에 있어 항공기 또는 항공기에 의한 구원, 구조에 관한 일부규칙의 통일에 관한 조약을 체결하여, 보험요건과 구조기준을 명시하고, 해상에서의 항공기 지원방식인 Signal의 Symbol, 주파수, 구조물품의 색깔, 표시문자 등을 규정한 기준을 설정하였다.

※ Annex 12, Search and Rescue 의 구호물자 표시기준과 동일

1939.3.1에는 항공연료협정인 런던조약(Convention Concerning Exemption from Taxation for Liquid Fuel and Lubricants used in Air Traffic)이 체결되어 국제항공에 종사하는 항공기의 연료는 관세 기타 과세를 면제토록 하는 일명 항공유 면세에 관한 협약이 체결되었다.

3. 제3기: 제2차 세계대전종료~현재

1944.12.7에는 국제민간항공협약(Convention on International Civil Aviation/일명 시카고 협약,The Chicago Convention)이 체결되었다. 본 협약은 전세계 각국의 국제민간항공에 관한 기본법으로서 모든 체약국에서 자국의 항공법에 반영하여 적용하고 있으며, 국제항공운송에 관한 국가간의 다자간 협약으로 국내법으로서의 효력을 갖고 있는바, 그 탄생배경과 발달과정을 살펴보면 다음과 같다.

가. 국제민간항공기구의 성립과정

제1차 세계대전 당시에는 항공기의 성능이 지역성을 갖고 있었으나, 제2차 세계대전[46]을 거치는 과정에서 항공기는 급속하게 발달하여 고속화, 전천후화, 대형화가 되면서 대량 장거리 수송수단으로 타국의 영공을 무착륙 횡단 비행이 가능한 성능으로 향상 발전되었다.

---

[46] 브리테니커, 세계연감, (1996-2000). **제2차 세계대전발발 및 종료: 1939. 9. 1 – 1945. 8. 15.**
　　세계 경제공황 후 모든 강대국들이 참여한 전쟁으로 주요참전국은 독일·이탈리아·일본(이상 추축국[추축국])과 프랑스·영국·미국·소련·중국(이상 연합국)이었다. 제1차 세계대전이 해결하지 못한 채 남겨둔 분쟁이 20년 동안의 불안한 잠복기를 거쳐 다시 폭발한 제2차 세계대전은 여러 면에서 제1차 세계대전의 연장으로 4000만명-5000만명의 사상자를 낸 이 전쟁은 유럽 대륙 전역 분만 아니라 태평양의 섬들, 중국과 동남아시아, 북아프리카, 세계의 바다를 무대로 전개되었다. 제2차 세계대전은 20세기 지정학적 역사의 분수령으로서, 소련의 세력이 동유럽 여러 나라까지 뻗치는 결과를 낳았고, 중국에서는 공산당 정권이 수립되었으며, 세계의 지배력이 서유럽 국가에서 미국과 소련으로 옮겨가는 결정적 계기가 되었다.

각국은 종전이후 전시에 사용중이던 각종 항공기와 항공인력이 민간 항공운송사업으로 전환되면서 현존하는 각종 파리협약, 하바나협약 이 지역별로 다르게 체결되어있고. 국가간의 이해에 따라 적용하고 있어 국제 민간항공의 질서유지와 영공주권의 배타적인 인정, 안전운항 확보 등의 필요성에 따라 전 세계가 통일된 원칙아래 국제민간항공을 규제할 단일화된 협약의 제정이 필요하게 되었다.

나. Chicago 회의와 협약의 성립

제2차 세계대전이 종료되기 전 영국의 처칠수상이 미국의 루스벨트 대통령에게 회의를 제의하고, 미국에서 제2차 세계대전 중 연합국 및 중립국 54개 국가를 초청하였으나 소련과 사우디가 제2차 세계대전당시 중립국이었던 포르투갈, 스페인, 스위스의 참가를 이유로 불참함으로써 52개 국가 대표가 미국의 시카고에서 1944.11.1부터 1944.12.7일까지 약 5주간 회의를 개최하고 현재의 국제민간항공협약인 일명, 시카고협약을 체결하였다.

- 시카고 협약을 26개 국가에서 비준 시 발효키로 함(1947.4.4 발효)
- 한국가입: 1952.12.11, 중국가입: 1974.2.15, 북한가입: 1977.8.16

※ ICAO 회의시 초청국가(INTERNATIONAL CIVIL AVIATION CONFERENCE)

List of Governments and Authorities to whom invitations were extended			
Afghanistan	El Salvador	Liberia	Sweden
Australia	Ethiopia	Luxembourg	**Switzerland**
Belgium	French Delegation	Mexico	Syria
Bolivia	**Great Britain**	Netherlands	Turkey
Brazil	Greece	Paraguay	Union of South Africa
Canada	Guatemala	**New Zealand**	Union of Soviet Socialist Republics
Chile	Haiti	Nicaragua	Uruguay
China	Honduras	Norway	Venezuela
Colombia	Iceland	Panama	Yugoslavia
Costa Rica	**India**	Peru	The Danish Minister in Washington
Cuba	Iran	Philippines	The Thai Minister in Washington
Czechoslovakia	Iraq	Poland	
Dominican Republic	Ireland	**Portugal**	
Ecuador		**Saudi Arabia**	
Egypt	Lebanon	**Spain**	

다. 국제민간항공기구의 설립목적

국제민간항공기구는 향후 설립될 UN산하 전문기구로서 국제민간항공이 안전하고 질서있게 발전할 수 있도록 도모하며, 국제항공운송업무가 기회균등주의를 기초로 하여 건전하고 경제적으로 운영되도록 하는데 목적을 두었다.

국제민간항공협약은 국제민간항공의 안전과 질서정연한 발달을 위한 기본으로, 추후 체약 당사국간 국제항공운송에 관한 다자간 협약을 채택할 법적근거와 표준양식 등을 마련하고 있으며, 협약은 전문[47]을 포함 4부 22장 96조로 제1부는 항공, 제2부는 국제민간항공기구, 제3부는 국제항공운송, 제4부는 최종규정으로 국제항공에 관한 기본원칙만을 규정하고, 국제적으로 통일되게 적용할 필요가 있는 기술적 사항은 협약 38조에 의거 동 부속서로 제정토록 하였다.

동 협약[48]은 ICAO의 목적을 수행하기 위하여 동 기구 내에 총회, 이사회, 사무국으로 구성하고, 또한 이사회의 산하기관으로 항행위원회, 등 각종위원회의 설치를 명시하고 있으며, 협약의 정통성을 기하고 통일된 기준적용을 위하여 본 협약 제80조는 "각체약국은, 1919년 10월 13일 파리에서 서명된 항공법규에 관한 조약 또는 1928년 2월 28일 하바나에서 서명된 상업 항공에 관한 협약 중 어느 하나의 당사국인 경우에는, 그 폐기를 본 협약의 효력 발생후 즉시 통보할 것을 약속한다.

체약국간에 있어 본 협약은 전기 파리협약과 하바나 협약에 대치한다".라고 명시함으로써 유일한 국제민간항공협약으로서 효력을 갖게 되었다. 또한 본 협약은 제2차 세계대전 중에 체결되어 협약 제91조에서 정한 각국 정부의 협약의 비준절차가 남아 있으며, 26개국이 비준하고 또는 가입한후 제26번의 문서를 기탁후 30일에 차등 국가간에서 효력을 발생하고 그 후 비준하는 각국에 대하여서는 그 비준서의 기탁후 30일에 효력을 발생하도록 하였고, 협약이 정식 발효되기 전까지의 한시적인 기구를 운영하기 위하여 잠정협정(The Interlim Agreement on Civil Aviation Organization)을 체결하고,

---

[47] 협약전문: 국제민간항공의 장래의 발달은 세계의 각국과 각 국민간에 있어서의 우호와 이해를 창조하고 유지하는 것을 크게 조장할 수 있으나 그 남용은 일반적 안전에 대한 위협이 될 수 있으므로, 각국과 각 국민간에 있어서의 마찰을 피하고 세계평화의 기초인 각국과 각 국민간의 협력을 촉진하는 것을 희망하므로, 따라서 하기 서명 정부는 국제민간항공이 안전하고 정연하게 발달하도록 또 국제항공운송업체가 기회균등주의를 기초로 하여 확립되어서 건전하고 또 경제적으로 운영되도록 하게 하기 위하여 일정한 원칙과 작정에 대한 의견이 일치하여, 이에 본 협약을 결정한다.

[48] 국제민간항공기구, (1977), 국제민간항공협약, ICAO Doc 7300,
 ※ UN 설립일: 1945.10.24, ※ ICAO 한국 가입일: 1952.12.11 / 중국: 1974.2.15 / 북한: 1977.8.16

그 잠정협정에 의거 임시기구인 PICAO(Provisional International Civil Aviation Organization)를 1945.6.6-1947.4.4까지 운영하여 향후 설치될 국제민간항공기구에 관련된 모든 법규의 초안등을 제정케하고 필요한 절차와 준비를 수행한 후 1947.4.4 정식 국제민간항공기구가 탄생되자 ICAO 사무국으로 흡수되었다.

국제민간항공협약에의 가입은 협약 제92조에 의거,

① 본 협약은 연합국과 이들 국가와 연합하고 있는 국가 및 금차 세계전쟁 중 중립이었던 국가의 가입을 위하여 개방되며,

② "가입은 미합중국정부에 송달하는 통고에 의하여 행하고 또 미합중국정부가 통고를 수령 후 30일부터 효력을 발생한다. 미국 정부는 모든 체약국에 통고한다"라고 함으로써 제2차 세계대전 중 연합국가, 중립국가를 대상으로 하고 있다. 제2차 세계대전 중 식민 통치를 받고 있었던 신생독립국가 등 기타 국가의 가입승인 조건은 협약 제93조에 규정되어 있는바, 「제91조와 제92조(a)에 규정한 국가 이외의 국가는, 세계의 제국이 평화를 유지하기 위하여 설립하는 일반적 국제기구의 승인을 받을 것을 조건으로, 총회의 5분의 2의 찬반투표에 의하여 또 총회가 정하는 조건에 의하여 본 협약에 참가할 것이 용인된다.

단, 각 경우에 있어 용인을 요구하는 국가에 의하여 금차 전쟁중에 침략되고 또는 공격된 국가의 동의를 필요로 한다.」라고 명시하여 식민통치를 받았던 국가의 의견을 듣도록 하였다.

라. 1944.12.7 체결된 협약들

① 국제민간항공협약(Convention on International Civil Aviation)
  - 일명 시카고협약(The Chicago Convention)
  - 회의기간: 1944.11.1 - 1944.12.7(약 5주간)
  ※ 항공관계조약의 모체로 1944.12.7제정, 1947.4.4부터 발효

② 민간항공기구의 잠정협정(The Interim Agreement on Civil Aviation Organization)
  - 설치운용기간: 1945.6.6. - 1947.4.4까지
  - 임시 기구명: PICAO(Provisional International Civil Aviation Organization)

③ 국제 항공업무통과 협정(International Air Service Transit Agreement)
  - 2개의 자유를 인정(영공통과, 기술착륙)등 일명 Two Freedoms Agreement
  - 발효: 1945.1.30.부터(한국정부에서 동의: 1960. 6. 22)
  - 중국, 소련 등 사회주의 국가는 대부분 동의치 않고 양국간 항공협정으로 처리

④ 국제항공운송협정(International Air Transport Agreement)
  - 5개의 자유를 인정(Five Freedoms Agreement)/체약국은 다른체약국에게 5개의 자유(기술 착륙, 영공통과, 제3, 제4, 제5자유)를 허용하자는 협정임.

⑤ 2國間 航空協定의 標準樣式(The Standard Form of Agreement for the Provisional Air Routes)을 체약국에 대한 권고 형식으로 제정한 양식
  - 항공노선과 운수권의 내용
  - 항공기업의 지정
  - 공항의 사용요금
  - 항공연료 등의 면세
  - 항공기 감항증명서 등의 상호인정,
  - 항공기와 여객의 출입국규제
  - 체약국간 협정의 ICAO 등록
  - 항공기업이 상대국의 법률준수의무
  - 협정의 개정, 폐기에 관한 규정등의 내용이 포함된 양국간 협정 표준양식.

그러나, 1946.2.11 영국과 미국이 버뮤다에서 체결한 버뮤다 항공협정의 모델이 양국간 체결하는 민간항공협정양식으로 좋은 표본이 되고 있어 ICAO가 제정한 표준양식은 사용되지 않고 있음(버뮤다 협정에서는 운임 및 수송력 등의 내용이 추가됨).

※ 참조: 2004년도 제35차 ICAO 총회 Resolution

2 국제민간 항공협약과 부속서

1. 국제민간항공협약(Convention on International Civil Aviation)

- 체결일자 및 장소 : 1944년 12월 07일 시카고에서 작성
- 발효일 : 1947년 04월 04일
- 국회동의일 : 1957년 02월 04일
- 가입서 기탁일 : 1952년 11월 11일
- 발효일 : 1952년 12월 11일 (조약 제38호)
- 체약국현황 : 2018년 10월 현재(192개국)

가. 협약의 성격

1) 국제민간항공협약

국제민간항공에 관한 국가간의 다자간 협약으로 국내법으로서의 효력을 갖게 됨. 그러나 국내에 한정된 법률사항은 국내법이 우선하지만, 국제간의 문제에 있어서는 국제법의 적용이 우선한다고 볼 수 있다.

현행 헌법 제6조 1항은 [헌법에 의하여 체결. 공포된 조약과 일반적으로 승인된 국제법규는 국내법과 같은 효력을 갖는다]고 규정. 이 규정의 해석에 의해 자동적 수용의 방식으로 소약이 수용된디고 보는 것이 타당하며 헌법에 의하여 수용되어 국내적 효력을 갖는 조약은 우리나라 법체계상 어떠한 지위를 갖는가에 대하여, 헌법은 국내법과 동일한 효력을 갖는다고만 규정할 뿐 구체적인 효력순위에 대하여는 명시하고 있지 않으므로 해석에 의하여 결정할 수밖에 없다.

일반적으로 우리나라에 있어 조약의 효력은 헌법의 하위에서 법률과 동일한 효력을 갖는다고 인정되고 있으므로, 조약과 법률이 저촉할 때에는 특별법 우선 혹은 후법 우선의 법리에 좇아 해결하여야 하며, 문제가 되는 경우에는 가급적 양자가 모순되지 않게 해석함으로써 조화를 이루도록 하여야 할 것이다.

2) 국제법의 성격과 역할

국제법의 성격
① 국가 간의 합의에 의해 성립
② 합의 과정에 권력 관계 작용 - 강대국의 이해관계 반영
③ 강대국 중심의 국가 질서 유지 방향으로 실행됨

국제법의 기능
① 객관적 규범으로 모든 국가를 구속
② 국제 관계의 대립과 갈등을 제도적으로 해결
③ 국제 사회를 유지하기 위한 상호 협력의 틀과 절차 제공

※ 한국의 사례(헌법 제6조 1항: 국제법을 국내법의 일부로 수용)
① 국제법: 국제관습법, 조약을 통칭
② 수용시 법률효력의 일반원칙을 인정(신법우선, 특별법우선)
③ 조약 - 국내법적 효력을 인정

나. 체약국가의 의무(채택 의무)

협약 제37조 (국제표준 및 수속의 채택)에 의거 각 체약국은, 항공기 직원, 항공로 및 부속업무에 관한 규칙, 표준, 수속과 조직에 있어서의 실행 가능한 최고도의 통일성을 확보 하는 데에 협력할 것을 약속하여, 이와 같은 통일성으로 운항이 촉진되고 개선되도록 한다.

이 목적으로서 국제민간항공기구는 다음의 사항에 관한 국제표준 및 권고되는 방식과 수속을 필요에 응하여 수시 채택하고 개정한다.
(a) 통신조직과 항공 보안시설 (지상표지를 포함);
(b) 공항과 이착륙의 성질;
(c) 항공규칙과 항공 교통관리방식;
(d) 운항관계 및 정비관계 종사자의 면허;
(e) 항공기의 내항성;
(f) 항공기의 등록과 식별;

(g) 기상정보의 수집과 교환;
(h) 항공일지;
(j) 세관과 출입국의 수속;
(k) 조난 항공기 및 사고의 조사. 또한 항공의 안전, 정확 및 능률에 관계가 있는 타의 사항으로서 수시 적당하다고 인정하는 것.

다. 체약국가의 의무(차이점 통보의무)

협약 제38조(국제표준 및 수속의 배제) 에 의거 모든 점에 관하여 국제표준 혹은 수속에 추종하며, 또는 국제표준 혹은 수속의 개정후 자국의 규칙 혹은 방식을 이에 완전히 일치하게 하는 것이 불가능하다고 인정하는 국가, 혹은 국제표준에 의하여 설정된 것과 특정한 점에 있어 차이가 있는 규칙 또는 방식을 채용하는 것이 필요하다고 인정하는 국가는, 자국의 방식과 국제표준에 의하여 설정된 방식간의 차이를 직시로 국제민간항공기구에 통고한다.

국제표준의 개정이 있을 경우에, 자국의 규칙 또는 방식에 적당한 개정을 가하지 아니하는 국가는, 국제표준의 개정의 채택으로부터 60일 이내에 이사회에 통지하든가 또는 자국이 취하는 조치를 명시하여야 한다. 이 경우에 있어서 이사회는 국제표준의 특이점과 이에 대응하는 국가의 국내 방식간에 있는 차이를 직시로 타의 모든 국가에 통고하여야 한다.

2. 협약 부속서

가. 부속서의 성격

부속서는 협약에 기초를 두고 제정된 기술상의 기준을 주로 다루고 있으므로 법률의 하위규정으로 볼 수는 없으나, 협약상 적용의무만을 부담하고 있다고 보아야 할 것이다.
비록 항공안전법 제1조에서 "이 법은 국제민간항공협약 및 같은 협약 부속서에서 채택된 표준과 권고되는 방식에 따라 항공기, 경량항공기 또는 초경량비행장치가 안전하게 항행하기 위한 방법을 정함으로써 생명과 재산을 보호하고, 항공기술 발전에 이바지함을 목적으로 한다."라고 명시하고 있어 항공법규의 제정 기본정신이 부속서에도 있다는 것으로 이해되어야 할 것이다.

협약 제37조에서 모든 체약국은 각종기술상의 기준을 따르도록 약속 하였고, 제38조에서 기술상의 기준을 따르지 못하는 국가는 그 차이점을 통보토록 의무화 되어있으므로 우리의 시행령, 규칙등과 같은 직접규제의 성격은 아니라고 보는 것이 타당하다.

다만, 모든 체약국이 대부분 부속서의 기준을 따름으로써 국제적으로 통일된 기술상의 기준을 적용하게 되고, 통일된 기준의 적용이 항공기의 안전확보를 달성할 수 있다는 차원에서 모든 체약국은 표준규정은 물론이고, 권고기준도 따르는 것이 바람직하다고 할 수 있겠다.

나. 부속서의 구성, 종류 및 기술교범

1) 부속서의 구성

① 표준(Standard)

국제항공항행의 안전 또는 질서에 필요한 것으로 일률적인 적용이 인정되는 것으로써, 체약국이 조약에 의거 준수해야 할 물리적 특성, 형태, 설비, 성능, 인원, 또는 절차의 명세인데, 이행이 불가능한 경우엔 조약 제38조에 따라 이사회에 필수적으로 통보해야 하다.

② 권고(Recommend)

국제항공항행의 안전, 질서 또는 효율성의 입장에서 바람직한 것으로 일률적인 적용이 인정되어 온 것으로서 체약국이 조약에 의거 준수토록 노력해야 할 물리적 특성, 형태, 설비, 성능, 인원 또는 절차의 명세를 말한다.

③ 부록(Appendix)

편의상 별도로 구분되어 있으나 이사회에서 채택한 표준 및 권고 규칙의 일부를 포함하고 있다.

④ 정의(Definitions)

사전적인 의미를 갖지 않고 설명이 필요한 것으로 표준 및 권고 규칙에서 사용되는 용어에 대한 설명이다. 정의는 독자적인 지위를 갖고 있지 않으나, 용어의 의미가 변하면 명세에 영향을 주게 되므로 동 용어가 사용되는 각개의 표준 및 권고규칙이 필수적인 요소가 된다.

⑤ 표와 그림(Tables and Figures)

표준 또는 권고규칙에 추가하거나 그림으로 설명하는 것이며 그리고 해당 표준 또는 권고규칙의 일부분으로 구성되며 같은 지위를 갖는다.

2) 부속서의 종류별 제정일 및 적용

국제민간항공기구는 국제적으로 통일된 기준을 각국의 민간항공에 적용시키고자 국제민간항공협약의 기본정신과 제37조(국제표준 및 절차의 채택)에 의거 현재 19종류의 부속서를 제정하고 이를 수시로 개정함으로서 모든 체약국이 각 부속서에서 정한 기준을 따르도록 의무화 하고 있는바 각종 부속서는 다음과 같다

No.	종 류	채택일	발효일
1	항공종사자의 면허(Personnel Licensing)	1948.4.14	1948.9.15
2	항공교통규칙(Rules of the Air)	1948.4.15	1948.9.15
3	국제항공항행용 기상업무 (Meteorological Service for International Air Navigation)	1948.4.14	1948.9.15
4	항공도(Aeronautical Charts)	1948.4.19	1948.3.1
5	공중 및 지상업무에 사용하기 위한 측정단위 (Units of Measurement to be used in Air and Ground Operation)	1948.4.16	1948.9.15
6	항공기의 운항 I (Operation of Aircraft)-International Commercial Air Transport-Aeroplanes) - 항공기의운항II(Operation of Aircraft)-International General Aviation-Aeroplanes - 항공기의운항III(Operation of Aircraft)-International Operations-Helicotper	1948.12.10	1949.7.15
7	항공기의 국적 및 등록기호 (Aircraft Nationality & Registration Marks)	1948.2.8	1949.7.1
8	항공기의 감항성(Airworthiness of Aircraft)	1949.3.1	1949.8.1

No.	종 류	채택일	발효일
9	출입국 간소화(Facilitation)	1949.3.25	1949.9.1
10	항공통신(Aeronautical Telecommunication) - Volume I (Radio Navigation Aids) - Volume II (Communication Procedures including those with PANS status) - Volume III(Part I-Digital Data Communication Systems and Part II-Voice Communication Systems) - Volume IV (Surveillance Radar and Collision Avoidance Systems) - Volume V (Aeronautical Radio Frequency Spectrum Utilization)	1949.5. 30	1950. 3.1
11	항공교통업무(Air Traffic Service)	1949. 5.18	1950. 10.1
12	수색 및 구조(Search and Rescue)	1950. 5.25	1950. 12.1
13	항공기 사고조사(Aircraft Accident and Incident Investigation)	1951.4.11	1951.9.1
14	비행장(Aerodromes) - Volume I - Aerodrome Design and Operations - Volume II - Heliports	1951.5.29	1951.11.1
15	항공정보업무(Aeronautical Information Services)	1953.5.15	1954.4.1
16	1환경보호(소음) (Environmental Protection) - Volume - I. Aircraft Noise - Volume - II. Aircraft Engine Emission	1971.4.2	1971.8.2
17	항공보안(Security)	1974. 3.22	1974. 8.22
18	위험물 항공안전수송 (The Safe Transport of Dangerous Goods By Air)	1981.6.26	1983.11.1
19	국가안전(Safe Management)	2013.2.25.	2013.11.14

상기 각종 부속서(Annex)들은 세부시행절차(Manual)를 부속서별로 제정하여 운용하고 있으며, 향후 항공기의 발달로 추가적인 부속서가 필요한 경우에는 이에 상응하는 부속서 와 세부 시행절차가 추가로 제정되고 있다.

다. 부속서별 관련규정과 기술교범

1) 부속서와 관련되는 규정

- 국제민간항공협약(Doc 7300)
- 국제기구에 의해 운용되는 항공기의 국적 및 등록기호(Doc 8722)
- 해상에서의 충돌 방지를 위한 국제규정
- 국제항공운송의 규제에 관한 규정 (Doc 9626)
- 공항경제규정(Doc 9562)

2) 부속서별 기술교범

부속서 1 항공종사자의 면허(Personnel licensing)
- Doc 9057: Manual of licensing Practices and procedures
- Doc 8984: Manual of Civil Aviation Medicine
- Doc 8379: Procedures for Establishment and Management of States Personnel licensing System
- Doc 7192: Training Manual,
- Part A-1: General Consideration
- Part A-2: Selection and recruitment
- Part A-3: Composite Ground Subject Curriculums
- Part B-1: Pilots- Aeroplane Licenses, CVFR and Instrument Flight Rating
- Part B-2: Pilots-Helicopter Licenses, CVFR Rating and Instrument Flight Rating
- Part B-3: Type Rating(Pilots and Flight Engineer)
- Part B-4: Flight Instructor Ratings
- Part C-1: Flight Navigator
- Part C-2: Flight Radio Operator and Flight Radio Telephone Operator
- Part C-3: Flight Engineer
- Part D-1: Aircraft Maintenance Technician Type I and II
- Part D-2: Air Traffic Controller and Ratings
- Part D-3: Flight Operations Officers

- Part D-4: Aeronautical Station Operator
- Part E-1: Cabin Personnel
- Part E-2: Aerodrome Fire Services Personnel
- Doc 9401: Manual on the Establishment and Management of States Personnels licensing Systems.
- Doc 9554-AN/932: 민간항공기 잠재적 위험이 되는 군사활동에 관한 안전조치 매뉴얼
- Doc 9625-AN/938: 모의비행장치 인증기준 매뉴얼
- Doc 9683-Human Factors Training Manual.
- CIR 117: Approval of Maintenance Organization
- CIR 74: Licensing Practices of States

부속서 2. 항공교통규칙(Rules of the Air)
- Doc 4444: Rules of the Air and Air traffic Services.
- Doc 9433: Manual Concerning Interception of Civil Aircraft.
- Doc 2010: Recommendations for Standards, Practices and Procedures
- Doc 7030: Regional Supplementary Procedures Regional Supplementary Procedures.
- Doc 8168: OPS Aircraft Operations.
- Doc 9051: Airworthiness Technical Manual
- Doc 9574: Manual on Implementation of a 300m (1000ft) Vertical Separation Minimum Between FL 290 and FL 410 Inclusive.
- Doc 9694: Manual of Air Traffic Services Data Link Applications.
- Doc 9731: International Aeronautical and Maritime Search and Rescue(IAMSAR) Manual.

부속서 3. 국제항공 항행용 기상업무(Meteorological Service for International Air Navigation)
- Doc 8896: Manual of Aeronautical Meteorological Practice.
- Doc 7488: Manual of the ICAO Standard Atmosphere.
- Doc 9328: Manual of Runway Visual Range Observing and Reporting Practice.
- Doc 9377: Manual on Coordination between Air Traffic Services and Aeronautical Meteorological Service.
- Doc 7475 ICAO 와 WMO간 업무 조정.

- Doc 9680 국제 HEL기 운항을 위한 기상업무 관련 Manual.
- Doc 8896 항공기상 실습 Manual.
- Doc 9377 ATS, AIS 항공기상 업무 간의 조정 관련 Manual)
- Doc 7030 Regional Supplementary Procedures Regional Supplementary Procedures.
- Doc 7910 Location Indicators.
- Doc 8400 ABC - ICAO Abbreviations and Codes.
- Doc 8896 Manual of Aeronautical Meteorological Practice.
- Doc 9318 Protocol Relating to an Amendment to the Convention on International Civil Aviation (Article 83 bis)
- Doc 9328 Manual of Runway Visual Range Observing and Reporting Practices.
- Doc 9377 Manual on Co-ordination between Air Traffic Services and Aeronautical Meteorological Services.
- Doc 9683 Human Factors Training Manual.
- Doc 9691 Manual on Volcanic Ash, Radioactive Material and Toxic Chemical Clouds
- Doc 9694 Manual of Air Traffic Services Data Link Applications
- Doc 9718 Handbook on Radio Frequency Spectrum Requirements for Civil Aviation.
- Doc 9766 Handbook on the International Airways Volcano Watch (IAVW).
- CIR 186 Wind Shear.1987. Reprinted May 1993.

부속서 4. 항공도(Aeronautical Charts)
- Doc 7101 Aeronautical Charts Catalog.
- Doc 7910 Location Indicators.
- Doc 8168 OPS Aircraft Operations.
- Doc 8400 ABC - ICAO Abbreviations and Codes.
- Doc 8697 Aeronautical Charts Manual.
- Doc 9426 Air Traffic Services Planning Manual.
- Doc 9674 World Geodetic System 1984(WGS-84) Manual.
- Doc 9683 Human Factors Training Manual.

부속서 5. 공중 및 지상업무에 사용하기위한 측정단위(Units of Measurement to be used in Air and Ground Operation)
  - Doc 8400: ICAO Abbreviations codes.

부속서 6 항공기 의 운항 I(Operations of Aircraft)
  1. 항공기의 운항 I (Operation of Aircraft) International Commercial Air Transport-Aeroplanes
  2. 항공기의운항 II (Operation of Aircraft)-International General Aviation-Aeroplanes
  3. 항공기의운항 III (Operation of Aircraft)-International Operations-Helicotper

※ 항공 항행업무를 위한 절차
  - OPS: 항공기 운항(Doc 8168) Volume I — 비행절차, Volume II — 시계 및 계기비행절차수립
  - RAC — 항행 및 항공교통업무를 위한 규칙(Doc 4444)
  - 지역보충절차(Doc 7030)

※ 기타 규정들
  - 민간항공약물규정(Doc 8984)
  - 감항성기술규정(Doc 9051)
  - 공항업무규정(Doc 9137)
  - 사고/준사고 보고규정(ADREP규정)(Doc 9156)
  - 사고방지규정(Doc 9422)
  - FL290과 FL410 사이의 고도에서 최소한 300미터(1000피트)이상 수직분리 시행에 관한 규정 (Doc9574)
  - 필수 항행 성능 규정(RNP)(Doc 9613)
  - 모의비행장치 요건에 대한 기준규정(Doc 9625)
  - 감항성 유지규정(Doc 9642)
  - 회 보(Circulars)
  - 비행승무원 피로 및 비행시간제한(Circ. 52)
  - SST 항공기 운항에 관한 지침자료(Circ. 126)
  - Doc 8335: Manual of Procedures for Operation Certification and Inspection
  - Doc 9292: Manual of Procedures for the Establishment of an Aircraft Inspection Organization
  - Doc 9274: Manual on the Use of the Collision Risk Model for ILS Operation
  - Doc 9365: All Weather Operations
  - Doc 9368: Instrument Flight Procedures Construction Manual
  - Doc 9375: Dangerous goods Training Programs
  - Book 1. Shippers and packers
  - Book 2. Cargo agents
  - Book 3. Operators cargo acceptance staff
  - Book 4. Load planners and cargo handlers

- Book 5. Flight crew
- Book 6. Passenger handling staff and flight attendance
- Doc 9408: Manual on Aerial Work
- Doc 9376: Preparation of the Operation Manual
- CIR 126: Guidance Material on SST Aircraft Operation
- CIR 149: Future Availability of Aviation Fuel
- CIR 197: Flight Crew Fatigue and Flight Time Limitations
- 17 ECAC: Common European Procedures For the Authorization of CAT II & III Operation
- Doc 9643:Manual on Simultaneous Operations on Parallel or Near Parallel instrument Runways.
- Doc 9734-AN/957, Safety Oversight Manual.,
- Doc 9735-AN/960, Safety Oversight Audit Manual.,

부속서 7. 항공기의 국적 및 등록기호(Aircraft Nationality & Registration Marks)
- Doc 8643: Aircraft Type Designators
- Doc 8722: Nationality and Registration of Aircraft Operated International Operating Agencies
- Digest: Civil Aircraft on Register

부속서 8. 항공기의 감항성(Airworthiness of Aircraft)
- Doc 9051: Airworthiness Technical Manual.
- Doc 9388: Manual of model Regulation for Navigation Control of Flight Operation and Continuing Airworthiness of aircraft
- Doc 9389: Manual of procedures for and Airworthiness Organization

부속서 9. 출입국 간소화(Facilitation)
- Doc 9228: Standard Bilateral Tariff Clause
- Doc 9082: Statement by the Council to Contracting States on Charges for Airports and Routs Air Navigation Facilities
- Doc 7891: Aims of ICAO in the Field of Facilitation
- Doc 9303: A Passport with Machine Readable Capability
- Doc 9249: Dynamic Flight-related Public Information Displays
- Doc 8632: ICAO's Policies on Taxation in the Field of International Air Transport
- Doc 8881: International Signs to Facilitate Passengers Using Airports
- Doc 7100: Manual of Airport and Air Navigation Facility Tariffs

- Doc 8240: Air Mail Study.
- Doc 9161: Manual on Route Air Navigation Facility Economics
- Doc 9180: Civil Aviation Statistical of the World
- Doc 7278: Definition of A Schedule International Air Service
- Doc 9060: Manual on the ICAO Statistical Programme - Inventory of World Commercial Air Carriers
- Cir 77: Air Transport Operating Cost
- Cir 161: Survey of International Air Transport Fares and Rates September, 1980
- Cir 135: Tariff Enforcement

부속서10. 항공통신(Aeronautical Telecommunication)
- Volume I (Radio Navigation Aids)
- Volume II (Communication Procedures including those with PANS status)
- Volume III(Part I-Digital Data Communication Systems and Part II-Voice Communication Systems)
- Volume IV(Surveillance Radar and Collision Avoidance Systems)
- Volume V (Aeronautical Radio Frequency Spectrum Utilization)
- Doc 8585: Designators for Aircraft Operating Agencies Atmosphere.
- Doc 7910: Location Indicators
- Doc 7946: Manual of Teletype Operating Practices
- Doc 8259: Manual on the planning and Engineering of the Aeronautical Fixed Telecommunication Network
- Doc 8071: Manual on Testing of Radio Navigation Aids
- Doc 9399: Manual of Teletypewriter Operating Practices
- Doc 7030: Regional Supplimentary Procedures
- Doc 9432: Manual of Radio-telephony

부속서 11. 항공교통업무(Air Traffic Service)
- Doc 2010: Recommendations for Standards, Practices and Procedures-Rules of the Air.
- Doc 4444: Rules of the Air and Air traffic services

- Doc 7030: Supplementary Procedures.
- Doc 8071: Manual on Testing of Radio Navigation Aids.
- Doc 8126: Aeronautical Information Services Manual.
- Doc 8168: OPS Aircraft Operations.
- Doc 8991: Manual on Air Traffic Forecasting
- Doc 9156: Accident/Incident Reporting Manual(ADREP Manual).
- Doc 9157: Aerodrome Design Manual.
- Doc 9182: Report of the Limited/North Atlantic Regional Air Navigation Meeting
- Doc 9371: Template Manual for Holding, Reversal and Tracetrack Procedures
- Doc 9377: Manual on Co-ordination between Air Traffic Services and Aeronautical Meteorological Services.
- Doc 9426: Air Traffic Services Planning Manual
- Doc 9476: Manual of Surface Movement Guidance and Control Systems (SMGCS).
- Doc 9574: Manual on implementation of a 300m vertical separation minimum between FL290 and FL410 inclusive
- Doc 9613: Manual on Required Navigation Performance(RNP).
- Doc 9674: World Geodetic System 1984(WGS-84) Manual.
- Doc 9683: Human Factors Training Manual.
- Doc 9689: Manual on Airspace Planning Methodology for the Determination of Separation Minima.
- Doc 9694: Manual of Air Traffic Services Data Link Applications.
- Doc 9718: Handbook on Radio Frequency Spectrum Requirements for Civil Aviation.
- Circ 120: Methodology for the Derivation of Separation Minima Applied to the Spacing between Parallel Tracks in ATS Route Structures.
- Doc 9758: The Human factor guidelines for Air Traffic Management(ATM) system.

부속서 12. 수색 및 구조(Search and Rescue)
- Doc 7333: Manual of the ICAO Standard Atmosphere.
  Part 1-The Search and Rescue Organization
  Part 2-Search and Rescue Procedures

부속서 13. 항공기 사고조사(Aircraft Accident and Incident Investigation)
- Doc 9156: Accident/Incident Reporting Manual
- Doc 6920: Manual of Aircraft Accident Investication
- Doc 9422: Accident Prevention Manual
- Doc 9422-AN/923. Accident Prevention Manual,
- Doc 9156 Accident/Incident Reporting Manual
- Doc 9422 Accident Prevention Manual
- Doc 9756 - 항공기 사고조사 및 준사고조사 교범
- ICAO Circ 240 - 사고 및 준사고의 인적요인 조사
- ICAO Circ 285 - 항공기사고 희생자 및 가족 지원지침
- ICAO Circ 298 - 항공기사고조사관 훈련지침

부속서 14. 비행장(Aerodromes)
Volume I - Aerodrome Design and Operations
Volume II - Heliports

※ 비행장 설계 매뉴얼(Doc 9157)
- 제1부: 활주로
- 제2부: 유도로, 계류장 및 대기지역
- 제3부: 포장
- 제4부: 시각원조시설
- 제5부: 전기계통
- 제6부: 취약성(준비중)

※ 공항계획 매뉴얼(Doc 9184)
- 제1부: 기본계획
- 제2부: 토지이용과 환경관리
- 제3부: 전문가의 의견/건설업무에 대한 지도

※ 공항업무 매뉴얼 (Doc 9137)
- 제1부: 구조 및 소방업무   - Rescue and Fire Fighting
- 제2부: 포장의 표면상태   - Pavement Surface Conditions
- 제3부: 조류억제 및 감소   - Bird Control and Reduction
- 제4부: 안개의 제거(분산)   - Fog Dispersal
- 제5부: 사용불능 항공기의 제거 - Removal of Disabled Aircraft

- 제6부: 장애물 관리 — Control of Obstacles
- 제7부: 空港 非常計劃 — Airport Emergency Planning
- 제8부: 공항 경영 업무 — Airport Operational Services
- 제9부: 공항 유지 업무 — Airport Maintenance Practices

- Heliport Manual (Doc 9261)
- Stolport Manual (Doc 9150)
- ICAO 조류충돌 정보시스템(IBIS)에 관한 매뉴얼(Doc 9332)
- 지상이동 안내 및 통제시스템(SMGCS) 매뉴얼(Doc 9476)
- Cir 48: Surface Movement Guidance and Control Systems
- 비행장 인증기준/Manual on Certification of Aerodrome(Doc 9774)

부속서 15 항공정보업무(Aeronautical Information Services)
- Doc 2713: Procedures for International Notices to Airmen.
- Doc 4444: Rules of the Air and Air Traffic Services.
- Doc 7106: Procedures for Air Navigation Services.
- Doc 7383: Aeronautical Information Services Provided by States
- Doc 7910: Location Indicators.
- Doc 8126: Aeronautical Information Services Manual
- Doc 8168: OPS Aircraft Operations.
- Doc 8400: ABC - ICAO Abbreviations and Codes.
- Doc 9082: Statements by the Council to Contracting States on Charges for Airports and Air Navigation Services.
- Doc 9674: World Geodetic System 1984 (WGS-84) Manual.
- Doc 9691: Manual on Volcanic Ash, Radioactive Material and Toxic Chemical Clouds
- ICAO Cir 156: Measurement to Improve the Aeronautical Information Service

부속서16.환경보호(소음)(Environmental Protection)
- Volume-II. Aircraft Engine Emission
- Doc 950 1: Noise Assesment for Land-use Planning
- ICAO Cir 157: Assessment of Technological Progress Made in Reduction of Noise from Subsonic and Supersonic Jet Aeroplanes

부속서 17. 항공보안(Security)
- Doc 8849: Decisions Taken and Work Done by ICAO on the Subject of Unlawful International Civil Aviation and its Facilities
- Doc 8973: Security Manual for Safeguarding Civil Aviation Againist Acts of Unlawful Interference.

부속서 18. 위험물 항공안전수송(The Safe Transport of Dangerous Goods By Air)
- Doc 9284: The Safe Transport of Dangerous goods by Air
- Doc 9294: ICAO Lexicon
- Doc 8900: Reportory-guide to the Convention on International Civil Aviation
- Doc 9329: Annual Cumulation-1979.
- Doc 9154: International Conference on Air Law
- ICAO Cir 201: International Air Passenger and Freight Transport
- ICAO Cir 149: Future Availability of Aviation Fuel

3 국제민간 항공안전관련 협약

1. 항공기내에서 행한 범죄 및 기타 행위에 관한 협약 (동경협약)
Convention on Offenses and Certain Other Acts Committed on Board Aircraft

항공기내 범죄행위, 재판관할권, 기장의 권한을 명시한 내용으로 "항공보안법의 모체가 된 협약"
- 체결일자 및 장소 : 1963년 09월 14일 동경에서 작성
- 발효일 : 1969년 12월 04일
- 국회동의일 : 1970년 12월 22일
- 비준서 기탁일 : 1971년 02월 19일,
- 대한민국 발효일 : 1971년 05월 20일 (조약 제385호)

주요내용으로는 다음과 같다.
- 비행중인 항공기 및 기내 인명 및 재산의 안전을 위태롭게 하거나 기내 질서 및 규율을 위태롭게 하는 행위에 적용
- 항공기 기장에게 상기 행위를 범하였거나 범하려고 하는 자에 대한 감금 등 필요한 조치를 취할 권한 부여

국제항공법에서는 항공기 내에서 발생한 범죄에 대하여 어느 나라에게 관할권이 소속하는가 문제가 대두돼. 그러나 1919년 체결된 파리협약이나 1928년의 하바나 협약 및 1944년에 체결된 시카고 협약(국제민간항공협약)에서도 영공에 관한 주권원칙을 인성하고 있다.

더구나 공해상공을 비행하는 항공기의 경우 관할권의 공백이 생기며 경우에 따라 범죄가 발생했을 순간에 어느 나라 영공을 비행하고 있는지 분명치 않은 경우도 있기 때문이다.

국제법학회와 형법학회에서 수차례에 걸쳐 이 문제를 논의한 결과를 토대로 1959년 및 1962년 ICAO 법률위원회에서 초안을 만들어졌으며 1963년 동경에서 개최된 ICAO 체약국 전체 대표자회의에서 채택되었다.

2. 항공기의 불법납치 억제를 위한 협약(헤이그 협약)

Convention for the Suppression of Unlawful Seizure of Aircraf

- 체결일자 및 장소   : 1970년 12월 16일 헤이그에서 작성
- 발효일   : 1971년 10월 14일
- 국회동의일   : 1972년 11월 28일
- 가입서 기탁일   : 1973년 01월 18일
- 대한민국 발효일   : 1973년 02월 17일 (조약 제460호)

주요내용은 다음과 같다.
- 비행중인 항공기에 탑승한 자가 폭력 또는 위협 등에 의하여 불법적으로 항공기를 점거, 통제하는 행위 및 동 범죄의 미수, 공범 처벌
- 범죄혐의자 소재지국은 동 인을 불인도시 기소당국에 회부할 의무(이하 "인도 또는 기소회부 의무"로 약칭)

1963년 동경협약이 체결된 후에도 하이제킹 행위는 빈번히 발생했으며 특히 중동지역이나 카리비안 지역에서 집중적으로 발생되었다.

미국과 쿠바사이에는 이러한 문제와 관련 항공기 및 승객 송환에 대한 꾸준한 교섭과 협약이 별도로 이루어졌으나, 하이제킹시는 항공기의 손상 등이 우려됨에 따라 승무원과 하이젝커들과의 싸움은 항공기의 통제를 불가능하게 하며, 조종실에서 무기가 사용되면 큰 손상이 발생하며, 항공교통규칙을 따르지 못해 항공기 충돌이 발생하며, 연료부족도 발생할 수 있으며, 강제착륙 요구된 특정 공항에 대해 승무원들이 착륙절차를 모를 수 있기 때문이다.

1960년대 말경 증대되는 하이제킹에 대처하기 위해 국제적인 공동노력이 시작되었으며, 1970년 12월 하이제킹을 국제적으로 처벌하고 범죄(an internationally punishable offence)로 규정한 헤이그 협약을 체결하였다.

3. 국제항공안전에 대한 불법적 행위의 억제를 위한 협약(몬트리올 협약)
Convention for the Suppression of Unlawful Acts Against the Safety of Civil Aviation

- 체결일자 및 장소 : 1971년 09월 23일 몬트리올에서 작성
- 발효일 : 1973년 01월 26일
- 국회동의일 : 1973년 06월 02일
- 가입서 기탁일 : 1973년 08월 02일
- 대한민국 발효일 : 1973년 09월 01일 (조약 제484호)

주요내용은 다음과 같다.
- 비행중인 항공기의 안전을 위태롭게 하는, 폭력행사, 항공기 파괴, 훼손, 파괴장치 및 물질 설치, 항공설비 파괴, 허위정보 교신 등 행위 및 동 범죄의 미수, 공범 처벌
- 인도 또는 기소회부 의무

동경협약(1963)과 헤이그 협약(1970)이 전적으로 기내에서 행한 범죄의 억제에 관한 것으로 민간항공에 대한 여타 불법행위를 규제할 다른 협정이 필요하게 됨에 따라 이러한 범죄들은 헤이그 협약이 체결된 후 1971년 체결된 몬트리올 협약에서 취급 된다.

동 협약의 제1조 1항에서는 어떠한 자도 불법적이며 고의적으로

첫째, 비행중인 항공기에 탑승한자에 대하여 폭력행위를 행하고, 또 동 행위가 그 항공기의 안전에 위해를 가할 가능성이 있는 경우

둘째, 운항중인 항공기를 파괴하는 경우 또는 그러한 항공기를 훼손하여 비행을 불가능하게 하거나 비행의 안전에 위해를 줄 가능성이 있는 경우

셋째, 어떠한 방법에 의해서라도 운항중인 항공기상에서 항공기를 파괴하거나 비행을 불가능하게 하거나 비행중의 안전을 위태롭게 할 물건이나 장치를 어떤 방식으로든지 설치하는 행위

넷째, 항공시설을 파괴 혹은 손상시키거나 또는 운용을 방해하여 그러한 행위가 비행중인 항공기의 안전에 위해를 줄 가능성이 있는 경우

다섯째, 허위정보를 교신, 그로 인하여 비행중인 항공기의 안전에 위해를 줄 가능성이 있는 장치나 물질을 설치하거나 또는 설치되도록 하는 경우

여섯째, 허위정보를 교신 그로 인하여 비행중인 항공기의 안전에 위해를 주는 경우 등에는 범죄를 범한 것으로 한다.
더 나아가서 이러한 행위를 시도하거나 공범자의 경우 범죄를 범한 것으로 본다(1조2항).

4. 민간 항공의 안전에 대한 불법적 행위 억제를 위한 몬트리올협약에 대한 추가 의정서(몬트리올 추가의정서)

Protocol for the Suppression of Unlawful Acts of Violence at Airports Serving International Civil Aviation, Supplementary to the Convention for the Suppression of Unlawful Acts against the Safety of Civil Aviation, Done at Montreal on 23 September 1971

- 체결일자 및 장소 : 1988년 02월 24일 몬트리올에서 작성
- 발효일 : 1989년 08월 06일
- 서명일 : 1988년 02월 24일
- 대한민국 발효일 : 1990년 07월 27일 (조약 제1012호)

주요내용은 다음과 같다.
국제민간항공에 사용되는 공항의 안전을 위태롭게 하는, 심각한 인명살상을 초래하는 동 공항에서의 폭력행사, 시설 또는 취항 중에 있지 아니한 항공기의 파괴, 공항업무 방해 행위 및 미수, 공범 처벌 규정을 마련하여 몬트리올 협약을 보완하였다.

국제민간항공에 사용되는 공항에서 인명을 위태롭게 하거나 위태롭게 할 가능성이 있는 불법적 폭력행위 또는 그러한 공항의 안전한 운영을 위협하는 불법적 폭력행위가 공항의 안전에 대한 전세계 사람들의 신뢰를 저해하며, 모든 국가를 위한 민간항공의 안전하고 질서있는 운영을 방해하는 것임을 고려하고, 그러한 행위를 억제하기 위하여 범인들의 처벌을 위한 적절한 조치를 마련할 긴박한 필요성이 있음을 고려하고, 국제민간항공에 사용되는 공항에서의 불법적인 폭력행위에 대처하기 위하여 1971년 9월 23일 몬트리올에서 채택된 민간항공의 안전에 대한 불법적 행위의 억제를 위한 협약의 규정을 보충하는 규정을 채택하는 것이 필요하다는 것을 고려하여 수정안을 채택하였다.

5. 가소성 폭약의 탐지를 위한 식별조치에 관한 협약(플라스틱 협약)

Convention on the Marking of Plastic Explosives for the Purpose of Detection

- 체결일자 및 장소 : 1991년 03월 01일 몬트리올에서 작성
- 발효일 : 1998년 06월 21일
- 비준서 기탁일 : 2002년 01월 02일
- 대한민국 발효일 : 2002년 03월 03일 (조약 제1584호)

주요내용은 다음과 같다.
가소성 폭약, 즉 자유롭게 형태 변경이 가능한 폭약에 의한 항공기 테러방지등의 목적으로 이러한 폭약의 제조시에 폭약 내에 탐지가능 물질을 투입(식별조치 시행)하고, 식별조치를 하지 아니한 가소성 폭약의 제조, 이동, 소유 및 그 이전 등에 대한 통제의무를 부여하였다.

동 협약의 해석이나 적용에 관한 2 이상의 당사국간의 분쟁이 교섭을 통하여 해결될 수 없는 경우, 이 분쟁은 일방 분쟁당사국의 요청에 의하여 중재에 회부된다. 분쟁당사국이 중재요청 후 6월 이내에 중재기구의 구성에 대하여 합의할 수 없는 경우에는 일방 분쟁당사국은 국제사법재판소의 규정에 따른 신청에 의하여 국제사법재판소에 그 분쟁을 회부할 수 있다.

각 당사국은 이 협약에의 서명·비준·수락·승인 또는 가입시 자국이 제1항에 구속되지 아니함을 선언할 수 있다. 그 밖의 다른 당사국은 그 유보를 행한 당사국과 관련하여 제1항에 구속되지 아니한다.
제1항에 따라 유보를 행한 당사국은 언제나 기탁처에 통고함으로써 그 유보를 철회할 수 있다.
대한민국의 경우 이 협약 제11조 제1항의 기속을 받지 아니하도록 유보한 상태로 대한민국은 폭약 생산국임을 선언하였다.

이 협약의 당사국은, 테러행위가 국제안보와 관련이 있음을 인식하고, 항공기, 다른 운송수단 및 그 밖의 표적물의 파괴를 목적으로 하는 테러행위에 깊은 우려를 표명하며, 가소성폭약이 그러한 테러행위에 사용되어 왔음을 우려하고, 가소성폭약의 탐지를 위한 식별조치가 그러한 불법적 행위의 방지에 크게 기여할 것임을 고려하며, 그러한 불법적 행위를 억제하기 위하여 가소성폭약에 적정하게 식별·조치하는 것을 보장하기 위한 적절한 조치를 채택하도록 각국에 의무를 부과하는 국제적 문서의 긴급한 필요성을 인식하고, 1989년 6월 14일의 국제연합안전보장이사회 결의 제635호와 1989년

12월 4일의 국제연합총회 결의 제44/29호에서 국제민간항공기구로 하여금 탐지를 목적으로 가소성 또는 박판형 폭약에 식별조치하기 위한 국제제도의 고안작업을 강화하도록 촉구한 것을 고려하며, 국제민간항공기구총회 제27차 회의에서 만장일치로 채택된 결의 제A27-8호가 가소성 또는 박판형 폭약의 탐지를 위한 식별조치에 관하여 새로운 국제문서를 준비하는데 최우선권을 부여한데 유념하였다.

국제민간항공기구 이사회가 협약성안과정에서 일정한 역할을 수행하여 왔고, 협약의 이행과 관련된 기능을 기꺼이 맡아 준 것에 충분히 주목하여 협약으로 합의하였다.

※ 국제항공공법 주요내용 요약[49]

1919 파리 조약 (Paris Convention)
- 최초의 국제항공공법, 다자간 조약
- 영공주권주의 최초로 인정, 38국 참가
- 국제민간항공조약의 모델

1926 마드리드 조약 (Ibero-American C'tion)
- 1차대전 시 중립국 및 파리조약 불참 미국, 스페인, 중남 미국간의 파리조약에 준한 조약, 영공주권 인정

1929 하바나 조약 (Pan-American C'tion)
- 파리조약 불참 중남미 28개국간의 상업항공에 관한 조약, 평등한 대우, Cabotage 금지

1944 시카고 조약 (Chicago Convention)
- 항공관계 국제조약의 모체
- 국제민간항공의 규제 목적으로 하는 제조약과 협정, 형식을 채택

1946 버뮤다 협정 (Bermuda Agreement)
- 영·미간 항공협정, 2개국간 항공협정의 효시

1948 제네바 조약 (Geneva Convention)
- 항공기 자체에 관한 권리를 등록국의 법에 따라 보호하는 조약

1963 동경 조약 (Tokyo Convention)
- 항공기내 범죄 및 기타 행위에 관한 조약
- 항공기 등록국이 재판관할권을 가짐

1970 헤이그 조약 (Hague Convention)
- 항공기의 불법납치 억제를 위한 조약
- 체약국이 범죄를 엄중처벌할 책임

1971 몬트리올 조약 (Montreal C'tion)
- 민간항공안전에 대한 불법행위(탑승자 폭행, 안전저해행위 등)억제를 위한 조약

1998 몬트리올 추가 의정서 (Montreal Additional Protocol)
- 몬트리올조약상의 범죄가 공항내 항공기, 공항청사 및 인명에 대한 테러행위도 포함

---

49) 국토교통부(2018) "2018 항공정책 업무편람" p.66

4 국내항공법의 제정 및 개정[50]

1. 국내항공법의 제정 및 개정

한국에 비행기가 처음으로 비행을 한 것은 일본의 식민통치하에 종속되어 있던 1913년 일본 해군 기술 장교인 나라하라가 서울 용산의 조선군 연병장에서 공개비행행사를 가진 것이 처음이며, 한국인 조종사가 최초의 비행을 한 것은 안창남이 1922년 12월 10일 단발 쌍엽 1인승 비행기인 금강호로 여의도에서 모국방문비행을 한 것이다.

1913년 한국에 비행기가 처음으로 소개된 이후 일본은 내무성령으로 제정한 항공취재규칙(航空取材規則)을 일본육군에 적용하기 시작하였고, 1920년 7월 항공취재규칙을 칙령 제224호로 발령하였다.

항공법이 한국에 처음 적용된 것은 1927년 5월 5일 일본의 항공법과 시행규칙이 공포된 후 1927년 6월 1일 조선총독부법률 제56호(칙령 제104호)에 의거 일본의 항공법과 시행규칙이 식민통치국가인 한국에 적용[51]된 것이 최초이며, 특례로서 비행장 설치장소의 수용에 관한사항을 총독부령 제57호[52]로 공포하였다. 또한 1937년 5월 29일 항공법 시행령을 제정(칙령 제237호)하고, 비행장 설치에 따른 설치장소의 공고를 식민통치국가에도 적용한다는 것을 명시하였다.

1945년 한국은 일본의 식민통치에서 해방이 되자 미 군정 시대로 바로 전환되었으며 일본의 조선총독부 권한은 미 군정청으로 이관되었다.
그리하여 미 군정청은 1945년 11월 2일 제법령 존속령(미군청령 제21호[53])을 공포하여 일본 총독부령으로 공포되었던 일본의 구항공법을 계속 사용하도록 하였다.
1947년 한국의 과도정부가 수립되었고, 1948년 7월 12일 대한민국 제정헌법이 제정되었지만 동 헌법 제100조[54]에 의거 일본 총독부령으로 공포된 구 항공법이 계속 유효하게 적용되었다.

---

[50] 오성규(2010), "한반도 주변국가의 항공법 비교연구" 발췌

[51] 항공법 시행규칙 제3조에서 조선, 대만, 사하린 및 관동주를 적용대상 국가로 명시하고, 각 식민국가의 총독부령으로 시행 공포하였다.

[52] 본 특례는 1961년 9월 22일 폐지됨. (각령 제142호)

[53] 미 군정청령에 반하지 않는 제반 법규는 특별히 폐지할 때까지는 유효하게 적용한다.

[54] 기존의 제반 법률은 이 헌법과 상치되지 않는 한 계속 유효하다.

1948년 8월 15일 한국 정부가 수립되고 1948년 9월 13일 미국정청으로부터 행정권을 이관 받은 한국정부는 자주권이 확립되어가고 있었지만 1950년 6월 25일 한국전쟁의 발발로 민간항공 활동이 잠시 정지되었다.

한국전쟁 이후 1952년 12월 11일 한국은 국제민간항공기구에 가입하며 민간항공 활동을 재개 하였고, 독자적인 국내항공법의 제정 필요성이 대두되었다.

1958년 미국 연방항공청의 항공법 전문가를 초청하여 항공법의 초안을 작성케 하였으나, 미국 항공법 전문가의 초안이 한국 실정에 맞지 않아 우리나라 정부가 제정한 항공법 초안을 별도로 작성하여 독자적인 항공법제정 절차를 추진하게 된다.

1959년 8월 21일 정부는 항공법 초안에 대하여 법제처와 협의를 마치고, 1960년 11월 11일 국무회의에 상정하여 의결과정을 거친 후, 1961년 1월 11일 민의원 제38차 회의와 동년 2월 22일 참의원 제17차 회의를 통과하였다.
그 이후 1961년 3월 7일 한국은 법률 제591호로 독자적인 국내항공법을 제정·공포하였고, 이 법률은 3개월 후인 1961년 6월 7일부터 시행되었으며, 전문을 포함한 10장 143조로 구성되었다.

본 법은 국제민간항공협약과 동 협약의 부속서에서 채택된 표준과 방식에 따라 항공기가 안전하게 항행하기 위한 방법을 정하고, 항공시설을 효율적으로 설치·관리하도록 하며, 항공운송사업의 질서를 확립함으로써 항공의 발전과 공공복리의 증진에 이바지함을 목적으로 하고 있다.

또한 1961년 7월 15일 공포된 구 법령 정리에 관한 특별조치법[55]에 따라 1961년 8월 10일 항공법 시행령이 대통령령 제96호로 제정·공포되었으며, 1962년 9월 7일 항공법 시행규칙이 교통부령 제135호로 제정·공포되어 1927년 일본의 항공법이 처음으로 적용 된지 35년 만에 한국의 독자적인 항공관련 기본법규가 체계를 갖추게 되었다.

1961년 항공법이 제정된 후 항공법은 다양한 항공운송산업의 환경변화에 따라 지속적인 개정을 하게 되었고 2017년 항공법은 항공사업법, 항공안전법, 공항시설법으로 분법이 되었다.

---

55) 제정헌법 이후 각종 법률의 정비가 필요하게 되었고, 일본 식민통치기간 / 미군정 통치기간 / 정부수립 후 계속 사용 중인 각종 법률의 제·개정은 1962년 1월 20일까지 완료하고 그 이후는 각종 구법의 유효성을 인정하지 않겠다는 법률

2. 국내항공법의 분법

1961년 제정된 항공법은 항공사업, 항공안전, 공항시설 등 항공관련 분야를 망라하고 있어 국제기준 변화에 신속히 대응하는데 미흡한 측면이 있고, 여러 차례의 개정으로 법체계가 복잡하여 국민이 이해하기 어렵다는 평가에 따라 항공관련 법규의 체계와 내용을 알기 쉽도록 하기 위하여 항공법을 항공사업법, 항공안전법 및 공항시설법으로 분법하여 국제기준 변화에 탄력적으로 대응하고, 국민이 이해하기 쉽도록 하였다.

항공안전법에서는 항공기의 등록, 안전성 인증, 항공기 운항규칙 등 항공안전에 관한 사항을 규정하고, 국제민간항공기의 국제기준 개정에 따른 안전기준을 반영하며, 항공안전관리시스템의 도입 대상을 확대하는 등 기존 항공법의 제도 상 나타난 일부 미비한 사항을 개선, 보완하였다.

항공사업법에서는 항공운송사업 등 항공사업에 관한 분야와 항공운송사업 진흥법을 통합하고, 경량항공기서비스업을 도입하며 각 항공사업별로 과징금의 상한을 합리적으로 조정하고, 항공요금을 유류할증료 등을 포함한 총액요금으로 표시하도록 하는 등 기존 항공법의 제도 상 나타난 일부 미비한 내용을 개선, 보완하였다.

공항시설법에서는 공항개발, 항행안전시설 설치 등 공항시설에 관한 분야와 수도권신공항건설 촉진법을 통합하고, 개발사업 시행자에 대한 재정지원 및 토지수용 근거를 마련하며, 비행장 개발 예정지역 내의 행위제한 근거를 마련하고, 개발사업 실시계획 승인 시 관계 행정기관의 장과의 협의기간을 단축하는 등 기존 항공법의 제도 상 나타난 일부 미비한 내용을 개선, 보완하였다.

3. 기타 항공분야 관련 법률

가. 항공보안법

우리나라는 1971년 동경협약에 가입후 1974년 항공기운항안전법을 제정하였다. 동 법은 항공기에 대한 범죄 특히 운항 중 납치사건이 빈번하게 발생됨을 감안하여 동경협약에 가입 후 이를 근거로 입법화함으로써 항공기의 안전운항기준과 대형화하는 항공기의 발달에 따른 범죄양태 구성요건과 형량을 규정하게 되었다.

항공기 운항안전법은 2001년 국제민간항공기구로부터 항공안전 2등급 평가를 받은 후 민간항공기의 운항안전을 증진시키기 위하여 보안검색, 항공안전 및 보안에 관한 기본계획의 수립, 항공안전보안 지시 조사 및 점검 등에 대한 법적 근거를 마련하고, 법 적용의 실효성을 확보하여 민간항공의 안전성, 정시성 및 효율성을 유지하여 항공기와 탑승객의 안전한 운항이 가능하도록 하는 등 기존 법률의 미비점을 보완하여 항공안전 및 보안에 관한 법률로 법률명이 변경되었다.

또한. 항공안전 및 보안에 관한 법률은 항공보안 업무에 관한 내용을 체계적으로 규율하고, 민간항공에 대한 불법방해행위에 신속하게 대응하기 위하여 국가항공보안 우발계획의 수립근거를 마련하며, 민간항공 보안업무의 효율적 추진을 위하여 항공보안 자율신고제도를 도입하고, 항공보안과 관련된 벌칙 및 과태료 규정을 합리적으로 정비하는 등의 내용을 개선 및 보완하여 항공보안법으로 법률명이 변경되어 시행되고 있다.

나. 공항소음 방지 및 소음대책지역 지원에 관한 법률

기존 항공법에 규정된 항공기 소음의 방지난 피해지역 주민들에 대한 지원사업 등의 일부 규정만으로는 공항소음의 체계적인 관리나 소음피해 주민들에 대한 주민지원사업 추진에 어려움이 있어, 공항소음 피해 주민들에 대한 체계적이고 효율적인 대책사업 및 지원사업을 지원하기 위하여 동 법률을 2010년 제정하여 항공기 소음으로 인한 피해를 최소화하고, 재원을 확보하여 선진국 수준의 소음대책사업을 지원하는 등 피해 주민들에게 보다 쾌적한 생활환경을 제공하고 복지를 증진하기 위해 시행되고 있다.

항공교통론

항공교통의 특성과 역할

제 4 장

1. 항공교통의 특성
2. 항공교통의 역할

제4장

항공교통의 특성과 역할

1 항공교통의 특성

교통수단은 어느 분야이던 간에 안전성, 신속성(고속성), 정시성(정확성)등이 절대적으로 필요하다. 그러나 항공교통은 타 교통수단과 달리 출발지에서부터 3차원의 공간을 비행하여 타국의 공역을 쉽게 비행하는 특이한 교통수단으로 다음과 같은 특성을 갖는 교통수단이라 하겠다.

1. 안전성

초기에는 항공기의 안전성이 매우 낮았으나 그 후 항공기의 성능개량, 자동안전시스템 (Fail Safe System)과 정비능력의 향상, 운항방식의 자동화, 위성을 이용한 통신방식의 도입, 각종전자장비의 컴퓨터화 및 항행안전시설의 급속한 발달로 안전성이 크게 향상되었다.

[표 1] 교통사고 현황(총괄)

구분		'09	'10	'11	'12	'13	'14	'15	'16	'17	'18	계
사고건수	도로	231,990	226,878	221,711	223,656	215,354	223,552	232,035	220,917	216,335	217,418	2,229,576
	철도	261	225	186	166	147	136	116	96	87	70	1,490
	항공	11	7	14	7	10	5	10	18	11	9	102
	해양	1,815	1,627	1,809	1,573	1,093	1,330	2,101	2,307	2,582	2,671	18,908
사망자수	도로	5,838	5,505	5,229	5,392	5,092	4,762	4,621	4,292	4,185	3,781	48,697
	철도	156	130	118	106	93	78	74	58	51	40	904
	항공	14	1	14	6	9	6	3	17	4	8	82
	해양	148	170	158	122	101	467	100	118	145	102	1,631
부상자수	도로	361,875	352,458	341,391	344,565	328,711	337,497	350,400	331,720	322,829	323,037	3,394,483
	철도	108	88	70	105	48	538	42	39	30	27	1,095
	항공	1	1	8	1	4	7	9	3	9	18	61
	해양	217	102	166	163	206	243	295	293	378	353	2,416

※ 자료: 국토교통부, 2019년도 교통안전 연차보고서

2. 신속성(고속성)

항공기의 속도 향상을 살펴보면 1930년대에는 시속280km, 1950년대에는 500km, 1960년대에는 800km, 1970년대에는 1,000km로 증가되었으며, 1970년대 후반에 개발된 초음속 항공기(Concord)의 등장으로 속도는 시속 2,000km까지 향상되었다.

민간항공기의 속도는 통상 항공기별로 제원상 순항속도(Cruise Speed)를 말하고 있으나, 항공운송에 따른 소요시간을 타 교통수단과 비교시는 항공기순항 속도만으로는 비교 할 수 없으므로 비행예정인 전체비행구간을 총 비행시간[56]으로 나눈 값이 비교(평균)속도이다. 즉 항공기가 움직이기 시작해서 목적지의 비행장에 도착 후 완전히 정지할 때까지의 비행시간이 총 비행시간이 되고, 출발지에서 목적지까지의 거리를 총 비행시간으로 나눈 값이 평균속도가 되어야 한다.

가. 항공기의 속도를 분류하는 기준

속도에 의한 분류		
아음속기 - Subsonic Plane	- M0.75이하(860km/h), Propeller기의 한계속도
천음속기 - Transonic plan	- M0.75-1.25
초음속기 - Supersonic plane	- M1.2-5.0이하
극초음속 - Hypersonic plane	- M5.0이상

나. 항공사에서 운용중인 대표적 항공기 제원

구 분	좌석수 (명)	최대이륙중량 (톤)	전장 (m)	순항속도 (Km/H)	항속거리 (Km)	이륙활주 길이(m)	착륙활주 길이(m)
A380-800	495	569	73	1,040	15,300	3,019	2,016
B747-8	368	448	76	1,040	13,602	3,145	2,348
B747-8F	8	448	76	1,040	7,188	3,049	2,565

---

56) **비행시간**; 항공기가 이륙 목적을 위해 출발공항에서 처음 움직이기 시작한 순간부터 복적지에 도착 후 비행이 종료한 순간까지의 전체 시간.(ICAO Annex 1,정의 2001.1.19 개정안 채택, 2001.11.1부터 발효)
　주; 여기서의 비행시간은 항공기가 출발지점으로부터 움직이는 시간부터 목적지점에서 정지하기까지를 계산하는 통상 용어인 "block to block" 시간이나 "chock to chock" 시간이라는 용어와 동의어로 정의된다.

구 분	좌석수(명)	최대이륙중량(톤)	전장(m)	순항속도(Km/H)	항속거리(Km)	이륙활주길이(m)	착륙활주길이(m)
B747-400F	8	413	71	907	8,415	3,231	2,393
B747-400(BDSF)	8	397	71	1,053	14,816	3,231	2,238
B747-400SF	8	397	71	1,053	16,066	3,079	2,073
B747-400	365	395	71	1,053	16,066	3,155	2,073
B777F	8	348	65	1,028	8,821	3,440	1,773
B777-300ER	291	345	74	1,028	12,682	3,522	1,769
B777-200	333	298	74	1,040	9,630	3,048	1,695
B777-300	338	273	74	1,028	10,324	3,048	1,824
B787-8	335	228	57	913	14,500	2,600	2,050
B787-9	269	253	63	913	14,800	2,900	-
A330-200	218	238	59	1,004	8,334	2,666	1,730
A330-300	290	235	64	1,004	9,456	2,599	1,739
A340-300	340	277	64	1,052	13,700	3,100	2,100
A350-900	440	269	67	1,052	14,350	2,200	1,966
B767-300F	6	187	55	979	9,279	2,256	1,497
B767-300	250	163	55	979	9,279	2,256	1,497
A321-200	195	93	45	955	5,416	2,408	1,588
B737-900ER	159	82	42	955	4,993	2,339	1,532
B737-900	188	79	42	955	3,865	2,482	1,703
B737-800	189	79	42	965	5,796	2,777	1,800
A321-100	200	78	45	955	5,556	2,153	1,560
B737-700	78	78	34	979	6,537	1,731	777
A320-200	77	-	38	955	6,165	2,388	1,434
B737-400	68	-	33	906	4,630	2,021	163
BD-700-1A10	45	-	30	1,013	12,400	1,887	814
CL-600-2B19	24	-	27	670	3,148	1,918	1,479
EMB-145EP	21	-	30	407	1,963	1,970	1,390

자료: 항공연감, 항공진흥협회

3. 정시성(정확성)

정시성이란 공표된 시간표(Published Time table)를 기준으로 정확하게 운항하고 있는지 여부에 따라 결정된다. 즉 항공회사가 공표한 시간표상의 출발도착 시각대로 운항이 실시되고 있는지의 여부가 정시성을 결정한다.

[연도별 항공기의 지연 및 결항율]

구 분	한국공항공사(국내 14개 공항)			인천국제공항공사(인천국제공항)		
	운항회수	결항회수/율	지연회수/율	운항회수	결항회수/율	지연회수/율
2010년	323,159	6,569/2.03	13,910/4.3	174727	641/0.37	7,278/4.17
2011년	343,279	5,142/1.5	14,987/4.37	189278	384/0.2	7,157/3.78
2012년	353,542	5,427/1.54	13,928/3.94	213603	637/0.3	10,637/4.98
2013년	372,967	2,654/0.71	18,212/4.88	228260	420/0.18	9,973/4.37
2014년	399,203	4,897/1.23	26,834/6.72	247441	283/0.11	10,657/4.31
2015년	435,607	3,326/0.76	39,613/9.09	263408	366/0.14	12,471/4.73
2016년	470,405	6,523/1.39	73,682/15.66	298626	356/0.12	19,212/6.43
2017년	479,580	1,951/0.41	48,553/10.12	315797	389/0.12	22,691/7.19
2018년	486,869	6,152/1.26	54,310/11.15	343512	575/0.17	21,943/6.39
2019년	502,250	4,988/0.99	47,618/9.48	361199	664/0.18	16,492/4.57

※ 자료: 한국공항공사 및 인천국제공항공사 항공통계

4. 국제성

항공기는 속도가 빠르고 항속거리가 길기 때문에 국가의 영역을 넘어 비행하는 일이 빈번하다. 그래서 자국의 항공기가 타국의 영역이나 타국에서 비행하는 일이 많게 되는데 이 결과 항공기의 항행이나 항공운송사업에 관해서 복잡한 국제적인 법률관계를 발생하게 된다. 이러한 법률관계에 있어서 한편으로는 국제적인 항공교통의 발달을 배려하고 다른 한편으로는 자국의 경제적·정치적인 권익 등을 보호할 필요가 있다. 그리하여 항공에 관하여 국제법이 발달하고 국내법에 있어서도 국제법의 근간인 국제민간항공협약 및 부속서에 의하여 각국이 통일되게 적용하도록 의무화되어진다.

국제간의 국제항공운송이 이루어지기 위해서는 먼저 **자국정부와 상대국 정부가 항공협정을 체결하고, 양국의 항공사는 세부항공협정**(항공운송협정)을 맺고 그 세부 항공협정에 따라 양국 간에 지정된 노선에서 항공운송업무를 할 수 있다.
이는 **1919년10.13[57] 파리협약, 1947년 4.4 시카고 협약** 제1조[58]에 명시된 공역의 배타적인 주권 인정 조항에 의거 타국영역비행은 상호 협약이 필수적이다.
즉 국제항공 운송사업에 있어서는 관계국 정부간 협정에 의해서 가능하며 취항도시의 수, 운항횟수, 총 공급좌석 등에 대해 상대국가 및 비행시 공역을 통과하거나 착륙하는 관련 국가와 체결된 제 협정상의 관계 등에 의거 결정 되고 있다.

가. 우리나라 항공협정 및 노선 현황

우리나라는 2020년 1월 기준 총 87개국 체결(발효 83, 미발효 4)

지 역	복수제
미주(9개국)	멕시코, 미국, 브라질, 아르헨티나, 에콰도르, 칠레, 캐나다, 파나마, 페루
러시아/CIS(8개국)	러시아, 우즈베키스탄, 키르기즈스탄, 우크라이나, 아제르바이젠, 벨라루스, 투르크메니스탄, 타지키스탄
서남아(6개국)	인도, 네팔, 파키스탄, 스리랑카, 몰디브

---

57) 파리협약(The Convention Relating to the Regulation of Aerial Navigation / 항공기에 의한 항공 운항의 규제를 위한 협약.
   ※ 1919년10월13일 체결, 1922년7월11일 부터 발효(32개국이 비준).
58) 제1조 주권: 체약국은 각국이 그 영역상의 공간에 있어서 완전하고 배타적인 주권을 보유한다는 것을 승인한다.

지 역	복수제
동북아(6개국)	중국, 일본, 대만, 홍콩, 마카오, 몽골
동남아(10개국)	말레이시아, 싱가폴, 베트남, 인도네시아, 태국, 필리핀, 부르나이다루살람, 미얀마, 캄보디아, 라오스
아프리카(9개국)	남아프리카공화국, 라이베리아, 모로코, 알제리, 에티오피아, 케냐, 튀니지, 세이셸, 가봉
대양주(5개국)	뉴질랜드, 호주, 피지, 팔라우, 파푸아뉴기니
유럽(24개국)	그리스, 네덜란드, 독일, 루마니아, 룩셈부르크, 몰타, 벨기에, 불가리아, 스위스, 스페인, 영국, 오스트리아, 유고슬라비아, 체코, 터키, 폴란드, 프랑스, 핀란드, 헝가리, 크로아티아, 세르비아, 포르투갈, 라트비아, 이탈리아
중동(10개국)	사우디아라비아, 아랍에미리트, 오만, 요르단, 이라크, 이란, 이스라엘, 이집트, 카타르, 쿠웨이트
계	87개국

나. 국적항공사 취항국가 및 도시

국적항공사는 총 9개로 취항국가 48개국, 취항도시 153개 지점, 263개 노선, 주 3,341편이다.

('19년 하계스케줄 기준)

	국가수	도시수	노선수			운항편수(편/주)		
			계	여객	화물	계	여객	화물
대한항공	43	108	135	112	32	1,005	904	101
아시아나	25	73	87	71	27	666	591	75
에어부산	13	24	32	32	-	243	243	-
에어서울	7	17	17	17	-	109	109	
이스타	8	21	30	30	-	186	186	-
제주항공	12	33	60	60	-	480	480	-
진에어	10	22	30	30	-	312	312	-
티웨이	11	30	49	49	-	315	315	-
에어인천	3	5	5	-	5	25	-	25
계	48	153	263	228	53	3,341	3,140	201

* 중복: 28개 국가, 78개 도시, 150개 노선
* 정기노선 기준

다. 외국항공사 현황

35개 국적, 85개 항공사로 취항국가는 39개국, 취항도시 124개 지점, 219개 노선, 주 1,742편(여객 1,559편, 화물 183편) 운항

라. 국제항공노선 및 운항편수 전체현황

	항공사	국제항공노선			운항편수		
		국가	도시	노선	계	여객	화물
국적항공사	9	48	153	263	3,341	3,140	201
외국항공사	85	39	124	219	1,742	1,559	183
계	94	55	186	385	5,083	4,699	384

* 중복: 32개 국가, 91개 도시, 97개 노선
* 정기노선 기준

5. 독과점성

항공운송사업은 정부의 면허를 받은 자만이 할 수 있도록 함으로서 시장에서 경쟁상대를 법으로 배제해 주고 있으며, 그 결과로서 **독과점** 또는 독점화의 경향이 타 어느 산업보다 강하게 나타난다. 이것이 정부가 항공산업에 대하여 규제를 하는 근거가 되고 있다.

타 교통기관과 비교할 때 항공운송사업에는 두 가지 측면에서 큰 제약을 받게되어 독과점성이 매우 큰 특성을 보이고 있다.

① 항공운송사업의 특성상 **면허**를 받아야만 사업을 할 수 있다.
② 정부의 **규제가 필수적이다.**

가. 정기항공운송사업체에 대한 규제

1) 기술적 규제

안전성의 확보를 위해 항공법은 노선면허, 운항 개시 전 검사, 운항 및 정비규정의 인가, 사업계획의 인가. 기장노선자격의 심사, 입회 검사 등에 대해 운항증명 제도를 통하여 규제를 하고 있다.

기술적인 규제분야를 구분하여 보면 다음과 같다.
① 항공기의 제작, 설계 및 정비관리 등 항공기의 안전성 확보
② 항공종사자, 특히 운항승무원의 자격관리, 업무범위, 비행시간 및 휴식시간, 건강관리의 규제에 관한 사항
③ 항공기의 운영절차 등 운항규정에 의한 규제
④ 항공기가 사용하는 각종 항공기반시설, 공항, 항행 안전시설 등의 설치와 운영에 관한 규제사항이다.

2) 경제적 규제

경제적 규제분야를 구분하여 보면 다음과 같다.
① 영공 통과등 항공 운수권에 관한 사항,
② 항공여객의 운임 및 화물 수송에 따른 수수료 등에 관한 사항,
③ 항공기의 수송량, 즉 운항회수 와 공급좌석 등 수송력에 대한 규제사항이다.

나. 국적 항공사 현황

구 분	대한항공	아시아나	제주항공	진에어	에어부산	티웨이	이스타	에어서울	에어인천
설립일	1969.3.1	1988.2.24	2005.8.25	2008.7.15	2008.7.10	2003.5.19	2008.8.6	2015.4.7	2012.1.18
매출액(억원) '18년 기준	126555	62012	12566	10107	6536	7319	5664	2215	217
종업원	14,904명	7,799명	272명	160	175명	1,326명	158명	307명	69명

다. 정기항공운송사업체 현황

구 분	대한항공	아시아나항공	제주항공	진에어	에어부산	이스타항공
대 표 자	지창훈	박찬법	주상길	김재건	김수천	양해구
면허일자	'69. 3. 1	'88. 2. 24	'05.8.25	'08.7.15	'08.7.10	'08.8.6
최초취항일	'69. 3. 1	'88.12. 23	'06.6.5	'08.7.17	'08.10.27	'09.1.7
영업범위	정기 및 부정기운송	정기 및 부정기운송	정기 및 부정기	부정기	부정기	부정기
노 선 망 - 국내선 - 국제선	14개도시 22개노선 104개노선 주 551회	12개도시 17개노선 72개노선 주 376회	4개도시 8개노선	2개도시	2개도시	1개도시
항공기보유(대) - 여객기 - 화물기	127 96 20	69 55 6	9 9 0	4 4	5 5	5 5
자 본 금	3,633억 원	8,500억 원	200억 원	200억 원	500억 원	765억 원
종업원수(명) 조종사(외국인) - 정비사 - 운항관리사 - 객실승무원 - 일반직기타	14,790 1,981(213) 3,525 61 3,512 5,711	7,011 799(58) 969 73 2,350 2,820	289 48 43 11 44 143	53 6 8 3 13 23	57 10 7 4 15 21	65 8 6 12 16 23

※ 자료: 한국항공진흥협회

6. 경제성

항공수송의 운임은 교통기관과 비교할 때 매우 높은 것이 사실이다.
어떤 사업가가 출장 시 고속버스를 이용 시에는 1박2일이 소요되고 비행기를 이용 시는 당일에 다녀올 수 있다면, 고속버스를 이용시 소요되는 버스요금은 항공요금과 차이가 있을 것이지만, 항공기를 이용하여 당일로 다녀온다면 하루 동안의 시간적 이득이 있게 되고, 현지에서 숙박과 식사 및 현지교통비등 부가적인 지출이 없으므로 총체적으로는 경제성과 시간적인 가치 측면에서 항공여행이 매우 유리하게 된다.

또한, 항공기의 고속화, 장거리화가 산업발전에 지대한 영향을 미치고 있으며, 특히, 대형 화물기의 개발로 수송력의 증대, 단위당 운항원가의 절감 및 운임의 저렴화가 이루어졌으며 재고비, 창고료, 보험료 등의 비용측면에서도 유리하게 작용하고 있다.

※ 예: 포항-울릉도-포항
- 항공기의 경우 당일 왕복 가능,
- 선박의 경우, 최소한 1박 2일이 소요됨(포항 / 울릉도+1박 / 포항)

7. 쾌적성

항공교통수단에 의한 여객운송에 있어서 승객이 쾌적한 여행을 할 수 있도록 하는 것은 항공수송의 중요한 특성의 하나이다. 공중을 비행한다는 그 자체가 여객에게 불안감을 수는 것이기 때문에 이러한 여객의 불쾌감을 쾌적성의 향상으로 완화할 필요가 있다.

- 객실내의 시설, 기내서비스, 비행상태, 여행시간의 단축 등

- 쾌적성을 향상시키기 위하여 좌석의 간격을 넓게 하거나,

- 기내식사 서비스의 질적 향상과 영화상영 및 음악 서비스

- 객실 승무원의 인적 서비스도 중요하다.   ※ 고소공포증 환자

8. 응수성(용이성)

육상. 철도교통이 도로나 철도로 연결되는 선(線)의 교통이라면 航空交通은 해상교통이나 마찬가지로 점(点)을 연결하는 교통이라 할 수 있다.
항공교통은 트럭이나 철도와 같은 도로나 철도를 필요로 하지 않으며 비교적 자유로이 목적지를 선택할 수 있고 그만큼 노선개설이 상대적으로 자유롭고 용이하다.
즉 수송사업에 진출하기 위하여 항공회사는 단순히 운반수단인 항공기에만 투자하면 되고 운항할 통로나 터미널을 소유할 필요는 없다. 뿐만 아니라 운반수단인 항공기도 임차나 신용으로 구입이 가능하다. 이와 같이 항공회사는 항공기의 구입만으로 비교적 쉽게 항공사업에 진출할 수 있다.

2 항공교통의 역할[59]

1. 기존교통기관에 대한 역할

항공수송의 역할은 해운, 철도, 도로교통의 역할과 기본적으로는 같지만, 항공교통은 최고속의 교통수단으로서 400-500Km 이상의 장거리교통을 일반화, 능률화 및 실용화 하였다.

항공교통은 장거리 구간만이 아니고 종래에 철도, 자동차로는 경제적. 시간적으로 극복하기가 대단히 어려웠던 산악지역(알프스, 록키, 안데스산맥 등)이나 사막지대에 대한 교통을 용이하게 하였고, 장시일을 필요로 하는 해상교통을 대신하여 능률화하였으며, 기상조건 때문에 수륙의 어떠한 교통기관으로도 개설이 곤란했던 남극이나 북극권의 교통을 실현 가능하게 했다.

- 항공교통은 우편, 속달화물, 긴급수송 등
- 항공교통의 발달은 철도, 버스 등 기존 교통의 능률화를 촉진

※ 우등 고속버스내 DVD, TV등 설치, 좌석 고급화, 급행노선제 신설

---
59) 이태원, 현대항공수송론, 서울, 컴퓨터프레스, 1991, pp. 22-32.

※ 고속철도로 고속화, 고급화

※ 해상교통의 경우 크루즈화, 고속화, 선내 객실의 고급화

2. 항공교통의 공공적 역할

항공교통은 선택적 교통기관이 아니고 공공성이 강하게 요구되는 공익적 교통기관이다. 항공수송서비스의 궁극적인 목표는 항공교통의 대중화에 있고 기존 교통기관인 철도나 장거리 고속버스와 동등한 기능을 갖고서 불특정 다수의 일반 대중이 이용하고 있다는 점에서 항공교통도 다른 교통기관과 마찬가지로 공공교통기관이다.

공공교통이라는 성격 때문에 항공회사는 일단 영업을 개시하면 여객이나 화물수요가 아무리 적더라도 사업계획에서 허가된 공시된 스케줄대로 운항을 계속하지 않으면 안 된다.

항공회사는 운항증명, 사업계획의 허가나 노선면허는 물론 그 외에도 사용할 기종이나 운임의 결정 등에 대하여 정부의 인가를 받도록 되어 있고 사업의 내용에 대해서도 항공법에 상세히 규정하고 있다. 이와 같이 항공회사의 사업내용이나 경영이 법률의 규제를 받고 있는 것은 항공사업이 갖는 공공성 때문이며 동시에 항공사업의 절대명제인 안전성의 확보에 대한 강한 요구 때문이다.

3. 항공교통의 경제적 역할

항공교통의 역할이나 사명은 단순히 인간이나 재화의 수송이라는 관점에서 보는 것이 원칙이나 그 외에도 공익면에서 많은 기여를 하고 있음을 간과해서는 안 된다.

항공교통은 외화의 획득과 절약으로 국제수지 개선에 기여하고 있으며, 관련산업의 발달촉진, **관광사업의 촉진, 노동시장의 제공, 산업 생산력의 향상** 등 일반산업의 개발과 시장의 확대기능으로서의 역할을 통하여 지역사회와 국내 및 국가경제의 발전에 다각적으로 기여하고 있음을 알 수 있다. 항공교통의 수송 이외의 경제적 역할을 보면 다음과 같다.

가. 생산력과 경영능률의 향상

항공교통은 특히, 토지, 노동, 자본의 이용을 용이하게 하고 기존 교통에 대한 보완적인 역할 외에 종래의 미개발 지역과 후진지역에 중요한 수송기능을 제공하고 있으며, 기존 지상교통기관이 할 수 없었던 미개발 전지역의 자원의 이용을 가능하게 하고, 생산수단의 이용을 보다 합리화시킴으로서 모든 산업의 생산력 향상에 크게 기여하고 있다.

- 토지이용의 예: 남극지역의 과학기지 설치, 리비아 대수로 건설, 저임금 국가 활용생산(베트남, 중국, 인도, 캄보디아, 방글라데시, 북한 등)
- 노동이용의 예: 리비아 및 사우디 건설기술자 파견 등.
- 자본이용의 예: 항공기 구매: 리스산업의 발달, 공항건설: 차관 공여 등
- 미개발 지역에 중요한 수송기능 제공 예: 극지방, 시추선, 섬(이어도 기지)
- 생산수단의 이용을 합리화: 생동물, 수산물 및 전자제품등 고가품의 항공수송

나. 노동과 자본의 이용범위 확대

한국 건설회사의 기술인력과 노동력이 중동의 각국에 진출하여 건설용역을 제공함으로서 많은 외화를 획득할 수 있었던 것도, 그리고 정기휴가를 위해 귀국하고 다시 임지의 건설현장에 부임할 수 있었던 것도 자국 항공기에 의한 신속한 수송수단이 있었기 때문에 가능했던 것이다.

- 1960~70년대 중동 건설자: 대한항공의 A-300 항공기(서울/ 바레인/ 제다)운항
- 1980년대 리비아 대수로 공사: 대한항공의 DC-10(서울/바레인/제다/리비아)운항

다. 국제분업과 무역의 촉진

근대적 시장은 상품유통의 대량성, 계속성, 원거리성이 실현됨으로 비로소 형성되고 발달하는 것이다. 따라서 국제적 分業하에서의 국민경제의 상호교환의 형태로 이루어지는 국제무역은 항공교통과 해운의 대량수송, 계속수송, 원거리수송의 기능 발달에 의존하지 않을 수 없다. 이와 같이 **항공교통은 지역적, 국제적, 시장창출과 확대의 역할을 담당**하고 있으며 상품무역의 확대 발전에 중요한 영향력을 갖고 있다.

더욱이 항공의 정시성, 안전성, 고속성의 향상이 상품의 재고량을 감소시키고 유통자본의 회전율을 높여 주고 있기 때문에 결국 자본을 증가시키는 것과 동일한 효과를 가져다준다.

- 생산지별 부품산업의 생산 및 수송: 중국에서 자동차 부품 및 에어콘 등의 생산, 북한에서 의류, 가방, 양말, 시계, 구두등 생산
- 시한성 및 전자산업의 신속한 수송망 형성 (중국에서 고가의 전자제품 생산 등)
- 생산품 및 수출산업의 정시성 제공 (제주의 생선 등 생동물 긴급수송)

라. 항공기의 다목적적인 이용

항공기는 수송목적 이외에도 각 산업의 여러 부문에서 널리 이용되고 있다.
우선 농축임어업의 생산성의 향상을 위하여 종자나 제초약, 소독약의 살포, 산림의 조사, 산불의 예방, 진화, 고압선 이상 유무감시, 철탑공사의 지원, 측량, 사진촬영, 가축 방목시의 감독, 연안이나 원양에서의 어군탐지통보 등에 항공기가 널리 이용되고 있다.
그 뿐만 아니라 광공업에서도 산악지역에서는 광맥의 탐사, 본사와의 연락과 긴급용품의 수송등 광산회사의 경영의 효율화에 크게 도움을 주고 있다.

※ **항공기 사용사업**: 농약, 제초약, 소독약의 살포, 산림의 조사, 산불의 예방, 진화, 고압선 이상유무 감시, 철탑공사의 지원, 측량, 사진촬영, 가축 방목시의 감시등 항공기 운용
- 산불의 예방, 진화: 각 시도별 국립, 도립 및 시립공원 관리책임/화재방지용 헬기사용계약
- 사진촬영: 지도제작, 불법건물 탐색 및 발굴
- 원양에서의 어군탐지: 동원산업의 헬기 어군탐지비행
- 긴급용품의 수송: 천재지변 등으로 인한 교통불통시 신문, 구호품 전달 등
- 광맥의 탐사: 괴산의 우라늄 광,

마. 항공공업의 발달

항공공업은 항공교통의 발달에 따른 직접적인 산물이다. 구미 선진국에서 볼 수 있듯이 항공기공업, 부품공업, 알루미늄. 지르코늄(Zirconium). 티타늄등 합금공업은 주요한 첨단공업으로서 각광을 받고 있다.

항공교통은 토지 및 자본의 국제적인 분업을 촉진하고 생산수단인 토지, 노동, 자본의 합리적 이용과 이들의 결합을 가능케 함으로써 생산력의 증대, 생산비의 저하 및 대규모 경영을 실현시키고 있다.

국가의 산업발달과 국내시장의 확대 그리고 국제무역의 촉진을 통하여 국제경제활동과 세계경제의 고도성장에 중요한 역할을 하고 있다.

※ 에어버스 항공기 제작사는 4개국으로 구성되는 유럽 컨소시엄
- 프랑스의 아에로 스파시알 SA,(지분 37.9%),
- 독일의 다임러 벤츠 에어로스페이스 AG (각각 지분 37.9%),
- 영국의 브리티쉬 에어로 스페이스 PCL(지분 20%),
- 스페인의 컨스트럭시 오네 아에로노티카 SA(지분 4.2%)로 구성되어 있다.

4. 항공교통의 사회적·문화적 역할

항공교통은 단순히 이용자에게 거리적 공간의 극복이나 교통시간의 단축이란 편익만을 제공하는 것이 아니고 경제발전을 촉진하는 경제적 역할은 물론 사회. 정치, 문화의 발전이나 종교의 보급 등에 기여하는 사회적, 문화적 역할을 하고 있으며,
항공교통은 기술, 지식, 사상 및 정보 등의 국제적인 보급을 촉진함으로써 인간의 사고나 행동의 범위를 세계적 규모로 확대시켰으며, 신속. 쾌적한 해외여행을 자유롭게 할 수 있다는 그 자체가 하나의 문화적 역할이라 할 수 있다.

- **경제적 역할**: 인적 물적 수송으로 외화수익, 부품 및 노동 시장등 제공
- **사회적 역할**: 상호 교류를 통한 사회. 정치, 문화의 발전이나 종교의 보급등에 기여
- **문화적 역할**: 관광객의 방문으로 인한 문화의 이해증진,

5. 국제항공교통의 역할

국제항공의 본질은 국가권익(국익우선의 항공정책)의 구체적인 실현에 있다.

국제항공교통의 역할은 다음과 같다.

가. 국력의 상징 및 대외 정책 수단으로서의 역할

국제항공은 흔히 국력의 상징이며, 국가의 정치적. 경제적, 기술적 수준을 나타내는 하나의 指標로 평가되고 있다.

제2차 세계대전 이후 신생 독립국가들은 앞을 다투어 항공회사를 설립하여 국가의 강력한 보호 하에 운영하여 왔다.

- 국제공항을 갖고 있다는 자체가 국제적으로 그 국가의 국력을 상징하고
- 자국 항공사를 보유하고 있는 것과 UN에 가입[60]하는 것이 독립국가로서의 면모

나. 국가경제발전의 촉진제로서의 역할

국제항공산업은 고용기회를 확대시키고 국가 산업기반의 확대, 강화, 국민총자본의 회전율 향상 및 생산성의 능률화 등 국가경제발전의 촉진제로서 기여하고 있다.

국제항공이나 국제노선을 갖고 있다는 그 자체가 국민으로 하여금 심리적인 효과를 충족시키는 데 크게 기여하고 있으며, 항공교통 발달의 초기에는 국력의 상징으로서 국가적 위신에 역점을 두어 왔지만 오늘날 국제항공은 국가경제의 발전에 없어서는 안될 대동맥으로서의 역할에 더 중점을 두고 있다.

---

60) 노태우 정부는 1991년중 유엔가입을 실현코자 4월5일 정부각서를 유엔 안보리 문서로 배포함. 구소련의 당시 고르바쵸프 대통령이 90.9월 수교후 91.4월 방한하여 역사적인 제주도 한·소 정상회담을 개최하고 우리의 유엔가입에 대한 깊은 이해를 표명, 또한 중국도 우리의 유엔가입에 관한 국제적인 지지분위기를 인식하여 이 문제에 대한 보다 현실적인 시각을 갖게 되었으며, 북한을 설득하게 됨. 따라서,
 - 북한은 91.7.8 유엔가입신청서를 유엔 사무총장에게 제출.
 - 우리정부는 91. 8.5 유엔가입신청서를 제출하여 안보리에서 토론 없이 만장일치로 채택, 총회로 회부하여 제46차 유엔총회 개막일 인 91. 9. 17 남북한이 함께 유엔에 가입하였다.

다. 국제수지 개선의 역할

국제항공은 외국 항공사의 이용에 따른 자국 외화의 유출을 방지하고, 외화획득의 수단으로 작용함으로서 국제수지 개선에 크게 기여하고 있다.

그 예로서 **KLM, 싱가폴항공**의 탑승여객의 경우 자국을 출발지나 목적지로 하는 수요보다는 제 3국 간의 항공수송에 더 중점을 두고 있으며 소위 Merchant Airline 형태를 지향하고 있다.

미국이나 영국의 경우 국제수지의 개선에 국제항공 서비스가 기여하고 있는 부분도 크지만, **자국제작 항공기의 해외판매**가 국제수지 개선에 역시 크게 기여하고 있다.

라. 사회, 문화교류 촉진수단으로서의 역할

국제항공은 국제교통의 거의 유일한 수단으로서 전 세계적으로 정치, 경제. 사회, 문화 등 모든 면에서 국제 교류를 매개하고 촉진시키는 역할을 수행하고 있다.

또한 지리적으로나 경제적으로 고립된 후진국에서는 국제노선의 개설로 항공연락을 촉진함으로서 그 국가의 무역, 관광여행, 투자 등의 기회를 증진한다.

마. 항공기 제조산업 발달의 촉진제로서의 역할

국제노선에 그 국가의 항공회사가 취항하는 것은 항공기의 자국 제조를 유도하여 항공산업을 촉진하는 계기가 된다. 그러나 이것은 항공기를 제조할 수 있는 미국, 영국, 러시아, 프랑스, 캐나다, 일본, 이태리, 스페인, 인도네시아, 브라질(ERJ: 소형기, EMBRAER: 중 대형기) 등 극소수의 국가만이 이에 해당된다.

바. 국가방위 도구로서의 역할

자국 민항의 육성은 조종사나 정비사 등 기술인력의 양성을 촉진시킴으로서 유사시에 대비한 공군의 예비능력을 증대시키는 결과를 가져온다.

또한 여객기와 화물기는 유사시 쉽게 군용으로 전용할 수 있으며, 대다수 국가가 국가비상시 민간항공을 유효적절하게 이용하기 위한 비상계획을 마련하고 있다.

그 밖에도 비상시 이외의 군사목적에의 이용이나 평화시의 공군력 보충을 위하여도 민간항공이 이용된다. 민간항공의 이러한 역할을 국제항공의 경우에 더욱 두드러지게 나타난다.

※ **전시 특수기술자, 항공기등 중요 시설 및 장비 동원**
  - 항공기의 동원체계 (1950. 6.25시 국민항공사 소속 경항공기 징발)
  - 조종사 및 정비사의 동원체계
  - 비행장 동원 및 관제시설과 관제사의 동원체계

※ 미 공군의 민간항공기 임차운행(NWA, UA, TWA등, 대한항공항공기도 사전 협약)

※ 현행 을지연습시 민간항공기의 동원용 항공기는 사전 지정후 운용되며, 필요시는 추가로 동원이 가능토록 하고 있음.

항공교통론

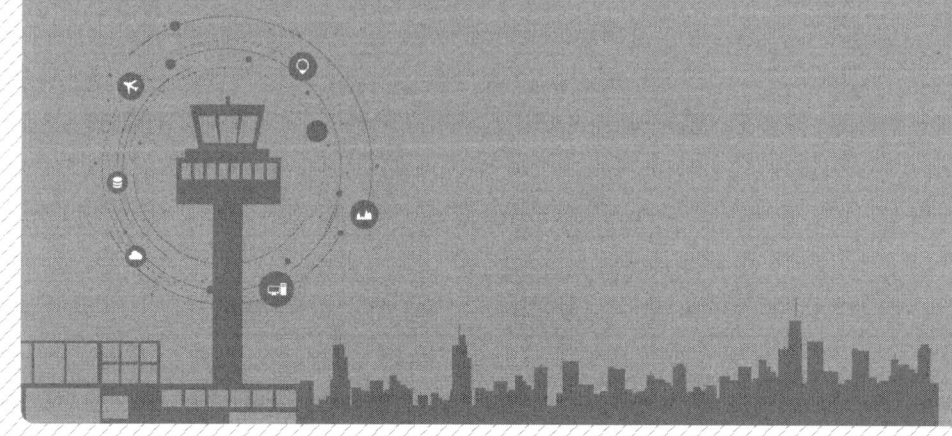

제 **5** 장

항공교통의 구성과 지원체제

1. 항공교통의 구성
2. 항공교통의 지원체제

제5장
항공교통의 구성과 지원체제

1 항공교통의 구성

항공교통의 구성요소는 첫째: 수송수단으로서의 항공기, 둘째: 항공기 운용자로서의 항공종사자, 셋째: 항공기가 비행하는데 필요한 공역 즉 항공로, 넷째: 항공기가 이용하는데 필요한 공항시설로 분류할 수 있다.

1. 항공기

항공교통은 항공기를 이용하여 사람과 물건을 수송하는 교통수단이다. 이러한 교통수단으로서의 항공기를 어떻게 관리하고 운용하며 비행하게 할 것인가. 이런 문제를 종합적으로 다루는 것은 항공안전법규이다. 즉 항공기는 법적으로 하자가 없어야 하며, 비행하는데 안전이 보장되어야 하며, 각종 서류 등과 비품들이 완벽하게 갖추어져 있어야 한다. 따라서 이를 이용하는 국민의 안전과 재산 보호를 위하여 규제할 필요가 있는 바 이에 대하여 살펴보고자 한다.

가. 항공기의 정의

항공안전법 제2조1항에 의하면, "항공기"란 공기의 반작용(지표면 또는 수면에 대한 공기의 반작용은 제외한다. 이하 같다)으로 뜰 수 있는 기기로서 최대이륙중량, 좌석 수 등 국토교통부령으로 정하는 기준에 해당하는 비행기, 헬리콥터, 비행선, 활공기와 그 밖에 대통령령으로 정하고 있는 최대이륙중량, 좌석 수, 속도 또는 자체중량 등이 국토교통부령으로 정하는 범위를 초과하는 기기 및 지구대기권 내외를 비행할 수 있는 항공우주선 이라고 정의하고 있다.

항공기의 분류(국제민간항공협약 부속서7에 의한 항공기의 분류)

```
Aircraft          ┌ Lighter-than-    ┌ 무동력-Balloon    ┌ Free balloon(자유기구)
(항공기)            air aircraft       (기구)             └ Captive balloon(계류기구)
                    (경항공기)         
                                     └ 동력-Airship      ┌ Non-rigid airship(연식 비행선)
                                       (비행선)          ├ Semi-rigid airship(반경식 비행선)
                                                         └ Rigid airship(경식 비행선)
                  
                  └ Heavier-than-    ┌ 무동력           ┌ Glider(활공기)
                    -air aircraft                        └ Kite(연)
                    (중항공기)
                                     └ 동력            ┌ 고정익기-Airplane   ┌ Landplane(육상기)
                                                         (비행기)           ├ Amphibian(수륙 양용기)
                                                                            └ Seaplane(수상기)
                                                       
                                                       ├ 고정익기+회전익 ── Compound helicopter
                                                       
                                                       └ Rotorcraft(회전익) ┌ Helicopter(헬리콥터)
                                                                            ├ Gyroplane(오토자이로)
                                                                            └ Gyrodyne(자이로다인)
```

국제민간항공협약 부속서에 의하면 Aeroplane(비행기)란 "비행중 양력을 주로 비행상태에 따라 고정된 표면에 발생하는 공기역학적 반작용으로 부터 얻는 공기보다 무거운 동력항공기"라고 정의하고 있으며,(A Power driven heavier than the air Aircraft, deriving its lift in flight chiefly from aerodynamic reactions on surfaces which remain fixed under given conditions of flight)

Aircraft(항공기)란 "지구표면에 대한 공기의 반작용이 아닌 공기의 반작용으로 대기 중에 부양되는 기기"라고 정의하고 있다.(Any machine that can derive support in the atmosphere from the reaction of the air other than the reaction of the air against the earth`s surface)

미 연방항공안전법에서 정한 정의에 의하면 Aeroplane(비행기)란 "날개에 공기의 역학적인 반작용으로 대기 중에 부양되는 공기보다 무거운 고정익의 동력항공기"라고 정의하고 있으며(means an engine-driven fixed-wing aircraft heavier than air, that is supported in flight by the dynamic reaction of the air against its wings) Aircraft(항공기)는 "공중에 비행하기 위하여 사용된 또는 사용되어지는 장치"라고 정의하고 있다(means a device that is used or intended to be used for flight in the air).

britanica 대백과 사전에서 "사람이 타고 하늘을 날 수 있는 탈것의 총칭"이라고 정의하고 있으며, 우리말 큰사전에서는 "공중에 타고 날아다니는 기구들을 통틀어 일컫는 말로서 각종 비행기 및 글라이더, 비행선 따위를 총칭한다"고 정의하였다.

나. 항공기의 등록

항공기는 등록이라는 법적인 절차가 항공안전법상으로 규정되어야 할 필요성은 크게 두 가지 차원에서 연유한다. 먼저, 항공기라는 고가의 재산에 대한 소유권의 표시, 즉 누가 이 항공기의 소유자 인가 등을 명확히 표시함으로서 항공기의 재산권에 대한 법적인 안정성을 확보하려는 것이다. 둘째로는 항공기의 등록을 통해 국적이 부여되면서 국가의 책임 의무가 발생되는 만큼, 국가가 책임을 부담하여야 할 항공기를 명확히 구분하기 위한 것이다. 따라서 등록의 필요성과 법적 성질을 요약하면 다음과 같다.

첫째, 등록의 필요성으로는 소유권을 표시함으로서 재산권을 확보 하게 되고, 국적을 부여받음으로서 국가의 책무를 갖게 되는 법률적 효력을 갖게 된다.

둘째, 법적 성질로는 항공안전법 제7조에서 등록의 강제를 명시하고 있는바 항공기를 소유 또는 임차하여 항공기를 사용할 수 있는 자는 이를 국토교통부장관에게 등록하여야 한다 라고 명시하고 있다.

또한, 항공안전법 제9조에서 소유권등의 득실변경을 명시하고 있는 바, 항공기에 대한 소유권의 득

실변경은 등록하여야 그 효력이 생긴다. 또한, 항공기에 대한 임차권은 등록하여야 제3자에 대하여 그 효력이 생긴다. 라고 규정하고 있다. 그러나 타 재산권은 등록 의무부과에서 제외하고, 단지 소유, 점유사실로도 충분하도록 되어 있다.

항공안전법 시행령 제4조 (등록을 요하지 아니하는 항공기의 범위)는 항공안전법 제7조의 단서의 규정에서 "대통령령으로 정하는 항공기"라 함은 다음 각 호의 것을 말한다. 라고 하여 예외로 하고 있다.
1. 군 또는 세관에서 사용하거나 경찰업무에 사용하는 항공기
2. 외국에 임대할 목적으로 도입한 항공기로서 외국 국적을 취득할 항공기
3. 국내에서 제작한 항공기로서 제작자 외의 소유자가 결정되지 아니한 항공기
4. 외국에 등록된 항공기를 임차하여 법 제5조에 따라 운영하는 경우 그 항공기

국내에서 비행하는 모든 항공기가 등록대상은 아니다. 이는 내국인이 소유하는 항공기로서 일정한 요건을 갖도록 하고 있는 바 항공안전법 제10조에서 항공기 등록의 제한 대상자로는 다음과 같다.
① 다음 각 호의 어느 하나에 해당하는 자가 소유하거나 임차한 항공기는 등록할 수 없다. 다만, 대한민국의 국민 또는 법인이 임차하여 사용할 수 있는 권리가 있는 항공기는 그러하지 아니하다.
1. 대한민국 국민이 아닌 사람
2. 외국정부 또는 외국의 공공단체
3. 외국의 법인 또는 단체
4. 제1호부터 제3호까지의 어느 하나에 해당하는 자가 주식이나 지분의 2분의 1 이상을 소유하거나 그 사업을 사실상 지배하는 법인
5. 외국인이 법인 등기사항증명서상의 대표자이거나 외국인이 법인 등기사항증명서상의 임원 수의 2분의 1 이상을 차지하는 법인

② 제1항 단서에도 불구하고 외국 국적을 가진 항공기는 등록할 수 없다.

항공기 등록의 세부종류와 내용을 살펴보면 다음과 같다.

① 성립형태에 의한 구별
 - 신청등록: 소유자 등의 신청을 국토해양부에서 수리
 - 촉탁등록: 세무관서·법원결정 또는 공매절차에 의한 촉탁
 - 직권등록: 기재의 누락·착오 등을 국토해양부에서 직권으로 정정

② 법적효력에 의한 구별
- 신규등록: 국적취득, 소유권 취득, 등록증명서 교부
- 변경등록: 정치장 또는 소유자 또는 임차인·임대인의 성명 또는 명친과 주소 및 국적 변경시 15일 이내 신청
- 이전등록: 소유권 또는 임차권을 양도·양수 시 15일 이내 신청
- 말소등록: 항공기의 멸실·해체, 존재여부가 2월 이상 불분명, 외국인에게 양도 또는 임대, 임차기간 만료 사유발생시 15일 이내 말소신청(최고시는 7일 이상)
- 임차등록: 항공기에 대한 임차권 설정 및 말소
- 저당권 등록: 저당권의 설정, 변경, 이전, 말소

항공기의 등록대수가 매년 9%씩 증가함에 따라 항공안전법에 의한 등록업무가 지속적으로 늘어나 '07년 대비 173% 증가하고 있다.

〈항공기 등록관련 업무처리량 증가추이〉

연도	'07	'08	'09	'10	'11	'12	'13	'14	'15	'16	'17
등록대수	419	449	477	511	550	590	623	673	724	761	795
접수건수	258	296	305	340	356	405	436	461	440	390	447

국제민간항공 협약 제21조에 따라 체약국은 자국에 등록된 항공기 등록 및 소유에 관한 정보를 ICAO에 제공하고 있으며, ICAO online safety framework (Online Aircraft Safety Information System)을 통해 우리나라 8개 국적 항공사와 삼성전자 등 국내 대기업에서 운용 중인 국제운송용 항공기 등록정보 (등록기호, 항공기 형식, 소유자 또는 운용자 성명 또는 명칭과 주소, 등록증명 번호, 등록일자)를 ICAO에 수시로 제공하고 있다.

항공기도입 형태는 소유권 귀속여부 및 자금조달(Financing)방법의 측면 에서 다음과 같이 구분할 수 있다.

① 구매(購買)
 - 차관구매: 은행, 금융기관등에서 차관(LOAN)을 조달하여 구매하는 방법으로서 항공기 소유권은 항공기 인도시점부터 구매 항공사에 귀속된다.
 - 임차구매: 금융기관, LEASING COMPANY등이 구매계약상의 항공사의 모든 권리를 양도받아 항공기 구매후 일정기간 동안 항공사에 항공기를 임대하는 방법으로서 임대기간 동안 항공기 소유권은 임대자에게 귀속되며 임대기간 종료와 동시 PURCHASE OPTION VALUE($1.00 등 형식적인 금액)를 지불하고 소유권을 취득하는 형태이다.

② 임차(賃借)
 - Dry Lease(항공기 임차): 항공기 자체만 임차하는 방법으로서 정비, 운항 등의 책임은 임차자에게 있으며 임차기간 동안 항공기 소유권은 임대자에게 귀속됨
 - Wet Lease(승무원 포함 임차): 항공기에 추가하여 용역(정비, 운항등)까지 임대자 책임하에 임차하는 방식이며 임차기간 동안 항공기 소유권은 임대자에게 귀속됨

항공기의 등록기호는 국제무선연맹이 우리나라에 배정된 무선호출부호로서 국적표시인 HL-다음에 4개의 숫자를 부여한다. 등록기호의 4개 숫자 배정방식은 아래표에서 정한 기준에 의하여 등록순서에 따라 부여한다.

항공기를 등록한 자는 등록한 항공기에 등록 기호표를 부착하도록 하고 있다. 이에대하여는 항공안전법 제17조에서 "소유자등은 항공기를 등록한 경우에는 그 항공기 등록기호표를 국토교통부령으로 정하는 형식·위치 및 방법 등에 따라 항공기에 붙여야 한다"고 하고 있으며 항공안전법 시행규칙 제12소 (등록기호표의 부착)에 따르며 다음과 같다.

① 항공기를 소유하거나 임차하여 사용할 수 있는 권리가 있는 자(이하 "소유자등"이라 한다)가 항공기를 등록한 경우에는 법 제17조제1항에 따라 강철 등 내화금속(耐火金屬)으로 된 등록기호표(가로 7센티미터 세로 5센티미터의 직사각형)를 다음 각 호의 구분에 따라 보기 쉬운 곳에 붙여야 한다.
 1. 항공기에 출입구가 있는 경우: 항공기 주(主)출입구 윗부분의 안쪽
 2. 항공기에 출입구가 없는 경우: 항공기 동체의 외부 표면

② 제1항의 등록기호표에는 국적기호 및 등록기호(이하 "등록부호"라 한다)와 소유자등의 명칭을 적어야 한다.

⟨항공기 등록기호(Aircraft Registration Marks) 부여기준⟩

항공기의 종류 (Category of Aircraft)			등록기호(Registration Mark)
활공기 (Glider)			0000 ~ 0599
비행선 (Airship)			0600 ~ 0799
경량항공기 (Light Plane)			C001 ~ C799
비행기 (Airplane)	피스톤 발동기 (Piston Engine)	단발기	1000 ~ 1799
		다발기	2000 ~ 2799
	터보프롭 발동기 (Turbo-Prop Engine)	단발기	5100 ~ 5199
		쌍발기	5200 ~ 5299
		삼발기	5300 ~ 5399
		사발기	5400 ~ 5499
	터보제트 발동기 (Turbo-jet Engine)	단발기	7100 ~ 7199
		쌍발기	7200 ~ 7299
			7500 ~ 7599
			7700 ~ 7799
			8200 ~ 8299
		삼발기	7300 ~ 7399
			7400 ~ 7499
		사발기	7600 ~ 7699
			8400 ~ 8499
			8600 ~ 8699
회전익 항공기 (Helicopter)	피스톤 발동기 (Piston Engine)	단발기	6100 ~ 6199
		쌍발기	6200 ~ 6299
	터보 발동기 (Turbo Engine)	단발기	9100 ~ 9199
			9300 ~ 9399
			9500 ~ 9599
		다발기	9200 ~ 9299
			9400 ~ 9499
			9600 ~ 9699

비고: 3000 ~ 3799, 4000 ~ 4799는 차기사용 여유번호

다. 운송용 항공기의 성능기준

운송용 항공기는 탑승 승객을 출발공항에서 이륙하여 비행 후 도착 공항까지의 전 과정에 안전하게 비행하여야 함으로 승객운송용 항공기에 대한 안전성은 국제민간항공기구 및 국가에서 엄격하게 정하고 있다.

항공기의 성능을 규정하고 있는 국제민간항공협약 부속서 6, 제5장(항공기의 성능운용제한)에서 운송용 항공기의 성능기준을 다음과 같이 정하고 있다.

- 항공기의 중량을 대형항공기는 최소이륙중량이 5,700킬로그램 이상인 항공기로, 소형항공기는 최대허가이륙중량 5,700킬로그램 또는 그 이하의 항공기로 정의하고 있다.

- 항공기의 엔진수를 기준으로 부속서 6에서 단발엔진 항공기는 엔진 고장 시 안전하게 착륙할 수 있는 기상 및 등화 조건과 노선 및 회항노선에서만 운용되어야 한다고 함으로서 쌍발 이상의 항공기로 제한하고 있다.

이는 운송용 항공기가 비행중 두개의 엔진중 한 개의 엔진이 고장 시에도 남은 다른 엔진으로 계획된 모든 과정을 안전하게 비행할 수 있는 기능이 있어야 한다는 최소한의 안전기준이기 때문이며, 국내 항공사업법규에서도 항공운송사업자가 면허를 취득하기 위하여는 항공운송사업용 항공기의 확보기준을 쌍발 이상의 항공기를 보유하도록 하는 면허기준으로 정하고 있다.

라. 항공기에 탑재할 서류와 구급 용구등의 비치

운송용 항공기를 운항하려는 자 또는 소유자 등은 해당 항공기에 항공기 안전운항을 위하여 필요한 항공계기, 장비, 서류, 구급용구 등을 설치하거나 탑재하여 운용하도록 하고 있다. 이는 항공기가 국내에서만 운항하는 것이 아니고, 해외에서 비행시에도 소속국가는 물론 소유자, 항공기의 안전성 확보등을 입증할 수 있어야 하고, 유사시를 대비하여서는 필요한 구급조치등 기내에서도 이루어 질 수 있도록 하기 위해서이다.

따라서, 항공안전법 제52조(항공계기 등의 설치·탑재 및 운용 등)에서 항공기를 운항하려는 자 또는 소유자등은 해당 항공기에 항공기 안전운항을 위하여 필요한 항공계기(航空計器), 장비, 서류, 구급용구 등(이하 "항공계기등"이라 한다)을 설치하거나 탑재하여 운용하여야 한다. 이 경우 최대이륙중량이 600킬로그램 초과 5천700킬로그램 이하인 비행기에는 사고예방 및 안전운항에 필요한 장비를 추가로 설치할 수 있도록 하고 있으며, 항공계기등을 설치하거나 탑재하여야 할 항공기, 항공계기등의 종류, 설치·탑재기준 및 그 운용방법 등에 필요한 사항은 국토교통부령으로 정하고 있다.

이에 따라 운송용항공기를 운항하려는 자도는 소유자 등은 항공일지, 사고예방창치(공중충돌경고장치(ACAS), 지상접근경고장치(GPWS), 비행기록장치, 전방돌풍경고장치 위치추적장치 등), 구급용구, 승객 및 승무원의 좌석, 낙하산의 장비, 항공기에 탑재하는 서류, 산소저장 및 분배장치 등, 헬리콥터 기체진동 감시 시스템, 방사선투사량계기, 항공기계기장치 등, 제빙·방빙장치를 설치 및 탑재하여야 한다.

이와 관련하여 국제민간항공협약 제29조에서는 항공기가 휴대할 서류 다음과 같이 규정하고 있다. "국제항공에 종사하는 체약 당사국의 모든 항공기는, 본 협약에 정한 조건에 따라 다음의 서류를 휴대하여야 한다:(a) 등록증명서;(b) 감항증명서;(c) 각 승무원의 해당 면허장;(d) 항공일지;(e) 무선전신장치를 장비할 때에는 항공기 무선전신국면허장;(f) 여객을 수송할때는 탑승객의 성명 및 탑승지와 목적지의 표시;(g) 화물을 운송할 때는 적하목록과 화물의 세관신고서"로 하고 있다.
"Every aircraft of a contracting State, engaged in international navigation, shall carry the following documents in conformity with the conditions prescribed in this Convention:(a) Its certificate of registration;(b) Its certificate of airworthiness;(c) The appropriate licenses for each member of the crew;(d) Its journey log book;(e) If it is equipped with radio apparatus, the aircraft radio station license;(f) If it carries passengers, a list of their names and places of embarkation and destination;(g) If it carries cargo, a manifest and detailed declarations of the cargo".

2. 항공종사자

항공종사자는 항공기를 운항하고 지원하는 사람을 통칭하고 있으나 운항하고 지원하는 사람이라도 전부가 항공종사자는 아니다. 이는 항공기라는 특수한 기기를 다루는 자이고, 수백명의 인명과 거액의 재산을 관리 운용하는 요원들이므로 안전을 확보하여 항공기를 운항하고 지원하는데 있어 일정한 자격소지자로 한정 하고 있다.

"항공안전법 제34조의 규정에 의하면 항공업무에 종사하려는 사람은 국토교통부령으로 정하는 바에 따라 국토교통부장관으로부터 항공종사자 자격증명을 받아야 한다. 다만, 항공업무 중 무인항공기의 운항 업무인 경우에는 그러하지 아니하다"고 규정하고 있다.

항공종사자의 법률적 성질은 국토교통부 장관이 행한 자격소지자이며 공법에 기초한 행정행위 및 준법률행위적 행정행위(법률적 효과), 공증행위를 하며, 자격증명은 기속처분(재량권이 없음)의 성질을 갖는다.

또한, 신청에 의하여 자격증이 발행되며, 공공복지를 위하여 필요시 제한가능/허가 사항이 된다. 허가의 성질로서 항공종사자 자격증명 소지자, 항공업무에 현재 종사하는지 여부와는 무관하며, 항공기등록국가에서 발행한 자격을 타국에서 상호 인정하도록 협약에서 명시하고 있으며, ICAO가 정한 기술상의 기준에 맞도록 협력을 약속하였고, 증명자체가 지식 및 능력이 있다고 공적으로 증명하는 것이다.

자격 증명의 요건으로는 속 인적 사정에 따라 연령, 경력이 기준에 충족되어야 하며, 결격사유 해당 유무에 해당되지 않아야 하며, 지식 및 능력을 보유하고 있어야 한다.

가. 항공종사자 자격 제도

항공안전법 제34조에 따르면 ① 항공업무에 종사하려는 사람은 국토교통부령으로 정하는 바에 따라 국토교통부장관으로부터 항공종사자 자격증명(이하 "자격증명"이라 한다)을 받아야 한다. 다만, 항공업무 중 무인항공기의 운항 업무인 경우에는 그러하지 아니하다.
② 다음 각 호의 어느 하나에 해당하는 사람은 자격증명을 받을 수 없다.
  1. 다음 각 목의 구분에 따른 나이 미만인 사람
    가. 자가용 조종사 자격: 17세(제37조에 따라 자가용 조종사의 자격증명을 활공기에 한정하는 경우에는 16세)
    나. 사업용 조종사, 부조종사, 항공사, 항공기관사, 항공교통관제사 및 항공정비사 자격: 18세
    다. 운송용 조종사 및 운항관리사 자격: 21세
  2. 제43조제1항에 따른 자격증명 취소처분을 받고 그 취소일부터 2년이 지나지 아니한 사람(취소된 자격증명을 다시 받는 경우에 한정한다)
③ 제1항 및 제2항에도 불구하고 「군사기지 및 군사시설 보호법」을 적용받는 항공작전기지에서 항공기를 관제하는 군인은 국방부장관으로부터 자격인정을 받아 항공교통관제 업무를 수행할 수 있다.

나. 항공종사자의 자격[61]

항공안전법 제35조(자격증명의 종류)에 따르며, 자격증명의 종류는 다음과 같이 구분한다.
1. 운송용 조종사
2. 사업용 조종사
3. 자가용 조종사
4. 부조종사
5. 항공사
6. 항공기관사
7. 항공교통관제사
8. 항공정비사
9. 운항관리사

다. 업무의 범위

항공종사자 자격증명의 종류에 따른 업무범위는 다음과 같다.

---

[61] 항공종사자의 자격제도 변천과정
    가. 1949.11.1 부터 1961.6.7 항공법 개정시까지 1등 항공기조종사(50명:내국인16명, 외국인 34명),2등 항공기조종사(91명:내국인 76명, 외국인 15명),3등 항공기조종사 자격제도로 운영.
    나. 1961.6.7. 항공법 제정시 운송용조종사, 상급사업용조종사, 사업용조종사, 자가용조종사의 자격체계로 변경
    다. 1969.5.19 항공법 개정으로 운송용, 상급사업용, 사업용, 자가용조종사의 자격체계를 상급사업용 조종사 자격을 삭제하고, 운송용 조종사, 사업용조종사, 자가용 조종사 자격제도로 변경.
    라. 1978년 이후 항공사 자격 발급 실적 없음(기발급자 19명/항법장비 발달)
    마. 1961년 이후 항공통신사 자격제도 폐지 (2명발급)
    ※ 1961.6.7. 항공법 제정 당시의 자격(항공법 제23조에 의한 자격)
      1. 정기운송용조종사, 2. 상급사업용조종사, 3. 사업용조종사, 4. 자가용조종사, 5. 1등항공사, 6. 2등항공사, 7. 항공기관사, 8. 1등항공통신사, 9. 2등항공통신사, 10. 3등항공통신사, 11. 항공교통관제사, 12. 1등항공정비사, 13. 2등항공정비사, 14. 3등항공정비사, 15. 항공공장정비사

자격	업무 범위
운송용 조종사	항공기에 탑승하여 다음 각 호의 행위를 하는 것 1. 사업용 조종사의 자격을 가진 사람이 할 수 있는 행위 2. 항공운송사업의 목적을 위하여 사용하는 항공기를 조종하는 행위
사업용 조종사	항공기에 탑승하여 다음 각 호의 행위를 하는 것 1. 자가용 조종사의 자격을 가진 사람이 할 수 있는 행위 2. 무상으로 운항하는 항공기를 보수를 받지 않고 조종하는 행위 3. 항공기사용사업에 사용하는 항공기를 조종하는 행위 4. 항공운송사업에 사용하는 항공기(1명의 조종사가 필요한 항공기만 해당한다)를 조종하는 행위 5. 기장 외의 조종사로서 항공운송사업에 사용하는 항공기를 조종하는 행위
자가용 조종사	무상으로 운항하는 항공기를 보수를 받지 아니하고 조종하는 행위
부조종사	비행기에 탑승하여 다음 각 호의 행위를 하는 것 1. 자가용 조종사의 자격을 가진 자가 할 수 있는 행위 2. 기장 외의 조종사로서 비행기를 조종하는 행위
항공사	항공기에 탑승하여 그 위치 및 항로의 측정과 항공상의 자료를 산출하는 행위
항공기관사	항공기에 탑승하여 발동기 및 기체를 취급하는 행위(조종장치의 조작은 제외한다)
항공교통관제사	항공교통의 안전·신속 및 질서를 유지하기 위하여 항공기 운항을 관제하는 행위
항공정비사	다음 각 호의 행위를 하는 것 1. 제32조제1항에 따라 정비등을 한 항공기등, 장비품 또는 부품에 대하여 감항성을 확인하는 행위 2. 제108조제4항에 따라 정비를 한 경량항공기 또는 그 장비품·부품에 대하여 안전하게 운용할 수 있음을 확인하는 행위
운항관리사	항공운송사업에 사용되는 항공기 또는 국외운항항공기의 운항에 필요한 다음 각 호의 사항을 확인하는 행위 1. 비행계획의 작성 및 변경 2. 항공기 연료 소비량의 산출 3. 항공기 운항의 통제 및 감시

자격증명을 받은 사람은 그가 받은 자격증명의 종류에 따른 업무범위 외의 업무에 종사해서는 아니 되며, 다음의 어느 하나에 해당하는 경우에는 항공안전법 제36조의 제1항 및 제2항의 규정이 적용되지 않는다.
1. 국토교통부령으로 정하는 항공기에 탑승하여 조종(항공기에 탑승하여 그 기체 및 발동기를 다루는 것을 포함한다. 이하 같다)하는 경우
2. 새로운 종류, 등급 또는 형식의 항공기에 탑승하여 시험비행 등을 하는 경우로서 국토교통부령으로 정하는 바에 따라 국토교통부장관의 허가를 받은 경우

라. 자격증명의 한정(항공안전법 제37조)

① 국토교통부장관은 다음 각 호의 구분에 따라 자격증명에 대한 한정을 할 수 있다.
　1. 운송용 조종사, 사업용 조종사, 자가용 조종사, 부조종사 또는 항공기관사 자격의 경우: 항공기의 종류, 등급 또는 형식
　2. 항공정비사 자격의 경우: 항공기의 종류 및 정비분야
② 제1항에 따라 자격증명의 한정을 받은 항공종사자는 그 한정된 항공기의 종류, 등급 또는 형식 외의 항공기나 한정된 정비분야 외의 항공업무에 종사해서는 아니 된다.
③ 제1항에 따른 자격증명의 한정에 필요한 세부사항은 국토교통부령으로 정한다.

항공안전법 시행규칙 제81조(자격증명의 한정)
① 국토교통부장관은 법 제37조제1항제1호에 따라 항공기의 종류·등급 또는 형식을 한정하는 경우에는 자격증명을 받으려는 사람이 실기시험에 사용하는 항공기의 종류·등급 또는 형식으로 한정하여야 한다.
② 제1항에 따라 한정하는 항공기의 종류는 비행기, 헬리콥터, 비행선, 활공기 및 항공우주선으로 구분한다.
③ 제1항에 따라 한정하는 항공기의 등급은 다음 각 호와 같이 구분한다. 다만, 활공기의 경우에는 상급(활공기가 특수 또는 상급 활공기인 경우) 및 중급(활공기가 중급 또는 초급 활공기인 경우)으로 구분한다.
　1. 육상 항공기의 경우: 육상단발 및 육상다발
　2. 수상 항공기의 경우: 수상단발 및 수상다발
④ 제1항에 따라 한정하는 항공기의 형식은 다음 각 호와 같이 구분한다.
　1. 조종사 자격증명의 경우에는 다음 각 목의 어느 하나에 해당하는 형식의 항공기

가. 비행교범에 2명 이상의 조종사가 필요한 것으로 되어 있는 항공기
　　나. 가목 외에 국토교통부장관이 지정하는 형식의 항공기
　2. 항공기관사 자격증명의 경우에는 모든 형식의 항공기
⑤ 국토교통부장관이 법 제37조제1항제2호에 따라 항공정비사의 자격증명을 한정하는 항공기의 종류는 제2항과 같다.
⑥ 국토교통부장관이 법 제37조제1항제2호에 따라 항공정비사의 자격증명을 한정하는 정비분야 범위는 다음 각 호와 같다.
　1. 기체(機體) 관련 분야
　2. 왕복발동기 관련 분야
　3. 터빈발동기 관련 분야
　4. 프로펠러 관련 분야
　5. 전자·전기·계기 관련 분야

마. 계기비행증명 및 조종교육증명(항공안전법 제44조)

① 운송용 조종사(헬리콥터를 조종하는 경우만 해당한다), 사업용 조종사, 자가용 조종사 또는 부조종사의 자격증명을 받은 사람은 그가 사용할 수 있는 항공기의 종류로 다음 각 호의 비행을 하려면 국토교통부령으로 정하는 바에 따라 국토교통부장관의 계기비행증명을 받아야 한다.
　1. 계기비행
　2. 계기비행방식에 따른 비행
② 다음 각 호의 조종연습을 하는 사람에 대하여 조종교육을 하려는 사람은 비행시간을 고려하여 그 항공기의 종류별·등급별로 국토교통부령으로 정하는 바에 따라 국토교통부장관의 조종교육증명을 받아야 한다. 〈개정 2017. 10. 24.〉
　1. 제35조제1호부터 제4호까지의 자격증명을 받지 아니한 사람이 항공기(제36조제3항에 따라 국토교통부령으로 정하는 항공기는 제외한다)에 탑승하여 하는 조종연습
　2. 제35조제1호부터 제4호까지의 자격증명을 받은 사람이 그 자격증명에 대하여 제37조에 따라 한정을 받은 종류 외의 항공기에 탑승하여 하는 조종연습
③ 제2항에 따른 조종교육증명에 필요한 사항은 국토교통부령으로 정한다.
④ 제1항에 따른 계기비행증명 및 제2항에 따른 조종교육증명의 시험 및 취소 등에 관하여는 제38조 및 제43조제1항·제3항을 준용한다.

바. 항공기승무원 신체검사증명(항공안전법 제40조)

① 다음 각 호의 어느 하나에 해당하는 사람은 자격증명의 종류별로 국토교통부장관의 항공신체검사증명을 받아야 한다.
  1. 운항승무원
  2. 제35조제7호의 자격증명을 받고 항공교통관제 업무를 하는 사람
② 제1항에 따른 자격증명의 종류별 항공신체검사증명의 기준, 방법, 유효기간 등에 필요한 사항은 국토교통부령으로 정한다.
③ 국토교통부장관은 제1항에 따른 자격증명의 종류별 항공신체검사증명을 받으려는 사람이 제2항에 따른 자격증명의 종류별 항공신체검사증명의 기준에 적합한 경우에는 항공신체검사증명서를 발급하여야 한다.
④ 국토교통부장관은 제1항에 따른 자격증명의 종류별 항공신체검사증명을 받으려는 사람이 제2항에 따른 자격증명의 종류별 항공신체검사증명의 기준에 일부 미달한 경우에도 국토교통부령으로 정하는 바에 따라 항공신체검사를 받은 사람의 경험 및 능력을 고려하여 필요하다고 인정하는 경우에는 해당 항공업무의 범위를 한정하여 항공신체검사증명서를 발급할 수 있다.
⑤ 제1항에 따른 자격증명의 종류별 항공신체검사증명 결과에 불복하는 사람은 국토교통부령으로 정하는 바에 따라 국토교통부장관에게 이의신청을 할 수 있다.
⑥ 국토교통부장관은 제5항에 따른 이의신청에 대한 결정을 한 경우에는 지체 없이 신청인에게 그 결정 내용을 알려야 한다.

사. 운항관리사(항공안전법 제65조)

① 항공운송사업자와 국외운항항공기 소유자등은 국토교통부령으로 정하는 바에 따라 운항관리사를 두어야 한다.
② 제1항에 따라 운항관리사를 두어야 하는 자가 운항하는 항공기의 기장은 그 항공기를 출발시키거나 비행계획을 변경하려는 경우에는 운항관리사의 승인을 받아야 한다.
③ 제1항에 따라 운항관리사를 두어야 하는 자는 국토교통부령으로 정하는 바에 따라 운항관리사가 해당 업무를 원활하게 수행하는 데 필요한 지식 및 경험을 갖출 수 있도록 필요한 교육훈련을 하여야 한다.

항공안전법 시행규칙 제158조(운항관리사)
① 법 제65조제1항에 따라 운항관리사를 두어야 하는 자는 운항관리사가 연속하여 12개월 이상의 기간 동안 운항관리사의 업무에 종사하지 아니한 경우에는 그 운항관리사가 제159조에 따른 지식과 경험을 갖추고 있는지의 여부를 확인한 후가 아니면 그 운항관리사를 운항관리사의 업무에 종사하게 해서는 아니 된다.
② 법 제65조제1항에 따라 운항관리사를 두어야 하는 자는 운항관리사가 해당 업무와 관련된 항공기의 운항 사항을 항상 알고 있도록 하여야 한다.

항공안전법 시행규칙 제159조(운항관리사에 대한 교육훈련 등)
법 제65조제1항에 따라 운항관리사를 두어야 하는 자는 법 제65조제3항에 따라 운항관리사가 다음 각 호의 지식 및 경험 등을 갖출 수 있도록 교육훈련계획을 수립하고 매년 1회 이상 교육훈련을 실시하여야 한다.
1. 운항하려는 지역에 대한 다음 각 목의 지식
   가. 계절별 기상조건
   나. 기상정보의 출처
   다. 기상조건이 운항 예정인 항공기에서 무선통신을 수신하는 데 미치는 영향
   라. 화물 탑재 절차 등
2. 해당 항공기 및 그 장비품에 대한 다음 각 목의 지식
   가. 운항규정의 내용
   나. 무선통신장비 및 항행장비의 특성과 제한사항
3. 운항 감독을 하도록 지정된 지역에 대해 최근 12개월 이내에 항공기 조종실에 탑승하여 1회 이상의 편도비행(해당 지역에 있는 비행장 및 헬기장에서의 착륙을 포함한다)을 한 경험(항공운송사업자에 소속된 운항관리사만 해당한다)
4. 업무 수행에 필요한 다음 각 목의 능력
   가. 인적요소(Human Factor)와 관련된 지식 및 기술
   나. 기장에 대한 비행준비의 지원
   다. 기장에 대한 비행 관련 정보의 제공
   라. 기장에 대한 운항비행계획서(Operational Flight Plan) 및 비행계획서의 작성 지원
   마. 비행 중인 기장에게 필요한 안전 관련 정보의 제공
   바. 비상시 운항규정에서 정한 절차에 따른 조치

아. 국제민간항공 협약 제32조: 항공종사자의 면허증

1. 국제항공에 종사하는 모든 항공기의 조종자와 기타의 운항승무원은 그 항공기의 등록국이 발급하고 또는 유효하다고 인정한 기능 증명서와 면허장을 소지한다.
2. 각 체약국은 자국민에 대하여 타 체약국이 부여한 기능증명서와 면허장을 자국 영역의 상공비행에 있어서 인정하지 않는 권리를 보유한다.

자. 국제민간항공 협약 제33조: 기능증명서 및 면허증의 승인

항공기의 등록국이 발급하고 또는 유효하다고 인정할 감항증명서, 기능증명서와 면허장은 타 체약국도 유효로 인정한다. 단 전기의 증명서 또는 면허장을 발급하고 또는 유효하다고 인정한 요건은 본 협약에 따라 임시 설정되는 최저 표준과 동등 또는 그 이상이라는 것을 요한다

차. 국제민간항공 협약 제37조: 국제표준 및 절차의 채택

1. 각 체약국은 항공기, 직원, 항공로와 부속업무에 관한 규칙, 표준절차와 조직의 실행가능한 최고도의 그리고 모든 사항에 있어서 항공을 용이하게 하고 또 개선하는 통일을 보장하는 것에 노력할 것을 약속한다.
2. 그러한 목적으로서 국제민간항공기구는 다음의 사항에 대한 국제표준 및 권고 방식과 절차를 필요에 응하여 임시 채택하고 개정한다.
3. 국제민간항공협약 부속서 1: Personnel Licensing

카. 기타 자격증명 이외의 규제(운항승무원의 자격 및 승무원 신체검사 기준등)

1) 운항승무원의 자격

운항승무원에는 조종사, 항공기관사, 항공사 등이 있으며, 각 자격별로 필요한 별도의 자격 또는 증명을 받아야만 업무를 수행할 수 있다. 이에 관하여는 항공안전법 제37조에 의한 자격증명의 한정, 항공안전법 제40조에 의한 항공기승무원 신체검사증명, 항공안전법 제44조에 의한 계기비행증명 및 조종교육증명등이 있으며, 전파법규에 의한 항공무선통신사 자격이 이에 해당된다.

특히 모든 항공기 승무원은 항공안전법 제40조에 의거 정기적으로 신체검사를 받아야 하며, 기준에 미달되는 경우에는 승무업무를 할 수 없다. 특히, 항공기 승무원은 항공안전법 제57조에 의한 주정음료로 인하여 영향을 받을 수 있는 상태에서는 비행에 임하여서는 아니되며, 항공안전법 제42조에 의하여 신체검사증명서의 유효기간내에 있어서 신체상의 이상이 있을 경우에는 비행할 수 없다.

또한, 지상에서 근무하는 항공교통관제사의 경우에도 신체검사를 정기적으로 받아야 하며, 이는 국제민간항공협약 부속서 1에서 정한 기준에 따르고 있다. 법 제40조의 규정에 의거 시행규칙 제92조로 정한 항공기승무원신체검사의 종류 및 그 유효기간은 다음 표와 같다.

항공안전법 시행규칙 제92조(항공신체검사증명의 기준 및 유효기간 등)
① 법 제40조제1항에 따른 자격증명의 종류별 항공신체검사증명의 종류와 그 유효기간은 별표 8과 같다.
② 항공신체검사증명의 종류별 항공신체검사기준은 별표 9와 같다.
③ 법 제49조제1항에 따라 지정된 항공전문의사(이하 "항공전문의사"라 한다)는 법 제40조제4항에 따라 항공신체검사증명을 받으려는 사람이 자격증명별 항공신체검사기준에 일부 미달한 경우에도 별표 8에 따른 유효기간을 단축하여 항공신체검사증명서를 발급할 수 있다. 다만, 단축되는 유효기간은 별표 8에 따른 유효기간의 2분의 1을 초과할 수 없다.
④ 제88조제1항에 따라 자격증명시험을 면제받은 사람이 외국정부 또는 외국정부가 지정한 민간의료기관이 발급한 항공신체검사증명을 받은 경우에는 그 항공신체검사증명의 남은 유효기간까지는 법 제40조제1항에 따른 항공신체검사증명을 받은 것으로 본다.
⑤ 별표 8에 따른 제1종의 항공신체검사증명을 받은 사람은 같은 별표에 따른 제2종 및 제3종의 항공신체검사증명을 함께 받은 것으로 본다.
⑥ 자가용 조종사 자격증명을 받은 사람이 법 제44조에 따른 계기비행증명을 받으려는 경우에는 별표 9에 따른 제1종 신체검사기준을 충족하여야 한다.
⑦ 이 규칙에서 정한 사항 외에 항공신체검사증명의 기준에 관한 세부적인 사항은 국토교통부장관이 정하여 고시한다.

〈항공신체검사증명의 종류와 유효기간〉

자격증명의 종류	항공신체검사 증명의 종류	유효기간		
		40세 미만	40세 이상 50세 미만	50세 이상
운송용 조종사 사업용 조종사(활공기 조종사는 제외한다) 부조종사	제1종	12개월. 다만, 항공운송사업에 종사하는 60세 이상인 사람과 1명의 조종사로 승객을 수송하는 항공운송사업에 종사하는 40세 이상인 사람은 6개월		
항공기관사 항공사	제2종	12개월		
자가용 조종사 사업용 활공기 조종사 조종연습생 경량항공기 조종사	제2종 (경량항공기조종사의 경우에는 제2종 또는 자동차운전면허증)	60개월	24개월	12개월
항공교통관제사 항공교통관제연습생	제3종	48개월	24개월	12개월

비고
1. 위 표에 따른 유효기간의 시작일은 항공신체검사를 받는 날로 하며, 종료일이 매달 말일이 아닌 경우에는 그 종료일이 속하는 달의 말일에 항공신체검사증명의 유효기간이 종료하는 것으로 본다.
2. 경량항공기 조종사의 항공신체검사 유효기간은 제2종 항공신체검사증명을 보유하고 있는 경우에는 그 증명의 연령대별 유효기간으로 하며, 자동차운전면허증을 적용할 경우에는 그 자동차운전면허증의 유효기간으로 한다.

항공안전법 제57조(주류등의 섭취·사용 제한)
① 항공종사자(제46조에 따른 항공기 조종연습 및 제47조에 따른 항공교통관제연습을 하는 사람을 포함한다. 이하 이 조에서 같다) 및 객실승무원은 「주세법」 제3조제1호에 따른 주류, 「마약류 관리에 관한 법률」 제2조제1호에 따른 마약류 또는 「화학물질관리법」 제22조제1항에 따른 환각물질 등(이하 "주류등"이라 한다)의 영향으로 항공업무(제46조에 따른 항공기 조종연습 및 제47조에 따른 항공교통관제연습을 포함한다. 이하 이 조에서 같다) 또는 객실승무원의 업무를 정상적으로 수행할 수 없는 상태에서는 항공업무 또는 객실승무원의 업무에 종사해서는 아니 된다.

② 항공종사자 및 객실승무원은 항공업무 또는 객실승무원의 업무에 종사하는 동안에는 주류등을 섭취하거나 사용해서는 아니 된다.
③ 국토교통부장관은 항공안전과 위험 방지를 위하여 필요하다고 인정하거나 항공종사자 및 객실승무원이 제1항 또는 제2항을 위반하여 항공업무 또는 객실승무원의 업무를 하였다고 인정할 만한 상당한 이유가 있을 때에는 주류등의 섭취 및 사용 여부를 호흡측정기 검사 등의 방법으로 측정할 수 있으며, 항공종사자 및 객실승무원은 이러한 측정에 응하여야 한다.
④ 국토교통부장관은 항공종사자 또는 객실승무원이 제3항에 따른 측정 결과에 불복하면 그 항공종사자 또는 객실승무원의 동의를 받아 혈액 채취 또는 소변 검사 등의 방법으로 주류등의 섭취 및 사용 여부를 다시 측정할 수 있다.
⑤ 주류등의 영향으로 항공업무 또는 객실승무원의 업무를 정상적으로 수행할 수 없는 상태의 기준은 다음 각 호와 같다.
  1. 주정성분이 있는 음료의 섭취로 혈중알코올농도가 0.02퍼센트 이상인 경우
  2. 「마약류 관리에 관한 법률」 제2조제1호에 따른 마약류를 사용한 경우
  3. 「화학물질관리법」 제22조제1항에 따른 환각물질을 사용한 경우
⑥ 제1항부터 제5항까지의 규정에 따라 주류등의 종류 및 그 측정에 필요한 세부 절차 및 측정기록의 관리 등에 필요한 사항은 국토교통부령으로 정한다.

항공안전법 제42조(항공업무 등에 종사 제한)
제40조제2항에 따른 자격증명의 종류별 항공신체검사증명의 기준에 적합하지 아니한 운항승무원 및 항공교통관제사는 종전 항공신체검사증명의 유효기간이 남아 있는 경우에도 항공업무(제46조에 따른 항공기 조종연습 및 제47조에 따른 항공교통관제연습을 포함한다)에 종사해서는 아니 된다.

2) 최근의 비행경험 보유제도-기능의 유지개념

항공기 승무원은 항공안전법 제55조(운항승무원의 비행경험) 및 같은법 시행규칙 제121조, 제122조의 규정에 의거하여 일정기간 내에 소정의 비행경험을 가져야 하며, 조종사의 경우에는 항공안전법 제63조(기장 등의 운항자격) 및 같은법 시행규칙 제137조 부터 제144조의 규정에 따라 항공운송내에 소정의 비행경우에는 운항자격 유지를 위하여 1년 이내에 자격 보유 공항과 노선에 1회 이상의 이·착륙을 행한경험을 유지해야 한다. 또한 매년 1회 이상의 정기심사를 받아야 하며, 매년 2회 이상 항공기의 조작 및 비상시의 조치에 대한 정기심사를 받아야 한다.

항공안전법 제55조(운항승무원의 비행경험)

다음 각 호의 어느 하나에 해당하는 항공기를 운항하려고 하거나 계기비행·야간비행 또는 제44조제2항에 따른 조종교육 업무에 종사하려는 운항승무원은 국토교통부령으로 정하는 비행경험(모의비행장치를 이용하여 얻은 비행경험을 포함한다)이 있어야 한다.

1. 항공운송사업 또는 항공기사용사업에 사용되는 항공기
2. 항공기 중량, 승객 좌석 수 등 국토교통부령으로 정하는 기준에 해당하는 항공기로서 국외 운항에 사용되는 항공기(이하 "국외운항항공기"라 한다)

항공안전법 시행규칙 제121조(조종사의 최근의 비행경험)

① 법 제55조에 따라 다음 각 호의 어느 하나에 해당하는 조종사는 해당 항공기를 조종하고자 하는 날부터 기산하여 그 이전 90일까지의 사이에 조종하려는 항공기와 같은 형식의 항공기에 탑승하여 이륙 및 착륙을 각각 3회 이상 행한 비행경험이 있어야 한다.

　1. 항공운송사업 또는 항공기사용사업에 사용되는 항공기를 조종하려는 조종사
　2. 제126조 각 호의 어느 하나에 해당하는 항공기를 소유하거나 운용하는 법인 또는 단체에 고용된 조종사. 다만, 기장 외의 조종사는 이륙 또는 착륙 중 항공기를 조종하고자 하는 경우에만 해당한다.

② 제1항에 따른 조종사가 야간에 운항업무에 종사하고자 하는 경우에는 제1항의 비행경험 중 적어도 야간에 1회의 이륙 및 착륙을 행한 비행경험이 있어야 한다. 다만, 교육훈련, 기종운영의 특성 등으로 국토교통부장관의 인가를 받은 조종사에 대해서는 그러하지 아니하다.

③ 제1항 또는 제2항의 비행경험을 산정하는 경우 제91조제2항에 따라 지방항공청장의 지정을 받은 모의비행장치를 조작한 경험은 제1항 또는 제2항의 비행경험으로 본다.

항공안전법 시행규칙 제122조(항공기관사의 최근의 비행경험)

① 법 제55조에 따라 항공운송사업 또는 항공기사용사업에 사용되는 항공기의 운항업무에 종사하려는 항공기관사는 종사하려는 날부터 기산하여 그 이전 6개월까지의 사이에 항공운송사업 또는 항공기사용사업에 사용되는 해당 항공기와 같은 형식의 항공기에 승무하여 50시간 이상 비행한 경험이 있어야 한다.

② 제1항의 비행경험을 산정하는 경우 제91조제2항에 따라 지방항공청장의 지정을 받은 모의비행장치를 조작한 경험은 25시간을 초과하지 아니하는 범위에서 제1항의 비행경험으로 본다.

③ 제1항에도 불구하고 국토교통부장관이 제1항의 비행경험과 같은 수준 이상의 경험이 있다고 인정하는 항공기관사는 항공기의 운항업무에 종사할 수 있다.

항공안전법 시행규칙 제123조(항공사의 비행경험)
① 법 제55조에 따라 항공운송사업 또는 항공기사용사업에 사용되는 항공기의 운항업무에 종사하려는 항공사는 종사하려는 날부터 계산하여 그 이전 1년까지의 사이에 50시간(국내항공운송사업 또는 항공기사용사업에 사용되는 항공기 운항에 종사하려는 경우에는 25시간) 이상 항공기 운항업무에 종사한 비행경험이 있어야 한다.
② 제1항의 비행경험을 산정하는 경우 제91조제2항에 따라 지방항공청장의 지정을 받은 모의비행장치를 조작한 경험은 제1항의 비행경험으로 본다.
③ 제1항에도 불구하고 국토교통부장관이 제1항의 비행경험과 같은 수준 이상의 경험이 있다고 인정하는 항공사는 항공기의 운항업무에 종사할 수 있다.

항공안전법 시행규칙 제124조(계기비행의 경험)
① 법 제55조에 따라 계기비행을 하려는 조종사는 계기비행을 하려는 날부터 계산하여 그 이전 6개월까지의 사이에 6회 이상의 계기접근과 6시간 이상의 계기비행(모의계기비행을 포함한다)을 한 경험이 있어야 한다.
② 제1항의 비행경험을 산정하는 경우 제91조제2항에 따라 지방항공청장의 지정을 받은 모의비행장치를 조작한 경험은 제1항의 비행경험으로 본다.
③ 제1항에도 불구하고 국토교통부장관이 제1항의 비행경험과 같은 수준 이상의 비행경험이 있다고 인정하는 조종사는 계기비행업무에 종사할 수 있다.

항공안전법 시행규칙 제125조(조종교육 비행경험)
① 법 제55조에 따라 법 제44조제2항의 조종교육업무에 종사하려는 조종사는 조종교육을 하려는 날부터 계산하여 그 이전 1년까지의 사이에 10시간 이상의 조종교육을 한 경험이 있어야 한다. 다만, 조종교육증명을 최초로 취득한 조종사에 대해서는 그 조종교육증명을 취득한 날부터 1년까지는 그러하지 아니하다.
② 조종교육업무에 종사하려는 조종사가 조종교육업무에 사용할 항공기에 제1항 본문에 따른 경험을 갖춘 자와 동승하여 야간에 1회 이상의 이륙 및 착륙을 포함한 10시간 이상의 비행을 한 경우에는 제1항 본문에 따른 조종교육을 한 경험으로 본다.

3) 승무원의 피로관리

항공기 승무원은 항공안전법 제56조에 의거 승무시간 의 제한을 받게 된다. 이는 비행안전을 최대 목표로 하고있는 승무원에게 최적의 신체건강 상태로서 비행에 임 할수 있도록 하기 위한 국제민간항공협약 정신에 따라 일정기간에 일정기준이상의 비행임무시간을 억제함으로서 항공사의 업무부담에서 제외시키기 위한 법의 보호임과 동시에 승무원 개인에게는 충분한 휴식을 갖고 주어진 비행 임무에만 전념할 수 있도록 하기 위한 정부의 의지이기도 하다. 이에 따라 항공안전법 제56조 및 같은법 시행규칙 제 127+조에 의한 비행시간 제한 기준은 다음과 같다.

항공안전법 제56조(승무시간 기준 등)
① 항공운송사업자, 항공기사용사업자 또는 국외운항항공기 소유자등은 다음 각 호의 어느 하나 이상의 방법으로 소속 운항승무원 및 객실승무원(이하 "승무원"이라 한다)의 피로를 관리하여야 한다.
  1. 국토교통부령으로 정하는 승무원의 승무시간, 비행근무시간, 근무시간 등(이하 "승무시간등"이라 한다)의 제한기준을 따르는 방법
  2. 피로위험관리시스템을 마련하여 운용하는 방법
② 항공운송사업자, 항공기사용사업자 또는 국외운항항공기 소유자등이 피로위험관리시스템을 마련하여 운용하려는 경우에는 국토교통부령으로 정하는 바에 따라 국토교통부장관의 승인을 받아 운용하여야 한다. 승인 받은 사항 중 국토교통부령으로 정하는 중요사항을 변경하는 경우에도 또한 같다.
③ 항공운송사업자, 항공기사용사업자 또는 국외운항항공기 소유자등은 제1항제1호에 따라 승무원의 피로를 관리하는 경우에는 승무원의 승무시간등에 대한 기록을 15개월 이상 보관하여야 한다.

항공안전법 시행규칙 제127조(운항승무원의 승무시간 등의 기준 등)
① 법 제56조제1항제1호에 따른 운항승무원의 승무시간, 비행근무시간, 근무시간 등(이하 "승무시간등"이라 한다)의 기준은 별표 18과 같다. 다만, 천재지변, 기상악화, 항공기 고장 등 항공기 소유자등이 사전에 예측할 수 없는 상황이 발생한 경우 승무시간 등의 기준은 국토교통부장관이 정하여 고시할 수 있다.
② 항공운송사업자 및 항공기사용사업자는 제1항에 따른 기준의 범위에서 운항승무원이 피로로 인하여 항공기의 안전운항을 저해하지 아니하도록 세부적인 기준을 운항규정에 정하여야 한다.

〈운항승무원의 승무시간 및 휴식시간 기준〉

1. 운항승무원의 연속 24시간 동안 최대 승무시간·비행근무시간 기준 (단위: 시간)

운항승무원 편성	최대 승무시간	최대 비행근무시간
기장 1명	8	13
기장 1명, 기장 외의 조종사 1명	8	13
기장 1명, 기장 외의 조종사 1명, 항공기관사 1명	12	15
기장 1명, 기장 외의 조종사 2명	12	16
기장 2명, 기장 외의 조종사 1명	13	17
기장 2명, 기장 외의 조종사 2명	16	20
기장 2명, 기장 외의 조종사 2명, 항공기관사 2명	16	20

비고
1. "승무시간(Flight Time)"이란 비행기의 경우 이륙을 목적으로 비행기가 최초로 움직이기 시작한 때부터 비행이 종료되어 최종적으로 비행기가 정지한 때까지의 총 시간을 말하며, 헬리콥터의 경우 주회전익이 회전하기 시작한 때부터 주회전익이 정지된 때까지의 총 시간을 말한다.
2. "비행근무시간(Flight Duty Period)"이란 운항승무원이 1개 구간 또는 연속되는 2개 구간 이상의 비행이 포함된 근무의 시작을 보고한 때부터 마지막 비행이 종료되어 최종적으로 항공기의 발동기가 정지된 때까지의 총 시간을 말한다.
3. 연속되는 24시간 동안 12시간을 초과하여 승무할 경우 항공기에는 휴식시설이 있어야 한다.
4. 항공기사용사업 중 응급구호 및 환자 이송을 하는 헬리콥터의 운항승무원은 제외한다.
5. 법 제55조제2호에 따른 국외운항항공기의 운항승부원은 제외한다.

2. 운항승무원의 연속되는 28일 및 365일 동안의 최대 승무시간 기준 (단위: 시간)

운항승무원 편성	연속 28일	연속 365일
기장 1명	100	1,000
기장 1명, 기장 외의 조종사 1명	100	1,000
기장 1명, 기장 외의 조종사 1명, 항공기관사 1명	120	1,000
기장 1명, 기장 외의 조종사 2명	120	1,000

기장 2명, 기장 외의 조종사 1명	120	1,000
기장 2명, 기장 외의 조종사 2명	120	1,000
기장 2명, 기장 외의 조종사 2명, 항공기관사 2명	120	1,000

비고
1. 운항승무원의 편성이 불규칙하게 이루어지는 경우 해당 기간 중 가장 많은 시간편성 항목의 최대 승무시간 기준을 적용한다.
2. 「항공사업법」에 따른 항공기사용사업 중 응급구호 및 환자 이송을 하는 헬리콥터의 운항승무원은 제외한다.

3. 운항승무원의 연속되는 7일 및 28일 동안의 최대 근무시간 기준

구분	연속 7일	연속 28일
근무시간	60시간	190시간

비고
1. "근무시간"이란 운항승무원이 항공기 운영자의 요구에 따라 근무보고를 하거나 근무를 시작한 때부터 모든 근무가 끝난 때까지의 시간을 말한다.
2. 항공기사용사업 중 응급구호 및 환자 이송을 하는 헬리콥터의 운항승무원은 제외한다.

4. 운항승무원의 비행근무시간에 따른 최소 휴식시간 기준

비행근무시간	휴식시간
8시간까지	8시간 이상
8시간 초과 ~ 9시간까지	9시간 이상
9시간 초과 ~ 10시간까지	10시간 이상
10시간 초과 ~ 11시간까지	11시간 이상
11시간 초과 ~ 12시간까지	12시간 이상
12시간 초과 ~ 13시간까지	13시간 이상
13시간 초과 ~ 14시간까지	14시간 이상
14시간 초과 ~ 15시간까지	15시간 이상
15시간 초과 ~ 16시간까지	16시간 이상
16시간 초과 ~ 17시간까지	18시간 이상
17시간 초과 ~ 18시간까지	20시간 이상
18시간 초과 ~ 19시간까지	22시간 이상
19시간 초과 ~ 20시간까지	24시간 이상

비고
1. 항공운송사업자 및 항공기사용사업자는 운항승무원이 승무를 마치고 마지막으로 취한 지상에서의 휴식 이후의 비행근무시간에 따라서 위 표에서 정하는 지상에서의 휴식을 취할 수 있도록 해야 한다.
2. 항공운송사업자 및 항공기사용사업자는 운항승무원이 연속되는 7일마다 연속되는 24시간 이상의 휴식을 취할 수 있도록 해야 한다.

5. 응급구호 및 환자 이송을 하는 헬리콥터 운항승무원의 최대 승무시간 기준

구분	연속 24시간	연속 3개월	연속 6개월	1년
최대 승무시간	8시간	500시간	800시간	1,400시간

6. 법 제55조제2호에 따른 국외운항항공기의 운항승무원의 연속 24시간 동안 최대 승무시간·비행근무시간

운항승무원 편성	최대 승무시간	최대비행근무시간
기장 1명, 기장 외의 조종사 1명	10	14
기장 1명, 기장 외의 조종사 2명	16	18

비고:
1. 기장 2명 편성의 경우 최대승무시간을 2시간까지 연장하여 승무할 수 있다. 단, 1개 구간의 승무시간이 10시간을 초과하는 경우에는 승무를 마치고 지상에서 최소 휴식시간 없이는 새로운 비행근무를 할 수 없으며, 연장된 승무시간은 1주일 동안 총 4시간을 초과할 수 없다.
2. 기장 1명, 기장 외의 조종사 2명 편성의 경우 등판 각도조절이 가능한 휴식용 좌석이 있어야 한다. 단, 180도로 누울 수 있는 휴식용 침상 등이 있는 경우에는 최대승무시간 및 최대근무시간을 각각 2시간 연장할 수 있다.

항공안전법 시행규칙 제128조 (객실승무원의 승무시간 기준등)
① 항공운송사업자는 법 제56조제1항제1호에 따라 객실승무원이 비행피로로 인하여 항공기 안전운항에 지장을 초래하지 아니하도록 월간, 3개월간 및 연간 단위의 승무시간 기준을 운항규정에 정하여야 한다. 이 경우 연간 승무시간은 1천 200시간을 초과해서는 아니 된다.
② 제1항에 따른 승무를 위하여 해당 형식의 항공기에 탑승하여 임무를 수행하는 객실승무원의 수에 따른 연속되는 24시간 동안의 비행근무시간 기준과 비행근무 후의 지상에서의 최소 휴식시간 기준은 별표 19와 같다. 다만, 천재지변, 기상악화, 항공기 고장 등 항공기 소유자등이 사전에 예측할 수 없는 상황이 발생한 경우 비행근무시간 등의 기준은 국토교통부장관이 정하여 고시할 수 있다.

〈객실승무원의 휴식시간 기준〉

객실승무원 수	비행근무시간	휴식시간
최소 객실승무원 수	14시간	8시간
최소 객실승무원 수에 1명 추가	16시간	12시간
최소 객실승무원 수에 2명 추가	18시간	12시간
최소 객실승무원 수에 3명 추가	20시간	12시간

비고: 항공운송사업자는 객실승무원이 연속되는 7일마다 연속되는 24시간 이상의 휴식을 취할 수 있도록 해야 한다.

4) 조종사의 운항자격제도 / 기존의 기장노선자격제도의 변형임

조종사는 비행안전에 책임을 부여받은 최종결정권 소유자이다. 따라서 정부는 항공안전법 제63조에 따라 조종사의 운항자격제도를 실시하고 있으며, 그에 합당한 별도의 자격을 요구하고 있다. 이는 기장과 부기장에게만 요구되는 특정 자격제도로서 비행하고자 하는 공항에 대한 자격제도이다. 우리가 어느 곳을 갈 경우에 사전 지도를 찾아보고, 도로 노선이 어떻게 되어 있나를 출발 전에 알아보는 것과 같은 개념으로 이해하여도 좋을 것 같다. 그러나 조종사는 막대한 인명과 재산을 조종사에게 의지하고 있는 만큼 사전 지도를 찾아보는 정도가 아니고, 그 공항에 자격이 있는 조종사와 동행하여 경험을 갖도록 사전에 훈련과정으로서 왕복 비행경험을 일반적으로 갖고 있어야 하며, 당해 공항에 대한 이론과 지식을 심사하여 항공기를 맡길 수 있는 능력소유자에게만 부여하는 완벽한 자격제도이다.

항공안전법 제63조 (기장 등의 운항자격)
① 다음 각 호의 어느 하나에 해당하는 항공기의 기장은 지식 및 기량에 관하여, 기장 외의 조종사는 기량에 관하여 국토교통부장관의 자격인정을 받아야 한다.
  1. 항공운송사업에 사용되는 항공기
  2. 항공기사용사업에 사용되는 항공기 중 국토교통부령으로 정하는 업무에 사용되는 항공기
  3. 국외운항항공기
② 국토교통부장관은 제1항에 따른 자격인정을 받은 사람에 대하여 그 지식 또는 기량의 유무를 정기적으로 심사하여야 하며, 특히 필요하다고 인정하는 경우에는 수시로 지식 또는 기량의 유무를 심

사할 수 있다.
③ 국토교통부장관은 제1항에 따른 자격인정을 받은 사람이 제2항에 따른 심사를 받지 아니하거나 그 심사에 합격하지 못한 경우에는 그 자격인정을 취소하여야 한다.
④ 국토교통부장관은 필요하다고 인정할 때에는 국토교통부령으로 정하는 바에 따라 지정한 항공운송사업자 또는 항공기사용사업자에게 소속 기장 또는 기장 외의 조종사에 대하여 제1항에 따른 자격인정 또는 제2항에 따른 심사를 하게 할 수 있다.
⑤ 제4항에 따라 자격인정을 받거나 그 심사에 합격한 기장 또는 기장 외의 조종사는 제1항에 따른 자격인정 및 제2항에 따른 심사를 받은 것으로 본다. 이 경우 제3항을 준용한다.
⑥ 국토교통부장관은 제4항에도 불구하고 필요하다고 인정할 때에는 국토교통부령으로 정하는 기장 또는 기장 외의 조종사에 대하여 제2항에 따른 심사를 할 수 있다.
⑦ 항공운송사업에 종사하는 항공기의 기장은 운항하려는 지역, 노선 및 공항(국토교통부령으로 정하는 지역, 노선 및 공항에 관한 것만 해당한다)에 대한 경험요건을 갖추어야 한다.
⑧ 제1항부터 제7항까지의 규정에 따른 자격인정·심사 또는 경험요건 등에 필요한 사항은 국토교통부령으로 정한다.

항공안전법 시행규칙 제138조 (기장의 운항자격인정을 위한 지식 요건)
법 제63조제1항에 따라 항공운송사업에 사용되는 항공기, 제137조에 따른 업무를 하는 항공기사용사업에 사용되는 항공기 및 제126조 각 호의 어느 하나에 해당하는 항공기의 기장은 운항하려는 지역, 노선 및 공항에 대하여 다음 각 호의 사항에 관한 지식이 있어야 한다.
 1. 지형 및 최저안전고도
 2. 계절별 기상 특성
 3. 기상, 통신 및 항공교통시설 업무와 그 절차
 4. 수색 및 구조 절차
 5. 운항하려는 지역 또는 노선과 관련된 장거리 항법절차가 포함된 항행안전시설 및 그 이용절차
 6. 인구밀집지역 상공 및 항공교통량이 많은 지역 상공의 비행경로에서 적용되는 비행절차
 7. 장애물, 등화시설, 접근을 위한 항행안전시설, 목적지 공항 혼잡지역 및 도면
 8. 항공로절차, 목적지 상공 도착절차, 출발절차, 체공절차 및 공항이 포함된 인가된 계기접근 절차
 9. 공항 운영 최저기상치
 10. 항공고시보
 11. 운항규정

항공안전법 시행규칙 제139조 (기장 등의 운항자격인정을 위한 기량 요건)
법 제63조제1항에 따라 항공운송사업 또는 제137조에 따른 업무를 하는 항공기사용사업에 사용되는 항공기 및 제126조 각 호의 어느 하나에 해당하는 항공기의 기장 또는 기장 외의 조종사는 운항하려는 지역, 노선 및 공항에 대하여 해당 형식의 항공기에 대한 정상 상태에서의 조종기술과 비정상 상태에서의 조종기술 및 비상절차 수행능력이 있어야 한다.

항공안전법 시행규칙 제140조 (기장 등의 운항자격 인정 및 심사 신청)
법 제63조제1항에 따라 기장 또는 기장 외의 조종사의 운항자격 인정을 받으려는 사람은 별지 제67호서식의 조종사 운항자격 인정(심사) 신청서에 별지 제36호서식의 비행경력증명서를 첨부하여 국토교통부장관에게 제출하여야 한다.

항공안전법 시행규칙 제141조 (기장 등의 운항자격 인정을 위한 심사)
① 법 제63조제1항에 따른 지식 또는 기량에 관한 자격인정은 구술·필기 및 실기평가 과정을 통하여 심사한다.
② 국토교통부장관은 법 제63조제1항에 따른 자격인정에 필요한 심사(이하 "운항자격인정심사"라 한다) 업무를 담당하는 사람으로 소속 공무원을 지명하거나 해당 분야의 전문지식과 경험을 가진 사람을 위촉하여야 한다.
③ 제1항에 따른 실기심사는 제2항에 따라 국토교통부장관이 지명한 소속 공무원(이하 "운항자격심사관"이라 한다) 또는 국토교통부장관의 위촉을 받은 사람(이하 "위촉심사관"이라 한다)과 운항자격인정심사를 받으려는 사람이 해당 형식의 항공기에 탑승하여 해당 노선을 왕복비행(순환노선에서의 연속되는 2구간 이상의 편도비행을 포함한다)하여 심사하여야 한다. 다만, 제139조에 따른 정상 및 비정상 상태에서의 조종기술 및 비상절차 수행능력에 대한 실기심사는 지방항공청장이 지정한 동일한 형식의 항공기의 모의비행장치로 심사할 수 있다.
④ 운항자격인정심사의 세부항목 및 판정기준 등에 관하여 필요한 사항은 국토교통부장관이 정하여 고시한다.

항공안전법 시행규칙 제142조 (기장 등의 운항자격인정)
법 제63조제1항에 따른 기장 또는 기장 외의 조종사의 운항자격인정은 항공기 형식과 운항하려는 지역, 노선 및 공항(제155조제1항에 따른 지역, 노선 및 공항만 해당한다)에 대한 것으로 한정한다.

항공안전법 시행규칙 제143조 (기장 등의 운항자격의 정기심사)

① 법 제63조제2항에 따라 운항자격인정을 받은 기장 또는 기장 외의 조종사에 대한 정기심사는 운항하려는 지역, 노선 및 공항에 따라 기장의 경우에는 제138조 및 제139조에 따른 지식 및 기량의 유지에 관하여, 기장 외의 조종사의 경우에는 제139조에 따른 기량의 유지에 관하여 다음 각 호의 구분에 따라 실시한다.
  1. 정상 상태에서의 조종기술: 매년 1회 이상 국토교통부장관이 정하는 방법에 따른 심사
  2. 비정상 상태에서의 조종기술 및 비상절차 수행능력: 매년 2회 이상 국토교통부장관이 정하는 방법에 따른 심사
② 제1항의 정기심사는 운항자격심사관 또는 위촉심사관이 실시한다.
③ 제1항의 정기심사에 관하여는 제141조제1항·제3항 및 제4항을 준용한다.
④ 제1항제2호에도 불구하고 다음 각 호의 어느 하나에 해당하는 조종사에 대한 심사는 기장의 경우에는 지식 및 기량의 유지에 관하여, 기장 외의 조종사의 경우에는 기량의 유지에 관하여 각각 매년 1회 이상 국토교통부장관이 정하는 방법에 따라 실시한다. 다만, 2개 이상의 기종을 조종하는 조종사인 경우에는 기종별 격년으로 심사한다.
  1. 「항공사업법」 제10조에 따른 소형항공운송사업에 사용되는 항공기를 조종하는 조종사
  2. 제137조에 따른 업무를 하는 항공기사용사업에 사용되는 항공기를 조종하는 조종사
  3. 사업용이 아닌 국외비행에 사용되는 항공기를 조종하는 조종사

항공안전법 시행규칙 제144조 (기장 등의 운항자격의 수시심사)
법 제63조제2항에 따라 국토교통부장관은 다음 각 호의 어느 하나에 해당하는 기장 또는 기장 외의 조종사에 대해서는 수시로 지식 또는 기량의 유무를 심사할 수 있다.
  1. 항공기사고 또는 비정상운항을 발생시킨 기장 또는 기장 외의 조종사
  2. 제138소 각 호의 사항에 중요한 변경이 있는 지역, 노선 및 공항을 운항하는 기장 또는 기장 외의 조종사
  3. 항공기의 성능·장비 또는 항법에 중요한 변경이 있는 경우 해당 항공기를 운항하는 기장 또는 기장 외의 조종사
  4. 6개월 이상 운항업무에 종사하지 아니한 기장 또는 기장 외의 조종사
  5. 항공 관련 법규 위반으로 처분을 받은 기장 또는 기장 외의 조종사
  6. 항공기의 이륙·착륙에 특별한 주의가 필요한 공항으로서 국토교통부장관이 지정한 공항에 운항하는 기장 또는 기장 외의 조종사
  7. 해당 운항자격 경력이 1년 미만인 기장 또는 기장 외의 조종사
  8. 새로운 공항을 운항한지 6개월이 지나지 아니한 기장 또는 기장 외의 조종사

9. 취항 중인 공항에 항공기 형식을 변경하여 운항한 지 6개월이 지나지 아니한 기장 또는 기장 외의 조종사

항공안전법 시행규칙 제145조 (기장 등의 운항자격인정의 취소)
① 국토교통부장관은 법 제63조제3항에 따라 기장 또는 기장 외의 조종사가 제143조에 따라 심사를 받아야 하는 월의 말일까지 심사를 받지 아니하거나 제143조 또는 제144조에 따른 심사에 합격하지 못한 경우에는 그 운항자격인정을 취소하여야 한다.
② 국토교통부장관은 제1항에 따라 운항자격인정을 취소하는 경우에는 취소사실을 그 기장 또는 기장 외의 조종사에게 사유와 함께 서면으로 통보하여야 한다.

5) 기장의 책임과 권한

항공기의 기장에 대하여는 법규로서 책임과 권한을 부여하고 있다 이는 항공기의 비행특성상 국내에서만 비행하는 것이 아니고, 외국의 공역은 물론 공해상을 비행하는 경우가 대부분이기 때문에 외국은 물론 기내에서 비행 중 발생되는 비상사태 시에는 지상에서와 같은 조언이나 제반 지원을 받지 못하게 된다. 이런 경우, 기장은 독자적인 판단과 한정된 기내 승무원만으로 모든 사태를 처리 할 수밖에 없으며, 안전운항을 확보하기 위한 업무를 수행하기 위해서는 권한의 위임이 필수적임으로 기내의 질서유지와 안전관리에 대한 책임과 권한을 항공사를 대표하여 행사하도록 항공안전법은 물론 국제 민간 항공협약 부속서에서도 부여하고 있다. 항공안전법에서 기장에게 위임된 권한과 책임사항으로는 다음과 같다.

항공안전법 제62조(기장의 권한 등)
① 항공기의 운항 안전에 대하여 책임을 지는 사람(이하 "기장"이라 한다)은 그 항공기의 승무원을 지휘·감독한다.
② 기장은 국토교통부령으로 정하는 바에 따라 항공기의 운항에 필요한 준비가 끝난 것을 확인한 후가 아니면 항공기를 출발시켜서는 아니 된다.
③ 기장은 항공기나 여객에 위난(危難)이 발생하였거나 발생할 우려가 있다고 인정될 때에는 항공기에 있는 여객에게 피난방법과 그 밖에 안전에 관하여 필요한 사항을 명할 수 있다.
④ 기장은 운항 중 그 항공기에 위난이 발생하였을 때에는 여객을 구조하고, 지상 또는 수상(水上)에 있는 사람이나 물건에 대한 위난 방지에 필요한 수단을 마련하여야 하며, 여객과 그 밖에 항공기에 있는 사람을 그 항공기에서 나가게 한 후가 아니면 항공기를 떠나서는 아니 된다.

⑤ 기장은 항공기사고, 항공기준사고 또는 항공안전장애가 발생하였을 때에는 국토교통부령으로 정하는 바에 따라 국토교통부장관에게 그 사실을 보고하여야 한다. 다만, 기장이 보고할 수 없는 경우에는 그 항공기의 소유자등이 보고를 하여야 한다.
⑥ 기장은 다른 항공기에서 항공기사고, 항공기준사고 또는 항공안전장애가 발생한 것을 알았을 때에는 국토교통부령으로 정하는 바에 따라 국토교통부장관에게 그 사실을 보고하여야 한다. 다만, 무선설비를 통하여 그 사실을 안 경우에는 그러하지 아니하다.
⑦ 항공종사자 등 이해관계인이 제59조제1항에 따라 보고한 경우에는 제5항 본문 및 제6항 본문은 적용하지 아니한다.

특히 제4항에서 "기장은 운항중 그 항공기에 위난이 발생한 경우에는 여객의 구조, 지상 또는 수상에 있는 사람이나 물건에 대한 위난의 방지에 필요한 수단을 강구하여야 하며, 여객 기타 항공기 안에 있는 자를 당해 항공기로부터 떠나게 한 후가 아니면 항공기를 떠나서는 아니 된다"라고 함으로서 항공기의 안전에 최선을 다하라는 법률상의 책임을 부과하고 있다.

또한 국제민간항공협약 부속서 제2 및 제6에서 "항공기의 기장은 운항 중 항공기처리에 최종적인 권한(처분권)을 갖고, "기장은 비행시간 중 비행기의 운항 및 안전, 모든 사람의 안전에 대한 책임을 부담한다."라고 규정하고 있다.

6) 기타 권한 관련사항

항공기는 타 교통 수단에 비하여 월등하게 안전하지만 항공기 자체의 안전이외의 사항으로 모든 승객들에게 불안을 야기(아기) 시기는 사례가 종종 발생하고 있다. 2001.9.11 뉴욕의 무역센터 빌딩에 대한 항공기 테러를 위시하여, 우리나라 항공기의 납북사건(1958.2.16, DC-3, 창랑호, 1969.12.11,YS-11, 1971.1.23, F-27,.), 항공기 공중폭파 사건(1987.11.29,B-707) 등 국내 항공사에도 많은 사건이 발생한 바 있다. 이를 대비한 안전대책의 일환으로 국토교통부는 항공기 운항 안전법을 항공보안법으로 현실에 맞게 개정보완 하였으며, 항공보안법 제22조(기장 등의 권한)에서 항공기의 안전을 위한 기내질서 유지와 피납, 테러방지 등 안전 확보차원에서 기장 또는 기장으로부터 권한을 위임받은 승무원 또는 승객의 항공기 탑승 관련 업무를 지원하는 항공운송사업자 소속 직원 중 기장의 지원요청을 받은 사람은 항공기의 보안을 해치는 행위, 인명이나 재산에 위해를 주는 행위, 항공기 내의 질서를 어지럽히거나 규율을 위반하는 행위를 하려는 사람에 대하여 그 행위를 저지하기 위한 필요한 조치를 할 수 있다.

3. 항공로

가. 항공로의 의의

항공로라 함은 항공기가 비행하도록 국토교통부장관이 정하여 놓은 공역상의 통로이다. 이를 항공안전법 제2조에서 다음과 같이 정의하고 있다. "국토교통부장관이 항공기, 경량항공기 또는 초경량비행장치의 항행에 적합하다고 지정한 지구의 표면상에 표시한 공간의 길을 말한다" 이는 국가가 항공기의 항행의 안전성에 공인한 통로이며, 항공기 항행에 적합하도록 무선 항행 안전시설(VOR 등)의 전파 등을 이용하여 설정하는 공간의 통로이다.

이를 국제민간항공협약 부속서에서 다음과 같이 정의하고 있다.

국제민간항공협약 부속서 2 및 11.: 항공로란 항공안전시설로 구성되는 회랑형태의 관제구역 또는 이의 한 부분.(A control area or portion thereof established in the form of a corridor equipped with radio navigational aids)

국제민간항공협약 부속서11-ATS route: 항공교통업무의 제공이 필요하여 설정한 특정 비행로.(ATS 비행로는 항공로, 조언비행로, 관제 또는 비관제 비행로, 도착 또는 출발 비행로 등 여러 가지 의미를 가진다)

나. 항공로의 설정기준

항공로의 설정기준으로는 국제민간항공협약 부속서11, 부록1에서 RNP 종류와 ATS Route의 명칭 부여 원칙이 다음과 같이 명시되어 있다.

ATS route 와 RNP(Required Navigation Plan) 명칭 체계의 목적은, 자동화에 따른 조건, 조종사 및 ATS 요원으로 하여금 다음과 같이 할 수 있도록 하는데 있다.
a) 좌표 또는 다른 방법을 사용하지 않고도 ATS Route를 명백히 구분
b) ATS route를 일정한 수직구조의 공역으로 결부.
c) 명칭이 부여된 ATS route 비행 시 필요한 일정한 항행 성능 기준치를 표시.
d) 어떤 비행로는 일정한 종류의 항공기만 주로 또는 배타적으로 이용한다는 것을 표시

상기 목적을 위하여 명칭체제는 ATS route의 명칭을 단순하고 통일된 방법으로 부여할 수 있으며, 중복을 피하고, 지상 및 항공기탑재 자동장치로 사용할 수 있어야 하며, 최대한 간결하게 사용할 수 있어야 하고, 근본적인 변경 없이 장애의 필요에 따라 확대할 충분한 가능성이 있어야 한다.

명칭의 구성은 ATS route명칭은 기본명칭 및, 필요한 경우, 다음과 같은 보충문자로 구성된다.
a) 2.3.에 규정하는 1개의 접두문자 및
b) 2.4.에 규정하는 1개의 접미 문자.

명칭을 구성하는 문자는 최대 5개, 어떠한 경우에도 6개를 초과하지 않아야 한다.
기본명칭은 1개의 알파벳문자에 1부터 999까지의 숫자를 덧붙여 구성하고, 문자는 아래에 수록된 것 중에서 선정한다.

다. 항공로의 구분

항공로는 국제민간항공협약 부속서 제11, Appendix 1. "RNP 종류와 ATS Route의 명칭부여 원칙"에 의거 다음과 같은 4종류의 항공로 체계가 있으며, 우리나라에는 국제선용 11개, 국내선용 13개 등 24개의 항공로가 설정되어 있다.

1) 국제선용 항공로(Regional networks of ATS routes and are not area navigation routes;) 로서 A, B, G, R 의 접두문자를 사용하는 항공로 체계로서 A582, A586, A593, A595, B332, B467, B576, G203, G339, G585, G597, 등의 항로가 있으며,
   a) A.B.G.R: 지역 ATS route망에 포함되는 비행로로서 RNAV route가 아닌 것

2) 국제선 항공로와 연결된 국지 항공로(Area navigation routes which form part of the regional networks of ATS routes)로서 L, M, N, P의 접두문자를 사용하는 지역항법용 항공로가 있으며(우리나라에는 설정된 항공로가 없음),
   b) L.M.N.P: 지역 ATS route망에 포함되는 RNAV route ;

3) 국내선 전용항공로(do not form part of the regional networks of ATS routes and are not area navigation routes)로서 H. J. V. W의 접두문자를 사용하며 V11, V547, V549, V543, W45, W61, W62, W66 등 국내선 항공로가 있으며,
   c) H.J.V.W: 지역 ATS route망에 포함되지 않고 RNAV route가 아닌 비행로 ;

4) 국제선 항공로와 연결되지 않은 국지비행로(Area navigation routes which do not form part of the regional networks of ATS routes)로서 Q. T. Y. Z의 접두문자를 사용하는 Y51, Y52, Y53, Y63, Y64등 RNAV 항공로가 있다.)(일종의 좌표항로)
   d) Q.T.Y.Z: 지역 ATS route망에 포함되지 않는 RNAV route.

※ 필요한 경우, 다음과 같이 1개의 보충문자를 기본 접두문자로 추가한다.
   a) K: 헬리콥터용으로 설정된 저고도비행로를 표시
   b) U: 고고도 공역에 설정된 비행로를 표시
   c) S: 초음속항공기가 초음속 비행 중 이용토록 하기 위해 설정한 비행로를 표시.

5) 기본명칭의 부여
주 비행로의 전 구간에 대하여 동일한 기본명칭을 부여한다.
한 비행로에 부여한 기본명칭을 다른 비행로에 부여하여서는 아니 된다.
국가에서 필요로 하는 명칭은 ICAO 지역사무소와 협의하여야 한다.

6) 통신할 때의 명칭사용
인쇄통신의 경우, 명칭은 항상 2개 이상 6개 이하의 기호로 표시하여야 한다.
음성통신의 경우, 명칭의 기본문자는 ICAO 알파벳 발음법에 따라 발음하여야 한다.
2.3.에 규정한 접두문자 K.U 또는 S는, 음성통신의 경우 다음과 같이 발음하여야 한다.
   K -KOPTER,
   U -UPPER,
   S -SUPERSONIC.

라. 국내 항공로 현황

구분	항공로 명칭	개수
국내	V11, V543, V547, V549, W45, W61, W62, W66, Y655, Y644, Z51, Z52, Z53, Z63, Y711, Y722, Z50, Z81, Z82, Y744, Y253, Z83, Y233, Z54, Y579, Y657, Y659, Z55, Y677, Y782, Y685, Z91, Z84, Z85, Y697, Y437, Z56, Y781	38
국제	A582, A586, A593, A595, B332, B467, B576, G339, G585, G597, L512	11

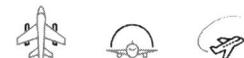

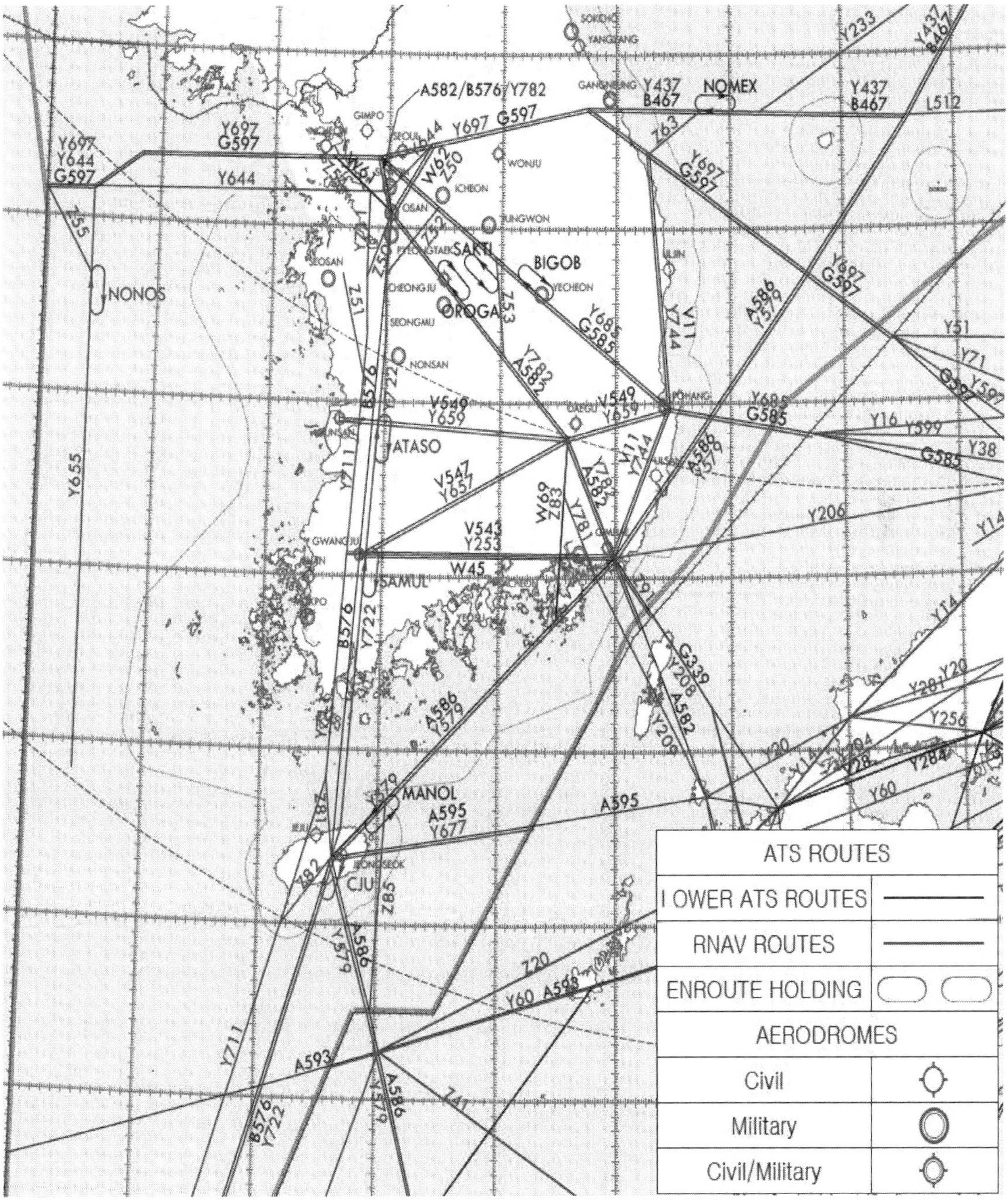
ATS ROUTES
I OWER ATS ROUTES
RNAV ROUTES
ENROUTE HOLDING
AERODROMES
Civil
Military
Civil/Military
A582/B576/Y782
Y437
B467
NOMEX
L512
Y697
G597
Y644
NONOS
Y655
SAKTI
BIGOB
OROGA
ATASO
SAMUL
MANOL
CJU
V549
Y659
V547
Y657
V543
Y253
W45
Y685
G585
A586
Y579
A595
Y677
A593
Y711
B576
Y722
Y206
G339
Y60
Y20

▲ 현행 항공로도

마. 항공회랑(Corridor)

항로설정이 곤란한 특수여건에서 특정 고도로만 비행이 가능한 구역을 항공회랑(Corridor) 이라 한다. 항로와 회랑의 큰 차이는 고도를 바꿀 수 있는지의 여부이며 항로의 경우 정해진 하늘길에서 비행 고도를 달리하는 방식으로 항공기 여러 대를 통과시킬 수 있는 반면 회랑은 규정된 고도로만 비행하여야 하며 원칙적으로 이를 바꿀 수 없는 정식 항로 개설이 어려운 특수한 경우에만 개설되는 구역을 말한다.

우리나라의 경우 과거 한·중 수교 이전 중국과 일본의 직항 수요에 따라 제기되어 국제민간항공기구(ICAO)의 조정 및 중재에 따라 1983년 8월 제주도 남단 이어도 부근 공해상에 아카라-후쿠에 항공회랑(AKARA-FUKUE Corridor)을 설치하게 되었다.

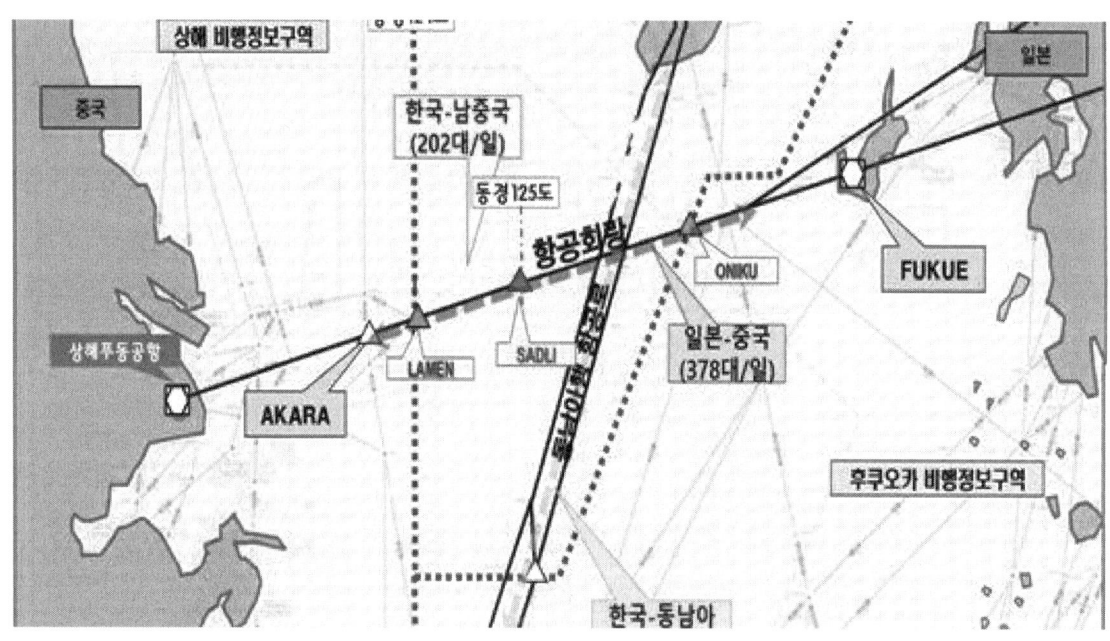

동 회랑은 중국 상하이와 일본을 연결하는 A593 항로 중 한 구간으로 회랑의 길이는 약 515Km이며 이중 절반인 257Km가 우리 비행정보구역에 포함되었다.

국제민간항공 규정에 따르면 동 회랑의 관제는 우리나라에서 관제권을 행사해야 하지만 당시 우리나라와 중국은 수교가 없는 상태였으며 양국간 관제 직통선도 없는 상황이었기에 국제민간항공기구

(ICAO)의 중재에 따라 동경 125도를 기준으로 서측은 중국이 관제하고 동측은 일본 관제기관이 관제업무를 제공하는 상황에 이르렀다.

1992년 한국과 중국 간 수교가 이루어지며 국제관계의 상황은 달라졌지만 여전히 동 회랑과 관련된 관제권은 바뀌지 않고 중국과 일본이 관제권을 행사하고 있었다.

이러한 37년간의 불완전한 운영 체계는 국제항공사회의 장기 미제 현안으로 남았으며, 항공안전에도 상당한 위험을 초래하였다. 과거 항공회랑은 1983년 설정 당시 하루 평균 10대의 항공기가 동 회랑을 이용하였지만 2019년에는 하루 평균 580대로 증가되며 국제민간항공기구 및 국제항공운송협회(IATA)의 안전우려도 매우 높아졌다.

항공로	'13	'14	'15	'16	'17	'18	'19	증가율
B576(한-동남아)	230편	243편	241편	282편	323편	352편	390편	7.8%↑
B576/A593(한-남중국)	146편	173편	181편	203편	166편	178편	202편	4.7%↑
A593 항공회랑	197편	216편	271편	317편	331편	345편	378편	9.8%↑

이에, 국토교통부는 제주 남단의 동 항공회랑을 대신할 새로운 항공로와 항공관제체계를 2021.3.25.부터 단계적으로 구축·운영하기로 중국 및 일본간 합의를 이루었다.

동 합의는 2018년 10월 ICAO 이사회 의장 주재 당사국 고위급 회의를 시작으로 2019년 1월부터 국제민간항공기구, 한·중·일이 함께 워킹그룹을 구성하여 협의하였으며 2020.12.25. 마침내 항공회랑 정상화 방안의 합의점을 찾게 되었다.

우선 1단계로 2021.3.25.부터는 항공회랑 중 동서 항공로와 남북 항공로의 교차지점이 있어 항공안전 위험이 상대적으로 큰 일본 관제권역의 관제를 한국이 맡고, 한·일 연결 구간에는 복선 항공로를 조성한다. 또한 중국 관제권역은 한·중간 공식적인 관제합의서 체결과 동시에 국제규정에 맞게 한·중 관제기관 간 직통선 설치 등 완전한 관제 협조체계를 갖추기로 하였다.

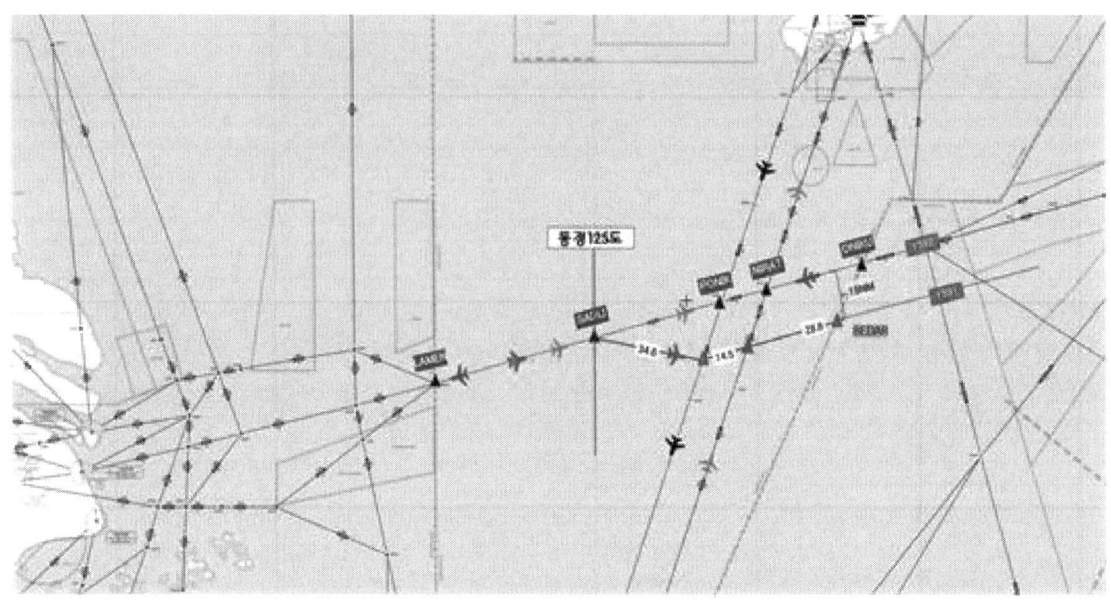

또한, 2단계로 잠정적으로 2021.6.17.부터 한·중 간 추가 협의를 통해 당초 국제민간항공기구 이사회에 보고·합의된 대로 인천 비행정보구역 전 구간에 새로운 항공로를 구축하여 시행할 예정이다.

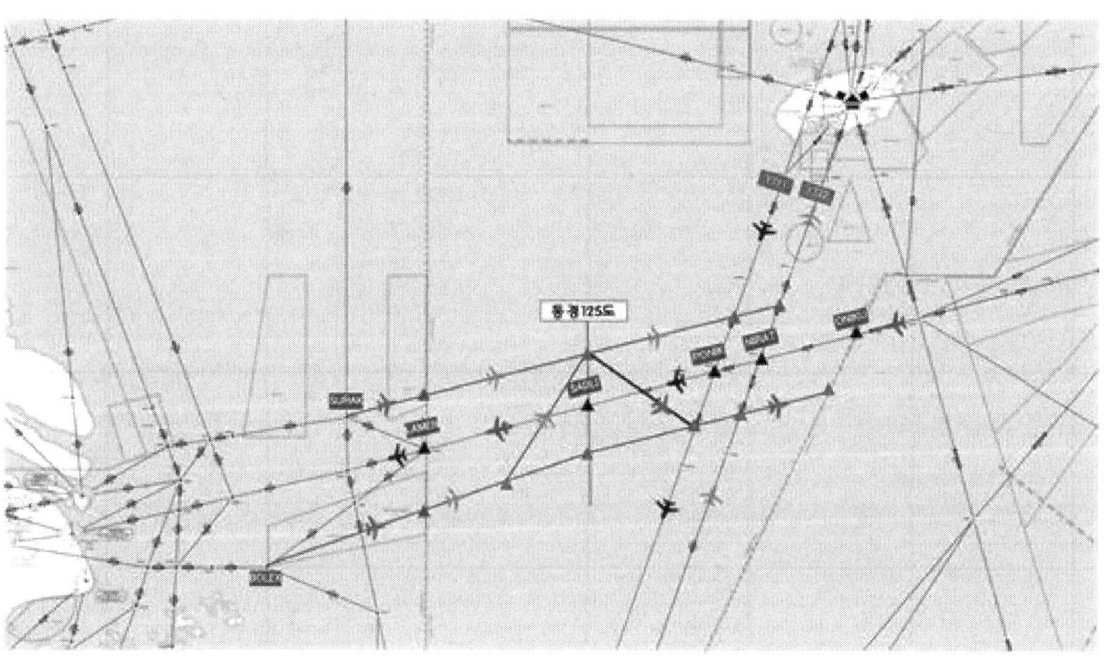

4. 공항(비행장)과 시설

가. 비행장의 의의

비행장이라 함은 항공기, 경량항공기, 초경량비행장치의 이륙(이수포함)과 착륙(착수포함)을 위하여 사용되는 육지 또는 수면의 일정한 구역으로서 대통령령으로 정하는 것을 말한다. 또한 공항시설법 제2조 제3호에서는 공항시설을 갖춘 공공용 비행장으로서 국토교통부장관이 그 명칭, 위치 및 구역을 지정·고시 비행장을 공항이라 하고, 제7호와 같은법 시행령 제3조(공항시설의 구분)에서는 공항시설을 기본시설과 지원시설로 구분하여 지정하고 있다. 또한 국제민간항공협약 제68조에서 모든 체약국은 항공로 및 공항을 지정하도록 하고 있다.

국제민간항공협약 제68조(항공로 및 공항의 지정/Designation of routes and airport)에서 각 체약국은 본 협약의 규정에 따를 것을 조건으로 하고 국제항공업무가 그 영역 내에서 사용할 항공로와 공항을 지정 할 수 있다. 라고 하고 있으며,(Each contracting state may, subject to the provisions of this convention, designate the route to be followed within its territory by any international air service and the airports which any such service may use).

또한, 국제민간항공협약 부속서 제14(비행장)의 정의에 의하면, 비행장이란 「항공기의 도착, 출발 및 이동을 위해서 전부 또는 일부를 사용할 목적으로 지상 또는 수상의 한정된 구역(건물, 시설 및 설비를 포함)」 Aerodrome-A defined area on land or water (including any buildings installations and equipment) intended to be used either wholly or in part for the arrival, departure and movement of aircraft, 이라고 정의하고 있다.

따라서, 공항이란 항공기가 이·착륙하고 승객을 탑승시키거나 하기 시키는 장소이며, 이러한 장소에는 공항에 필요한 각종시설과 장비는 물론 공항주변의 공역도 비행하는데 지장이 없어야 한다. 따라서 비행장이란 단순히 항공기의 이·착륙을 행하는 장소로 이해하여야 할 것이다.

이런 면에서 볼 때 항공교통분야에서 항공기가 이용하는 장소로서의 공항과 시설은 매우 중요한 요소로서, 첫째: 항공기가 이착륙하는데 필요한 기본시설이 있어야 하며, 둘째: 항공기가 이착륙하는데 필요한 공역이 기준에 맞아야 하며, 셋째: 항공기를 이용하는 승객과 화물이 공항에 접근하는데 필요한 접근로가 있어야 한다.

또한, 항공기가 이착륙하는데 필요한 기본시설로는 활주로, 유도로, 착륙대 및 주기장 과 각종 항행 안전시설이 있어야 하며, 항공기를 관제하고 이동을 통제하는 항공교통관제시설과 소방시설이 있어야 하며, 승객이 이용하는데 필요한 청사와 부대시설이 있어야 하며, 항공기를 정비하고 관리하는 시설, 즉 격납고, 주유 시설 등이 있어야 한다.

항공기가 이착륙하는데 필요한 공역은 공항시설법으로 정한 공항접근 항공로, 항공기의 입 출항시 장애가 없는 공역상의 진입구역, 비행장 주변상공에서 선회 및 체공시에 장애가 없는 수평표면, 전이표면, 원추표면과 비행장 인근 주변 장애물이 없어야 한다.

항공기를 이용하는 승객과 화물등이 공항에 쉽게 접근하고 이용하는데 필요한 접근로와 시설이 있어야 하는 바, 지상의 육상교통기관(버스, 택시, 전철 등)이 잘 연결되어야 하며, 화물의 보관, 검색, 탑재 및 적하를 용이하게 하는 장비, 검색기관요원의 상주등 많은 요소들이 갖추어져야하며, 이용객의 편의를 위한 각종 부대시설로서, 은행, 의무실, 우체국, 식당 등 휴게시설과 매점, 서점, 안내시설 등이 있어야 한다.

나. 비행장의 구분

용도에 따른 구분으로 공공용 비행장은 일반에게 개방된 비행장이며, 사설 비행장은 타인에게 개방하지 않은 개인용 비행장(제동정석비행장, 태안비행장 등)을 말하며, 입지에 따른 구분으로는 육상비행장, 육상헬기장. 수상비행장, 수상헬기장, 옥상헬기장, 선상헬기장을 말한다. 시설규모에 따른 구분으로는 공항시설법 시행규칙 제3조에서 정한 기준을 말한다.

<비행장의 착륙대 등급 분류기준>

비행장의 종류	착륙대의 등급	활주로 또는 착륙대의 길이
육상비행장	A	2,550m 이상
	B	2,150m 이상 2,550m 미만
	C	1,800m 이상 2,150m 미만
	D	1,500m 이상 1,800m 미만
	E	1,280m 이상 1,500m 미만
	F	1,080m 이상 1,280m 미만
	G	900m 이상 1,080m 미만
	H	500m 이상 900m 미만
	J	100m 이상 500m 미만
수상비행장	4	1,500m 이상
	3	1,200m 이상 1,500m 미만
	2	800m 이상 1,200m 미만
	1	800m 미만

<육상비행장의 분류문자별 활주로 및 유도로 설치기준>

구분		분류문자					
		A	B	C	D	E	F
유도로	직선유도로의 폭	7.5m이상	10.5m이상	15m이상	18m이상	23m이상	25m이상
	최대종단경사도	3%	3%	1.5%	1.5%	1.5%	1.5%
	최대횡단경사도	2%	2%	1.5%	1.5%	1.5%	1.5%
활주로	최대횡단경사도	2%	2%	1.5%	1.5%	1.5%	1.5%

〈활주로의 폭〉

분류번호	분류문자					
	A	B	C	D	E	F
1	18m이상	18m이상	23m이상	-	-	-
2	23m이상	23m이상	30m이상	-	-	-
3	30m이상	30m이상	30m이상	45m이상	-	-
4	-	-	45m이상	45m이상	45m이상	60m이상

정밀접근 활주로의 폭은 분류번호가 1 또는 2인 경우에는 30미터 이상이어야 한다.

〈육상비행장의 분류기준〉

분류요소 1		분류요소 2		
분류번호	항공기의 최소 이륙 거리	분류문자	항공기 주 날개의 폭	항공기 주륜 외곽의 폭
1	800m미만	A	15m미만	4.5m미만
2	800m이상 1천200m미만	B	15m이상 24m미만	4.5m이상 6m미만
3	1천200m이상 천800m미만	C	24m이상 36m미만	6m이상 9m미만
4	1천800m이상	D	36m이상~52m미만	9m이상~14m미만
		E	52m이상~65m미만	9m이상~14m미만
		F	65m이상~80m미만	14m이상~16m미만

다. 공항시설과 장비의 설치 기준

공항시설법 제2조 제7호에서 "공항시설"이라 함은 공항구역에 있는 시설과 공항 구역밖에 있는 시설 중 대통령령으로 정하는 시설로서 국토교통부장관이 지정한 항공기의 이륙·착륙 및 항행을 위한 시설과 그 부대시설 및 지원시설, 항공여객 및 화물의 운송을 위한 시설과 그 부대시설 및 지원시설을 말한다.

항행안전시설이란 유선통신, 무선통신, 인공위성, 불빛, 색채 또는 전파를 이용하여 항공기의 항행을 돕기 위한 시설로서 국토교통부령으로 정하는 시설이라고 명시하고(공항시설법 제2조 제1호), 공항시설법 제43조 (항행안전시설의 설치) 및 같은법 시행령 제3조(공항시설의 구분)에서 기본시설 및 지원시설 등의 구분을 다음과 같이하고 있다.

공항시설법 시행령 제3조 (공항시설의 구분)

1) 기본시설

- 활주로, 유도로, 계류장, 착륙대 등 항공기의 이착륙시설
- 여객터미널, 화물터미널 등 여객시설 및 화물처리시설
- 항행안전시설
- 관제소, 송수신소, 통신소 등의 통신시설
- 기상관측시설
- 공항 이용객을 위한 주차시설 및 경비·보안시설
- 공항 이용객에 대한 홍보시설 및 안내시설

2) 지원시설

- 항공기 및 지상조업장비의 점검·정비 등을 위한 시설
- 운항관리시설, 의료시설, 교육훈련시설, 소방시설 및 기내식 제조·공급 등을 위한 시설
- 공항의 운영 및 유지·보수를 위한 공항운영·관리시설
- 공항 이용객 편의시설 및 공항근무자 후생복지시설
- 공항 이용객을 위한 업무·숙박·판매·위락·운동·전시 및 관람집회 시설
- 공항교통시설 및 조경시설, 방음벽, 공해배출 방지시설 등 환경보호시설
- 공항과 관련된 상하수도 시설 및 전력·통신·냉난방 시설
- 항공기 급유시설 및 유류저장·관리 시설
- 항공화물을 보관하기 위한 창고시설
- 공항의 운영·관리와 항공운송사업 및 이와 관련된 사업에 필요한 건축물에 부속되는 시설
- 공항과 관련된 신에너지 및 재생에너지 개발·이용·보급 촉진법에 따른 신에너지 및 재생에너지 설비

3) 도심공항터미널

4) 헬기장안에 있는 여객시설, 화물처리시설 및 운항지원시설

5) 공항구역 내에 있는 자유무역지역의 지정 및 운영에 관한 법률에 따라 지정된 자유뮤역지역에 설치하려는 시설로서 해당 공항의 원활한 운영을 위하여 필요하다고 인정하여 국토교통부장관이 지정·고시하는 시설

6) 그 밖에 국토교통부장관이 공항의 운영 및 관리에 필요하다고 인정 하는 시설

라. 항공기의 이착륙에 필요한 비행장 주변의 공역(장애물 제한표면 도면)

공항(비행장)에는 항공기가 공항주변 공역으로 진출입하고 이착륙하는데 필요한 공역이 있어야 한다. 이러한 공역이 확보되어야 만 기상상태에 영향을 받지 않을 뿐만 아니라 공항주변에서의 저공 비행 등 이착륙에 지장을 받지 않고 안전하게 운항 할 수 있게 된다. 이러한 비행장 주변 공역에 관한 확보기준을 공항시설법 및 국제민간항공협약 부속서에서 정하고 있는바, 공항시설법에서 정한 공역기준을 보면 다음과 같다.

착륙대라 함은 활주로와 항공기가 활주로를 이탈하는 경우에 항공기와 탑승자의 피해를 줄이기 위하여 활주로 주변에 설치하는 안전지대로서 활주로 양끝에서 각각 60미터(계기용 기준)까지 연장한 길이와 75미터 이상의 폭으로 이루어지는 활주로 중심선에 중심을 두는 직사각형의 지표면 또는 수면을 말한다. (공항시설법의 정의)

진입표면 이라 함은 기본표면의 짧은 변에 접하고 외측상방으로 경사진 표면으로서 그 길이는 수평으로 1만5천미터 이하의 범위 안에서, 경사도는 수평면의 50분의1이상의 범위안에서, 내측변과 평행한 외측변의 길이 등을 국토교통부령이 정하는 활주로 중심선의 연장선에 중심을 두는 사다리꼴형의 표면을 말한다.

진입구역이라함은 진입표면이 지표면 또는 수면에 수직으로 투영된 구역을 말한다.
진입구역의 길이는 계기접근에 있어서는 1만5천미터, 비계기접근에 있어서는 3천미터로 한다. 다만, 헬기장의 진입구역의 길이는 1천미터 이하의 범위에서 국토교통부장관이 정하는 길이로 한다.

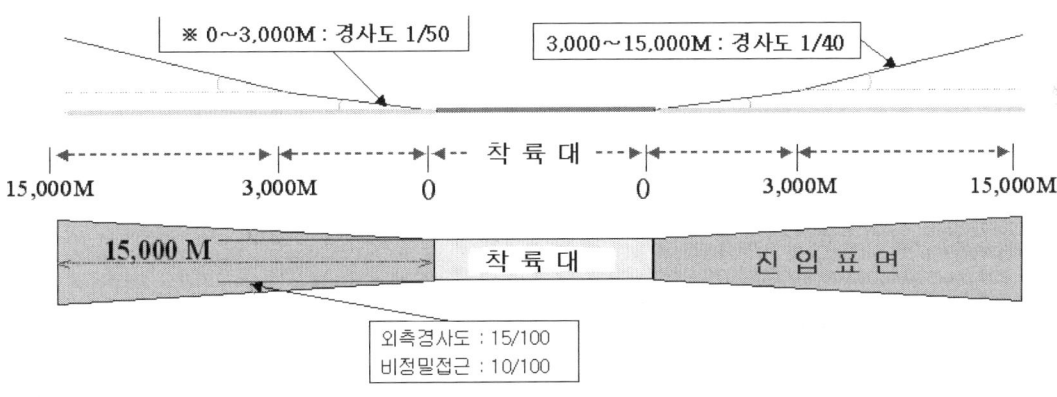

수평표면이라 함은 기본표면의 각 중심선 끝에서 4천미터이하의 범위 안에서 국토교통부령이 정하는 반경을 가지는 원호들과 그 접선으로 이루어진 표면으로서,기본표면의 각 중심선 끝 높이 중 가장 높은 점을 기준으로 하여 수직상방으로 45미터 높인 수평한 평면을 말한다.

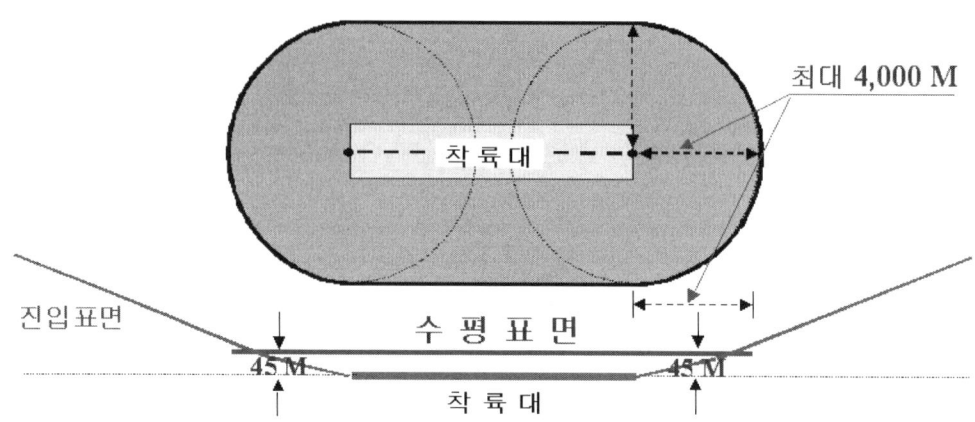

원추표면이라 함은 수평표면의 외측경계선으로부터 외측상방 20분의 1의 경사도로 천100미터의 범위 안에서 국토교통부령이 정하는 수평거리까지 연장한 표면을 말한다.

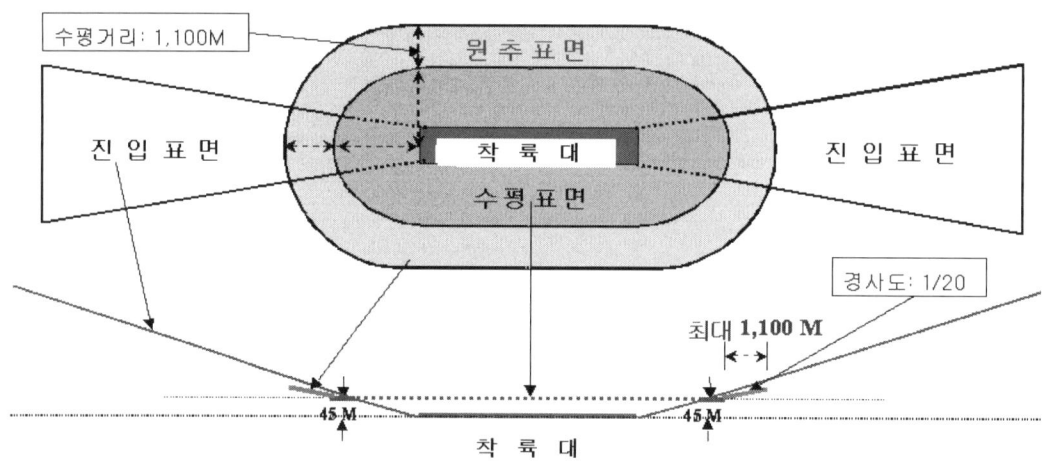

전이표면이라 함은 기본표면의 긴 변과 진입표면의 경사변에서 외측 상방 7분의 1의 경사도(헬기장에 있어서는 4분의 1이상의 범위 안에서 국토교통부령이 정하는 경사도)로 수평표면 또는 원추표면과 접하는 표면을 말한다.

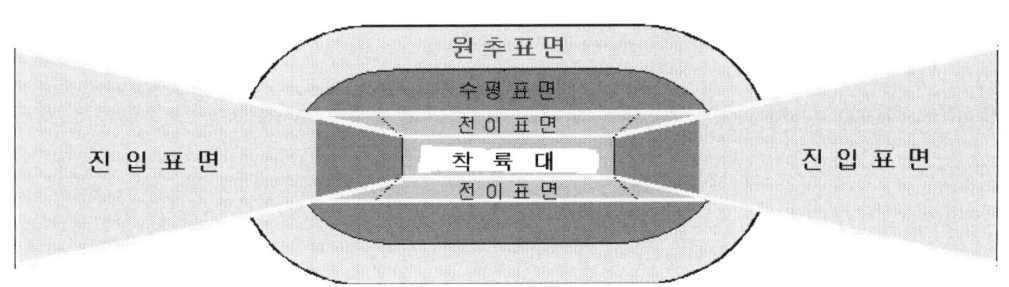

마. 공항개발 종합계획의 수립(공항시설법 제3조)

① 국토교통부장관은 공항개발사업을 체계적이고 효율적으로 추진하기 위하여 5년마다 다음 각 호의 사항이 포함된 공항개발 종합계획(이하 "종합계획"이라 한다)을 수립하여야 한다.
  1. 항공 수요의 전망
  2. 권역별 공항 또는 국가의 재정지원 규모가 300억원 이상의 범위에서 대통령령으로 정하는 규모 이상의 비행장개발 등에 관한 계획
  3. 투자 소요 및 재원조달방안
  4. 그 밖에 공항 및 비행장 개발과 운영 등에 관한 사항
② 종합계획은 「항공사업법」 제3조에 따른 항공정책기본계획, 「국가통합교통체계효율화법」 제4조 및 제6조에 따른 국가기간교통망계획 및 중기 교통시설투자계획과 조화를 이루도록 수립하여야 한다.
③ 국토교통부장관은 종합계획 내용 중 공항개발 계획의 변경 등 대통령령으로 정하는 중요한 사항을 변경하려면 대통령령으로 정하는 바에 따라 종합계획을 변경하여야 한다.
④ 국토교통부장관은 종합계획을 수립하거나 제3항에 따라 종합계획을 변경(이하 이 조에서 "변경"이라 한다)하려는 경우에는 관할 지방자치단체의 장의 의견을 들은 후 관계 중앙행정기관의 장과 협의하여야 한다.
⑤ 국토교통부장관은 관계 행정기관의 장에게 종합계획의 수립 또는 변경에 필요한 자료를 요구할 수 있다. 이 경우 요구를 받은 관계 행정기관의 장은 정당한 사유가 없으면 협조하여야 한다.
⑥ 국토교통부장관은 종합계획을 수립하거나 변경하려는 경우에는 「항공사업법」 제4조에 따른 항공정책위원회의 심의를 거쳐야 한다.
⑦ 국토교통부장관은 종합계획을 수립하거나 변경하였을 때에는 대통령령으로 정하는 바에 따라 그 내용을 고시하여야 한다.

바. 공항개발 기본계획의 수립(공항시설법 제4조)

① 국토교통부장관은 공항 또는 비행장을 개발하려면 공항 또는 비행장의 개발에 관한 기본계획(이하 "기본계획"이라 한다)을 수립하여야 한다. 다만, 공항시설 또는 비행장시설의 개량에 관한 사업 등 대통령령으로 정하는 경미한 개발사업의 경우에는 기본계획을 수립하지 아니할 수 있다.
② 기본계획에는 다음 각 호의 사항이 포함되어야 한다.
　1. 공항 또는 비행장의 현황 분석
　2. 공항 또는 비행장의 수요전망
　3. 공항·비행장개발예정지역 및 장애물 제한표면
　4. 공항 또는 비행장의 규모 및 배치
　5. 건설 및 운영계획
　6. 재원조달계획
　7. 환경관리계획
　8. 그 밖에 공항 또는 비행장 개발 및 운영 등에 필요한 사항
③ 국토교통부장관은 기본계획 내용 중 새로운 활주로의 건설 등 대통령령으로 정하는 중요한 사항을 변경하려면 대통령령으로 정하는 바에 따라 기본계획을 변경하여야 한다.
④ 기본계획의 수립 또는 제3항에 따른 기본계획의 변경에 관하여는 제3조제4항부터 제6항까지의 규정을 준용한다.
⑤ 국토교통부장관은 기본계획을 수립하거나 제3항에 따라 기본계획을 변경하였을 때에는 대통령령으로 정하는 바에 따라 그 내용을 고시하여야 한다. 이 경우 지형도면의 고시에 관하여는 「토지이용규제 기본법」 제8조에 따른다.
⑥ 국토교통부장관은 제5항에 따라 기본계획을 고시한 경우에는 그 기본계획을 관계 특별시장·광역시장·도지사(이하 "시·도지사"라 한다)·특별자치시장·특별자치도지사에게 송부하여 14일 이상 일반인에게 공람시켜야 한다.

사. 공항 및 비행장의 관리·운영

　1) 공항시설관리권(공항시설법 제26조)

① 국토교통부장관은 공항시설을 유지·관리하고 그 공항시설을 사용하거나 이용하는 자로부터 사용료를 징수할 수 있는 권리(이하 "공항시설관리권"이라 한다)를 설정할 수 있다.

② 공항시설관리권을 설정받은 자는 대통령령으로 정하는 바에 따라 국토교통부장관에게 등록하여야 한다. 등록한 사항을 변경할 때에도 또한 같다.
③ 공항시설관리권은 물권(物權)으로 보며, 이 법에 특별한 규정이 있는 경우를 제외하고는 「민법」 중 부동산에 관한 규정을 준용한다.

2) 비행장시설관리권(공항시설법 제29조)

① 국토교통부장관은 국가 소유의 비행장시설을 유지·관리하고 그 비행장시설을 사용하거나 이용하는 자로부터 사용료를 징수할 수 있는 권리(이하 "비행장시설관리권"이라 한다)를 설정할 수 있다.
② 비행장시설관리권에 관하여는 제26조제2항·제3항, 제27조 및 제28조를 준용한다. 이 경우 "공항시설"은 "비행장시설"로, "공항시설관리권"은 "비행장시설관리권"으로, "공항시설관리권 등록부"는 "비행장시설관리권 등록부"로 본다.

아. 공항 및 비행장 시설의 관리기준(공항시설법 제31조)

① 공항시설 또는 비행장시설을 관리·운영하는 자는 시설의 보안관리 및 기능유지에 필요한 사항 등 국토교통부령으로 정하는 시설의 관리·운영 및 사용 등에 관한 기준(이하 "시설관리기준"이라 한다)에 따라 그 시설을 관리하여야 한다.
② 국토교통부장관은 대통령령으로 정하는 바에 따라 공항시설 또는 비행장시설이 시설관리기준에 맞게 관리되는지를 확인하기 위하여 필요한 검사를 하여야 한다. 다만, 제38조제1항에 따른 공항으로서 제40주제1항에 따른 공항의 안전운영체계에 대한 검사를 받는 공항은 이 조에 따른 검사를 하지 아니할 수 있다.

자. 시설의 관리기준(공항시설법 시행규칙 제19조)

① 법 제31조제1항에서 "시설의 보안관리 및 기능유지에 필요한 사항 등 국토교통부령으로 정하는 시설의 관리·운영 및 사용 등에 관한 기준"이란 별표 4의 기준을 말한다.
② 공항운영자는 시설의 적절한 관리 및 공항이용자의 편의를 확보하기 위하여 필요한 경우에는 시설이용자나 영업자에 대하여 시설의 운영실태, 영업자의 서비스실태 등에 대하여 보고하게 하거나 그 소속직원으로 하여금 시설의 운영실태, 영업자의 서비스실태 등을 확인하게 할 수 있다.

③ 공항운영자는 공항 관리상 특히 필요가 있을 경우에는 시설이용자 또는 영업자에 대하여 당해시설의 사용의 정지 또는 수리·개조·이전·제거나 그밖에 필요한 조치를 명할 수 있다.

<공항시설 · 비행장시설 관리기준>

1. 공항(비행장을 포함한다. 이하 같다)을 제16조에 따른 설치기준에 적합하도록 유지할 것
2. 시설의 기능 유지를 위하여 점검 · 청소 등을 할 것
3. 개수나 그 밖의 공사를 하는 경우에는 필요한 표지의 설치 또는 그 밖의 적절한 조치를 하여 항공기의 항행을 방해하지 않게 할 것
4. 법 제56조 및 「항공보안법」 제21조제1항에 따른 금지행위에 관한 홍보안내문을 일반인이 보기 쉬운 곳에 게시할 것
5. 법 제56조제1항에 따라 출입이 금지되는 지역에 경계를 분명하게 하는 표지 등을 설치하여 해당 구역에 사람 · 차량 등이 임의로 출입하지 않도록 할 것
6. 항공기의 화재나 그 밖의 사고에 대처하기 위하여 필요한 소방설비와 구난설비를 설치하고, 사고가 발생했을 때에는 지체 없이 필요한 조치를 할 것. 다만, 공항에 대해서는 다음 각 목의 비상사태에 대처하기 위하여 「국제민간항공조약」 부속서 14에 따라 공항 비상계획을 수립하고 이에 필요한 조직 · 인원 · 시설 및 장비를 갖추어 비상사태가 발생하면 지체 없이 필요한 조치를 할 것
    가. 공항 및 공항 주변 항공기사고
    나. 항공기의 비행 중 사고와 지상에서의 사고
    다. 폭탄위협 및 불법납치사고
    라. 공항의 자연재해
    마. 응급치료를 필요로 하는 사고
7. 천재지변이나 그 밖의 원인으로 항공기의 이륙 · 착륙이 저해될 우려가 있는 경우에는 지체 없이 해당 비행장의 사용을 일시 정지하는 등 위해를 예방하기 위하여 필요한 조치를 할 것
8. 관계 행정기관 및 유사시에 지원하기로 협의된 기관과 수시로 연락할 수 있는 설비를 갖출 것
9. 다음 각 목의 사항이 기록된 업무일지를 갖춰 두고 1년간 보존할 것
    가. 시설의 현황
    나. 시행한 공사내용(공사를 시행하는 경우만 해당한다)
    다. 재해, 사고 등이 발생한 경우에는 그 시각 · 원인 · 상황과 이에 대한 조치
    라. 관계기관과의 연락사항
    마. 그 밖에 공항의 관리에 필요한 사항
10. 공항 및 공항 주변에서의 항공기 운항 시 조류충돌을 예방하게 하기 위하여 「국제민간항공조약」 부속서 14에서 정한 조류충돌 예방계획(오물처리장 등 새들을 모이게 하는 시설 또는 환경을 만들지 아니하는

것을 포함한다)을 수립하고 이에 필요한 조직·인원·시설 및 장비를 갖출 것. 이 경우 조류충돌 예방과 관련된 세부 사항은 국토교통부장관이 정하여 고시하는 기준에 따라야 한다.
11. 항공교통업무를 수행하는 시설에는 다음 각 목의 절차를 갖출 것
   가. 제16조제14호에 따른 시설의 관리·운영 절차
   나. 관할 공역 내에서의 항공기의 비행절차
   다. 항행안전시설에 적합한 항공기의 계기비행방식에 의한 이륙 및 착륙 절차
   라. 관할 공역 내의 항공기·차량 및 사람 등에 대한 항공교통관제절차, 지상이동통제절차, 공역관리절차, 소음절감비행통제절차 및 경제운항절차
   마. 관할 공역 내의 관련 항공안전정보를 수집 및 가공하여 관련 항공기·차량·시설 및 다른 항공정보통신시설 등에 제공하는 절차
   바. 항공교통관제량에 적합한 적정 수의 항공교통관제업무 수행요원의 확보, 교육훈련 및 업무 제한의 절차
   사. 그 밖에 항공교통업무 수행에 필요한 사항으로 국토교통부장관이 따로 정하여 고시하는 시설의 관리절차
12. 공항운영자는 국토교통부장관이 고시하는 기준에 따라 대기질·수질·토양 등 환경 및 온실가스관리가 포함된 공항환경관리계획을 매년 수립하고 이에 필요한 조직·인원·시설 및 장비를 갖출 것
13. 격납고내에 있는 항공기의 무선시설을 조작하지 말 것. 다만, 지방항공청장의 승인을 얻은 경우에는 그렇지 않다.
14. 항공기의 급유 또는 배유를 하는 경우에는 다음 각 호에 따라 시행할 것
   가. 다음의 경우에는 항공기의 급유 또는 배유를 하지 말 것
      1) 발동기가 운전 중이거나 또는 가열상태에 있을 경우
      2) 항공기가 격납고 기타 폐쇄된 장소 내에 있을 경우
      3) 항공기가 격납고 기타의 건물의 외측 15미터 이내에 있을 경우
      4) 필요한 위험예방조치가 강구되었을 경우를 제외하고 여객이 항공기내에 있을 경우
   나. 급유 또는 배유중의 항공기의 무선설비, 전기설비를 조작하거나 기타 징진, 화학방전을 일으킬 우려가 있을 물건을 사용하지 말 것
   다. 급유 또는 배유장치를 항상 안전하고 확실히유지할 것
   라. 급유 시에는 항공기와 급유장치 간에 전위차(電位差)를 없애기 위하여 전도체로 연결(Bonding)을 할 것. 다만, 항공기와 지면과의 전기저항 측정치 차이가 1메가옴 이상인 경우에는 추가로 항공기 또는 급유장치를 접지(Grounding)시킬 것
15. 공항을 관리·운영하는 자는 법 제31조제1항에 따라 다음 각 호의 사항이 포함된 관리규정을 정하여 관리해야 할 것
   가. 공항의 운용시간
   나. 항공기의 활주로 또는 유도로 사용방법을 특별히 규정하는 경우에는 그 방법

다. 항공기의 승강장, 화물을 싣거나 내리는 장소, 연료·자재 등의 보급장소, 항공기의 정비나 점검장소, 항공기의 정류장소 및 그 방법을 지정하려는 경우에는 그 장소 및 방법

라. 법 제32조에 따른 사용료와 그 수수 및 환불에 관한 사항

마. 공항의 출입을 제한하려는 경우에는 그 제한방법

바. 공항 안에서의 행위를 제한하려는 경우에는 그 제한 대상 행위

사. 시계비행 또는 계기비행의 이륙·착륙 절차의 준수에 관한 사항과 통신장비의 설치 및 기상정보의 제공 등 항공기의 안전한 이륙·착륙을 위하여 국토교통부장관이 정하여 고시하는 사항

아. 그 밖에 공항의 관리에 관하여 중요한 사항

16. 「항공보안법」 제12조에 따른 보호구역(이하 "보호구역"이라 한다)에서 지상조업, 항공기의 견인 등에 사용되는 차량 및 장비는 공항운영자에게 다음 각 호의 서류를 갖추어 등록해야 하며, 등록된 차량 및 장비는 공항관리·운영기관이 정하는 바에 의하여 안전도 등에 관한 검사를 받을 것.

가. 차량 및 장비의 제원과 소유자가 기재된 등록신청서 1부

나. 소유권 및 제원을 증명할 수 있는 서류

다. 차량 및 장비의 앞면 및 옆면 사진 각1매

라. 허가 등을 받았음을 증명할 수 있는 서류의 사본 1부(당해차량 및 장비의 등록이 허가 등의 대상이 되는 사업의 수행을 위하여 필요한 경우에 한정한다)

17. 공항구역에서 차량 또는 장비의 사용 및 취급에 대하여는 다음 각 호에 따를 것. 다만, 긴급한 경우에는 예외로 한다.

가. 보호구역에서는 공항운영자가 승인한 자(「항공보안법」 제13조에 따라 차량 등의 출입허가를 받은 자를 포함한다) 이외의 자는 차량 등을 운전하지 아니할 것

나. 격납고내에 있어서는 배기에 대한 방화 장치가 있는 트랙터를 제외하고는 차량 등을 운전하지 아니할 것

다. 공항에서 차량 등을 주차하는 경우에는 공항운영자가 정한 주차구역 안에서 공항운영자가 정한 규칙에 따라 이를 주차하지 아니할 것

라. 차량 등의 수선 및 청소는 공항운영자가 정하는 장소 이외의 장소에서 행하지 아니할 것

마. 공항구역에 정기로 출입하는 버스 및 택시 등은 공항운영자가 승인한 장소 이외의 장소에서 승객을 승강시키지 아니할 것

국제민간항공협약 부속서 14, 제9장(비행장 비상계획)

비행장의 비상계획은 주로 비행장에서 발생이 예상되는 긴급사태에 대한 대처계획으로 비행장상주 모든기관 및 업체가 참여되어야 하며, 참고로 소방, 구조능력기준은 다음과 같다.

〈구조 및 소방활동을 위한 비행장 category (Annex 14, 9.2.6)〉

비행장 category (1)	항공기 전체길이 (2)	최대기체폭 (3)
1	0m에서 9m 미만	2m
2	9m에서 12m 미만	2m
3	12m에서 18m미만	3m
4	18m에서 24m미만	4m
5	24m에서 28m미만	4m
6	28m에서 39m미만	5m
7	39m에서 49m미만	5m
8	49m에서 61m미만	7m
9	61m에서 76m미만	7m
10	76m에서 90m미만	8m

(1) 비행장등급기준: 당해공항에 취항하고 있는 최대 항공기의 길이(10등급: 76m~90m)
(2) 등급별 소방차량기준: 9등급의 경우, 3대이상으로 비행장내 어느 곳이든 2분 이내 도착가능
(3) 등급별 소화액 최소 사용량: 물/36,400Liter/분당, 포말액/13,500Liter/분당 등으로 구분
(4) 정기항공운송사업에 사용하는 비행장 및 비행장주변에서의 항공기 운항 시 조류충돌을 예방할 수 있도록 하기 위하여 국제민간항공협약 부속서 14에서 정한 조류충돌예방 계획을 수립하고 이에 필요한 조직·인원·시설 및 장비를 갖출 것

차. 항공장애물의 관리

비행장이 설치되었거나 고시된 구역 내에서는 공항시설법 제36조(항공장애 표시등의 설치 등)에 의한 항공장애물이 설치될수 없으며, 기존 장애물이라도 기준에 저촉되는 경우에는 제거되어야 하며, 제거에 따른 비용은 비행장의 설치시점을 기준으로 결정된다. 제거에 따른 비용과 손해도 같은 맥락에서 결정되어야 한다.

1) 항공장애 표시 등의 설치 등

국토교통부장관 또는 공항시설 및 비행장시설 사업 시행자는 공항시설법 제36조 (항공장애 표시등의 설치 등)의 규정에 따라 장애물 제한표면에서 수직으로 지상까지 투영한 구역에 있는 구조물로서 국토교통부령으로 정하는 구조물에는 국토교통부령으로 정하는 항공장애 표시등(이하 "표시등"이라 한다) 및 항공장애 주간(晝間)표지(이하 "표지"라 한다)의 설치 위치 및 방법 등에 따라 표시등 및 표지를 설치하여야 한다.

다만, 공항개발 기본계획의 고시 또는 변경 고시, 공항개발 실시계획의 고시 또는 변경 고시를 한 후에 설치되는 구조물의 경우에는 그 구조물의 소유자가 표시등 및 표지를 설치하여야 한다.

장애물 제한표면 밖의 지역에서 지표면이나 수면으로부터 높이가 60미터 이상 되는 구조물을 설치하는 자는 제1항에 따른 표시등 및 표지의 설치 위치 및 방법 등에 따라 표시등 및 표지를 설치하여야 한다. 다만, 구조물의 높이가 표시등이 설치된 구조물과 같거나 낮은 구조물 등 국토교통부령으로 정하는 구조물은 그러하지 아니하다.

국토교통부장관은 국토교통부령으로 정하는 바에 따라 구조물 외의 구조물이 항공기의 항행안전을 현저히 해칠 우려가 있으면 구조물에 표시등 및 표지를 설치하여야 한다.

구조물의 소유자 또는 점유자는 국토교통부장관 또는 사업시행자등에 의한 표시등 및 표지의 설치를 거부할 수 없다. 이 경우 국토교통부장관 또는 사업시행자등은 표시등 및 표지의 설치로 인하여 해당 구조물의 소유자 또는 점유자에게 손실이 발생하면 대통령령으로 정하는 바에 따라 그 손실을 보상하여야 한다.

국토교통부장관 외의 자가 표시등 또는 표지를 설치하려는 경우에는 국토교통부장관과 미리 협의하여야 하며, 해당 시설을 설치한 날부터 15일 이내에 국토교통부령으로 정하는 바에 따라 국토교통부장관에게 신고하여야 한다.

표시등 또는 표지가 설치된 구조물을 소유 또는 관리하는 자가 해당 구조물에 설치된 표시등 또는 표지를 철거하거나 변경하려는 경우에는 국토교통부장관과 미리 협의하여야 하며, 해당 시설을 철거 또는 변경한 날부터 15일 이내에 국토교통부령으로 정하는 바에 따라 국토교통부장관에게 신고하여야 한다.

표시등 또는 표지가 설치된 구조물을 소유 또는 관리하는 자는 국토교통부령으로 정하는 바에 따라 그 표시등 및 표지를 관리하여야 한다.

국토교통부장관은 표시등 또는 표지를 설치하지 아니한 자에게 일정한 기간을 정하여 해당 시설의 설치를 명할 수 있다.

국토교통부장관은 관리 실태를 정기 또는 수시로 검사하여야 하며, 검사 결과 점등 불량, 시설기준 미준수 등 관리상 하자를 발견하는 경우에는 그 시정을 명할 수 있으며, 검사 또는 시정명령 권한의 전부 또는 일부를 「공공기관의 운영에 관한 법률」에 따른 공공기관 등 관계 전문기관에 위탁할 수 있다.

시정명령을 받은 자는 국토교통부장관이 정하는 기간 내에 그 명령을 이행하여야 하며, 그 명령을 이행하였을 때에는 지체 없이 이를 국토교통부장관에게 보고하여야 하며, 국토교통부장관은 보고를 받은 경우 지체 없이 제8항 또는 제9항에 따른 시정명령의 이행 상태 등에 대한 확인을 하여야 한다.

2) 공용제한

공용제한이란: 특정의 공익사업을 위하여 토지, 물건 등에 관한 특정의 권리를 제한하는 것을 공용제한이라고 한다. / 비행장 및 주변에 대한 건조물 등의 설치제한
개인의 재산권이라도 공공의 복지를 위하여 제한

3) 권리제한

- 토지, 물건의 보존으로 효용증대를 제한 시 ⇒ 공물제한
- 공익상 필요한 사업의 시행 시 ⇒ 부담제한

부작위의무: 일정행위를 금지하는 경우

작위 의무: 일정공사 등 행할 의무를 부과하는 경우

2 항공교통의 지원체제

항공교통이 가장 안전하고 효율적인 교통체제로 그 기능을 다하기 위해서는 종합적으로 각종 지원체제가 균형있게 작동되어야 한다. 아무리 성능이 우수한 항공기가 출현하더라도 이에 맞는 공항이나 부대시설, 공역관리(관제), 운항, 정비, 지상조업, 영업, 운송, 경비보안등이 체계적으로 뒷받침되어야만 한다. 본 절에서는 공항운영, 운항 및 정비. 항공교통관제 등 항공운송을 지원하는 체제에 대하여 설명하고자 한다.

1. 항공교통의 지원체제

가. 공역관리(한국의 공역현황)

공역은 영토와 마찬가지로 확장이 불가능한 영역이다. 이와 같이 한정된 공역을 사용하고자 하는 다수의 항공기 운영 주체들의 다양한 필요성을 국가적 차원에서 효율적으로 관리할 수 있을 때 총체적인 국익을 보장받을 수 있는 것이다.

우리나라에 공역의 설정 및 이용에 관한 개념이 도입된 것은 한국 전쟁을 통하여 공중작전의 주체였던 미 공군에 의해서 전쟁의 종반에 한반도 남쪽에서의 군 작전 항공기와 군수지원 항공기의 안전한 항행을 위하여 체계적인 항공교통관제업무의 제공이 필요하였다. 이런 필요성에 따라, 국제민간항공협약에 의해서 이미 제도화된 미국의 항공교통관리(ATM) 제도를 도입하면서 시작되었다.

우리나라 공역관리의 주체는 주한 미군(1952. 7 ~ 1957. 12)을 거쳐 국방부 (1958. 1 ~ 1995.2)에서 1995년 3월 국토교통부로 이관되면서 오늘에 이르렀다. 또한 공역관리의 주체인 국토교통부도 1995년에 관리권을 이관 받은 후 공역관리를 위한 최소한의 법적 근거를 1999년 2월 마련하였다.

이에 따라 국토교통부가 제시하고 있는 공역관리 기준은 ① 국가 안전보장 요건의 충족, ②국가 관할 공역내의 비행안전 보장, ③ 공역운영의 효율과 운항 경제성의 극대화, ④공역 사용자간의 균등한 기회의 최대한 제공 등을 제시함으로서 국익 차원에서의 공역관리의 기초를 확립하고 있으나, 공역의 대부분이 국가 안전보장을 최우선으로 하는 군 작전위주의 공역이 선점하고 있어 민간 항공산업의 발전을 위한 공역사용의 효율성은 극대화되지 못하고 있다.

국토교통부는 공역의 효율적인 관리에 대한 중요한 사항을 심의하기 위하여 군 등 관련부처의 위원을 구성원으로 하는 공역위원회를 두고 필요한 사항을 심의하고 있다.

1) 공역의 법적 특성

국제민간항공협약 제1조에서 협약 체약국은 자국 영토 상공의 공역에 대하여 완전하고도 배타적인 주권을 갖고 있음을 명시하면서 그 협약 부속서 제11에서 각 체약국들은 항공교통업무를 제공할 공역의 설정을 의무화하고 있다.

물론 당사국간의 협정에 의해 한 국가가 다른 국가에게 자국의 공역 설정권을 위임할 수도 있는데 이는 주권의 손상이 아니라고 명시하고 있다.

한편 영공과는 달리 공해상공의 공역에 있어서 공역의 설정과 항공교통업무의 제공에 관한 사항은 인접 당사국간에 해결토록 지역 항행 협정에 의한 사항을 ICAO 이사회에서 최종 인가하도록 하고 있으며 이 공역에서는 ICAO협약의 규정을 이행하도록 하고 있다

항공안전법 제78조에서는 항공기의 안전하고 효율적인 비행과 수색 및 구조, 체계적인 관리를 위하여 항공로, 비행정보구역, 관제공역, 비 관제공역, 통제공역, 주의공역을 국토교통부장관이 지정, 공고토록 하고 있으며 관제공역 내에서 효율적인 항공교통업무를 차별적으로 제공하기 위하여 관제공역 내에 ICAO 공역등급기준에 따라 A, B, C, D, E, F, G 공역을 설정토록 하고 있다.

상기 공역중 비 관제공역 또는 주의공역을 비행하는 항공기는 당해 공역에 대하여 국토교통부상관이 정한 비행의 방식과 절차를 따라야 하며, 통제공역은 국토교통부장관의 허가가 없이는 비행을 금지하고 있으며 비행시에는 허가된 비행의 방식과 절차를 따르도록 한다.

2) 공역 위원회

공역위원회는 항공안전법 제80조에 따라 공역의 설정 및 공역관리에 필요한 사항을 심의하기 위하여 설치된 위원회로 그 구성과 기능은 항공안전법 시행령 제10조(공역위원회의 구성)부터 제17조(운영세칙)까지 세부사항을 규정하고 있다.

이 위원회의 구성은 위원장 1명과 부위원장 1명을 포함하여 15명 이내의 위원으로 구성하며, 위원회의 위원장은 국토교통부의 항공업무를 담당하는 고위공무원단에 속하는 일반직공무원 중 국토교통부장관이 지명하는 사람이 되고, 부위원장은 위원 중에서 위원장이 지명하는 사람이 된다.

위원회의 위원은 다음의 사람으로 구성되며, 임기는 2년으로 한다.
1. 외교부·국방부·산업통상자원부 및 국토교통부의 3급 국가공무원 또는 고위공무원단에 속하는 일반직공무원(외교부의 경우에는 「외무공무원임용령」 제3조제2항제2호 및 제3호에 따른 직위에 재직 중인 외무공무원)이나 이에 상응하는 계급의 장교 중 해당 기관의 장이 지명하는 사람 각 1명
2. 「대한민국과 아메리카합중국 간의 상호방위조약」 제4조에 따라 대한민국에 주둔하고 있는 미합중국 군대의 장교 중 제1호에 따른 장교에 상응하는 계급의 장교로서 주한미군사령관이 지명하는 사람 1명
3. 항공에 관한 학식과 경험이 풍부한 사람 중에서 국토교통부장관이 위촉하는 사람

이 위원회가 항공안전법에 명시하여 구성되기 이전에는 1960년 3월 10일 국토교통부, 한국공군, 주한미군사령부의 실무자급으로 한국공역조정위원회(The Korea Airspace Coordinating Committee, KACC)를 구성하여 한국공역에 관한 제반 사항을 협의 의결하는 역할을 해 왔으며,

1965.1.28 제22차 회의 후 1965. 4. 20 한국공역위원회로 개칭되어 1999. 6. 25 제 186차 회의를 끝으로 현재의 공역위원회로 바뀌었다. 당시의 위원회는 국토교통부 주관 하에 위원장으로 건교부 1인, 한. 미군 9명 총 10명으로 구성되어 군과 국토교통부의 협의체적 성격이 강했으며 절대 다수인 군 위원에 의해 의사결정이 군 위주로 이루어져 왔으며, 민간항공의 발전을 위한 제안은 실질적으로 어려움이 많았다.

이 기간 동안 민간항공이 급속히 발전하고 국가의 주요 산업으로 부상하면서 민간 항공기의 교통량과 외국항공기의 취항이 급증하고 공역에 대한 수요가 증가하는 동시에 대형 항공사고를 통한 비행안전에 대한 의식이 확산되면서 현재의 체제로 정착하게 되었다.

3) 공역 현황

① 비행정보구역(FIR: Flight Information Region)

우리나라의 공역은 인천비행정보구역 이며 우리나라의 모든 공역들이 이 구역 내에 설정되어 있다. 비행정보구역은 해당구역을 비행중인 항공기에게 항공교통업무(ATS: Air Traffic Service)를 제공하는 국제적 공역분할의 기본 단위 공역으로서 ICAO 가 전세계 공역을 8개의 권역[62]으로 분할하고, 그 권역마다 지역 항공회의에서 당사국간의 협의 사항을 조정하여 여러개의 비행정보구역(FIR)으로 다시 분할하여 공역관할 해당 국가별로 ATS업무를 제공하는 지역항공교통관제소(Area Control Center: ACC)를 설치하고 공역을 관리하도록 위임된 공역이다. Asia Region에 속하는 인천비행정보구역은 약 40만㎢ 면적이며 인천에 있는 항공교통관제소에서 관할하고 있다.

이 구역은 1955.10 제1차 태평양지역 항공회의에서 설정된 공역으로 이때는 동경FIR내에 속하였고, 1962.9. 제2차 회의에서 대구 비행정보구역으로 분리.독자적인 공역으로 되었으며, 1963.5.9 ICAO이사회는 대구FIR중 일본이 반대하고 있는 공역에 대한 중재안을 한.일 양국이 수락함에 따라 현 인천FIR(2001년9월30일 대구를 인천으로 변경)이 조정 확정후 1963.6.1부터 사용하고 있다.

1998.1.1 북쪽 경계선이었던 38도 경계구간에서 DMZ를 따라 현실과 맞게 조정을 거쳐 현재의 FIR로 확정되었으며 인천 비행정보구역은 평양, 동경, 불라디보스토크, 심양, 상해, 대북FIR로 둘러 쌓여있다.

FIR의 설정목적은 전 세계의 하늘을 비행하는 항공기에게 ATS를 효과적으로 제공하기 위한 책임공역이나 최근에는 관할권의 권리로 인하여 국가간의 이익이 첨예하게 대립되는 준 영공화 한 공역으로 변질되었으며, 한국과 중국의 항공운송 협징 시 공역의 경계선 문제가 협정제션의 주 난제로 되었음은 좋은 예이다.

---

[62] 세계 공역의 구성: DOC 7030(Regional Supplementary Procedures)에 다음과 같이 8개 권역으로 나누어져 있으며, 각 권역은 지역별로 비행정보구역(FIR)을 각 체약국 별로 분담 배정하여 전 세계의 공역이 누락되지 않도록 함으로서 항공기의 안전을 확보하고 있다. - AFI, CAR, EUR, MID / ASIA, NAM, NAT, PAC, SAM
※ ICAO가 정한 7개의 지역사무소
 1. 아시아태평양 지역(Asia Pacific)지역사무소: Thailand, Bangkok
 2. 동남 아프리카(East South Africa)지역사무소: Kenya, Nairobi
 3. 중서 아프리카(Middle West Africa)지역사무소: Senegal, Darkar
 4. 유럽(Europe)지역사무소: France, Paris
 5. 중동(Middle)지역사무소: Egypt, Cairo
 6. 북미(North Middle America)지역사무소: Mexico, Mexico City
 7. 남미 (South America)지역사무소: Peru, lima

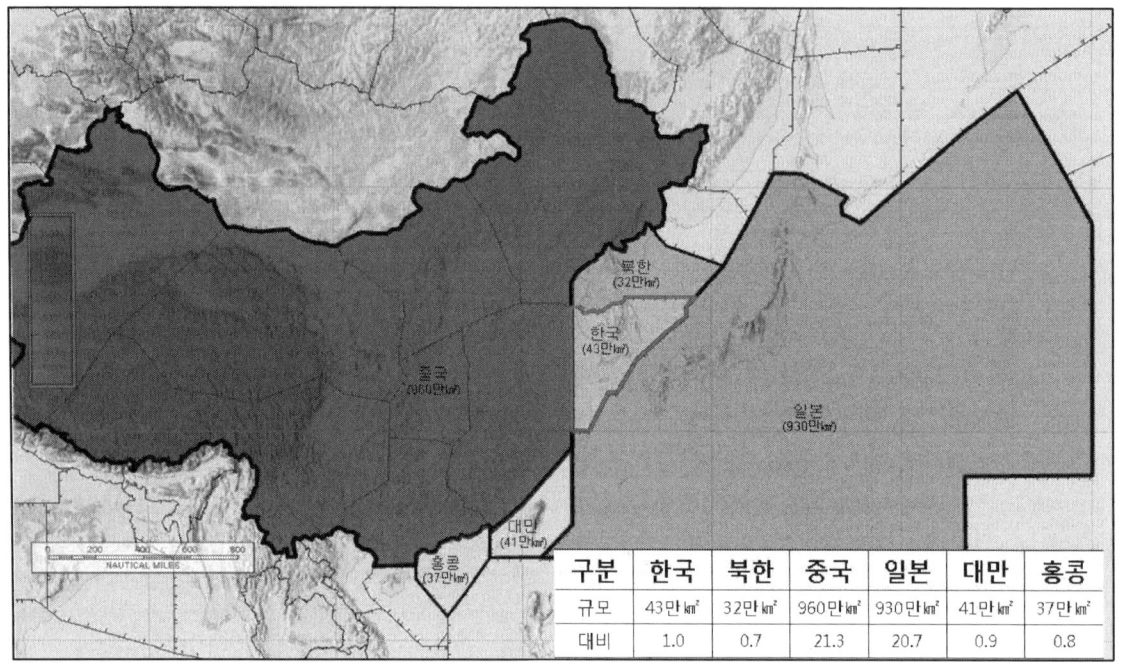

② 관제공역 및 항공로

관제공역은 이 공역 내를 비행하는 항공기에게 항공교통관제업무를 제공하기 위한 공역으로서 FIR 내에 설정되며, 이 공역의 종류(Categories)로는 항공로, 접근관제구역, 관제권, 관제구, 특별관제구역등이 있다. 항공안전법 시행규칙 별표23(공역의 구분)에서는 관제공역을 등급화(Classifications)하여 해당공역에 제공되는 항공교통업무(Air Traffic Service: ATS)의 종류에 따라 관제공역을 A, B, C, D, E, G 등급 공역으로 구분하고 있다.

항공로는 계기비행항공기의 지점간 이동을 위하여 지정되는 비행로이며, 접근관제구역은 주요 공항에 이착륙하는 계기비행 항공기에게 ATS를 제공하기 위한 공역이고, 관제권은 계기 비행항공기가 이착륙하는 공항 주위에 반경 5NM 내에 있는 원통구역과 이착륙 통로를 포함하는 공역이며, 특별관제구역은 계기비행항공기만이 이용할 수 있도록 설정된 공역이다.

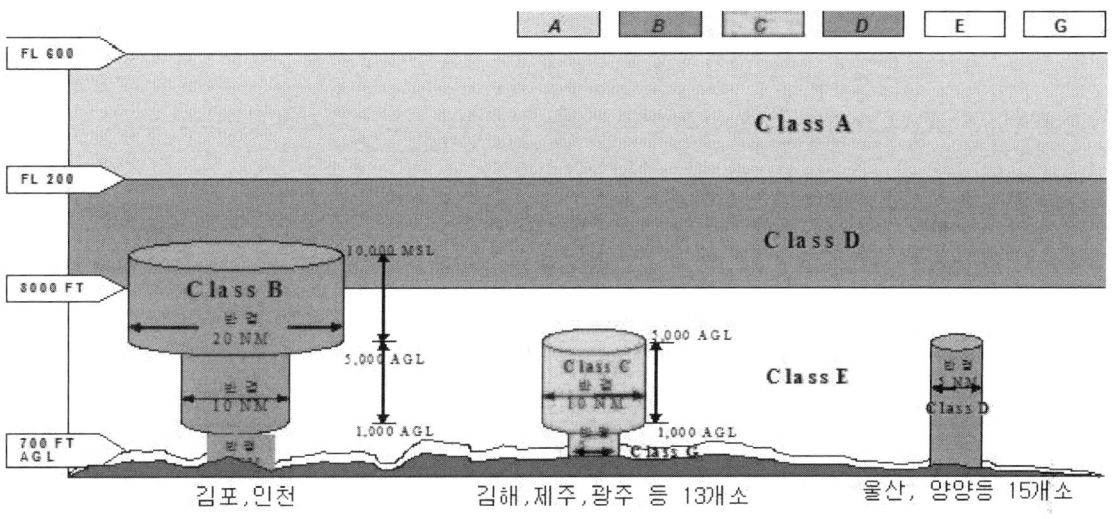

〈ICAO 공역등급화 구조〉

구 분		내 용
관제공역	A 등급	모든 항공기가 계기비행을 하여야 하는 공역
	B 등급	계기비행 및 시계비행을 하는 항공기가 비행가능하고, 모든 항공기에 분리를 포함한 항공교통관제업무가 제공되는 공역
	C 등급	모든 항공기에 항공교통관제업무가 제공되나, 시계비행을 하는 항공기간에는 비행정보업무만 제공되는 공역
	D 등급	모든 항공기에 항공교통관제업무가 제공되나, 계기비행 항공기와 시계비행 항공기 및 시계비행 항공기간에는 비행정보업무만 제공되는 공역
	E 등급	계기비행 항공기에 항공교통관제업무가 제공되고, 시계비행 항공기에 비행정보업무가 제공되는 공역
비관제공역	F 등급	계기비행을 하는 항공기에 비행정보업무와 항공교통조언업무가 제공되고, 시계비행항공기에 비행정보업무가 제공되는 공역
	G 등급	모든 항공기에 비행정보업무만 제공되는 공역

항공로는 왕복항로로 설정되어 있어 항공로상의 항공기 분리기준 적용에 따른 지연, 항공로의 인접 전 구간에 걸쳐 통제공역과 위험공역이 근접하고 있어 이 공역 내에서 비행하는 군 항공기와 충돌 위험이 상존하며, 항공로 설계가 항행 안전을 보장하기 위한 국제적 기준과 부합되지 않는 문제점이 있다. 또한 접근관제구역은 좁은 육상 공역에 과다하게 분할되어 있어 해당구역을 비행하는 항공기에 대한 필수적인 최초확인, 정보제공, 관제권 이양절차 적용등에 있어 조종사와 관제사의 업무량을 필요 이상으로 증가시켜 필요한 조언 및 정보의 제공을 제한하고 있다.

※ 부속서11, 2.9.5.2 에 의하면 관제권의 수평범위는 비행장중심 또는 비행장의 접근이 실시 되는 방향으로 최소한 9.3km(5NM)까지 연장되어야 한다.

③ 비 관제구역(G등급 공역)

비 관제구역은 항공교통관제업무가 제공되지 않고 조언업무 및 비행정보만이 제공되는 공역으로서 조언구역, 초경량 비행장치 비행구역, 비행장 정보구역이 있다. 조언구역은 항공교통조언업무와 비행정보업무가 제공되는 공역으로서 우리나라는 모든 공역을 비행정보구역으로 설정되어 비 관제구역 개념이 없으며, 초경량 비행장치 비행구역은 초경량 비행장치의 자유로운 비행활동을 위하여 설정된 공역으로서 비행장정보구역은 비행장정보업무가 제공되도록 지정된 공역이다.

④ 통제공역

통제공역에는 비행금지구역, 비행제한구역, 위험구역이 있다. 비행금지구역은 국가 중요기관의 보호 및 국가 안보상 항공기의 비행을 금지하는 공역이며, 비행제한구역은 항공사격, 대공사격 등의 위험으로부터 항공기를 보호하기 위하여 허가되지 않은 항공기의 비행을 제한 조건 내에서 금지하는 공역이고, 위험구역은 원자력발전소, 폭발물 처리장 등의 위험시설의 상공으로서 비행 시 항공기 또는 지상시설물에 위험을 초래할 가능성이 있는 상공에 설정된다.

⑤ 주의공역

주의공역에는 경계구역, 훈련구역, 군 작전구역이 있다. 경계구역은 학생조종사의 훈련 비행이나 특수 목적의 비행이 이루어지는 공역으로 비 참여 항공기의 동 공역 비행시 특별한 경계나 주의를 필요로 하는 공역이며, 훈련구역은 민간항공기의 비행훈련 공역으로서 타 계기비행항공기로부터 분리. 유지를 목적으로 설정되며 군 작전구역은 군사작전 및 전술훈련 공역으로서 타 항공기는 각 공역 통제기관의 관제하에 비행해야 하는 공역이다.

특히 군 작전구역이 육상 항공로를 제외한 전 공역을 차지하고 있으며 항공로 전구간에 걸쳐 작전구역등 제한구역이 근접하여 있고 완충 공역이 없으므로 군 작전항공기의 항공로 무허가 횡단 및 양공역 운항 항공기의 상호침범으로 인한 공중충돌의 위험이 상존하며, 육상공역이 군의 선점으로 인해 신항로의 개설이나 민간항공의 공역 이용이 불가능한 실정이다.

〈우리나라 공역 현황〉

구분	공 역	세부공역 현황
관제 공역	관제권 (31)	항공교통의 안전을 위하여 비행장과 그 주변에 지정된 공역으로 국내에는 인천, 김포, 김해 등 31개 지정
	관제구 (1)	항공교통의 안전을 위하여 지표면 또는 수면으로부터 200미터 이상 높이에 지정된 공역으로 국내 관제구는 1개로 지정
	항공로 (49)	항공기의 항행에 적합하다고 지정한 지구의 표면상에 표시한 공간의 길을 말하며, 국내에는 33개의 국내용 항공로와 11개의 국제선 항공로가 설정되어 있음
	접근관제구역 (14)	공항에 출발 또는 도착하는 항공기의 안전을 위하여 항공교통관제업무를 제공하는 일정 범위의 공역으로 서울, 오산, 해미, 군산, 광주, 제주, 김해 등 총 14개 지정
	비행장교통구역 (13)	시계비행 항공기가 운항하는 비행장에서 시계비행하는 항공기 간에 교통정보를 제공하는 공역으로 가평, 양평, 홍천, 조치원 등 13개 지정
통제 공역	비행금지구역 (P)	안전, 국방 등의 이유로 항공기의 비행을 금지하는 공역으로 수도권, 북방한계선 등 5개 지정
	비행제한구역 (R)	항공사격·대공사격 등으로 인한 위험으로부터 항공기의 안전을 보호하거나 그 밖의 이유로 비행허가를 받지 않은 항공기의 비행을 제한하는 공역으로 우리나라에는 81곳에 지정
	초경량비행장치 비행제한구역 (UAR)	초경량비행장치의 비행안전을 확보하기 위하여 초경량비행장치의 비행활동에 대한 제한이 필요 공역으로 우리나라는 양평, 청라, 고흥 등 28곳은 제외된다.
주의 공역	훈련구역 (CATA)	민간항공기의 훈련공역으로서 계기비행항공기로부터 분리를 유지할 필요가 있는 공역으로 총 9개의 훈련공역이 지정·운영 중
	군작전구역 (MOA)	군사작전을 위하여 설정된 공역으로서 계기비행항공기로부터 분리를 유지할 필요가 있는 공역으로 총 62개의 군작전구역이 지정·운영 중
	위험구역(D)	항공기의 비행시 항공기 또는 지상시설물에 대한 위험이 예상되는 공역으로 국내에는 고리, 월성 등 총 32개의 위험구역을 지정
	경계구역(A)	대규모 조종사의 훈련이나 비정상 형태의 항공활동이 수행되는 공역으로 총 7개 공역이 지정

나. 항공교통관제업무

1) 항공교통업무의 의의

항공기의 항행의 안전과 원활을 도모하기 위해서 항공기 항행이 행하여지는 구역내의 교통에 관하여 지상에서의 규제, 조언, 경고, 정보제공 등에 관한 업무는 국가나 기타의 공적기관에 의해서 행하여지는 바 이와 같은 업무는 이것을 행하는 기관의 측면에서 항공교통업무라 한다. 즉 항공교통업무라 함은 국가나 기타 공공기관이 항공기의 항행이 행하여지는 구역내에서 항행의 안전과 원활한 유통을 도모하기 위해서 행하여지는 항공교통의 통제, 조언, 경고, 정보제공 등의 업무이다.

국제항공의 발달과 통일화를 위해서는 항공교통업무가 국제적으로, 보편적으로 행하여질 필요가 있다.

국제민간항공협약 부속서는 체약국이 그 영역에 관하여 항공교통업무를 실시하지 않으면 안 된다는 취지를 규정하면서도 다만 타국과의 상호협정에 의하여 타국에 업무의 책임을 위임할 수 있다는 취지를 정하고 있다. 또한 체약국은 ICAO의 지역항공협정에 기초를 두고 공해상이나 주권이 미치지 아니하는 공역에서도 항공교통업무를 실시할 책임을 진다는 취지를 규정하고 있다(부속서 11,제2장). 항공교통업무에 관해서는 부속서 11 및 부속서 2에 그 국제기준 및 권고방식이 정하여져 있고 우리나라의 항공안전법에도 이에 준거하고 있다.

2) 항공교통업무의 목적

항공교통업무의 목적은 부속서 11, 제2장에서 ① 항공기 상호간의 충돌을 방지하는 일, ② 주행구역 내에 있는 항공기와 장애물과의 충돌을 방지하는 일, ③ 항공교통의 질서있는 흐름을 촉진, 유지하는 일, ④ 항행의 안전하고도 효율적인 실시를 위하여 유용한 정보와 조언을 하는 일, ⑤ 수색, 구난을 필요로 하는 항공기에 관한 통보 등을 행하는 일 등이다

항공교통업무는 다음 세 가지 업무로 구분된다.

① 항공교통관제

항공기가 안전하고도 원활하게 운항되도록 하기 위해서 즉 항공기 상호간의 충돌방지 및 기동구역내의 항공기와 장애물과의 충돌방지, 항공교통의 질서 있는 흐름을 촉진시키고 유지하는 것을 목적으로 하는 업무이다.

② 비행정보업무

비행의 안전하고도 효율적인 실시를 위하여 유용한 정보 및 조언을 제동하는 목적으로 실시되는 업무이다. 비행정보업무에는 SIGMET에 관한 정보, 목적지 및 대체비행장에서의 기상통보나 예보 등이 포함되어 있다.

③ 경보업무

수색, 구조를 필요로 하는 항공기에 관하여 필요한 도움을 줄 수 있는 관계기간에 통보하거나 요구에 응하며, 당해 기관을 지원하는 업무이다.

3) 항공교통의 지시

항공안전법 제84조(항공교통관제 업무 지시의 준수) ① 비행장, 공항, 관제권 또는 관제구에서 항공기를 이동·이륙·착륙시키거나 비행하려는 자는 국토교통부장관 또는 항공교통업무증명을 받은 자가 지시하는 이동·이륙·착륙의 순서 및 시기와 비행의 방법에 따라야 한다.

② 비행장 또는 공항의 이동지역에서 차량의 운행, 비행장 또는 공항의 유지·보수, 그 밖의 업무를 수행하는 자는 항공교통의 안전을 위하여 국토교통부장관 또는 항공교통업무증명을 받은 자의 지시에 따라야 한다.

따라서 항공교통관제업무는 항공기 상호간에 있어 그리고 기동구역(활주로, 유도로)에 있어 항공기와 장애물간의 충돌예방과 항공교통의 신속하고 질서 있는 운행을 유지하고 촉진하기 위한 업무이다. 비행장에 있어서는 관제탑이 설치되어 이·착륙하는 항공기에 대해 관제업무를 행하고 있으나 항공교통이 복잡한 비행장에 있어서는 관제탑 이외에 레이더 관제실을 설치하고 레이더를 사용하여 업무를 행하고 있다.

관제업무가 실시되고 있는 비행장 및 그 주변의 공역은 항공교통관제권 또는 항공교통관제구로 국토교통부장관이 지정하고, 이와 같은 공역 내에서 운항하는 항공기에 대해 관제사는 항공교통의 안전을 고려하여 이륙 또는 착륙의 순서, 시기, 방법 또는 비행의 방법 등을 지시하며, 항공기는 이 지시에 따라 비행하도록 규정하고 있다.

항공교통관제가 실시되는 공역을 개념상 순서적으로 크게 구분하면 비행정보구역, 항공교통 관제구, 진입관제구, 항공교통 관제권 등으로 나뉜다.

항공교통 관제구(Air Traffic Control Area)
항공교통관제구는 항공로의 지표 또는 수면으로부터 200m 이상 높이의 공역으로서 항공로상을 비행하는 항공기의 안전과 질서있는 항행의 지속을 확보하기 위한 교통관제를 실시하기 위해 국토교통부장관이 지정한 공역을 말한다.

진입 관제구(Approach Control Area)
진입 관제구란 관제구 내에서 터미널의 관제기관이 비행장으로부터 이륙하여 계속 상승비행 및 같은 비행장에의 착륙을 하기 위한 강하비행을 계기비행방식에 의해 비행하는 항공기에 대한 교통관제를 실시하기 위해 설정한 공역을 말한다.

항공교통 관제권(Air traffic Control Zone)
항공교통 관제권이란 공중의 이용에 제공하는 비행장 및 그 부근 상공의 공역으로서 비행장 및 그 상공에 있어서 항공교통의 안전과 질서를 확보하기 위해 지방항공청장이 지정한 공역을 말한다.

4) 항공교통관제업무

항공안전법 시행규칙 제228조(항공교통업무의 목적) 제2항에서 항공교통업무는 다음과 같이 구분하고 있다.

가. 접근관제업무: 관제공역 안에서 이륙이나 착륙으로 연결되는 관제비행을 하는 항공기에 제공하는 항공교통관제업무
나. 비행장관제업무: 비행장 안의 기동지역 및 비행장 주위에서 비행하는 항공기에 제공하는 항공교통관제업무로서 접근관제업무 외의 항공교통관제업무(이동지역 내의 계류장에서 항공기에 대한

지상유도를 담당하는 계류장관제업무를 포함한다)
다. 지역관제업무: 관제공역 안에서 관제비행을 하는 항공기에 제공하는 항공교통관제업무로서 접근관제업무 및 비행장관제업무 외의 항공교통관제업무

비행정보업무: 비행정보구역 안에서 비행하는 항공기에 대하여 제1항제4호의 목적을 수행하기 위하여 제공하는 업무

경보업무: 수색, 구조를 필요로 항공기에 대한 관계기관에의 정보제공 및 협조를 목적을 수행하기 위하여 제공하는 업무

5) 항공정보의 제공

① 항공정보의 의의

항공안전법 제89조 (항공정보의 제공 등) ① 국토교통부장관은 항공기 운항의 안전성·정규성 및 효율성을 확보하기 위하여 필요한 정보(이하 "항공정보"라 한다)를 비행정보구역에서 비행하는 사람 등에게 제공하여야 한다.
② 국토교통부장관은 항공로, 항행안전시설, 비행장, 공항, 관제권 등 항공기 운항에 필요한 정보가 표시된 지도(이하 "항공지도"라 한다)를 발간(發刊)하여야 한다.
③ 제1항 및 제2항에서 규정한 사항 외에 항공정보 또는 항공지도의 내용, 제공방법, 측정단위 등에 필요한 사항은 국토교통부령으로 정한다.

국토교통부장관은 항공기승무원에 대하여 항공기의 운항에 필요한 정보를 제공하여야 한다. 항공정보의 제공에 있어서 국제항공에 관해서는 국제민간항공협약 부속서(제15 항공정보업무)가 채택되어 있다.

동 부속서는 국제항공의 안전, 정확, 능률을 목적으로 항공정보의 수집 및 배포방법의 통일을 추진하기 위해서 그 표준과 권고방식을 정하고 있다. 우리나라에서도 항공안전법 시행규칙 제255조에 항공정보에 관한 시행규칙이 규정되어 있으나 그 내용은 동 부속서의 내용을 따르고 있다.
동 조문은 규정에 의해 항공교통관제업무를 행하는 기관은 항공기운항의 안전을 확보하기 위해 항공기의 운행 상 필요한 정보를 항상 당해 항공기 승무원에게 제공하도록 하고 있다.

② 항공정보의 법률적 성질

항공정보는 국토교통부장관이 제공하는 항공기운항에 필요한 정보이다. 그 내용은 국제민간항공협약 부속서15에 기준이 설정되어 있다. 항공정보의 내용은 항공승무원에게 여기에 따라 운항을 행할 규범으로서 의무를 부과하는 것이 아니다.

항공정보의 제공은 국토교통부장관이 행하는 서비스적 의무로서 항공기승무원에 대하여 이것을 숙지시키고, 항공정보의 내용이 법규의 내용을 이루고 있는 사항이 기재되고 있는 경우에 항공정보의 내용에 유의하지 않았을 시에는 당해 법규의 인식에 관하여 부주의가 존재하였다고 볼 수 있는 경우가 있다.

뿐만 아니라 항공정보의 내용이 일반 항공기 승무원이 당연히 알고 있어야할 사항에 포함될 경우에는 항공정보에 유의하지 아니한 경우 당해 승무원에 부주의가 존재하였다고 볼 수 있을 것이다. 이는 항공안전법 제89조에서 "국토교통부장관은 비행정보구역에서 비행하는 사람 등에 대하여 항공기의 운항에 필요한 정보를 제공하여야 한다." 라고 하여 국토교통부 장관의 정보 제공의무 사항을 명시하였으며, 이러한 정보를 제공하는 방법으로는 AIP, NOTAM, AIRAC 및 ATIS등을 통하여 항공기 승무원 등에게 제공하고 있는 바, 기장은 관련 규정 등에 의거 출발 전 항공정보에 의해서 항공기의 운항에 지장이 없음을 확인하지 아니하면 항공기를 출발시켜서는 안되기 때문에 항공정보의 내용을 알지 못하였다는 것은 출발 전의 항공기 승무원으로서의 임무에 대한 책임의식이 결여된 것으로 인정된다.

항공안전법 시행규칙(항공정보) ① 법 제89조제1항에 따른 항공정보의 내용은 다음 각 호와 같다.
  1. 비행장과 항행안전시설의 공용의 개시, 휴지, 재개(再開) 및 폐지에 관한 사항
  2. 비행장과 항행안전시설의 중요한 변경 및 운용에 관한 사항
  3. 비행장을 이용할 때에 있어 항공기의 운항에 장애가 되는 사항
  4. 비행의 방법, 결심고도, 최저강하고도, 비행장 이륙·착륙 기상 최저치 등의 설정과 변경에 관한 사항
  5. 항공교통업무에 관한 사항
  6. 다음 각 목의 공역에서 하는 로켓·불꽃·레이저광선 또는 그 밖의 물건의 발사, 무인기구(기상관측용 및 완구용은 제외한다)의 계류·부양 및 낙하산 강하에 관한 사항
     가. 진입표면·수평표면·원추표면 또는 전이표면을 초과하는 높이의 공역
     나. 항공로 안의 높이 150미터 이상인 공역
     다. 그 밖에 높이 250미터 이상인 공역

   7. 그 밖에 항공기의 운항에 도움이 될 수 있는 사항
② 제1항에 따른 항공정보는 다음 각 호의 어느 하나의 방법으로 제공한다.
   1. 항공정보간행물(AIP)
   2. 항공고시보(NOTAM)
   3. 항공정보회람(AIC)
   4. 비행 전·후 정보(Pre-Flight and Post-Flight Information)를 적은 자료
③ 법 제89조제2항에 따라 발간하는 항공지도에 제공하는 사항은 다음 각 호와 같다.
   1. 비행장장애물도(Aerodrome Obstacle Chart)
   2. 정밀접근지형도(Precision Approach Terrain)
   3. 항공로도(Enroute Chart)
   4. 지역도(Area Chart)
   5. 표준계기출발도(Standard Departure Chart-Instrument)
   6. 표준계기도착도(Standard Arrival Chart-Instrument)
   7. 계기접근도(Instrument Approach Chart)
   8. 시계접근도(Visual Approach Chart)
   9. 비행장 또는 헬기장도(Aerodrome/Heliport Chart)
   10. 비행장지상이동도(Aerodrome Ground Movement Chart)
   11. 항공기주기도 또는 접현도(Aircraft Parking/Docking Chart)
   12. 세계항공도(World Aeronautical Chart)
   13. 항공도(Aeronautical Chart)
   14. 항법도(Aeronautical Navigation Chart)
   15. 항공교통관제감시 최저고도도(ATC Surveillance Minimum Altitude Chart)
   16. 그 밖에 국토교통부장관이 고시하는 사항
④ 법 제89조제3항에 따라 항공정보에 사용되는 측정단위는 다음 각 호의 어느 하나의 방법에 따라 사용한다.
   1. 고도(Altitude): 미터(m) 또는 피트(ft)
   2. 시정(Visibility): 킬로미터(㎞) 또는 마일(SM). 이 경우 5킬로미터 미만의 시정은 미터(m) 단위를 사용한다.
   3. 주파수(Frequency): 헤르쯔(㎐)
   4. 속도(Velocity Speed): 초당 미터(㎧)
   5. 온도(Temperature): 섭씨도(℃)

⑤ 제1항부터 제4항까지에서 규정한 사항 외에 항공정보의 제공 및 항공지도의 발간 등에 관한 세부사항은 국토교통부장관이 정하여 고시한다.

국토교통부 장관은 상기 내용을 국토교통부훈령에 의거 항공정보 업무규정을 정하고, 항공교통관제소장은 이를 항공정보 간행물(AIP), AIRAC, NOTAM, AIC등을 발행하고 항공관련 모든 사람이 이를 참고할 수 있도록 하고 있다.

2. 항공사의 지원체제

가. 운항관리 및 통제

1) 항공기 운항 일반

항공기의 운항을 안전하게 행하기 위해서는 항공기가 일정한 기준에 적합하도록 제작되고, 안전성이 유지되도록 정비되어야 하며, 항공기 운항에 필요한 비행장, 항행안전시설 등이 일정한 기준에 따라 관리 유지되어야 한다.

항공기를 직접 조종하는 것 이외에도 항공기의 운항자체가 일정한 절차에 따라 행하여 질 필요가 있다. 그리하여 법에서는「항공기의 운항」의 장(항공안전법 제5장)을 규정하여 운항방법과 절차 등을 상세하게 규정하고 있다.

2) 운항방식의 국제화

자국의 영공 및 비행장에서의 항공기 운항방법을 규제하는 것은 국가 영역주권의 작용이다. 또한 자국 항공기의 공해상 운항방법을 규제하는 것은 국가의 속 인적 주권 작용이다.

따라서 국가는 자국의 영역 내에서는 자국의 항공기는 물론, 타국의 항공기에 관해서도 그 운항방법을 제정할 수 있고, 자국의 영역 밖에서 자국의 항공기 운항방법에 관해서도 제정할 수 있다.

그런데 흔히 항공기는 자국의 영역을 넘어 타국의 영역으로 항행하는 것이 보통이기 때문에 국제항공의 발달을 위해서는 항공기의 운항방법에 관한 국제적 통일이 요구된다.

국제민간항공의 발달을 위해서 각 체약국이 항공규칙을 제정하는데 있어 이 협약 및 이 협약에 기초를 두고 설정되는 규칙에 가능한 한 일치시킬 것을 약속하는 취지를 정하고 있다.

또한 항공에 관한 규칙, 절차 등의 통일에 의하여 항공을 용이하게 하기 위해서 ICAO가 국제기준과 권고방식 및 절차를 수시로 채택한다는 취지를 정하고 있다. (동 협약 제12조. 제37조)
ICAO에 의해서 채택된 부속서 중에서 항공기의 운항에 관하여 직접 관련된 것은 제2부속서(항공교통규칙), 제6부속서(항공기 운항), 제11부속서(항공교통업무)가 있고, 기타 항공기운항에 관련한 것으로 제1부속서(항공종사자의 면허), 제3부속서(항공기상), 제4부속서(항공지도), 제5부속서(측정단위), 제7부속서(항공기 등록), 제8부속서(항공기 감항성), 제9부속서(출입국 간소화), 제10부속서(항공통신), 제12부속서(수색 및 구난), 제13부속서(항공기 사고조사), 제14부속서(비행장), 제15부속서(항공정보업무), 제16부속서(항공기소음), 제17부속서(항공보안), 제18부속서(위험품의 안전수송) 등 상당히 광범위하다.

이러한 부속서의 내용은 국제기준 및 권고방식으로 나누어진다(기준 또는 권고방식의 일부를 형성하는 부록이 첨부되는 수도 있다.).

기준이란 물리적 성질, 형태, 시설, 성능, 종사자, 절차 등에 관한 세칙으로서 그 통일적 적용이 국제항공의 안전이나 질서를 위하여 필요하다고 인정되는 것이며, 체약국이 조약을 준수하고 준수가 불가능한 경우에는 이사회에 이를 통고하는 것이 의무로 되고 있다.

권고방식은 동일한 양식의 사항에 관한 세칙으로서 그 통일적인 적용이 국제항공의 안전, 질서 그리고 능률을 위하여 필요하다고 인정되는 것이지만 각 체약국이 조약에 따라 이를 준수하기 위하여 노력할 의무를 부담하는데 그치는 것이다.

3) 항공규칙의 적용범위와 내용

항공기의 운항에 관한 항공안전법의 규정은 한국의 영역 내에서 한국의 국적을 갖는 항공기는 물론 외국의 국적을 갖는 항공기라도 당연히 적용된다. 이것은 국가영역에 있어 배타적인 지배권의 결과

이지만 국제민간항공협약은 국제항공에 종사하는 항공기에 관하여 명문으로 규정하고 있다(동 협약 제11호).

다음으로 한국의 국적을 갖는 항공기가 공해에 있을 경우에도 항공기 운항에 관한 항공안전법의 규정이 적용된다. 한국의 국적을 갖는 항공기가 외국의 영역에 있을 경우에는 원칙적으로 당해 국가의 운항에 관한 법령이 적용된다(동 협약 제11호).

항공기의 운항에 관한 규정의 내용은 다음과 같다.
첫째, 항공기가 일정한 요건을 구비되어야 항공에 사용하거나 운항시킬 수 있고,
둘째, 항공기운항의 장소, 비행방식, 기장의 권한 등에 관한 운항방법.
셋째, 항공기의 운항에 관하여 항공교통에 관한 지시규제를 행하는 항공교통업무.
넷째, 항공기운항에 관한 지원으로서 항공정보의 제공 및 항공기의 수색 및 구조.

※ 외국항공기의 국내 운항시 항공기 및 승무원에 대한 검사, 점검을 실시하고 있으며, 국내항공기가 외국에 체류하는 경우도 외국정부의 검사관에 의거 점검을 받고 있다.

4) 운항지원체제

운항지원체제는 항공로, 항행안전시설, 관제, 기상, CIQ기관 등 공공기관이 관장하는 운항지원체제와 항공기, 승무원, 운항관리사, 지상조업, 영업, 운송 등 항공사가 관장하는 항공기 운영체제의 두 가지로 분류된다. 공공기관이 담당하는 운항지원체제는 ICAO가 정한 기준에 의거 각 국 정부가 이를 담당하고 있다.

또한 항공사는 항공기 운항의 안전성·정시성·쾌적성·경제성 등 운항업무의 목적을 달성하기 위해 항공기, 운항승무원 및 운항의 요건·경픔상 충족될 수 있도록 관련 부서간에 유기적인 협조 하에 운항지원 및 관리를 실시하고 있다.

5) 비행계획

항공기가 비행할 경우에는 항공안전법 시행규칙 제182조에 의거 비행계획을 수립하여 항공교통업무 기관에 제출하여야 한다.

비행계획에는 항공기의 식별부호, 비행방식 및 종류, 항공기의 대수·형식 및 최대이륙중량 등급, 탑재장비, 출발비행장 및 출발 예정시간, 순항속도, 순항고도 및 예정항공로, 최초 착륙예정 비행장 및 총 예상 소요 비행시간, 교체비행장, 시간으로 표시한 연료탑재량, 출발 전에 연료탑재량으로 인하여 비행 중 비행계획의 변경이 예상되는 경우에는 변경될 목적비행장 및 비행경로에 관한 사항, 탑승 총 인원, 비상무선주파수 및 구조장비, 기장의 성명, 낙하산 강하의 경우에는 그에 관한 사항, 그 밖에 항공교통관제와 수색 및 구조에 참고가 될 수 있는 사항이 포함되어야 한다.

6) 비행방식

비행방식은 시계비행방식 (VFR, Visual Flight Rules)과 계기비행방식(IFR, Instrument Flight Rules)으로 구분되며, 운송사업용 항공기는 계기비행방식으로만 비행할 수 있다.

시계비행은 기상조건이 시계기상조건일 경우에 한하여 적용된다. 손상 또는 고장이 난 항공기를 공수(air ferry)하기 위한 비행이나 훈련비행 및 시험비행과 같은 특수비행의 경우에는 일반적으로 시계기상조건이 아니면 실시할 수 없으며, 항로 비행 항공기는 계기비행규칙에 따라 비행한다.

7) 연료탑재

항공기에 탑재하는 연료는 목적지까지 비행하는데 필요한 연료(D: Destination), 항로의 기상상태나 관제조건 등의 변동을 고려한 일정률의 예비연료(C: Contingency), 목적지 상공에서부터 교체비행장까지 비행함에 필요한 교체공항까지의 구간연료(A: Alternate), 그 상공에서 30분간 대기할 수 있는 대기연료(H: Holding)로 구성되며, 그밖에도 비행 상황을 보아 필요하다고 판단되는 추가연료가 있다.

8) 운항승무원의 편성

운항승무원의 편성은 항공기의 첨단화로 각종계기 및 장비가 컴퓨터화 함에 따라 종전에 기장, 부기장 및 항공기관사 체제의 3명에서 현재에는 대부분의 항공기에 기장과 부기장만으로 편성되는 2인의 승무원제(two pilot system)를 도입하고 있다.

B747-400 이나 MD-11, A-320 등의 출현이후 최신 항공기는 항공기관사가 없는 2인 승무원제가

실시되었으며, 일부국가(중국)에서는 항공통신사가 별도로 탑승하고 있으며, 비행안전과 승무원의 업무량을 고려하여 항공기관사를 탑승시키는 국가도 있다.

이러한 승무원의 편성은 근무시간 및 비행시간이 일, 월, 년, 단위로 제한되어 있으며, 개인별 승무시간은 항공안전법 제56조(승무원 피로관리)에 의하여 관리되고 있으며, 항공안전법 시행규칙 제128조에서 정한 승무시간 기준 내에서만 근무 편성이 가능하다.

9) 기상정보

항공기는 기상과 밀접한 관계가 있으며, 안전한 비행과 경제적인 운항을 위해서는 기상상태에 따라 비행계획의 조정이 필수적으로 항공기의 급속한 발달로 항공기상에 대한 기상정보도 신속하고, 정확하여야 하며, 항공기의 운항에 지장을 초래하여서는 아니 된다.

항공기상 관측은 일반적으로 매시간, 매6시간 간격으로 정기적으로 관측하는 관측을 정시관측(Routine Observations), 기상조건이 기준 이하일 경우에는 그때마다 또는 매15분마다 기상을 관측하는 특별관측(Special Observations)이 있다.

따라서 항공기상 정보는 정시 항공기상보고와 특별 항공기상보고로 나뉘며, 이 정보를 효과적으로 수집·제공하기 위한 방식은 ICAO가 세계기상기구(WMO: World Meteorological Organization)와 협의하여 정하였기 때문에 국제적으로 통일되어 있다.

항공기 운항에 영향을 주는 기상주의보와 경보로서는 다음의 경보가 있다.

폭풍경보(Warning of severe storm of tropical or sub-tropical origin): 항공기와 선박을 대상으로 발표하는 경보로서 이 경보의 내용은 주로 열대성저기압을 대상으로 하고 있으며 그 중심지역의 최대풍속에 의해 경보의 단계가 결정된다. 각 국의 기상 기관은 이러한 경보를 지정된 국제기상기구에 송신한다.

악천후 기상경보(SIGMET, Significant Meteorological Information): 운항에 중대한 영향을 미치는 이상 기상현상으로서, 활발한 뇌우(active thunderstorm), 산악지대 상공의 강한 바람(violent winds aloft over mountainous regions), 강한 우박(heavy hail), 강한 선진풍(line squall), 격심한

난기류(severe turbulence), 격심한 착빙(severe icing), 강한 모래바람(sandstorm, duststorm) 등이 있다.

이 경보의 통보 및 국제간의 교환에 대하여는 폭풍경보의 경우와 동일하며, 특히 경보는 비행 중의 항공기에 연락하는 것이 가장 중요하다.

비행장주의보 및 경보(advisory or warning for the protection of parked and moored aircraft): 이 경보는 비행장시설의 상황, 기후, 지형 등에 따라 기준이 다르며, 대상이 되는 이상기상 현상은 강풍, 호우, 적설, 안개, 파도 등이 있다. 경보의 대상이 되는 현상과 일반적인 기준은 다음과 같다.
① 강풍경보: 10분간 평균초속 17.2m 이상 34.5m 미만의 풍속이 예상될 경우
② 폭풍경보: 10분간 평균초속 24.5m 이상 풍속이 예상될 경우
③ 태풍경보: 저기압으로 10분간 평균초속 32.7m 이상의 풍속이 예상될 경우
④ 뇌우경보: 뇌우에 의해 중대한 재해발생의 위험이 예상될 경우
⑤ 대설경보: 대설에 의해 중대한 재해발생의 위험이 예상될 경우
⑥ 고조경보: 고조에 의해 중대한 재해발행의 위험이 예상될 경우

10) 항공사의 운항통제[63]

① 운항통제의 의의

대부분 항공사는 자사의 항공기 운항 현황을 실시간에 정확하게 파악 가능하고 상황 변화에 따라 최적의 의사결정을 지원할 수 있는 통합 운항정보 시스템의 구축을 필요로 하게 되었으며, 이를 통해 안전 운항과 서비스 향상을 강화해 나가는 추세를 보이고 있다.

이러한 변화 추세의 가장 특징적인 점은 과거의 분산된 운항관리 방식에 따른 시간적, 지리적 제한을 극복하고 Network을 통한 시스템으로 Center에서 신속하게 의사결정이 가능한 중앙집중 정보관리 방식으로 바뀌고 있다는 점이다.

---

[63] 정기현, 항공사 운항통제시스템 현황 과 개선방안, 2001. 2호, 통권 제26호, pp 60-73.

통합정보시스템을 통한 신속, 정확한 정보의 선택 문제는 실제 항공기 운항 과정에서 예기치 않게 발생하는 각종 비정상 상황에 대한 최적의 대응조치를 해야 하는 안전운항 통제 측면에서뿐만 아니라, 고객에 대한 신속한 정보 제공이라는 서비스 측면에서도 운항정보 시스템 활용 구축 여부가 이미 각 항공사의 경쟁력과 직결되는 문제로 대두되고 있어, 운항통제 시스템 구축과 이를 운영하기 위한 통제센터의 기능 강화는 향후 더욱 가속화 될 전망이다.

② 항공사의 운항통제 시스템 현황

현재 대부분 선진 항공사들은 최신 정보통신장비로 새롭게 구축된 OCC(Operations Control Center) 또는 SOC(System Operations Center)로 불리는 통제센터를 중심으로 운항정보관련 통제 기능을 시스템에 의한 중앙 집중 관리방식으로 대폭 강화하고 있다.

실제로 항공기 보유대수가 50대 이하의 소규모 항공사인 경우는 운항 노선이나 운항 편수가 숙련된 담당자들의 기억력 범위에서 쉽게 파악이 가능한 수준으로써 시스템 활용 효과보다 담당자의 경험과 능력이 효과적일 수도 있으나, 항공기 보유대수가 100대를 넘는 규모가 되면 운항 노선 및 운항 편수가 이미 담당자의 개인 능력만으로 감당할 수 없는 수준이 되어 시스템에 의한 통제 필요성이 절대적인 중요성을 갖게 된다.

따라서, 국내 민간항공사 중 K항공은 2000년 8월말 약 2년 간의 준비기간을 거쳐 통제센터(OCC)를 구축 가동하게 되었으며, 운항통제의 핵심기능을 시스템 중심으로 구성하면서 신속한 정보처리 기능에 의한 새로운 업무방식으로 변화하여 안전성과 효율성을 대폭 향상시킬 수 있게 되었다.

K항공은 운항통제의 기본시스템으로 항공기 운항에 필요한 Schedule을 비롯한 여러 개의 운항관련 각 Module 간의 유기적인 역할을 통하여 User에게 항공기 Schedule 운영을 위한 최적의 의사결정이 가능하도록 각종 정보를 제공하는 기능을 가진 시스템을 활용하고 있다.

또한, 실제로 운항중인 항공기의 비행 단계별 비행감시 시스템으로는 Flight Planning, Watch, Weather 3가지 Module 활용을 통하여 비행계획서 작성에서부터 비행중인 항공기의 정확한 현재 위치와 비행 상황을 파악하면서 필요한 각종 운항관련 정보를 항공기와 통제센터 간에 교환할 수 있는 On-Sight System을 도입하여 함께 운영하고 있다.

또한 A항공사의 경우 자체 개발한 최적운항관리시스템이라는 체제를 운영하고 있는 바, 최적운항관리 시스템은 비행의 계획, 실시, 감시, 종료의 전 과정에 관련하는 외부의 정보와 항공기 및 회사 내의 정보를 시스템에서 종합적으로 처리하여 계획과 규정상의 문제를 파악하고, 최적조치를 수행하도록 하며, 계획한 비행의 실시 단계에서 항로상, 목적공항, 교체공항, 항로상 교체 공항 등의 기상변화, 정보변화를 조기에 시스템이 자동으로 파악하여 경보(메시지, 칼라, 오디오)를 발하도록 구성이 되어 상황발생시 조기에 최적조치를 취하도록 하고 있다.

회사내의 예약, 정비, 승무원(비행시간, 자격관리), 운항하는 항공기의 상태를 ACARS자료, ATC보고 자료, 출발 도착공항의 이동정보 등을 종합적으로 자동 처리하면서, 변화하는 기상, NOTAM을 분석하여, 승무원 자격에 적합한지를 자동으로 시스템이 파악하고 경보를 발하며, 비행계획 단계와 실제 운항단계의 비행고도오차, 통과시간오차, 항공로 오차, 연료소모량 오차를 파악하여 최적 조치를 할 수 있도록 메시지와 경보음과 컬러로 표시, 조기경보에 의거 사전에 최적조치를 하도록 자체 개발한 시스템을 사용 중에 있다.

③ 스케줄 통제 시스템

운항 스케줄 통제시스템인 OPUS(Operation Planning & Utilization System)는 기본적으로 영업계획 시스템 및 여객 운송 시스템, 운항안내 시스템, 운항승무원 편조 시스템 등 사내의 여러 중요 시스템과 연계 운영되고 있는 중추적인 기능의 시스템으로 영업계획 시스템으로부터 받은 70일간의 독자적인 스케줄을 운영하고 있으며, 운항 통제에 필요한 아래의 Module들이 유기적으로 움직여 효율적인 스케줄 관리 및 비정상 운항에 대한 대응방안 도출시 최적의 의사결정 수단으로 활용되고 있다.

OPUS(Operation Planning & Utilization System)Module의 구성

WEATHER Module: 각종 Source로부터 기상 자료를 수집, 정리, 보유하여 User에게 제공한다.

FLIGHT DATA Module: 주간 단위의 기본 영업 스케줄을 일일 단위로 풀어 정비 계획 및 항공기 운영 계획을 유지, 관리한다.

FLIGHT PROGRESS Module: 실제 Movement Message를 통한 항공기 운항사항(출발, 도착, 지연 및 비정상 운항 사항)을 각기 다른 Color로 Display하여 User가 신속하게 스케줄 조치를 할 수 있게 한다.

SIMULATION Module: 악기상 및 항공기 정비 문제 등 발생 가능한 사항에 대하여 사전에 Alternative Plan을 시스템에 Loading하여, 실제 사항 발생 시 신속 대처한다.

REPORT Module: 각종 운항통계를 위한 Module로서 항공기의 정비시간, 항공기 이력관리 및 노선분석 등에 이용된다.
OPUS2000 Module: 항공기 운영 계획 및 실제 운항상황을 Graphic으로 보여주고 Schedule조치 내용이 사내의 다른 단말기에 Update되어 사내 다른 부서에도 동 내용을 전파한다.

FLIGHT PLANNING Module: 국내선 비행계획서 작성 및 Release용으로 기상제공, 항로, NOTAM, Performance, Fuel Order및 Weight & Balance 기능을 수행한다

이중에서도 OPUS 2000 시스템은 Client / Server방식으로 운영되어 신속한 의사결정 및 조치와 Graphic display를 통한 적절한 항공기 운영계획 및 효율적 Flight Traffic Watch로 중앙 집중적 통제기능을 극대화 시켰으며, 모든 명령의 실행은 Menu Bar와 Icon을 사용하여 시스템의 접근 용이성 및 신속성을 확보하였다.

즉, Season별(Summer, Winter) Schedule을 영업계획 시스템에 주말단위 개념의 영업 스케쥴을 입력하면, OPUS는 금일부터 70일까지의 운항 Schedule을 일일 단위로 풀어서 HOST Computer로 유지한다.

OPUS 2000은 일일 단위의 OPUS 스케쥴을 Graphic화하여 항공기의 운영계획을 관리, 유지하는 기능을 가진 시스템이며, 스케쥴 통제목적이 아닌 일반적인 운항통계 정보는 TOPST라는 시스템을 통하여 처리되고, 운항에 관한 일반정보 및 통계는 Transaction을 통해 관련 부서로 제공되고 있다.

④ 비행감시(Flight Watch) 시스템

안전을 위해 가장 효과적인 방법으로는 역시 비행계획 단계에서부터 운항 종료 시까지 전과정에 걸쳐 계획 대비 실제 진행상황의 차이를 철저히 모니터 하여 안전하게 목적지에 도착하도록 필요한 조치를 취하고, 비정상 상황이 예상되거나 발생할 경우 신속하게 최적의 대응방안을 검토하여 그 영향을 최소화 할 수 있는 조치가 가능한 상시 비행감시체제를 구축하는 것이다.

물론 이 체제를 유지하기 위해서는 항공기의 상태를 정확히 파악해 주는 물리적인 시스템 장비라는 Hardware와 비행중인 승무원과 지상 통제센터 간의 정보교환에 따라 신속한 상황 판단과 의사결정 조치가 가능한 수준의 자질을 구비한 전문인력에 의한 인적요소(Human Factor)라는 Software를 동시에 필요로 한다.

과거의 경우는 지리적, 시간적 제한을 극복할 수 있는 도구가 없어, 정보의 수집과 활용이 주로 현지에서 이루어질 수밖에 없었다.

각 공항의 운항담당자가 관제기관과 조종사와의 교신을 monitor하고 전문(AFTN, SITA, ARINC)을 통해 접수되는 항공기의 위치보고를 비행계획서와 비교해 보는 정도가 고작이었다. 그러나 현재는 첨단 시스템을 통한 Network의 발달로 장소와 시간적 제한은 거의 해소되고 정보의 수집, 활용이 어느 곳에서건 대부분 실시간에 가능하므로 이에 따른 최적의 의사결정이 가장 신속하게 이루어질 수 있도록 중앙 집중통제의 개념이 보편화되어 있는 것이 현실이다.

다만, 어느 경우라도 최적의 의사결정은 정보를 활용하는 운영자의 올바른 상황인식(Situational Awareness)이 전제가 되어야 하는 바, 실제 대응조치가 가능한 운영자로서 항공기 운항을 직접적으로 통제하고 있는 대표적인 3자인 조종사와 관제사, 운항 통제자를 중심으로 한 운항정보 Network의 강화는 안전과 서비스라는 양대 과제를 동시에 해결하기 위한 필수적인 과제라고 할 수 있겠다.

⑤ 비행 단계별 운영

(가) 비행계획 단계

운항준비에 필요한 비행계획의 작성은 운항관리사에 의해 이루어지며 우선, 담당하는 지역의 근무시간대 운항 스케줄을 확인해야 하며, 운항관리사가 비행계획 준비 단계에서 스케줄, 항공기, 여객 및 화물의 예약 현황 등을 확인하기 위하여 지역별 해당 I.D. 및 필요 시간대를 입력하여 스케줄을 자동 검색하여 Display 한다.

스케줄을 자동 검색하여 Display된 화면으로, 본 화면에는 운항 편명, 출발지, 목적지, 운항시간, 항공기, 항로, 항속, 여객/화물 예약 등의 자료가 사내 연계시스템 및 Flight Watch/Plan 시스템 내의 각종 Database 검색하여 시현되며, 사용자는 각 항목별 정보를 마우스 클릭으로 자세한 내용을 확인할 수 있으며 필요시 Manual 수정도 가능하다.

(나) FLIGHT WATCH 단계

현재 Flight Watch에 사용되는 항공기 위치확인 자료는 크게 2가지로 구분된다. 첫째, 항공기 승무원이 ACARS 또는 Voice 등으로 직접 위치를 보고하는 형태와 둘째, 지상에서 Radar로 확인하는 형태이다.

ACARS를 이용한 위치 Message는 직접 시스템으로 입력되며 ARINC Message(VHF ACARS Blind Area 인 태평양상에서 주로 사용) 및 기타 관제기관을 통한 Message, Voice 직접 교신 Message 등도 시스템 내에서 처리 후 입력된다.

Radar를 이용한 위치 파악(ASD)은 현재 미국, 캐나다 본토 및 기타 미국이 관장하는 FIR 및 영국, NAT FIR의 자료만 제공되며 독립된 사설 Data Provider를 통하여 무상으로 누구나 비가공 자료를 공급받을 수 있도록 되어 있다. 대한항공 시스템도 미국의 기업을 통하여 자료망을 연결하여 Flight Watch/Plan 시스템에 구현하고 있다.

비행 감시중 항공기에 장착되어 있는 ACARS 장비로부터 입수한 특정편의 상세한 운항정보를 확인하는 화면을 Display하고 있으며 화면상에 표시된 항공기를 클릭하면 출발지, 목적지, 도착예정시간, 남은 연료량 등 다양한 정보를 쉽게 파악할 수 있다.
필요시 이 정보를 활용하여 항공기의 비정상 운항이 예상될 경우 대체항로 등 최적 대안을 적기에 파악하여 승무원에게 제공하게 된다.

(다) 운항통제 단계

비행감시 시스템의 장점은 기상 위성 사진, 악기상 차트, 항공로 등 각종 실시간 기상 및 정보와 연계하여 비행 감시를 수행할 수 있다는 점이다.

비행감시 시스템은 태풍의 진로 및 위성 구름사진을 통해 기상의 변화 추이를 분석하여 비행계획 시 최적의 안전 항로 선택을 할 수 있도록 지원하고 있으며, 비행감시 기능을 통해 파악된 항공기 운항상황을 관련 시스템과 연결하여 필요한 조치를 취하게 되고, 지연 운항, 항로 변경 등 비정상 운항 상황에 따른 후속편 운항 스케줄 조치에 이르기까지 문제 해결을 위해 안전하고 효율적인 일일 항공기 운항 통제를 수행할 수 있다.

즉, 제한된 시간 내에 제한된 자원(Resources)을 최대 활용 가능하도록 각종 운항 정보를 사전에 파악하여 항공기 상태, 승무원 가용 현황, 운항 조건, 화객 현황 등을 항상 최신상태로 유지하고, 비정상 상황 발생 가능성에 대한 조기경보 체제를 가동하거나 불가피한 돌발 상황 발생 시 신속하고 효과적으로 대응할 수 있는 24시간 비행감시 체제로 운항정보 시스템이 적극 활용되고 있다.

따라서, 운항통제 업무 수행을 위해서는 항공기 운항에 관련된 중요 정보를 종합적으로 판단할 수 있는 충분한 경험과 지식이 필수적으로 요구되며, 상황 분석에 따른 즉각적인 대응 조치를 위해 통제 센터에는 경력이 풍부한 Senior 운항관리사를 중심으로 조종사, 정비사, 스케줄 담당, 영업, 화물 등 각 분야의 전문 인력이 합동 근무체제를 유지하면서 주어진 상황에서의 최적의 통제 결정 업무를 해나가고 있다.

(라) 운항 정보 시스템 활용 현황

이 시대의 모든 산업의 패러다임(Paradigm)은 정보화 사회로의 전환이다. 이미 모든 산업구조가 수직적인 구조에서 평면적인 구조로 이동하고 있고 개인, 기업, 국가의 경쟁력과 성공의 여부가 얼마나 빠르게 유용한 정보를 교환하느냐에 달려있다고 할 수 있다.

항공운송산업이나 항공 기술분야는 이 정보화의 첨단기술이 접목되고 시도되는 분야이다. 이에 따라 각 Major 항공사나 선진국가의 항공기관이 고객의 이러한 정보입수 욕구를 충족시켜 주려는 노력 또한 획기적으로 변하고 있다.

몇 가지 예를 들어보면 시카고 공항의 Web Page에서는 공항으로 통하는 도로의 교통상태, 공항의 기상 등을 실시간으로 제공할 뿐만 아니라 FAA의 항공기 위치정보(ASD: Aircraft Situation Display) 자료를 이용하여 시카고 공항에 입 출항하는 항공기의 실시간 위치정보를 제공하고 있다.

또한, 항공기의 이동정보를 인터넷을 통하여 대부분의 항공사들이 제공하고 있으며 USA TODAY 같은 경우는 자사의 Internet Site를 통해 미국내 항공기 이동을 실시간 ASD에 연결하여 독자들에게 제공하고 있는 수준이다.

Internet에서는 항공기 운항사항을 알려주는 각 항공사 홈페이지를 비롯하여 공항별 FIDS(Flight Information Display System)와 연결되어 항공기 이·착륙 상황을 알려주는 공항 당국의 홈페이지 등에 이미 상당히 많은 운항정보 관련 자료를 찾아 볼 수 있다.

나. 정비관리

1) 항공기 정비의 개요

항공교통의 목적은 안전성, 정확성, 신속성에 있으며, 항공정비의 목적은 이러한 항공교통의 목적을 달성할 수 있도록 정비, 점검, 검사, 수리, 개조작업을 실시함으로써 제반 기능을 정상적인 상태로 항상 유지하고 품질을 향상하는 데 있다.

또한 항공기의 감항성은 사용시간과 운항횟수에 따라 점차적으로 저하하게 마련이다.
감항성을 유지하기 위해 항공기의 소유자 또는 사용자가 지속적으로 정비하는 것은 항공기의 안전운항이 바로 항공기의 소유자나 사용자의 이익과도 합치하는 것이기 때문이다.

항공안전법은 이러한 취지에서 국토교통부 장관의 검사를 받아야 하는 항공기의 수리·개조의 범위와 이에 대한 검사 절차를 규정하고 있으며, 아울러 그러한 수리·개조에는 해당하지 않아 국토교통부 장관의 검사가 아닌 일정자격 소지자에 의한 확인을 받아야 하는 정비·수리·개조의 범위를 규정하고 있다

2) 감항증명제도

① 감항증명의 의의

감항증명제도는 항공기의 안전에 관한 국가의 관여로 항공기를 이용하는 일반국민들의 재산과 생명을 보호하기 위한 안전보증 제도로서 항공안전법 제23조(감항증명 및 감항성 유지)에서 ①항공기가 감항성이 있다는 증명(이하 "감항증명"이라 한다)을 받으려는 자는 국토교통부령으로 정하는 바에 따라 국토교통부장관에게 감항증명을 신청하여야 한다.

② 감항증명의 법적성질

감항증명의 법적 성질은 항공기가 안전하게 비행할 수 있는 성능이 있다는 공증의 의미이며, 기술상의 기준에 적합여부 판정 결과 적합하다는 의미이고, 운용한계를 지정함으로서 항공기의 성능상 운용한계를 설정함으로서 그 운용한계 내에서만 운용하도록 하고 있다. 따라서 감항성이 있는 항공기는 최소한의 기술기준이 만족되었고 법률상 부과된 기준을 이행하였다는 공증의 개념 이다.

③ 감항증명의 신청

감항증명을 받을 수 있는 항공기는 대한민국 국적을 가진 항공기 또는 국내에서 수리, 개조 또는 제작한 후 수출할 항공기, 국내에서 제작되거나 외국으로부터 수입하는 항공기로서 대한민국의 국적을 취득하기 전에 감항증명을 신청한 항공기이다.(항공안전법 시행규칙 제36조)

④ 감항증명의 유효기간

감항증명의 유효기간은 1년으로 한다. 다만, 항공기의 형식 및 소유자등의 감항성 유지능력 등을 고려하여 국토교통부령으로 정하는 바에 따라 유효기간을 연장할 수 있다. 감항증명의 유효기간을 연장할 수 있는 항공기는 항공기의 감항성을 지속적으로 유지하기 위하여 국토교통부장관이 정하여 고시하는 정비방법에 따라 정비등이 이루어지는 항공기를 말한다.

3) 형식증명제도

① 형식증명제도의 의의

항공기등을 제작하려는 자는 그 항공기등의 설계에 관하여 국토교통부령으로 정하는 바에 따라 국토교통부장관의 증명(이하 "형식증명"이라 한다)을 받을 수 있다. 증명받은 사항을 변경할 때에도 같다.

항공기등의 설계에 관하여 외국정부로부터 형식증명을 받은 항공기등을 대한민국에 수출하려는 제작자는 항공기등의 형식별로 외국정부의 형식증명이 항공기기술기준에 적합한지에 대하여 국토교통부장관의 승인을 받을 수 있다.

② 기술 표준품에 대한 형식승인(예비품(spare parts)증명제도)

항공기를 정비하는 경우에는 각종 예비품이 필요하다. 이때 즉시 이용할 수 있도록 법규로서 제도화되어 있는 부품의 관리제도를 기술표준품(개정전 예비품 증명)제도라 한다.

항공업계에서 정비, 수리 및 분해수리(MRO, Maintenance, Repair and Overhaul)분야는 비활동 현금이나 마찬가지로 인식되고 있다. 따라서 종래의 프로펠러기와는 달리 대형기에서는 기종당 수만 종류의 기술표준품을 보유해야 하므로 금액으로도 수십억 원에서 수 백억 원에 달하기 때문에 필요 이상의 부품을 보유하지 않기 위해서는 각종 통계적 기법을 이용한 부품 관리가 필요하다.

항공사는 최근에 컴퓨터를 사용하여 손모 예측이나 구입, 배치, 보관, 불출 등을 총괄적으로 관리하고 있다. 또한 항공기가 기항하는 공항마다 예비부품을 보유하고 있는 것은 비경제적이기 때문에 항공사들 간 부품공동사용협정(pooling agreement)을 체결하여 기술표준품을 상호 임차하여 사용하고 있는 경우가 많다.

③ 기술표준품 형식승인(항공안전법 제27조)

1. 항공기등의 감항성을 확보하기 위하여 국토교통부장관이 정하여 고시하는 장비품(시험 또는 연구·개발 목적으로 설계·제작하는 경우는 제외한다. 이하 "기술표준품"이라 한다)을 설계·제작하려는 자는 국토교통부장관이 정하여 고시하는 기술표준품의 형식승인기준(이하 "기술표준품형식승인기준"이라 한다)에 따라 해당 기술표준품의 설계·제작에 대하여 국토교통부장관의 승인(이하 "기술표준품형식승인"이라 한다)을 받아야 한다. 다만, 대한민국과 기술표준품의 형식승인에 관한 항공안전협정을 체결한 국가로부터 형식승인을 받은 기술표준품으로서 국토교통부령으로 정하는 기술표준품은 기술표준품형식승인을 받은 것으로 본다.

2. 국토교통부장관은 기술표준품형식승인을 할 때에는 기술표준품의 설계·제작에 대하여 기술표준품형식승인기준에 적합한지를 검사한 후 적합하다고 인정하는 경우에는 국토교통부령으로 정하는 바에 따라 기술표준품형식승인서를 발급하여야 한다.

3. 누구든지 기술표준품형식승인을 받지 아니한 기술표준품을 제작·판매하거나 항공기등에 사용해서는 아니 된다.

4. 국토교통부장관은 다음 각 호의 어느 하나에 해당하는 경우에는 해당 기술표준품형식승인을 취소하거나 6개월 이내의 기간을 정하여 그 효력의 정지를 명할 수 있다. 다만, 제1호에 해당하는 경우에는 기술표준품형식승인을 취소하여야 한다.
   가. 거짓이나 그 밖의 부정한 방법으로 기술표준품형식승인을 받은 경우
   나. 기술표준품이 기술표준품형식승인 당시의 기술표준품형식승인기준에 적합하지 아니하게 된 경우

4) 부품등제작자증명(항공안전법 제28조)

1. 항공기등에 사용할 장비품 또는 부품을 제작하려는 자는 국토교통부령으로 정하는 바에 따라 항공기기술기준에 적합하게 장비품 또는 부품을 제작할 수 있는 인력, 설비, 기술 및 검사체계 등을 갖추고 있는지에 대하여 국토교통부장관의 증명(이하 "부품등제작자증명"이라 한다)을 받아야 한다. 다만, 다음 각 호의 어느 하나에 해당하는 장비품 또는 부품을 제작하려는 경우에는 그러하지 아니하다.
   가. 형식증명 또는 부가형식증명 당시 또는 형식증명승인 또는 부가형식증명승인 당시 장착되었던 장비품 또는 부품의 제작자가 제작하는 같은 종류의 장비품 또는 부품
   나. 기술표준품형식승인을 받아 제작하는 기술표준품
   다. 그 밖에 국토교통부령으로 정하는 장비품 또는 부품

2. 국토교통부장관은 부품등제작자증명을 할 때에는 항공기기술기준에 적합하게 장비품 또는 부품을 제작할 수 있는지를 검사한 후 적합하다고 인정하는 경우에는 국토교통부령으로 정하는 바에 따라 부품등제작자증명서를 발급하여야 한다.

3. 누구든지 부품등제작자증명을 받지 아니한 장비품 또는 부품을 제작·판매하거나 항공기등 또는 장비품에 사용해서는 아니 된다.

4. 대한민국과 항공안전협정을 체결한 국가로부터 부품등제작자증명을 받은 경우에는 부품등제작자증명을 받은 것으로 본다.

5. 국토교통부장관은 다음 각 호의 어느 하나에 해당하는 경우에는 부품등제작자증명을 취소하거나 6개월 이내의 기간을 정하여 그 효력의 정지를 명할 수 있다. 다만, 제1호에 해당하는 경우에는 부품등제작자증명을 취소하여야 한다.
   가. 거짓이나 그 밖의 부정한 방법으로 부품등제작자증명을 받은 경우
   나. 장비품 또는 부품이 부품등제작자증명 당시의 항공기기술기준에 적합하지 아니하게 된 경우

5) 정비방식의 구분

① hard time 방식

기체로부터 분리해서 분해수리 하거나, 폐기하는 것이 유효하다고 판단되는 부품이나 장비품에 대하여 축적된 경험을 기초로 정비의 시간한계를 설정하고 이를 기준으로 정기적인 정비를 실시하는 방식이다. 정기적으로 실시하는 분해수리(overhaul)는 이러한 방식에 속한다.

② on condition 방식

기체로부터 분리나 분해수리 하는 것보다는 기체에 장착한 채로 외부검사나 시험을 정기적으로 반복함으로써 그 상대의 양부를 판정하는 것이 적당한 기체구조, 제 계통, 엔진 및 장비품 등에 적용하는 장비방식이다. 그리하여 판정결과 불량한 부문이 있으면 이를 교환하거나 수리 등의 적절한 정비를 한다.

③ condition monitoring 방식

고장을 일으키더라도 감항성에 직접 문제가 없는 일반부품이나 장비품에 적용하는 정비방식이다. 이러한 종류의 부품에 대한 정비는 정기적인 검사나 수리를 필요로 하는 것이 아니고 고장이 발생하거나 그러한 징후가 나타날 때 비로소 정비한다. 이러한 정비는 개개의 부품을 대상으로 하지 않고 특정 그룹 전체로서의 신뢰도를 검사하여 품질수준이 일정한 기준 이하로 저하될 경우에 적절한 정비조치를 취한다. 이러한 정비를 실시하기 위해서는 신뢰성관리체제의 확립이 전제가 된다.

④ 신뢰성 관리

최근의 정비개념은 예방정비의 개념에 대신하여 항공기재 전반의 신뢰성, 즉 품질을 항상 감시하고 일정한 수준 이하로 품질이 저하될 경우에 바로 고장원인을 규명하여 원인을 제거하는 정비제도를 주로 사용한다. 이와 같이 신뢰성향상에 중점을 둔 새로운 정비체제의 확립으로 보다 합리적이며 효율적인 정비를 하도록 고려한 것이 신뢰성관리정비(reliability monitoring maintenance)이다. 신뢰성관리의 정비가 가능하게 된 요인을 보면 다음과 같다.

첫째 최근의 항공기설계에 넓게 채택되고 있는 무실패구조(Fail-Safe Structure)와 제 계통의 중복성(redundancy) 때문에 구조가 부분적으로 손상되거나 장비품이 고장난 경우에도 즉시 비행의 안전성이나 운항능력이 손상되는 경우가 거의 없어 졌다.

둘째 비파괴검사를 중심으로 한 검사방법을 개선하여 on condition방식의 정비가 가능한 기체 및 부품구조를 채택함으로써 기체구조나 원동기 및 장비품의 내부상황을 어느 정도는 외부에서 감시할 수 있게 되었다.

셋째 컴퓨터를 응용한 고장자료의 정리나 감시수법의 발달로 기재의 신뢰성을 항상 감시할 수 있게 되었다는 점을 들 수 있다. 다만 종래의 예방정비가 완전히 없어진 것이 아니고 현재도 정기적인 점검을 실시하여 불합리한 점이 발견되면 이에 적절한 정비작업을 실시하는 예방정비방식을 필요한 경우에 병행하고 있다.

6) 정비작업의 분류

① 정시작업

정시작업(routine work)은 정기적으로 반복하여 실시하는 점검, 검사 등의 정비작업을 말하며 수리작업이나 개조작업에 비하여 정비 중 가장 중요한 작업이다. 작업내용은 출발 전의 점검작업, 기체나 엔진에 장착된 모든 시스템의 기능시험, 배관 및 배선의 상태검사, 또는 기체구조의 세부검사 등이며, 각종 검사가 항공기의 구석구석까지 실시된다.

성비의 각 항목내용은 항공기의 각 부분 개개의 신뢰성에 맞는 적절한 시기에 실시하도록 기준화되어 있다. 또한 검사는 어느 부분을 어느 정도의 간격과 어느 정도의 범위로 얼마나 깊이 검사할 것이며, 또한 어떤 검사방법을 사용할 것인가가 상세히 정해져 있다. 기체정비는 운항정비와 점검, 중정비로 나뉜다.

운항정비는 출발 직전에 실시하는 총 점검 정비이며 항공기의 출발태세를 최종적으로 확인하여 보다 높은 품질을 확보함에 그 목적이 있다.

중정비는 기체구조의 검사나 엔진 기타 각종 시스템의 상태검사, 기능시험 등의 정시작업, 수리작업 및 개조작업이 주체가 된다. 이들 검사는 항공기에 잠재하고 있는 불량상태를 조기에 발견하여 제거하기 위한 가장 유효한 수단이다. 이 때문에 어떠한 작은 이상도 사전에 발견하여 필요한 정비를 하는 것이 중요하다.

작업은 작업기준서에 따라 확실하게 실시되지만 작업과정의 각 단계에서 제3자인 검사원의 검사가 필요하다. 작업이 확실히 이루어졌는지의 여부가 시험에 의해 확인되면 최종적으로 비행 전 점검으로 제품으로서의 종합적인 품질이 확보되는 것이다.

② 불시작업

불시작업(non-routine work)은 정시정비 중에 발견된 불량상태나, 운항 중에 발생한 불량상태를 작업기준서에 따라 완전히 수리·조정하는 작업을 말하며 수리작업이라고도 한다. 그러나 이러한 작업은 단순히 수리만으로 그치지 않고 개개의 불량상태에 대한 고장메커니즘을 해명하고 효과적인 재발방지책을 계속 강구하는 데 그 목적이 있다.

③ 특별작업

특별작업(special work)은 고장발생을 방지하고 항공기의 신뢰성을 향상하기 위하여 설계변경 등 필요한 개조를 실시하는 것이며 개조작업이라고도 한다. 개조작업은 기재품질의 향상을 목적으로 하고 있다.

항공기 제조회사의 피로시험결과나 항공사의 사용상태를 항상 감시하여 신뢰성의 평가를 계속하며 필요에 따라서는 개조통보를 발행한다. 항공사는 이러한 제조회사의 정보나 타사의 경험을 될 수 있는 한 조기에 파악하여 고장발생 전에 적절한 대처를 하도록 노력하고 있다.

개조는 신뢰성 향상의 가장 효과적인 수단일 뿐만 아니라 원가절감에도 크게 공헌하고 있다.

7) 항공기 정비단계에 의한 분류

항공기정비(airframe maintenance)에는 몇 가지 단계(echelon of maintenance)가 있는데, 일반적으로 가장 빈도가 높은 비행 전 점검에서부터 가장 복잡하고 정비작업량이 많은 D 정비까지 A, B, C, D순으로 분류되어 있으며 각각 소정의 시간간격에 따라 반복적으로 정비가 실시되고 있다.

① 비행전점검(Pre-flight Check): 비행마다 출발 전에 항공기 전체에 대한 외관점검, 연료보급, 출발태세의 확인 등을 실시한다.

② A정비(A Check): 운항 중 엔진오일, 작동유, 산소 등을 보충하거나 날개, 타이어, 브레이크, 엔진 등의 이·착륙 시 혹은 비행 중에 발생하기 쉬운 부위를 중심으로 점검이 실시된다.

③ B정비(B Check): 운항 중에 A 정비의 작업에 추가하여 실시하는 정비이며 특히 엔진에 대한 상세한 점검이 실시된다.

④ C정비(C Check): 1~2일 정도 운항을 중지하여 실시하는 정비이며 A, B 정비에 추가하여 시스템 계통의 배관, 배선, 엔진, 착륙장치 등에 대한 보다 세밀한 점검이 실시된다. 그밖에도 기체구조의 외부로부터의 점검, 각부의 급유, 장비품의 시간교환 등이 실시된다.

⑤ D정비(D Check): 기체분해수리(overhaul)라고도 하며 항공기를 정비공장서 실시하는 정비이다. 주로 기체구조의 내부검사가 본래의 목적이지만, A, B, C 정비의 내용에 추가하여 시스템 계통에 대한 철저한 점검, 기능시험을 실시하는 외에 기체의 중심 측정, 외장의 도장 등도 이 기간에 실시된다. 또한 기체구조의 내부검사의 방식에는 분해수리 검사와 표본검사의 두 가지 방식이 사용된다.

⑥ H정비: D정비의 간격이 연장되어 4~5년에 1회 정도의 정비만으로는 기체의 품질향상을 위한 개보수를 하는 것이 부적당하기 때문에 항공사에 따라서는 정비작업의 대부분을 C정비에 분산 실시하여 D정비를 폐지하고 대신에 2년에 1회 정도 부정기적으로 기체를 1~2주간 운휴 시켜 적극적인 개수작업을 하는 방식을 채용하고 있다.

8) 공장정비

공장정비(shop repair)는 원동기 정비와 장비품 정비로 구분된다. 원동기(엔진)정비는 기체에서 떼어낸 엔진을 공장에 반입하여 실시하는 일련의 분해정비작업이며 엔진에 대한 점검, 수리, 개수작업이 포함된다.

원동기 정비는 시간별로 분해수리(overhaul), 엔진 중정비(EHM, engine heavy maintenance), on condition의 세 가지 방식으로 실시되어 왔다.

장비품의 정비는 설계내용, 고장형태와 그 영향도, 고장발견의 가능성 등을 종합적으로 분석하여 결정되며 이에 적합한 점검·수리·개수작업을 통해 다시 사용 가능한 부품으로 환원된다.

일반적으로 시스템에 대하여는 정기점검이나 기능검사를 반복 실시하여 이상이 없다는 것이 확인되면 계속 사용되며, 장비품 중에서는 사용함에 따라 고장이나 마모가 늘어날 가능성이 있는 것은 사용한계를 정하여 그 시기가 오면 교환하는 것도 있다.

9) 기체구조정비

기체구조의 정비는 구조부재의 정기검사가 주체가 된다. 구조부재는 상당히 광범위하지만, 설계 상 또는 경험상으로 보아 중요한 구조부분은 정밀검사를 한다.
최근에는 비파괴검사방법이 주로 사용되고 있다. 검사간격도 설계기준, 설계내용, 손상범위, 검사방법, 검출능력, 피로시험의 결과 등을 종합적으로 검토하여 결정한다.

10) 기체구조정비 검사방법

목시검사가 위주였으나 금속부재의 손상, 특히 보기 힘든 장소나 목시 검사로는 충분히 확인할 수 없는 부위의 손상을 발견하기 위해서는 X선, 전자유도시험, 자분탐상(magnetic particle inspection), 침투탐상(fluorescent penetrant inspection), 초음파탐상(ultrasonic inspection) 등의 비파괴검사방법이 새로운 정비방법으로 널리 사용되고 있다.

특히 최근에는 라디오 아이소토프(방사성 동위원표)가 사용되고 있다. 라디오 아이소토프는 엔진을 분해하지 않은 상태에서 복잡한 기체 구조부나 제트엔진의 중심추 내부의 검사를 실시할 수 있다.

또한 보아스코프가 제트엔진의 내부부품의 검사에 이용되고 있으며 최근에는 여기에 공업용 TV를 접속한 TV scope도 실용화되고 있다. 이 밖에 오일분광분석검사(SOAP), 엔진FDM, 항공종합자료 시스템(AIDS), BITE, 자동시험장치(ATE)등 monitoring방법이 사용되고 있다.

다. 객실관리

1) 객실관리의 개념과 역활

객실관리란 항공운송수단을 이용하는 승객의 안전과 편안한 여행을 위해 승객들에게 기내(cabin)에서 취하여야 할 사항을 안내 및 교육하고, 불편이 없도록 도와주며, 유사시에는 사고예방을 위한 각종 안전 조치사항을 지시하고 유도하여 승객의 안전을 관리하는 임무를 부여받아 기내에서 항공사 직원이 수행하는 비행중 일상 과정을 말한다.

현대의 객실관리는 기내에서의 장.단거리 승객에게 편안한 여행이 되도록 각종의 식음료 등 기내서비스, 불편에 대한 지원, 여행객을 위한 기내 면세품의 판매, 비상사태 발생시 안전한 탈출유도, 기내질서 문란자의 제지등 필수적인 역할을 담당하고 있다.

2) 객실승무원의 법적 성질.

객실승무원은 항공안전법 제2조, 제17호에서 "객실승무원"이란 항공기에 탑승하여 비상시 승객을 탈출시키는 등 승객의 안전을 위한 업무를 수행하는 사람을 말한다고 함으로서 항공기 승무원의 범주에서 종사하는 자로 포함시켰으나, 항공기 운항승무원은 아니라고 구분하였고 항공안전법 제56조에서 "승무원"을 "운항승무원 및 객실승무원"으로 포함하여 비행승무 중 승무원으로서 하여야 할 제반사항이 운항규정에 의거 규제하고 있을 뿐만 아니라 시행규칙 제128조(객실승무원의 승무시간 기준 등)에서 승무시간을 제한하고 있다.

항공안전법 시행규칙 제128조(객실승무원의 승무시간 기준 등)
① 항공운송사업자는 법 제56조제1항제1호에 따라 객실승무원이 비행피로로 인하여 항공기 안전운항에 지장을 초래하지 아니하도록 월간, 3개월간 및 연간 단위의 승무시간 기준을 운항규정에 정하여야 한다. 이 경우 연간 승무시간은 1천 200시간을 초과해서는 아니 된다.

② 제1항에 따른 승무를 위하여 해당 형식의 항공기에 탑승하여 임무를 수행하는 객실승무원의 수에 따른 연속되는 24시간 동안의 비행근무시간 기준과 비행근무 후의 지상에서의 최소 휴식시간 기준은 별표 19와 같다. 다만, 천재지변, 기상악화, 항공기 고장 등 항공기 소유자등이 사전에 예측할 수 없는 상황이 발생한 경우 비행근무시간 등의 기준은 국토교통부장관이 정하여 고시할 수 있다.

〈객실승무원의 비행근무시간 및 휴식시간기준〉

객실 승무원수	비행 근무시간	휴식시간
최소객실승무원 수	14시간	8시간
최소객실승무원 수에 1명 추가	16시간	12시간
최소객실승무원 수에 2명 추가	18시간	12시간
최소객실승무원 수에 3명 추가	20시간	12시간

비고: 항공운송사업자는 객실승무원이 연속되는 7일마다 연속되는 24시간 이상의 휴식을 취할 수 있도록 하여야 한다.

이와 같이 비행시간의 제한, 휴식시간을 정부가 정한 기준으로 운항승무원에 준하여 객실승무원을 보호하고 있음을 알 수 있다.

또한 항공안전법 제93조(운송사업자의 운항규정 및 정비규정)에서 항공운송사업자는 운항을 시작하기 전까지 국토교통부령으로 정하는 바에 따라 항공기의 운항에 관한 운항규정 및 정비에 관한 정비규정을 마련하여 국토교통부장관의 인가를 받아야 한다. 또한, 운항규정 또는 정비규정을 변경하려는 경우에는 국토교통부령으로 정하는 바에 따라 국토교통부장관에게 신고하여야 한다. 다만, 최저장비목록(MEL), 승무원 훈련프로그램 등 국토교통부령이 정하는 중요사항을 변경하려는 경우에는 국토교통부장관의 인가를 받아야 한다. 라고 하여 객실승무원의 임무 중 가장 중요한 승객의 안전조치를 취할 수 있는 능력이 있어야 함으로 이에 대한 교육훈련의 중요성을 강조하고 있다.

3) 비행안전과 객실승무원의 역할

객실승무원의 역할은 승객에 대한 기내서비스, 평상시 비행 중 기내 승객의 비행안전에 있어 안전위해 요소를 제거하고 방어하는 역할을 담당하게 된다. 그러나 무엇보다 객실승무원의 역할이 강조되는 상황은 사고가 발생한 시점이다.

특히 생존사고(SURVIVAL ACCIDENT)에서 승무원의 신속하고 적절한 대응능력은 승객의 생존과 직결된다는 점에서 그 역할의 중요성이 강조되고 있다. 따라서 객실승무원의 기내 서비스업무는 항공사 및 승객의 등급별 좌석에 따라 상이하고 서비스의 종류도 다양함으로 여기에서는 생략하고 기내안전관리에 대한 역할을 기술하고자 한다.

과거 객실승무원의 역할은 단지 비행안전에 있어 운항승무원의 보조자 역할을 수행하는 것으로 인식되었으며, 객실승무원의 안전훈련은 운항승무원의 안전훈련에 비해 덜 중요한 것으로 인식되어 왔다.

그러나 오늘날 객실안전의 중요성이 강조되고 있는 시점에서 객실승무원은 ①규정된 비행안전 수칙을 승객에게 전달하고 기장의 지시에 따라 주어진 임무만을 수행하는 제한된 역할을 수행하는 것이 아니라 승객안전에 필요한 제반 업무를 능동적으로 수행하며, ②비상사태 발생시 운항승무원과 유기적인 협조체계를 통해 상황에 대처하고 승객의 생존을 확보해야 하는 광범위한 임무를 부여받고 있다. 이러한 업무를 수행하기 위하여 항공안전법 제76조 및 같은 법 시행규칙 제218조에서는 항공기 탑승객의 수에 비례하여 객실승무원의 수를 정하고 있다.

〈객실승무원 탑승기준〉

장착된 좌석 수	객실 승무원수
20석 이상 50석 이하	1명
51석 이상 100석 이하	2명
101석 이상 150석 이하	3명
151석 이상 200석 이하	4명
201석 이상	5명에 좌석 수 50석을 추가할 때마다 1명씩 추가

4) 일상 안전업무

객실승무원의 안전업무는 일상 안전업무와 비상 안전업무로 구분된다. 일상 안전업무는 객실승무원들이 비상사태 발생을 방지하고 대비하기 위해 절차와 규정에 따라 통상적으로 수행하는 안전업무를 말한다. 일상 안전업무는 비행 단계별로 비행전 일상 안전업무와 비행중 일상 안전업무로 구분되며, 비행전 일상 안전업무는 항공기 탑승 후 기내의 비상장비와 설비의 이상유무를 점검하는 절차에서부터 시작된다.

① 비행 전 점검(PREFLIGHT CHECK)

객실승무원은 비행 전 기내 소화장비, 감압대처장비, 비상탈출 장비 등 비상장비를 반드시 점검해야 하며 점검요령은 장착된 장비의 위치와 장탈 방법, 작동상의 이상 유무를 직접 육안과 촉수로 확인하는 것이다. 기내설비 점검은 비상구, 화장실과 각종 제어장치의 작동여부를 점검하고 화재 요인을 제거하는 것이다.

② 휴대 수하물 규제와 처리(CARRIED-ON BAGGAGE HANDLING)

승객이 객실에 휴대 반입하는 수하물은 비상사태 발생시 비상구나 탈출에 필요한 통로를 막아 신속한 탈출에 저해 요인이 될 뿐만 아니라 기체요동(TURBULENCE)이나 충돌 사고시 OVERHEAD BIN에서 낙하하여 승객에게 치명적인 부상을 초래하게 된다.

따라서 승무원은 승객 탑승시 과다, 과대 수하물의 규제는 물론 그 보관 상태를 점검해야 한다. 어떠한 경우에도 승객과 승무원의 짐은 비상구와 통로에 방치되어서는 안되며, 기내에 반입된 모든 수하물은 지정된 장소에 보관하고 고정돼 있어야 한다.

통상 항공사에서 규제하고 있는 휴대수화물의 규격은 항공사마다 다르지만, 가로, 세로, 높이의 합이 115cm를 초과하지 못하도록 하고 있다.

③ 승객 좌석벨트 점검(SEATBELT CHECK)

항공기 이착륙 전 승무원은 반드시 승객의 좌석벨트 착용 여부를 확인해야 하며, 벨트는 승객의 몸에 맞게 적절한 위치에 조여져 있는지 확인해야 한다. 특히 어린이의 경우 담요를 이용해서 몸에 맞도록 벨트를 조여 주어야 하고, 유아를 동반한 승객은 보호자가 벨트를 착용한 상태에서 유아를 안도록 해야 한다.

④ 이착륙 점검(TAKE-OFF & LANDING CHECK)

이착륙 점검은 항공기 이륙과 착륙 준비 상태를 최종 점검하는 것으로 승무원은 지정된 좌석(JUMP SEAT)에 착석하기 전에 승객의 착석과 좌석벨트 착용 및 화장실내 잔류 승객의 여부를 확인하여야 하며 비상구와 통로 상에 장애물이 없는지 확인하고 객실 내 유동물질과 COMPARTMENT의 보관 및 잠김(SECURE & LOCK) 상태를 최종 확인해야 한다.

5) 전자기기의 기내사용 규제

항공안전법 제73조 및 같은법 시행규칙 제214조에 따라 운항 중인 항공기의 항행 및 통신장비에 대한 전자파 간섭 등의 영향을 방지하기 위하여 국토교통부령으로 정하는 바에 따라 여객이 지닌 전자기기의 사용을 제한할 수 있다. 현재 승객이 기내에서는 사용하는 개인휴대용 전자기기는 전자파 발생 정도에 따라 사용제한 품목과 사용금지 품목으로 구분하고 있다.

운항 중에 전자기기의 사용을 제한할 수 있는 항공기는 항공운송사업용으로 비행 중인 항공기 혹은 계기비행방식으로 비행 중인 항공기로서 휴대용 음성녹음기, 보청기, 심장박동기, 전기면도기 또는 그 밖에 항공운송사업자 또는 기장이 항공기 제작회사의 권고 등에 따라 해당항공기에 전자파 영향을 주지 아니한다고 인정한 휴대용 전자기기를 제외한 전자기기는 사용을 제한할 수 있다.

6) 기내 흡연 규제

전 세계적으로 항공사들은 쾌적한 기내 공기 유지와 안전을 이유로 금연 노선의 확대를 실시하고 있으며, 상당수의 항공사들이 전 노선 금연을 시행하고 있기도 하다. 미국은 자국내 국내선을 포함해서 국제선 직항 편에 대한 금연 규정을 지난 1996년부터 적용 실시하고 있다. 아울러 화장실에서의 흡연행위를 강력히 규제하기 위해 화장실내 장착된 화재감지기(SMOKE DETECTOR)를 흡연으로 인하여 작동시키는 경우 벌금을 부과하는 규정을 운영하고 있다.

기내 흡연 규제는 승객의 건강뿐만 아니라 특히 객실안전을 위해 매우 바람직한 조치로 받아들여지고 있으나, 상당수의 항공사들이 흡연승객에 대한 영업정책상의 이유로 확대 실시를 유보하고 있는 경우도 있다.

그러나 객실에서 발생하고 있는 화재의 70%가 승객의 무분별한 흡연에 기인하고 있다는 사실을 중시하고 승무원은 비행중 승객들이 금연표시를 준수하도록 조치해야 하며, 기내 금연구역과 보행 중 흡연 및 화장실 내에서의 흡연행위는 철저히 금지해야 한다.

7) 기내 과다 음주 규제

승무원은 기내 안전을 위해 비행 중 알코올 음료를 특정 승객에게 과다하게 반복 서비스해서 만취 승객이 발생하지 않도록 유의해야 한다. 또한 범죄인을 호송하는 호송자나 피호송자에게는 절대 알코올 음료를 서비스해서는 안 된다.

8) 비상 안전업무

비상 안전업무는 비정상적인 항공기 운항상태에서 승객의 안전을 위해 즉각 조치해야 하는 일련의 업무를 말한다. 객실 비상사태는 항공기의 비정상적인 운항상태와 원인에 따라 유형이 구분되며, 객실승무원의 비상안전업무는 승객의 안전을 확보할 수 있는 비상사태의 유형별 상황대응 절차를 내용으로 하고 있다.

이러한 조치는 국제민간항공협약 부속서 제6에서 상세한 지침이 마련되어 있으며, 항공사는 이런 지침에 따라 탑승객의 안전을 위하여 조치하고 있다.

객실승무원의 비상안전업무는 비행 중 발생할 수 있는 기내화재, 기체요동, 객실감압 등에 대한 대응 및 조치업무와 비상사태의 유형에 따라 비상착륙과 착수 상황에서 항공기가 완전히 정지한 후 승객을 객실로부터 탈출시키는 비상탈출 업무로 대별할 수 있다.

① 기내화재(CABIN FIRE) 대응업무

비행 중 객실에서 화재가 발생했을 때 소화장비를 동원하여 화재를 진압하고, 연기를 소개시키는 업무를 말한다.

② 기체요동(TURBULENCE) 대응업무

비행중 갑작스러운 기체요동으로 인한 승객의 부상을 방지하고 아울러 발생후 부상 승객을 응급조치하는 업무를 말한다.

③ 객실감압(CABIN DECOMPRESSION) 대응업무

비행중 객실 내 급감압 발생 시 승객들이 산소공급 장치를 즉각 사용할 수 있도록 조치하고, 발생 후 안전고도에서 부상 승객을 응급조치 하는 업무를 말한다.

④ 비상탈출(CABIN EVACUATION) 업무

항공기 불시착 유형에 따라 지상과 물위에서 승객을 항공기로부터 탈출시키고 비상탈출에 필요한 장비를 사용하여 승객을 안전한 지대로 대피시키는 업무를 말한다.

9) EMERGENCY SAFETY DEMONSTRATION

항공기 탑승객은 이륙전 비상사태 발생을 대비한 행동요령을 영상자료나 승무원의 동작시범을 통해 교육받고 있다. 승객은 짧은 시간 동안 생존에 필요한 정보를 습득하게 되고, 기억된 정보는 실제 비상사태가 발생했을 때 승무원의 지시를 이해하고 효과적으로 대처하는데 결정적인 영향을 미치게 될 것이다. 따라서 DEMONSTRATION이 진행되고 있는 동안 승객들이 주의를 집중할 수 있도록 조치해야 한다.

SILENT THIRTY SECONDS - 30 SECONDS REVIEW

전체 항공기 사고의 80% 이상이 항공기 이륙단계의 3분과 착륙단계의 8분에서 집중적으로 발생하고 있다. SILENT THIRTY SECONDS란 이·착륙 단계에서 객실승무원이 돌발적인 비상사태를 가상하고 30초 동안 실제적인 행동요령을 마음속으로 구체화시키는 IMAGE TRAINING 방법이다.

무엇보다 30 SECONDS REVIEW는 객실승무원에게 있어 비상사태 발생시 순간적인 판단력과 대응력을 증진시킬 수 있는 가장 효과적인 방법이라고 말할 수 있으며, 매 FLIGHT 마다 반복된 실행으로 습관화하는 것이 중요하다. 30 SECONDS REVIEW의 대상은 다음 4가지로 제시되고 있다.

① 충격방지자세 (BRACE OF IMPACT)

항공기의 충돌에 대비하여 충격을 최소화 할 수 있는 자신의 충격방지자세와 어떻게 승객들이 신속하게 자세를 취하게 할 것인지 생각한다.

② 승객 통제 (PANIC CONTROL)

현 시점에서 비상사태가 발생했을 때 예상되는 객실상황을 머리 속에 그려보고 승객을 통제할 수 있는 수단과 방법 및 절차 등을 생각한다.

③ 판단 및 협조 (JUDGEMENT & COORDINATION)

자신이 담당하고 있는 비상구를 개방하는데 필요한 방법과 절차를 생각해 보고 사용이 불가능한 경우 2차적으로 대체 비상구로 승객유도에 필요한 주변 승무원과의 협조방법에 대해 생각한다.

④ 대피 (EVACUATION)

비상구 개방후 승객들을 어떻게 효과적으로 탈출시킬 것인가에 대한 방법과 절차를 생각한다.

10) 비상사태의 유형

항공기 비상사태는 운항중인 항공기의 정상운항이 불가능한 상황에서 항공기를 긴급착륙시키고 탑승객을 항공기로부터 탈출시켜야 하는 상황을 의미하며, 긴급착륙(수)장소는 다음과 같은 사항을 고려하고 조치하여야 한다.

① 지상에서의 비상착륙(EMERGENCY LANDING)

비상착륙으로 항공기가 균형을 상실한 상황에서는 비상구의 위치에 따라 SLIDE가 지면에 닿지 못하거나 팽창된 SLIDE가 탈출에 지장을 초래하는 경우가 발생 할 수 있으므로 승무원은 승객 탈출전 반드시 SLIDE의 착지 여부를 확인하고 승객을 탈출시켜야 한다.

또한 항공기 비상착륙은 항공기 외부화재를 수반하게 된다. 따라서 승무원은 비상구 개방전 외부상황을 파악하여 화재발생 여부를 확인해야 하며, SLIDE를 이용한 탈출 중 화재 위험성이 예상되는 경우에는 즉각 탈출을 중지하고 대체 비상구로 승객을 유도하여야 한다.

② 호수나 바다와 같은 수면에서의 비상착수(EMERGENCY DITCHING).

현재 많은 공항이 입지적 조건으로 바다나 호수를 접하고 있으며, 항공기 사고의 80%가 이착륙 과정에서 발생하고 있다는 사실을 감안한다면 비상착수 사고의 발생 가능성은 매우 높다고 할 수 있다. 뿐만 아니라 비상착수는 비상착륙과는 달리 수면 위라는 불리한 환경적 여건 속에서 승객의 생존을 유지시켜야 한다는 점에서 그 심각성이 인식되어야 한다.

비상착수는 수면 위라는 환경적 특성으로 인해 생존 가능성은 더욱 낮아질 수 있으며, 비상착수후의 생존자들은 구조대(SEARCH AND RESCUE)가 도착할 때까지 수중이나 혹은 수면 위에서 바람, 태양열, 극심한 일교차, 거친 파도 등을 이겨내야 하며, 특별한 부유물에 의존하지 않은 한 익사에 의한 희생 가능성이 매우 높다.

비상착수 사태 발생 시 현장구조에 소요되는 시간은 사고발생지와 육지로부터의 거리, 기상조건, 발생시점 등에 의해 결정될 수 있으나, 실제 비상착수 사고가 육지로부터 35mile 내에서 발생했다 하더라도 현장 구조 활동이 개시되기까지는 대체로 2~4시간이 소요되고 있다는 사실을 감안한다면, 기상상태가 불량하거나 사고지점의 수상 조건이 열악한 경우 생존자 구조활동은 더욱 많은 시간이 소요될 것이다.

특히 수온이 낮은 수중이나 저온의 공기 중에 노출된 승객이 장시간 체온을 유지하는 것은 용이하지 않을 것이다. 인간의 생리적 기능은 체온에 의해 유지되고 있다. 따라서 비상착수 사고 후 구명조끼(LIFE VEST)를 착용했다 하더라도 수중에서 정상체온을 유지하는 것은 불가능하며, 이로 인한 체온 저하(HYPOTHERMIA)증상은 생존자의 생명을 위협하게 될 것이다.

또한, 체온이 정상온도(36℃) 이하로 떨어져 신체기능이 저하되는 저체온증 증상이 발생될 확률이 높으며, 이는 체내에서 생성되는 열량보다 체외방출 열량이 많을 때 나타나게 된다. 체온 저하증의 증상은 피부가 암갈색으로 변하고 온몸을 떨며, 의식이 저하되는 것으로 응급처치 방법은 환자의 몸을 따뜻한 담요 등을 이용해 문질러 주는 것이 최선의 방법이며 즉시 의료 전문가의 조치를 받도록 해야 한다.

⟨수온 변화에 따른 의식과 생존유지 시간⟩

수 온	의식유지 시간	생존시간
0°C	15분 이하	15분 - 45분
0°C - 5°C	15분 - 30분	30분 - 90분
5°C - 10°C	30분 - 60분	1 - 3시간
10°C - 15°C	1시간 - 2시간	1 - 6시간
15°C - 21°C	2시간 - 7시간	2시간 - 40시간
21°C - 26°C	3시간 - 12시간	3시간 이상

자료: 미 Underwriters Laboratory, Inc. 자료, 1995

수중에서의 생명 연장의 관건은 체내에 보유하고 있는 체온을 얼마나 오랫동안 유지하느냐에 달려 있다. 저온의 수중에서 무리한 동작과 수영 행위는 체내온도 저하를 촉진시키게 된다. 따라서 수중 생존유지를 위한 최선의 방법은 수중 부유물에 의존하면서 불필요한 동작을 삼가고 물과의 접촉 면적을 최소화한 상태에서 정지자세를 유지하는 것이다.

수중에서 체온저하 방지자세는 신체 부위중 체열 손실이 가장 많이 발생하는 부위의 노출을 최소화 할 수 있는 웅크린 자세가 될 것이다. 또한 개별적으로 이런 자세를 유지하고 4~5명 정도가 무리(HUDDLE OF BODY)를 형성한다면 더욱 효과적으로 체온의 방출을 막을 수 있을 것이다.

③ 비상 착수시 행동절차

① 외부상황 파악후 비상구 개방, ② 구명조끼 (LIFE VEST)팽창 시점(탈출직전), ③ 승객 탈출차림 점검 ④아동 승객의 구명복(LIFE VEST) 착용 점검

11) ELT(EMERGENCY LOCATOR TRANSMITTER)

항공기 비상 조난 시 구조신호를 발신시키기 위한 전자장비로 물에 닿으면 자동적으로 작동하도록 고안되어 있다. 121.5㎒와 243㎒ 두 개의 주파수를 이용하여 조난신호를 48시간 동안 발신시키며, 가능한 한 높은 위치에서 사용하는 것이 좋다.

12) 비상착수 장비(RAFT 부속장비)

구명정에는 비상착수 사고후 승선한 승객들이 수상에서 표류하는 동안 생존에 필요한 각종 장비와 물품(SURVIVAL KIT)들이 탑재되어 있다. 승무원은 항공기로부터 구명정을 분리하여 안전거리까지 이동시킨 다음 부속장비를 사용해서 구명정의 파손된 부위를 수리하고 응급환자를 처치해야 한다.

13) 구명정(RAFT)

항공기에는 비상착수 상황에 대비하여 탈출승객을 승선시키고 부력을 유지 할 수 있는 구명정이 탑재되어 있다. 구명정의 형식면에서 비상착륙시 사용하는 미끄럼틀(ESCAPE SLIDE)과 구분 없이 사용이 가능한 SLIDE/RAFT와 ESCAPE SLIDE와는 별도로 설치된 분리형 RAFT가 각 기종에 따라 사용되고 있다.

SLIDE/RAFT의 경우 비상구 개방과 동시에 자동적으로 팽창되어 구명정으로 사용이 가능하며 (6~10초 이내 팽창), 분리형 RAFT는 비상구를 개방한 다음 물위에 던진 후 수동팽창 손잡이를 당기면 팽창된다.

구명정의 승선 인원은 각 항공기의 비상구에 따라 차이가 있으며, B777-200 항공기의 NO1, 4 DOOR에 장착된 SLIDE/RAFT는 최대 승선인원 81명을 유지할 수 있도록 제작되어 있으며 부속장비의 주요 구성물은 구명정을 수선하고 보호하는데 필요한 설치용장비 (SUSTAINING EQUIPMENT)와 구조시까지 생명연장에 필요한 생존용장비 (SURVIVAL EQUIPMENT), 그리고 효과적으로 조난신호를 보낼 수 있는 각종 신호용 장비(SIGNAL EQUIPMENT)이다.

14) 기내화재 (CABIN FIRE)

① 발생요인

미국 회계감사원(GENERAL ACCOUNTING OFFICE)의 자료에 따르면 지난 85년에서 91년까지 7년간 미국내 항공기 사고중 16%(32건)가 화재발생과 관련이 있었으며, 사망자의 22%(140명)가 화재로 인한 연기와 화염에 의해 사망한 것으로 보고되고 있다.

전 세계적으로 지난 26년 동안의 항공기 사고중 화재와 관련된 사고로 인해 2,400명의 승객이 사망한 것으로 집계되고 있다.

기내화재의 원인은 객실 내부의 각종 설비의 전기적 누전과 휴대 수하물 내 위험 물질의 자연발화, 승객의 부주의한 흡연 등이며, 또한 충돌사고에 수반되는 화재(POST CRASH FIRE)는 항공기 외부에서 항공기 내부로 전이되는 유형을 보이고 있다.

② 기내화재의 특성

기내화재는 객실이라는 폐쇄된 공간 내부에서 발생하는 화염(FIRE)과 유독가스(TOXIC GAS)로 인해 치명적인 특성을 가지고 있으며, 특히 화재의 직접적인 피해는 화재로 인한 화염보다 일산화탄소(CARBON MONOXIDE), 시안화수소(HYDROGEN CYANIDE) 등과 같은 유독가스로 인해 발생하게 된다. 따라서 객실 설비는 사용재질의 내화성이 규제되고 있으며, 연소과정에서 발생하는 유독가스의 발생을 최소화할 수 있는 규제가 필요하다.

③ 화재 진압시 유의사항

승무원은 절대 화재의 정도를 과소평가해서는 안 된다. 모든 화재의 속성은 불을 구성하는 3가지 요소(FIRE TRIANGLE - 산소, 열, 물질)중 어느 하나 제거하지 않는 한 또 다시 재발하고 확대된다는 것이다.

15) 객실감압 (CABIN DECOMPRESSION)

대형 항공기의 통상 비행고도는 35,000ft 이상으로 인간이 별도의 장비 없이 생존할 수 있는 한계고도인 14,000ft를 초과하게 되나, 항공기에는 여압장치를 이용해서 객실고도를 최대 8,000ft를 유지할 수 있도록 하고 있다.

따라서 비행중인 항공기에서는 실제 비행고도(FLYING ALTITUDE)와 객실고도(CABIN ALTITUDE) 간에 차이가 발생하게 되며, 객실감압이란 비행 중 여압장치의 고장, 기체파손, DOOR 잠김 상태의 불완전 등으로 인해 객실내 공기압과 항공기 외부의 공기압이 평형상태를 유지하려는 현상을 말한다.

① 감압의 종류

완만한 감압(SLOW DECOMPRESSION)
DOOR SEAL 등의 이상으로 불완전한 밀폐 상태에서 객실의 기압이 서서히 낮아지는 것을 말하며, 치통과 함께 귀가 멍멍해지는 자각증상을 느낄 수 있다.

급격한 감압(RAPID DECOMPRESSION)
급감압의 범위는 일반적으로 기체외벽의 균열, 여압장치의 고장으로 분당 7,000ft 정도로 객실고도가 낮아지는 감압상태를 말하고 있다. 급감압이 발생하게 되면 귀의 통증은 물론 정상적인 호흡이 곤란하고, 객실내의 온도가 강하하게 된다.
또한 급격한 기내 감압상태가 발생하게 되면 승객과 승무원에게 산소 공급 장치가 작동되고 동시에 감압 안내방송과 금연 및 좌석벨트 착용 경고등이 자동 작동하게 된다.

폭발적 감압(EXPLOSIVE DECOMPRESSION)
항공기 외벽의 파손 등으로 인해 객실고도가 순식간에 실제 항공기 외부 운항고도와 평형상태가 되는 감압상태를 말하며 굉음과 동시에 객실 내 안개현상이 나타나게 된다.

② 유효의식시간 (TIME OF USEFUL CONSCIOUSNESS)

객실 고도의 변화에 따라 별도의 산소 공급 없이 정상적인 의식 활동을 유지할 수 있는 저산소증에 대한 한계수용(HYPOXIA TOLERANCE) 시간을 의미하며, 객실고도의 변화에 따라 정상적인 두뇌 활동을 유지할 수 있는 유효시간의 차이가 발생하게 된다.

※ 25,000ft: 약 4~5분, 30,000ft: 약 1분, 35,000ft: 약 30초, 45,000ft: 약 10초

③ 객실감압 발생 시 조치요령

완만한 감압의 경우 객실승무원은 자신의 신체적인 자각 증상에 따라 감압상태를 빨리 인지하는 것이 중요하며, 즉시 기장에게 보고하여 항공기를 안전고도로 강하시키도록 해야 한다.
급감압이 발생했을 경우 승무원은 무엇보다도 먼저 가장 가까운 곳에 위치한 산소마스크를 착용해야 한다. 항공기가 안전고도로 강하하는 단계에서 승무원의 기내 이동은 사실상 불가능하므로 강하를 완료한 다음 기장으로부터 이동해도 좋다는 통보를 받은 후 휴대용 산소통(OXYGEN BOTTLE)을

사용해서 산소를 공급받으며 승객의 산소 마스크 착용상태를 점검해야 하며, 승객 중 의식을 잃은 승객에게는 즉각 산소를 공급해 주고 화장실내 잔류 승객의 유무를 확인해야 한다.

16) 기체요동 (TURBULENCE)

비행 중 기체요동으로 인한 승객의 중상(SERIOUS INJURY) 발생률은 비상탈출 과정에서 발생하는 부상 발생률의 2배가 넘는 것으로 집계되고 있다. 지난 1982년에서 1991년까지 10년 간 미국을 운항하고 있는 중대형 항공기에서만 발생한 기체요동으로 인한 승객부상 사건은 총 55건으로 이 중 1명이 사망하고 79명이 중상을 입은 것으로 보고되었다(미국 사고조사위원회 NTSB, 1994).

이 같은 부상을 방지하기 위해 승객은 비행 중 좌석벨트 사인을 준수하도록 규정하고 있지만 격심한 기체동요와 예상치 못한 급작스러운 기체요동은 승객은 물론 정상적인 업무를 수행중인 승무원에게 있어 심각한 결과를 초래하게 된다. 특히 기체요동으로 인한 신체적 충격과 객실 내 미고정 물질의 낙하와 순간이동은 승객과 승무원의 생명을 위협하는 심각한 요인으로 지적되고 있다.

① 기체요동(TURBULENCE) 발생원인

비행 중 발생하는 기체요동의 원인으로는 기체 결함에 의한 기계적 요인이 있을 수 있으나 일반적으로 TURBULENCE라고 하는 항공기 기체요동은 기류의 상승 및 하강에 의한 불안정한 난류에 의해 발생하고 있다.

기상학에서 말하는 TURBULENCE의 의미는 "건물이나 높은 산등 지형적 영향과 지표면의 열적 특성으로 활성화된 공기의 상승작용에서 비롯된 난기류"를 뜻하며, 계절에 관계없이 연중 고르게 발생하고 있다.

한편 이러한 난기류 중에서도 사전에 발생을 예측하기가 어려운 CAT(Clear Air Turbulence)는 특히 운항중인 항공기에 심각한 피해를 초래하고 있다.

CLEAR AIR TURBULENCE
지구의 북반구를 감싸고도는 강한 편서풍 JET STREAM의 영향으로 고도 30,000ft 부근에서 발생하는 난기류로 강한 기압경로의 상승과 산악풍에 의해 발생하는데 이를 예측하는 것이 매우 어려운 것으로 알려지고 있다.

② 기체요동의 유형

TURBULENCE는 기체의 요동 정도에 따라 LIGHT/MODERATE/SEVERE/EXTREME으로 구분하고 있으며, MODERATE와 SEVERE TURBULENCE는 컵 속에 든 물이 넘치는 것과 다른 지지물 없이 정상적인 보행이 불가한 상태를 경계로 구분될 수 있다.

기체요동에 따른 객실의 충격은 항공기 기종과 좌석의 위치에 따라 차이가 있으며, 어떤 유형의 TURBULENCE라 하더라도 승객은 착석과 동시에 좌석벨트를 착용하도록 해야 한다.

③ 기체요동 대비요령

기체요동으로 인한 부상을 예방하는 방법은 착석 중에 반드시 좌석벨트를 착용하는 것이다. 대부분의 항공사들이 이륙 후 좌석벨트 사인이 꺼진 후에도 승객의 안전을 위해 좌석벨트의 상시착용을 권유하는 것은 바로 비행 중 예기치 못한 상황에서 발생할 수 있는 TURBULENCE의 피해를 예방하고자 하는 것이다.

17) 즉각적인 방송과 좌석벨트 확인

비행 중 TURBULENCE SIGN이 점등하게 되면 승무원은 즉시 안내 방송을 실시하고 승객의 좌석벨트 착용 여부를 직접 확인해야 한다. 특히 좌석을 벗어나 이동하는 승객을 제지하고 화장실에 잔류하는 승객은 없는지 확인해야 한다.

18) 유동물 보관 및 고정

모든 물품과 유동물은 정위치에 보관하고 고정시켜야 하며 OVERHEAD BIN의 잠김 상태를 확인해야 한다. 서비스가 진행중인 경우 승객의 MEAL TABLE과 좌석 등받침은 원래 위치대로 하고 MEAL CART 등은 지정된 장소에 고정시킨다.

19) 비상탈출과 승객 유도방법

① 90 SECONDS RULE

미국과 유럽의 항공안전을 관장하고 있는 FAA와 JAA는 제작 항공기에 대해 비상탈출 성능을 항공기 운항 개시 전에 시험하고 인증 받도록 규정하고 있다. 아울러 각 항공사가 운영하고 있는 각 기종별 비상탈출절차(EMERGENCY EVACUATION PROCEDURE)는 물론 주요 객실설비를 변경하거나 장착된 비상장비의 위치를 변경한 경우에도 반드시 모의실험(DEMONSTRATION TEST)을 통해 규정된 조건을 충족시키도록 요구하고 있다.(FAR 25.803 / 121.291, JAR 25)

탈출성능 인증을 위한 모의실험에서 제작사와 항공사는 탑승한 승무원을 포함한 항공기내 전 승객이 90초 이내에 항공기 외부로 탈출할 수 있는 성능을 인정받아야 하며, 모의실험에서는 야간과 동일한 조명상태를 유지하고 실험에 참여하는 승객의 연령과 성비(50세 이상 35%, 여자 40% 이상) 등 세부적인 조건을 규정하고 있어 비상상황과 유사한 환경조건을 부과하고 있다.

또한 항공사가 운영하는 비상탈출절차에 대한 인증 실험에서는 항공기내 양 SIDE의 가용 비상구중 50% 이하만을 사용하는 조건 하에서 90초 규정(90 SECONDS RULE)을 충족하도록 요구하고 있다.

② 효과적인 승객 유도방법

탈출명령(EVACUATION COMMAND - SHOUTING)
비상탈출에 필요한 승무원의 지휘 명령어는 간단하고 명료해야 한다. 지시 명령어는 짧고 정확하게 반복적으로 사용해야 하며, 부정어의 사용은 적절치 못하다. 예를 들면 "무엇은 하지 말라"라고 말하는 것보다는 "무엇을 해라"라고 명령하는 것이 더욱 효과적이다.

휴면 비상구(DRIED-UP EXIT) 방치 금지
객실 내 장착된 좌석 밀도(SEAT DENSITY)가 상이한 CLASS로 구분되어 있는 대형항공기의 경우 상위 CLASS가 위치한 FORWARD ZONE의 비상구는 상대적으로 좌석 밀도가 높은 AFTER ZONE의 비상구에 비해 탈출 승객의 숫자가 적고 따라서 다른 비상구 보다 조기에 탈출상황이 종료될 것이다.

승무원은 이 같은 점을 고려하여 항공기 비상구 전체의 상태를 파악하고 객실 후방의 승객을 적절히 배분하여 객실 전방에 위치한 비상구로 유도해야 한다. 특히 승무원은 비상탈출이 진행되고 있는 동안 객실내 방치되고 있는 비상구는 없는지 확인하고 너무 많은 승객이 몰려 있는 비상구의 승객을 대체 비상구로 유도하는 것은 전체적인 승객탈출의 흐름을 조절하는 중요한 POINT가 될 것이다.

TYPE Ⅲ 비상구
TYPE Ⅲ 비상구는 FAA에서 규정하고 있는 너비 51Cm, 높이 91Cm를 초과하지 않는 비상구(EMERGENCY EXIT)로 60석 이상의 항공기에서만 날개 위(OVERWING)에 장착이 가능하도록 규정하고 있다.(FAR 29.807)

현재 국내 항공사에서 보유하고 있는 이와 같은 형식의 비상구는 동체 중간 주로 주날개(MAIN WING) 위에 위치하고 있으며, 비상 탈출 시 항공기 전·후방의 비상구와 함께 승객을 효과적으로 분산 탈출시키기 위한 비상구로 사용되고 있다.

라. 지상조업(Aircraft Ground Handling Service)

1) 지상조업의 의의와 범위

지상조업은 항공사업법 제2조 제19호 및 항공사업법 제44조(항공기취급업)에 따라 항공기취급업의 일종으로 타인의 수요에 맞추어 항공기에 대한 급유, 항공화물 또는 수하물의 하역과 기타 지상조업을 하는 사업을 말하며, 항공사업법 시행규칙 제5조(항공기취급업의 구분)에 따라 다음과 같이 사업을 구분하고 있다.

항공기 급유업: 항공기에 연료 및 윤활유를 주유하는 사업
항공기 하역업: 화물이나 수하물을 항공기에 싣거나 항공기에서 내려서 정리하는 사업
지상조업사업: 항공기 입항·출항에 필요한 유도, 항공기 탑재관리 및 동력지원, 항공기 운항정보 지원, 승객 및 승무원의 탑승 또는 출입국 관련업무, 장비 대여 또는 항공기의 청소 등을 하는 사업

2) 항공기 취급업 등의 규제

항공사업법 제44조(항공기취급업의 등록)에 따라 항공기 취급업을 경영하려는 자는 국토교통부령으로 정하는 바에 따라 신청서에 사업계획서와 그 밖에 국토교통부령으로 정하는 서류를 첨부하여 국토교통부장관에게 등록하여야 한다.

〈항공기 취급업의 등록 요건〉

구 분	기 준
1. 자본금 또는 자산평가액	가. 법인: 납입자본금 3억원 이상 나. 개인: 자산평가액 4억 5천만원 이상
2. 장비	
가. 항공기급유업	서비스카, 급유차, 트랙터, 트레일러 등 급유에 필요한 장비. 다만, 해당 공항의 급유시설 상황에 따라 불필요한 장비를 제외한다.
나. 항공기하역업	터그카, 컨베이어카, 헬더로우더, 카고 컨베이어, 컨테이너 달리, 화물카트 등 하역에 필요한 장비(수행하려는 업무에 필요한 장비로 한정한다)
다. 지상조업사업	토잉 트랙터, 지상발전기(GPU), 엔진시동지원장치(ASU), 스텝카, 오물처리 카트 등 지상조업에 필요한 장비(수행하려는 업무에 필요한 장비로 한정한다)

3) 지상조업의 취급 업무

① 항공기 유도 및 견인(Marshalling & Towing)

램프에서 항공기에 대해 제공되는 램프서비스는 항공기가 착륙하여 다시 이륙하기까지 외부로 드러나는 화려한 서비스는 아니지만 어느 항공기도 이 서비스를 받지 않으면 운항할 수 없는, 항공기 운항에 있어서는 필수적인 요소이며 오늘날 항공운송 서비스의 품질에 많은 비중을 차지하고 있다.

주요업무로는 항공기 유도(Follow Me & Marshalling), 인터폰 및 윙가드(Interphone & Wing Guard Service), GPU 및 ASU(Ground Power Unit & Air Start Unit), 항공기 견인(Towing & Push back Service), 시동점화 및 전원공급(G.P.U. & A.S.U.) 등이 있다.

② 수하물 및 화물 상,하역(Baggage & Cargo Loading/Unloading)

승객이 위탁한 수하물이 목적지까지 안전하게 도착할 수 있도록 정확한 수하물의 분류작업, 취급, 정시운반(on-time handling), 항공기 화물실의 최대한 활용등을 기본원칙으로 삼은 수하물 서비스를 제공하고 있다.

주요업무로는 수하물 서비스(Baggage handling), 화물 및 수하물 상하역(Loading & unloading of cargo and baggage), 수하물 분류 및 탑재(Baggage Sorting & Buildup), 수하물 하기(Baggage Breakdown & Empting ULD), 수하물 및 화물의 상·하역 및 운반(Loading/unloading and Transport of Baggage & Cargo) 특수화물조업(DIP,Mail,Live Animals, Dangerous Goods, Heavy Weights,Valuable Shipments) 등이 있다.

③ 항공기 객실 청소(Aircraft Cabin Cleaning)는 항공기 기내 청소(Aircraft Interior Cleaning, Tidying & Dressing Up), 기내용품 탑재 및 하기(Loading/unloading and Setting of Passenger Use Items), 담요 등 기내용품 교환(Change of Blankets, Headrest & Pillow Covers, Tabel Linens, etc.), 시트커버, 커튼 등 교환(Change of Seat Covers, Carpets, Curtains, etc.), 항공기 외부 및 객실청소(Exterior & interior cleaning) 등의 업무가 있다.

항공기 외부 청소(Aircraft Exterior Cleaning)는 항공기 외부세척 및 광택(Aircraft Exterior Cleaning and Polishing), 제빙 및 방빙(Deicing and Anti-icing Service in cold weather) 등이 있다.

기내식 지원(Catering Support Service)은 기내식 센터(CATERING CENTER)에서 기내식 제조 지원과 제조된 기내식을 승객들에게 서비스할 수 있도록 쟁반에 SETTING하고 이를 모아 전용 소형 콘테이너에 적재, 보관하고 출발 항공편의 시간에 맞추어 기내식, 음료, 잡지등 각종 서비스 품목을 전용차량(FOOD SERVICE CAR)을 이용하여 해당 항공편으로 운반하며, 항공기주방(GALLY)의 지정된 위치에 탑재하는 업무이다.

도착 항공편은 서비스된 각종 기내식 물품을 하기, 기내식 센터(CATERING CENTER)로 운반하여 재사용할 수 있도록 준비한다.

주요업무는 기내식 물품 탑재하기(Loading/unloading and Transport of Meal), 기내식 셋팅(Meal Setting and Dish Washing), 기내식 물품 수리(Repair of Cabin and Catering Materials) 등이 있다.

4) 항공기 급유사업(Aircraft Refueling)

항공유(JET A-1)를 각 정유사의 저유소로부터 수송하여 일정시간 저장탱크에서 침전시킨 후 품질관리상 이상이 없는 항공유만을 하이드란트(Hydrant) 급유시설과 특수 급유장비(Servicer, Refueler) 등을 이용하여 항공기에 공급하는 서비스를 제공하는 업무이다.

주요업무는 항공기 급유 및 배유(Aircraft Refueling, Defueling), 항공유 판매(Aviation Fuel Selling), 하이드란트 시설 유지(Hydrant System Maintenance), 항공유 수송 및 저장(Aviation Fuel Transport & Storaging), 항공유 품질관리(Aviation Fuel Quality Control), 항공유 비축기지 운영(Aviation Fuel Tank Operation), 항공유 품질관리(Aviation fuel quality control) 등이 있다.

5) 기타 업무(Other Subsidiary Business)

승객이 항공기 탑승과 하기시 안전하게 항공기 또는 도착장까지 이동할 수 있도록 Step car 및 공항 내 Ramp bus를 운행하고, 장애인 승객 수송용으로 특별 제작된 Wheel chair car 서비스를 제공하며, 탑승수속업무(Check-in Counter)도 위탁에 의거 수행한다.

주요업무는 승객 하기 및 환승 서비스(Arrival and transfer services), 체크인 카운터(Check-in) 운영, 장애인 승객 특별지원(Restricted Passenger Assistance), 냉방 및 온방(Cooling & Heating) 관리, 기내 화장실 서비스(Lavatory service), 식수공급(Water supply), 제빙 및 방빙(Deicing & Anti-icing) 등이 있다.

6) 특수장비 지원사업

항공기 지상조업 지원을 위해 사용되는 특수장비에 대한 철저한 일일점검과 예방정비로 장비를 항상 최상의 상태로 유지하여 안전성과 정시성 있는 지상조업에 사용된다.
주요업무는 지상조업장비 검사 및 수리(Inspection and Repair of Ground Support Equipment),

탑재용기 수리(Repair of ULD), 지상조업장비 제작(Manufacturing of Ground Equipment ; Dolly, Baggage Cart, Conveyor Truck, etc.), 기내용품 수리 및 제작(Manufacture and Repair Service of Inflight Materials), 기내용품 세탁(Laundry Service), 조업장비 정비(GSE maintenance) 등이 있다.

7) 항공화물사업(Cargo Handling)

주요업무는 수출화물 접수, 보관, 조업(Acceptance, Storage and Build up of Outbound Cargo), 수입 화물 분류, 보관, 인도(Breakdown, Storage and Delivery of Inbound Cargo), 통과화물 조업 및 보관(Transit Cargo Handling and Storage), ULD 조업 및 보관(ULD Handling and Storage), 특수화물 조업 및 보관(Special Cargo Handling and Storage) 등이 있다.

8) 항공기정비업

항공기 정비업이란 타인의 수요에 맞추어 항공기, 발동기, 프로펠러, 장비품 또는 부품을 정비, 수리 또는 개조하는 업무, 기술관리 및 품질관리 등을 지원하는 업무를 하는 사업을 말한다.

항공기 정비업의 규제

항공사업법 제42조(항공기정비업의 등록)에 따라 항공기 정비업을 경영하려는 자는 국토교통부령으로 정하는 바에 따라 국토교통부장관에게 등록하여야 한다.

〈항공기정비업의 등록요건〉

구 분	기 준
1. 자본금 또는 자산평가액	가. 법인: 납입자본금 3억 원 이상 나. 개인: 자산평가액 4억 5천만 원 이상
2. 인력, 시설 및 장비기준	가. 인력: 항공정비사 자격증명을 받은 사람 1명 이상 나. 시설: 사무실, 정비작업장(정비자재보관 장소 등을 포함) 및 사무기기 다. 장비: 작업용 공구, 계측장비 등 정비작업에 필요한 장비(수행하려는 업무에 해당하는 장비로 한정한다.

항공교통론

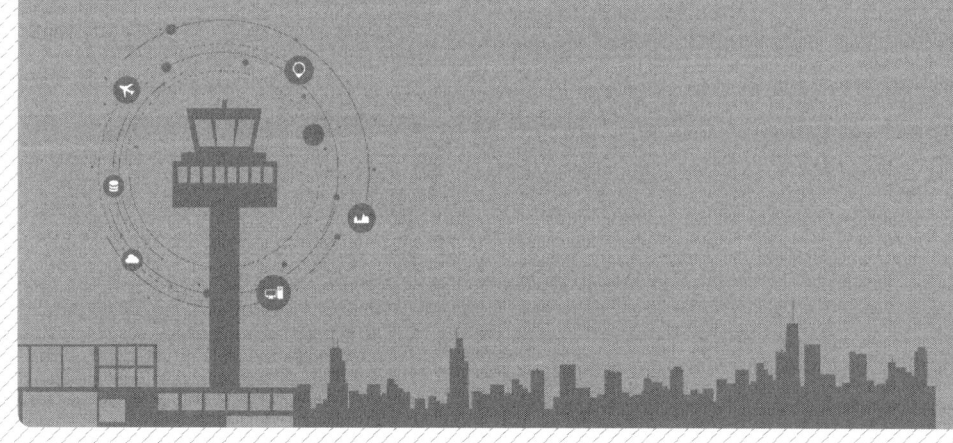

제6장 항공교통정책과 항공사업

1. 항공교통정책
2. 항공사업과 항공업계의 동향
3. 코로나19 위기의 항공산업

제6장
항공교통정책과 항공사업

1 항공교통정책

1. 항공조직

가. 국내 민간 항공조직

일본식민시대에는 조선총독부내에 1924년 체신국 감리과 항공담당계를, 1935년에는 체신국 항공과로 승격시키고, 1943.4에는 철도국 항공과로 이관된후 해방시 까지 관리하였으며, 1945.8.15 해방 이후에는 미군정 산하에 운수부 항공과가, 1946.3.29에는 운수부 비행운수국으로, 1947.6.3에는 교통부 비행운수국으로, 과도정부당시인 1948.4.1에는 교통부 운수국 항공과로, 정부가 수립된 1948.11.6에는 교통부시설국 항공과로, 1957.12.7에는 서울, 부산, 강릉, 광주에 항공통신소가 설치되었으며, 1958.1.30에는 서울, 부산, 강릉, 광주, 제주에 비행장이 설치되었고, 1960.7.1에는 항공보안시설 보수소와 서울 항공관제소가 설치되었으며, 1961.10.2에는 서울, 부산에 지방항공관리국이 설치되었고, 1963.9.1에는 교통부에 항공국이 신설되었다.

그 후 국제민간항공기구(ICAO)의 점검과 미 연방항공청의 안전점검결과 미국기준으로 한국의 항공안전을 위험국(2등급)으로 판정하면서 항공 안전 및 보안업무를 전담할 독립된 조직이 필요하다는 지적에 따라 국토해양 부 장관 직속으로 항공청대신 항공안전본부가 2002년 8월12일 신설되었다.

※ (구) 항공국을 항공안전본부와 항공정책심의관으로 분리.

항공안전본부에는 관리관을 포함한 860여명의 공무원으로 구성되며, 서울지방항공청, 부산지방항공청, 항공교통관제소와 안전본부내에 운항기술국, 공항시설국 및 비행점검소 등을 두며 항공기 운항, 정비, 관제통신 등 항공기술, 항공안전 및 보안, 인천공항건설 및 기존 공항의 개량, 확충 등의 업무를 담당하였다.

또한, 국토교통부장관 소속기관으로 항공철도사고 조사위원회와 물류혁신 본부장(수송조정실) 소속 하에 항공기획관(2005.9.1 항공정책심의관에서 명칭변경)이 별도로 신설하는 등의 국토교통부와 그 소속 기관직제 중 개정령이 공포(2002.8.8)되었고, 기관별 업무분장, 실국간의 업무조정에 따른 과별 소관업무를 조정하는 한편 실무인력 확보에 따른 본부 및 소속기관의 정원을 조정하기 위한 시행규칙 중 개정령이 공포(2002.8.12)되었고, 또한 이에 따른 권한과 위임사항 및 업무협조 등에 관한 항공법시행령 중 개정령이 2002.8.12 공포되었다.

이러한 항공조직의 변화는 2008년 정부가 바뀌자 다시 건교부의 조직개편이 이루어져, 2008년 3월 6일에는 건설교통부와 해양수산부를 통하하여 국토교통부를 신설하였고, 2009년 5월 6일에는 독립기관이었던 항공안전본부를 국토교통부 소속의 항공정책실로 흡수하여 기획관 및 관제통신기획관등 일부조직은 축소되어진다.

나. 국제기구 및 단체

1) 국제민간항공기구(ICAO)

① 설립년월일

1947년 4월 4일

② 설립배경

제2차 대전중 항공기술의 발달로 급속한 발전이 예상되는 국제민간항공의 수송체계 및 질서를 확립하기 위하여 1944년 11월 1일, 시카고에서 52개국이 참가한 국제민간항공회의가 개최되었다. 이 회의는 6주간 계속되었으며
(i) 국제민간항공협약의 제정 (ii) 국제민간항공기구(ICAO)의 설치 (iii) 하늘의 자유 (Open Sky Policy)의 확립에 관한 문제를 협의 한 후 1944년 12월 7일에 국제민간항공협약을 체결하였으며, 이 협약은 1947년 4월 4일 발효하였다. 동 회의는 영구적인 기구의 설립시까지 활동할 임시국제민간항공기구(PICAO: Provisional International Civil Aviation Organization)를 설치하였으며, 국제민간항공협약(Convention on International Civil Aviation)이 1947년4월 4일에 발효됨에 따라 PICAO는 정식으로 국제민간항공기구(ICAO: International Civil Aviation Organization)로 창설

되어 1947년 10월에 유엔의 경제·사회이사회(Economic and Social Council)산하 전문기구로서 현재까지 민간항공부문에서 가장 중요한 국제기구로 활동하고 있다.

③ 설립목적

전세계에 걸쳐서 국제민간항공의 안전과 질서있는 발전을 촉진할 것을 목적으로 하는 국제연합의 전문기구로써, 동 기구는 안전하며, 규칙적이고, 효율적이며, 경제적인 항공운송을 위해 필요한 각종 국제 표준 및 규칙을 정하며, 동 기구에 속한 체약국 사이의 민간 항공의 모든 분야에서 협조를 위한 중간자로서의 역할을 수행한다.
국제민간항공협약 제44조에서 국제항공의 원칙과 기술을 발달시킬 것과 국제항공운송의 계획과 발달을 촉진하는데 그 설립목적이 있음을 명시하고 다음과 같이 규정하고 있다.

(1) 세계전역을 통하여 국제민간항공의 안전하고 질서정연한 발전 보장
   · 평화적 목적을 위한 항공기의 설계와 운송기술 장려
(2) 국제민간항공을 위한 항공로, 공항 및 항공시설 발전 촉진
(3) 안전하고, 정확하며, 능률적이고 경제적인 항공수송에 대한 세계제국 국민 요망에 부응
   · 불합리한 경쟁으로 발생하는 경제적인 낭비 방지

(4) 체약국의 권리가 충분히 존중될 것과 체약국이 모든 국제 항공기업을 운영할 수 있는 공정한 기회보장
   · 체약국의 차별대우를 피함
   · 국제항공에 있어 비행의 안전 증진
   · 국제민간항공의 모든 부문의 발전 촉진

④ 회원수: 193개국 (2019년 4월 기준)

우리나라는 제6차 총회 기간 중인 1952년 11월 11일에 국제민간항공협약 가입서를 기탁하였으며, 동년 12월 11일자로 가입효력이 발생하였다. 2001년 제33차 총회에서 ICAO 33개 상임이사국(Part III소속)으로 피선되었으며 2004년 제35차 총회에서도 36개 상임이사국중의 멤버로 재선되었다.

⑤ 총 회

정기총회는 이사회가 정하는 시일과 장소에서 결정되는 바, 10차 총회까지는 매년 개최되었으나, 1956년 이후 매 3년에 1회 이상 개최하도록 되어 있다. 특별총회는 이사회 또는 전체 체약국 1/5 이상의 요청이 있을 때 개최된다. 총회의 의사정족수는 회원국의 과반수이며, 의결정족수는 통상 유효투표의 과반수이다. 총회는 이사국 선출, 총회자체의 의사규칙 결정 및 보조위원회 설치, 기구예산 및 회원권 분담금 결정,
타 국제기구와의 협조를 위한 협정 체결, 본 협약의 개정안 심의 승인 등의 중요한 기능을 수행한다.

⑥ 이사회(Council)

이사회는 총회에 대하여 책임을 지는 상설기관으로써 총회에서 선출하는 36개 체약국으로 구성되며, 선거는 매 3년마다 행하고 선출은 3개의 범주(Category) 즉, Part I 항공수송에 있어 가장 중요한 국가 (10개국),
Part II 국제민간항공을 위한 시설의 설치에 최대 공헌을 한 국가(11개국),
Part III. Part I과 Part II에 포함되어 있지 않은 국가로서 세계의 모든 주요지역의 대표가 될 수 있는 국가(12개국)로 구성되어진다.
이사회는 대개 일년에 3차례의 회의를 소집하며 3년 임기를 갖는 회장과 1년 임기를 갖는 3명의 부회장을 선출한다. 이사회는 총회에 연차보고 제출, 총회 지시사항 수행, 항공위원회 및 항공 운송위원회 등의 설치, 사무총장 임명,
항공에 관한 정보수집, 심사 및 발표, 협약의 위반, 이사회 권고 불이행보고, 부속서(Annex) 개정 심의 등의 기능을 수행한다

⑦ 주요업무

- 표준화: 국제민간항공협약 부속서에 반영할 국제표준과 권고사항을 채택
- 항공운송: 정기·부정기 항공운송에 관한 국제협정, 국제항공운송의 간편화, 과세정책, 국제항공우편, 공항과 항로시설 관리, 통계, 경제분석, 계획수립을 위한 예측, 항공운송과 운임의 규제, 항공운송에 관한 간행물 발간
- 특정 항공운항 서비스에 대한 공동 재정 지원
- 법률문제: 국제민간항공협약 해석과 개정, 국제항공법, 국제민간항공에 영향을 미치는 사법관련 제반 문제를 검토하고 권고사항을 입안

· 기술지원: 항공기 사고 조사 및 방지, 항공통신과 정비, 항공기상업무, 공항기술, 정비, 공항에서의 구조 및 진화, 항공보안 등
· 국제민간항공에 대한 불법적 방해에 관한 문제
· 기술, 경제, 법률부문에 대한 간행물 발간

(1) ICAO 조직: ICAO 주요기관으로는 총회, 이사회 및 사무국이 있고, 이사회의 보조기관으로서 각종 전문 위원회가 있다.

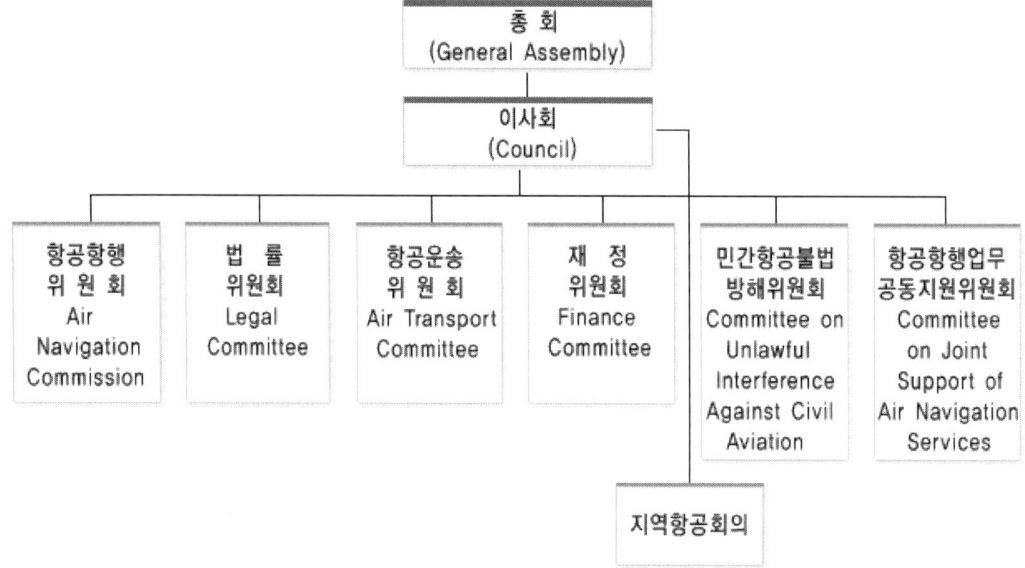

(2) ICAO 사무국 조직

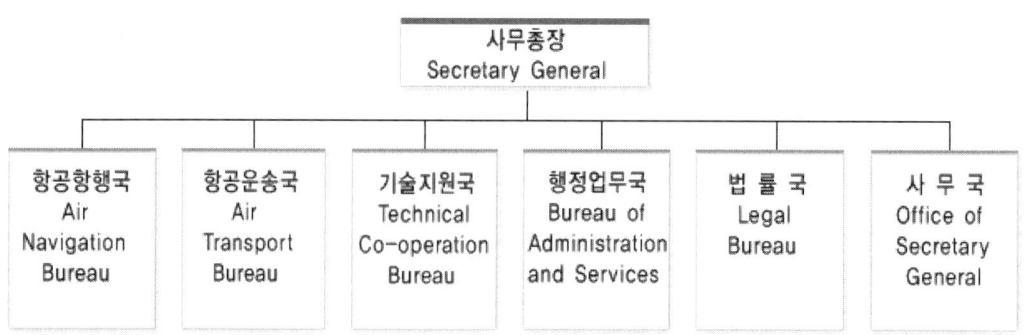

(3) ICAO 본부 및 지역 사무소
- ICAO 캐나다 몬트리올 본부: ICAO Headquarters, Montreal, Canada
- 아·태 지역 사무소: ICAO, Asia and Pacific Office/ http://www.icao.int/apac
- 동·남 아프리카지역 사무소: ICAO, Eastern and Southern African Office
- 유럽·북대서양지역 사무소: ICAO, European and North Atlantic Office
- 중동지역 사무소: ICAO, Middle East Office
- 북미·카리브해지역 사무소: ICAO, North American, Central American and Caribbean Office
- 남미지역 사무소: ICAO, South American Office
- 서부·중앙아프리카 사무소: ICAO, Western and Central African Office

2) 국제항공운송협회(IATA)

① 설립일

1945년 4월 19일

② 설립배경

국가가 회원으로 되어 있는 국제민간항공기구(ICAO) 이외에 각국 항공기업의 대표자들이 국제항공의 단체를 조직하여 상업항공의 권익에 관한 문제를 다루기 위해 1945년 4월 쿠바 하바나(Havana)에서 세계 32개국의 61개 항공사가 세계항공사회의를 개최하여 제2차 대전 후의 항공수송의 비약적인 발전에 따라 예상되는 여러가지 문제에 대처하고 국제항공수송사업에 종사하는 항공회사간의 협조강화를 목적으로 설립한 순수한 민간의 국제협력단체로써 항공운임의 결정, 운송규칙의 제정 등이 주된 임무이며 준공공적 기관으로서의 성격을 갖고 있다.

③ 설립목적

1945년에 설립된 정기항공사들로 구성된 세계적인 비정부조직으로서 안전하고, 정기적이며, 경제적인 항공운송을 도모하며, 항공운송기업들간에 협력할 수 있는 수단을 제공하며 ICAO, 기타 국제기구 및 지역항공협회들과 협력할것을 목적으로 한다. 이 중에서 가장 중요한 것이 항공기업간의 협력으로 항공기업간에 통일적으로 사용해야 할 각종의 표준방식을 설정하는 것이다. 이 중에는 표준운송약관,

항공권, 화물운송장, 복수 항공기업간의 연대운송협정, 판매대리점과의 표준계약, 표준 지상업무 위탁계약 등이다.

④ 회원수: 225개 항공사 (2009년 1월 현재)

IATA의 회원은 정회원(Active Member)과 준회원(Associate Member)으로 구분되며 ICAO 가맹국의 국적을 가진 항공기업만이 IATA의 회원이 될 수 있다. 국제항공운송에 종사하고 있는 항공회사는 정회원, 국내항공운송에 종사하고 있는 항공회사는 준회원이 될 수 있다.
※ 대한항공 가입 (1989. 1월), 아시아나항공 가입 (2003년. 5월)

⑤ 조직

IATA의 조직은 최고기관인 연례총회(Annual General Meeting), IATA의 실질적인 운영을 맡고 있는 이사회(Executive Committee), 각 분야에서 활동하고 있는 4개의 상설위원회(기술, 재정, 법무, 운송), IATA의 가장 중요한 기능인 항공운송에 관한 제 조건(여객운임, 화물운임률 등)을 가맹 항공회사가 협의하여 결정하는 운송회의(Traffic Conference), 항공기업간의 금전적 대차관계의 정산을 하는 정산소(Clearing House) 및 사무국으로 구성된다.

(1) IATA 조직

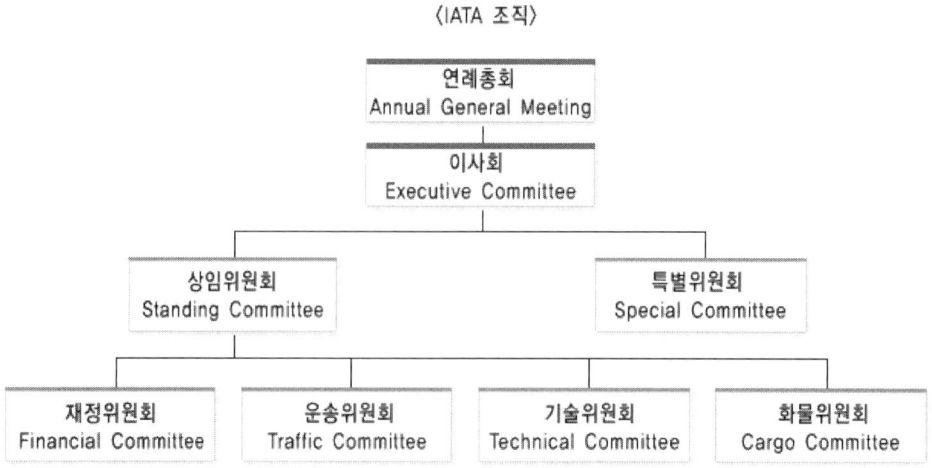

〈IATA 조직〉

(2) IATA 본부 (IATA Main Office)
- 캐나다 몬트리얼본부: 800 Place Victoria P.O.Box 113 Montreal, Quebec H4Z 1M1, Canada,
- 스위스 제네바본부: Route de L'Aeroport 33 P.O.Box 416, 15-airport, CH-1215, Geneva, Switzerland

(3) 지역사무소 (International Regional Office)
- 미국: Suite 285, 1001 Pennsylvania Ave., Washington DC20004, USA
- 칠레: Torre A, Officina 903, Av. 11 de Septiembre 2155 Santiago, Chile
- 싱가폴: 77 Robibson Road #05-00 SIA Building Singapore, 068896

(4) 기술지역사무소 (International Regional Technical Offices)
- 미국: Suite 690, 5200 Blue Lagoon Dr., Miami FL33126 USA
- 벨기에: B.P. 7, 350 Ave. Louise, Brussels Belgium B-1050
- 요르단: P.O.Box 940587, Amman Jordan
- 케냐: P.O.Box 47979, Nairobi Kenya
- 세네갈: P.O.Box 2053, Dakar Senengal
- 싱가폴: 10-01 Odeon Towers, 331 N. Bridge Rd., Singapore 188720

2. 정부의 항공정책

가. 항공정책

1) 항공정책의 개념

항공정책은 국가나 국민이 필요로 하는 적정 항공수송력을 안정적으로 공급함으로서 국가경제 발전과 국민복지 향상을 촉진하고 동시에 항공운송 사업체의 보호 육성과 이를 이용하는 소비자의 편익을 향상시킬 수 있도록 하는 데 필요한 정부의 기본방향과 종합대책의 수행이라 할 수 있다.
항공 정책은 항공수송을 담당하는 항공운송사업체에 대한 육성과 그 사업의 발달, 우수한 조종사의 양성, 항로 및 공항의 정비확충, 국제항공협정의 적극적인 체결을 통한 항공 노선망의 확충과 안정된 수송력의 확보, 항공기의 도입에 따른 지원 등으로써 국가는 항공운송사업이나 항공기업이 활동하는데 필요한 제 문제를 해결하는데 역점을 두게 된다.

2) 항공정책의 목적

항공정책의 목적은 자국항공산업을 건전하고 질서 있게 발달시킴으로서 국민경제의 발전에 기여하고 자국 항공의 보호육성과 국민경제에 필요한, 그리고 가장 저렴하고 신속하며 안전하고 편리한 수송력을 계속적으로 제공함으로서 국민과 물건을 원활하게 이동(Mobilize)시키는데 있다. 항공정책은 각 국의 국민경제의 구조나 국내. 외적인 경제. 사회정세의 변화에 따라 당연히 그 목적이 달라지며 또한 시대별로 달라진다.

- 국내 항공정책의 기본목표는
    1. 고도 성장에 대비한 능률적이며 생산성이 높은 고속송수단의 확보.
    2. 안전, 저렴, 정확한 운송 서비스의 제공으로 국민생활의 질적 향상을 도모

- 국제항공정책의 목표는
    1. 자국을 중심으로 한 국제항공수송력의 안정적인 확보
    2. 국제수지에의 기여
    3. 자국 항공기업의 보호육성과 국가경쟁력을 강화하고 국제 항공교통망을 형성

3) 항공정책의 범위

우리나라의 항공법은 항공정책의 목표로서
  1. 항공기 및 항행의 안전에 관한 정책 과
  2. 항공운송사업의 질서확립에 두고 있다.

전자는 항공기 운항시의 안전성 확보에 관한 문제이며, 후자는 자국 항공운송산업의 운영체제에 관한 문제로서,
첫째. 항공운송산업의 기본 방향을 완전 자유화정책(Deregulation)과 제한적 자유화정책(Regulated Deregulation)중 어느 방향에 중점을 두느냐,

둘째. 항공운송사업을 단일항공사 체제 또는 복수 항공사 운영체제로 할 것이냐
셋째. 자국 항공기업에 직접적인 지원이냐, 간접적인 지원육성책으로 할 것이냐에 관한 항공운송의 조직 및 운영체제에 관한 범주에서 정책을 수행하게 된다.

나. 항공정책의 추진방향

1) 항공정책의 동향과 대비책

최근의 국제항공 환경은 급격히 변화하고 있다. 미국의 규제완화정책(Deregulation)이 확산되면서 중남미와 유럽지역이 지역 내에서는 시장을 개방하되 대립지으로는 보호주의적인 성격을 강화하고 있으며, 이러한 추세는 더욱 공고화되고 확산될 것으로 전망된다. 성격을항공회사들은 컴퓨터 예약 시스템(CRS; Computer Reservation System)의 보유, 을항공회사간의 국제지역이 쟁우위를 확보하기 위한 경쟁이 강화될 것으로 예상된다.

이러한 보호주의적이고 치열한 경쟁 속의 항공환경 변화를 어떻게 수용하느냐에 따라 우리나라 항공산업의 발달여부에 영향을 줄 것이다. 이러한 변화와 향후에 제기될 도전에 적절히 대응하기 위해서는 크게 다음과 같은 추진정책이 필요할 것이다.

① 항공업계에서는 세계항공시장 변화 추세에 맞추어 외국과의 항공노선의 개척 등은 국가가 해결하되, 경쟁시장에서 생존하기 위한 경영 전략적 차원은 국적 항공사가 다양한 대응전략을 스스로 강구하여야 할 것이다. 이를 위해 정부는 항공사에 보다 많은 경영의 자율권을 부여하고, 항공사는 국적항공사간의 소모적이고 무모한 경쟁을 지양하고 상호 협조하는 가운데 공동의 발진방안을 모색하여야 할 것이다.

② 정부는 급변하는 21세기 민간항공의 거점공항 확보와 증가하는 항공교통량을 효율적으로 처리하고 소음 등 항공기 운항제한요소가 없는 24시간 운영공항을 확보하여 세계 속의 민간항공을 육성코자 인천국제공항을 2001년3월29일 개항하였다. 향후 동북아 중추공항(Hub)으로서 역할을 다할 수 있도록 지속적인 노력이 경주되어야 할 것이다.

[세계 항공시장 동향 및 수요전망]

가. 세계 항공시장의 동향
1) 자유화(Liberalization): 미국의 항공산업 진입규제 완화('78년) 이후 일국 1항공사 주의 포기 및 항공자유화(Open-skies) 등 다자간 경쟁시장원리를 채택하는 추세
2) 초국적화(Trans-Nationalism): 국가별로 국적항공사 요건에 따른 제약은 있으나, 권역내 단일항공시장(Regional Unique Air Market)으로 항공사의 사업 영역은 국적을 초월하여 확대
3) 민영화(Privatization):민간의 경영·운영상 효율성을 도입하기 위해 항공사 및 공항 운영을 민영화하는 추세
4) 항공사간 제휴(Alliance): 편명공동사용(Code-sharing) 등 항공사간 제휴·상호 지분 참여·합병 등을 통해 규모경제를 추구
5) 기술개발(Technological Advance): 초음속기(Super Sonic), 초대형 항공기, 수직 이착륙기(VTOL), 위성항행시스템(CNS/ATM) 등 신기술이 항공시장 재편에 주요 변수로 작용

나. 항공수요 전망
1) 아·태시장의 급속한 성장
- 아·태지역 항공시장은 2020년까지 세계 항공시장의 43%인 연간 4천억 불 시장으로 급속히 성장할 전망임.
2) 우리나라 항공시장의 전망
- 아·태 항공시장의 성장세에 힘입어 우리나라 항공시장도 향후 20년간 여객수송량이 현재의 3.3배 수준인 1억 3천만 명으로 급증할 전망

③ 국제항공 외교를 더욱 강화시켜 국제화, 세계화 시대에 적극적으로 대응해야 할 것이다. 항공운송사업은 글로벌화의 핵심적 기능을 담당하고 있으므로 항공운송산업의 세계화는 필수적인 것이다. 그러므로 국제항공운송에 있어서 중요한 기능을 담당하는 국제민간항공기구(ICAO)에서도 우리나라의 역할 및 활동을 적극 강화해 나가야 할 것이며, 2국간 항공협정등 항공부문의 국가간 교섭에 있어서도 적극적, 능동적으로 대처하여야 할 것이다.

④ 항공전문인력의 양성과 기존인력의 질적 향상을 도모하는데 지속적인 관심을 기울여 나가야 할 것이다. 우리나라 항공산업의 성패는 양질의 인적자원에 달려 있다고 볼 때 신규 인력의 양성을 위한 여건 마련과 기존인력의 전문화를 위한 다각적인 노력이 당국의 지원아래 추진하여야 할 것이다. 낙후되고 발전되지 못한 항공부분을 찾아 집중적인 노력을 경주하여 국제항공 운송산업계에서의 확고한 지위를 굳힐 수 있는 도약의 발판을 마련할 수 있도록 하여야 할 것이며, 앞으로 항공운송부문,

운항부문, 안전시설부문, 기술부문 등 각 분야의 세계화 및 현대화를 통하여 균형적인 발전을 도모하여야 할 것이다.

⑤ 급변하는 세계 질서 속의 민간항공의 위상 제고와 시대변화추세에 대비하고, 이에 부응할 수 있는 항공법규의 보완이 필요시마다 이루어져야 하며 이를 위한 사전준비에 만전을 기하여야 할 것이다.

2) 항공정책 추진 방향

정부에서 추진하는 항공정책은 항공수요 증가에 대비하는 항공시설의 개량 및 확충, 항공운송에 관한 규제의 완화 등이 있으며 구체적으로 살펴보면 다음과 같다.

① 국내·외 항공망의 확충

정기 항공운송사업 위주의 정책을, 부정기 항공운송사업에도 관심을 갖고 추진하여 지역 간 균형 있는 발전과 국민의 다양한 항공교통이용의 선택기회를 제공하여 민간항공의 다양한 욕구를 충족시켜야 할 것이다.

② 공항시설의 지속적 확충

정부에서는 급증하는 항공수송에 능동적으로 대처하기 위해 공항개발 중장기 기본 계획(5년 단위)을 수립하여 동 계획에 의거 전국을 수도권, 중부권, 영동권, 부산권, 제주권, 호남권 등 7구역으로 나누고 각 구역별로 거점공항을 육성, 개발하고 지방공항의 확장을 추진하고 있다. 국책사업으로 추진하고 있는 인천국제공항은 지난 1992년 말 공사에 착수, 2020년까지 4단계로 나누어 공사를 시행할 계획이다. 1단계 사업은 연간 17만의 항공기 운항과 2천7백만 명의 여객을 처리할 수 있는 능력을 갖추고 2001.3.29 개항한 바 있으며,

21세기 항공수요에 대비하여
▶ 인천국제공항을 동북아 중추공항으로 육성하여 동북아의 국제항공 환승기지화
  - 현재 14.6%에 불과한 환승비율을 10년내 30% 이상으로 제고시키고,
▶ 인근지역을 Pentaport 개념의 복합공항도시로 개발
  - 항공(Airport), 항만(Seaport), 정보통신(Teleport), 비즈니스(Businessport), 레져(Leisureport)

▶ 전국을 수도권, 중부권, 영동권, 부산권, 제주권, 호남권 등 7구역으로
  - 각 구역별로 거점공항을 육성, 개발하고 지방공항의 확장을 추진.
▶ 특히 기준에 미달되는 지방공항의 시설은 지방자치단체에도 이관 또는 일정책임을 부과하는 방안의 검토가 필요.

③ 항공기 안전관리조직의 보강

항공교통량의 증가에 따라 항공기의 사고도 비례하여 증가할 소지가 있는 바 이런 항공사고의 미연 방지와 안전확보를 위한 전문조직을 2001년 8월 17일 미연방항공청의 국가 항공 안전 2등급 판정에 따른 조치로 2002년 8월12일 항공안전본부를 설립하였으나 세계 선진항공수준에 걸 맞는 항공조직, 전문요원의 확보, 선진항공기법의 Know how를 갖출 수 있도록 지속적인 교육은 물론 전문가의 적재적소 보임에도 관심을 가져야 할 것이다.

특히, 정부의 순환보직제도에 따른 빈번한 인사는 지양되어야 하고, 그러한 인사제도의 예방차원에서 전문성이 요구되는 일반공무원 직급제도는 신분보장이 되도록 하여야 할 것이고, 일부는 전문직급제도로 전환하여 해당분야에서 계속 근무케 함으로서 급여를 우대하고 분야별 전문가로 양성하여야 할 것이다.

④ 항공 전문 인력의 육성

항공전문인력의 육성은 민간항공의 미래를 짊어질 자원으로서 현재도 부족한 인적자원을 수입하여 활용중임을 고려할 때 시급한 과제이다. 우리나라 민간항공의 역사는 그리 오래되지 못하였으나, 현재의 위상이 되기까지에는 항공사 경영책임자의 의욕과 항공분야 종사자의 노력이 일구어낸 결과라 판단된다. 이런 선진민간 항공의 위상을 계속적으로 유지하기 위해서는 유능한 인적자원이 핵심요소로서 특히 항공종사자의 육성은 매우 중요한 과제라 생각되며, 정부가 종사자의 육성을 직접 시행하지 못한다면 항공사의 훈련과정에 적극 지원하여 주어야 할 것이다. 교육환경의 여건, 예를 들면, 훈련공역의 확보, ROTC 출신 대학생의 군 복무제도의 예비역화, 훈련기관의 지원 등 다양한 방안이 강구될 수 있을 것이다.

⑤ 항행 안전시설의 확충 및 개량

항행안전시설의 지속적인 보완과 설치에 관심을 가져야 하며, 특히 기준에 미달되는 지방공항의 시설보완은 지방자치단체에도 일정 책임을 부과하고 협력 하에 조속한 보완이 필요하다. 이와 때를 같이하여 2001년12월7일 항공운송사업 진흥법 제3조를 개정하여 지방자치단체가 항공사업자를 지원할 수 있도록 법을 개정한 것은 시의 적절하다고 판단된다.

> ※ 〔항공운송사업진흥법 제3조 (항공운송사업의 조성)
>
> ① 정부는 항공운송사업을 영위하는 자(이하 "항공사업자"라 한다)가 항공법의 규정에 의하여 인가를 받은 사업계획의 범위 안에서 다음 각호의1에 해당하는 사업을 행하는 경우에 재정적 지원이 필요하다고 인정할 때에는 대통령령이 정하는 바에 따라 그 소요자금의 일부를 보조하거나 재정자금으로 융자하게 할 수 있다.
>   1. 국제항공노선의 신규개발
>   2. 항공기의 조종사, 정비사 및 무선기술기사의 양성
> ② 지방자치단체는 항공운송사업의 진흥이 지역경제 활성화를 위하여 필요하다고 인정될 때에는 조례가 정하는 바에 의하여 예산의 범위 안에서 국내·외 항공사업자에게 자금보조를 할 수 있다.[01·12·7]〕

⑥ 행정규제완화 추진

민간의 자율성을 보장하기 위하여 추진해 온 항공분야의 행정규제 완화는 그 동안 주로 항공운송 관련사업에 대한 진입규제 완화와 행정절차 개선 등 항공사업에 대한 제도 개선을 위주로 추진하였으며, 앞으로도 항공시의 자율권은 대폭 확대하고 안전운항 분야는 계속 강화하여야 할 것이며, 정기 항공운송사업의 중요성은 물론 부정기 항공운송사업의 활성화를 위한 다각적인 행정지원이 필요 할 것이다.

⑦ 항공외교의 강화

우리나라는 지리적으로 어려운 여건 속에서 수 없이 많은 주변국가의 침략을 받았고, 그때마다 어려운 역경을 딛고 일어난 민족이다. 그렇기에 민간 항공의 역사를 보더라도 초창기부터 우리나라는 식민통치를 받고 있었고, 국제적인 회의에서도 국익을 우선하는 주변국가의 정책에 외롭게 대처하고 있었으나,

2001년 10월 3일 국제민간항공기구 제34차 총회에서 이사국으로 선출된바 있으며,
2003년 11월3일 국제미간항공기구 제35차 총회에서 이사국으로 재 선출되었고,
2007년 9월 26일 국제민간항공기구 제36차 총회에서 이사국으로 재 선출되어 우리나라가 2001년, 2004년, 2007년에도 이사국에 피선되었다.

이로서, 선진 항공국가로서의 위상은 물론 국제민간항공기구내에서 국익을 위한 활동으로 규정과 정보수집에 유리한 입장이 되었음은 자랑스러운 일이며, 이제는 국제간의 항공문제는 물론 항공정책상 국가이익에 부합되는 적극적인 활동을 할 수 있게 되었음은 다행스러운 일이다.

특히, 2004년에는 이사국중에서 선출되는 19명의 항행위원회 위원중에 1명의 위원을 한국에서 차지하였고(이우종),
2007년에 항행위원회의 항해위원으로 재선된(장만희)이 제183-1차 항행위원회에서 2010년도(임기 1년간) 부의장으로 선출되는 쾌거를 이룩하였다.

이는 1949년 항행위원회가 설립된 이래 60년 만에 우리나라가 부의장직에 최초로 진출한 것으로써, 그간 국제항공분야에서 높아진 우리나라의 위상이 반영된 것은 물론, 우리 항공전문인력의 우수성을 인정하는 계기가 된 것으로 평가되고 있다.

대한민국 항행위원의 부의장 진출로, 향후 한국이 항행위원회 핵심 의사결정에 참여하고 항공분야에 대한 영향력을 넓히는데 힘이 될 것으로 보이며, 미국, 영국, 캐나다 등 일부 항공선진국이 모든 항공관련 의사결정을 독점해 오던 구조적인 한계를 조금씩 극복 할 수 있을 것으로 기대하고 있다.

한편, ICAO는 UN산하 전문기구이며, 항행위원회(Air navigation Commitee)는 ICAO 이사회 산하의 유일한 상설위원회로 국제 항공안전 분야의 모든 정책·표준 등을 실질적으로 결정하고 각 국의 항공안전도를 평가하는 ICAO[64]내 핵심위원회이다.

---

[64] **국제민간항공기구**(International Civil Aviation Organization)의 이사국은 총36개국으로 구성되며, 190개 회원국에 적용되는 항공운송관련 각종 기준 및 권고사항 등을 제정·개정하는 UN기구인 ICAO의 실제적 의사결정기구임

3. 정부의 항공사 육성 및 지원과 규제

가. 항공사의 육성 및 지원

항공운송사업에 대한 국가의 보호는 단순히 공익적 입장에서 새로운 교통시스템을 육성하고 건전한 발달을 도모함으로써 종합교통체계 내에서 고속운송의 역할을 담당할 수 있도록 하는 데 그 목적이 있을 뿐만 아니라 선진 항공회사들과의 치열한 경쟁이 불가피한 국제항공시장에서 자국 항공회사의 국제경쟁력을 강화한다는 점에 있다. 또한 국방상 또는 정치적인 이해관계에서는 각 국 정부가 자국의 항공회사에 대해 보호육성과 지원정책을 채택하고 있다.

특히, 국제정기항공회사의 경우 대부분이 국가대표 항공기업(National Flag Carrier)으로서의 성격 때문에 국가의 요청이나 국익을 위해서는 설혹 경쟁이 극심하거나 채산성이 없는 노선이라 하더라도 취항해야 할 경우가 적지 않다.

또한 항공회사의 사업성격상 공공성이나 공익성이 강하게 요구되고 있음을 감안한다면 채산성만을 경영의 목표로 내세울 수는 없다.

한편 각 국 정부의 입장에서 보면 정기항공회사는 공공적인 수송서비스를 제공하는 것이기 때문에 이를 유지하고 발전시키는 것은 사회적, 경제적으로 필수적인 것이며, 또한 국제정기항공회사의 경우에는 공공성만이 아니고 국익을 대표하는 소위 Prestige Carrier로서의 의의를 갖고 있다. 따라서 각 국 정부는 국내선은 물론 국제선에 운항하는 정기항공회사에 대해 자국 항공교통의 안전과 건전한 발전을 위하여 여러 가지 형태의 보호니 육성정책을 채택하고 있다.

이 같은 각 국 정부의 항공운송사업에 대한 보호는 항공회사가 국가를 대신하여 제공한 대가로서의 성격으로 보는 것이 타당하다. 각 국의 정부가 채택하고 있는 각종의 보호육성정책의 대표적인 형태는 자본출자, 직접보조, 정부융자, 정부의 보증, 세제상의 우대, 운항승무원의 양성 등이 있다.

- 항공운송 사업에 대한 국가의 보호목적.
- 국제항공시장에서 자국 항공회사의 국제경쟁력을 강화.
- 특히, 국제선의 경우 국가 항공기업(National Flag Carrier)으로서의 성격때문에 국가의 요청이나 국익을 위해서는 채산성이 없어도 취항.

- 각국 정부는 국내선, 국제선 정기항공회사에 대해 보호나 육성정책을 채택
  - 각국 정부가 채택하고 있는 보호육성정책의 형태는
    ⇒ 자본출자,
    ⇒ 직접보조,
    ⇒ 정부융자,
    ⇒ 정부의 보증,
    ⇒ 세제상의 우대,
    ⇒ 운항승무원의 양성 등.

나. 정부의 항공사 규제

항공운송사업은 그 공공성으로 인하여 경영상의 여러 가지 면에서 정부의 강력한 규제를 받는다. 항공회사의 경영에 대한 정부의 규제는 기술적 규제와 경제적 규제의 두 가지로 대별할 수 있다.

1) 기술적 규제

항공 수송 사업에 있어서 안전성은 특히 타 교통기관보다도 더욱 강력히 요구된다. 기술적 규제는 이러한 안전성을 확보하기 위해 정부가 행하는 규제이다. 안전성의 확보를 위해 항공법은 노선면허, 운항 개시 전 검사, 운항 및 정비규정의 인가, 사업계획의 인가. 기장노선자격의 심사, 입회 검사 등에 대해 규제를 하고 있다.

그밖에 국토해양부장관이 인정하는 유효한 감항증명이 없으면 항공 운송용으로 사용할 수 없으며, 사용기종에 대하여도 정부의 규제를 필요로 한다. 한편 항공기 사고가 발생할 경우에는 항공사고조사위원회를 설치하여 정부가 직접 사고조사를 실시하고 그 결과에 따라 재발 방지를 위한 대책을 수립하고 시행하고 있으며, 기술적인 규제분야를 구분하여 보면 다음과 같다.

- 기술적 규제는 항공의 안전성을 확보하기 위해 정부가 행하는 규제.
- 안전성의 확보를 위해 항공안전법은
  ⇒ 노선면허,
  ⇒ 운항 개시 전 검사,
  ⇒ 운항 및 정비규정의 인가,

⇒ 사업계획의 인가.
⇒ 기장노선 및 공항 자격의 심사,
⇒ 항공기 및 항공사에 대한 검사 등.

◦ 유효한 감항 증명, 사용기종에 대하여도 규제.
◦ 항공기 사고발생시 정부가 사고 조사를 실시,
  ⇒ 사고조사 결과에 따라 재발 방지를 위한 대책을 수립하고 시행.
  1) 항공기의 제작, 설계 및 정비관리 등 항공기의 안전성 확보에 관한 사항.
  2) 항공종사자, 자격관리, 업무범위, 비행시간 및 휴식시간, 건강관리의 규제.
  3) 항공기의 운영절차 등 운항규정에 의한 규제
  4) 항공기가 사용하는 각종 항공시설, 공항, 항행안전시설 등의 설치와 운영규제.

상기의 모든 규제는 우리나라만의 기준을 정하여 사용하는 것이 아니고 국제민간항공협약 체약국으로서 의무를 다하고, 국제항공운송사업이 국제공항을 이용하고, 타국의 항공기도 우리나라에 취항하는 관계로 협약 부속서 에서 정한 기술상의 기준을 준수하여야만 상호 인정받게 되므로, 각종기준을 정한 부속서 18가지를 분야별로 채택하여 그 기준에 따라 분야별로 기술상의 규제를 가하고 있다.

2) 경제적 규제

경제적 규제는 항공운송사업의 경쟁력을 높이고 건전하고 질서 있는 발전을 도모하기 위한 규제로서 항공운송사업이 정부의 면허사항으로 공공성이 있는 교통사업을 시행하는 사업이므로 국내적으로는 국민의 복리승신을 위한 취지에서 규제를 행하는 한편, 국제선의 경우에는 상대국과의 운송권, 영공통과권, 수송권 등에 관련된 각종 국제 간의 이해관계를 고려하여 규제를 실시하게된다. 이러한 규제 분야를 간략하게 구분하여 보면,

• 경제적 규제는 항공운송사업의 경쟁력을 높이고, 건전하고 질서 있는 발전을 도모하기 위한 규제.
  ⇒ 국내적으로는 국민의 복리증진을 위한 규제,
  ⇒ 국제선의 경우 상대국과의 운송권, 영공통과권, 수송권 등에 관련된 국제간의 이해관계를 고려하여 규제.

① 영공통과등 항공운수권에 관한사항,

영공통과 등 항공운수권에 관한 사항으로는 양국 간 항공협정에 의거 신규로선 취항에 대한 기본적인 합의를 하여야 하며, 운송권과 수송력에 관한 사항은 자국항공사의 보호 육성과 국민의 편의 증진 차원에서 상호 협정을 맺고 있으며, 양국 간 협정에 의거 노선을 지정하고, 항공사를 지정하며, 운항 항공사에 대한 소유권과 통제권에 대한 사항, 수송력에 관한 사항, 등을 규제하며, 특정사안에 대하여는 항공사간 세부협정에 의거 규제를 하는 경우도 있다.
⇒ 양국간 협정에 의거 노선을 지정하고,
⇒ 항공사를 지정하며, 수송력에 관한 사항 등을 規制하며,
⇒ 특정사안에 대하여는 항공사간 세부협정에 의거 규제.

② 항공여객의 운임 및 화물 수송에 따른 운임에 대한 규제,

항공여객의 운임 및 화물 수송에 따른 수수료 등에 관한 사항으로 운임에 대한 규제를 하고 있는 바, 정부의 신규노선에서의 독점이 인정된 항공회사가 그 독점권을 남용하는 것을 방지하기 위해서는 운임의 규제를 하지 않을 수 없다. 한편 과당경쟁에 의한 운임 인하는 항공회사의 과도한 비용의 삭감에 의해 안전성을 크게 저하시키거나 상실시킬 위험이 있다. 따라서 모든 항공사의 운임체계에 대하여는 정부가 승인/신고를 하고 있다.
⇒ 항공여객 및 화물 수송료 등
⇒ 과당경쟁에 의한 과도한 운임 인하예방.
※ 항공사는 각종 비용 삭감⇒안전성저하 초래⇒위험요인 발생⇒ 사고연계.

③ 항공기의 수송력(운항회수와 공급 좌석 등)에 대한 규제,

항공기의 수송량, 즉 운항회수와 공급좌석 등 수송력에 대한 규제로서 사업계획의 승인이 있는 바, 이는 운임이 규제되는 상황에서 항공 회사간의 경쟁이 자연히 서비스가 되며, 공급에 따른 과당경쟁을 지양하고 선의의 경쟁을 하기 위해서는 서비스로서 이용자에게 가장 중요한 내용은 편리성, 즉 운항 횟수가 많으냐 적으냐에 달려 있다. 운항회수가 많을수록 여객은 자기가 희망하는 시간에 이용할 수 있기 때문에 자연히 편리성이 향상된다. 실제로 운항횟수가 많은 항공 회사일수록 좌석이용률이 높다. 국제항공의 경우에 수송력은 양국 간에 체결된 항공협정에 의해 결정된다.
⇒ 운항회수 와 공급 좌석 등에 대하여 事業計劃의 승인,
⇒ 항공회사간의 경쟁은 서비스로 표출,
⇒ 이용자에게 편리성, 운항회수가 많을수록 편리성이 향상.

2 항공사업과 항공업계의 동향

1. 항공운송사업의 종류와 등록기준

가. 항공운송사업

항공운송사업이라 함은 항공법 제2조 제31호에서 타인의 수요에 응하여 항공기를 사용하여 유상으로 여객 또는 화물을 운송하는 사업을 말한다.
2009년 신규항공사의 시장진입을 촉진하고 국제항공운항의 안전요건 부과근거를 마련하는 등 기존의 항공운송사업의 종류 및 체계를 크게 정비하였다.
종전에는 항공운송사업을 정기항공운송사업과 부정기항공운송사업으로 구분하였으나 정기와 부정기의 개념이 불명확하여 사업의 영역에 관하여 혼란이 있고, 부정기편 운항을 위해서는 정기항공사업자도 부정기운송사업을 등록해야 하는 불합리성이 존재하였다.

또한 운송사업면허 외에 노선면허를 받도록 하는 이중 면허체계 운용으로 항공운송사업자의 시장진입이 불편하였고 국제선의 경우 항로·거리·기후·언어 등 운항환경 등으로 국내선에 비해 사고위험이 높음에도 면허기준 차이가 없는 등 국제항공운송 환경과 맞지 않는 등 문제점이 발생하였다.

이에 따라 항공운송사업을 국내항공운송사업, 국제항공운송사업 및 소형항공운송사업으로 구분하였고, 국내항공운송사업 및 국제항공운송사업을 경영하려는 자는 국토해양부 장관의 면허를 받도록 하고, 소형항공운송사업을 경영하려는 자는 국토해양부 장관에게 등록하도록 하였다.

또한 소형항공운송사업(19인승 이하)을 신설하여 에어택시 등 새로운 항공수요변화에 부응할 수 있도록 하여 신규시장 진입의 활성화 촉진과 항공운송사업의 시장진출을 용이하게 하기 위하여 규제를 완화하였다.

  1) 국내항공운송사업과 국제항공운송사업

항공운송사업은 운송지역을 기준으로 국내 또는 국제 항공운송사업으로 분류되며 자국의 영역 내에서 항공기를 사용하여 여객, 화물, 우편물을 유상으로 운송하는 것이 국내항공운송사업이며 2개국 이상의 영역간에 운송하는 것이 국제 항공운송사업이다.

① 국내항공운송사업

항공사업법 제2조 제9호에서 "국내항공운송사업"이란 타인의 수요에 맞추어 항공기를 사용하여 유상으로 여객이나 화물을 운송하는 사업으로서 국토교통부령으로 정하는 일정 규모 이상의 항공기를 이용하여 다음 각 목의 어느 하나에 해당하는 운항을 하는 사업을 말한다.
　　가) 국내 정기편 운항: 국내공항과 국내공항 사이에 일정한 노선을 정하고 정기적인 운항계획에 따라 운항하는 항공기 운항
　　나) 국내 부정기편 운항: 국내에서 이루어지는 가목 외의 항공기 운항
　- 부정기편은
　　⑴ 지점간 운송사업(노선을 정하고 일시를 정하지 않는 경우),
　　⑵ 관광비행사업(일시만 정하고 노선을 정하지 않는 경우),
　　⑶ 전세비행사업(노선 및 일시를 정하지 않는 경우) 등으로 나뉘어진다.

국내항공운송사업은 자국의 항공법에 의하여 규제되며 항공운송사업을 경영하고자 하고자 할 경우에는 정부의 면허를 받지 않으면 안된다.

② 국제항공운송사업

항공사업법 제2조 제11호에 의하면, "국제항공운송사업"이란 타인의 수요에 맞추어 항공기를 사용하여 유상으로 여객이나 화물을 운송하는 사업으로서 국토교통부령으로 정하는 일정 규모 이상의 항공기를 이용하여 다음 각 목의 어느 하나에 해당하는 운항을 하는 사업을 말한다.
　　가) 국제 정기편 운항: 국내공항과 외국공항 사이 또는 외국공항과 외국공항 사이에 일정한 노선을 정하고 정기적인 운항계획에 따라 운항하는 항공기 운항
　　나) 국제 부정기편 운항: 국내공항과 외국공항 사이 또는 외국공항과 외국공항 사이에 이루어지는 가목 외의 항공기 운항
　- 국제 부정기편 운항:
　　⑴ 지점간 운송사업(한 지점과 다른 지점 사이에 노선을 정하여 운항하는 것),
　　⑵ 관광 비행사업(관광을 목적으로 한 지점을 이륙하여 중간에 착륙하지 아니하고 정해진 노선을 따라 출발지점에 착륙하기 위해 운항하는 것),

(3) 전세운송사업 (노선을 정하지 아니하고 사업자와 항공기를 독점하여 이용하려는 이용자 간의 1개의 항공운송계약에 따라 운항하는 것.)등으로 나뉘어 진다.

국제항공운송사업은 각국의 항공관련법 및 양국간에 체결된 2국간 항공협정에 의해 이루어지며 항공기의 대형화, 고속화 및 안전성의 향상, 세계 경제의 고도성장과 교류의 증대를 배경으로 급성장하고 있으나, 관계국간의 항공권익의 교환을 전제로 한 항공협정을 체결함으로써 비로소 항공사는 사업을 개시할 수 있으며 동시에 각국이 자국 항공회사에 대한 보호주의적 입장을 견지하는 경향이 강하다는 점에서 상당한 제약을 받는다.

〈국내항공운송사업 및 국제항공운송사업 면허기준〉

구분	국내(여객)·국내(화물)·국제(화물)	국제(여객)
1. 재무능력	법 제19조제1항에 따른 운항개시예정일(이하 "운항개시예정일"이라 한다)부터 3년 동안 법 제7조제4항에 따른 사업운영계획서에 따라 항공운송사업을 운영하였을 경우에 예상되는 운영비 등의 비용을 충당할 수 있는 재무능력(해당 기간 동안 예상되는 영업수익 및 기타수익을 포함한다)을 갖출 것. 다만, 운항개시예정일부터 3개월 동안은 영업수익 및 기타수익을 제외하고도 해당 기간에 예상되는 운영비 등의 비용을 충당할 수 있는 재무능력을 갖추어야 한다.	
2. 자본금 또는 자산평가액	가. 법인: 납입자본금 50억 원 이상일 것 나. 개인: 자산평가액 75억 원 이상일 것	가. 법인: 납입자본금 150억 원 이상일 것 나. 개인: 자산평가액 200억 원 이상일 것
3. 항공기	가. 항공기 대수: 1대 이상 나. 항공기 성능 1) 계기비행능력을 갖출 것 2) 쌍발(雙發) 이상의 항공기일 것 3) 여객을 운송하는 경우에는 항공기의 조종실과 객실이, 화물을 운송하는 경우에는 항공기의 조종실과 화물칸이 분리된 구조일 것 4) 항공기의 위치를 자동으로 확인할 수 있는 기능을 갖출 것 다. 승객의 좌석 수가 51석 이상일 것(여객을 운송하는 경우만 해당한다) 라. 항공기의 최대이륙중량이 25,000킬로그램을 초과할 것(화물을 운송하는 경우만 해당한다)	가. 항공기 대수: 5대 이상(운항개시예정일부터 3년 이내에 도입할 것) 나. 항공기 성능 1) 계기비행능력을 갖출 것 2) 쌍발 이상의 항공기일 것 3) 항공기의 조종실과 객실이 분리된 구조일 것 4) 항공기의 위치를 자동으로 확인할 수 있는 기능을 갖출 것 다. 승객의 좌석 수가 51석 이상일 것

2) 소형항공운송사업

항공사업법 제2조 제14호에 의하면, 타인의 수요에 맞추어 항공기를 사용하여 유상으로 여객이나 화물을 운송하는 사업으로서 국내항공운송사업 및 국제항공운송사업 외의 항공운송사업을 말한다. 소형항공운송사업을 경영하려는 자는 소형항공운송사업을 경영하려는 자는 국토교통부령으로 정하는 바에 따라 국토교통부장관에게 등록하여야 한다.

소형항공운송사업을 등록하려는 자는 다음의 요건을 갖추어야 한다.
1. 자본금 또는 자산평가액이 7억원 이상으로서 대통령령으로 정하는 금액 이상일 것
2. 항공기 1대 이상 등 대통령령으로 정하는 기준에 적합할 것
3. 그 밖에 사업 수행에 필요한 요건으로서 국토교통부령으로 정하는 요건을 갖출 것

〈소형항공 운송사업 등록기준〉

구분	기준
1. 자본금 또는 자산평가액	가. 승객 좌석 수가 10석 이상 50석 이하의 항공기(화물운송전용의 경우 최대이륙중량이 5,700킬로그램 초과 2만5천킬로그램 이하의 항공기) 1) 법인: 납입자본금 15억 원 이상 2) 개인: 자산평가액 22억5천만 원 이상 나. 승객 좌석 수가 9석 이하의 항공기(화물운송전용의 경우 최대이륙중량이 5,700킬로그램 이하의 항공기) 1) 법인: 납입자본금 7억5천만 원 이상 2) 개인: 자산평가액 11억2,500만 원 이상

2. 항공기
  가. 대수
  나. 능력
	1대 이상
	1) 항공기의 위치를 자동으로 확인할 수 있는 기능을 갖출 것(해상비행 및 국제선 운항인 경우에만 해당한다)
	2) 계기비행능력을 갖출 것. 다만, 헬리콥터를 이용해 주간시계비행 조건으로만 관광 또는 여객수송을 하는 경우는 제외한다.

3. 기술인력 가. 조종사	항공기 1대당 「항공안전법」에 따른 운송용 조종사(해당 항공기의 비행교범에 따라 1명의 조종사가 필요한 항공기인 경우와 비행선인 항공기의 경우에는 「항공안전법」에 따른 사업용 조종사를 말한다) 자격증명을 받은 사람 1명 이상
나. 정비사	항공기 1대당 「항공안전법」에 따른 항공정비사 자격증명을 받은 사람 1명 이상. 다만, 보유 항공기에 대한 정비능력이 있는 항공기정비업자에게 항공기 정비업무 전체를 위탁하는 경우에는 정비사를 두지 않을 수 있다.

구분	기준
4. 대기실 등 이용객 편의시설	가. 대기실, 화장실, 세면장 등 이용객 편의시설(공항 또는 비행장의 대기실에 시설을 확보한 경우는 제외한다)을 갖출 것 나. 이용객 안내시설
5. 보험가입	보유 항공기마다 여객보험(화물운송 전용인 경우 여객보험은 제외한다), 기체보험, 화물보험, 전쟁보험(국제선 운항만 해당한다), 제3자보험 및 승무원보험. 다만, 여객보험, 기체보험, 화물보험 및 전쟁보험은 「항공안전법」 제90조에 따른 운항증명 완료 전까지 가입할 수 있다.

3) 항공기 사용사업

항공기사용사업이란 항공사업법 제2조 제15호에 의하면 항공운송사업 외의 사업으로서 타인의 수요에 맞추어 항공기를 사용하여 유상으로 농약살포, 건설자재 등의 운반, 사진촬영 또는 항공기를 이용한 비행훈련 등 국토교통부령으로 정하는 업무를 하는 사업을 말한다.

항공기사용사업을 경영하려는 자는 국토교통부령으로 정하는 바에 따라 운항개시예정일 등을 적은 신청서에 사업계획서와 그 밖에 국토교통부령으로 정하는 서류를 첨부하여 국토교통부장관에게 등록하여야 한다.

항공기사용사업을 등록하려는 자는 다음 각 호의 요건을 갖추어야 한다.
  1. 자본금 또는 자산평가액이 7억원 이상으로서 대통령령으로 정하는 금액 이상일 것
  2. 항공기 1대 이상 등 대통령령으로 정하는 기준에 적합할 것
  3. 그 밖에 사업 수행에 필요한 요건으로서 국토교통부령으로 정하는 요건을 갖출 것

〈항공기 사용사업 등록기준〉

구분	기준
1. 자본금 또는 자산평가액	가. 법인: 납입자본금 7억5천만원 이상 나. 개인: 자산평가액 11억2,500만원 이상
2. 기술인력 가. 조종사	항공기 1대당 「항공안전법」에 따른 사업용 조종사 자격증명을 받은 사람 1명 이상

구분	기준
나. 정비사	항공기 1대당(같은 기종인 경우에는 2대당) 「항공안전법」에 따른 항공정비사 자격증명을 받은 사람 1명 이상. 다만, 보유 항공기에 대한 정비능력이 있는 항공기정비업자에게 항공기 정비업무 전체를 위탁하는 경우에는 정비사를 두지 않을 수 있다.
3. 항공기 가. 대수 나. 능력	1대 이상 해상 비행 시 항공기의 위치를 자동으로 확인할 수 있는 기능을 갖출 것
4. 보험가입	보유 항공기마다 기체보험, 제3자보험 및 승무원보험에 가입할 것

※ 항공사업법 시행규칙 제4조(항공기 사용사업의 범위)

1. 비료 또는 농약 살포, 씨앗 뿌리기 등 농업지원
2. 해양오염 방지약제 살포
3. 광고용 현수막 견인 등 공중광고
4. 사진촬영, 육상 및 해상 측량 또는 탐사
5. 산불 등 화재진압
6. 수색 및 구조(응급구호 및 환자 이송을 포함한다)
7. 헬리콥터를 이용한 건설자재 등의 운반(헬리콥터 외부에 건설자재 등을 매달고 운반하는 경우만 해당한다)
8. 산림·관로·전선등의 순찰 또는 관측
9. 항공기를 이용한 비행훈련(항공안전법 제48조제1항에 따른 전문교육기관 및 고등교육법 제2조에 따른 학교가 실시하는 비행훈련 등 다른 법률에서 정하는 바에 따라 실시하는 경우는 제외한다)
10. 항공기를 이용한 고공낙하
11. 글라이더 견인
12. 그 밖에 특정목적을 위하여 하는 것으로서 국토교통부장관 또는 지방항공청장이 정하는 업무

우리나라의 항공사업법상 항공기 사용사업은 항공기를 이용하여 할 수 있는 업무 중, 인원 및 화물 수송을 제외한 대부분의 임무를 할 수 있는 면허체계로 이루어져 있으며 현재 우리나라에서는 지도 등을 만들기 위한 항공측량 업체, 조종교육사업 및 렌탈 사업 등이 항공기 사용사업으로 등록되어 있다.

특히, 항공사진 및 측량사업은 우리나라 항공기 사용사업의 큰 축을 차지하는 사업으로 경비행기나 헬리콥터를 이용하여 국토의 사진 및 항공측량을 하는 업무이다.

4) 항공기 취급업

항공사업법 제2조 제19호에 의하면, "항공기취급업"이란 타인의 수요에 맞추어 항공기에 대한 급유, 항공화물 또는 수하물의 하역과 그 밖에 국토교통부령으로 정하는 지상조업(地上操業)을 하는 사업을 말하며, 항공기취급업을 경영하려는 자는 국토교통부장관이 정하는 바에 따라 등록하여야 한다.

〈항공기 취급업 등록 및 장비 기준〉

구분	기준
1. 자본금 또는 자산평가액	가. 법인: 납입자본금 3억 원 이상 나. 개인: 자산평가액 4억5천만 원 이상
2. 장비 가. 항공기급유업	급유 지원차, 급유차, 트랙터, 트레일러 등 급유에 필요한 장비. 다만, 해당 공항의 급유시설 상황에 따라 불필요한 장비는 제외한다.
나. 항공기하역업	소형 견인차, 수화물 하역차, 화물 하역장비, 수화물 이동장치, 화물 트레일러, 화물 카트 등 하역에 필요한 장비(수행하려는 업무에 필요한 장비로 한정한다)
다. 지상조업사업	항공기 견인차, 지상발전기(GPU), 엔진시동지원장치(ASU), 탑승 계단차, 오물처리 카트 등 지상조업에 필요한 장비(수행하려는 업무에 필요한 장비로 한정한다)

비고: 임차계약을 통해 항공기취급업 등록에 필요한 장비의 사용권을 확보한 경우에는 해당 장비를 갖춘 것으로 본다.

5) 항공기 정비업

항공사업법 제2조 제17호에 의하면, "항공기정비업"이란 타인의 수요에 맞추어 다음의 어느 하나에 해당하는 업무를 하는 사업을 말한다.
  가. 항공기, 발동기, 프로펠러, 장비품 또는 부품을 정비·수리 또는 개조하는 업무
  나. 가목의 업무에 대한 기술관리 및 품질관리 등을 지원하는 업무

⟨항공기 정비업 등록기준⟩

구분	기준
1. 자본금 또는 자산평가액	가. 법인: 납입자본금 3억 원 이상 나. 개인: 자산평가액 4억5천만 원 이상
2. 인력·시설 및 장비기준	가. 인력: 「항공안전법」에 따른 항공정비사 자격증명을 받은 사람 1명 이상 나. 시설: 사무실, 정비작업장(정비자재보관 장소 등을 포함한다) 및 사무기기 다. 장비: 작업용 공구, 계측장비 등 정비작업에 필요한 장비(수행하려는 업무에 해당하는 장비로 한정한다)

6) 상업서류송달업

항공사업법 제2조 제28호에 의하면 "상업서류 송달업"이란 타인의 수요에 맞추어 유상으로 「우편법」 제1조의2제7호 단서에 해당하는 수출입 등에 관한 서류와 그에 딸린 견본품을 항공기를 이용하여 송달하는 사업을 말한다.

7) 항공운송 총대리점업

항공사업법 제2조 제30호에 의하면 "항공운송 총대리점업"이란 항공운송사업자를 위하여 유상으로 항공기를 이용한 여객 또는 화물의 국제운송계약 체결을 대리(代理)[사증(査證)을 받는 절차의 대행은 제외한다]하는 사업을 말한다.

8) 도심공항 터미널업

항공사업법 제2조 제32호에 의하면 "도심공항 터미널업"이란 「공항시설법」 제2조제4호에 따른 공항구역이 아닌 곳에서 항공여객 및 항공화물의 수송 및 처리에 관한 편의를 제공하기 위하여 이에 필요한 시설을 설치·운영하는 사업을 말한다.

항공운송사업 관련 민법 조문등

1. 민법 제9조(한정치산의 선고)
   심신이 박약하거나 재산의 낭비로 자기나 가족의 생활을 궁박하게 할 염려가 있는 자에 대하여는 법원은 본인, 배우자, 4촌 이내의 친족, 후견인 또는 검사의 청구에 의하여 한정치산을 선고하여야 한다.
   - 의사능력이 부족하여 본인이 재산처분을 할 수 없도록 하고. 후견인으로 하여금 재산을 관리토록 함

2. 민법 제12조(금치산의 선고)
   심신상실의 상태에 있는 자에 대하여는 법원은 제9조에 규정한 자의 청구에 의하여 금치산을 선고하여야 한다.
   - 정신상실자로서 재산처분을 할 수 없도록 하고, 후견인으로 하여금 재산을 관리토록 함

3. 합병의 유형별 사례
   1) 갑 항공사와 을 항공사가 합병하여   ⇨ 병 항공사로 되는 경우
   2) 갑 항공사가 을 항공사를 흡수하여   ⇨ 갑 항공사로 되는 경우
   3) 갑 항공사가 다른 법인과 합병하여   ⇨ 정 항공사가 되는 경우
   4) 갑 항공사가 다른 법인을 흡수합병하여 ⇨ 갑 항공사가 되는 경우

4. 민법 제27조 (실종의 선고)
   ① 부재자의 생사가 5년 간 분명하지 아니한 때에는 법원은 이해관계인이나 검사의 청구에 의하여 실종 선고를 하여야 한다.
   ② 전지에 임한 자, 침몰한 선박 중에 있던 자, 추락한 항공기 중에 있던 자 기타의 원인이 될 위난을 당한 자의 생사가 전쟁 종지 후 또는 선박의 침몰, 항공기의 추락 기타 위난이 종료한 후 1년간 분명하지 아니한 때에도 제1항과 같다.

5. 민법 제28조 (실종선고의 효과)
   실종선고를 받은 자는 전조의 기간이 만료한때에 사망한 것으로 본다.

6. 민법 제1005조 (상속과 포괄적 권리의무의 승계)
   상속인은 상속 개시된 때로부터 피상속인의 재산에 관한 포괄적 권리의무를 승계 한다. 그러나 상속인의 일신에 전속한 것은 그러하지 아니하다.

2. 항공운송사업의 운영형태 및 사업내용

가. 항공운송사업의 운영형태

항공운송사업의 운영형태는 각 국의 항공정책, 항공회사의 기업기반과 환경, 사회적 구조, 경제적 구조에 따라 각양각색의 서로 다른 형태를 이루고 있다. 항공운송사업의 운영형태를 조직형태와 자본의 구성 형태로 구분하여 살펴보기로 한다.

1) 조직형태

항공운송사업을 운영하는 항공회사의 조직형태는 다음의 3가지로 구분할 수 있다.
① 국가기관의 일부: 소련, 중국, 대만, 북한등 사회주의국가
② 정부투자기관: 구 대한항공공사, 구 일본항공,
③ 주식회사 형태의 민간회사: 대한항공, 아시아나항공, 기타 항공사

일반적으로 사회주의 국가의 항공회사를 제외하고는 대부분이 주식회사의 형태를 채택하고 있다. 사회주의 국가의 항공운송사업은 대부분의 항공기업이 국가기관의 일부로서가 아니라 정부의 통제 하에 있는 국유의 독립 기업체로서의 조직 형태를 취하고 있지만 중국과 러시아의 경우에는 항공회사가 정부기관의 일부로서 정부가 직접 운영하고 있다.

2) 자본의 소유형태

전 세계의 주요한 항공사의 대부분은 주식회사의 형태를 취하고 있으나 자본의 구성에 있어서는 여러 가지 서로 다른 형태로 나타난다. 항공회사의 경영형태를 자본 구성을 중심으로 분류해 보면 다음과 같이 3가지로 대별할 수 있다.
① 국영항공회사: 자본의 전액을 국가가 출자하여 공사 형태로 운영하고 있는 항공회사.
② 반 관, 반 민회사: 국가자본과 민간자본의 혼합투자에 의한 형태를 취하고 있는 항공회사.
③ 순 민간회사: 민간 자본에 의한 주식회사 형태를 취하고 있는 항공회사,

나. 항공운송사업의 내용

항공운송사업이란 "타인의 수요에 응하여 항공기를 사용하여 유상으로 여객 또는 화물 및 우편물을 운송하는 사업"이라고 정의하고 있으며 이러한 항공운송사업을 하는 주체를 항공운송사업자라고 한다. 항공운송사업자, 즉 항공회사는 사업의 내용이 항공기를 이용한 여객 또는 화물 및 우편물의 운송이나 그밖에 이러한 항공운송과 관련된 사업도 포함되어 있다.

1) 항공회사의 업무[65]

항공회사의 업무는 일반적으로 영업, 운송, 객실, 운항정비, 일반지원부문으로 분류할 수 있다.

(1) 영업부문은 다시 판매와 예약, 발권으로 나뉘어지는데 판매의 경우 항공회사에서 자체적으로 판매하는 직접판매와 대리점, 총대리점, 타 항공사 등을 통해 판매를 하는 간접판매로 구별할 수 있다.

(2) 예약과 발권은 판매와 함께 수반되는 항공사 고유의 업무라 할 수 있다. 운송부문은 출발공항에서 탑승한 승객에 대한 탑승수속과 도착공항에서의 도착승객 안내 및 수화물 사고처리 등과 같은 공항에서 이루어지는 업무이다.

(3) 객실서비스부문은 탑승객에 대한 기내에서의 제반 서비스 제공이다. 즉 기내에서의 탑승객의 좌석안내, 음료 및 기내식 서비스, 영화상영, 기내판매, 입국서류 배포 및 작성안내, 비상시의 대처요령 등 기내의 안전조치를 포함한 서비스로 기내식과 객실승무원의 인적서비스가 서비스의 중요한 요소라고 할 수 있다.

(4) 운항부문은 항공기를 안전하고 효율적으로 운항하기 위한 제반 업무로, 직접 항공기를 운항하는 운항승무원은 안전운항의 핵심이며 총괄적인 안전운항책임을 지는 매우 중요한 역할을 한다. 운항승무원은 고도의 기술과 풍부한 경험 등을 바탕으로 하며 수많은 인명과 고가의 항공기를 다루는 전문직으로서 그 양성에 있어서도 엄격한 기준과 소정의 교육훈련을 거쳐야 함은 물론 국가로부터도 법적 자격을 취득해야 한다. 운항부문에 있어서 또 하나 중요한 것은 지상에서의 비행계획수립, 각종 운항정보 제공 등의 운항관리 업무이다.

(5) 정비부문은 항공기가 항상 안전한 운항을 할 수 있도록 항공기체의 상태를 최상의 상태로 유지시키고 이런 업무를 수행하는 검사, 점검, 수리, 교환 과정 등의 작업을 총칭하여 정비라 할 수 있다. 정비는 특히 항공기의 안전운항과 정시성 확보라는 항공사의 서비스 수준을 결정하는 면에서 매우 중요한 부문이라 하겠다.

---

65) 허국강외, 항공수송업무론, 도서출판, 기문사, 2000, pp. 223-229

(6) 일반지원부문은 항공회사, 고유의 업무부문을 지원하기 위한 일반업무로 기획, 총무, 인사, 노무, 법무, 자금, 회계. 선전, 홍보, 자재, 수입관리, 전산시스템 등의 업무를 말한다.

2) 항공회사의 영업운송 등의 업무

항공사의 업무 즉, 영업(판매, 예약, 발권), 운송, 객실, 운항, 정비는 각각 독립적이고 전문적인 내용이다. 항공사 고유의 부문별 업무내용을 간단히 살펴보면 다음과 같다.

(1) 영업/판매(Sale)

항공회사의 판매는, 항공회사에서 영업장을 개설하여 직접판매 하는 경우와 대리점이나 항공사를 통해 판매하는 간접판매의 2가지 형태로 분류할 수 있다.

① 직접판매: 항공회사의 지점, 영업소에서 직접 고객에게 회사의 상품을 판매함은 물론, 기타 여객이 필요로 하는 각종 서비스를 제공하고 있다. 이러한 직접판매는 총 판매액에서 차지하는 비율은 낮지만, 항공회사의 얼굴로서 고객에게 직접서비스를 제공함으로써 자사의 이미지(Image)를 높일 수 있는 좋은 기회로 매우 중요하다.

② 간접판매

가) 대리점 판매: 항공회사는 판매대리점을 지정하여 판매를 대행토록 하고 있으며 판매액에 대해 일정한 비율의 수수료를 지불하고 있다. 이러한 대리점 판매는 총 판매액에서 차지하는 비율이 제일 높으며, 대리점에서는 여러 항공회사의 상품을 판매하고 있기 때문에 자사의 상품을 더 많이 팔도록 하는 것이 대리점(여행사)판매에 있어서 가장 중요한 사항이다.
나) 총판매 대리점 판매: 총판매 대리점이란 항공회사의 지점, 영업소 관할지역 이외의 일정 지역에 대한 판매량의 확장과 수입증대를 목적으로 대리점 또는 타 항공회사로 하여금 해당 지역 내에서 회사를 대신해서 영업활동을 수행하며 대외적으로 항공회사를 대표하는 대리점을 말한다. 이러한 총 판매대리점도 앞에서 본 판매대리점과 같이 판매수수료 외에 추가 수수료를 추가하여 지급한다.
다) Interline 판매: 자사의 항공기가 취항하고 있지 않는 노선이나 목적지도 판매할 수 있는데 호혜적으로 항공사 상호간에 협정을 맺었기 때문에 이 협정을 Interline Agreement라 하고 상호 대리인으로서 상품을 판매할 수 있다.

(2) 예약(Reservation)

항공사의 예약업무는 1919년 네덜란드의 KLM 항공사로부터 시작되었다. 초기의 수작업(Manual Reservation System)으로 시작된 항공예약은 최근에 이르러 컴퓨터 등의 첨단장비에 의해 컴퓨터 예약 시스템 (CRS; Computer Reservation System)으로 발전하였다. 특히 최근에 컴퓨터 예약 시스템은 항공수송마케팅의 중추가 되었으며, 이에 따라 세계 선진항공사들간의 컴퓨터예약시스템의 경쟁이 매우 치열한 실정이다. 예약기능이 항공 수송 분야에서 발달된 이유는 항공 수송 상품의 특성인 상품의 소멸성(Perishability)과 자유경쟁에 의한 고객 서비스 측면에서 찾아 볼 수 있다. 항공기가 출발하면서 판매되지 못한 좌석은 공석으로 남게되므로 예약을 통하여 좌석을 판매하고 관리하는 항공예약시스템이 발전된 것이다.

항공예약의 기능을 살펴보면,

첫째, 고객서비스는 자사의 항공예약은 물론 고객의 여행에 필요한 타 항공사의 좌석 예약도 대신하여 주도록 모든 기능을 갖추고 대 고객서비스를 하고 있으며,

둘째, 좌석의 판매는 예약이 예약만으로 끝나지 않고 항공기 좌석의 판매와 직결되며, 일단 어느 항공사에 예약을 한 승객은 특별한 사정이 없는 한 타 항공사를 이용하거나 여행 자체를 취소할 가능성이 매우 적기 때문이다.

셋째, 수입의 제고(Revenue-Up)는 항공운송계약의 중요성을 단순한 고객서비스, 좌석 판매에 국한되지 않고, 좌석의 철저한 재고관리 (Space Control)에 의하여 동일한 공급 좌석 내에서 수입의 극대화를 도모할 수 있다.

넷째, 해외여행을 하는 경우 예약을 하지 않고 모든 승객이 무조건 공항으로 나와 탑승수속을 하는 경우 좌석의 확보여부에 대한 불안감, 승객이 얼마나 될지의 항공사의 고민 등 예약의 중요성을 실감할 수 있다. 물론 Shuttle Service로서 예약이 없이 운영되는 경우도 있지만 극히 제한될 수밖에 없는 국제선의 경우는 반드시 예약이 필요하다.

(3) 발권(Ticketing)

항공권(Passenger Ticket & Baggage Check)은 항공여행을 하는 고객과 항공운송을 담당하는 항공사간의 계약으로서 대 고객서비스에 있어서도 중요한 요소가 된다.
여객항공권의 종류를 살펴보면,
① Manually Issued Ticket(MIT, 일반 항공권)
② Transitional Automated Ticket(TAT, 전산항공권)
③ Bank Settlement Plan Ticket(BSP, 은행 결재항공권),
④ Area Settlement Plan Ticket(ASP, 지역경제 항공권 미국지역, 대리점 관장기구인 ARC/Airlines Reporting Corporation에서 발행(배포하는 Ticket으로서 ARC가 청산업무를 대행) 등의 여러 종류가 있으며, 시대 변화에 따라 Code Share등 협력 항공사간에 타 항공사의 항공권을 인정 후 사후 정산 하는 등 항공사업체간의 약정에 따른 제도가 계속 되리라 본다. 발권에서 가장 중요한 것은 운임의 계산인데 운임의 계산규칙은 복잡하고 어려운 인상을 주고 있으며, 확실히 운임의 종류도 점점 늘어가는 경향이고 적용규칙도 복잡하게 되어 있다.

(4) 운송(Traffic)

운송업무란 항공여행을 하는 여객이 안전하고 쾌적하게 여행할 수 있도록 공항에서 이루어지는 일련의 서비스로서 출발지 공항에서는 승객의 여행 구비서류(항공권, 여권, 비자 등)을 확인하고 여객에게 좌석배정, 수화물 접수, 탑승안내를 하며, 도착지 공항에서는 승객의 입국편의를 위해 입국사열 및 수화물 통관안내와 사고수화물 처리를 한다.

(5) 객실서비스(Cabin Service & Catering)

객실 서비스는 승객에게 제공되는 기내식사와 인적서비스 요소인 객실승무원(Cabin Crew)의 기내서비스 및 비행 중 발생 가능한 유사사고를 대비한 비상조치의 행동요령 등은 핵심이다. 특히 객실승무원에 의한 기내서비스는 항공사의 서비스의 질(Service Quality)을 결정짓는 요소로 매우 중요한 사항이다. 이러한 이유 때문에 각 항공사는 양질의 서비스 제공을 위해 부단한 노력을 경주하고 있다. 객실승무원의 임무 중, 기내서비스 이외의 업무로는 승객의 안전확보를 위한 조치로서 평상시에는;

① 이착륙시의 안전을 위한 통로의 휴대품 방치예방, 비행 중 전자기기의 사용억제, 좌석의 올바른 자세유지, 유사시에 취할 행동요령, 금연 등을 알려주고

② 유사시를 대비하여 승객안전을 위한 조치로서 비상탈출구의 작동과 탈출방법, 산소용구의 사용요령, 개인용 구명장구의 착용요령을 시범과 교육을 행하고,
③ 평시에는 승객이 여행 중 또는 도착 후 필요한 각종 기내 면세품 판매, 입 출국시의 입국카드, 세관수속 서류의 작성 등에도 많은 도움을 주고 있다.

3. 항공업계의 동향과 변화추세

가. 항공업계의 동향

1970년대 후반 미국의 항공운송산업 규제완화의 영향으로 미국의 항공사는 시장지배력을 키우기 위한 여러 가지 전략을 개발, 정착시켰으며 이는 전 세계 항공사의 경영전략에 큰 영향을 미치게 되었다. 특히, 허브-스포크의 노선 구조(Hub-Spoke Network). 상용고객우대제도 (Frequent Fliers Program). 수익률관리제도(Yield Management System)의 정착과 컴퓨터예약시스템(Computer Reservation System)의 개발, 미국항공사의 본격적인 국제무대 진출이 가장 괄목할만한 경영전략으로 등장하였다.

허브-스포크 노선구조(Hub-Spoke Network)는 승객과 화물의 직접운송 대신 중간 거점공항에 집결하여 다른 거점공항으로 옮긴 후 다시 최종 목적지까지 연결시키는 운항 방식이다. 이를 통하여 간선(허브공항과 허브공항간의 연결)의 수요를 증대시키고 지선연결 노선 수를 확대하는 등 수요확대의 효과뿐만 아니라 특징공힝의 이용도를 높임으로써 특정공항에 대한 항공사의 지배력을 강화할 수 있다.

상용고객우대제도(Frequent Fliers Program)는 특정 항공사를 자주 이용하는 승객에게 요금이나 여행의 편의를 제공함으로써 경쟁사로의 수요이전을 방지하기 위한 것이다.

수익률 관리제도(Yield Management System)는 컴퓨터 기술의 발전을 이용한 경영기법으로 최상의 수익을 남기는 승객을 우선적으로 탑승시킬 뿐 아니라 수요의 정도에 따라 가격을 차별화 함으로써 항공사의 수익률을 제고시키기 위한 경영전략이다.
컴퓨터 예약시스템(Computer Reservation System)이란 여행사와 항공사간의 On-line 컴퓨터 연결에 의해 항공예약시스템과 연결이 되게 하는 것이다.

1990년대에 들어서는 세계항공계의 변화가 더욱 가속화되기 시작했으며 이러한 변화는
　첫째, 항공기업의 민영화 추세
　둘째, 항공기업의 대형화
　셋째, 항공기업의 제휴확대
　넷째, 항공기업의 다국적화
　다섯째, 컴퓨터예약시스템(CRS)의 거대화 경쟁 등이다.

첫째; 항공기업의 민영화 추세

과거 항공기업이 처음 설립될 당시는 정부의 강력한 지원, 육성 하에서 운영되었고, 항공기업은 그 나라를 상징하는, 그 나라의 국력의 상징이며, 한나라의 정치적, 경제적, 기술적 수준을 나타내는 하나의 지표로 평가되었다.

따라서 항공기업은 대부분 국영기업의 형태로 정부의 보호 하에 운영되어 왔으나, 각 국에서 항공자유화가 진행됨에 따라 점차 민영화가 이루어지게 되었다. 항공기업의 민영화는 기업 간의 활발한 경쟁력을 통해 소비자의 다양한 요구를 충족시켜 서비스 향상을 통해 경쟁 기반을 튼튼히 하고 국제경쟁력을 강화하는 것이다.

각 국의 항공사가 민영화됨에 따라 과거 국영항공사 시절 정부의 보호 하에서 성장하여 온 항공기업의 경영전략에 일대 전환이 필요하게 되었다. 즉 과거의 국가이익이나 공익지향 항공사로서의 성격이 약화되고 판매중심 및 이익중심의 영리추구형 항공기업으로 변화되어 경영형태 및 경영전략의 재정립이 불가피하게 되었다. 이러한 민영화는 국제항공기업간의 제휴, 공동운영 나아가서는 합병을 통한 다국적 초대형 항공기업화의 기반을 마련하고 있다.

둘째; 항공기업의 대형화

세계항공업계의 변화에서 주목할 것은 미국의 초대형 항공기업(Mega-Carrier)의 출현과 국제항공에의 대거 진출, 그리고 컴퓨터예약시스템(Computer Reservation System)의 확장에 의한 세계 항공시장의 지배 움직임이다. 이것은 항공기업의 규모확대와 투자설비의 확장 경쟁을 의미하는 것으로 미국에서 시작, 전 세계적으로 확산되고 있다.

미국의 경우 1978년의 규제완화 이후 자유경쟁에 따른 항공기업의 도산, 흡수, 합병 등의 과정을 겪어 결국 8대 초대형 항공기업(Mega-Carrier))이 미국시장의 85%를 과점하게 되었다.

또한 이러한 여세를 몰아 국제항공시장에 진출함으로써 경쟁은 더욱 치열하게 되었다. 즉 일본은 항공정책을 변경하여 국내항공의 규제완화와 적극적인 국제선의 복수화 정책을 채택, 미국과 규모의 경쟁을 시도하고 있다.

영국의 경우도 대표 항공기업인 영국항공(British Airways)과 제2 민항인 브리티쉬 칼레도니안 항공(BCAL)을 합병, 일원화 체제로 전환하여 대형화시켰고,

프랑스의 경우도 1990년 1월에 Air France와 제2민항인 UTA의 합병을 정부가 승인하여 더욱 대형화시켰다.

셋째; 항공기업의 제휴확대

항공기업의 세계화 전략 즉 글로벌 항공사는 아무리 초대형 항공기업(Mega-Carrier)이라 하더라도 단독기업으로는 실제 어렵다. 즉 단독기업으로 대형기의 구입이나 컴퓨터 예약시스템(Computer Reservation System)에 막대한 투자를 하는 데는 한계가 있기 때문에 각 국의 항공기업들은 세계화 전략의 초기단계로 먼저 항공기업간의 제휴에 역점을 두고 있다.

제휴의 내용은 운항편명 공동사용(Code Sharing). 공동운항(Joint Operation), 마케팅 제휴 측면에서 운항스케줄의 조정, 공동선전, 정보시스템 및 상용고객제도의 공동실시, 일정한 범위 내에서 자본제휴, 그리고 CRS를 통한 제휴, 영업협정 등 그 내용은 거의 전 분야를 망라하고 있나. 앞으로 이러한 제휴는 더욱 가속화되는 추세이며, 세계화로 가는 필연적인 징검다리 역할로 국제항공기업간의 경쟁에서 필수적인 요소가 있다.

넷째; 항공기업의 다국적화

다국적화란 치열한 경쟁에서 항공기업을 유지, 발전시키기 위하여 여러 나라의 항공기업이 서로 협력하여 취약한 부분을 보완하고 강점을 더욱 살려 항공기업의 수익성 향상에 더욱 관심을 쏟는 운영형태이다

유럽을 중심으로 한 각 국 항공사들은 미국시장에 직접 들어갈 수 없으므로 미국 국내선 시장에의 연결을 위해 미국 항공사의 주식매입, 해당 국제선 노선에서 미국 국내선 항공사와 판매결연, CRS 제휴, 정비용역의 상호교환, 항공기의 공동구입 및 임대차계약을 확대하여 다국적화 하고 있다. 가장 대표적인 다국적 항공기업은 스칸다나비아 3국에 의하여 설립, 운영되고 있는 스칸디나비아항공(SAS; Scandinavian Airlines System)이다.

다섯째; 컴퓨터 예약시스템(CRS)의 거대화 경쟁

컴퓨터예약시스템(Computer Reservation System)의 발달은 고객의 예약이나 발권 서비스의 지역적인 한계성을 넘어서서 다국 간의 통합 마케팅을 가능케 하는 규모의 추세를 보이고 있고 항공기업간에 치열한 경쟁을 벌이고 있다.

아메리칸항공의 세이버(Sabre), 유나이티드항공의 아폴로(Apollo), 태평양 지역의 아바커스와도 연결되어 있는 델타, 노스웨스트, 트랜스월드항공의 월드스펜(Worldspan)등 항공사의 발달된 전산시스템은 미국의 국내뿐만 아니라 구주 및 아시아 각 지역으로의 진출과 세력확장을 하고 있다.

나. 항공업계의 변화추세

향후 세계민간 항공계는 최근 (1980-1990년대)의 변화 추세(항공기업의 민영화, 대형화, 제휴확대, 다국적화, 컴퓨터예약시스템의 거대화 경쟁)가 더욱 가속화 될 전망이다. 항공운송산업의 속화 될 전은 결국 항공속화 될 전은형 될또는 흡수, 합병될 형태로 나타내고 있다.

각 국 정부가 규제완화를 보이고 있는 추세로, 항공기업의 속화 는 계속 큰 진전을 보일 것이다. 앞으로 국가대표 항공기업을 유지하면서 단순히 타 항공사와 마케팅이나, 운영상될 전은만을 추진할 것이냐, 아니면 결합을 통하여 다국적 항공기업으로 전환 할 것인가는 각 국의 항공기업이 직면한 여건과 주변상황을 고려해 풀어야 할 과제라 하겠다.

이런 세계 속의 항공사가 급변하는 상황에서 대한항공이 미국의 델타, 프랑스의 에어 프랑스, 멕시코의 에어로 멕시코와 제휴하여 거대 항공그룹으로 Sky Team을 구성하여 운항 편명의 공동사용(Code Sharing).공동운항(Joint Operation), 청사(터미널)의 공동개발, 운항편의 일부 좌석할당(block space), 마케팅 측면에서 운항스케줄의 조정, 공동선전, 정보시스템 및 상용고객제도의 공동실시,

그리고 CRS를 통한 제휴 등 거의 전 분야를 망라하여 제휴하고 있고,

아시아나 항공은 대한항공과는 성격이 약간 다른 항공사간 코드 공유(Code Share) 제도를 체결하여 운영하고 있는 바, 미국의 아메리칸항공, 호주의 콴타스, 중국의 북방항공 (MU), 중국국제항공(CA), 중국남방항공(CZ), 싱가폴항공(SQ), 인도항공(AI) 우즈베키스탄항공(HY) , 터키항공(TK)과 제휴하여 운항하고 있다.

다. 코로나19 이후 항공업계의 변화추세[66]

코로나 19 이후 항공운송산업은 침체되었고, 타이항공 직원들은 튀김 도넛을 판매한다. '타이항공'은 결국 파산해서 기업회생절차를 밟고 있다. 독일 대표항공사 '루프트한자(Lufthansa)'는 90억 유로를 추가로 지원받기로 했으며, 이미 국유화됐으니까 독일 정부가 상당 부분 추가 출자하는 것이다. 이탈리아의 '알리탈리아(Alitalia)'도 이참에 국유화하기로 하였다.

멕시코 대표항공사 '아에로멕시코(AeroMexico)'도, 중남미 최대항공사인 '라탐항공(LATAM)'도 파산보호신청을 했다. '델타(DELTA)', '에어프랑스(Air France)'와 'JAL', 'KLM' 등 그간 잘나가던 글로벌 항공사 대부분이 심각한 경영위기를 겪고 있다. 지구에는 4만 대 이상의 항공기가 있고 그중 1만 5천 대는 늘 하늘에 떠 있습니다. 코로나19 이전 지구인 40억 명이 항공기를 이용했지만 지금은 약 90% 이상이 운송이 급감하였다.

타이항공은 태국 방콕-치앙마이-방콕 상공을 2시간 정도 비행하는 A380 상품을 내놨다. 가격은 5천 바트(약 18만 원) 정도로 기내식도 준다. 항공사들이 앞다퉈 아무 데도 가지 않는 여행상품(Flight to nowhere)을 내놓고 있다.

싱가포르 정부로부터 16조 원 정도를 긴급 조달받은 싱가포르항공, 창이공항을 출발해 서너 시간 비행한 뒤 다시 창이공항으로 내리는 상품을 내놨지만 환경단체의 반대로 백지화되었다.

80년대 후반 항공업 규제가 풀리면서 미국의 항공업체는 우후죽순처럼 급증했다. 이후 200여 개 항공사가 흥망을 거듭했고, 2015년 무렵 4개 대형 항공사로 재편됐다.

---

[66] KBS(특파원리포트) 어느 항공사가 살아남을 것인가? 중 일부 각색

하늘 길을 다니는 산업은 전쟁이 나면 매우 중요해진다. 항공산업은 이른바 전략산업(Strategic industry)으로 자동차나 철도처럼 공공재 성격도 강하다. 고용 효과도 막대하여 망하는 걸 지켜만 볼 수 없습니다. 프랑스 정부는 에어프랑스와 에어버스 등에 모두 150억 유로(20조 가량)를 지원하기로 했다. 프랑스 재무장관은 '항공우주 시장을 미국이 독점하는 것을 지켜만 보지 않겠다'고 했다.

미 의회는 사우스웨스트, 델타, 유나이티드, 아메리칸항공 등 10개 항공사를 살리기 위해 50억 달러의 지원 법안을 내놨으며 그중 70%가 무상지원이다. 대신 고용을 유지하는 조건이 붙었다. 그런데 이 법안은 통과가 안되었다. 그러자 항공사들이 직원들을 대량 해고할 수밖에 없다고 정부를 압박하였고 아메리칸항공은 1만9천 명 해고계획을 내놨다.
델타항공의 해고 명단에 이름이 오른 기장, 부기장만 1,941명입니다. 유나이티드항공은 이미 3만6천 명의 임직원들에게 해고예정 통보서를 보냈다. 생각도 못 한 바이러스에 항공 산업은 추락하고 있다.

우리나라도 2015년 이후 저비용항공사(LCC)가 급증하면서, 승객보다 항공사가 더 많아졌다. 2016년부터 2019년까지 국내 여객 수요는 23.8% 늘었는데, 6개 항공사의 좌석은 27.4% 늘었다. 2020년에는 항공사가 11개나 된다.

코로나 이후 항공산업은 수많은 변화를 겪을 것이다. 출입국 절차는 까다로워지고, 안전비용이 높아지며 '백신여권'이 등장할지도 모른다. 좌석배치가 바뀔 수도 있고, 업무를 위한 항공수요는 줄어들 것이라는 전망도 나오고 있다.

3 코로나19 위기의 항공산업[67]

항공산업 지도가 바뀌고 있다. 2020년 초 국내에서 첫 확진자가 나온 코로나19는 항공산업을 송두리째 바꾸고 있다.

국내 항공산업은 2019년까지 늘어나는 항공 수요를 바탕으로 큰 폭으로 성장했다. 2019년 인천국제공항은 국제선 승객이 7천만명을 넘어서면서 국제선 승객 기준 세계 5위 공항에 이름을 올렸다. 하지만 전 세계에서 확산한 코로나19는 한순간에 공항의 모습을 바꿨다. 인천국제공항공사는 2020년 인천공항 이용객이 1천200만명 수준에 머물 것으로 전망하고 있다. 2001년 인천공항 개항 첫해 승객 1천400만명보다 적은 수치다. 시간대를 가리지 않고 북적이던 인천공항 출국장과 입국장, 면세점에선 승객들의 모습을 찾아보기 어렵게 됐다.

국제항공운송협회(IATA·International Air Transport Association)는 최근 보고서에서 항공산업이 지난해 수준으로 회복하는 시기를 2024년으로 전망했다. 코로나19 확산세가 꺾이지 않으면 회복 시기가 2024년보다 늦어질 수 있다. 각국이 코로나19 확산을 막기 위해 입국을 제한하면서 각 나라 상공을 오가던 항공기는 갈 곳이 없어졌다. 인천공항 주기장에는 갈 곳을 찾지 못해 멈춰 있는 항공기가 줄지어 있다.

국내 항공산업은 높은 항공 수요 증가세를 기반으로 큰 폭의 성장세를 이뤘다. 특히 2000년대 들어 LCC가 우후죽순 생겨났다. 16년 전인 2004년만 하더라도 우리나라 항공사는 대한항공과 아시아나항공 두 곳이었다.

2005년 제주항공 설립을 시작으로 LCC가 잇따라 생겨나면서 2020년에는 2개의 대형 항공사와 7개(제주항공·이스타항공·티웨이항공·에어부산·에어서울·진에어·플라이강원)의 LCC 등 9개의 항공사가 취항해 운영되고 있다. 여기에 에어프레미아, 에어로케이항공 등 2개 항공사가 첫 취항을 준비하고 있다. 항공사가 많아지면서 경쟁도 치열해졌다. 각 항공사는 항공기를 적극적으로 도입하면서 항공 수요를 흡수하고, 타사와의 경쟁에서 우위를 점하기 위해 힘썼다.

---

[67] 경인일보('20.10.7) "코로나가 뒤바꾼 항공산업지도 발췌

항공사의 공격적 경영은 2019년부터 흔들리기 시작했다. 2019년 일본 제품 불매 운동이 확산하면서 일본행 여객이 급감했고 이는 항공사 수익에 영향을 미쳤다. 여기에 코로나19 확산으로 항공사의 어려움은 더 커졌다.

이러한 상황은 결국 M&A 무산이라는 결과를 낳았다. 아시아나항공은 HDC현대산업개발과의 인수 협상이 결렬됐다고 밝혔다. 아시아나항공은 지난해 말부터 인수 대상자를 찾는 등 9개월 동안 관련 작업을 진행했으나 결국 원점으로 돌아오게 되었고 결국 정부의 개입으로 대한항공과 M&A를 추진하게 되었다.

제주항공도 이스타항공을 인수하기 위해 협상을 진행했으나 결국 무산됐다. 두 M&A가 모두 무산된 데에는 코로나19가 가장 큰 영향을 미친 것으로 분석되고 있다. 인수 협상을 시작할 때만 해도 코로나19가 이처럼 확산할 것으로 예측하지 못했다.
항공업계 관계자는 "코로나19로 항공산업 구조는 재편될 수밖에 없을 것이며 단기간에 이뤄지긴 쉽지 않을 것"이라면서 "그동안 국내 항공산업은 항공 수요에 비해 항공사가 많다는 지적을 받았다. 코로나19가 항공산업 재편을 촉발한 측면이 있다"고 말했다.

'항공 화물'은 코로나19 사태 이후 항공사들이 주목하는 분야다. 감염병 확산을 막기 위해 여객의 이동은 제한되고 있으나 화물 운송에 대한 수요는 큰 영향을 받지 않았기 때문이다. 코로나19 영향으로 여객 감소세가 큰 상황에서 항공 화물 분야는 항공사의 '효자' 역할을 하고 있다.
항공 화물은 화물 전용기와 여객기 하부(Belly)에 실린다. 여객기 운항이 대폭 줄어들자 항공사들은 여객기에 화물만 싣는 방식으로 활로를 찾았다. 대한항공이 시작한 이 방식은 아시아나항공 등 국내외 항공사 대부분이 활용하고 있다.
또 코로나19 영향으로 여객기 운항이 줄어들면서 항공사가 처리할 수 있는 '화물 운송 능력'도 감소했고, 이는 항공 화물 운송 운임이 상승하는 결과를 가져왔다. 각 항공사가 여객기 개조 등의 방법으로 화물 운송량을 늘리면서 운임은 고점 대비 떨어졌으나 전년 대비 1.5~2배 수준이다.
항공사들은 여객기를 항공기로 개조하기도 했다. 여객 수요가 당분간 회복하기 힘들 것으로 판단한 것이다. 대한항공은 화물 수송을 위해 개조 작업을 완료한 보잉777-300ER 기종을 화물 노선에 투입했다. 국내에서 여객기를 화물기로 개조한 것은 대한항공이 처음이다. 대한항공은 화물 전용 항공편을 투입하기 위해 코로나19 사태로 멈춰선 여객기 2대를 화물기로 개조했다. 국토교통부는 항공기 제작사인 보잉의 사전 기술 검토와 항공안전감독관의 적합성·안전성 검사를 거쳐 대한항공의 여객기 개조 작업을 승인했다.

아시아나항공은 세계 최초로 A350 여객기를 화물기로 개조했다. 아시아나항공은 이 항공기에 있던 이코노미 좌석 283석을 제거하고 화물을 탑재할 수 있는 공간을 마련했다. 이 항공기는 인천~미국 LA 구간에 처음 투입돼 IT·전자기기 부품, 전자 상거래 수출품, 의류 등 20t을 탑재하고 미국으로 향했다.

화물 운송에 대한 수요가 높더라도 모든 여객기를 화물 노선에 투입할 수 없다. 특히 화물 전용기가 없는 저비용항공사(LCC)는 대한항공과 아시아나항공처럼 화물 네트워크를 보유하고 있지 않아 단기간에 영업이 어려웠다. LCC는 자구책으로 국내선을 확장하는 데 힘썼다. 국제선 운항이 어려운 상황에서 내놓은 대책이다.
외국 여행을 가지 못하면서 국내 여행 수요가 늘어나는 것도 도움이 됐다. 진에어, 에어부산 등 LCC는 국내선 승객을 잡기 위해 다양한 프로모션을 진행하며 '유휴 여객기'를 최소화하기 위해 힘쓰고 있다.

'목적지로의 이동'이 아닌 '항공기 탑승' 자체를 상품으로 내놓기도 했다. 공항에서 항공기에 탑승한 뒤 상공을 비행하다 다시 공항으로 돌아오는 것이다. '목적지 없는 비행', '회귀선' 등으로 불리는 상품은 일본 등 다른 국가에서 먼저 선보였다. 코로나19 사태로 해외여행을 하지 못하는 이들이 '여행 기분'이라도 느낄 수 있도록 한 것이다.
아시아나항공은 최근 세계 최대 규모를 자랑하며 '하늘 위의 호텔'로 불리는 A380 기종을 '회귀선'에 활용키로 했다. A380 기종은 미국과 유럽 등 장거리 비행에 활용됐던 항공기이지만 코로나19 사태로 공항 주기장에 발이 묶여 있었다.
이 항공기는 인천공항에서 이륙해 강릉, 포항, 김해, 제주 상공을 비행한 뒤 다시 인천공항으로 돌아오는 노선이다.

인천공항은 'K-방역'이 위기를 기회로 만들 수 있다고 판단하고 있다. 전 세계 공항이 멈추다시피 한 상황에서 인천공항이 가지고 있는 '방역시스템'을 앞세워 타 공항과 차별화를 이룬다는 전략이다. 이는 향후 항공 수요가 회복됐을 때 큰 효과를 거둘 것으로 인천공항공사는 기대하고 있다. 해외 공항 건설·운영사업을 따내는 데도 도움이 될 것으로 보고 있다.
인천공항공사 관계자는 "코로나19 사태 이전에 공항을 선택하는 기준이 편리함과 효율성 등이었다면 이제는 가장 큰 기준이 위생, 청결, 방역"이라며 "인천공항은 세계에서 좋은 평가를 받는 국내 방역 시스템을 기반으로 '가장 안전한 공항'을 앞세워 해외 공항과의 차별화를 이룰 것"이라고 말했다.

항공교통론

제 7 장

항공규칙
(국제민간항공협약 부속서2
-Rules of the Air)

1. 정의
2. 항공규칙의 적용
3. 일반규칙
4. 시계비행규칙
5. 계기비행규칙

제7장

항공규칙
(국제민간항공협약 부속서2-Rules of the Air)

본 제7장은 항공교통업무 수행에 관련된 제반 정책 및 시행지침을 제시한 항공교통규칙에 관한 국제기준으로서 각국정부가 항공교통업무를 수행하는데 필요한 기본적인 국제기준으로서 민간항공에 필수적인 법규의 내용을 기술하고 있으며, 항공교통에 관련된 항공종사자는 물론 항공인 모두가 준수하여야 할 중요한 기술상의 기준을 다루고 있다.

그러므로 각국 정부는 국제민간항공협약 제37조의 규정에 의거 본 장에서 정한 내용을 항공관련 법규에 반영하고 있으며, 우리 나라 항공법규에도 대부분의 내용이 반영되어 있다.
여기에 수록한 내용은 부속서2에서 정한 내용을 먼저기술하고 그 다음에 우리나라의 항공법규를 추가하여 참고 할 수 있도록 하였다.

본 장의 ICAO 부속서2는 항공교통론을 수강하는 학생들에게 항공규칙을 바르게 이해시키고, 국제기준이 한국에서는 어떻게 적용하고 있는지를 연구 검토하는데 도움이 될 것으로 기대한다.

1 정의

업무(service)라 함은 기능 또는 봉사를 가르치는 추상명사를 말하며, 기관(unit)이라 함은 업무를 수행하는 집합체를 말한다.

다음의 용어가 항공규칙용 국제표준에 사용될 경우 다음과 같은 의미를 가진다.

곡기비행(Acrobatic flight) 자세의 급격한 변경, 비정상적인 자세, 또는 비정상적인 속도 의 변화 등 항공기가 의도적으로 행하는 기동

〈항공기의 용도별 구분〉

구 분		종 별
이착륙 성능에 의한 분류		CTOL – Conventional take off and landing plane
		VTOL – Vertical take off and landing plane
		STOL – Short take off and landing plane
속도에 의한 분류		아음속기-Supsonic Plane-M 0.75이하(860km/h),속도 ※ Propeller기의 한계속도
		천음속기 – Transonic plane –M 0.75-1.25
		초음속기 – Supersonic plane –M 1.2-5.0이하
		극초음속 – Hypersonic plane –M 5.00이상
날개형태에 의한 분류		가변익기 – Variable Gemetry Wing Plane
		경사익기 – Oblique Wing Plane
		후퇴익기 – Sweep Back Wing Plane
		무미익기 – Tailless Wing Plane
		선미익기 – Carnard Wing Plane
		삼각익기 – Delta Wing Plane
항공기의 용도별	비행기	곡기용(Acrobatic)-최대이륙중량 5700kgs이하,곡기비행에 적합한 항공기
		실용(Utility) –최대이륙중량 5700kgs이하, 60도이상 선회가 가능한 성능
		보통(Normal)-최대이륙중량 5700kgs이하, 60도이상 선회가 불가능한 성능
		수송(Transport) –항공수송용으로 적합한 비행기
	회전익	보통 (Normal) –2700kgs 이하,
		수송(transport)-a. 다발회전익 항공기
		수송(transport)-d. 9000kgs이하의 다발회전익 항공기로서수송용으로적합한 것

ADS-C Agreement: ADS-C 자료를 보고하기 위하여 상호 조건을 충족시키는 계획(항공교통업무 제공으로 ADS-C를 이용하기 전에 동의해야하는 ADS-C 사용 주파수와 해당 항공교통업무에 필요한 자료 등) 합의된 기간에는 계약의 방법으로나 계약의 부칙으로 해당 지상 장비와 항공기간에서로 교환하게 된다.

조언공역(Advisory airspace) 조언지역 또는 조언비행로 등 여러 가지 의미를 가지는 일반적인 용어

조언비행로(Advisory route) 항공교통조언업무가 제공되는 비행정보 구역내의 비행로

비행장(Aerodrome) 항공기가 이륙, 착륙 및 지상 이동할 때 전체적 또는 부분적으로 사용되는 육상 또는 해상의 일정지역(건물, 설비 및 장비 포함)

비행장관제업무(Aerodrome control service) 비행장기동구역 및 비행장 주위에 있는 항공기에 제공되는 항공교통관제업무

관제탑(Aerodrome control tower) 비행장기동구역 및 비행장 주위에 있는 항공기에 항공교통관제업무를 제공하기 위한 기관

비행장 교통(Aerodrome traffic) 비행장 기동구역내 및 비행장 주위에서 운항하는 모든 항공기(비행장내에 있거나 진입 또는 이탈하는 항공기를 비행장 주위에서 운항하는 항공기로 간주함.)

비행장교통구역(Aerodrome traffic zone) 비행장교통의 보호를 위하여 비행장 주위에 설정한 일정한 범위의 공역

항공정보간행물(Aeronautical Information Publication (AIP)) 항공항행에 필요한 영속적인 성격의 항공정보를 수록하기 위하여 정부 당국이 발행하는 간행물

항공국(Aeronautical station)(RR S1.81) 항공이동업무를 수행하는 육상무선국으로서 경우에 따라 해상의 선박이나 플랫폼 등에 위치할 수도 있다.

비행기(Aeroplane) 비행 중 양력을 주로 비행상태에 따라 고정된 표면에 발생하는 공기 역학적 반작용으로부터 얻는 공기보다 무거운 동력항공기(Aeroplane: A power-driven heavier-than-air aircraft, deriving its lift in flight chiefly from aerodynamic reactions on surfaces which remain fixed under given conditions of flight).

공중충돌경고장치(Airborne collision avoidance system (ACAS)) 조종사에게 2차 감시레이더(SSR) 응답기를 장착한 항공기와의 잠재적 충돌에 관한 조언을 제공하는 장비로써, 지상장비와 독립적으로 운영되며 2차감시레이더 응답기 신호를 기초로 하여 작동하는 항공기 장비

※ ACAS 개발배경 및 주요내용
 - 1956년 그랜드케니언 상공에서 항공기간 공중충돌사고발생,

※ 공중충돌예방장비 개발 필요성 대두
 - 1970년 TCAS 개발 및 시험평가.(신뢰도 향상 요구)
 - 1981년 Transponder S-Mode를 이용한 TCAS-Ⅱ개발.
 - 1989년 FAA에서 TCAS-Ⅱ 운용절차 및 지침 마련.
 - 1990년 4월9일 미 의회에서 항공기에 사용승인
 - 1993년 12월30일 미연방항공청에서 모든 미국취항 외국항공사(30인 이상 수송)에 TCAS-Ⅱ 장착의무화
 - 1997년 국제민간항공기구에서 부속서 6에 TCAS 장착의무화 기준 설정

※ 한국에서도 항공안전법 시행규칙 제109조에 의거 항공운송사업에 사용되는 비행기 또는 최대이륙중량이 1만 5천킬로그램을 초과하거나 승객 30명을 초과하여 수송할 수 있는 터빈발동기를 장착한 항공운송사업 외의 용도로 사용되는 모든 비행기, 최대이륙중량이 5,700킬로그램을 초과하거나 승객 19명을 초과하여 수송할 수 있는 터빈발동기를 장착한 항공운송사업 외의 용도로 사용되는 모든 비행기는 의무적으로 장착

항공기(Aircraft) 지구표면에 대한 공기의 반작용이 아닌 공기의 반작용으로 대기 중에
부양기기(Aircraft: Any machine that can derive support in the atmosphere from the reactions of the air other than the reactions of the air against the earth's surface).

공지관제무선국(Air-ground control radio station) 일정지역 내 항공기의 운항 및 관제에 관한 통신을 취급하는 항공통신국

공중활주(Air-taxiing) 헬기나 수직 이·착륙기가 공항상공을 지표효과를 고려하고 대기속도 37㎞/h(20kt) 이하로 비행하는 기동형태(Air-taxiing: Movement of a helicopter/VTOL above the surface of an aerodrome, normally in ground effect and at a ground speed normally less than 37km/h, 20kts)

실제고도는 매우 다양하며, 어떤 헬기들은 지표요란효과를 감소시키고 화물의 예인허가를 얻기 위하여 지상 8m(25ft) 이상으로 공중유도 할 수도 있음.

항공교통(Air traffic) 비행중이거나 또는 비행장내의기동지역에서 운항하는 모든항공기

항공교통조언업무(Air traffic advisory service) IFR 비행계획에 따라 조언공역 내에서 운항하는 항공기간에 가능한 한 분리를 유지하기 위해 제공되는 업무

항공교통관제허가(Air traffic control clearance) 항공기로 하여금 항공교통관제 기관이 지정하는 조건에 따라 비행토록 하는 인가
편의상 "항공교통관제허가" 용어가 어떤 문장에 사용될 경우 "허가"로 생략되기도 하며, 생략된 용어 "허가"가 항공교통관제허가에 관련되는 특정비행의 부분을 나타내기 위해 "유도", "이륙", "출발", "항로", "접근" 또는 "착륙" 등의 단어 뒤에 사용될 수도 있음.

항공교통관제업무(Air traffic control service) 다음의 목적을 위하여 제공되는 업무

a) 충돌방지:
   1) 항공기간,
   2) 기동지역 내에서 항공기와 장애물간
b) 항공교통의 촉진 및 질서유지

항공교통관제기관(Air traffic control unit) 지역관제센터, 접근관제소 또는 관제탑 등 여러 가지 의미를 가지는 일반적인 용어

항공교통업무(Air traffic service) 비행정보업무, 경보업무, 항공교통조언업무, 항공교통관제업무 (지역관제업무, 접근관제업무, 또는 비행장관제업무) 등 여러 가지 의미를 가지는 일반적인 용어

항공교통업무공역(Air traffic services airspaces) 규정된 종류의 비행이 규정된 항공교통업무와 운항규칙에 따라 운항되도록 알파벳순으로 설정된 공역
항공교통업무공역은 등급 A~G까지 분류.

항공교통업무보고취급소(Air traffic services reporting office) 항공교통업무 또는 출발 전에 제출하는 비행계획서에 관한 보고를 접수하기 위하여 설치된 기관(UNIT)
항공교통업무보고취급소는 단독으로 또는 항공교통업무기관이나 항공정보업무기관 등과 복합적으로 설치 될 수 있음.

항공교통업무기관(Air traffic services unit) 항공교통관제기관, 비행정보센터, 또는 항공교통업무보고취급소 등 여러 가지 의미를 가지는 일반적인 용어

항공로(Airway) 항공보안무선시설로 구성되는 회랑형태의 관제구역 또는 이의 한 부분
Airway: A control area or portion thereof established in the form of a corridor.

경보업무(Alerting service) 수색 및 구조를 필요로 하는 항공기에 관한 사항을 관계 부서에 통보하고, 필요에 따라 동 관계 부서를 돕기 위한 업무

교체비행장(Alternate aerodrome) 착륙하고자 하는 비행장에 착륙이 불가능할 경우 비행코자 하는 비행계획서에 기재된 비행장으로 다음과 같은 종류가 있음.
(Alternate aerodrome. An aerodrome to which an aircraft may proceed when it becomes either impossible or inadvisable to proceed to or to land at the aerodrome of intended landing. Alternate aerodromes include the following);

- 이륙교체비행장: 이륙 후 단기간의 필요에 따라 착륙할 수 있으나 출발 비행장으로 사용 할 수는 없는 교체비행장(Take-off alternate; An alternate aerodrome at which an aircraft can land should this become necessary shortly after take-off and it is not possible to use the aerodrome of departure.)

- 항로교체비행장: 항공로 상에서 비정상 기동이나 비상상황을 연습한 후에 착륙할 수 있는 비행장(En-route alternate; An aerodrome at which an aircraft would be able to land after experiencing an abnormal or emergency condition while en route.)

- 쌍발엔진항공기의 항로교체비행장: ETOPS 운항 항공기가 항로상에서 엔진 고장이나 비정상이나 비상상태를 맞아 착륙 가능한 적당하고 적절한 교체비행장.(ETOPS en-route alternate; A suitable and appropriate alternate aerodrome at which an aeroplane would be able to land after experiencing an engine shutdown or other abnormal or emergency condition while en route in an ETOPS operation. (Extended-Range Twin-Engine Operations)

- 목적지교체비행장: 착륙비행장에 착륙이 불가능할 경우에 비행하고자 하는 교체비행장으로 출발비행장은 그 비행의 항로 및 목적지 교체비행장으로 사용될 수 있음.(Destination alternate: An alternate aerodrome to which an aircraft may proceed should it become either impossible or inadvisable to land at the aerodrome of intended landing.)

고도(Altitude) 해면(mean sea level)으로부터 측정한 평면, 지점 또는 물체까지의 수직거리

접근관제소(Approach control office) 한 개 이상의 비행장에 도착 또는 출발하는 관제받고있는 항공기에 대하여 항공교통관제업무를 제공하기 위해 설치된 기관

접근관제업무(Approach control service) 도착 또는 출발하는 관제비행항공기에 대한 항공교통관제업무

관계항공교통업무당국(Appropriate ATS authority) 관련공역 내에서 항공교통업무를 제공할 책임이 있는 국가가 지정한 적절한 당국

관계당국(Appropriate authority)

a) 공해상에서의 비행 관련: 등록국가의 적절한 당국
b) 공해상 이외의 비행 관련: 통과하는 지역에 대하여 주권을 가지고 있는 국가의 적절한 당국

에이프론(Apron) 승객, 우편물, 또는 화물을 싣고 내리거나, 급유, 주기 또는 정비하는 항공기를 수용하기 위하여 육상비행장에 설정된 구역

지역관제센터(Area control centre) 관할 관제구역내의 관제비행항공기에게 항공교통관제업무를 제공하기 위해 설치된 기관

지역관제업무(Area control Service) 관제지역내의 관제비행항공기에 대한 항공교통관제업무

ATS route 항공교통업무의 제공에 필요하여 설정한 특정비행로로 ATS 비행로는 항공로, 조언비행로, 관제 또는 비관제비행로, 도착 또는 출발 비행로 등 여러 가지 의미를 가지며, ATS 비행로는 ATS 항로 설계법에 따라 항로 명칭이 정해진다. 진로나 중요 지점(way points), 중요지점에서 필수보고 지점까지 거리 ,최저안전고도가 해당 ATS 기관에 의해 결정된다.

자동항행감시 방송(Automatic dependent surveillance-broadcast(ADS-B)) 항공기와 비행장의 차량과 기타 이동 물체간에 사용하는 통신수단으로 Data-Link 전송방식으로 관련 자료인 식별부호(ID)과 위치 및 부가적인 자료를 자동적으로 송수신 한다.(A means by which aircraft, aerodrome vehicles and other objects can automatically transmit and/or receive data such as identification, position and additional data, as appropriate, in a broadcast mode via a data link.)

자동항행감시 계약(Automatic dependent surveillance- contract (ADS-C)) ADS-C 협정의 언어 수단은 지상 장비와 항공기간에 Data-Link를 통하여 사용되고, ADS-C 보고는 어떤 조건하에서도 교환된다.(A means by which the terms of an ADS-C agreement will be exchanged between the ground system and the aircraft, via a data link, specifying under what conditions ADS-C reports would be initiated, and what data would be contained in the reports)

ADS contract란 약어는 ADS 를 이용시 계약조건이나 ADS 요구사항이나 ADS 주기적인 계약이나 비상사태시 사용하는 비상신호방법을 말한다.(The abbreviated term "ADS contract" is commonly used to refer to ADS event contract, ADS demand contract, ADS periodic contract or an emergency mode.)

운고(Ceiling) 지상 또는 수면으로부터, 하늘의 절반을 초과하는 넓이로서 높이 6,000미터(20,000피트) 미만인 가장 낮은 구름층 바닥까지의 높이

VOR 항행목표전환점(Change-over point) VOR로 구성된 ATS route로 비행하는 항공기가 후방의 시설로부터 전방의 시설로 기본 항행 목표를 전환해야 하는 지점으로 Change-over point는 두 시설 사이의 모든 사용고도에서 신호의 강도 및 질을 고려하여 최적균형을 유지하고, 비행로상의 동일한

부분을 따라 비행하는 모든 항공기가 방위정보를 동일시설로부터 얻기 위해 설정함.

허가한계점(Clearance limit) 항공기가 진행하도록 항공교통관제허가를 받은 목표지점

관제지역(Control area) 지구상의 일정한 고도한계 상부의 관제공역

관제비행장(Controlled aerodrome) 비행장교통에 대하여 항공교통관제업무를 제공하는 비행장으로 관제비행장이란 용어는 항공교통관제업무가 비행장교통에 제공됨을 나타내고 있을 뿐이며 관제권이 존재한다는 것을 의미하지는 않는다.

관제공역(Controlled airspace) 항공교통관제업무를 공역등급에 따라 계기비행 및 시계비행항공기에게 제공하는 일정 범위의 공역으로 관제공역은 항공교통업무 공역등급 A, B, C, D 그리고 E를 포함하는 일반적 용어이다.

□ 항공안전법 제78조 (공역등의 지정)
- 항공안전법 시행규칙 제221조(공역의 구분·관리 등) ① 법 제78조제2항에 따라 국토교통부장관이 세분하여 지정·공고하는 공역의 구분은 별표 23과 같다.

※ 공역의 구분(제116조의2제1항 관련)〈전문개정 2009.9.10〉

1. 제공하는 항공교통업무에 따른 구분

구분		내용
관제공역	A 등급 공역	모든 항공기가 계기비행을 하여야 하는 공역
	B 등급 공역	계기비행 및 시계비행을 하는 항공기가 비행가능하고, 모든 항공기에 분리를 포함한 항공교통관제업무가 제공되는 공역
	C 등급 공역	모든 항공기에 항공교통관제업무가 제공되나, 시계비행을 하는 항공기간에는 비행정보업무만 제공되는 공역
	D 등급 공역	모든 항공기에 항공교통관제업무가 제공되나, 계기비행을 하는 항공기와 시계비행을 하는 항공기 및 시계비행을 하는 항공기간에는 비행정보업무만 제공되는 공역

구분		내용
비관제공역	E 등급 공역	계기비행을 하는 항공기에 항공교통관제업무가 제공되고, 시계비행을 하는 항공기에 비행정보업무가 제공되는 공역
	F 등급 공역	계기비행을 하는 항공기에 비행정보업무와 항공교통조언업무가 제공되고, 시계비행항공기에 비행정보업무가 제공되는 공역
	G 등급 공역	모든 항공기에 비행정보업무만 제공되는 공역

2. 공역의 사용목적에 따른 구분

구분		내용
관제공역	관제권	「항공안전법」 제2조제25호에 따른 공역으로서 비행정보구역 내의 B, C 또는 D 등급 공역 중에서 시계 및 계기비행을 하는 항공기에 대하여 항공교통관제업무를 제공하는 공역
	관제구	「항공안전법」 제2조제26호에 따른 공역(항공로 및 접근관제구역을 포함한다)으로서 비행정보구역 내의 A, B, C, D 및 E 등급 공역에서 시계 및 계기비행을 하는 항공기에 대하여 항공교통관제업무를 제공하는 공역
	비행장 교통구역	「항공안전법」 제2조제25호에 따른 공역 외의 공역으로서 비행정보구역 내의 D등급에서 시계비행을 하는 항공기 간에 교통정보를 제공하는 공역
비관제공역	조언구역	항공교통조언업무가 제공되도록 지정된 비관제공역
	정보구역	비행정보업무가 제공되도록 지정된 비관제공역
통제공역	비행금지구역	안전, 국방상 그 밖의 이유로 항공기의 비행을 금지하는 공역
	비행제한구역	항공사격·대공사격 등으로 인한 위험으로부터 항공기의 안전을 보호하거나 그 밖의 이유로 비행허가를 받지 아니한 항공기의 비행을 제한하는 공역
	초경량비행장치 비행제한구역	초경량비행장치의 비행안전을 확보하기 위하여 초경량비행장치의 비행활동에 대한 제한이 필요한 공역
주의공역	훈련구역	민간항공기의 훈련공역으로서 계기비행항공기로부터 분리를 유지할 필요가 있는 공역
	군작전구역	군사작전을 위하여 설정된 공역으로서 계기비행항공기로부터 분리를 유지할 필요가 있는 공역
	위험구역	항공기의 비행시 항공기 또는 지상시설물에 대한 위험이 예상되는 공역
	경계구역	대규모 조종사의 훈련이나 비정상 형태의 항공활동이 수행되는 공역

관제비행(Controlled flight) 항공교통관제업무를 제공받는 비행

관제사-조종사 Data link 통신(Controller-pilot data link communications (CPDLC)) Data link를 이용한 관제사와 조종사간의 ATC 통신수단

관제권(Control zone) 지구표면으로부터 일정한 상부한계까지의 관제공역

순항상승(Cruise climb) 중량이 감소함에 따라 고도가 단계적으로 증가하는 항공기 순항기술

순항비행고도.(Cruising level) 비행의 중요부분 동안 유지하는 고도

유효비행계획.(Current flight plan) 허가를 받고 변경한 최신 비행계획

위험구역.(Danger area) 특정한 시간 항공기의 비행에 위험한 활동이 존재하는 일정한 범위의 공역

Data Link Communication Data Link를 통한 정보의 교환을 위한 통신방식.

이동예정시간(Estimated off-block time) 출발항공기의 이동개시 예정시간

도착예정시간(Estimated time of arrival) IFR 항공기의 경우, 항행보조시설을 이용하여 설정된 계기접근 개시지점 도착 예정 시간, 또는 비행장에 항행보조시설이 없을 경우, 비행장 상공 도착 예정 시간, VFR 항공기의 경우, 비행장 상공 도착예정시간

예상접근시간(Expected approach time) 도착항공기가 착륙을 위한 접근을 하기 위해 체공지점을 떠날 것이 예상되는 시간(체공지점을 실제 떠나는 시간은 접근허가에 따라 달라짐)

제출비행계획(Filed flight plan) 조종사 또는 지정된 대리인이 ATS 기관에 제출한 원래의 비행계획

운항승무원(Flight crew member) 비행시간 중 항공기의 운항에 필수적인 임무를 수행하는 유자격 승무원

비행 정보센터(Flight information centre) 비행정보업무 및 경보업무를 제공하기 위해 설치한 기관

비행 정보구역(Flight information region) 비행정보업무 및 경보업무를 제공하는 일정한 범위의 공역

비행정보업무(Flight information service) 안전하고 효율적인 비행에 유용한 조언 및 정보를 제공할 목적으로 수행하는 업무

비행고도(Flight level) 특정한 기압(1013.2 hpa)을 기준으로 특정한 기압간격으로 분리된 일정 기압면
- 표준대기에 따라 조정된 기압형 고도계는;
  a) QNH 고도계 수정치로 수정할 경우, 고도를 나타냄.
  b) QFE 고도계 수정치로 수정할 경우, QFE 기준면으로부터의 높이를 나타냄.
  c) 기압 1013.2 hpa로 수정할 경우, 비행고도 (Flight level)를 나타냄.
- 위에서 사용된 용어 "높이" 및 "고도"는 기하학적인 높이 및 고도보다는 고도계적인 것을 나타냄.

• **제165조(기압고도계의 수정)** 항공안전법 제67조에 따라 비행을 하는 항공기의 기압고도계는 다음 각 호의 기준에 따라 수정하여야 한다.

1. 전이고도 미만의 고도로 비행하는 경우에는 비행로를 따라 185킬로미터(100해리) 이내에 있는 항공교통관제기관으로부터 통보받은 QNH(185킬로미터(100해리) 이내에 항공교통관제기관이 없는 경우에는 제227조 제1호에 따른 비행정보기관 등으로부터 받은 최신 QNH를 말한다)로 수정할 것
2. 전이고도를 초과한 고도로 비행하는 경우에는 표준기압치(1,013.2헥토파스칼)로 수정할 것
   ※ 한국의 전이고도는 14,000 ft임.

비행계획(Flight plan) 계획하는 비행 또는 비행의 한 부분에 관하여 항공교통업무기관에 제출하는 정보

▫ 항공안전법 제67조 (항공기의 비행규칙)
① 항공기를 운항하려는 사람은 「국제민간항공조약」 및 같은 조약 부속서에 따라 국토교통부령으로 정하는 비행에 관한 기준·절차·방식 등(이하 "비행규칙"이라 한다)에 따라 비행하여야 한다.
② 비행규칙은 다음 각 호와 같이 구분한다.

1. 재산 및 인명을 보호하기 위한 비행절차 등 일반적인 사항에 관한 규칙
2. 시계비행에 관한 규칙
3. 계기비행에 관한 규칙
4. 비행계획의 작성·제출·접수 및 통보 등에 관한 규칙
5. 그 밖에 비행안전을 위하여 필요한 사항에 관한 규칙

- **항공안전법 시행규칙 제182조 (비행계획의 제출 등)**

① 법 제67조에 따라 비행정보구역 안에서 비행을 하려는 자는 비행을 시작하기 전에 비행계획을 수립하여 관할 항공교통업무기관에 제출하여야 한다. 다만, 긴급출동 등 비행 시작 전에 비행계획을 제출하지 못한 경우에는 비행 중에 제출할 수 있다.

② 제1항에 따른 비행계획은 구술·전화·서류·전문(電文)·팩스 또는 정보통신망을 이용하여 제출할 수 있다. 이 경우 서류·팩스 또는 정보통신망을 이용하여 비행계획을 제출할 때에는 별지 제71호서식의 비행계획서에 따른다.

③ 제2항에 불구하고 항공운송사업에 사용되는 항공기의 비행계획을 제출하는 경우에는 별지 제72호서식의 반복비행계획서를 항공교통본부장에게 제출할 수 있다.

④ 제1항 본문에 따라 비행계획을 제출하여야 하는 자 중 국내에서 유상으로 여객이나 화물을 운송하는 자 또는 두 나라 이상을 운항하는 자는 다음 각 호의 구분에 따른 시기까지 별지 제73호서식의 항공기 입출항 신고서(GENERAL DECLARATION)를 지방항공청장에게 제출(정보통신망을 이용할 경우에는 해당 정보통신망에서 사용하는 양식에 따른다)하여야 한다.

  1. 국내에서 유상으로 여객이나 화물을 운송하는 자: 출항 준비가 끝나는 즉시
  2. 두 나라 이상을 운항하는 자
     가. 입항의 경우: 국내 목적공항 도착 예정 시간 2시간 전까지. 다만, 출발국에서 출항 후 국내 목적공항까지의 비행시간이 2시간 미만인 경우에는 출발국에서 출항 후 20분 이내까지 할 수 있다.
     나. 출항의 경우: 출항 준비가 끝나는 즉시

⑤ 제2항 후단에 따른 비행계획서는 국토교통부장관이 정하여 고시하는 작성방법에 따라 작성되어야 한다.

⑥ 제4항에 따른 항공기 입출항 신고서를 제출받은 지방항공청장은 신고서 및 첨부서류에 흠이 없고 형식적 요건을 충족하는 경우에는 지체 없이 접수하여야 한다.

비행상태(Flight status) 항공교통업무기관에 의한 특별취급의 필요성 여부를 표시하는 것.

비행시정(Flight visibility) 비행중인 항공기 조종실로부터의 시정

지상시정(Ground visibility) 전문적인 관측자가 관측한 비행장의 시정

기수방향(Heading) 통상 북쪽(진북, 자북, compass 또는 grid North)을 기준한 각도로 나타내는 항공기의 세로 방향 높이.특정한 기준으로부터 측정한 고도, 지점 또는 지점으로 간주되는 물체까지의 수직거리

IFR(instrument flight rules) 계기비행규칙을 나타내는 약어

계기비행(IFR flight) 계기비행규칙에 따라 행하는 비행

IMC(instrument meteorological conditions) 계기비행기상상태를 나타내는 약어

계기접근절차(Instrument approach procedure) 장애물로부터 일정하게 보호되어 첫 접근지점 또는 정해진 도착 비행로의 시작점으로부터 착륙이 완료될 수 있는 지점까지(또는, 착륙이 완료되지 못할 경우, 체공 또는 항로장애물 회피기준이 적용되는 지점까지) 비행계기를 참조하여 행하는, 미리 정해진 일련의 기동절차

계기비행기상상태(Instrument meteorological conditions) 시계비행기상 최저치 미만으로서, 시정 구름으로부터의 거리 및 운고로 표시되는 기상상태
 - 시계비행기상 최저치는 제4장에 수록되어 있음.

착륙지역(Landing area) 항공기의 착륙 또는 이륙을 위한 이동지역의 한 부분

고도(Level) 비행중인 항공기의 수직위치에 관련되는 일반적인 용어로서, 높이, 고도, 또는 비행고도 등 여러 가지 의미를 가진다.

기동구역(Manoeuvring area) 항공기의 이륙, 착륙 및 지상유도에 사용되는 비행장내의 한 부분 (에이프론 제외)

이동지역(Movement area) 항공기의 이륙, 착륙 및 지상유도에 사용되는 비행장의 한 부분으로서 기동지역과 에이프론으로 구성되어 있음.

기장(Pilot-in-command) 항공기 운용자가 지정한 조종사 또는 일반항공의 경우 항공기 소유자로서 비행안전을 책임지고 지휘하는 자.

기압고도(Pressure-altitude) 표준대기의 압력에 연관되는 고도로 나타내는 기압

금지구역(Prohibited area) 육지 또는 수면의 상공으로서, 항공기의 비행이 금지되는 일정한 범위의 공역

반복비행계획(Repetitive flight plan (RPL)) 기본사항이 동일하며, 규칙적이고 연속적으로 자주 운항하는 각 기의 항공기에 관련된 비행계획으로서, 항공사가 제출하고 ATS기관이 반복하여 사용

※ 최소한 10회 이상 사용되어야 하고, 항공기의 기종 변경 시는 사용 못함.

보고지점(Reporting point) 항공기가 위치를 보고하는 일정한 지리적 장소

제한구역(Restricted area) 육지 또는 수면의 상공으로서, 항공기의 비행을 일정한 조건에 따라 제한하는 일정한 범위의 공역

활주로(Runway) 항공기의 착륙 및 이륙을 위하여 육상비행장에 설치된 일정한 장방형구역

신호지역(Signal area) 지상신호의 표시를 위하여 사용되는 비행장내의 지역

특별 시계비행(Special VFR flight) 관제권내에서 시계비행기상상태 미만의 기상상태에서도 비행할 수 있도록 항공교통관제기관이 인가한 시계비행

※ 비행시정이 1600미터 이상이어야 하고, 계기비행자격자가 탑승한 경우에 가능한 절차임.

지상유도(Taxiing) 이륙 및 착륙을 제외하고 자체동력에 의한 비행장표면에서의 항공기이동.

유도로(Taxiway) 항공기의 지상유도 및 비행장내의 한 부분과 다른 부분의 연결을 위하여 육상비행장에 설치한 일정한 통로로서 다음의 것을 포함한다.
   a) Aircraft stand taxilane: 유도로로 지정되어 항공기 주기대 까지의 통로로만 사용되는 에이프론의 한 부분
   b) Apron taxiway: 에이프론 내를 통과하는 유도로
   c) 신속이탈 taxiway: 착륙항공기가 다른 유도로를 사용할 때보다 더 빠른 속도로 활주로를 벗어남으로써 활주로 점유시간을 최소화할 목적으로 활주로에 예각으로 연결된 유도로

공항관제지역(Terminal control area) 통상 한 개 또는 두 개 이상의 주요 비행장 근처에 있는 항공로 합류지점에 설치되는 관제구역

총 예상 소요시간(Total estimated elapsed time) IFR항공기의 경우, 이륙 후 항행 보조시설을 이용하여 설정된 계기접근 개시 지점에 도착, 또는 목적비행장에 항행 보조시설이 없을 경우, 목적비행장 상공에 도착할 때까지의 예상소요시간, VFR 항공기의 경우 이륙 후 목적비행장 상공에 도착할 때까지의 예상소요시간.

항적(Track) 지구표면상에 투영된 항공기통행로로서, 방향이 어떤 지점에서든 북쪽(진북, 자북 또는 grid North)으로부터의 각도로 표시된다.

충돌방지조언(Traffic avoidance advice) 충돌을 방지하기 위하여 항공교통업무기관에서 조종사에게 제공하는 특정 기동체에 관한 조언

교통정보(Traffic information) 항공기 근처나 비행로 주위에 알고 있거나 관측된 항공기가 있을 때 충돌을 방지하기 위하여 항공교통업무기관에서 조종사에게 제공하는 정보

전이고도(Transition altitude) 항공기의 수직위치를 고도로서 나타내는 한계고도

무인자유기구(Unmanned free balloon) 비동력, 무인이며 공기보다 가볍고 자유롭게 비행하는 기구
   - 무인자유기구는 부록4에 수록된 기준에 따라 heavy, medium 및 light급으로 분류

VFR(visual flight rules) 시계비행규칙을 나타내는 약어

시계비행(VFR flight) 시계비행규칙에 따라 행하는 비행

시정(Visibility) 다음기준보다 높은 항행목적의 시정치
  A: 지상에 근접하여 있고, 배경 빛에 의하여 관측 시 인식이 가능하고 검은 물체의 윤곽이 보이는 최대거리,
  B: 1,000 Candelas 주변에서 배경의 빛이 없이 식별이 가능하고 보이는 최대거리,
  - 두 거리는 주어진 공기의 흡광율(계수)와 여러 배경조명에 따라 다르다. 전자a)는 기상 시각범위(MOR)로 나타낸다.

  ※ (시정) 대기의 상태에 따라서 결정되고 거리의 단위로 표시되는 수치로서 주간에 뚜렷한 비조명물체(야간에는 조명물체)를 보고 식별할 수 있는 거리한계

시계비행 기상상태(Visual meteorological conditions) 특정 최저치 이상의 시정, 구름으로부터의 거리 및 운고로 표시하는 기상상태
- 특정 최저치는 제4장에 수록되어 있음.

2 항공규칙의 적용

1. 항공규칙의 적용지역

항공규칙은 당해 지역관할국가의 규정에 저촉되지 않는 한, 어디에서든지 체약국의 국적 및 등록기호를 보유하고 있는 항공기에게 적용해야 한다.

- 국제민간항공기구 이사회는 1948년 4월 부속서2를 채택시 및 1951년 11월의 동 부속서 제1차 개정 시, 동 부속서는 협약 제12조의 범위 내에서 항공기의 비행 및 기동에 관한 규칙을 제정한다고 유권 해석하였다. 그러므로 공해상에서도 예외 없이 이 규칙이 적용된다.

※ 국제민간항공기구는 전세계공역을 8개 권역으로 나누고, 각 권역별 비행정보구역을 각 체약국 별로 분담 배정하여 전 세계의 공역이 누락되지 않도록 함으로서 항공기 항행의 안전을 확보하고 있다. (ICAO DOC 7030)

※ ICAO 지역 사무소 7개소

1. 아.태 (Asia.Pacific)지역사무소(Thailand, Bangkok)
2. 동.남 아프리카(East. South Africa)지역사무소 (Kenya, Nairobi)
3. 중.서 아프리카(Middle. West Africa) 지역사무소 (Senegal, Darkar)
4. 유럽 (Europe)지역사무소(France, Paris)
5. 중동 (Middle)지역사무소(Egypt, Cairo)
6. 북미 (North. Middle America)지역사무소(Mexico, Mexico City)
7. 남미 (South America) 지역사무소 (Peru, lima)

체약국이 국제민간항공기구에 반대의사를 통보하지 않는 한, 동 체약국 등록항공기는 다음 사항에 동의하는 것으로 간주한다.

이 부속서에서 '관계 ATS당국'이라 함은 지역항공협정에 따라 체약국이 항공교통업무 제공 책임을 수락한 공해 등의 상공비행에 있어서, 동업무를 제공할 책임이 있는 국가가 지정한 기관을 말한다.

지역항공항행협정이란 지역항공항행회의의 권고에따라 국제민간항공기구 이사회가 승인한 협정을 말함.

협약 제12조 (항공규칙)

각 체약국은 그 영역의 상공을 비행 또는 동 영역 내에서 동작하는 모든 항공기와 그 소재의 여하를 불문하고 그 국적표지를 게시하는 모든 항공기가 당해 관할구역에서 시행되고 있는 항공기의 비행 또는 이동에 관한 법규와 규칙에 따르는 것을 보장하는 조치를 취하는 것을 약속한다.

각 체약국은 이에 관한 자국의 규칙을 가능한 한 광범위하게 본 협약에 의하여 수시 설정되는 규칙에 일치하게 하는 것을 약속한다. 공해의 상공에서 시행되는 법규는 본 협약에 의하여 설정된 것으로 한다. 각 체약국은 적용되는 규칙에 위반한 모든 자의 소추를 보증하는 것을 약속한다.

2. 항공규칙의 이행

비행중이거나 비행장내의 기동구역에 있는 항공기는 일반규칙에 따라, 이에 추가하여, 비행중일 때는 다음 사항에 따라 운항하여야 한다.
 a) 시계비행규칙, 또는
 b) 계기비행규칙
 - 7개의 ATS 공역등급 내에서 시계비행규칙이나 계기비행규칙에 따라 운항하는 항공기에게 제공되는 관련 정보는 부속서 11, 2.6.1과 2.6.3에 수록되어 있음.
 - 조종사는 시계비행기상상태에서 계기비행규칙에 따라 비행할 수 있으며, 적절한 ATS당국에 의해 그렇게 하도록 요구받을 수 있음.

▫ 항공안전법 제67조 (항공기의 비행규칙)
① 항공기를 운항하려는 사람은 「국제민간항공협약」 및 같은 협약 부속서에 따라 국토교통부령으로 정하는 비행에 관한 기준·절차·방식 등(이하 "비행규칙"이라 한다)에 따라 비행하여야 한다.
② 비행규칙은 다음 각 호와 같이 구분한다.
　1. 재산 및 인명을 보호하기 위한 비행절차 등 일반적인 사항에 관한 규칙
　2. 시계비행에 관한 규칙
　3. 계기비행에 관한 규칙
　4. 비행계획의 작성·제출·접수 및 통보 등에 관한 규칙
　5. 그 밖에 비행안전을 위하여 필요한 사항에 관한 규칙

• 항공안전법 시행규칙 제161조 (비행규칙의 준수 등)
① 기장은 법 제67조에 따른 비행규칙에 따라 비행하여야 한다. 다만, 안전을 위하여 불가피한 경우에는 그러하지 아니하다.
② 기장은 비행을 하기 전에 현재의 기상관측보고, 기상예보, 소요 연료량, 대체 비행경로 및 그 밖에 비행에 필요한 정보를 숙지하여야 한다.
③ 기장은 인명이나 재산에 피해가 발생하지 아니하도록 주의하여 비행하여야 한다.
④ 기장은 다른 항공기 또는 그 밖의 물체와 충돌하지 아니하도록 비행하여야 하며, 공중충돌경고장치의 회피지시가 발생한 경우에는 그 지시에 따라 회피기동을 하는 등 충돌을 예방하기 위한 조치를 하여야 한다.

3. 항공규칙의 이행책임

가. 기장의 책임

항공기의 기장은 실제 조종여부에 관계없이, 안전을 위하여 불가피한 경우를 제외하고, 항공규칙에 따라 항공기를 운항할 책임이 있다.

나. 비행 전 조치

항공기의 기장은 비행 시작 전에 당해 비행에 필요한 모든 사항을 숙지하여야 한다.
비행장 주변을 벗어나는 비행 및 모든 계기비행에 있어서의 비행전 조치는 현재의 기상상태 및 예보, 소요연료량 및 계획대로 비행을 하지 못 할 경우의 조치사항에 대한 검토를 포함한다.

- 항공안전법 시행규칙 제136조(출발 전의 확인)
① 법 제62조제2항에 따라 기장이 확인하여야 할 사항은 다음 각 호와 같다.
  1. 해당 항공기의 감항성 및 등록 여부와 감항증명서 및 등록증명서의 탑재
  2. 해당 항공기의 운항을 고려한 이륙중량, 착륙중량, 중심위치 및 중량분포
  3. 예상되는 비행조건을 고려한 의무무선설비 및 항공계기 등의 장착
  4. 해당 항공기의 운항에 필요한 기상정보 및 항공정보
  5. 연료 및 오일의 탑재량과 그 품질
  6. 위험물을 포함한 적재물의 적절한 분배 여부 및 안정성
  7. 해당 항공기와 그 장비품의 정비 및 정비 결과
  8. 그 밖에 항공기의 안전 운항을 위하여 국토교통부장관이 필요하다고 인정하여 고시하는 사항
② 기장은 제1항제7호의 사항을 확인하는 경우에는 다음 각 호의 점검을 하여야 한다.
  1. 항공일지 및 정비에 관한 기록의 점검
  2. 항공기의 외부 점검
  3. 발동기의 지상 시운전 점검
  4. 그 밖에 항공기의 작동사항 점검

다. 항공기 기장의 권한

기장은 기장으로서의 임무수행중 항공기의 처리에 대한 최종결정권을 보유하여야 한다.

항공안전법 제62조 (기장의 권한 등)
① 항공기의 운항 안전에 대하여 책임을 지는 사람(이하 "기장"이라 한다)은 그 항공기의 승무원을 지휘·감독한다.
② 기장은 국토교통부령으로 정하는 바에 따라 항공기의 운항에 필요한 준비가 끝난 것을 확인한 후가 아니면 항공기를 출발시켜서는 아니 된다.
③ 기장은 항공기나 여객에 위난(危難)이 발생하였거나 발생할 우려가 있다고 인정될 때에는 항공기에 있는 여객에게 피난방법과 그 밖에 안전에 관하여 필요한 사항을 명할 수 있다.
④ 기장은 운항 중 그 항공기에 위난이 발생하였을 때에는 여객을 구조하고, 지상 또는 수상(水上)에 있는 사람이나 물건에 대한 위난 방지에 필요한 수단을 마련하여야 하며, 여객과 그 밖에 항공기에 있는 사람을 그 항공기에서 나가게 한 후가 아니면 항공기를 떠나서는 아니 된다.
⑤ 기장은 항공기사고, 항공기준사고 또는 의무보고 대상 항공안전장애가 발생하였을 때에는 국토교통부령으로 정하는 바에 따라 국토교통부장관에게 그 사실을 보고하여야 한다. 다만, 기장이 보고할 수 없는 경우에는 그 항공기의 소유자등이 보고를 하여야 한다.
⑥ 기장은 다른 항공기에서 항공기사고, 항공기준사고 또는 의무보고 대상 항공안전장애가 발생한 것을 알았을 때에는 국토교통부령으로 정하는 바에 따라 국토교통부장관에게 그 사실을 보고하여야 한다. 다만, 무선설비를 통하여 그 사실을 안 경우에는 그러하지 아니하다.
⑦ 항공종사자 등 이해관계인이 제59조제1항에 따라 보고한 경우에는 제5항 본문 및 제6항 본문은 적용하지 아니한다.

※ 부속서 6, 제4.5항 기장의 임무
  기장은 비행시간 중에 비행기의 운항과 안전 그리고 모든 탑승자의 안전에 책임을 져야 한다.

라. 주정음료, 마약 또는 의약품의 사용

누구든지 주정음료, 마약 또는 의약품의 약효가 남아있는 동안에는 행동이 약화되기 때문에, 항공기를 조종하거나 운항승무원으로서 근무할 수 없다.

□ 항공안전법 제57조(주류등의 섭취·사용 제한)

① 항공종사자(제46조에 따른 항공기 조종연습 및 제47조에 따른 항공교통관제연습을 하는 사람을 포함한다. 이하 이 조에서 같다) 및 객실승무원은 「주세법」 제3조제1호에 따른 주류, 「마약류 관리에 관한 법률」 제2조제1호에 따른 마약류 또는 「화학물질관리법」 제22조제1항에 따른 환각물질 등(이하 "주류등"이라 한다)의 영향으로 항공업무(제46조에 따른 항공기 조종연습 및 제47조에 따른 항공교통관제연습을 포함한다. 이하 이 조에서 같다) 또는 객실승무원의 업무를 정상적으로 수행할 수 없는 상태에서는 항공업무 또는 객실승무원의 업무에 종사해서는 아니 된다.

② 항공종사자 및 객실승무원은 항공업무 또는 객실승무원의 업무에 종사하는 동안에는 주류등을 섭취하거나 사용해서는 아니 된다.

③ 국토교통부장관은 항공안전과 위험 방지를 위하여 필요하다고 인정하거나 항공종사자 및 객실승무원이 제1항 또는 제2항을 위반하여 항공업무 또는 객실승무원의 업무를 하였다고 인정할 만한 상당한 이유가 있을 때에는 주류등의 섭취 및 사용 여부를 호흡측정기 검사 등의 방법으로 측정할 수 있으며, 항공종사자 및 객실승무원은 이러한 측정에 응하여야 한다.

④ 국토교통부장관은 항공종사자 또는 객실승무원이 제3항에 따른 측정 결과에 불복하면 그 항공종사자 또는 객실승무원의 동의를 받아 혈액 채취 또는 소변 검사 등의 방법으로 주류등의 섭취 및 사용 여부를 다시 측정할 수 있다.

⑤ 주류등의 영향으로 항공업무 또는 객실승무원의 업무를 정상적으로 수행할 수 없는 상태의 기준은 다음 각 호와 같다.

  1. 주정성분이 있는 음료의 섭취로 혈중알코올농도가 0.02퍼센트 이상인 경우
  2. 「마약류 관리에 관한 법률」 제2조제1호에 따른 마약류를 사용한 경우
  3. 「화학물질관리법」 제22조제1항에 따른 환각물질을 사용한 경우

⑥ 제1항부터 제5항까지의 규정에 따라 주류등의 종류 및 그 측정에 필요한 세부 절차 및 측정기록의 관리 등에 필요한 사항은 국토교통부령으로 정한다.

3 일반규칙

1. 사람 및 재산의 보호

1) 부주의하거나 무모한 항공기의 운항

부주의 또는 무모한 방법으로 항공기를 운항하여 다른 사람의 생명이나 재산을 위태롭게 해서는 안 된다.

□ 항공안전법 제68조 (항공기의 비행 중 금지행위 등) 항공기를 운항하려는 사람은 생명과 재산을 보호하기 위하여 다음 각 호의 어느 하나에 해당하는 비행 또는 행위를 해서는 아니 된다. 다만, 국토교통부령으로 정하는 바에 따라 국토교통부장관의 허가를 받은 경우에는 그러하지 아니하다.
  1. 국토교통부령으로 정하는 최저비행고도(最低飛行高度) 아래에서의 비행
  2. 물건의 투하(投下) 또는 살포
  3. 낙하산 강하(降下)
  4. 국토교통부령으로 정하는 구역에서 뒤집어서 비행하거나 옆으로 세워서 비행하는 등의 곡예비행
  5. 무인항공기의 비행
  6. 그 밖에 생명과 재산에 위해를 끼치거나 위해를 끼칠 우려가 있는 비행 또는 행위로서 국토교통부령으로 정하는 비행 또는 행위

2) 최저고도

항공기는 이륙 또는 착륙을 위하여 필요한 경우 및 관계당국의 허가를 받은 경우를 제외하고, 비상의 경우 지상에 있는 사람이나 재산에 위해를 주지 아니하고 착륙 할 수 있는 고도가 아닌 한 도시, 번화가 또는 주거지의 인구밀집지역상공 또는 야외 군중집단이 있는 상공을 비행하여서는 아니 된다.
  - 시계비행최저고도는 4.6, 계기비행최저고도는 5.1.2를 각각 참조할 것.

• 항공안전법 시행규칙 제199조 (최저비행고도) 법 제68조제1호에서 "국토교통부령으로 정하는 최저비행고도"란 다음 각 호와 같다.

1. 시계비행방식으로 비행하는 항공기
    가. 사람 또는 건축물이 밀집된 지역의 상공에서는 해당 항공기를 중심으로 수평거리 600미터 범위 안의 지역에 있는 가장 높은 장애물의 상단에서 300미터(1천피트)의 고도
    나. 가목 외의 지역에서는 지표면·수면 또는 물건의 상단에서 150미터(500피트)의 고도
2. 계기비행방식으로 비행하는 항공기
    가. 산악지역에서는 항공기를 중심으로 반지름 8킬로미터 이내에 위치한 가장 높은 장애물로부터 600미터의 고도
    나. 가목 외의 지역에서는 항공기를 중심으로 반지름 8킬로미터 이내에 위치한 가장 높은 장애물로부터 300미터의 고도

- 항공안전법 시행규칙 제200조(최저비행고도 아래에서의 비행허가) 법 제68조 각 호 외의 부분 단서에 따라 최저비행고도 아래에서 비행하려는 자는 별지 제74호서식의 최저비행고도 아래에서의 비행허가 신청서를 지방항공청장에게 제출하여야 한다.

3) 순항고도(巡航高度)

비행 중에 유지하여야 할 순항고도는 다음과 같이 구분된다.
  a) 비행고도(Flight levels): 사용가능 최저비행고도 이상, 또는 경우에 따라, 전이고도 초과시 사용.
  b) 고도(altitudes): 사용가능 최저비행고도 미만, 또는 경우에 따라, 전이고도 이하에서 사용
    - 비행고도에 관한 사항은 항공항행절차-항공기운항(PANS-OPS, Doc8168)에 기술되어 있음.

□ 항공안전법 제84조(항공교통관제 업무 지시의 준수)
① 비행장, 공항, 관제권 또는 관제구에서 항공기를 이동·이륙·착륙시키거나 비행하려는 자는 국토교통부장관 또는 항공교통업무증명을 받은 자가 지시하는 이동·이륙·착륙의 순서 및 시기와 비행의 방법에 따라야 한다.
② 비행장 또는 공항의 이동지역에서 차량의 운행, 비행장 또는 공항의 유지·보수, 그 밖의 업무를 수행하는 자는 항공교통의 안전을 위하여 국토교통부장관 또는 항공교통업무증명을 받은 자의 지시에 따라야 한다.

- 항공안전법 시행규칙 제164조(순항고도)
① 법 제67조에 따라 비행을 하는 항공기의 순항고도는 다음 각 호와 같다.

1. 항공기가 관제구 또는 관제권을 비행하는 경우에는 항공교통관제기관이 법 제84조제1항에 따라 지시하는 고도
2. 제1호 외의 경우에는 별표 21 제1호에서 정한 순항고도
3. 제2호에도 불구하고 국토교통부장관이 수직분리축소공역(RVSM)으로 정하여 고시한 공역의 경우에는 별표 21 제2호에서 정한 순항고도

② 제1항에 따른 항공기의 순항고도는 다음 각 호의 구분에 따라 표현되어야 한다.
1. 순항고도가 전이고도를 초과하는 경우: 비행고도(Flight Level)
2. 순항고도가 전이고도 이하인 경우: 고도(Altitude)

- **항공안전법 시행규칙 제165조(기압고도계의 수정)** 법 제67조에 따라 비행을 하는 항공기의 기압고도계는 다음 각 호의 기준에 따라 수정하여야 한다.
  1. 전이고도 이하의 고도로 비행하는 경우에는 비행로를 따라 185킬로미터(100해리) 이내에 있는 항공교통관제기관으로부터 통보받은 QNH[185킬로미터(100해리) 이내에 항공교통관제기관이 없는 경우에는 제227조제1호에 따른 비행정보기관 등으로부터 받은 최신 QNH를 말한다]로 수정할 것
  2. 전이고도를 초과한 고도로 비행하는 경우에는 표준기압치(1,013.2 헥토파스칼)로 수정할 것

4) 물건의 투하 또는 살포

비행중인 항공기로부터 물건을 투하 또는 살포하여서는 아니된다. 단, 관계당국에서 지정한 기준 및 적절한 항공교통업무기관으로부터 받은 정보, 조언, 허가 등에 명시된 바에 따라 실시할 경우에는 예외로 한다.

▫ **항공안전법 제68조(항공기의 비행 중 금지행위 등)** 항공기를 운항하려는 사람은 생명과 재산을 보호하기 위하여 다음 각 호의 어느 하나에 해당하는 비행 또는 행위를 해서는 아니 된다. 다만, 국토교통부령으로 정하는 바에 따라 국토교통부장관의 허가를 받은 경우에는 그러하지 아니하다.
1. 국토교통부령으로 정하는 최저비행고도(最低飛行高度) 아래에서의 비행
2. 물건의 투하(投下) 또는 살포
3. 낙하산 강하(降下)
4. 국토교통부령으로 정하는 구역에서 뒤집어서 비행하거나 옆으로 세워서 비행하는 등의 곡예비행
5. 무인항공기의 비행

6. 그 밖에 생명과 재산에 위해를 끼치거나 위해를 끼칠 우려가 있는 비행 또는 행위로서 국토교통부령으로 정하는 비행 또는 행위

- 항공안전법 시행규칙 제201조(물건의 투하 또는 살포의 허가 신청) 법 제68조 각 호 외의 부분 단서에 따라 비행 중인 항공기에서 물건을 투하하거나 살포하려는 자는 다음 각 호의 사항을 적은 물건 투하 또는 살포 허가신청서를 운항 예정일 25일 전까지 지방항공청장에게 제출하여야 한다.
  1. 성명 및 주소
  2. 항공기의 형식 및 등록부호
  3. 비행의 목적·일시·경로 및 고도
  4. 물건을 투하하는 목적
  5. 투하하려는 물건의 개요와 투하하려는 장소
  6. 조종자의 성명과 자격
  7. 그 밖에 참고가 될 사항

5) 예인(曳引)/towing

항공기는 다른 항공기나 물건을 예인하여서는 아니 된다. 단, 관계당국에서 지정한 기준 및 적절한 항공교통업무기관으로부터 받은 정보, 조언, 허가 등에 명시된 바에 따라 실시할 경우에는 예외로 한다.

6) 낙하산 강하

비상시를 제외하고 낙하산 강하를 하여서는 아니 된다. 단, 관계당국에서 지징한 기준 및 적절한 항공교통업무기관으로부터 받은 정보, 조언, 허가 등에 명시된 바에 따라 실시할 경우에는 예외로 한다.

7) 곡기비행

항공기는 곡기비행을 하여서는 아니 된다. 단, 관계당국에서 지정한 기준 및 적절한 항공교통업무기관으로부터 받은 정보, 조언, 허가 등에 명시된 바에 따라 실시할 경우에는 예외로 한다.

- 항공안전법 시행규칙 제203조(곡예비행) 법 제68조제4호에 따른 곡예비행은 다음 각 호와 같다.

1. 항공기를 뒤집어서 하는 비행
2. 항공기를 옆으로 세우거나 회전시키며 하는 비행
3. 항공기를 급강하시키거나 급상승시키는 비행
4. 항공기를 나선형으로 강하시키거나 실속(失速)시켜 하는 비행
5. 그 밖에 항공기의 비행자세, 고도 또는 속도를 비정상적으로 변화시켜 하는 비행

- 항공안전법 시행규칙 제204조(곡예비행 금지구역) 법 제68조제4호에서 "국토교통부령으로 정하는 구역"이란 다음 각 호의 어느 하나에 해당하는 구역을 말한다.
    1. 사람 또는 건축물이 밀집한 지역의 상공
    2. 관제구 및 관제권
    3. 지표로부터 450미터(1,500피트) 미만의 고도
    4. 해당 항공기(활공기는 제외한다)를 중심으로 반지름 500미터 범위 안의 지역에 있는 가장 높은 장애물의 상단으로부터 500미터 이하의 고도
    5. 해당 활공기를 중심으로 반지름 300미터 범위 안의 지역에 있는 가장 높은 장애물의 상단으로부터 300미터 이하의 고도

8) 편대비행

항공기는 편대비행을 하여서는 아니 된다. 단, 기장들이 사전에 비행 중에 편대비행을 할 것을 약속하고 관제공역 내에서의 편대 비행시에는 적절한 항공교통업무기관이 설정한 조건에 따라 실시할 경우에는 예외로 한다. 이런 조건에는 다음과 같은 사항이 포함된다.
   a) 편대비행은 항행이나 위치보고 시 단일항공기처럼 운항한다.
   b) 비행중이거나 편대내에서 각 항공기간의 분리 그리고 집결 및 분산을 위한 전환기간 동안에 항공기간의 분리책임은 편대책임자와 각 항공기의 기장에 있다.
   c) 각 항공기는 편대책임자로부터 종적, 횡적으로 1km(0.5NM) 이내 그리고 수직으로 30 m(100 ft) 이내의 거리를 유지해야 한다.

9) 무인자유기구

무인자유기구는 사람, 재산 또는 다른 항공기에 대한 위해를 최소한으로 줄이는 등의 방법 및 부록 4에 명시된 조건에 따라 비행하여야 한다.

□ 협약 제8조 무조종자 항공기

조종자 없이 비행할 수 있는 항공기는 체약국의 특별한 허가 없이 또 그 허가의 조건에 따르지 아니하고는 체약국의 영역의 상공을 조종자 없이 비행하여서는 아니 된다. 각 체약국은 민간 항공기에 개방되어 있는 지역에 있어서 전기 무조종자 항공기의 비행이 민간 항공기에 미치는 위험을 예방하도록 통제하는 것을 보장하는데 약속한다.

10) 금지구역 및 제한구역

항공기는 공고된 금지구역 또는 제한구역 내에서 비행하여서는 아니 된다. 단, 제한사항에 따라 비행하거나 동 구역이 설정되어 있는 국가의 허가를 받은 경우에는 예외로 한다.

□ 협약 제9조 금지구역
(a) 각 체약국은 타국의 항공기가 자국의 영역내의 일정한 구역의 상공을 비행하는 것을 군사상의 필요 또는 공공의 안전의 이유에 의하여 일률적으로 제한하고 또는 금지할 수 있다. 단, 이에 관하여서는 그 영역소속국의 항공기로서 국제정기 항공업무에 종사하는 항공기와 타 체약국의 항공기로서 우와 동양의 업무에 종사하는 항공기간에 차별을 두어서는 아니 된다.

전기 금지구역은 항공을 불필요하게 방해하지 아니하는 적당한 범위와 위치로 한다. 체약국의 영역 내에 있는 이 금지구역의 명세와 그 후의 변경은 가능한 한 조속히 타 체약국과 국제민간항공기구에 통보한다.

(b) 각 체약국은 특별사태 혹은 비상시기에 있어서 또는 공공의 안전을 위하여, 즉각적으로 그 영역의 전부 또는 일부의 상공비행을 일시적으로 제한하고 또는 금지하는 권리를 보류한다. 단, 이 제한 또는 금지는 타의 모든 국가의 항공기에 대하여 국적의 여하를 불문하고 적용하는 것이라는 것을 조건으로 한다.

(c) 각 체약국은 동국이 정하는 규칙에 의거하여 전기 (a) 또는 (b)에 정한 구역에 들어가는 항공기에 대하여 그 후 가급적 속히 그 영역 내 어느 지정한 공항에 착륙하도록 요구할 수가 있다.

□ 항공안전법 제79조(항공기의 비행제한 등)
① 제78조제1항에 따른 비관제공역 또는 주의공역에서 항공기를 운항하려는 사람은 그 공역에 대하여

국토교통부장관이 정하여 공고하는 비행의 방식 및 절차에 따라야 한다.
② 항공기를 운항하려는 사람은 제78조제1항에 따른 통제공역에서 비행해서는 아니 된다. 다만, 국토교통부령으로 정하는 바에 따라 국토교통부장관의 허가를 받아 그 공역에 대하여 국토교통부장관이 정하는 비행의 방식 및 절차에 따라 비행하는 경우에는 그러하지 아니하다.

11) 충돌방지(衝突防止)

비행 중에는 비행의 종류나 공역등급에 관계없이 그리고 비행장 기동구역내에서는 잠재적인 충돌요소를 찾아내기 위해 경계를 늦추지 않는 것이 중요함.

12) 근접

항공기는 충돌할 위험이 있을 정도로 다른 항공기에 접근하여서는 아니 된다.

13) 통행우선권

통행우선권이 있는 항공기는 기수방향 및 속도를 유지하여야 한다. 그러나 본 규칙 중 어느 부분도 항공기 기장의 충돌회피 책임을 배제시키지 않으며, 충돌을 가장 잘 피할 수 있는 공중충돌방지시스템 장비가 제공하는 조언에 따른 충돌방지 기동인 경우도 포함한다.
 - 공중충돌경고장치(ACAS)의 사용에 관한 운영절차는 항공항행절차-항공기 운항 (PANS-OPS, Doc8168), 제1권, 제8부, 제3장에 수록되어 있음.
 - 공중충돌경고장치(ACAS) 장비의 탑재기준은 부속서 6, 제1부, 제6장에 수록

• 항공안전법 시행규칙 제166조(통행의 우선순위)
① 법 제67조에 따라 교차하거나 그와 유사하게 접근하는 고도의 항공기 상호간에는 다음 각 호에 따라 진로를 양보하여야 한다.
  1. 비행기·헬리콥터는 비행선, 활공기 및 기구류에 진로를 양보할 것
  2. 비행기·헬리콥터·비행선은 항공기 또는 그 밖의 물건을 예항(曳航)하는 다른 항공기에 진로를 양보할 것
  3. 비행선은 활공기 및 기구류에 진로를 양보할 것

    4. 활공기는 기구류에 진로를 양보할 것
    5. 제1호부터 제4호까지의 경우를 제외하고는 다른 항공기를 우측으로 보는 항공기가 진로를 양보할 것
② 비행 중이거나 지상 또는 수상에서 운항 중인 항공기는 착륙 중이거나 착륙하기 위하여 최종접근 중인 항공기에 진로를 양보하여야 한다.
③ 착륙을 위하여 비행장에 접근하는 항공기 상호간에는 높은 고도에 있는 항공기가 낮은 고도에 있는 항공기에 진로를 양보하여야 한다. 이 경우 낮은 고도에 있는 항공기는 최종 접근단계에 있는 다른 항공기의 전방에 끼어들거나 그 항공기를 추월해서는 아니 된다.
④ 제3항에도 불구하고 비행기, 헬리콥터 또는 비행선은 활공기에 진로를 양보하여야 한다.
⑤ 비상착륙하는 항공기를 인지한 항공기는 그 항공기에 진로를 양보하여야 한다.
⑥ 비행장 안의 기동지역에서 운항하는 항공기는 이륙 중이거나 이륙하려는 항공기에 진로를 양보하여야 한다.

다음의 규칙에 의하여 진로를 양보한 항공기는 충분한 간격을 유지하지 않는 한, 통행우선권이 있는 항공기의 상 하방 또는 전방을 통과하여서는 아니 된다.

- 항공안전법 시행규칙 제167조(진로와 속도 등)
① 법 제67조에 따라 통행의 우선순위를 가진 항공기는 그 진로와 속도를 유지하여야 한다.
② 다른 항공기에 진로를 양보하는 항공기는 그 다른 항공기의 상하 또는 전방을 통과해서는 아니 된다. 다만, 충분한 거리 및 항적난기류(航跡亂氣流)의 영향을 고려하여 통과하는 경우에는 그러하지 아니하다.
③ 두 항공기가 충돌할 위험이 있을 정도로 정면 또는 이와 유사하게 접근하는 경우에는 서로 기수(機首)를 오른쪽으로 돌려야 한다.
④ 다른 항공기의 후방 좌·우 70도 미만의 각도에서 그 항공기를 추월(상승 또는 강하에 의한 추월을 포함한다)하려는 항공기는 추월당하는 항공기의 오른쪽을 통과하여야 한다. 이 경우 추월하는 항공기는 추월당하는 항공기와 간격을 유지하며, 추월당하는 항공기의 진로를 방해해서는 아니 된다.

- 항공안전법 시행규칙 제169조(비행속도의 유지 등)
① 법 제67조에 따라 항공기는 지표면으로부터 750미터(2,500피트)를 초과하고, 평균해면으로부터 3,050미터(1만피트) 미만인 고도에서는 지시대기속도 250노트 이하로 비행하여야 한다. 다만, 관할 항공교통관제기관의 승인을 받은 경우에는 그러하지 아니하다.

② 항공기는 별표 23 제1호에 따른 C 또는 D등급 공역에서는 공항으로부터 반지름 7.4킬로미터(4해리) 내의 지표면으로부터 750미터(2,500피트)의 고도 이하에서는 지시대기속도 200노트 이하로 비행하여야 한다. 다만, 관할 항공교통관제기관의 승인을 받은 경우에는 그러하지 아니하다.
③ 항공기는 별표 23 제1호에 따른 B등급 공역 중 공항별로 국토교통부장관이 고시하는 범위와 고도의 구역 또는 B등급 공역을 통과하는 시계비행로에서는 지시대기속도 200노트 이하로 비행하여야 한다.
④ 최저안전속도가 제1항부터 제3항까지의 규정에 따른 최대속도보다 빠른 항공기는 그 항공기의 최저안전속도로 비행하여야 한다.

정면접근(正面接近). 두 항공기가 서로 정면 또는 거의 정면으로 접근하여 충돌의 위험이 있을 때 각 항공기는 우측으로 기수를 변경하여야 한다.

- 항공안전법 시행규칙 제167조(진로와 속도 등)
① 법 제67조에 따라 통행의 우선순위를 가진 항공기는 그 진로와 속도를 유지하여야 한다.
② 다른 항공기에 진로를 양보하는 항공기는 그 다른 항공기의 상하 또는 전방을 통과해서는 아니 된다. 다만, 충분한 거리 및 항적난기류(航跡亂氣流)의 영향을 고려하여 통과하는 경우에는 그러하지 아니하다.
③ 두 항공기가 충돌할 위험이 있을 정도로 정면 또는 이와 유사하게 접근하는 경우에는 서로 기수(機首)를 오른쪽으로 돌려야 한다.
④ 다른 항공기의 후방 좌·우 70도 미만의 각도에서 그 항공기를 추월(상승 또는 강하에 의한 추월을 포함한다)하려는 항공기는 추월당하는 항공기의 오른쪽을 통과하여야 한다. 이 경우 추월하는 항공기는 추월당하는 항공기와 간격을 유지하며, 추월당하는 항공기의 진로를 방해해서는 아니 된다.

수렴접근((收斂接近). 두 항공기가 거의 같은 고도로 수렴 접근할 경우, 다음의 경우를 제외하고 다른 항공기를 우측으로 보는 항공기가 진로를 양보해야 한다.
 a) 동력항공기는 비행선, 활공기 및 기구에 진로를 양보하여야 한다.
 b) 비행선은 활공기 및 기구에 진로를 양보하여야 한다.
 c) 활공기는 기구에 진로를 양보하여야 한다.
 d) 동력항공기는 항공기 또는 물건을 예인 하고 있는 다른 항공기에게 진로를 양보하여야한다.

14) 추월(追越)

추월항공기라 함은 다른 항공기의 후방 좌우 70도 미만의 각도에서 접근하는 항공기를 말하며, 야간에는 추월당하는 항공기의 위치 상 추월항공기의 좌측 또는 우측 항행 등을 볼 수 없게 된다.

추월당하는 항공기가 통행우선권을 보유하며, 추월하는 항공기는 상승을 하든 강하 또는 수평비행을 하든, 우측으로 기수를 변경하여 상대방 항공기의 진로를 침해하지 않도록 해야 하며, 상대방 항공기를 완전히 추월 후 충분한 간격을 유지할 때까지 이 의무를 준수하여야 한다.

15) 착륙(着陸)

비행중이거나 또는 지상이나 수면에서 운항하는 항공기는 착륙중이거나 착륙하기 위하여 최종접근중인 항공기에게 진로를 양보하여야 한다.

- **항공안전법 시행규칙 제168조(수상에서의 충돌예방)** 법 제67조에 따라 수상에서 항공기를 운항하려는 자는 「해사안전법」에서 달리 정한 것이 없으면 다음 각 호의 기준에 따라 운항하거나 이동하여야 한다.
  1. 항공기와 다른 항공기 또는 선박이 근접하는 경우에는 주변 상황과 그 다른 항공기 또는 선박의 이동상황을 고려하여 운항할 것
  2. 항공기와 다른 항공기 또는 선박이 교차하거나 이와 유사하게 접근하는 경우에는 그 다른 항공기 또는 선박을 오른쪽으로 보는 항공기가 진로를 양보하고 충분한 간격을 유지할 것
  3. 항공기와 다른 항공기 또는 선박이 정면 또는 이와 유사하게 접근하는 경우에는 서로 기수를 오른쪽으로 돌리고 충분한 간격을 유지할 것
  4. 추월하려는 항공기는 충돌을 피할 수 있도록 진로를 변경하여 추월할 것
  5. 수상에서 이륙하거나 착륙하는 항공기는 수상의 모든 항공기 또는 선박으로부터 충분한 간격을 유지하여 선박의 항해를 방해하지 말 것
  6. 수상에서 야간에 이동, 견인 및 정박하는 항공기는 별표 22에서 정하는 등불을 작동시킬 것. 다만, 부득이한 경우에는 별표 22에서 정하는 위치와 형태 등과 유사하게 등불을 작동시켜야 한다.

두 대 이상의 항공기가 착륙하기 위하여 비행장에 접근중일 때, 높은 고도에 있는 항공기는 낮은 고도에 있는 항공기에게 진로를 양보하여야 한다. 그러나, 후자의 항공기는 이로 인하여 착륙하기 위하여 최종접근단계에 있는 항공기의 앞으로 끼어 들거나 추월하여서는 아니 된다. 그럼에도 불구하고, 동력항공기는 활공기에게 진로를 양보하여야 한다.

비상착륙 불시착하는 항공기를 인지한 항공기는 그 항공기에게 진로를 양보하여야 한다.

16) 이륙(離陸).

비행장내의 기동지역에서 지상유도중인 항공기는 이륙중이거나 이륙하려고 하는 항공기에게 진로를 양보하여야 한다.

17) 항공기의 지상이동

비행장의 기동지역 내에서 지상활주중인 두 항공기간에 충돌의 위험이 있을 경우, 다음 사항을 준수하여야 한다.
  a) 두 항공기가 정면 또는 거의 정면으로 접근할 경우 모두 정지하거나, 가능한 한 충분한 간격이 되도록 각각 우측으로 진로를 변경하여야 한다.
  b) 두 항공기가 수렴접근 할 때, 다른 항공기를 우측으로 보는 항공기가 진로를 양보 하여야 한다.
  c) 다른 항공기에 의하여 추월 당하는 항공기가 통행 우선권을 보유하며, 추월하는 항공기는 상대방 항공기로부터 충분한 간격을 유지하여야 한다.

- 항공안전법 시행규칙 제162조(항공기의 지상이동) 법 제67조에 따라 비행장 안의 이동지역에서 이동하는 항공기는 충돌예방을 위하여 다음 각 호의 기준에 따라야 한다.
  1. 정면 또는 이와 유사하게 접근하는 항공기 상호간에는 모두 정지하거나 가능한 경우에는 충분한 간격이 유지되도록 각각 오른쪽으로 진로를 바꿀 것
  2. 교차하거나 이와 유사하게 접근하는 항공기 상호간에는 다른 항공기를 우측으로 보는 항공기가 진로를 양보할 것
  3. 추월하는 항공기는 다른 항공기의 통행에 지장을 주지 아니하도록 충분한 분리 간격을 유지할 것
  4. 기동지역에서 지상이동 하는 항공기는 관제탑의 지시가 없는 경우에는 활주로진입전대기지점

(Runway Holding Position)에서 정지·대기할 것
5. 기동지역에서 지상이동하는 항공기는 정지선등(Stop Bar Lights)이 켜져 있는 경우에는 정지·대기하고, 정지선등이 꺼질 때에 이동할 것

기동지역에서 지상유도중인 항공기는 관제탑으로부터 별도의 허가가 없는 한 지상유도 정지지점에서 정지하고 머물러야 한다.

기동지역에서 지상유도중인 항공기는 모든 정지선의 등화가 점등되면 정지하여 머물고 후에 소등되면 진행한다.

18) 항공기 등화

비행기용 항행 등의 기준은 부속서 6 제1부 및 제2부의 부록에 수록되어 있음. 비행기용 등화에 대한 자세한 기술기준은 감항성 기술편람(Doc 9051)제3부에 수록되어 있으며, 헬기는 동 편람의 제4부에 수록되어 있음.

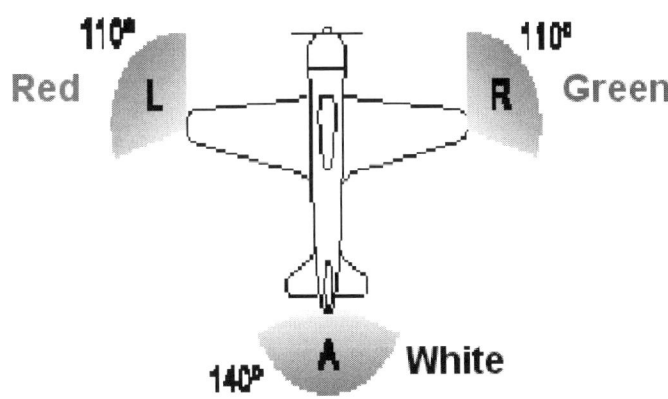

- 지상활주 중, 예인 중, 또는 지상활주나 예인중 일시 정지한 항공기는 비행중인 항공기로 간주함.

◦ **항공안전법 제54조(항공기의 등불)** 항공기를 운항하거나 야간(해가 진 뒤부터 해가 뜨기 전까지를 말한다. 이하 같다)에 비행장에 주기(駐機) 또는 정박(碇泊)시키는 사람은 국토교통부령으로 정하는 바에 따라 등불로 항공기의 위치를 나타내야 한다.

• **항공안전법 시행규칙 제120조(항공기의 등불)**
① 법 제54조에 따라 항공기가 야간에 공중·지상 또는 수상을 항행하는 경우와 비행장의 이동지역 안에서 이동하거나 엔진이 작동 중인 경우에는 우현등, 좌현등 및 미등(이하 "항행등"이라 한다)과 충돌방지등에 의하여 그 항공기의 위치를 나타내야 한다.
② 법 제54조에 따라 항공기를 야간에 사용되는 비행장에 주기(駐機) 또는 정박시키는 경우에는 해당 항공기의 항행등을 이용하여 항공기의 위치를 나타내야 한다. 다만, 비행장에 항공기를 조명하는 시설이 있는 경우에는 그러하지 아니하다.
③ 항공기는 제1항 및 제2항에 따라 위치를 나타내는 항행등으로 잘못 인식될 수 있는 다른 등불을 켜서는 아니 된다.
④ 조종사는 섬광등이 업무를 수행하는 데 장애를 주거나 외부에 있는 사람에게 눈부심을 주어 위험을 유발할 수 있는 경우에는 섬광등을 끄거나 빛의 강도를 줄여야 한다.

일몰부터 일출까지 또는 관계당국이 지정한 기간 중에 비행하는 모든 항공기는:
  a) 동 항공기에 대한 주의를 끌기 위한 충돌 방지등 및
  b) 항공기의 상대적인 진로를 나타내기 위한 항행등을 켜야 하며, 이들 등화로 오인 될 만한 다른 어떠한 등화도 켜서는 아니 된다.

- 착륙등 및 항공기 기체 투광등처럼 다른 목적을 위한 등화들도 항공기를 똑똑히 보이게 하기 위하여 감항성 기술편람(Doc 9051)에서 정한 충돌방지 등에 부가하여 사용할 수 있다.

일몰부터 일출까지 또는 관계당국이 지정한 기간 중에:
  a) 비행장의 이동지역 내에서 이동하는 모든 항공기는 항공기의 상대적인 진로를 나타내기 위한 항행등을 점등하여야 하며, 오인될 만한 다른 등화는 점등하여서는 아니 된다.
  b) 정지한 상태에서 적절히 조명되지 않는 한, 비행장의 이동 지역 내에 있는 모든 항공기는 항공기 형체를 표시하기 위한 등화를 점등하여야 한다.
  c) 비행장의 이동지역 내에서 운항하는 모든 항공기는 동 항공기에 대한 주의를 끌기 위한 등화를 점등하여야 한다.

d) 비행장의 이동지역 내에서 엔진을 작동시키고 있는 모든 항공기는 이를 표시하는 등화를 점등하여야 한다.

a)의 기준에 맞는 충돌방지등을 장착하고 비행중인 모든 항공기는 3.2.3.1에 규정된 기간 외에도 동 등화를 점등하여야 한다.

c)의 기준에 맞는 충돌방지등을 장착하고 비행장의 이동지역 내에서 운항하는 모든 항공기, 또는

d)의 기준에 맞는 등화를 장착하고 비행장의 이동지역 내에 있는 모든 항공기는, 동 등화를 점등하여야 한다.

조종사는 상기 기준에 맞게 장착된 섬광등이 다음 사항을 소등하거나 광도를 줄일 수 있어야 한다.
  a) 업무수행에 장해가 되거나, 또는
  b) 다른 사람을 눈부시게 할 경우,

19) 가상 계기비행(假想計器飛行)

항공기는 다음의 경우 이외에는 가상 계기비행상태에서 비행을 하여서는 아니 된다.
  a) 항공기내에 완전한 2중 조종장치가 설치되어있고, 또한
  b) 유자격조종사가 조종석에 앉아 가상 계기비행상태에서 비행하는 사람을 위한 안전조종사로서 행동할 경우, 안전조종사는 적절한 전방 및 좌우 양측 시계를 확보하거나, 또는 안전 조종사와 통신이 가능하고 자격이 있는 관측자가 항공기내에서 안전조종사의 시계를 적절히 보조해 줄 수 있는 자리에 위치하고 있어야 한다.

• 부속서 제6부, 4.2.4 비행중 모의 비상상황
운용자는 승객 수송 시에 항공기의 비행성능과 관련한 비상 상황을 가상으로 꾸며서는 안되도록 하며, 이를 위하여 모든 비행 승무원 및 운항 담당자에게 지시하여야 한다.

• 항공안전법 시행규칙 제176조(모의계기비행의 기준) 법 제67조에 따라 모의계기비행을 하려는 자는 다음 각 호의 기준에 따라야 한다.
  1. 완전하게 작동하는 이중비행조종장치(Dual Control)를 장착하고 있을 것

2. 안전감독 조종사(Safety Pilot)가 조종석에 타고 있을 것
3. 안전감독 조종사가 항공기의 전방 및 양 측면에 대하여 적절한 시야를 확보하고 있거나 항공기 내에 관숙승무원(Observer)이 있어 안전감독 조종사의 시야를 보완할 수 있을 것

20) 비행장 및 그 주위에서의 운항

비행장 또는 그 주위에서 운항하는 항공기는, 비행장교통구역 내외를 막론하고;
  a) 충돌을 방지하기 위해 기동지역 및 비행장 주위에 있는 항공기 움직임을 주시하고 있어야 한다.
  b) 운항중인 다른 항공기의 교통 장주에 합류하거나, 또는 이를 회피하여야 한다.
  c) 착륙하기 위해 접근할 때 및 이륙 후, 달리 지시 받지 않는 한, 항상 좌측으로 선회하여야 한다.
  d) 안전관계, 활주로배치, 또는 항공교통관계를 고려해 다른 방향이 바람직하다고 간주되지 않는 한, 바람이 불어오는 방향으로 착륙 및 이륙하여야 한다.

- **항공안전법 시행규칙 제163조(비행장 또는 그 주변에서의 비행)**
① 법 제67조에 따라 비행장 또는 그 주변을 비행하는 항공기의 조종사는 다음 각 호의 기준에 따라야 한다.
  1. 이륙하려는 항공기는 안전고도 미만의 고도 또는 안전속도 미만의 속도에서 선회하지 말 것
  2. 해당 비행장의 이륙기상최저치 미만의 기상상태에서는 이륙하지 말 것
  3. 해당 비행장의 시계비행 착륙기상최저치 미만의 기상상태에서는 시계비행방식으로 착륙을 시도하지 말 것
  4. 터빈발동기를 장착한 이륙항공기는 지표 또는 수면으로부터 450미터(1,500피트)의 고도까지 가능한 한 신속히 상승할 것. 다만, 소음 감소를 위하여 국토교통부장관이 달리 비행방법을 정한 경우에는 그러하지 아니하다.
  5. 해당 비행장을 관할하는 항공교통관제기관과 무선통신을 유지할 것
  6. 비행로, 교통장주(交通長周), 그 밖에 해당 비행장에 대하여 정하여진 비행 방식 및 절차에 따를 것
  7. 다른 항공기 다음에 이륙하려는 항공기는 그 다른 항공기가 이륙하여 활주로의 종단을 통과하기 전에는 이륙을 위한 활주를 시작하지 말 것
  8. 다른 항공기 다음에 착륙하려는 항공기는 그 다른 항공기가 착륙하여 활주로 밖으로 나가기 전에는 착륙하기 위하여 그 활주로 시단을 통과하지 말 것
  9. 이륙하는 다른 항공기 다음에 착륙하려는 항공기는 그 다른 항공기가 이륙하여 활주로의 종단을 통과하기 전에는 착륙하기 위하여 해당 활주로의 시단을 통과하지 말 것

10. 착륙하는 다른 항공기 다음에 이륙하려는 항공기는 그 다른 항공기가 착륙하여 활주로 밖으로 나가기 전에 이륙하기 위한 활주를 시작하지 말 것
11. 기동지역 및 비행장 주변에서 비행하는 항공기를 관찰할 것
12. 다른 항공기가 사용하고 있는 교통장주를 회피하거나 지시에 따라 비행할 것
13. 비행장에 착륙하기 위하여 접근하거나 이륙 중 선회가 필요할 경우에는 달리 지시를 받은 경우를 제외하고는 좌선회할 것
14. 비행안전, 활주로의 배치 및 항공교통상황 등을 고려하여 필요한 경우를 제외하고는 바람이 불어오는 방향으로 이륙 및 착륙할 것

② 제1항제6호부터 제14호까지의 규정에도 불구하고 항공교통관제기관으로부터 다른 지시를 받은 경우에는 그 지시에 따라야 한다.

21) 수상운항

해상에서의 충돌방지를 위한 국제규정의 제정을 위한 국제회의(런던, 1972년)에서 제정한 해상에서의 충돌방지를 위한 국제규정이 일부의 경우 적용될 수 있음.

두 항공기 또는 항공기와 선박이 상호 접근하여 충돌의 위험이 있을 경우 항공기는 당시 상황 및 각각의 상태를 고려하여 조심스럽게 진행하여야 한다.

수렴접근: 다른 항공기 또는 선박을 우측으로 보는 항공기가 진로를 양보하여 충분한 간격을 유지하도록 하여야 한다.

정면접근: 항공기가 다른 항공기 또는 선박에 정면 또는 거의 정면으로 접근할 때 우측으로 기수를 돌려 충분한 간격을 유지하도록 하여야 한다.

추월: 추월 당하는 항공기 또는 선박이 통행우선권을 보유하며, 추월하는 항공기가 기수를 변경하여 충분한 간격을 유지토록 하여야 한다.

착륙 및 이륙: 수상에서 착륙 또는 이륙하는 항공기는 선박으로부터 최대한의 간격을 유지하여야 하며, 항행을 방해하지 말아야 한다.

수상항공기의 등화: 일몰과 일출사이 또는 일몰과 일출 사이 중 관계당국이 지정한 기간 중 수상에 있는 모든 항공기는 해상에서의 충돌방지를 위한 국제규정(1972년 개정)에서 정하는 대로 등화를 켜야 한다. 단, 그렇게 하는 것이 불가능하여 국제규정에서 정하는 형태 및 위치에 가능한 한 가깝게 등화를 켤 경우에는 예외로 한다.

- 수상에 있는 항공기에 켜야 할 등화에 관한 기준은 부속서6 제1부 및 제2부의 부록에 수록되어있음.

- 해상에서의 충돌방지를 위한 국제규정에는 등화에 관련한 규칙은 일몰부터 일출까지 적용됨을 명시하고 있음. 상기 규정에 따라 설정된 일몰과 일출사이보다 짧은 기간은 해상에서의 충돌방지를 위한 국제규정이 적용되는 공해상 등에는 적용될 수 없음.

22) 비행계획(飛行計劃)

(1) 비행계획 제출(FLIGHT PLAN 처리과정)

예정된 비행에 관한 정보는 비행계획의 형태로 작성하여 항공교통업무기관에 제출하여야 한다.
※ 4.4.2.1.2 In the event of a delay of 30 minutes in excess of the estimated off-block time for a controlled flight or a delay of one hour for an uncontrolled flight for which a flight plan has been submitted, the flight plan should be amended or a new flight plan submitted and the old flight plan cancelled, whichever is applicable.

비행계획은 다음과 같이 제출하여야 한다.
  a) 항공교통관제업무의 제공이 필요한 비행을 하기 전에 제출
  b) 조언공역 내에서 계기비행을 하기 전에 제출
  c) 비행정보, 경보 및 수색구조업무를 용이하게 하기 위하여 관련 항공교통업무기관이 요구할 경우, 특정지역 내에서 또는 특정비행로를 따라서 비행을 하기 전에 제출
  d) 식별을 위한 요격출동 가능성을 배제하기 위한 군 기관 또는 인접국가 항공교통업무기관과의 협의를 용이하게 하기 위하여 관련 항공교통업무기관이 요구할 경우, 특정 지역 내에서 또는 특정비행로를 따라서 비행을 하기 전에 제출
  e) 국경선 통과비행을 하기 전에 제출

□ 항공안전법 제67조(항공기의 비행규칙)
① 항공기를 운항하려는 사람은 「국제민간항공협약」 및 같은 협약 부속서에 따라 국토교통부령으로 정하는 비행에 관한 기준·절차·방식 등(이하 "비행규칙"이라 한다)에 따라 비행하여야 한다.
② 비행규칙은 다음 각 호와 같이 구분한다.
  1. 재산 및 인명을 보호하기 위한 비행절차 등 일반적인 사항에 관한 규칙
  2. 시계비행에 관한 규칙
  3. 계기비행에 관한 규칙
  4. 비행계획의 작성·제출·접수 및 통보 등에 관한 규칙

• 항공안전법 시행규칙 제182조(비행계획의 제출 등)
① 법 제67조에 따라 비행정보구역 안에서 비행을 하려는 자는 비행을 시작하기 전에 비행계획을 수립하여 관할 항공교통업무기관에 제출하여야 한다. 다만, 긴급출동 등 비행 시작 전에 비행계획을 제출하지 못한 경우에는 비행 중에 제출할 수 있다.
② 제1항에 따른 비행계획은 구술·전화·서류·전문(電文)·팩스 또는 정보통신망을 이용하여 제출할 수 있다. 이 경우 서류·팩스 또는 정보통신망을 이용하여 비행계획을 제출할 때에는 별지 제71호서식의 비행계획서에 따른다.
③ 제2항에 불구하고 항공운송사업에 사용되는 항공기의 비행계획을 제출하는 경우에는 별지 제72호서식의 반복비행계획서를 항공교통본부장에게 제출할 수 있다.
④ 제1항 본문에 따라 비행계획을 제출하여야 하는 자 중 국내에서 유상으로 여객이나 화물을 운송하는 자 또는 두 나라 이상을 운항하는 자는 다음 각 호의 구분에 따른 시기까지 별지 제73호서식의 항공기 입출항 신고서(GENERAL DECLARATION)를 지방항공청장에게 제출(정보통신망을 이용할 경우에는 해당 정보통신망에서 사용하는 양식에 따른다)하여야 한다.
  1. 국내에서 유상으로 여객이나 화물을 운송하는 자: 출항 준비가 끝나는 즉시
  2. 두 나라 이상을 운항하는 자
    가. 입항의 경우: 국내 목적공항 도착 예정 시간 2시간 전까지. 다만, 출발국에서 출항 후 국내 목적공항까지의 비행시간이 2시간 미만인 경우에는 출발국에서 출항 후 20분 이내까지 할 수 있다.
    나. 출항의 경우: 출항 준비가 끝나는 즉시
⑤ 제2항 후단에 따른 비행계획서는 국토교통부장관이 정하여 고시하는 작성방법에 따라 작성되어야 한다.
⑥ 제4항에 따른 항공기 입출항 신고서를 제출받은 지방항공청장은 신고서 및 첨부서류에 흠이 없고 형식적 요건을 충족하는 경우에는 지체 없이 접수하여야 한다.

• 항공안전법 시행규칙 제184조(비행계획의 준수)
① 법 제67조에 따라 항공기는 비행 시 제출된 비행계획을 지켜야 한다. 다만, 비행계획의 변경에 대하여 항공교통관제기관의 허가를 받은 경우 또는 긴급한 조치가 필요한 비상상황이 발생한 경우에는 그러하지 아니하다. 이 경우 비상상황의 발생으로 비행계획을 지키지 못하였을 때에는 긴급 조치를 한 즉시 이를 관할 항공교통관제기관에 통보하여야 한다.
② 항공기는 항공로의 중심선을 따라 비행하여야 하며, 항공로가 설정되지 아니한 지역에서는 항행안전시설과 그 비행로의 정해진 지점 간을 직선으로 비행하여야 한다. 다만, 국토교통부장관이 별도로 정한 바에 따르거나 관할 항공교통관제기관으로부터 달리 지시를 받은 경우에는 그러하지 아니하다.
③ 항공기는 제2항을 지킬 수 없는 경우 관할 항공교통업무기관에 통보하여야 한다.
④ 전방향표지시설(VOR)에 따라 설정된 항공로를 비행하는 항공기는 주파수 변경지점이 설정되어 있는 경우에는 그 변경지점 또는 가능한 한 가까운 지점에서 항공기 후방의 항행안전시설로부터 전방의 항행안전시설로 주파수를 변경하여야 한다.
⑤ 관제비행을 하는 항공기가 부주의로 비행계획을 이탈하여 비행하는 경우에는 다음 각 호의 조치를 취해야 한다.
  1. 항공로를 이탈한 경우에는 항공기의 기수를 조정하여 즉시 항공로로 복귀할 것
  2. 항공기의 진대기속도(眞對氣速度)가 순항고도에서 보고지점 간의 평균진대기속도와 차이가 있거나 비행계획상 마하 속도(Mach) 0.02 또는 진대기속도의 19Km/h(10kt) 하락 또는 초과할 것이 예상되는 경우에는 관할 항공교통업무기관에 통보할 것
  3. 자동종속감시시설 협약(ADS-C)이 없는 곳에서는 다음 위치통지점, 비행정보구역 경계지점 또는 목적비행장 중 가장 가까운 지역의 도착 예정시간에 2분 이상의 오차가 발생되는 경우에는 그 변경되는 도착 예정시간을 관할 항공교통업무기관에 통보할 것
  4. 자동종속감시시설(ADS-C) 협약이 있는 곳에서는 해당 협약에 따른 지정된 값을 넘어서는 변화가 발생할 때 마다 데이터 링크를 통해 항공교통업무기관에 자동적으로 정보를 제공할 것
⑥ 시계비행방식에 따른 관제비행을 하는 항공기는 시계비행기상상태 미만으로 기상이 악화되어 시계비행방식에 따른 운항을 할 수 없다고 판단되는 경우에는 다음 각 호의 조치를 하여야 한다.
  1. 목적비행장 또는 교체비행장으로 시계비행 기상상태를 유지하면서 비행할 수 있도록 관제허가의 변경을 요청하거나, 관제공역을 이탈하여 비행할 수 있도록 관제허가의 변경을 요청할 것
  2. 제1호에 따른 관제허가를 받지 못할 경우에는 시계비행 기상상태를 유지하여 운항하면서 관제공역을 이탈하거나 가까운 비행장에 착륙하기 위한 조치를 할 예정임을 관할 항공교통관제기관에 통보할 것
  3. 관할 항공교통관제기관에 특별시계비행방식에 따른 운항허가를 요구할 것(관제권 안에서 비행

하고 있는 경우만 해당한다)
4. 관할 항공교통관제기관에 계기비행방식에 따른 운항허가를 요구할 것

비행계획은 반복비행계획 제출에 관한 협정이 체결되어 있지 않는 한, 출발 전에는 항공교통업무보고취급소에, 비행 중에는 적절한 항공교통업무기관 또는 공지통신소에 제출하여야 한다.

관계 항공교통업무당국에서 별도로 지정하지 않는 한, 항공교통관제업무 또는 항공교통조언업무가 필요한 비행의 비행계획은 출발하기 60분전까지 제출하여야 하며, 만약 비행 중에 제출할 경우, 항공기가 다음의 지점에 도착하기 10분전까지 관계 항공교통업무기관이 접수할 수 있도록 제출하여야 한다.
  a) 관제구역 또는 조언지역의 진입지점, 또는
  b) 항로 또는 조언항로의 횡단지점
 ※ ICAO DOC 4444, 4.4.2.1.2- 항공기가 비행계획서를 제출후 IFR은 30분,
    VFR은 1시간이상 출발 지연시 다시 제출하여야 함.

(2) 비행계획의 내용

비행계획에는 관계항공교통업무당국이 필요하다고 인정하는 다음의 사항들이 포함되어야 한다.
  - 항공기 식별부호
  - 비행규칙 및 비행의 종류
  - 항공기 번호 및 기종과 후류 요란 등급
  - 장비
  - 출발비행장(비행중에 제출한 비행계획의 경우, 동 사항은 필요한 경우,비행에 관한 보충정보를 접수한 지점이 될 것임)
  - 출발예정시간(비행 중에 제출한 비행계획의 경우,동 사항은 동비행계획에 있는 비행로의 첫 번째 지점 도착예정 시간이 될 것임)
  - 순항속도
  - 순항고도
  - 비행로
  - 목적비행장 및 총 예상 소요시간
  - 교체비행장

- 연료탑재량
- 탑승자 수
- 비상 및 생존장비
- 기타사항

- **항공안전법 시행규칙 제183조(비행계획에 포함되어야 할 사항)** 법 제67조에 따라 비행계획에는 다음 각 호의 사항이 포함되어야 한다. 다만, 제9호부터 제14호까지의 사항은 지방항공청장 또는 항공교통본부장이 요청하거나 비행계획을 제출하는 자가 필요하다고 판단하는 경우에만 해당한다.
  1. 항공기의 식별부호
  2. 비행의 방식 및 종류
  3. 항공기의 대수·형식 및 최대이륙중량 등급
  4. 탑재장비
  5. 출발비행장 및 출발 예정시간
  6. 순항속도, 순항고도 및 예정항공로
  7. 최초 착륙예정 비행장 및 총 예상 소요 비행시간
  8. 교체비행장(시계비행방식에 따라 비행하려는 경우 또는 제186조제3항 각 호에 해당되는 경우는 제외한다)
  9. 시간으로 표시한 연료탑재량
  10. 출발 전에 연료탑재량으로 인하여 비행 중 비행계획의 변경이 예상되는 경우에는 변경될 목적비행장 및 비행경로에 관한 사항
  11. 탑승 총 인원(탑승수속 상 불가피한 경우에는 해당 항공기가 이륙한 직후에 제출할 수 있다)
  12. 비상무선주파수 및 구조장비
  13. 기장의 성명(편대비행의 경우에는 편대 책임기장의 성명)
  14. 낙하산 강하의 경우에는 그에 관한 사항
  15. 그 밖에 항공교통관제와 수색 및 구조에 참고가 될 수 있는 사항

(3) 비행계획의 작성

비행계획의 제출목적이 무엇이든 간에, 비행계획이 제출되는 비행로에 관하여 교체 비행장까지의 모든 항목을 기재하여야 한다.

관계항공교통업무당국이 요구하거나 또는 비행계획 제출자가 필요하다고 인정할 경우 나머지 항목 전부를 기재하여야 한다.

(4) 비행계획의 변경

이미 제출된 계기비행계획 또는 관제시계비행계획에 대한 변경 및 비 관제 시계비행계획에 대한 중요한 변경은 관련 항공교통업무기관에 가능한 한 신속히 보고하여야 한다.(출발 전에 제출한 비행계획 내용중의 연료탑재량 및 탑승자 수가 출발 당시에 실제와 일치하지 않는다면 이는 비행계획에 대한 중요한 변경으로서 보고하여야 함)

- 반복비행계획의 변경절차는 항공항행절차-항공규칙 및 항공교통업무(PANS-RAC Doc 4444) 제2부에 수록되어 있음.

- 항공안전법 시행규칙 제185조(고도·항공로 등의 변경) 법 제67조에 따라 비행계획에 포함된 순항고도, 순항속도 및 항공로에 관한 사항을 변경하려는 항공기는 다음 각 호의 구분에 따른 정보를 관할 항공교통관제기관에 통보하여야 한다.
    1. 순항고도의 변경: 항공기의 식별부호, 변경하려는 순항고도 및 순항속도(마하 수 또는 진대기 속도를 말한다. 이하 이 조에서 같다.), 다음 보고지점 또는 비행정보구역 경계 도착 예정시간
    2. 순항속도의 변경: 항공기의 식별부호, 변경하려는 속도
    3. 항공로의 변경
       가. 목적비행장 변경이 없을 경우: 항공기의 식별부호, 비행의 방식, 변경 항공로, 변경 예정시간, 그 밖에 항공로의 변경에 필요한 정보
       나. 목적비행장 변경이 있을 경우: 항공기의 식별부호, 비행의 방식, 목적비행장까지의 변경 항공로, 변경 예정시간, 교체비행장, 그 밖에 비행장·항공로의 변경에 필요한 정보

(5) 비행계획의 종료

항공교통업무당국이 달리 요구하지 않는 한, 착륙 후 가능한 한 신속히 직접 또는 무선으로 도착한 비행장의 관계 항공교통업무기관에 전체비행 종료사실 또는 중간
기착지로서 도착한 사실을 보고하여야 한다.

비행계획이 중간기착지까지의 비행에 대해서만 제출되었을 경우, 동 비행계획은 관계 항공교통업무기관에 적절한 보고를 함으로서 종료된다.

도착한 비행장에 항공교통업무기관이 없을 경우, 착륙 후 가능한 한 신속히 가장 신속한 방법으로 가까운 항공교통업무기관에 도착보고를 하여야 한다.

도착한 비행장의 통신시설이 부적절하고 지상에서 도착보고를 제출할 다른 대체 방법이 없을 경우 다음과 같이 조치하여야 한다. 착륙하기 직전 관계 항공교통업무기관에 무선으로, 이러한 방법으로라도 보고를 해야 할 경우, 도착보고를 하여야 한다. 통상적으로 이러한 송신은 당해 비행정보구역을 관할하는 항공교통업무기관의 통신소에 대하여 행하여야 한다.

도착보고에는 다음 사항들이 포함되어야 한다.
  a) 항공기 식별부호
  b) 출발비행장
  c) 목적비행장(목적비행장이 따로 있을 경우에 한함)
  d) 도착비행장
  e) 도착시간

- 도착보고를 할 필요성이 있는데도 이 규정을 이행하지 않을 경우 항공교통업무에 심각한 사태가 발생하고 불필요한 수색구조작업이 전개되어 많은 비용이 들게 됨.

• 항공안전법 시행규칙 제188조(비행계획의 종료)
① 항공기는 도착비행장에 착륙하는 즉시 관할 항공교통업무기관(관할 항공교통업무기관이 없는 경우에는 가장 가까운 항공교통업무기관)에 다음 각 호의 사항을 포함하는 도착보고를 하여야 한다. 다만, 지방항공청장 또는 항공교통본부장이 달리 정한 경우에는 그러하지 아니하다.
  1. 항공기의 식별부호
  2. 출발비행장
  3. 도착비행장
  4. 목적비행장(목적비행장이 따로 있는 경우만 해당한다)
  5. 착륙시간
② 제1항에도 불구하고 도착비행장에 착륙한 후 도착보고를 할 수 있는 적절한 통신시설 등이 제공되지 아니하는 경우에는 착륙 직전에 관할 항공교통업무기관에 도착보고를 하여야 한다.

23) 신호(信號)

부록1에 수록된 신호를 관측하거나 수신하였을 경우, 항공기는 동 부록에 수록된 신호의 의미에 따라 필요한 조치를 취하여야 한다.

부록1에 수록된 신호는 그에 나타나 있는 의미를 가지고 있어야 한다. 동 신호는 지정된 목적으로서만 사용해야 하며, 이와 혼동될 우려가 있는 어떠한 신호도 사용하여서는 아니 된다.

신호수는 항공기에게 부록1에서 정한 유도신호를 간결하고 정확하게 제공할 의무가 있다.

훈련받고 자격을 확보한후 관계당국에서 인가받지 아니한자는 항공기에 신호수로서의 기능을 수행하여서는 아니된다.

신호수는 항공기 승무원이 형광표식이 되는 옷을 입고 신호수로서의 유도작업을 책임지는 사람이라는 식별을 할 수 있도록 하여야 한다.

주간의 형광 지시봉, 주걱 채, 장갑등은 주간에 유도하는 신호수가 사용할 수 있으며, 반짝이는 후랏쉬 지시봉은 야간 또는 저시정상태에서 사용되어 진다.

- 항공안전법 시행규칙 제194조(신호)
① 법 제67주에 따라 비행하는 항공기는 부록 1에서 정하는 신호를 인지하거나 수신할 경우에는 그 신호에 따라 요구되는 조치를 하여야 한다.
② 누구든지 제1항에 따른 신호로 오인될 수 있는 신호를 사용하여서는 아니 된다.
③ 항공기 유도원(誘導員)은 별표 26 제6호에 따른 유도신호를 명확하게 하여야 한다.

24) 시간(時間)

국제표준시간(UTC: Universal Coordinated Time)을 사용하여야 하며, 자정에 시작되는 하루 24시간을 시 및 분으로 표시하여야 한다.
비행을 시작하기 전 및 비행 중 필요할 경우 시간점검을 하여야 한다.

항공기 운용자 또는 관계 항공교통업무당국과 협의되어 있을 경우를 제외하고 시간점검은 항공교통업무기관과 하게 됨.

Data Link 통신에 의한 시간을 적용시는 UTC의 표준시간에 1초이내의 정확도를 가져야 한다.

- 항공안전법 시행규칙 제195조(시간)
① 법 제67조에 따라 항공기의 운항과 관련된 시간을 전파하거나 보고하려는 자는 국제표준시(UTC: Coordinated Universal Time)를 사용하여야 하며, 시각은 자정을 기준으로 하루 24시간을 시·분으로 표시하되, 필요하면 초 단위까지 표시하여야 한다.
② 관제비행을 하려는 자는 관제비행의 시작 전과 비행 중에 필요하면 시간을 점검하여야 한다.
③ 데이터링크통신에 따라 시간을 이용하려는 경우에는 국제표준시를 기준으로 1초 이내의 정확도를 유지·관리하여야 한다.

25) 항공교통관제업무(航空交通管制業務)

항공교통관제허가(航空交通管制許可)

항공교통관제허가는 계기(관제)비행을 행하기 전에 받아야 한다. 그러한 허가는 항공교통관제기관에 비행계획을 제출하여 요구하여야 한다.

- 비행계획은 필요한 경우, 항공교통관제가 필요한 비행 또는 기동부분에 대하여만 제출할 수 있음. 항공교통관제허가는 허가한계점 또는 지상활주, 착륙 또는 이륙 등 특정의 기동에 관한 것처럼 유효비행계획중의 한 부분에 대해서만 발부될 수 있음.
- 항공교통관제허가가 항공기의 기장에게 만족스럽지 않을 경우, 기장은 이를 변경하여 줄 것을 요청할 수 있으며, 이 경우 가능하면 변경된 허가가 발부될 것임.

항공기가 우선권이 있는 항공교통관제허가를 요청하였을 경우, 관계 항공교통관제기관이 요구할 때에는 언제든지 그러한 우선권을 필요로 하는 이유를 제시하여야 한다.

※ VIP: Very Important Person/
  1. 대통령,

2. 대법원장, 국회의장, 국무총리급
3. 장관급, 국회의원, 4성장군,.
4. 차관, 3성장군,

※ 관제허가서 SAMPLE
① 인천 --〉뉴욕
　　KAL081, Cleared to Seatle airport(KSEA), VIA ANYANG 1A G597 then as filed, maintain FL330, Departure Frequency one two five decimal one five(125.15) Squawk 4101
② 김포 --〉제주
　　KAL2101,Cleared to Cheju airport(RKPC), VIA MALPA 1A then B576, maintain FL280, Departure Frequency one two five decimal one five(125.15), Squawk 7401

비행 중 잠재적인 허가: 만약 출발 전, 비행 중 연료량 및 재허가에 따라 목적비행장을 변경해야 할 것이 예상되면 비행계획에 변경될 비행로(알고 있을 경우) 및 목적지를 기입하여 관계 항공교통관제기관으로 하여금 이를 알 수 있도록 하여야 한다.

- 이 규정의 목적은 변경된 목적지, 즉 통상적으로 비행계획에 기입된 목적비행장 이후까지의 재허가를 용이하게 하기 위함임.

관제비행장에서 운항하는 항공기는 관제탑으로부터 허가를 받지 않으면 기동지역 내에서 지상 활주를 할 수 없으며 관제탑에서 발부하는 모든 지시를 따라야 한다.

□ 항공안전법 제83조(항공교통업무의 제공 등)
① 국토교통부장관 또는 항공교통업무증명을 받은 자는 비행장, 공항, 관제권 또는 관제구에서 항공기 또는 경량항공기 등에 항공교통관제 업무를 제공할 수 있다.
② 국토교통부장관 또는 항공교통업무증명을 받은 자는 비행정보구역에서 항공기 또는 경량항공기의 안전하고 효율적인 운항을 위하여 비행장, 공항 및 항행안전시설의 운용 상태 등 항공기 또는 경량항공기의 운항과 관련된 조언 및 정보를 조종사 또는 관련 기관 등에 제공할 수 있다.
③ 국토교통부장관 또는 항공교통업무증명을 받은 자는 비행정보구역에서 수색·구조를 필요로 하는 항공기 또는 경량항공기에 관한 정보를 조종사 또는 관련 기관 등에 제공할 수 있다.
④ 제1항부터 제3항까지의 규정에 따라 국토교통부장관 또는 항공교통업무증명을 받은 자가 하는 업무(이하 "항공교통업무"라 한다)의 제공 영역, 대상, 내용, 절차 등에 필요한 사항은 국토교통부령으로 정한다.

- 항공안전법 시행규칙 제227조(항공교통업무 제공 영역 등)
① 법 제83조제4항에 따른 항공교통업무의 제공 영역은 법 제83조제1항에 따른 비행장·공항 및 공역으로 한다.
② 법 제83조제4항에 따라 비행정보구역 내의 공해상(公海上)의 공역에 대한 항공교통업무의 제공은 항공기의 효율적인 운항을 위하여 국제민간항공기구에서 승인한 지역별 다자간협정(이하 "지역항행협정"이라 한다)에 따른다.

- 항공안전법 시행규칙 제228조(항공교통업무의 목적 등)
① 법 제83조제4항에 따른 항공교통업무는 다음 각 호의 사항을 주된 목적으로 한다.
  1. 항공기 간의 충돌 방지
  2. 기동지역 안에서 항공기와 장애물 간의 충돌 방지
  3. 항공교통흐름의 질서유지 및 촉진
  4. 항공기의 안전하고 효율적인 운항을 위하여 필요한 조언 및 정보의 제공
  5. 수색·구조를 필요로 하는 항공기에 대한 관계기관에의 정보 제공 및 협조
② 제1항에 따른 항공교통업무는 다음 각 호와 같이 구분한다.
  1. 항공교통관제업무: 제1항제1호부터 제3호까지의 목적을 수행하기 위한 다음 각 목의 업무
     가. 접근관제업무: 관제공역 안에서 이륙이나 착륙으로 연결되는 관제비행을 하는 항공기에 제공하는 항공교통관제업무
     나. 비행장관제업무: 비행장 안의 기동지역 및 비행장 주위에서 비행하는 항공기에 제공하는 항공교통관제업무로서 접근관제업무 외의 항공교통관제업무(이동지역 내의 계류장에서 항공기에 대한 지상유도를 담당하는 계류장관제업무를 포함한다)
     다. 지역관제업무: 관제공역 안에서 관제비행을 하는 항공기에 제공하는 항공교통관제업무로서 접근관제업무 및 비행장관제업무 외의 항공교통관제업무
  2. 비행정보업무: 비행정보구역 안에서 비행하는 항공기에 대하여 제1항제4호의 목적을 수행하기 위하여 제공하는 업무
  3. 경보업무: 제1항제5호의 목적을 수행하기 위하여 제공하는 업무

- 항공안전법 시행규칙 제229조(항공교통업무기관의 구분) 법 제83조제4항에 따른 항공교통업무기관은 다음 각 호와 같이 구분한다.
  1. 비행정보기관: 비행정보구역 안에서 비행정보업무 및 경보업무를 제공하는 기관
  2. 항공교통관제기관: 관제구·관제권 및 관제비행장에서 항공교통관제업무, 비행정보업무 및 경보업무를 제공하는 기관

• 시행규칙 제225조(항공교통관제업무의 한정 등)
① 법 제83조제1항에 따라 항공교통관제기관에서 항공교통관제 업무를 수행하려는 사람은 국토교통부장관이 정하는 바에 따라 그 업무에 종사할 수 있는 항공교통관제 업무의 한정을 받아야 한다. 다만, 해당 항공교통관제 업무의 한정을 받은 사람의 직접적인 감독을 받아 항공교통관제 업무를 하는 경우에는 그러하지 아니하다.
② 제1항에 따른 항공교통관제 업무의 한정을 받은 사람이 해당 항공교통관제기관에서 항공교통관제 업무에 종사하지 아니한 날이 180일이 지날 경우에는 그 업무의 한정의 효력이 정지된 것으로 본다. 다만, 해당 항공교통관제업무에 관하여 국토교통부장관이 정하는 훈련을 받은 경우에는 그러하지 아니하다.
③ 제1항에 따른 항공교통관제 업무의 한정에 관한 사항과 제2항 단서에 따른 교육훈련 및 항공기 탑승훈련 등의 실시에 관한 세부기준 및 절차 등에 관하여 필요한 사항은 국토교통부장관이 정하여 고시한다.

26) 비행계획의 준수(飛行計劃의 遵守)

변경을 신청하여 관계 항공교통관제기관으로부터 허가를 받지 않는 한, 또한 항공기에 즉각적인 조치가 필요한 비상 상황이 발생하여 이에 대한 조치를 취한 후에 상황이 허락하는 한 조속히 관계 항공교통업무기관에 동 조치사항 및 동 조치가 비상상황으로 인하여 취해졌음을 통보하지 않는 한, 항공기는 유효비행계획, 또는 관제비행을 위하여 제출한 유효비행계획의 해당부분에 따라 비행하여야 한다.

관계 항공교통관제기관으로부터 별도로 인가를 받거나, 지시 받지 않는 한 관제 비행항공기는, 가능한 한
  a) 설정된 ATS 항로상에서는 동 항로의 중심선을 따라 비행하여야 하며,
  b) 기타 비행로에서는 동 비행로를 구성하는 항행 시설 또는 지점간을 직선으로 비행하여야 한다.

ATS로 구성된 항로를 따라 비행하는 항공기는 change-over point가 설정되어 있는 항로에서는 동 change-over point 또는 그 인근에서 항공기의 후방에 있는 항행시설로 부터 전방에 있는 항행시설로 전환하여야 한다.
기준을 벗어날 경우 이를 관계 항공교통업무기관에 보고하여야 한다.

□ 항공안전법 제67조(항공기의 비행규칙)
① 항공기를 운항하려는 사람은 「국제민간항공협약」 및 같은 협약 부속서에 따라 국토교통부령으로

정하는 비행에 관한 기준·절차·방식 등(이하 "비행규칙"이라 한다)에 따라 비행하여야 한다.
② 비행규칙은 다음 각 호와 같이 구분한다.
　1. 재산 및 인명을 보호하기 위한 비행절차 등 일반적인 사항에 관한 규칙
　2. 시계비행에 관한 규칙
　3. 계기비행에 관한 규칙
　4. 비행계획의 작성·제출·접수 및 통보 등에 관한 규칙

- 항공안전법 시행규칙 제187조의3 (비행계획의 준수)

① 법 제67조에 따라 항공기는 비행 시 제출된 비행계획을 지켜야 한다. 다만, 비행계획의 변경에 대하여 항공교통관제기관의 허가를 받은 경우 또는 긴급한 조치가 필요한 비상상황이 발생한 경우에는 그러하지 아니하다. 이 경우 비상상황의 발생으로 비행계획을 지키지 못하였을 때에는 긴급 조치를 한 즉시 이를 관할 항공교통관제기관에 통보하여야 한다.
② 항공기는 항공로의 중심선을 따라 비행하여야 하며, 항공로가 설정되지 아니한 지역에서는 항행안전시설과 그 비행로의 정해진 지점 간을 직선으로 비행하여야 한다. 다만, 국토교통부장관이 별도로 정한 바에 따르거나 관할 항공교통관제기관으로부터 달리 지시를 받은 경우에는 그러하지 아니하다.
③ 항공기는 제2항을 지킬 수 없는 경우 관할 항공교통업무기관에 통보하여야 한다.
④ 전방향표지시설(VOR)에 따라 설정된 항공로를 비행하는 항공기는 주파수 변경지점이 설정되어 있는 경우에는 그 변경지점 또는 가능한 한 가까운 지점에서 항공기 후방의 항행안전시설로부터 전방의 항행안전시설로 주파수를 변경하여야 한다.
⑤ 관제비행을 하는 항공기가 부주의로 비행계획을 이탈하여 비행하는 경우에는 다음 각 호의 조치를 취해야 한다.
　1. 항공로를 이탈한 경우에는 항공기의 기수를 조정하여 즉시 항공로로 복귀할 것
　2. 항공기의 진대기속도(眞對氣速度)가 순항고도에서 보고지점 간의 평균진대기속도와 차이가 있거나 비행계획상 마하 속도(Mach) 0.02 또는 진대기속도의 19Km/h(10kt) 하락 또는 초과할 것이 예상되는 경우에는 관할 항공교통업무기관에 통보할 것
　3. 자동종속감시시설 협약(ADS-C)이 없는 곳에서는 다음 위치통지점, 비행정보구역 경계지점 또는 목적비행장 중 가장 가까운 지역의 도착 예정시간에 2분 이상의 오차가 발생되는 경우에는 그 변경되는 도착 예정시간을 관할 항공교통업무기관에 통보할 것
　4. 자동종속감시시설(ADS-C) 협약이 있는 곳에서는 해당 협약에 따른 지정된 값을 넘어서는 변화가 발생할 때 마다 데이터 링크를 통해 항공교통업무기관에 자동적으로 정보를 제공할 것
⑥ 시계비행방식에 따른 관제비행을 하는 항공기는 시계비행기상상태 미만으로 기상이 악화되어 시

계비행방식에 따른 운항을 할 수 없다고 판단되는 경우에는 다음 각 호의 조치를 하여야 한다.
 1. 목적비행장 또는 교체비행장으로 시계비행 기상상태를 유지하면서 비행할 수 있도록 관제허가의 변경을 요청하거나, 관제공역을 이탈하여 비행할 수 있도록 관제허가의 변경을 요청할 것
 2. 제1호에 따른 관제허가를 받지 못할 경우에는 시계비행 기상상태를 유지하여 운항하면서 관제공역을 이탈하거나 가까운 비행장에 착륙하기 위한 조치를 할 예정임을 관할 항공교통관제기관에 통보할 것
 3. 관할 항공교통관제기관에 특별시계비행방식에 따른 운항허가를 요구할 것(관제권 안에서 비행하고 있는 경우만 해당한다)
 4. 관할 항공교통관제기관에 계기비행방식에 따른 운항허가를 요구할 것

부주의로 인한 변경. 부주의로 인하여 관제비행을 비행계획대로 하지 못하였을 경우 다음과 같이 조치하여야 한다.
 a) 항적이탈(航跡離脫): 항공기가 항적을 이탈하였을 경우, 가능한 한 조속히 원래의 항적으로 복귀하기 위해 기수를 조정하여야 한다.
 b) 속도변화(速度變化): 위치보고 지점간 순항고도에서의 평균 진 대기 속도가 비행계획서에 기재된 것보다 5퍼센트 이상 변화되었거나 변화될 것이 예상될 경우, 이를 관계 항공교통업무기관에 보고하여야 한다.
 c) 예정시간의 변경(豫定時間變更): 다음 위치보고지점, 비행정보구역 경계선 또는 목적 비행장 중 가장 먼저인 도착예정시간이 항공교통업무기관에 보고된 시간, 또는 관계 항공교통업무기관이 규정한 시간 또는 지역 항행 협정에 근거한 시간과 3분을 초과하는 차이가 있을 경우, 수정된 도착예정시간을 가능한 한 조속히 관계 항공교통업무기관에 보고하여야 한다.

ADS 협정이 맺어진 곳에서는, 항공교통 업무기관(ATSU)은 ADS 계약조건에 의해 한계치 이싱으로 변할 때마다 데이타 통신으로 자동으로 통보되어진다.

계획된 변경. 비행계획변경 요청에 필요한 사항은 각각 다음과 같다.
 a) 순항고도의 변경. 항공기 식별부호, 희망순항고도 및 동 고도에서의 순항속도, 다음비행 정보구역 경계선의 수정된 도착예정시간(필요한 경우)
 b) 비행로의 변경
  1) 목적지를 변경하지 않을 경우: 항공기 식별부호, 비행규칙, 변경코자 하는 비행로 시작점으로부터의 비행계획자료를 포함한 변경비행로에 대한 사항, 수정된 도착 예정시간, 기타 참고사항

2) 목적지를 변경할 경우: 항공기 식별부호, 비행규칙, 변경코자 하는 비행로 시작점으로 부터의 비행계획자료를 포함한 변경된 목적비행장까지의 변경비행로에 대한사항, 수정된 도착예정시간, 교체비행장, 기타 참고 사항

- 항공안전법 시행규칙 제185조(고도·항공로 등의 변경) 법 제67조에 따라 비행계획에 포함된 순항고도, 순항속도 및 항공로에 관한 사항을 변경하려는 항공기는 다음 각 호의 구분에 따른 정보를 관할 항공교통관제기관에 통보하여야 한다.
  1. 순항고도의 변경: 항공기의 식별부호, 변경하려는 순항고도 및 순항속도(마하 수 또는 진대기 속도를 말한다. 이하 이 조에서 같다.), 다음 보고지점 또는 비행정보구역 경계 도착 예정시간
  2. 순항속도의 변경: 항공기의 식별부호, 변경하려는 속도
  3. 항공로의 변경
     가. 목적비행장 변경이 없을 경우: 항공기의 식별부호, 비행의 방식, 변경 항공로, 변경 예정시간, 그 밖에 항공로의 변경에 필요한 정보
     나. 목적비행장 변경이 있을 경우: 항공기의 식별부호, 비행의 방식, 목적비행장까지의 변경 항공로, 변경 예정시간, 교체비행장, 그 밖에 비행장·항공로의 변경에 필요한 정보

시계비행기상상태 미만으로의 기상악화. 비행계획에 따른 시계비행기상상태에서의 비행이 불가능한 것이 분명할 경우 관제시계비행으로 비행중인 항공기는
  a) 시계비행기상상태에서 목적지 또는 교체비행장으로 비행을 계속할 수 있도록, 또는 관련 관제 공역(계기비행/시계비행)을 이탈할 수 있도록 수정된 허가를 요구, 또는
  b) 만약 위 a)의 허가를 받지 못하였을 경우, 시계비행기상상태를 계속 유지하면서 관제 공역(계기비행/시계비행)을 이탈하거나, 또는 가장 가까운 비행장에 착륙하여야 하며, 그 사실을 관계 항공교통관제기관에 보고, 또는
  c) 만약 관제권 이내일 경우, 특별시계비행허가를 요구, 또는
  d) 계기비행규칙에 따라 비행하기 위한 허가를 요구하여야 한다.

27) 위치보고(位置報告)

해당 항공교통업무당국 또는 해당 항공교통업무기관이 정하는 조건에 의해 배제되지 않는 한, 관제중인항공기는 설정되어 있는 각 필수위치보고지점의 통과시간, 고도 및 기타 필요한 사항을 가능한 신속히 해당 항공교통업무기관에 보고하여야 한다.

해당 항공교통업무기관이 요구할 경우에는 다른 지점에서도 이와 동일하게 위치보고를 하여야 한다. 위치 보고지점이 설정되어 있지 않을 경우에는 해당 항공교통업무당국이 정하거나 해당 항공교통업무기관이 지정한 간격으로 위치보고를 하여야 한다.
- SSR Mode C 기압고도 송신이 위치보고시의 고도정보에 관한 기준을 충족시키기 위한 조건 및 상황은 PANS – ATM(Doc 4444)에 수록되어 있음.

관제중인 항공기가 Data Link 통신을 이용하여 제공하는 위치보고나 요구시 응답은 음성통신으로 하여야 한다.

- Annex 11, 5.3.3 위치보고: 관제공역 밖에서 비행하는 계기비행항공기로서 관계 항공교통업무당국이
  - 비행계획서 제출을 요구하고,
  - 비행정보를 제공하는 항공교통업무기관의 무선주파수 경청 및 동 기관과의 통신유지를 요구한 경우에는 3.6.3에 명시된 관제비행시와 같이 위치보고를 하여야 한다.
  - 조언공역 내에서 계기비행하는 동안 항공교통조언업무를 제공받고자 하는 항공기는 규정을 이행하여야 함. 단, 비행계획 및 동 변경사항이 허가를 필요로 하지 않으며 항공교통조언업무를 제공하는 기관과 통신이 유지될 경우에는 예외로 함.

- 항공안전법 시행규칙 제191조(위치보고)
① 법 제67조에 따라 관제비행을 하는 항공기는 국토교통부장관이 정하여 고시하는 위치통지점에서 가능한 한 신속히 다음 각 호의 사항을 관할 항공교통업무기관에 보고(이하 "위치보고"라 한다)하여야 한다. 다만, 레이더에 의하여 관제를 받는 경우로서 관할 항공교통관제기관이 별도로 위치보고를 요구하지 아니하는 경우에는 그러하지 아니하다.
  1. 항공기의 식별부호
  2. 해당 위치통지점의 통과시각과 고도
  3. 그 밖에 항공기의 안전항행에 영향을 미칠 수 있는 사항
② 관제비행을 하는 항공기는 비행 중에 관할 항공교통업무기관으로부터 위치보고를 요청받은 경우에는 즉시 위치보고를 하여야 한다.
③ 제1항에 따른 위치통지점이 설정되지 아니한 경우에는 관할 항공교통업무기관이 지정한 시간 또는 거리 간격으로 위치보고를 하여야 한다.
④ 관제비행을 하는 항공기로서 데이터링크통신을 이용하여 위치보고를 하는 항공기는 관할 항공교통관제기관이 요구하는 경우에는 음성통신을 이용하여 위치보고를 하여야 한다.

28) 관제의 종료

관제중인항공기가 착륙하거나, 또는 항공교통관제업무를 더 이상 필요로 하지 않을 경우에는 가능한 한 조속히 해당 항공교통관제기관에 보고하여야 한다.

• 항공안전법 시행규칙 제193조(관제의 종결) 법 제67조에 따라 관제비행을 하는 항공기는 항공교통관제업무를 제공받아야 할 상황이 끝나는 즉시 그 사실을 관할 항공교통관제기관에 통보하여야 한다. 다만, 관제비행장에 착륙하는 경우에는 그러하지 아니하다.

29) 통신(通信)

관제비행장에서 운항중인 항공기에 대하여 관계항공교통업무당국이 지시하는 경우를 제외하고, 관제비행항공기는 관계항공교통관제기관의 무선주파수를 계속적으로 경청하여야 하며, 동 기관과 통신을 유지하여야 한다.

- SELCAL 또는 이와 유사한 자동신호장치는 무선주파수의 계속적인 경청기준에 적합함.
  통신두절(通信杜絶): 만약 통신두절인 경우, 부속서 10 제2권에 있는 무선통신두절절차 및 다음의 적절한 절차를 이행하여야 한다. 이에 추가하여, 관제비행장에서 운항중인 항공기는 시각신호에 의한 지시 유무를 항상 감시하고 있어야 한다.

• 항공안전법 시행규칙 제190조(통신)
① 관제비행을 하는 항공기는 관할 항공교통관제기관과 공대지 양방향 무선통신을 유지하고 그 항공교통관제기관의 음성통신을 경청하여야 한다.
② 제1항에 따른 무선통신을 유지할 수 없는 항공기(이하 "통신두절항공기"라 한다)는 국토교통부장관이 고시하는 교신절차에 따라야 하며, 관제비행장의 기동지역 또는 주변을 운항하는 항공기는 관제탑의 시각 신호에 따른 지시를 계속 주시하여야 한다.
③ 통신두절항공기는 시계비행 기상상태인 경우에는 시계비행방식으로 비행을 계속하여 가장 가까운 착륙 가능한 비행장에 착륙한 후 도착 사실을 지체 없이 관할 항공교통관제기관에 통보하여야 한다.
④ 통신두절항공기는 계기비행 기상상태이거나 제3항에 따른 비행이 불가능한 경우 다음 각 호의 기준에 따라 비행하여야 한다.
  1. 항공교통업무용 레이더가 운용되지 아니하는 공역의 필수 위치통지점에서 위치보고를 할 수 없는

항공기는 해당 비행로의 최저비행고도와 관할 항공교통관제기관으로부터 최종적으로 지시받은 고도 중 높은 고도로 비행하여야 하며, 관할 항공교통관제기관으로부터 최종적으로 지시받은 속도를 20분간 유지한 후 비행계획에 명시된 고도와 속도로 변경하여 비행할 것
2. 항공교통업무용 레이더가 운용되는 공역의 필수 위치통지점에서 위치보고를 할 수 없는 항공기는 다음 각 목의 시간 중 가장 늦은 시간부터 해당 비행로의 최저비행고도와 관할 항공교통관제기관으로부터 최종적으로 지시받은 고도 중 높은 고도를 유지하고 관할 항공교통관제기관으로부터 최종적으로 지시받은 속도를 7분간 유지한 후, 비행계획에 명시된 고도와 속도로 변경하여 비행할 것
   가. 최종지정고도 또는 최저비행고도에 도달한 시간
   나. 트랜스폰더 코드를 7,600으로 조정한 시간
   다. 필수 위치통지점에서 위치보고에 실패한 시간
3. 레이더에 의하여 유도되고 있거나 허가한계점(Clearance Limit)을 지정받지 아니한 항공기가 지역항법(RNAV)으로 항공로를 이탈하여 비행 중인 경우에는 최저비행고도를 고려하여 다음 위치통지점에 도달하기 전에 비행계획에 명시된 비행로에 합류할 것
4. 무선통신이 두절되기 전에 관할 항공교통관제기관으로부터 최종적으로 지정받거나 지정 예정을 통보받은 비행로(지정받거나 지정 예정을 통보받지 아니한 경우에는 비행계획에 명시된 비행로)를 따라 목적비행장의 항행안전시설까지 비행한 후 체공할 것
5. 무선통신이 두절되기 전에 관할 항공교통관제기관으로부터 최종적으로 지정받은 접근 예정시간(접근 예정시간을 지정받지 아니한 경우에는 비행계획에 명시된 도착 예정시간)에 목적비행장의 항행안전시설로부터 강하를 시작하거나, 착륙할 비행장의 계기접근절차에 따라 접근을 시작할 것
6. 가능한 한 제5호에 따른 접근 예정시각과 도착 예정시간 중 더 늦은 시간부터 30분 이내에 착륙할 것

시계비행 기상상태(視界飛行氣象狀態)일 경우, 항공기는
  a) 시계비행기상상태로 비행을 계속하여 가장 가까운 비행장에 착륙한 후, 가장 신속한 방법으로 관계 항공교통관제기관에 도착사실을 보고하여야 한다.
  b) 계기비행으로 종결하는 것을 고려하여 볼만하다.

계기비행 기상상태((計器飛行氣象狀態)에 의한 비행이 불가능할 정도의 기상상태일 경우항공기는,
  a) 지역항행협정에서 정한 경우가 아니라면, 항공교통관제업무에 레이더를 사용하지 아니하는 공역에서는 최근에 배정받은 고도와 속도를 유지하거나, 최저안전고도보다 높은 경우에는 의무

보고지점에서 보고하지 못한 경우 20분간을 비행후 원래의 비행계획서에서 명시한 고도와 속도를 유지하여야 한다.
b) 항공교통관제업무에 레이더를 사용하는 공역에서는 최근에 배정받은 고도와 속도를 유지하거나, 최저안전고도보다 높은 경우에는 7분간을 비행후
 1) 최종으로 배정받은 고도나 최저안전고도에 도달하거나,
 2) Transponder 의 Code를 7600에 맞추거나,………………………
 3) 의무보고지점에서 위치보고를 실패한 경우, 어느 경우이든 후에 고도와 속도를 비행계획서에서 정한 데로 조정한다.
c) 레이더에 의한 안내 또는 항공교통관제 지시로 RNAV 항로를 벗어나 특별한 제한이 없는 경우에는 다음의 중요지점 이전에 최근의 비행계획로에 합류하고, 적용가능한 최저고도의 적용을 고려하여야 한다.
d) 목적지 비행장의 지정된 항행안전시설 또는 FIX 에 맞도록 최근의 비행계획상의 루트로 비행하고, 아래 e)를 확인할 필요가 있을때는 강하를 시작하기전에 항행안전시설 또는 FIX 상에서 체공하고,
e) 특정 지정된 항행안전시설 또는 fix 상에서 최근에 배정받고 확인된 예상접근시간에 가깝게 강하를 시작하거나, 배정받은 예상접근시간이 없고 확인된 사실이 없다면, 비행계획서에서 명시된 계획시간에 근접하게 계기 접근 절차의 수행
f) 특정 지정된 항행안전시설 또는 fix 상에서 정상적인 계기 접근 절차의 수행
g) e)에서 정한 예상도착예정시간 또는 최후로 응답한 접근예정시간 중 더 늦은 시간이 지난 후 30분 이내에 착륙하여야 한다.

- **항공안전법 시행규칙 194조(신호)**

① 법 제67조에 따라 비행하는 항공기는 별표 26에서 정하는 신호를 인지하거나 수신할 경우에는 그 신호에 따라 요구되는 조치를 하여야 한다.
② 누구든지 제1항에 따른 신호로 오인될 수 있는 신호를 사용하여서는 아니 된다.
③ 항공기 유도원(誘導員)은 별표 26 제6호에 따른 유도신호를 명확하게 하여야 한다.

1. 조난신호
 가. 조난에 처한 항공기가 다음의 신호를 복합적 또는 각각 사용할 경우에는 중대하고 절박한 위험에 처해 있고 즉각적인 도움이 필요함을 나타낸다.
  1) 무선전신 또는 그 밖의 신호방법에 의한 "SOS" 신호(모스부호는 …---…)

2) 짧은 간격으로 한 번에 1발씩 발사되는 붉은색불빛을 내는 로켓 또는 대포
   3) 붉은색불빛을 내는 낙하산 부착 불빛
 나. 조난에 처한 항공기는 가목에도 불구하고 주의를 끌고, 자신의 위치를 알리며, 도움을 얻기 위한 어떠한 방법도 사용할 수 있다.

2. 긴급신호
 가. 항공기 조종사가 착륙등 스위치의 개폐를 반복하거나 점멸항행등과는 구분되는 방법으로 항행등 스위치의 개폐를 반복하는 신호를 복합적으로 또는 각각 사용할 경우에는 즉각적인 도움은 필요하지 않으나 불가피하게 착륙해야 할 어려움이 있음을 나타낸다.
 나. 다음의 신호가 복합적으로 또는 각각 따로 사용될 경우에는 이는 선박, 항공기 또는 다른 차량, 탑승자 또는 목격된 자의 안전에 관하여 매우 긴급한 통보 사항을 가지고 있음을 나타낸다.
  1) 무선전신 또는 그 밖의 신호방법에 의한 "XXX" 신호
  2) 무선전화로 송신되는 "PAN PAN"

3. 요격 시 사용되는 신호
 가. 요격항공기의 신호 및 피요격항공기의 응신
  1) 피요격항공기는 지체 없이 다음 조치를 해야 한다.
   가) 나목에 따른 시각 신호를 이해하고 응답하며, 요격항공기의 지시에 따를 것
   나) 가능한 경우에는 관할 항공교통업무기관에 피요격 중임을 통보할 것
   다) 항공비상주파수 121.5MHZ나 243.0MHZ로 호출하여 요격항공기 또는 요격 관계기관과 연락하도록 노력하고 해당항공기의 식별부호 및 위치와 비행내용을 통보할 것
   라) 트랜스폰더 SSR을 장착하였을 경우에는 항공교통관제기관으로부터 다른 지시가 있는 경우를 제외하고는 Mode A Code 7700으로 맞출 것
   마) 자동종속감시시설(ADS-B 또는 ADS-C)을 장착하였을 경우에는 항공교통관제기관으로부터 다른 지시가 있는 경우를 제외하고는 적절한 비상기능을 선택할 것
   바) 항공교통관제기관으로부터 무선으로 수신한 지시가 요격항공기의 시각신호와 다를 경우 피요격항공기는 요격항공기의 시각신호에 따라 이행하면서 항공교통관제기관에 조속한 확인을 요구해야 한다.
   사) 항공교통관제기관으로부터 무선으로 수신한 지시가 요격항공기의 무선지시와 다를 경우 피요격항공기는 요격항공기의 무선지시에 따라 이행하면서 항공교통관제기관에 조속한 확인을 요구해야 한다.

2) 요격절차는 다음과 같이 하여야 한다.
　가) 요격항공기와 통신이 이루어졌으나 통상의 언어로 사용할 수 없을 경우에 필요한 정보와 지시는 다음과 같은 발음과 용어를 2회 연속 사용하여 전달할 수 있도록 시도해야 한다.

Phrase	Pronunciation	Meaning
CALL SIGN	KOL SA-IN	What is your call sign?
FOLLOW	FOL-LO	Follow me
DESCEND	DEE-SEND	Descend for landing
YOU LAND	YOU LAAND	Land at this aerodrome
PROCEED	PRO-SEED	You may proceed

　나) 요격항공기가 사용해야 하는 용어는 다음과 같다.

Phrase	Pronunciation	Meaning
CALL SIGN	KOL SA-IN	What is your call sign?
FOLLOW	FOL-LO	Follow me
DESCEND	DEE-SEND	Descend for landing
YOU LAND	YOU LAAND	Land at this aerodrome
PROCEED	PRO-SEED	You may proceed

3) 요격항공기로부터 시각신호로 지시를 받았을 경우 피요격항공기도 즉시 시각신호로 요격항공기의 지시에 따라야 한다.
4) 요격항공기로부터 무선을 통하여 지시를 청취하였을 경우 피요격항공기는 즉시 요격항공기의 무선지시에 따라야 한다.

나. 시각 신호
1) 요격항공기의 신호 및 피요격항공기의 응신

번호	요격항공기의 신호	의미	피요격항공기의 응신	의미
1	피요격항공기의 약간 위쪽 전방 좌측(또는 피요격항공기가 헬리콥터인 경우에는 우측)에서 날개를 흔들고 항행등을 불규칙적으로 점멸시킨 후 응답을 확인하고, 통상 좌측(헬리콥터인 경우 우측)으로 완만하게 선회하여 원하는 방향으로 향한다. 주1) 기상조건 또는 지형에 따라 위에서 제시한 요격항공기의 위치 및 선회방향을 반대로 할 수도 있다. 주2) 피요격항공기가 요격항공기의 속도를 따르지 못할 경우 요격항공기는 race track형으로 비행을 반복하며, 피요격항공기의 옆을 통과할 때마다 날개를 흔들어야 한다.	당신은 요격을 당하고 있으니 나를 따라오라.	날개를 흔들고, 항행등을 불규칙적으로 점멸시킨 후 요격항공기의 뒤를 따라간다.	알았다. 지시를 따르겠다.
2	피요격항공기의 진로를 가로지르지 않고 90° 이상의 상승선회를 하며, 피요격항공기로부터 급속히 이탈한다.	그냥 가도 좋다.	날개를 흔든다.	알았다. 지시를 따르겠다.
3	바퀴다리를 내리고 고정착륙등을 켠 상태로 착륙방향으로 활주로 상공을 통과하며, 피요격항공기가 헬리콥터인 경우에는 헬리콥터착륙구역 상공을 통과한다. 헬리콥터의 경우, 요격헬리콥터는 착륙접근을 하고 착륙장 부근에 공중에서 저고도비행을 한다.	이 비행장에 착륙하라.	바퀴다리를 내리고, 고정착륙등을 켠 상태로 요격항공기를 따라서 활주로나 헬리콥터착륙구역 상공을 통과한 후 안전하게 착륙할 수 있다고 판단되면 착륙한다.	알았다. 지시를 따르겠다.

2) 피요격항공기의 신호 및 요격항공기의 응신

번호	피요격항공기의 신호	의미	요격항공기의 응신	의미
1	비행장 상공 300미터(1,000피트) 이상 600미터(2,000피트) 이하[헬리콥터의 경우 50미터(170피트) 이상 100미터(330피트) 이하]의 고도로 착륙활주로나 헬리콥터착륙구역 상공을 통과하면서 바퀴다리를 올리고 섬광착륙등을 점멸하면서 착륙활주로나 헬리콥터착륙구역을 계속 선회한다. 착륙등을 점멸할 수 없는 경우에는 사용가능한 다른 등화를 점멸한다.	지정한 비행장이 적절하지 못하다.	피요격항공기를 교체비행장으로 유도하려는 경우에는 바퀴다리를 올린 후 1) 요격항공기의 신호 및 피요격항공기의 응신 1의 요격항공기 신호방법을 사용한다. 피요격항공기를 방면하려는 경우에는 1) 요격항공기의 신호 및 피요격항공기의 응신 2의 요격항공기 신호방법을 사용한다.	알았다. 나를 따라 오라. 알았다. 그냥 가도 좋다.
2	점멸하는 등화와는 명확히 구분할 수 있는 방법으로 사용가능한 모든 등화의 스위치를 규칙적으로 개폐한다.	지시를 따를 수 없다.	1) 요격항공기의 신호 및 피요격항공기의 응신 2의 요격항공기 신호방법을 사용한다.	알았다.
3	사용가능한 모든 등화를 불규칙적으로 점멸한다.	조난상태에 있다.	1) 요격항공기의 신호 및 피요격항공기의 응신 2의 요격항공기 신호방법을 사용한다.	알았다.

4. 비행제한구역, 비행금지구역 또는 위험구역 침범 경고신호

지상에서 10초 간격으로 발사되어 붉은색 및 녹색의 불빛이나 별모양으로 폭발하는 신호탄은 비인가 항공기가 비행제한구역, 비행금지구역 또는 위험구역을 침범하였거나 침범하려고 한 상태임을 나타내며, 해당 항공기는 이에 필요한 시정조치를 해야 함을 나타낸다.

5. 무선통신 두절 시의 연락방법
 가. 빛총신호

신호의 종류	의미		
	비행 중인 항공기	지상에 있는 항공기	차량·장비 및 사람
연속되는 녹색	착륙을 허가함	이륙을 허가함	통과하거나 진행할 것
연속되는 붉은 색	다른 항공기에 진로를 양보하고 계속 선회할 것	정지할 것	정지할 것

신호의 종류	의미		
	비행 중인 항공기	지상에 있는 항공기	차량·장비 및 사람
깜박이는 녹색	착륙을 준비할 것	지상 이동을 허가함	
깜박이는 붉은색	비행장이 불안전하니 착륙하지 말 것	사용 중인 착륙지역으로부터 벗어날 것	활주로 또는 유도로에서 벗어날 것
깜박이는 흰색	착륙하여 계류장으로 갈 것	비행장 안의 출발지점으로 돌아 갈 것	비행장 안의 출발지점으로 돌아갈 것

나. 항공기의 응신
 1) 비행 중인 경우
  가) 주간: 날개를 흔든다. 다만, 최종 선회구간(base leg) 또는 최종 접근구간(final leg)에 있는 항공기의 경우에는 그러하지 아니하다.
  나) 야간: 착륙등이 장착된 경우에는 착륙등을 2회 점멸하고, 착륙등이 장착되지 않은 경우에는 항행등을 2회 점멸한다.
 2) 지상에 있는 경우
  가) 주간: 항공기의 보조익 또는 방향타를 움직인다.
  나) 야간: 착륙등이 장착된 경우에는 착륙등을 2회 점멸하고, 착륙등이 장착되지 않은 경우에는 항행등을 2회 점멸한다.

6. 유도신호
가. 항공기에 대한 유도원의 신호
 1) 유도원은 항공기의 조종사가 유도업무 담당자임을 알 수 있는 복장을 해야 한다.
 2) 유도원은 주간에는 일광형광색봉, 유도봉 또는 유도장갑을 이용하고, 야간 또는 저시정상내에서는 발광유도봉을 이용하여 신호를 하여야 한다.
 3) 유도신호는 조종사가 잘 볼 수 있도록 조명봉을 손에 들고 다음의 위치에서 조종사와 마주 보며 실시한다.
  가) 비행기의 경우에는 비행기의 왼쪽에서 조종사가 가장 잘 볼 수 있는 위치
  나) 헬리콥터의 경우에는 조종사가 유도원을 가장 잘 볼 수 있는 위치
 4) 유도원은 다음의 신호를 사용하기 전에 항공기를 유도하려는 지역 내에 항공기와 충돌할 만한 물체가 있는지를 확인해야 한다.

30) 불법간섭행위

불법간섭행위를 받고 있는 항공기는, 항공교통업무기관으로 하여금 동 항공기에 우선권을 부여토록 하고, 다른 항공기와의 충돌을 방지하기 위하여, 동 사실과 이와 관련한 주요상황 및 동 상황에 의해 발생하는 비행계획으로부터의 이탈사실을 보고하기 위하여 노력하여야 한다.
- 불법간섭행위가 발생한 경우에 항공교통업무기관의 책임은 부속서11에 수록
- 불법간섭행위가 발생하였으나 동 사실을 항공기가 항공교통업무기관에 보고 할 수 없을 경우 사용지침이 이 부속서의 첨부 B에 수록되어 있음.
- SSR을 탑재한 항공기에 불법간섭행위가 발생하였을 경우 취할 조치는 부속서11, PANS-RAC(Doc 4444) 및 PANS-OPS(Doc 8168)에 수록
- 불법 간섭을 받고 있는 CPDLC를 장착한 항공기에 의해 취해지는 조치는 Annex 11, PANS-ATM(Doc 4444),그리고 그 주제에 대한 안내 자료가 Air Traffic Services Data Link Applications (Doc9694)의 Manual에 포함

만약 항공기가 불법 간섭을 받고 있다면, 기장은 가장 가까운 적당한 비행장이나 또는 항공기에 적당한 지시가 없다면, 해당 기관에서 권유하는 비행장으로 곧장 착륙을 시도해야 한다.

불법의 간섭을 받고 있는 지상에 있는 항공기의 책인 당국의 조치사항은 Annex 17에 포함되어 있으며, 항공기 기장의 권한 참조.

• 항공안전법 시행규칙 제234조(비상항공기에 대한 지원)
① 항공교통업무기관은 법 제83조제4항에 따라 비상상황(불법간섭 행위를 포함한다)에 처하여 있거나 처하여 있다고 의심되는 항공기에 대해서는 그 상황을 최대한 고려하여 우선권을 부여하여야 한다.
② 제1항에 따라 항공교통업무기관은 불법간섭을 받고 있는 항공기로부터 지원요청을 받은 경우에는 신속하게 이에 응하고, 비행안전과 관련한 정보를 지속적으로 송신하며, 항공기의 착륙단계를 포함한 모든 비행단계에서 필요한 조치를 신속하게 하여야 한다.
③ 제1항에 따라 항공교통업무기관은 항공기가 불법간섭을 받고 있음을 안 경우 그 항공기의 조종사에게 불법간섭 행위에 관한 사항을 무선통신으로 질문해서는 아니 된다. 다만, 해당 항공기의 조종사가 무선통신을 통한 질문이 불법간섭을 악화시키지 아니한다고 사전에 통보한 경우에는 그러하지 아니하다.
④ 제1항에 따라 항공교통업무기관은 비상상황에 처하여 있거나 처하여 있다고 의심되는 항공기와

통신하는 경우에는 그 비상상황으로 인하여 긴급하게 업무를 수행하여야 하는 조종사의 업무 환경 및 심리상태 등을 고려하여야 한다.

- **항공안전법 시행규칙 제235조(우발상황에 대한 조치)** 법 제83조제4항에 따라 항공교통업무기관은 표류항공기(계획된 비행로를 이탈하거나 위치보고를 하지 아니한 항공기를 말한다. 이하 같다) 또는 미식별항공기(해당 공역을 비행 중이라고 보고하였으나 식별되지 아니한 항공기를 말한다. 이하 같다)를 인지한 경우에는 다음 각 호의 구분에 따른 신속한 조치를 하여야 한다.
    1. 표류항공기의 경우
        가. 표류항공기와 양방향 통신을 시도할 것
        나. 모든 가능한 방법을 활용하여 표류항공기의 위치를 파악할 것
        다. 표류하고 있을 것으로 추정되는 지역의 관할 항공교통업무기관에 그 사실을 통보할 것
        라. 관련되는 군 기관이 있는 경우에는 표류항공기의 비행계획 및 관련 정보를 그 군 기관에 통보할 것
        마. 다목 및 라목에 따른 기관과 비행 중인 다른 항공기에 대하여 표류항공기와의 교신 및 표류항공기의 위치결정에 필요한 사항에 관하여 지원요청을 할 것
        바. 표류항공기의 위치가 확인되는 경우에는 그 항공기에 대하여 위치를 통보하고, 항공로에 복귀할 것을 지시하며, 필요한 경우 관할 항공교통업무기관 및 군 기관에 해당 정보를 통보할 것
    2. 미식별항공기의 경우
        가. 미식별항공기의 식별에 필요한 조치를 시도할 것
        나. 미식별항공기와 양방향 통신을 시도할 것
        다. 다른 항공교통업무기관에 대하여 미식별항공기에 대한 정보를 문의하고 그 항공기와의 교신을 위한 협조를 요청할 것
        라. 해당 지역의 다른 항공기로부터 미식별항공기에 대한 정보 입수를 시도할 것
        마. 미식별항공기가 식별된 경우로서 필요한 경우에는 관련 군 기관에 해당 정보를 신속히 통보할 것

□ 항공보안법

- **제1조 (목적)** 이 법은 「국제민간항공협약」 등 국제협약에 따라 공항시설, 항행안전시설 및 항공기 내에서의 불법행위를 방지하고 민간항공의 보안을 확보하기 위한 기준·절차 및 의무사항 등을 규정함을 목적으로 한다.

- 제3조 (국제협약의 준수)
① 민간항공의 보안을 위하여 이 법에서 규정하는 사항 외에는 다음 각 호의 국제협약에 따른다.
  1. 「항공기 내에서 범한 범죄 및 기타 행위에 관한 협약」
  2. 「항공기의 불법납치 억제를 위한 협약」
  3. 「민간항공의 안전에 대한 불법적 행위의 억제를 위한 협약」
  4. 「민간항공의 안전에 대한 불법적 행위의 억제를 위한 협약을 보충하는 국제민간항공에 사용되는 공항에서의 불법적 폭력행위의 억제를 위한 의정서」
  5. 「가소성 폭약의 탐지를 위한 식별조치에 관한 협약」
② 제1항에 따른 국제협약 외에 항공보안에 관련된 다른 국제협약이 있는 경우에는 그 협약에 따른다.

- 제4조 (국가의 책무) 국토교통부장관은 민간항공의 보안에 관한 계획 수립, 관계 행정기관 간 업무 협조체제 유지, 공항운영자·항공운송사업자·항공기취급업체·항공기정비업체·공항상주업체 및 항공여객·화물터미널운영자 등의 자체 보안계획에 대한 승인 및 실행점검, 항공보안 교육훈련계획의 개발 등의 업무를 수행한다.

- 제22조 (기장등의 권한)
① 기장이나 기장으로부터 권한을 위임받은 승무원(이하 "기장등"이라 한다) 또는 승객의 항공기 탑승 관련 업무를 지원하는 항공운송사업자 소속 직원 중 기장의 지원요청을 받은 사람은 다음 각 호의 어느 하나에 해당하는 행위를 하려는 사람에 대하여 그 행위를 저지하기 위한 필요한 조치를 할 수 있다.
  1. 항공기의 보안을 해치는 행위
  2. 인명이나 재산에 위해를 주는 행위
  3. 항공기 내의 질서를 어지럽히거나 규율을 위반하는 행위
② 항공기 내에 있는 사람은 제1항에 따른 조치에 관하여 기장등의 요청이 있으면 협조하여야 한다.
③ 기장등은 제1항 각 호의 행위를 한 사람을 체포한 경우에 항공기가 착륙하였을 때에는 체포된 사람이 그 상태로 계속 탑승하는 것에 동의하거나 체포된 사람을 항공기에서 내리게 할 수 없는 사유가 있는 경우를 제외하고는 체포한 상태로 이륙하여서는 아니 된다.
④ 기장으로부터 권한을 위임받은 승무원 또는 승객의 항공기 탑승 관련 업무를 지원하는 항공운송사업자 소속 직원 중 기장의 지원요청을 받은 사람이 제1항에 따른 조치를 할 때에는 기장의 지휘를 받아야 한다.

- 제23조(승객의 협조의무)

① 항공기 내에 있는 승객은 항공기와 승객의 안전한 운항과 여행을 위하여 다음 각 호의 어느 하나에 해당하는 행위를 하여서는 아니 된다.
  1. 폭언, 고성방가 등 소란행위
  2. 흡연(흡연구역에서의 흡연은 제외한다)
  3. 술을 마시거나 약물을 복용하고 다른 사람에게 위해를 주는 행위
  4. 다른 사람에게 성적(性的) 수치심을 일으키는 행위
  5. 「항공안전법」 제73조를 위반하여 전자기기를 사용하는 행위
  6. 기장의 승낙 없이 조종실 출입을 기도하는 행위
  7. 기장등의 업무를 위계 또는 위력으로써 방해하는 행위

② 승객은 항공기 내에서 다른 사람을 폭행하거나 항공기의 보안이나 운항을 저해하는 폭행·협박·위계행위(危計行爲) 또는 출입문·탈출구·기기의 조작을 하여서는 아니 된다.

③ 승객은 항공기가 착륙한 후 항공기에서 내리지 아니하고 항공기를 점거하거나 항공기 내에서 농성하여서는 아니 된다.

④ 항공기 내의 승객은 항공기의 보안이나 운항을 저해하는 행위를 금지하는 기장등의 정당한 직무상 지시에 따라야 한다.

⑤ 항공운송사업자는 금연 등 항공기와 승객의 안전한 운항과 여행을 위한 규제로 인하여 승객이 받는 불편을 줄일 수 있는 방안을 마련하여야 한다.

⑥ 기장등은 승객이 항공기 내에서 제1항제1호부터 제5호까지의 어느 하나에 해당하는 행위를 하거나 할 우려가 있는 경우 이를 중지하게 하거나 하지 말 것을 경고하여 사전에 방지하도록 노력하여야 한다.

⑦ 항공운송사업자는 다음 각 호의 어느 하나에 해당하는 사람에 대하여 탑승을 거절할 수 있다.
  1. 제15조 또는 제17조에 따른 보안검색을 거부하는 사람
  2. 음주로 인하여 소란행위를 하거나 할 우려가 있는 사람
  3. 항공보안에 관한 업무를 담당하는 국내외 국가기관 또는 국제기구 등으로부터 항공기 안전운항을 해칠 우려가 있어 탑승을 거절할 것을 요청받거나 통보받은 사람
  4. 그 밖에 항공기 안전운항을 해칠 우려가 있어 국토교통부령으로 정하는 사람

⑧ 누구든지 공항에서 보안검색 업무를 수행 중인 항공보안검색요원 또는 보호구역에의 출입을 통제하는 사람에 대하여 업무를 방해하는 행위 또는 폭행 등 신체에 위해를 주는 행위를 하여서는 아니 된다.

⑨ 항공운송사업자는 항공기가 이륙하기 전에 승객에게 국토교통부장관이 정하는 바에 따라 승객의 협조의무를 영상물 상영 또는 방송 등을 통하여 안내하여야 한다.

31) 요격(邀擊)

"요격"이란 요청에 의해 조난당한 항공기에 제공되는 요격 및 호위업무는 수색구조 편람(Doc 7333)의 규정에 따라 포함되지 않음.

민간항공기에 대한 요격은, 체약국이 자국의 국가항공기에 대한 규정을 제정할 때 민간항공기의 항행안전을 위하여 필히 고려해야 하는 국제민간항공협약, 특히 제3조 (d)에 의거하여 제정하는 관계규정 및 행정명령에 따라 규제되어야 한다.

따라서, 관계규정 및 행정명령을 입안할 때에는 부록 1 제2절 및 부록 2 제1절을 필히 고려하여야 한다.
 - 최후의 수단으로서만 실시되어야 할 요격이 발생할 경우 사용되는 시각신호가 전 세계의 민간 및 군용항공기에 의해 정확하게 사용되고 이해되어야 한다는 것은 비행안전을 위하여 필수적인 것임을 인정하여 국제민간항공기구 이사회는 본 부속서의 부록1에 있는 시각신호를 채택하면서, 각 체약국으로 하여금 자국의 국가항공기들이 동 규정들을 철저하게 준수하도록 할 것을 촉구하였음.

 - 민간항공기에 대한 요격은 항상 잠재적인 위험요소를 가지고 있기 때문에, 동 이사회는 체약국들이 일률적으로 적용해야 할 특별권고 사항을 공식화하였음. 이 특별권고사항은 첨부 A에 수록되어 있음.

민간항공기의 기장은 요격 당했을 경우, 부록1 제2절에 명시된 대로 시각신호를 이해하고 응답해야 하며, 부록2 제2절 및 제3절에 있는 표준절차를 준수하여야 한다.

• 항공안전법 시행규칙 제236조(민간항공기의 요격에 대한 조치)
① 항공교통업무기관은 법 제83조제4항에 따라 관할 공역 내의 항공기에 대한 요격을 인지한 경우에는 다음 각 호에 따라 조치하여야 한다.
  1. 항공비상주파수(121.5㎒) 또는 그 밖의 가능한 주파수를 사용하여 피요격항공기와의 양방향 통신을 시도할 것
  2. 피요격항공기의 조종사에게 요격 사실을 통보할 것
  3. 요격항공기와 통신을 유지하고 있는 요격통제기관에 피요격항공기에 관한 정보를 제공할 것
  4. 필요하면 피요격항공기와 요격항공기 또는 요격통제기관 간의 의사소통을 중개할 것
  5. 요격통제기관과 긴밀히 협조하여 피요격항공기의 안전 확보에 필요한 조치를 할 것
  6. 피요격항공기가 인접 비행정보구역으로부터 표류된 것으로 판단되는 경우에는 인접 비행정보

구역을 관할하는 항공교통업무기관에 그 상황을 통보할 것

② 법 제83조제4항에 따라 항공교통업무기관은 관할 공역 밖에서 피요격항공기를 인지한 경우에는 다음 각 호에 따라 조치하여야 한다.
  1. 요격이 이루어지고 있는 공역을 관할하는 항공교통업무기관에 그 상황을 통보하고, 항공기의 식별을 위한 모든 정보를 제공할 것
  2. 피요격항공기와 관할 항공교통업무기관, 요격항공기 또는 요격통제기관 간의 의사소통을 중개할 것

③ 국토교통부장관은 민간항공기에 요격행위가 발생되는 것을 예방하기 위하여 비행계획, 양방향 무선통신 및 위치보고가 요구되는 관제구·관제권 및 항공로를 지정·관리하여야 한다.

32) 구름으로부터 VMC 시정과 거리의 최저치

구름으로부터 VMC 시정과 거리의 최저치는 다음과 같다.

고도층	공역등급	비행시정	구름과의간격
해발 3050m / 10,000ft 이상	BCDEFG	8KM	수평으로 1,500m 수직으로 300(1,000ft)
해발 3050m(10,000ft)미만 900m(3000ft)이상 또는 장애물 상공 300m(1,000ft) 중 높은 고도 초과 = 1000~3000ft 이내	BCDEFG	5KM	수평으로 1,500m 수직으로 300(1,000ft)
해발 900m(3,000ft) 또는 장애물상공 300m(1,000ft) 중 높은 고도 이하 / 3000ft 이하	BCDE	5KM	수평으로 1,500m 수직으로 300(1,000ft)
	FG	5KM	지표면 육안 식별 및 구름을 피할 수 있는 거리

다음 각 호의 경우에는 제3호 F 및 G등급 공역의 비행시정을 1,500미터까지 적용할 수 있다.
1. 우세시정(prevailing visibility) 하에서 다른 항공기나 장애물을 보고 피할 수 있을 정도의 속도로 움직이는 경우
2. 그 지역 내의 항공교통량이나 업무량이 적어 다른 항공기와 마주칠 확률이 낮은 경우
3. A등급 공역에서는 시계비행이 허용되지 않는다.

4 시계비행규칙

특별시계비행인 경우를 제외하고 시계비행항공기는 항공안전법에 명시된 것과 같거나 더 높은 시정 및 구름과의 거리를 유지하여 비행하여야 한다.

- 항공안전법 시행규칙 제174조(특별시계비행)

① 법 제67조에 따라 예측할 수 없는 급격한 기상의 악화 등 부득이한 사유로 관할 항공교통관제기관으로부터 특별시계비행허가를 받은 항공기의 조종사는 제163조제1항제3호에도 불구하고 다음 각 호의 기준에 따라 비행하여야 한다.
  1. 허가받은 관제권 안을 비행할 것
  2. 구름을 피하여 비행할 것
  3. 비행시정을 1,500미터 이상 유지하며 비행할 것
  4. 지표 또는 수면을 계속하여 볼 수 있는 상태로 비행할 것
  5. 조종사가 계기비행을 할 수 있는 자격이 없거나 제117조제1항에 따른 항공계기를 갖추지 아니한 항공기로 비행하는 경우에는 주간에만 비행할 것. 다만, 헬리콥터는 야간에도 비행할 수 있다.

② 특별시계비행을 하는 경우에는 다음 각 호의 조건에서만 제1항에 따른 기준에 따라 이륙하거나 착륙할 수 있다.
  1. 지상시정이 1,500미터 이상일 것
  2. 지상시정이 보고되지 아니한 경우에는 비행시정이 1,500미터 이상일 것

항공교통관제기관으로부터 허가를 받은 경우를 제외하고, 시계비행항공기는 다음의 경우 관제권내에 있는 비행장에서 이륙 및 착륙하거나, 비행장교통구역 또는 장주에 진입하여서는 안 된다. .
  a) 운고가 450 미터(1,500피트) 미만일 때, 또는
  b) 지상시정이 5 킬로미터일 때.

일몰과 일출사이 또는 일몰과 일출사이 중 관계 항공교통업무당국이 정하는 시간동안의 시계비행은 관계당국이 정하는 기준에 따라 비행하여야 한다.

공역등급	B	C D E	F G	
			해발 900m(3,000ft)이상 또는 가장높은 지형상공으로 300m(1,000ft)이상	해발 900m(3,000ft)이하 또는 가장높은지형상공으로 300m(1,000ft)
구름과의 간격	구름회피		수평으로 1,500m 수직으로 300(1,000ft)	구름회피 그리고 지상 육안확인
비행시정		해발 3050m(10,000ft) 이상에서 8km 해발 3050m(10,000ft) 미만에서 5km		5 km**

* 전이고도가 해발 3050m(10,000Ft)미만 시 10,000FT대신에 FL100사용
** 관계 항공교통업무당국이 그렇게 명시했을 때 :
  a) 1,500m 미만의 비행시정 시 다음과 같은 경우에 비행할 수 있음.
    1) 우시정 하에서 다른 항공기나 장애물을 보고 피할 수 있을 정도의 속도로 움직일 경우
    2) 그 지역 내의 항공교통량이나 업무량이 적어 다른 항공기를 조우할 확률이 낮은 경우
  b) 헬기는 충돌을 방지하기 위하여 다른 항공기 또는 장애물을 보고 피할 수 있을 정도의 속도로 움직일 경우 1,500m 미만의 비행시정상태에서 비행할 수 있음. 비행은 관계당국이 정하는 기준에 따라 비행하여야 한다.

관계항공교통업무당국이 인가하지 않는 한, 다음의 경우 시계비행을 하여서는 아니된다.
  a) FL200을 초과하는 고도
  b) 천음속 또는 초음속

FL290 이상의 고도에서 300m(1,000ft)의 수직분리 최저치(RVSM)가 적용되는 구역 내에서는 동고도 이상으로의 시계비행이 허가되지 않는다.

• 항공안전법 시행규칙 제172조(시계비행의 금지)
① 법 제67조에 따라 시계비행방식으로 비행하는 항공기는 해당 비행장의 운고(Ceiling)가 450미터(1,500피트) 미만 또는 지상시정이 5킬로미터 미만인 경우에는 관제권 안의 비행장에서 이륙 또는 착륙을 하거나 관제권 안으로 진입할 수 없다. 다만, 관할 항공교통관제기관의 허가를 받은 경우에는 그러하지 아니하다.
② 야간에 시계비행방식으로 비행하는 항공기는 지방항공청장 또는 해당 비행장의 운영자가 정하는 바에 따라야 한다.
③ 항공기는 다음 각 호의 어느 하나에 해당되는 경우에는 기상상태에 관계없이 계기비행방식에 따라

비행하여야 한다. 다만, 관할 항공교통관제기관의 허가를 받은 경우에는 그러하지 아니하다.
  1. 평균해면으로부터 6,100미터(2만피트)를 초과하는 고도로 비행하는 경우
  2. 천음속(遷音速) 또는 초음속(超音速)으로 비행하는 경우
④ 항공기를 운항하려는 사람은 300미터(1천피트) 수직분리최저치가 적용되는 8,850미터(2만9천피트) 이상 1만2,500미터(4만1천피트) 이하의 수직분리축소공역에서는 시계비행방식으로 운항하여서는 아니 된다.
⑤ 시계비행방식으로 비행하는 항공기는 제199조제1호 각 목에 따른 최저비행고도 미만의 고도로 비행하여서는 아니 된다. 다만, 다음 각 호의 어느 하나에 해당하는 경우에는 그러하지 아니하다.
  1. 이륙하거나 착륙하는 경우
  2. 항공교통업무기관의 허가를 받은 경우
  3. 비상상황의 경우로서 지상의 사람이나 재산에 위해를 주지 아니하고 착륙할 수 있는 고도인 경우

- 항공안전법 시행규칙 제199조(최저비행고도) 법 제68조제1호에서 "국토교통부령으로 정하는 최저비행고도"란 다음 각 호와 같다.
  1. 시계비행방식으로 비행하는 항공기
     가. 사람 또는 건축물이 밀집된 지역의 상공에서는 해당 항공기를 중심으로 수평거리 600미터 범위 안의 지역에 있는 가장 높은 장애물의 상단에서 300미터(1천피트)의 고도
     나. 가목 외의 지역에서는 지표면·수면 또는 물건의 상단에서 150미터(500피트)의 고도
  2. 계기비행방식으로 비행하는 항공기
     가. 산악지역에서는 항공기를 중심으로 반지름 8킬로미터 이내에 위치한 가장 높은 장애물로부터 600미터의 고도
     나. 가목 외의 지역에서는 항공기를 중심으로 반지름 8킬로미터 이내에 위치한 가장 높은 장애물로부터 300미터의 고도

최저비행고도와 관련된 내용을 그림으로 설명하면 다음과 같다.

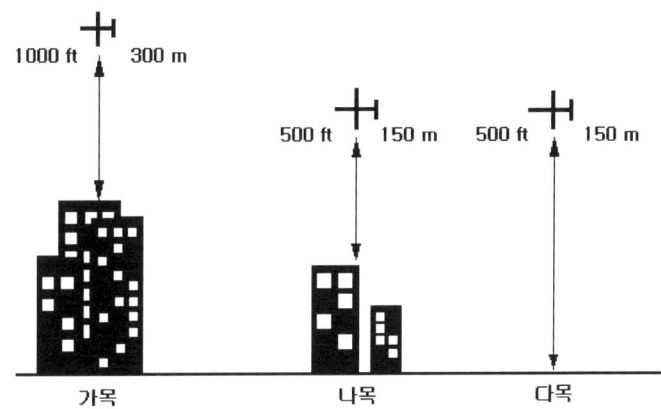

항공교통관제허가나 관계 항공교통업무당국의 허가를 받는 경우를 제외하고, 지표면 또는 수면상공 900미터(3,000피트) 또는 관계 항공교통업무당국이 이보다 더 높게 지정한 높이를 초과하는 고도로 비행하는 시계비행항공기는 부록 3의 순항비행 고도표에 명시된 고도로 비행하여야 한다.

시계비행항공기는 다음의 경우 3.6의 규정에 따라 비행하여야 한다.
  a) 등급 B, C 그리고 D 공역 내에 비행할 때,
  b) 관제비행장내에서 비행할 때, 또는
  c) 특별시행비행규칙으로 비행중일 때.

관계 항공교통업무당국이 지정한 지역 내, 또는 동 지역으로 진입하거나 또는 비행로를 따라서 비행하는 시계비행항공기는 비행정보를 제공하는 항공교통업무기관의 무선주파수를 계속 경청해야 하며 필요에 따라 위치보고를 하여야 한다.

시계비행규칙으로 비행중인 항공기가 계기비행규칙으로 변경코자 할 경우 다음과 같이 하여야 한다.
  a) 비행계획이 제출되어 있을 경우 비행계획 변경을 요청하거나, 또는
  b) 관제공역 내에서 계기비행을 시작하기 전 관계 항공교통업무기관에 비행계획을 제출하여 허가를 받을 것.

5 계기비행규칙

1. 모든 IFR비행에 적용되는 규칙

가. 항공기 장비

항공기는 비행하고자 하는 비행로에 적합한 계기 및 항행 장비를 탑재하여야 한다.

▫ 항공안전법 제51조(무선설비의 설치·운용 의무) 항공기를 운항하려는 자 또는 소유자등은 해당 항공기에 비상위치 무선표지설비, 2차감시레이더용 트랜스폰더 등 국토교통부령으로 정하는 무선설비를 설치·운용하여야 한다.

- 항공안전법 시행규칙 제107조(무선설비)
① 법 제51조에 따라 항공기에 설치·운용하여야 하는 무선설비는 다음 각 호와 같다. 다만, 항공운송사업에 사용되는 항공기 외의 항공기가 계기비행방식 외의 방식(이하 "시계비행방식"이라 한다)에 의한 비행을 하는 경우에는 제3호부터 제6호까지의 무선설비를 설치·운용하지 아니할 수 있다.
  1. 비행 중 항공교통관제기관과 교신할 수 있는 초단파(VHF) 또는 극초단파(UHF)무선전화 송수신기 각 2대. 이 경우 비행기[국토교통부장관이 정하여 고시하는 기압고도계의 수정을 위한 고도(이하 "전이고도"라 한다) 미만의 고도에서 교신하려는 경우만 해당한다]와 헬리콥터의 운항승무원은 붐(Boom) 마이크로폰 또는 스롯(Throat) 마이크로폰을 사용하여 교신하여야 한다.
  2. 기압고도에 관한 정보를 제공하는 2차감시 항공교통관제 레이더용 트랜스폰더(Mode 3/A 및 Mode C SSR transponder. 다만, 국외를 운항하는 항공운송사업용 항공기의 경우에는 Mode S transponder) 1대
  3. 자동방향탐지기(ADF) 1대[무지향표지시설(NDB) 신호로만 계기접근절차가 구성되어 있는 공항에 운항하는 경우만 해당한다]
  4. 계기착륙시설(ILS) 수신기 1대(최대이륙중량 5천 700킬로그램 미만의 항공기와 헬리콥터 및 무인항공기는 제외한다)
  5. 전방향표지시설(VOR) 수신기 1대(무인항공기는 제외한다)
  6. 거리측정시설(DME) 수신기 1대(무인항공기는 제외한다)

7. 다음 각 목의 구분에 따라 비행 중 뇌우 또는 잠재적인 위험 기상조건을 탐지할 수 있는 기상레이더 또는 악기상 탐지장비
   가. 국제선 항공운송사업에 사용되는 비행기로서 여압장치가 장착된 비행기의 경우: 기상레이더 1대
   나. 국제선 항공운송사업에 사용되는 헬리콥터의 경우: 기상레이더 또는 악기상 탐지장비 1대
   다. 가목 외에 국외를 운항하는 비행기로서 여압장치가 장착된 비행기의 경우: 기상레이더 또는 악기상 탐지장비 1대
8. 다음 각 목의 구분에 따라 비상위치지시용 무선표지설비(ELT). 이 경우 비상위치지시용 무선표지설비의 신호는 121.5메가헤르츠(MHz) 및 406메가헤르츠(MHz)로 송신되어야 한다.
   가. 2대를 설치하여야 하는 경우: 다음의 어느 하나에 해당하는 항공기. 이 경우 비상위치지시용 무선표지설비 2대 중 1대는 자동으로 작동되는 구조여야 하며, 2)의 경우 1대는 구명보트에 설치해야 한다.
   1) 승객의 좌석 수가 19석을 초과하는 비행기(항공운송사업에 사용되는 비행기만 해당한다)
   2) 비상착륙에 적합한 육지(착륙이 가능한 섬을 포함한다)로부터 순항속도로 10분의 비행거리 이상의 해상을 비행하는 제1종 및 제2종 헬리콥터, 회전날개에 의한 자동회전(autorotation)에 의하여 착륙할 수 있는 거리 또는 안전한 비상착륙(safe forced landing)을 할 수 있는 거리를 벗어난 해상을 비행하는 제3종 헬리콥터
   나. 1대를 설치하여야 하는 경우: 가목에 해당하지 아니하는 항공기. 이 경우 비상위치지시용 무선표지설비는 자동으로 작동되는 구조여야 한다.

② 제1항제1호에 따른 무선설비는 다음 각 호의 성능이 있어야 한다.
  1. 비행장 또는 헬기장에서 관제를 목적으로 한 양방향통신이 가능할 것
  2. 비행 중 계속하여 기상정보를 수신할 수 있을 것
  3. 운항 중 「전파법 시행령」 제29조제1항제7호 및 제11호에 따른 항공기국과 항공국 간 또는 항공국과 항공기국 간 양방향통신이 가능할 것
  4. 항공비상주파수(121.5㎒ 또는 243.0㎒)를 사용하여 항공교통관제기관과 통신이 가능할 것
  5. 제1항제1호에 따른 무선전화 송수신기 각 2대 중 각 1대가 고장이 나더라도 나머지 각 1대는 고장이 나지 아니하도록 각각 독립적으로 설치할 것

③ 제1항제2호에 따라 항공운송사업용 비행기에 장착해야 하는 기압고도에 관한 정보를 제공하는 트랜스폰더는 다음 각 호의 성능이 있어야 한다.
  1. 고도 7.62미터(25피트) 이하의 간격으로 기압고도정보(pressure altitude information)를 관할 항공교통관제기관에 제공할 수 있을 것

2. 해당 비행기의 위치(공중 또는 지상)에 대한 정보를 제공할 수 있을 것[해당 비행기에 비행기의 위치(공중 또는 지상 : airborne/on-the-ground status)를 자동으로 감지하는 장치(automatic means of detecting)가 장착된 경우만 해당한다]

④ 제1항에 따른 무선설비의 운용요령 등에 관하여 필요한 사항은 국토교통부장관이 정하여 고시한다.

※ 비상위치지시용 무선표지설비 참조

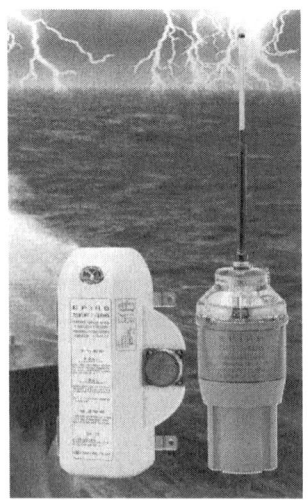
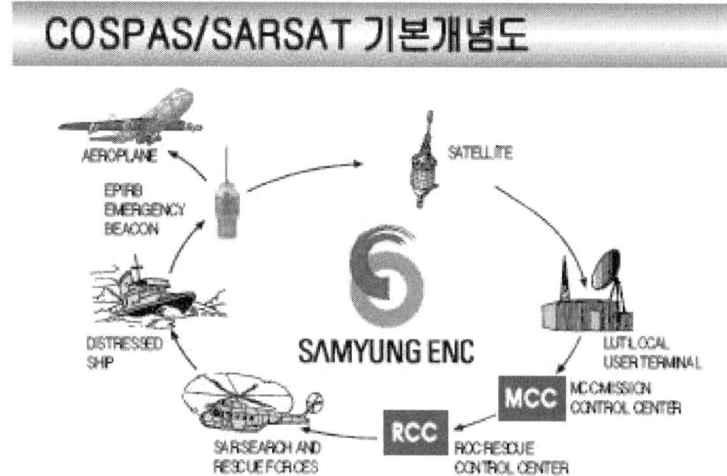

비상위치지시용 무선표지설비
(ELT: Emergency Locator Transmitter)

1. 개요
    항공기가 추락하거나 해상에 비상착수 등을 하였을 경우 비상송신을 자동으로 하여 위치파악 및 수색구조를 신속하게 하도록 항공기에 의무적으로 장치하는 무선설비임. 이들 비상주파수는 조난지역을 지나는 항공기나 인공위성을 통하여 수신이 가능하며 특히 위성에 의해 신속하게 수색구조를 할 수 있도록 체계화 되어있음.

2. 사용 주파수
   - 주파수범위: 121.5 Mhz / 243.0Mhz / 406Mhz
   - 위치오차: 121.5 - 15Km, 406 - 2Km
   ※ 2007년 이후부터는 406Mhz에 대해서만 위성 수신서비스를 실시.
   ※ 406Mhz 형은 항공기 등록부호를 기억시키고 이를 송신

3. ELT 종류: 서바이벌 휴대형 및 자동 고정형

- 서바이벌형은 비상착수 등을 하였을 경우 ELT를 승무원이 휴대하거나,
  비상보트에 실려 있는 ELT를 꺼내 해수에 띄우면 자동으로 송신.
- 자동고정형은 항공기에 장착 고정되어 있으며 일정수준의 중력을 받으면(G-Shock) 내장된 G-스위치에 의해 자동으로 작동함.
  ※ 항공법의 개정으로 2005년1월1일 이후 항공기에 2대 이상을 장치할 경우
     항공기에 1대는 자동형으로 장치하여야 함
4. 위성 및 수색조난 체계도
- COSPAS-SARSAT(Search And Rescue Satellite Aided Tracking)시스템
• Cospas-Sarsat 위성시스템은 항공기 및 선박의 조난신호 및 조난정보를 수색구조 당국에 전파하는 시스템으로 1982년 구소련(러시아), 미국, 캐나다, 프랑스가 공동 참여하여 제작됨.
  · 10개의 위성{정지궤도(GEO) 3개, 저 궤도(LEO) 7개}
  · 41개의 지상 수신 스테이션
  · 20개의 미션 컨트롤 센터

□ 항공안전법 제52조(항공계기 등의 설치·탑재 및 운용 등)
① 항공기를 운항하려는 자 또는 소유자등은 해당 항공기에 항공기 안전운항을 위하여 필요한 항공계기(航空計器), 장비, 서류, 구급용구 등(이하 "항공계기등"이라 한다)을 설치하거나 탑재하여 운용하여야 한다. 이 경우 최대이륙중량이 600킬로그램 초과 5천700킬로그램 이하인 비행기에는 사고 예방 및 안전운항에 필요한 장비를 추가로 설치할 수 있다.
② 제1항에 따라 항공계기등을 설치하거나 탑재하여야 할 항공기, 항공계기등의 종류, 설치·탑재기준 및 그 운용방법 등에 필요한 사항은 국토교통부령으로 정한다.

• 항공안전법 시행규칙제108조(항공일지)
① 법 제52조제2항에 따라 항공기를 운항하려는 자 또는 소유자등은 탑재용 항공일지, 지상 비치용 발동기 항공일지 및 지상 비치용 프로펠러 항공일지를 갖추어 두어야 한다. 다만, 활공기의 소유자등은 활공기용 항공일지를, 법 제102조 각 호의 어느 하나에 해당하는 항공기의 소유자등은 탑재용 항공일지를 갖춰 두어야 한다.
② 항공기의 소유자등은 항공기를 항공에 사용하거나 개조 또는 정비한 경우에는 지체 없이 다음 각 호의 구분에 따라 항공일지에 적어야 한다.
  1. 탑재용 항공일지(법 제102조 각 호의 어느 하나에 해당하는 항공기는 제외한다)
    가. 항공기의 등록부호 및 등록 연월일

나. 항공기의 종류·형식 및 형식증명번호
다. 감항분류 및 감항증명번호
라. 항공기의 제작자·제작번호 및 제작 연월일
마. 발동기 및 프로펠러의 형식
바. 비행에 관한 다음의 기록
  1) 비행연월일
  2) 승무원의 성명 및 업무
  3) 비행목적 또는 편명
  4) 출발지 및 출발시각
  5) 도착지 및 도착시각
  6) 비행시간
  7) 항공기의 비행안전에 영향을 미치는 사항
  8) 기장의 서명
사. 제작 후의 총 비행시간과 오버홀을 한 항공기의 경우 최근의 오버홀 후의 총 비행시간
아. 발동기 및 프로펠러의 장비교환에 관한 다음의 기록
  1) 장비교환의 연월일 및 장소
  2) 발동기 및 프로펠러의 부품번호 및 제작일련번호
  3) 장비가 교환된 위치 및 이유
자. 수리·개조 또는 정비의 실시에 관한 다음의 기록
  1) 실시 연월일 및 장소
  2) 실시 이유, 수리·개조 또는 정비의 위치 및 교환 부품명
  3) 확인 연월일 및 확인자의 서명 또는 날인
2. 탑재용 항공일지(법 제102조 각 호의 어느 하나에 해당하는 항공기만 해당한다)
 가. 항공기의 등록부호·등록증번호 및 등록 연월일
 나. 비행에 관한 다음의 기록
  1) 비행연월일
  2) 승무원의 성명 및 업무
  3) 비행목적 또는 항공기 편명
  4) 출발지 및 출발시각
  5) 도착지 및 도착시각
  6) 비행시간

7) 항공기의 비행안전에 영향을 미치는 사항
   8) 기장의 서명
3. 지상 비치용 발동기 항공일지 및 지상 비치용 프로펠러 항공일지
 가. 발동기 또는 프로펠러의 형식
 나. 발동기 또는 프로펠러의 제작자·제작번호 및 제작 연월일
 다. 발동기 또는 프로펠러의 장비교환에 관한 다음의 기록
  1) 장비교환의 연월일 및 장소
  2) 장비가 교환된 항공기의 형식·등록부호 및 등록증번호
  3) 장비교환 이유
 라. 발동기 또는 프로펠러의 수리·개조 또는 정비의 실시에 관한 다음의 기록
  1) 실시 연월일 및 장소
  2) 실시 이유, 수리·개조 또는 정비의 위치 및 교환 부품명
  3) 확인 연월일 및 확인자의 서명 또는 날인
 마. 발동기 또는 프로펠러의 사용에 관한 다음의 기록
  1) 사용 연월일 및 시간
  2) 제작 후의 총 사용시간 및 최근의 오버홀 후의 총 사용시간
4. 활공기용 항공일지
 가. 활공기의 등록부호·등록증번호 및 등록 연월일
 나. 활공기의 형식 및 형식증명번호
 다. 감항분류 및 감항증명번호
 라. 활공기의 제작자·제작번호 및 제작 연월일
 마. 비행에 관한 다음의 기록
  1) 비행 연월일
  2) 승무원의 성명
  3) 비행목적
  4) 비행 구간 또는 장소
  5) 비행시간 또는 이·착륙횟수
  6) 활공기의 비행안전에 영향을 미치는 사항
  7) 기장의 서명
 바. 수리·개조 또는 정비의 실시에 관한 다음의 기록
  1) 실시 연월일 및 장소

    2) 실시 이유, 수리·개조 또는 정비의 위치 및 교환부품명
    3) 확인 연월일 및 확인자의 서명 또는 날인

- **항공안전법 시행규칙 제110조(구급용구 등)** 법 제52조제2항에 따라 항공기의 소유자등이 항공기(무인항공기는 제외한다)에 갖추어야 할 구명동의, 음성신호발생기, 구명보트, 불꽃조난신호장비, 휴대용 소화기, 도끼, 메가폰, 구급의료용품 등은 별표 15와 같다.

- **항공안전법 시행규칙 제111조(승객 및 승무원의 좌석 등)**
① 법 제52조제2항에 따라 항공기(무인항공기는 제외한다)에는 2세 이상의 승객과 모든 승무원을 위한 안전띠가 달린 좌석(침대좌석을 포함한다)을 장착해야 한다.
② 항공운송사업에 사용되는 항공기의 모든 승무원의 좌석에는 안전띠 외에 어깨끈을 장착해야 한다. 이 경우 운항승무원의 좌석에 장착하는 어깨끈은 급감속시 상체를 자동적으로 제어하는 것이어야 한다.

- **항공안전법 시행규칙 제112조(낙하산의 장비)** 법 제52조제2항에 따라 다음 각 호의 어느 하나에 해당하는 항공기에는 항공기에 타고 있는 모든 사람이 사용할 수 있는 수의 낙하산을 갖춰 두어야 한다.
    1. 법 제23조제3항제2호에 따른 특별감항증명을 받은 항공기(제작 후 최초로 시험비행을 하는 항공기 또는 국토교통부장관이 지정하는 항공기만 해당한다)
    2. 법 제68조 각 호 외의 부분 단서에 따라 같은 조 제4호에 따른 곡예비행을 하는 항공기(헬리콥터는 제외한다)

- **항공안전법 시행규칙 제113조(항공기에 탑재하는 서류)** 법 제52조제2항에 따라 항공기(활공기 및 법 제23조제3항제2호에 따른 특별감항증명을 받은 항공기는 제외한다)에는 다음 각 호의 서류를 탑재하여야 한다.
    1. 항공기등록증명서
    2. 감항증명서
    3. 탑재용 항공일지
    4. 운용한계 지정서 및 비행교범
    5. 운항규정(별표 32에 따른 교범 중 훈련교범·위험물교범·사고절차교범·보안업무교범·항공기 탑재 및 처리 교범은 제외한다)
    6. 항공운송사업의 운항증명서 사본(항공당국의 확인을 받은 것을 말한다) 및 운영기준 사본(국제운송사업에 사용되는 항공기의 경우에는 영문으로 된 것을 포함한다)

7. 소음기준적합증명서
8. 각 운항승무원의 유효한 자격증명서 및 조종사의 비행기록에 관한 자료
9. 무선국 허가증명서(radio station license)
10. 탑승한 여객의 성명, 탑승지 및 목적지가 표시된 명부(passenger manifest)(항공운송사업용 항공기만 해당한다)
11. 해당 항공운송사업자가 발행하는 수송화물의 화물목록(cargo manifest)과 화물 운송장에 명시되어 있는 세부 화물신고서류(detailed declarations of the cargo)(항공운송사업용 항공기만 해당한다)
12. 해당 국가의 항공당국 간에 체결한 항공기 등의 감독 의무에 관한 이전협정서 사본(법 제5조에 따른 임대차 항공기의 경우만 해당한다)
13. 비행 전 및 각 비행단계에서 운항승무원이 사용해야 할 점검표
14. 그 밖에 국토교통부장관이 정하여 고시하는 서류

- 항공안전법 시행규칙 제114조(산소 저장 및 분배장치 등)

① 법 제52조제2항에 따라 고고도(高高度) 비행을 하는 항공기(무인항공기는 제외한다. 이하 이 조에서 같다)는 다음 각 호의 구분에 따른 호흡용 산소의 양을 저장하고 분배할 수 있는 장치를 장착하여야 한다.

1. 여압장치가 없는 항공기가 기내의 대기압이 700헥토파스칼(hPa) 미만인 비행고도에서 비행하려는 경우에는 다음 각 목에서 정하는 양
    가. 기내의 대기압이 700헥토파스칼(hPa) 미만 620헥토파스칼(hPa) 이상인 비행고도에서 30분을 초과하여 비행하는 경우에는 승객의 10퍼센트와 승무원 전원이 그 초과되는 비행시간 동안 필요로 하는 양
    나. 기내의 대기압이 620헥토파스칼(hPa) 미만인 비행고도에서 비행하는 경우에는 승객 전원과 승무원 전원이 해당 비행시간 동안 필요로 하는 양
2. 기내의 대기압을 700헥토파스칼(hPa) 이상으로 유지시켜 줄 수 있는 여압장치가 있는 모든 비행기와 항공운송사업에 사용되는 헬리콥터의 경우에는 다음 각 목에서 정하는 양
    가. 기내의 대기압이 700헥토파스칼(hPa) 미만인 동안 승객 전원과 승무원 전원이 비행고도 등 비행환경에 따라 적합하게 필요로 하는 양
    나. 기내의 대기압이 376헥토파스칼(hPa) 미만인 비행고도에서 비행하거나 376헥토파스칼(hPa) 이상인 비행고도에서 620헥토파스칼(hPa)인 비행고도까지 4분 이내에 강하할 수 없는 경우에는 승객 전원과 승무원 전원이 최소한 10분 이상 사용할 수 있는 양

② 여압장치가 있는 비행기로서 기내의 대기압이 376헥토파스칼(hPa) 미만인 비행고도로 비행하려는 비행기에는 기내의 압력이 떨어질 경우 운항승무원에게 이를 경고할 수 있는 기압저하경보장치 1기를 장착하여야 한다.
③ 항공운송사업에 사용되는 항공기로서 기내의 대기압이 376헥토파스칼(hPa) 미만인 비행고도로 비행하거나 376헥토파스칼(hPa) 이상인 비행고도에서 620헥토파스칼(hPa)의 비행고도까지 4분 이내에 안전하게 강하할 수 없는 경우에는 승객 및 객실승무원 좌석 수를 더한 수보다 최소한 10퍼센트를 초과하는 수의 자동으로 작동되는 산소분배장치를 장착하여야 한다.
④ 여압장치가 있는 비행기로서 기내의 대기압이 376헥토파스칼(hPa) 미만인 비행고도에서 비행하려는 비행기의 경우 운항승무원의 산소마스크는 운항승무원이 산소의 사용이 필요할 때에 비행임무를 수행하는 좌석에서 즉시 사용할 수 있는 형태여야 한다.
⑤ 비행 중인 비행기의 안전운항을 위하여 조종업무를 수행하고 있는 모든 운항승무원은 제1항에 따른 산소 공급이 요구되는 상황에서는 언제든지 산소를 계속 사용할 수 있어야 한다.
⑥ 제1항에 따라 항공기에 장착하여야 할 호흡용산소의 저장·분배장치에 대한 비행고도별 세부 장착요건 및 산소의 양, 그밖에 필요한 사항은 국토교통부장관이 정하여 고시한다.

- 항공안전법 시행규칙 제115조(헬리콥터 기체진동 감시 시스템 장착) 최대이륙중량이 3천 175킬로그램을 초과하거나 승객 9명을 초과하여 수송할 수 있는 국제항공노선을 운항하는 항공운송사업에 사용되는 헬리콥터는 법 제52조제1항에 따라 기체에서 발생하는 진동을 감시할 수 있는 시스템(vibration health monitoring system)을 장착해야 한다.

- 항공안전법 시행규칙 제116조(방사선투사량계기)
① 법 제52조제2항에 따라 항공운송사업용 항공기 또는 국외를 운항하는 비행기가 평균해면으로부터 1만 5천미터(4만9천피트)를 초과하는 고도로 운항하려는 경우에는 방사선투사량계기(Radiation Indicator) 1기를 갖추어야 한다.
② 제1항에 따른 방사선투사량계기는 투사된 총 우주방사선의 비율과 비행 시마다 누적된 양을 계속적으로 측정하고 이를 나타낼 수 있어야 하며, 운항승무원이 측정된 수치를 쉽게 볼 수 있어야 한다.

- 항공안전법 시행규칙 제117조(항공계기장치 등)
① 법 제52조제2항에 따라 시계비행방식 또는 계기비행방식(계기비행 및 항공교통관제 지시 하에 시계비행방식으로 비행을 하는 경우를 포함한다)에 의한 비행을 하는 항공기에 갖추어야 할 항공계기 등의 기준은 별표 16과 같다.

② 야간에 비행을 하려는 항공기에는 별표 16에 따라 계기비행방식으로 비행할 때 갖추어야 하는 항공계기 등 외에 추가로 다음 각 호의 조명설비를 갖추어야 한다. 다만, 제1호 및 제2호의 조명설비는 주간에 비행을 하려는 항공기에도 갖추어야 한다.
  1. 항공운송사업에 사용되는 항공기에는 2기 이상, 그 밖의 항공기에는 1기 이상의 착륙등. 다만, 헬리콥터의 경우 최소한 1기의 착륙등은 수직면으로 방향전환이 가능한 것이어야 한다.
  2. 충돌방지등 1기
  3. 항공기의 위치를 나타내는 우현등, 좌현등 및 미등
  4. 운항승무원이 항공기의 안전운항을 위하여 사용하는 필수적인 항공계기 및 장치를 쉽게 식별할 수 있도록 해주는 조명설비
  5. 객실조명설비
  6. 운항승무원 및 객실승무원이 각 근무위치에서 사용할 수 있는 손전등(flashlight)

③ 마하 수(Mach number) 단위로 속도제한을 나타내는 항공기에는 마하 수 지시계(Mach number Indicator)를 장착하여야 한다. 다만, 마하 수 환산이 가능한 속도계를 장착한 항공기의 경우에는 그러하지 아니하다.

④ 제2항제1호에도 불구하고 소형항공운송사업에 사용되는 항공기로서 해당 항공기에 착륙등을 추가로 장착하기 위한 기술이 그 항공기 제작자 등에 의해 개발되지 아니한 경우에는 1기의 착륙등을 갖추고 비행할 수 있다.

- 항공안전법 시행규칙 제109조(사고예방장치 등)

① 법 제52조제2항에 따라 사고예방 및 사고조사를 위하여 항공기에 갖추어야 할 장치는 다음 각 호와 같다. 다만, 국제항공노선을 운항하지 아니하는 헬리콥터의 경우에는 제2호 및 제3호의 장치를 갖추지 아니할 수 있다.
  1. 다음 각 목의 어느 하나에 해당하는 비행기에는 「국제민간항공협약」 부속서 10에서 정한 바에 따라 운용되는 공중충돌경고장치(Airborne Collision Avoidance System, ACAS II) 1기 이상
     가. 항공운송사업에 사용되는 모든 비행기. 다만, 소형항공운송사업에 사용되는 최대이륙중량이 5천 700킬로그램 이하인 비행기로서 그 비행기에 적합한 공중충돌경고장치가 개발되지 아니하거나 공중충돌경고장치를 장착하기 위하여 필요한 비행기 개조 등의 기술이 그 비행기의 제작자 등에 의하여 개발되지 아니한 경우에는 공중충돌경고장치를 갖추지 아니 할 수 있다.
     나. 2007년 1월 1일 이후에 최초로 감항증명을 받는 비행기로서 최대이륙중량이 1만5천킬로그램을 초과하거나 승객 30명을 초과하여 수송할 수 있는 터빈발동기를 장착한 항공운송사업 외의 용도로 사용되는 모든 비행기

다. 2008년 1월 1일 이후에 최초로 감항증명을 받는 비행기로서 최대이륙중량이 5,700킬로그램을 초과하거나 승객 19명을 초과하여 수송할 수 있는 터빈발동기를 장착한 항공운송사업 외의 용도로 사용되는 모든 비행기

2. 다음 각 목의 어느 하나에 해당하는 비행기 및 헬리콥터에는 그 비행기 및 헬리콥터가 지표면에 근접하여 잠재적인 위험상태에 있을 경우 적시에 명확한 경고를 운항승무원에게 자동으로 제공하고 전방의 지형지물을 회피할 수 있는 기능을 가진 지상접근경고장치(Ground Proximity Warning System) 1기 이상

　가. 최대이륙중량이 5,700킬로그램을 초과하거나 승객 9명을 초과하여 수송할 수 있는 터빈발동기를 장착한 비행기

　나. 최대이륙중량이 5,700킬로그램 이하이고 승객 5명 초과 9명 이하를 수송할 수 있는 터빈발동기를 장착한 비행기

　다. 최대이륙중량이 5,700킬로그램을 초과하거나 승객 9명을 초과하여 수송할 수 있는 왕복발동기를 장착한 모든 비행기

　라. 최대이륙중량이 3,175킬로그램을 초과하거나 승객 9명을 초과하여 수송할 수 있는 헬리콥터로서 계기비행방식에 따라 운항하는 헬리콥터

3. 다음 각 목의 어느 하나에 해당하는 항공기에는 비행자료 및 조종실 내 음성을 디지털 방식으로 기록할 수 있는 비행기록장치 각 1기 이상

　가. 항공운송사업에 사용되는 터빈발동기를 장착한 비행기. 이 경우 비행기록장치에는 25시간 이상 비행자료를 기록하고, 2시간 이상 조종실 내 음성을 기록할 수 있는 성능이 있어야 한다.

　나. 승객 5명을 초과하여 수송할 수 있고 최대이륙중량이 5,700킬로그램을 초과하는 비행기 중에서 항공운송사업 외의 용도로 사용되는 터빈발동기를 장착한 비행기. 이 경우 비행기록장치에는 25시간 이상 비행자료를 기록하고, 2시간 이상 조종실 내 음성을 기록할 수 있는 성능이 있어야 한다.

　다. 1989년 1월 1일 이후에 제작된 헬리콥터로서 최대이륙중량이 3천 180킬로그램을 초과하는 헬리콥터. 이 경우 비행기록장치에는 10시간 이상 비행자료를 기록하고, 2시간 이상 조종실 내 음성을 기록할 수 있는 성능이 있어야 한다.

　라. 그 밖에 항공기의 최대이륙중량 및 제작 시기 등을 고려하여 국토교통부장관이 필요하다고 인정하여 고시하는 항공기

4. 최대이륙중량이 5,700킬로그램을 초과하거나 승객 9명을 초과하여 수송할 수 있는 터빈발동기(터보프롭발동기는 제외한다)를 장착한 항공운송사업에 사용되는 비행기에는 전방돌풍경고장치 1기 이상. 이 경우 돌풍경고장치는 조종사에게 비행기 전방의 돌풍을 시각 및 청각적으로 경고

하고, 필요한 경우에는 실패접근(missed approach), 복행(go-around) 및 회피기동(escape manoeuvre)을 할 수 있는 정보를 제공하는 것이어야 하며, 항공기가 착륙하기 위하여 자동착륙장치를 사용하여 활주로에 접근할 때 전방의 돌풍으로 인하여 자동착륙장치가 그 운용한계에 도달하고 있는 경우에는 조종사에게 이를 알릴 수 있는 기능을 가진 것이어야 한다.
5. 최대이륙중량 2만 7천킬로그램을 초과하고 승객 19명을 초과하여 수송할 수 있는 항공운송사업에 사용되는 비행기로서 15분 이상 해당 항공교통관제기관의 감시가 곤란한 지역을 비행하는 하는 경우 위치추적 장치 1기 이상

② 제1항제2호에 따른 지상접근경고장치는 다음 각 호의 구분에 따라 경고를 제공할 수 있는 성능이 있어야 한다.
 1. 제1항제2호가목에 해당하는 비행기의 경우에는 다음 각 목의 경우에 대한 경고를 제공할 수 있을 것
  가. 과도한 강하율이 발생하는 경우
  나. 지형지물에 대한 과도한 접근율이 발생하는 경우
  다. 이륙 또는 복행 후 과도한 고도의 손실이 있는 경우
  라. 비행기가 다음의 착륙형태를 갖추지 아니한 상태에서 지형지물과의 안전거리를 유지하지 못하는 경우
   1) 착륙바퀴가 착륙위치로 고정
   2) 플랩의 착륙위치
  마. 계기활공로 아래로의 과도한 강하가 이루어진 경우
 2. 제1항제2호나목 및 다목에 해당하는 비행기와 제1항제2호라목에 해당하는 헬리콥터의 경우에는 다음 각 목의 경우에 대한 경고를 제공할 수 있을 것
  가. 과도한 강히율이 발생되는 경우
  나. 이륙 또는 복행 후에 과도한 고도의 손실이 있는 경우
  다. 지형지물과의 안전거리를 유지하지 못하는 경우

③ 제1항제3호에 따른 비행기록장치의 종류, 성능, 기록하여야 하는 자료, 운영방법, 그 밖에 필요한 사항은 법 제77조에 따라 고시하는 운항기술기준에서 정한다.

④ 제1항제3호에도 불구하고 다음 각 호의 어느 하나에 해당하는 경우에는 비행기록장치를 장착하지 아니할 수 있다.
 1. 제3항에 따른 운항기술기준에 적합한 비행기록장치가 개발되지 아니하거나 생산되지 아니하는 경우
 2. 해당 항공기에 비행기록장치를 장착하기 위하여 필요한 항공기 개조 등의 기술이 그 항공기의 제작사 등에 의하여 개발되지 아니한 경우

나. 최저고도

이륙 또는 착륙을 위하여 필요한 경우 또는 관계당국이 특별히 인가한 경우를 제외하고, 계기비행항공기는 비행지역의 관할국가가 설정한 최저비행고도 미만, 또는 그러한 최저비행고도가 설정되어 있지 않을 경우 다음의 고도 미만으로 비행하여서는 아니 된다.

  a) 고지대 또는 산악지역 상공에서는 항공기예상위치 반경 8킬로미터 범위내의 가장 높은 장애물로부터 최소한 600미터(2,000피트)의 고도
  b) 위 a) 이외의 지역에서는 항공기예상위치 반경 8킬로미터 범위내의 가장 높은 장애물로부터 최소한 300미터(1,000피트)의 고도

- 항공기예상위치는 지상 및 항공기에서 이용가능한 항행시설을 감안하여 해당비행로에서 얻을 수 있는 항행의 정확성을 고려한 것

□ **항공안전법 제68조(항공기의 비행 중 금지행위 등)** 항공기를 운항하려는 사람은 생명과 재산을 보호하기 위하여 다음 각 호의 어느 하나에 해당하는 비행 또는 행위를 해서는 아니 된다. 다만, 국토교통부령으로 정하는 바에 따라 국토교통부장관의 허가를 받은 경우에는 그러하지 아니하다.
  1. 국토교통부령으로 정하는 최저비행고도(最低飛行高度) 아래에서의 비행
  2. 물건의 투하(投下) 또는 살포
  3. 낙하산 강하(降下)
  4. 국토교통부령으로 정하는 구역에서 뒤집어서 비행하거나 옆으로 세워서 비행하는 등의 곡예비행
  5. 무인항공기의 비행
  6. 그 밖에 생명과 재산에 위해를 끼치거나 위해를 끼칠 우려가 있는 비행 또는 행위로서 국토교통부령으로 정하는 비행 또는 행위

• **항공안전법 시행규칙 제199조(최저비행고도)** 법 제68조제1호에서 "국토교통부령으로 정하는 최저비행고도"란 다음 각 호와 같다.
  1. 시계비행방식으로 비행하는 항공기
     가. 사람 또는 건축물이 밀집된 지역의 상공에서는 해당 항공기를 중심으로 수평거리 600미터 범위 안의 지역에 있는 가장 높은 장애물의 상단에서 300미터(1천피트)의 고도
     나. 가목 외의 지역에서는 지표면·수면 또는 물건의 상단에서 150미터(500피트)의 고도
  2. 계기비행방식으로 비행하는 항공기

가. 산악지역에서는 항공기를 중심으로 반지름 8킬로미터 이내에 위치한 가장 높은 장애물로부터 600미터의 고도

나. 가목 외의 지역에서는 항공기를 중심으로 반지름 8킬로미터 이내에 위치한 가장 높은 장애물로부터 300미터의 고도

- 항공안전법 시행규칙 제200조(최저비행고도 아래에서의 비행허가) 법 제68조 각 호 외의 부분 단서에 따라 최저비행고도 아래에서 비행하려는 자는 별지 제74호서식의 최저비행고도 아래에서의 비행허가 신청서를 지방항공청장에게 제출하여야 한다.

다. 계기비행에서 시계비행으로의 변경

계기비행규칙으로부터 시계비행규칙으로 변경코자 하는 항공기는 비행계획이 제출되어 있을 경우 관계 항공교통업무기관에 계기비행취소 사실 및 그에 따른 비행계획변경
내용을 특별히 통보하여야 한다.

※ DOc 4444, 4.8.1 Change from instrument flight rules (IFR) flight to visual flight rules (VFR) flight is only acceptable when a message initiated by the pilot-in-command containing the specific expression "CANCELLING MY IFR FLIGHT", together with the changes, if any, to be made to the current flight plan, is received by an air traffic services unit.

No invitation to change from IFR flight to VFR flight is to be made either directly or by inference.

※ 4.8.2 No reply, other than the acknowledgment "IFR FLIGHT CANCELLED AT ... (time)", should normally be made by an air traffic services unit.

계기비행규칙에 따라 비행중인 항공기가 시계비행기상상태에 있을 경우, 연속적인 시계비행기상상태로 상당한 기간동안 비행하게 될 것이 예상되고 또 그렇게 할 것을 원하지 않는 한 계기비행을 취소하여서는 아니 된다.

2. 관제공역내의 IFR 비행에 적용되는 규칙

계기비행항공기가 관제공역 내에서 비행할 경우, 3.6의 규정을 이행하여야 한다.

관제공역 내에서 순항비행중인 계기비행항공기는 다음에서 정하는 순항비행고도로 비행하거나 순항상승기법의 적용을 허가받았을 경우, 두개의 순항비행고도 사이 또는 한 개의 순항비행고도 이상으로 비행하여야 한다.
   a) 부록3의 순항 고도표, 또는
   b) FL410 이상 비행시 부록3에 따라 지정된 수정 순항 비행 고도표

단, 위 표에서 정하는 항적과 비행고도와의 상호관계는 이와 다르게 항공교통관제허가에 지시되었거나 관계 항공교통업무당국이 항공정보간행물에 명시한 경우에는 예외로 한다.

3. 관제공역 밖의 IFR 비행에 적용되는 규칙

가. 순항비행고도

관제공역 밖에서 순항비행중인 계기비행항공기는 다음에서 정하는 적절한 항적별 순항비행고도로 비행하여야 한다.

나. 일반순항 비행고도표 적용원칙

   a) 해발고도 900미터(3,000피트) 이하의 비행으로서 관계 항공교통업무당국이 이와 다르게 규정한 경우를 제외하고는 부록3의 순항비행 고도표, 또는
   b) FL410보다 높은 고도로 비행 시 부록3에 따라 지정된 수정 순항비행 고도표.

   - 본 규정은 초음속비행항공기의 순항상승기법(cruise climb technique)사용시에도 적용됨

□ 항공안전법 제83조(항공교통업무의 제공 등)
① 국토교통부장관 또는 항공교통업무증명을 받은 자는 비행장, 공항, 관제권 또는 관제구에서 항공기 또는 경량항공기 등에 항공교통관제 업무를 제공할 수 있다.
② 국토교통부장관 또는 항공교통업무증명을 받은 자는 비행정보구역에서 항공기 또는 경량항공기의 안전하고 효율적인 운항을 위하여 비행장, 공항 및 항행안전시설의 운용 상태 등 항공기 또는 경량항공기의 운항과 관련된 조언 및 정보를 조종사 또는 관련 기관 등에 제공할 수 있다.
③ 국토교통부장관 또는 항공교통업무증명을 받은 자는 비행정보구역에서 수색·구조를 필요로 하는 항공기 또는 경량항공기에 관한 정보를 조종사 또는 관련 기관 등에 제공할 수 있다.
④ 제1항부터 제3항까지의 규정에 따라 국토교통부장관 또는 항공교통업무증명을 받은 자가 하는 업무(이하 "항공교통업무"라 한다)의 제공 영역, 대상, 내용, 절차 등에 필요한 사항은 국토교통부령으로 정한다.

• 항공안전법 시행규칙 제164조(순항고도)
① 법 제67조에 따라 비행을 하는 항공기의 순항고도는 다음 각 호와 같다.
  1. 항공기가 관제구 또는 관제권을 비행하는 경우에는 항공교통관제기관이 법 제84조제1항에 따라 지시하는 고도
  2. 제1호 외의 경우에는 별표 21 제1호에서 정한 순항고도
  3. 제2호에도 불구하고 국토교통부장관이 수직분리축소공역(RVSM)으로 정하여 고시한 공역의 경우에는 별표 21 제2호에서 정한 순항고도
② 제1항에 따른 항공기의 순항고도는 다음 각 호의 구분에 따라 표현되어야 한다.
 1. 순항고도가 전이고도를 초과하는 경우: 비행고도(Flight Level)
 2. 순항고도가 전이고도 이하인 경우: 고도(Altitude)

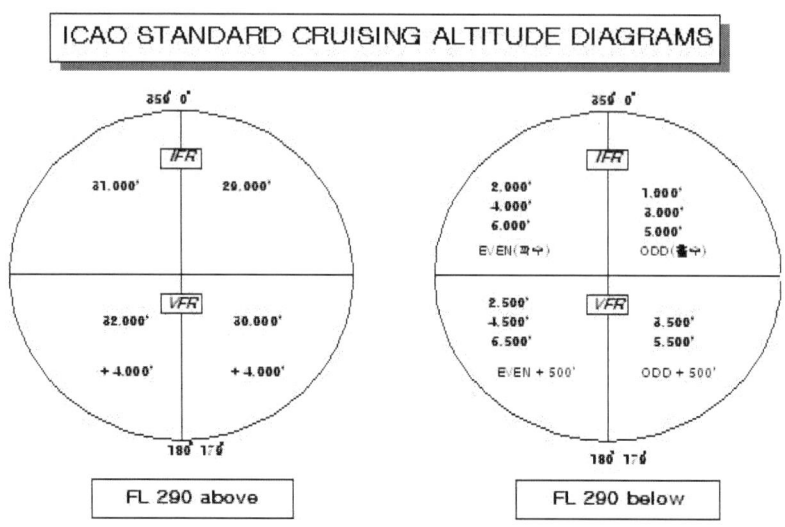

다. 통신

관제공역 밖으로서 관계 항공교통업무당국이 지정한 지역 내 또는 그 지역으로 진입하거나 또는 비행로를 따라서 비행하는 계기비행항공기는 비행정보를 제공하는 항공교통업무기관의 무선주파수를 경청해야 하며, 동 기관과 통신을 유지하여야 한다.

□ 항공안전법 제84조(항공교통관제 업무 지시의 준수)
① 비행장, 공항, 관제권 또는 관제구에서 항공기를 이동·이륙·착륙시키거나 비행하려는 자는 국토교통부장관 또는 항공교통업무증명을 받은 자가 지시하는 이동·이륙·착륙의 순서 및 시기와 비행의 방법에 따라야 한다.
② 비행장 또는 공항의 이동지역에서 차량의 운행, 비행장 또는 공항의 유지·보수, 그 밖의 업무를 수행하는 자는 항공교통의 안전을 위하여 국토교통부장관 또는 항공교통업무증명을 받은 자의 지시에 따라야 한다.

• 항공안전법 시행규칙 제190조(통신)
① 관제비행을 하는 항공기는 관할 항공교통관제기관과 공대지 양방향 무선통신을 유지하고 그 항공교통관제기관의 음성통신을 경청하여야 한다.

② 제1항에 따른 무선통신을 유지할 수 없는 항공기(이하 "통신두절항공기"라 한다)는 국토교통부장관이 고시하는 교신절차에 따라야 하며, 관제비행장의 기동지역 또는 주변을 운항하는 항공기는 관제탑의 시각 신호에 따른 지시를 계속 주시하여야 한다.

③ 통신두절항공기는 시계비행 기상상태인 경우에는 시계비행방식으로 비행을 계속하여 가장 가까운 착륙 가능한 비행장에 착륙한 후 도착 사실을 지체 없이 관할 항공교통관제기관에 통보하여야 한다.

④ 통신두절항공기는 계기비행 기상상태이거나 제3항에 따른 비행이 불가능한 경우 다음 각 호의 기준에 따라 비행하여야 한다.

1. 항공교통업무용 레이더가 운용되지 아니하는 공역의 필수 위치통지점에서 위치보고를 할 수 없는 항공기는 해당 비행로의 최저비행고도와 관할 항공교통관제기관으로부터 최종적으로 지시받은 고도 중 높은 고도로 비행하여야 하며, 관할 항공교통관제기관으로부터 최종적으로 지시받은 속도를 20분간 유지한 후 비행계획에 명시된 고도와 속도로 변경하여 비행할 것

2. 항공교통업무용 레이더가 운용되는 공역의 필수 위치통지점에서 위치보고를 할 수 없는 항공기는 다음 각 목의 시간 중 가장 늦은 시간부터 해당 비행로의 최저비행고도와 관할 항공교통관제기관으로부터 최종적으로 지시받은 고도 중 높은 고도를 유지하고 관할 항공교통관제기관으로부터 최종적으로 지시받은 속도를 7분간 유지한 후, 비행계획에 명시된 고도와 속도로 변경하여 비행할 것

   가. 최종지정고도 또는 최저비행고도에 도달한 시간
   나. 트랜스폰더 코드를 7,600으로 조정한 시간
   다. 필수 위치통지점에서 위치보고에 실패한 시간

3. 레이더에 의하여 유도되고 있거나 허가한계점(Clearance Limit)을 지정받지 아니한 항공기가 지역항법(RNAV)으로 항공로를 이탈하여 비행 중인 경우에는 최저비행고도를 고려하여 다음 위치통지점에 도달하기 전에 비행계획에 명시된 비행로에 합류할 것

4. 무선통신이 두절되기 전에 관할 항공교통관제기관으로부터 최종적으로 지성받거나 지정 에징을 통보받은 비행로(지정받거나 지정 예정을 통보받지 아니한 경우에는 비행계획에 명시된 비행로)를 따라 목적비행장의 항행안전시설까지 비행한 후 체공할 것

5. 무선통신이 두절되기 전에 관할 항공교통관제기관으로부터 최종적으로 지정받은 접근 예정시간(접근 예정시간을 지정받지 아니한 경우에는 비행계획에 명시된 도착 예정시간)에 목적비행장의 항행안전시설로부터 강하를 시작하거나, 착륙할 비행장의 계기접근절차에 따라 접근을 시작할 것

6. 가능한 한 제5호에 따른 접근 예정시간과 도착 예정시간 중 더 늦은 시간부터 30분 이내에 착륙할 것

라. 위치보고

관제공역 밖에서 비행하는 계기비행항공기로서 관계 항공교통업무당국이 비행계획서 제출을 요구하고, 비행정보를 제공하는 항공교통업무기관의 무선주파수 경청 및 동 기관과의 통신유지를 요구한 경우에는 관제비행시와 같이 위치보고를 하여야 한다.

- 조언공역 내에서 계기비행하는 동안 항공교통조언업무를 제공받고자 하는 항공기는 규정을 이행하여야 함. 단, 비행계획 및 동 변경사항이 허가를 필요로 하지 않으며 항공교통조언업무를 제공하는 기관과 통신이 유지될 경우에는 예외로 함.

※ 위치보고(位置報告)
해당 항공교통업무당국 또는 해당 항공교통업무기관이 정하는 조건에 의해 배제되지 않는 한, 관제중인항공기는 설정되어 있는 각 필수위치보고지점의 통과시간, 고도 및 기타 필요한 사항을 가능한 신속히 해당 항공교통업무기관에 보고하여야 한다.

해당 항공교통업무기관이 요구할 경우에는 다른 지점에서도 이와 동일하게 위치보고를 하여야 한다. 위치 보고지점이 설정되어 있지 않을 경우에는 해당 항공교통업무당국이 정하거나 해당 항공교통업무기관이 지정한 간격으로 위치보고를 하여야 한다.

- SSR Mode C 기압고도 송신이 위치보고시의 고도정보에 관한 기준을 충족시키기 위한 조건 및 상황은 PANS - ATM(Doc 4444)에 수록되어 있음.

DOC 4444, 4.11.1- Transmission of position reports

※ 4.11.1.1 On routes defined by designated significant points, position reports shall be made by the aircraft when over, or as soon as possible after passing, each designated compulsory reporting point, except as provided in 4.11.1.3. Additional reports over other points may be requested by the appropriate ATS unit.

※ 4.11.1.2 On routes not defined by designated significant points, position reports shall be made by the aircraft as soon as possible after the first half hour of flight and at hourly intervals thereafter, except as provided in 4.11.1.3. Additional reports at shorter intervals of time may be requested by the appropriate ATS unit.

□ 항공안전법 제67조(항공기의 비행규칙)

① 항공기를 운항하려는 사람은 「국제민간항공협약」 및 같은 협약 부속서에 따라 국토교통부령으로 정하는 비행에 관한 기준·절차·방식 등(이하 "비행규칙"이라 한다)에 따라 비행하여야 한다.

② 비행규칙은 다음 각 호와 같이 구분한다.
  1. 재산 및 인명을 보호하기 위한 비행절차 등 일반적인 사항에 관한 규칙
  2. 시계비행에 관한 규칙
  3. 계기비행에 관한 규칙
  4. 비행계획의 작성·제출·접수 및 통보 등에 관한 규칙

부록1. 신호

착륙금지: 평면의 적색사각판 위에 황색대각선이 그려져 신호구역에 표시되어 있을 경우, 이는 착륙이 금지되고, 동 금지가 지속적인 것임을 나타낸다.

접근 또는 착륙시 특별한 주의가 필요: 평면의 적색사각판 위에 한 개의 황색대각선이 그려져 신호구역에 표시되어 있을 경우, 이는 기동지역내의 불량한 상태 또는 다른 이유로 인하여 접근 또는 착륙시 특별한 주의가 필요함을 나타낸다.

활주로 및 유도로 사용: 평면의 백색아령이 신호구역에 표시되어 있을 경우, 이는 활주로 또는 유도로 상에서만 착륙, 이륙 및 지상 유도해야 함을 나타낸다.

아령의 원형부분을 가로지르는 검은 선이 축에 수직으로 그려져 신호구역에 표시되어 있을 경우, 이는 착륙 및 이륙은 활주로 상에서만 가능하지만 다른 기동은 활주로 및 유도로에 국한되지 않음을 나타낸다.

폐쇄된 활주로 또는 유도로: 활주로 및 유도로 또는 이의 일부분상의 평면에 황색 또는 백색으로 선명하게 그려진 십자형표시는 동 구역이 항공기의 이동에 부적합하다는 것을 나타낸다.

착륙 또는 이륙방향: 평면상의 백색 또는 주황색 landing T는 항공기의 착륙 및 이륙방향을 나타내며, T자의 가로획 방향을 향하여, 축과 평행하게 착륙 및 이륙한다. 야간에 사용될 경우, 동 landingT를 조명하던지, 또는 백색등으로 윤곽을 나타낸다.

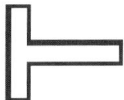

관제탑 또는 관제탑근처에 수직으로 표시된 한 쌍의 두 단위 숫자는 기동지역에 있는 항공기에게 나침반 상 가까운 10도의 이륙방향을 10도 단위로 나타낸다.

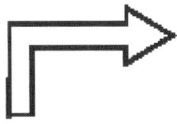

우측선회: 신호구역 내, 또는 사용중인 활주로 또는 착륙대 끝의 평년에, 선명한 색으로 그려진 우측으로 꺾어진 화살표시는 착륙 전 또는 이륙 후 우측으로 선회하여야 함을 나타낸다.

항공교통업무보고취급소 / 한국의 경우 운항실을 의미함: 황색바탕에 C자가 검은색으로 쓰여진 수직판은 항공교통업무보고취급소의 위치를 나타낸다.

글라이더 비행: 신호구역에 평면으로 표시된 이중십자형표시(그림 1.11)는 동 비행장이 글라이더용 이며, 글라이더가 비행중임을 나타낸다.

가. 유도신호(誘導信號)

항공기에 대한 유도원의 신호

본 신호는 유도원용으로서, 다음의 위치에서 항공기를 마주보며, 필요할 경우 조종사가 용이하게 식별할 수 있도록 손을 적절히 조명하여 사용한다.
  a) 고정익항공기: 좌측날개 끝의 전방으로서 조종사가 볼 수 있는 위치
  b) 헬리콥터: 조종사가 가장 잘 볼 수 있는 위치
- 본 신호는 배트, 조명봉 또는 횃불을 사용할 경우에도 동일한 의미를 가짐.
- 항공기의 엔진은 항공기를 마주보고 있는 유도원의 위치를 기준하여 우측에서부터 좌측으로 번호를 붙임(항공기의 좌측 끝에 있는 엔진이 1번임)
- 별표(*)가 표시된 신호는 헬리콥터용임.

다음의 신호를 사용하기 전, 유도원은 항공기를 유도코자 하는 지역 내에 항공기가 부딪칠 만한 물체가 있는지를 확인하여야 한다.

- 많은 항공기들의 구조상 지상운행 중에 조종석에서 날개 끝, 엔진 및 기타 다른 부분들을 볼 수 없게 되어 있음.

1. 항공기 안내(Wingwalker) 	오른손의 막대를 위쪽을 향하게 한 채 머리 위로 들어 올리고, 왼손의 막대를 아래로 향하게 하면서 몸쪽으로 붙인다.
2. 출입문의 확인 	양손의 막대를 위로 향하게 한 채 양팔을 쭉 펴서 머리 위로 올린다.
3. 다음 유도원에게 이동 또는 항공교통관제기관으로부터 지시 받은 지역으로의 이동 	양쪽 팔을 위로 올렸다가 내려 팔을 몸의 측면 바깥쪽으로 쭉 편 후 다음 유도원의 방향 또는 이동구역방향으로 막대를 가리킨다.
4. 직진 	팔꿈치를 구부려 막대를 가슴 높이에서 머리 높이까지 위 아래로 움직인다.
5. 좌회전(조종사 기준) 	오른팔과 막대를 몸쪽 측면으로 직각으로 세운 뒤 왼손으로 직진신호를 한다. 신호 동작의 속도는 항공기의 회전속도를 알려준다.
6. 우회전(조종사 기준) 	왼팔과 막대를 몸쪽 측면으로 직각으로 세운 뒤 오른손으로 직진신호를 한다. 신호 동작의 속도는 항공기의 회전속도를 알려준다.
7. 정지 	막대를 쥔 양쪽 팔을 몸 쪽 측면에서 직각으로 뻗은 뒤 천천히 두 막대가 교차할 때까지 머리위로 움직인다.
8. 비상정지 	빠르게 양쪽 팔과 막대를 머리 위로 뻗었다가 막대를 교차시킨다.

9. 브레이크 정렬		10. 브레이크 풀기	
	손바닥을 편 상태로 어깨 높이로 들어 올린다. 운항승무원을 응시한 채 주먹을 쥔다. 승무원으로부터 인지신호(엄지손가락을 올리는 신호)를 받기 전까지는 움직여서는 안 된다.		주먹을 쥐고 어깨 높이로 올린다. 운항승무원을 응시한 채 손을 편다. 승무원으로부터 인지신호(엄지손가락을 올리는 신호)를 받기 전까지는 움직여서는 안 된다.

11. 고임목 삽입		12. 고임목 제거	
	팔과 막대를 머리 위로 쭉 뻗는다. 막대가 서로 닿을 때 까지 안쪽으로 막대를 움직인다. 운항승무원에게 인지표시를 반드시 수신하도록 한다.		팔과 막대를 머리 위로 쭉 뻗는다. 막대를 바깥쪽으로 움직인다. 운항승무원에게 인가받기 전까지 초크를 제거해서는 안 된다.

13. 엔진시동걸기		14. 엔진 정지	
	오른팔을 머리 높이로 들면서 막대는 위를 향한다. 막대로 원 모양을 그리기 시작하면서 동시에 왼팔을 머리 높이로 들고 엔진시동 걸 위치를 가리킨다.		막대를 쥔 팔을 어깨 높이로 들어 올려 왼쪽 어깨 위로 위치시킨 뒤 막대를 오른쪽·왼쪽 어깨로 목을 가로질러 움직인다.

15. 서행		16. 한쪽 엔진의 출력 감소	
	허리부터 무릎 사이에서 위아래로 막대를 움직이면서 뻗은 팔을 가볍게 툭툭 치는 동작으로 아래로 움직인다.		손바닥이 지면을 향하게 하여 두 팔을 내린 후, 출력을 감소시키려는 쪽의 손을 위아래로 흔든다.

17. 후진	18. 후진하면서 선회(후미 우측)
 몸 앞 쪽의 허리높이에서 양 팔을 앞쪽으로 빙글빙글 회전시킨다. 후진을 정지시키기 위해서는 신호 7 및 8을 사용한다.	 왼팔은 아래쪽을 가리키며 오른팔은 머리 위로 수직으로 세웠다가 옆으로 수평위치까지 내리는 동작을 반복한다.
19. 후진하면서 선회(후미 좌측)	20. 긍정(Affirmative)/ 모든 것이 정상임(All Clear)
 오른팔은 아래쪽을 가리키며 왼팔은 머리 위로 수직으로 세웠다가 옆으로 수평위치까지 내리는 동작을 반복한다.	 오른팔을 머리높이로 들면서 막대를 위로 향한다. 손 모양은 엄지손가락을 치켜세운다. 왼쪽 팔은 무릎 옆쪽으로 붙인다.
&21. 공중정지(Hover)	*22. 상승
 양 팔과 막대를 90° 측면으로 편다.	 팔과 막대를 측면 수직으로 쭉 펴고 손바닥을 위로 향하면서 손을 위쪽으로 움직인다. 움직임의 속도는 상승률을 나타낸다.
*23. 하강	*24. 왼쪽으로 수평이동(조종사 기준)
 팔과 막대를 측면 수직으로 쭉 펴고 손바닥을 아래로 향하면서 손을 아래로 움직인다. 움직임의 속도는 강하율을 나타낸다.	 팔을 오른쪽 측면 수직으로 뻗는다. 빗자루를 쓰는 동작으로 같은 방향으로 다른 쪽 팔을 이동시킨다.

*25. 오른쪽으로 수평이동(조종사 기준)		*26. 착륙	
	팔을 왼쪽 측면 수직으로 뻗는다. 빗자루를 쓰는 동작으로 같은 방향으로 다른 쪽 팔을 이동시킨다.	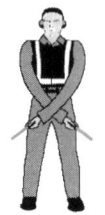	몸의 앞쪽에서 막대를 쥔 양팔을 아래쪽으로 교차시킨다.
27. 화재		28. 위치대기(stand-by)	
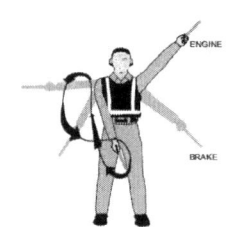	화재지역을 왼손으로 가리키면서 동시에 어깨와 무릎사이의 높이에서 부채질 동작으로 오른손을 이동시킨다. 야간 - 막대를 사용하여 동일하게 움직인다.	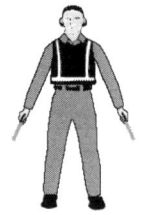	양팔과 막대를 측면에서 45°로 아래로 뻗는다. 항공기의 다음 이동이 허가될 때까지 움직이지 않는다.
29. 항공기 출발		30. 조종장치를 손대지 말 것(기술적·업무적 통신신호)	
	오른손 또는 막대로 경례하는 신호를 한다. 항공기의 지상이동(taxi)이 시작될 때까지 운항승무원을 응시한다.		머리 위로 오른팔을 뻗고 주먹을 쥐거나 막대를 수평방향으로 쥔다. 왼팔은 무릎 옆에 붙인다.
31. 지상 전원공급 연결(기술적·업무적 통신신호)		32. 지상 전원공급 차단(기술적·업무적 통신신호)	
	머리 위로 팔을 뻗어 왼손을 수평으로 손바닥이 보이도록 하고, 오른손의 손가락 끝이 왼손에 닿게 하여 "T"자 형태를 취한다. 밤에는 광채가 나는 막대 "T"를 사용할 수 있다.		신호 25와 같이 한 후 오른손이 왼손에서 떨어지도록 한다. 운항승무원이 인가할 때 까지 전원공급을 차단해서는 안 된다. 밤에는 광채가 나는 막대 "T"를 사용할 수 있다.

33. 부정(기술적·업무적 통신신호)  오른팔을 어깨에서부터 90°로 곧게 뻗어 고정시키고, 막대를 지상 쪽으로 향하게 하거나 엄지손가락을 아래로 향하게 표시한다. 왼손은 무릎 옆에 붙인다.	**34. 인터폰을 통한 통신의 구축(기술적·업무적 통신신호)**  몸에서부터 90°로 양 팔을 뻗은 후, 양손이 두 귀를 컵 모양으로 가리도록 한다.
35. 계단 열기·닫기  오른팔을 측면에 붙이고 왼팔을 45° 머리 위로 올린다. 오른팔을 왼쪽 어깨 위쪽으로 쓸어 올리는 동작을 한다.	

유도원에 대한 조종사의 신호: 본 신호는 조종실에 있는 조종사용으로서 조종사의 손이 유도원에게 명확히 보여야 하며, 필요할 경우 용이하게 식별될 수 있도록 조명함.
- 항공기의 엔진은 항공기를 마주보고 있는 유도원의 위치를 기준으로 하여 우측에서부터 좌측으로 번호를 붙임(항공기의 좌측 끝에 있는 엔진이 1번임.)

브레이크: 주먹을 쥐거나 손가락을 펴는 순간이 각각 브레이크를 걸거나 푸는 순간을 나타냄.
  a) 브레이크를 걸었음: 손가락을 펴고 팔과 손을 얼굴 앞에 수평으로 올린 후, 주먹을 쥔다.
  b) 브레이크를 풀었음: 주먹을 쥐고 팔을 얼굴 앞에 수평으로 올린 후, 손가락을 편다.

쵸우크
  a) 쵸우크를 끼울 것: 손바닥을 바깥쪽으로 향하게 한 두 손을 안쪽으로 이동시켜 두 손이 얼굴 앞에서 교차되게 한다.

b) 쵸우크를 뺄 것: 손바닥을 안쪽으로 향하게 한 두 손을 얼굴 앞에서 교차시키고 있는 상태에서 두 팔을 바깥쪽으로 이동시킨다.

엔진시동 준비 완료: 시동시킬 엔진의 번호만큼 한쪽 손의 손가락을 들어올린다.

나. 기술/통신신호업무

수신호는 기술/통신상의 신호를 대화로는 교환 불가능시에 사용되어진다.

신호요원은 승무원으로부터 기술/통신상의 신호를 수신하였다는 확인을 하여야 한다.

- 기술/ 통신 신호 업무는 그 항공기가 이동하는 동안 처리하는 능력이나 또는 업무와 관련하여 비행 승무원과 대화로 이용되는 수신호 표준사용은 부록 1에 포함되어 있다.

표준 비상 수신호

다음의 수신호는 항공기 구조 소방관이나 사고 지휘관과 사고항공기 조종실이나 승무원과의 비상교신으로 필요한 가장 간편한 방식에 의해 이뤄졌다. 항공기 구조 소방관의 비상 수신호는 비행승무원을 위하여 항공기 왼쪽 전방 옆에서 보내야 한다.

- 승무원과 더욱 효과적으로 교신하기위하여 비상 수신호는 다른 위치에서도 항공기 구조 소방관이 보낼 수 있다.

1. 탈출 요구

항공기구조 소방관이나 외부상황을 알고 있는 사고 지휘관에 의해 탈출 요구를 하게 된다.
손을 눈높이로 세워서 몸에서 펴거나 수평으로 접거나 신호를 하고 있는 팔은 팔꿈치로 앞뒤로 움직이고, 신호하지 않는 팔은 몸에 나란하게 한다.
밤- 지시등으로 위와 같이 한다.

2. 정지 요구

진행되고 있는 탈출 요구는 중지되고, 움직이는 항공기와 진행 중인 다른 활동을 정지시킨다.
머리 앞에 팔을 올리고, 팔목을 겹친다.
밤-지시등으로 위와 같이 한다.

3. 비상 발견

위험한 조건이나 위험이 해제되었다는 외부 증거가 없을 때 팔을 밖으로 45도 내리고, 팔을 허리 아래로 동시에 교차하게 움직인다. 그때 아래로 팔을 벌린 자세는 시작 자세이다.
(경기 심판이 SAFE 라는 신호와 같다.)
밤- 시시등으로 위와 같이 한다.

4. 불이요

오른 팔로 어깨에서 무릎까지 팬이 도는 모습으로 움직인다.
동시에 왼손으로 불이 난 쪽을 가리킨다.
밤-지시등으로 위와 같이 움직인다.

부록2. 민간항공기의 요격 관련

1. 국가가 준수하여야 할 원칙

1.1 민간항공기의 항행안전에 필요한 규정의 통일을 기하기 위하여, 체약국들은 규정 및 행정명령을 제정할 때 다음의 원칙을 충분히 고려하여야 한다.
   a) 민간항공기에 대한 요격은 오직 최후의 수단으로서만 실시할 것.
   b) 만약 요격을 한다면, 항공기를 원래의 비행로로 되돌려 보내거나, 국가공역경계선 밖으로 유도하거나, 금지구역이나 제한구역 또는 위험구역으로부터 멀어지게 하거나, 지정된 비행장에 착륙토록 지시하는데 필요한 경우를 제외하고 항공기의 신원을 확인하는데 국한되어야 한다.
   c) 민간항공기에 대하여 요격연습을 실시하여서는 아니 된다.
   d) 무선교신이 이루어졌을 경우 언제든지 항행안내 및 관련정보를 무선전화를 통하여 피요격기에 제공하여야 한다.
   e) 피요격 민간항공기를 통과지역 내에 착륙시켜야할 경우, 지정된 착륙비행장이 당해 기종항공기의 안전착륙에 적합하여야 한다.

   - 1984. 5. 10 국제민간항공기구 총회 제25차 특별회의 시 국제민간항공협약 제3조 bis를 만장일치로 채택하면서, 체약국들은 다음 사항을 승인하였음. "각 체약국은 비행중인 민간항공기에 대한 무기사용을 억제하여야 한다."

1.2 체약국은 민간항공기를 요격하는 항공기의 기동을 위하여 제정한 표준절차를 공고하여야 한다. 그러한 조치는 피요격항공기에 대한 위험을 예방하기 위하여 설정되어져야 한다.
   - 기동방법에 관한 특별권고사항이 첨부A 제3절에 수록되어 있음.

1.3 체약국은 요격실시 대상지역 내에서, 가능한 경우, 민간항공기를 식별하기 위한 2차감시레이다 사용규정을 제정하여야 한다.

2. 피요격기의 조치

2.1 다른 항공기에 의해 요격 당한 항공기는 즉시 다음과 같이 조치하여야 한다.
   a) 부록1에 규정된 바에 따라 가시신호를 해석하고 응신하며 요격기의 지시를 따른다.
   b) 가능하면 관계 항공교통업무기관에 동 사실을 통보한다.
   c) 비상주파수 121.5MHz로 일괄호출을 하여 피요격기의 신원 및 비행의 상태를 통보하며 요격기 또는 관계 요격관제기관과 무선교신을 시도한다. 그래도 무선교신이 이루어지지 않으면, 가능한 경우, 동 사항을 비상주파수 243.0 MHz로 반복하여 송신한다.
   d) 만약 SSR트랜스폰더를 탑재하고 있다면, 관계항공교통업무기관이 달리 지시하지 않는한 Mode A, Code 7700에 맞춘다.
   e) ADS-B나 ADS-C가 설치되었다면, 항공교통업무기관의 지시와 다르지 않도록 적절한 비상시의 기능성을 선택한다.

2.2 만약 어떤 곳으로부터 무선으로 수신한 지시가 요격기의 가시신호 지시와 상이 할 경우, 피요격기는 요격기의 가시신호 지시대로 이행하면서 조속한 확인을 요구하여야 한다.

2.3 만약 어떤 곳으로부터 무선으로 수신한 지시가 요격기의 무선지시와 상이할 경우, 피요격기는 요격기의 무선지시대로 이행하면서 조속한 확인을 요구하여야 한다.

부록3. 순항 고도표

순항고도(제164조제1항제2호 및 제3호 관련)

1. 일반적으로 사용되는 순항고도

가. 고도측정 단위를 미터(meter)로 사용하는 지역

비행방향											
000°에서 179°까지						180°에서 359°까지					
계기비행			시계비행			계기비행			시계비행		
비행고도	고도		비행고도	고도		비행고도	고도		비행고도	고도	
	미터	피트		미터	피트		미터	피트		미터	피트
0030	300	1 000	-	-	-	0060	600	2 000	-	-	-
0090	900	3 000	0105	1 050	3 500	0120	1200	3 900	0135	1 350	4 400
0150	1 500	4 900	0165	1 650	5 400	0180	1800	5 900	0195	1 950	6 400
0210	2 100	6 900	0225	2 250	7 400	0240	2400	7 900	0255	2 550	8 400
0270	2 700	8 900	0285	2 850	9 400	0300	3000	9 800	0315	3 150	10 300
0330	3 300	10 800	0345	3 450	11 300	0360	3600	11 800	0375	3 750	12 300
0390	3 900	12 800	0405	4 050	13 300	0420	4200	13 800	0435	4 350	14 300
0450	4 500	14 800	0465	4 650	15 300	0480	4800	15 700	0495	4 950	16 200
0510	5 100	16 700	0525	5 250	17 200	0540	5400	17 700	0555	5 550	18 200
0570	5 700	18 700	0585	5 850	19 200	0600	6000	19 700	0615	6 150	20 200
0630	6 300	20 700	0645	6 450	21 200	0660	6600	21 700	0675	6 750	22 100
0690	6 900	22 600	0705	7 050	23 100	0720	7200	23 600	0735	7 350	24 100
0750	7 500	24 600	0765	7 650	25 100	0780	7800	25 600	0795	7 950	26 100
0810	8 100	26 600	0825	8 250	27 100	0840	8400	27 600	0855	8 550	28 100
0890	8 900	29 100	0920	9 200	30 100	0950	9500	31 100	0980	9 800	32 100
1010	10 100	33 100	1040	10 400	34 100	1070	10700	35 100	1100	11 000	36 100
1130	11 300	37 100	1160	11 600	38 100	1190	11900	39 100	1220	12 200	40 100
1250	12 500	41 100	1280	12 800	42 100	1310	13100	43 000	1370	13 400	44 000
1370	13 700	44 900	1400	14 000	46 100	1430	14300	46 900	1460	14 600	47 900
1490	14 900	48 900	1520	15 200	49 900	1550	15500	50 900	1580	15 800	51 900
.	.	.	.	.	.	.	.	.	.	.	.
.	.	.	.	.	.	.	.	.	.	.	.
.	.	.	.	.	.	.	.	.	.	.	.

나. 고도측정 단위를 피트(feet)로 사용하는 지역

비행방향											
000°에서 179°까지						180°에서 359°까지					
계기비행			시계비행			계기비행			시계비행		
비행고도	고도		비행고도	고도		비행고도	고도		비행고도	고도	
	피트	미터		피트	미터		피트	미터		피트	미터
010	1 000	300	-	-	-	020	2 000	600	-	-	-
030	3 000	900	035	3 500	1 050	040	4 000	1 200	045	4 500	1 350
050	5 000	1 500	055	5 500	1 700	060	6 000	1 850	065	6 500	2 000
070	7 000	2 150	075	7 500	2 300	080	8 000	2 450	085	8 500	2 600
090	9 000	2 750	095	9 500	2 900	100	10 000	3 050	105	10 500	3 200
110	11 000	3350	115	11 500	3 500	120	12 000	3 650	125	12 500	3 800
130	13 000	3 950	135	13 500	4 100	140	14 000	4 250	145	14 500	4 400
150	15 000	4 550	155	15 500	4 700	160	16 000	4 900	165	16 500	5 050
170	17 000	5 200	175	17 500	5 350	180	18 000	5 500	185	18 500	5 650
190	19 000	5 800	195	19 500	5 950	200	20 000	6 100	205	20 500	6 250
210	21 000	6 400	215	21 500	6 550	220	22 000	6 700	225	22 500	6 850
230	23 000	7 000	235	23 500	7 150	240	24 000	7 300	245	24 500	7 450
250	25 000	7 600	255	25 500	7 750	260	26 000	7 900	265	26 500	8 100
270	27 000	8 250	275	27 500	8 400	280	28 000	8 550	285	28 500	8 700
290	29 000	8 850	300	30 000	9 150	310	31 000	9 450	320	32 000	9 750
330	33 000	10 050	340	34 000	10 350	350	35 000	10 650	360	36 000	10 950
370	37 000	11 300	380	38 000	11 600	390	39 000	11 900	400	40 000	12 200
410	41 000	12 500	420	42 000	12 800	430	43 000	13 100	440	44 000	13 400
450	45 000	13 700	460	46 000	14 000	470	47 000	14 350	480	48 000	14 650
490	49 000	14 950	500	50 000	15 250	510	51 000	15 550	520	52 000	15 850
.	.	.	.	.	.	.	.	.	.	.	.
.	.	.	.	.	.	.	.	.	.	.	.
.	.	.	.	.	.	.	.	.	.	.	.

2. 수직분리축소공역(RVSM)에서의 순항고도

가. 고도측정 단위를 미터(meter)로 사용하며 8,900미터 이상 12,500미터 이하의 고도에서 300미터의 수직분리최저치가 적용되는 지역

비행방향											
000°에서 179°까지						180°에서 359°까지					
계기비행			시계비행			계기비행			시계비행		
비행고도	고도		비행고도	고도		비행고도	고도		비행고도	고도	
	미터	피트		미터	피트		미터	피트		미터	피트
0030	300	1 000	−	−	−	0060	600	2 000	−	−	−
0090	900	3 000	0105	1 050	3 500	0120	1 200	3 900	0135	1 350	4 400
0150	1 500	4 900	0165	1 650	5 400	0180	1 800	5 900	0195	1 950	6 400
0210	2 100	6 900	0225	2 250	7 400	0240	2 400	7 900	0255	2 550	8 400
0270	2 700	8 900	0285	2 850	9 400	0300	3 000	9 800	0315	3 150	10 300
0330	3 300	10 800	0345	3 450	11 300	0360	3 600	11 800	0375	3 750	12 300
0390	3 900	12 800	0405	4 050	13 300	0420	4 200	13 800	0435	4 350	14 300
0450	4 500	14 800	0465	4 650	15 300	0480	4 800	15 700	0495	4 950	16 200
0510	5 100	16 700	0525	5 250	17 200	0540	5 400	17 700	0555	5 550	18 200
0570	5 700	18 700	0585	5 850	19 200	0600	6 000	19 700	0615	6 150	20 200
0630	6 300	20 700	0645	6 450	21 200	0660	6 600	21 700	0675	6 750	22 100
0690	6 900	22 600	0705	7 050	23 100	0720	7 200	23 600	0735	7 350	24 100
0750	7 500	24 600	0765	7 650	25 100	0780	7 800	25 600	0795	7 950	26 100
0810	8 100	26 600	0825	8 250	27 100	0840	8 400	27 600	0855	8 550	28 100
0890	8 900	29 100				0920	9 200	30 100			
0950	9 500	31 100				0980	9 800	32 100			
1010	10 100	33 100				1040	10 400	34 100			
1070	10 700	35 100				1100	11 000	36 100			
1130	11 300	37 100				1160	11 600	38 100			
1190	11 900	39 100				1220	12 200	40 100			
1250	12 500	41 100				1310	13 100	43 000			
1370	13 700	44 900				1430	14 300	46 900			
1490	14 900	48 900				1550	15 500	50 900			
.	.	.				.	.	.			
.	.	.				.	.	.			
.	.	.				.	.	.			

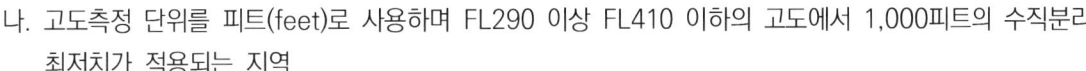

나. 고도측정 단위를 피트(feet)로 사용하며 FL290 이상 FL410 이하의 고도에서 1,000피트의 수직분리 최저치가 적용되는 지역

비행방향									
000°에서 179°까지					180°에서 359°까지				
계기비행			시계비행			계기비행			시계비행	
비행고도	고도 피트	고도 미터	비행고도	고도 피트	고도 미터	비행고도	고도 피트	고도 미터	비행고도	고도 피트	고도 미터
010	1 000	300	–	–	–	020	2 000	600	–	–	–
030	3 000	900	035	3 500	1 050	040	4 000	1 200	045	4 500	1 350
050	5 000	1 500	055	5 500	1 700	060	6 000	1 850	065	6 500	2 000
070	7 000	2 150	075	7 500	2 300	080	8 000	2 450	085	8 500	2 600
090	9 000	2 750	095	9 500	2 900	100	10 000	3 050	105	10 500	3 200
110	11 000	3 350	115	11 500	3 500	120	12 000	3 650	125	12 500	3 800
130	13 000	3 950	135	13 500	4 100	140	14 000	4 250	145	14 500	4 400
150	15 000	4 550	155	15 500	4 700	160	16 000	4 900	165	16 500	5 050
170	17 000	5 200	175	17 500	5 350	180	18 000	5 500	185	18 500	5 650
190	19 000	5 800	195	19 500	5 950	200	20 000	6 100	205	20 500	6 250
210	21 000	6 400	215	21 500	6 550	220	22 000	6 700	225	22 500	6 850
230	23 000	7 000	235	23 500	7 150	240	24 000	7 300	245	24 500	7 450
250	25 000	7 600	255	25 500	7 750	260	26 000	7 900	265	26 500	8 100
270	27 000	8 250	275	27 500	8 400	280	28 000	8 550	285	28 500	8 700
290	29 000	8 850				300	30 000	9 150			
310	31 000	9 450				320	32 000	9 750			
330	33 000	10 050				340	34 000	10 350			
350	35 000	10 650				360	36 000	10 950			
370	37 000	11 300				380	38 000	11 600			
390	39 000	11 900				400	40 000	12 200			
410	41 000	12 500				430	43 000	13 100			
450	45 000	13 700				470	47 000	14 350			
490	49 000	14 950				510	51 000	15 550			
.	.	.				.	.	.			
.	.	.				.	.	.			
.	.	.				.	.	.			

부록4. 무인자유기구

1. 무인자유기구의 분류

무인자유기구는 다음과 같이 분류된다.
  a) light급: 1개 이상의 짐의 총 중량이 4kg미만인 Payload를 운반하는 무인자유기구로서, 아래 c) 2), 3) 또는 4)에 따라 heavy급으로 분류되는 것을 제외한다.
  b) medium급: 2개 이상의 짐의 총 중량이 4kg이상 6kg미만인 Payload를 운반하는 무인자유기구로서 아래 c) 2), 3) 또는 4)에 따라 heavy급으로 분류되는 것을제외한다.
  c) heavy급: 다음과 같은 Payload를 운반하는 무인자유기구
    1) 총 중량 6kg이상, 또는
    2) 1개의 짐의 중량이 3kg이상, 또는
    3) Area density가 평방 센티미터 당 13g으로서 1개의 짐의 중량이 2kg이상,
    4) 기구로부터 계류중인 Payload를 분리시키기 위해서는 230N 이상의 Impact힘이 소요되는 Payload를 줄 또는 다른 도구로 계류하는 것.

2. 일반 운용규칙

2.1 당해 국가로부터 적절한 허가를 받지 않고, 무인자유기구를 운용하여서는 아니 된다.

2.2 기상관측용으로서 관계당국이 정하는 방법에 의하여 운용하는 light급 기구를 제외하고, 당해 국가의 허가 없이 다른 국가의 영토를 가로질러 무인자유기구를 운용하여서는 아니 된다.

2.3 계획당시 기구가 다른 국가의 영토상공으로 흘러갈 것이 분명히 예상되면 기구를 부양하기 전 2.2의 허가를 받아야 한다. 그러한 허가는 일련의 기구비행에 대하여, 또는 대기연구용 기구비행 등 특정한 종류의 회수성 비행에 대하여 받을 수 있다.

2.4 무인자유기구는 등록국 및 비행코자 하는 국가가 정하는 조건에 따라 운용하여야한다.

2.5 무인자유기구는 기구 또는 운반물을 포함한 그 일부분과 지면과의 충돌로 인하여 동 운용과 관련이 없는 사람 또는 재산에 장해를 발생시켜서는 아니 된다.

2.6 heavy급 무인자유기구는 관계 항공교통업무당국과의 사전 협의 없이 공해상에서 운용하여서는 아니 된다.

3. 운용한계 및 장비기준

3.1 heavy급 무인자유기구는 다음과 같은 경우 관계 항공교통업무당국의 허가 없이 18,000미터 (60,000피트)미만의 어느 고도에서도 운용하여서는 아니 된다.
  a) 4옥타 이상의 구름 또는 Obscuring pheno-mena가 있을 경우,
  b) 수평시정이 8킬로미터 미만일 경우

3.2 heavy급 또는 medium급 무인자유기구는 도시, 번화가 또는 주거지의 인구밀집지역 또는 동 운용과 관련이 없는 옥외의 군중집회상공을 300미터(1,000피트)미만의 고도로 비행하게 하여서는 아니 된다.

3.3 heavy급 무인자유기구는 다음의 조건에 따르지 않는 한 이를 운용하여서는 아니 된다.
  a) 각각 독립적으로 동작하여 Payload의 비행을 자동 또는 원격조정으로 종료시키는 도구 또는 장치가 2이상 있을 것.
  b) 폴리에틸렌 0(Zero) 기압 기구의 경우, 각각 독립적으로 동작하여 기구 자체의 비행을 종료시키는 방법, 상치, 두구 또는 이들의 조합이 2이상 있을 것.
    - 고압기구의 경우 Payload를 분리 후 급속히 상승하여 기구에 구멍을 내는 도구나 장치가 필요 없이 폭발하므로 이러한 도구들이 필요 없음. 고압기구는 외부보다 기압이 높은 상태에서 기압의 차이를 견디는 간단한 비신축성의 기구로서 소량의 응축가스가 기구를 충분히 팽창시킨 다음 일정한 수준을 필수적으로 유지하게 됨.
  c) 기구는 200 MHz-2,700 MHz의 주파수 범위 내에서 운용되는 지상레이다에 반사신호를 보내는 반사기 또는 반사체를 탑재하거나, 또는 지상레이다의 유효범위 밖에서 운용자가 계속적으로 항적을 추적할 수 있도록 하는 장비를 탑재할 것.

3.4 heavy급 무인자유기구는 배정된 code로 계속 작동되거나 또는 필요한 경우 추적스테이션(tracking station)에서 작동시킬 수 있고 고도통보기능이 있는 SSR트랜스폰더를 탑재하지 않는 한 지상 SSR장비가 운용중인 지역에서 운용하여서는 아니 된다.

3.5 어느 부분이든 파손시키는데 230 N을 초과하는 힘이 필요한 안테나를 가지고 있는 무인자유기구는 동 안테나에 15미터 이하의 간격으로 부착된 유색 삼각깃발 또는 표지기를 달지 않는 한 이를 운용하여서는 아니 된다.

3.6 heavy급 무인자유기구는 일몰과 일출사이 또는 일몰과 일출 사이 중(운용고도에 따라 수정) 관계 항공교통업무당국이 정하는 기간 중에는 기구 및 그 부착물 및 Payload 등의 운용중 분리여부에 관계없이 등화를 달지 않는 한, 고도 18,000미터(60,000피트) 미만에서 운용하여서는 아니 된다.

3.7 15미터를 초과하는 길이의 계류도구(현저히 눈에 띄는 색깔의 낙하산이 아닌 것)를 가진 heavy급 무인자유기구는 계류도구가 현저한 색깔로 교대로 도색되거나 또는 유색 삼각깃발을 부착하지 않는 한 일출과 일몰사이에 고도 18,000미터(60,000피트) 미만에서 운용하여서는 아니 된다.

4. 종료

heavy급 무인자유기구의 운용자는 다음의 경우 위 3.3 a) 및 b)에서 정하는 적절한 종료장치를 작동시켜야 한다.
  a) 기상상태가 동 기구의 운용에 필요한 기준치 미만일 때,
  b) 고장 또는 다른 원인에 의해 항공기, 사람 또는 지상의 재산에 위험을 초래할 우려가 있을 때, 또는
  c) 다른 국가의 영토상공으로 허가를 받지 않고 진입하기 전.

5. 비행통보

비행전 통보: medium 및 heavy급 무인자유기구의 비행은 예정된 비행일로부터 7일 이전까지 관계 항공교통업무기관에 사전 통보되어야 한다.

비행예정통보에는 관계 항공교통업무기관의 필요에 따라 다음의 사항이 포함된다.
   a) 기구비행 식별부호 또는 계획명칭
   b) 기구의 등급 및 특징
   c) SSR code 또는 NDB 주파수
   d) 운용자의 이름 및 전화번호
   e) 발사위치
   f) 발사예정시간(연속하여 발사할 경우 시작 및 종료시간)
   g) 발사기구수 및 예정발사간격(여러 개를 발사 할 경우)
   h) 예상 상승방향
   i) 순항비행고도(기압고도)
   j) 기압고도 18,000미터(60,000피트)를 통과하거나 고도 18,000미터(60,000피트)이하의 수평비행고도에 도달할 때까지의 예정소요시간 및 예정위치(연속하여 발사할 경우 동시간은 최초 및 최종기구가 해당 고도에 도달할 예정시간을 말함)
   k) 예정 비행종료일시 및 계획된 낙하/귀환지역 위치 · 기구가 장기간 비행하여 비행종료 일시 및 낙하위치를 정확하게 예상할 수 없는 경우 "장기간"이란 용어를 기입.(낙하/귀환위치가 둘 이상인 경우 각 위치별 낙하예정시간을 기입함. 연속하여 낙하하는 경우, 최초 및 최종의 예정시간을 기입함

기 통보한 내용에 대한 변경은 발사예정시간으로부터 6시간 이전 또는 시간이 중요 요소인 태양 또는 우주방해조사의 경우 운용개시예정시간으로부터 30분 이전에 관계 항공교통업무기관에 통보하여야 한다.

발사통보: 운용자는 medium급 또는 heavy급 무인자유기구를 발사한 직후 다음 사항을 관계 항공교통업무기관에 통보하여야 한다.
   a) 기구비행 식별부호
   b) 발사위치
   c) 발사시간
   d) 기압고도 18,000미터(60,000피트) 통과 예정시간 또는 고도 18,000미터(60,000피트) 이하의 수평비행고도 도달예정시간 및 예정위치
   e) 이미 통보한 내용에 대한 변경사항

취소통보: 운용자는 기 통보한 medium급 또는 heavy급 무인자유기구의 비행이 취소되었을 경우 이를 지체 없이 관계 항공교통업무기관에 통보하여야 한다.

6. 위치 기록 및 보고

기압고도 18,000미터(60,000피트)이하에서 운용되는 heavy급 무인자유기구의 운용자는 기구의 비행경로를 추적하여 관계 항공교통업무기관이 요구할 경우 위치보고를 하여야 하며, 항공교통업무기관이 더욱 짧은 주기로 보고할 것을 요구하지 않는 한 매 2시간마다 위치를 기록하여야 한다.

18,000미터(60,000피트)를 초과하는 고도에서 운용되는 heavy급 무인자유기구의 운용자는 기구의 비행 진행상태를 추적하여 항공교통업무기관이 요구할 경우, 위치보고를 하여야 하며, 항공교통업무기관이 더욱 짧은 주기로 보고할 것을 요구하지 않는 한 매 24시간마다 위치를 기록하여야 한다.

만약 위치를 기록할 수 없을 경우 운용자는 이를 지체 없이 관계 항공교통업무기관에 통보하여야 하며, 동 통보에는 최종위치를 포함하여야 한다. 기구의 추적이 재개되었을 경우, 지체 없이 관계 항공교통업무기관에 통보하여야 한다.

heavy급 무인자유기구의 강하개시예정 1시간 전에 운용자는 기구에 관한 다음 사항을 관계 항공교통업무기관에 통보하여야 한다.
  a) 최근의 지리적 위치
  b) 최근의 고도(기압고도)
  c) 기압고도 18,000미터(60,000피트) 침투예상시간
  d) 지상 낙하의 예상시간 및 위치

heavy급 또는 medium급 무인자유기구의 운용자는 동 운용이 종료되었을 경우, 이를 관계 항공교통업무기관에 통보하여야 한다.

첨부 A. 민간항공기의 요격 관련
  - 부속서 부록2에 있는 규정의 일부가 본 첨부에 인용되었음.(부속서 제3장 3.8 및 관련 주를 볼 것)

1. 국제민간항공협약 제3조 d)에 따라 국제민간항공기구의 체약국은 "자국의 국가항공기에 대한 규정을 제정할 때, 민간항공기의 항행의 안전을 필히 고려하여야 한다."
   민간항공기에 대한 요격은 항상 잠재적인 위험요소를 가지고 있기 때문에 국제민간항공기구 이사회는 체약국들이 관계 규정 및 행정명령을 통하여 이행해야 할 다음과 같은 특별권고사항을 공식화하였다.

민간항공기 및 탑승자의 안전을 위해서는 모든 관계 부서에 의한 일률적인 적용이 필수적이기 때문에 국제민간항공기구 이사회는 체약국으로 하여금 자국 국내규정 또는 절차와 다음에 게기한 특별권고사항과의 차이점을 국제민간항공기구에 통보토록 하고 있다.

2. 일반: 민간항공기에 대한 요격은 피해야 하며, 오직 최후의 수단으로서만 실시하여야 한다. 만약 요격을 한다면, 항공기를 원래의 비행로로 되돌려 보내거나, 국가공역경계선 밖으로 유도하거나, 금지구역이나 제한구역 또는 위험구역부터 멀어지게 하거나, 지정된 비행장에 착륙토록 지시하는데 필요한 경우를 제외하고 항공기의 신원을 확인하는데 국한되어야 한다. 민간항공기에 대한 요격연습을 실시하여서는 아니 된다.

민간항공기에 대한 요격을 배제, 또는 감소시키기 위해서는 다음 사항이 중요하다.
a) 요격관제기관은 민간항공기일 수도 있는 어떤 항공기의 신원을 파악하고, 그 항공기에 필요한 지시 또는 조언을 하기 위해, 관계 항공교통업무기관을 통하여 모든 가능한 노력을 하여야 한다. 이를 위하여 요격관제기관과 항공교통업무기관간에 신속하고 확실한 통신수단을 설정하고, 부속서 11의 규정에 따라 그러한 기관간에 민간항공기의 이동에 관한 정보의 교환에 대한 협정을 체결하는 것이 필수적이다.
b) 민간항공기의 비행이 금지되는 지역 및 당해 국가의 특별한 허가가 없으면 민간항공기의비행이 허용되지 않는 지역은 부속서 15의 규정에 따라, 그러한 지역을 침범할 경우 요격 당할 위험이 있다는 사실과 함께 항공정보간행물에 명확히 공고하여야 한다. 그러한 지역을 공고된 항공로 또는 빈번히 사용되는 비행로에 매우 근접하여 설정할 경우, 국가는 민간 항공기가 이용하는 항행장치의 효율성 및 전체장치의 정밀도와 설정된 지역에 대한 회피능력을 고려하여야 한다.
c) 항행안전시설을 추가로 설치할 경우, 민간항공기가 금지구역 또는 제한구역의 주위를 안전하게 항행할 수 있도록 검토하여야 한다.

최후의 수단으로 실시되는 요격에 따른 위험을 배제 또는 감소시키기 위하여 조종사와 지상관제기관이 정해진 대로 조치를 하도록, 모든 가능한 노력을 하여야 한다. 이를 위하여 체약국은 필히 다음과 같이 조치하여야 한다.
a) 모든 민간항공기 조종사들이 그들이 취할 조치 및 본 부속서 제3장 및 부록1에 수록된 가 시 신호를 충분히 알고 있을 것.
b) 민간항공기 운용자 또는 기장이 121.5 MHz 통신능력, 유효한 요격절차 및 항공기에서 사용하는 가시신호에 관한 부속서6, 제1, 2부 및 제3부의 규정을 이행할 것.

c) 모든 항공교통업무 종사자들이 부속서Ⅱ 제2장 및 PANS-RAC(Doc 4444)의 규정에 따른 조치절차를 충분히 알고 있을 것.
d) 모든 요격기의 기장이 민간항공기의 일반적인 성능한계 및 피요격기가 기술적인 문제 또는 불법간섭행위의 발생으로 인한 비상사태에 처해 있을 가능성에 대하여 알고 있을 것.
e) 요격기동, 피 요격기의 유도, 피 요격기의 행동, 공대공 가시신호, 피 요격기와의 무선교신, 무기사용 억제필요성 등에 관한 완전하고 명백한 지시가 요격관제기관 및 요격기의 기장에게 전달되어 있을 것. 주. - 3항 내지 8항을 볼 것.
f) 요격관제기관 및 요격기에 부속서 10, 제1권의 기준에 적합한 무선전화 장비가 있어 피요격기와 비상주파수 121.5 MHz로 통신할 수 있을 것.
g) 요격실시대상지역에 있는 민간항공기를 식별할 수 있도록 요격관제기관에 SSR시설이 가능한 한 있을 것이며, 그러한 시설은 Mode A, code 7500, 7600 및 7700에 대한 즉각적인 인지를 포함하여 Mode A의 4단위 code를 인지할 수 있을 것.

〈요격기동〉

피 요격기에 대한 위험발생을 피하기 위하여 민간항공기를 요격하는 항공기의 기동에 관한 표준방식을 설정하여야 한다. 표준방식에는 민간항공기의 성능한계, 충돌이 일어날 정도로 피 요격기에 근접하여 비행하는 것을 회피할 필요성, 피 요격기의 진로횡단회피, 특히 피 요격기가 경항공기인 경우 후류요란으로 인한 위험이 발생하지 않게 기동할 필요성 등이 충분히 고려되어야 한다.

〈육안식별을 위한 기동〉

다음은 민간항공기를 육안식별하기 위하여 권고된 요격기의 기동방식이다.

제1단계
요격기는 피 요격기의 뒷편으로부터 접근한다. 편대장기(또는 단일요격기)는 통상 피 요격기의 약간 위쪽 전방 좌측에 위치하여 피 요격기 조종사의 시야 내에 들도록 하되 처음에는 300미터 이상의 거리를 유지하여야 한다. 다른 요격기는 피 요격기로부터 충분히 떨어진 거리의 후방 위쪽에 위치한다. 속도 및 위치를 조절한 다음 제2단계의 절차를 취한다.

제2단계

편대장기(또는 단일요격기)는 피 요격기에 동일고도로 서서히 접근을 시작하되 필요한 정보를 얻는 데 꼭 필요한 거리까지만 접근한다.

편대장기(또는 단일요격기)는 요격기로서는 통상적인 행동일지라도 민간항공기의 승객이나 승무원에게는 위험스럽게 느껴질 수가 있음을 항상 명심하여 피요격기의 승무원이나 승객이 놀라지 않도록 조심하여야 한다.

다른 요격기는 계속 피 요격기로부터 충분한 거리를 유지하고 있어야 한다. 식별완료 후 요격기는 제3단계에 기술한대로 피 요격기의 주위로부터 철수한다.

제3단계

편대장기(또는 단일요격기)는 급강하하여 피 요격기로부터 이탈한다.

다른 요격기는 피 요격기로부터 충분한 거리를 유지하고 있다가 편대장기와 재합류 한다.

〈항행유도를 위한 기동〉

상기 제1단계 및 제2단계에 의한 식별결과 피 요격기의 항행에 개입할 필요가 있을 경우, 편대장기(또는 단일요격기)는 피 요격기의 기장이 시각신호를 볼 수 있도록 피 요격기의 약간 위쪽 전방 좌측에 위치한다.

요격기의 기장은 피 요격기의 기장으로 하여금 자신이 요격당하고 있다는 사실을 인지하고 신호에 응신하도록 하는 것이 절대적으로 필요하다.

부록1 제2절에 있는 series1의 신호를 반복하여도 피 요격기 기장의 주의를 끌지 못할 경우, 최후의 수단으로, 피 요격기에 위험하지 않는 범위 내에서 Reheat/ Afterburner의 시각효과를 사용하는 등 다른 신호방식을 사용할 수 있다.

기상조건 또는 지형에 따라 편대장기(또는 단일요격기)가 피 요격기의 약간 위쪽 전방 우측에 위치해야 할 경우도 있다. 그러한 경우 요격기의 기장은 항상 피 요격기 기장의 시야 내에 있도록 특별한 주의를 하여야 한다.

⟨피 요격기에 대한 유도⟩

무선전화교신이 가능할 경우 피 요격기에게 항행유도 및 그와 관련된 정보를 제공하여야 한다.

피 요격기를 유도할 경우, 시정이 시계비행 기상 최저치 미만인 지역으로 유도하지 말 것이며, 피 요격기의 안전운항이 침해받아 발생한 위험상태를 더 가중시키지 않도록 주의하여야 한다.

피 요격민간항공기를 통과비행중인 영토에 착륙시켜야 될 예외적인 경우 다음 사항을 주의하여야 한다.
  a) 지정된 비행장이, 특히 통상적으로 민간항공운송용으로 사용되지 않을 경우, 당해 기종항공기의 안전착륙에 적당할 것.
  b) 주위지형이 선회, 접근 및 실패접근 비행에 적당할 것.
  c) 피 요격기에 비행장까지 비행하는데 충분한 양의 연료가 있을 것.
  d) 피 요격기가 민간운송용 항공기일 경우, 지정비행장이 해면고도기준 2.500미터에 상당하는 길이의 활주로가 있고, 표면강도가 동 항공기의 착륙에 충분할 것.
  e) 가능한 한, 항공정보간행물에 자세한 내용이 수록되어 있는 비행장에 착륙시킬 것.

민간항공기로 하여금 생소한 비행장에 착륙토록 할 경우, 오직 민간항공기의 기장만이 당시 항공기의 중량 및 활주로 길이를 감안하여 안전착륙 여부를 판단할 수 있다는 사실을 명심하여 착륙을 준비하는데 충분한 시간을 부여하여야 한다.

안전접근 및 착륙을 용이하게 하는데 필요한 모든 정보를 무선전화를 이용하여 피요격기에게 제공하는 것은 특히 중요하다.

⟨피 요격기의 조치⟩

다른 항공기에 의해 요격 당한 항공기는 즉시 다음과 같이 조치하여야 한다.
  a) 부록1에 규정된 바에 따라 가시신호를 해석하고 응신하며 요격기의 지시를 따른다.
  b) 가능하면 관계 항공교통업무기관에 동 사실을 통보한다.
  c) 비상주파수 121.5MHz로 일괄호출을 하여 피요격기의 신원 및 비행의 상태를 통보하며 요격기 또는 관계 요격관제기관과 무선교신을 시도한다. 그래도 무선교신이 이루어지지 않으면, 가능한 경우, 동 사항을 비상주파수 243.0 MHz로 반복하여 송신한다.

d) 만약 SSR트랜스폰더를 탑재하고 있다면, 관계 항공교통업무기관이 달리 지시하지 않는 한 Mode A, Code 7700에 맞춘다.

만약 어떤 곳으로부터 무선으로 수신한 지시가 요격기의 가시신호 지시와 상이할 경우, 피요격기는 요격기의 가시신호 지시대로 이행하면서 조속한 확인을 요구하여야 한다.

만약 어떤 곳으로부터 무선으로 수신한 지시가 요격기의 무선지시와 상이할 경우, 피요격기는 요격기의 무선지시대로 이행하면서 조속한 확인을 요구하여야 한다."

〈공대공 가시신호〉

요격기와 피요격기가 사용하는 가시신호는 본 부속서 부록1에 수록되어 있다. 요격기 및 피요격기는 동 신호를 정확히 사용하고 상대방 항공기가 보내는 신호를 정확히 이해해야 하며, 요격기는 피요격기로부터 조난 또는 긴급상태에 있음을 알리는 신호가 있는지 특별한 주의를 기울일 필요가 있다.

요격관제기관 또는 요격기 와 피요격기간 의 무선통신

요격을 실시할 경우, 요격관제기관 및 요격기는 다음과 같이 조치하여야 한다.
a) 먼저 "INTERCEPT CONTROL", "INTERC- EPTOR(호출부호)" 및 "INTERCEPTED AI-RCREFT"란 호출부호를 사용하여 피요격기와 비상주파수 121.5 MHz로 공용언어를 사용하여 교신을 시도한다.
b) 이것이 실패할 경우, 관계 항공교통업무당국이 정한 주파수로 피요격기와 교신을 시도하거나, 또는 관계 항공교통업무기관을 통하여 접촉을 시도한다.

요격도중 무선교신이 이루어졌으나 공용언어에 의한 의사소통이 불가능할 경우, 수록된 용어 및 발음방법에 의하여 지시, 지시에 대한 응답 및 필수적인 정보를 전달하여야 하며, 각 용어는 두 번씩 송신하여야 한다.

〈무기사용 억제〉

- 1984.5.10. 국제민간항공기구 총회 제25차 특별회의시 국제민간항공협약 제3조 bis를 만장일치로 채택하면서, 체약국들은 다음 사항을 승인하였음.

"각 체약국은 비행중인 민간항공기에 대한 무기사용을 억제하여야 한다." 주의를 끌기 위하여 예광탄을 사용하는 것은 위험하므로, 탑승자의 생명과 항공기의 안전을 위험하지 않게 하기 위해 이의 사용을 피해야 한다.

〈요격관제기관과 항공교통업무기관간의 협조〉

민간항공기일 수도 있는 항공기에 대한 요격실시 중 항공교통업무기관이 진행상태 및 피요격기에 필요한 조치를 완전히 알 수 있도록 하기 위하여 요격관제기관과 관계 항공교통업무기관간에 긴밀히 협조할 필요가 있다.

첨부 B. 불법간섭행위

1. 일반

다음의 절차는 항공기에 불법간섭행위가 발생하였으나 항공교통업무기관에 동 사실을 통보할 수 없을 경우 조종사가 취할 조치에 대한 지침이다.

2. 절차

2.1 항공기내의 상황이 허용하는 한 기장은 최소한 항공교통업무기관에 통보할 수 있거나 레이다 포착범위 내에 들어갈 때까지, 배정된 항로 및 고도로 비행을 계속할 것.

2.2 항공교통업무기관과의 무선통화가 불가능한 상황 하에서 배정된 항로 및 고도를 강제로 이탈하도록 강요될 경우, 가능한 한 다음과 같이 조치할 것.

a) 항공기내의 상황이 허용하는 한 VHF 비상주 파수 및 기타 적절한 주파수로 경고방송을 할 것이며, 도움이 되고 상황이 허용할 경우 트랜스폰더, data links 등의 탑재장비를 이용할 것.
b) 비행 중 우발사고 발생시의 특별절차가 설정되어 Doc 7030(지역별 보충절차)에 수록되어있을 경우 이에 따라 비행할 것.
c) 지역별 특수절차가 설정되어 있지 않을 경우, 계기비행용 순항고도는 아래와 같이 비행한다.
 1) 300미터(1,000피트)의 최저 수직고도가 분리적용되는 곳에서는 150미터(500피트)
 2) 600미터(2,000피트)의 최저 수직고도가 분리적용되는 곳에서는 300미터(2,000피트)

- 불법간섭행위 발생중 요격 당한 항공기의 조치사항은 본 부속서 3.8에 수록되어 있음.

항공교통론

제 8 장

항공교통업무

(국제민간항공기구 부속서11
-AIR TRAFFIC SERVICES)

1. 정의
2. 일반사항
3. 항공교통 관제업무
4. 비행정보업무
5. 경보 업무
6. 항공교통업무용 통신기준
7. 항공교통업무용 정보 기준

제8장

항공교통업무
(국제민간항공기구 부속서11-AIR TRAFFIC SERVICES)

본 장은 항공교통업무수행에 관련된 제반 정책 및 시행지침을 제시한 국제기준으로서 각국 정부가 항공교통업무를 수행하는데 필요한 항공교통정책수행 또는 시행내용을 기술한 장으로서 항공교통업무에 관련된 항공종사자는 물론 항공인 모두가 업무수행시 숙지하고 준수하여야할 기술상의 기준을 다루고 있다.

따라서, 각국 정부는 본 장에서 정한 대부분의 내용을 항공관련 정책에, 일부는 법규로 반영하고 있으며, 우리나라의 항공교통정책도 본 장의 기술상의 기준에 따라 대부분의 내용을 적용하고 있으며, 일부는 법규로 반영되어 있다. 일부내용이 법규로 정한 사항에 대하여는 부속서 11에서 정한 내용을 먼저 기술하고 그 다음에 우리나라의 항공법규 내용을 추가로 기술하여 참고 할 수 있도록 하였다.

부속서11은 항공교통론을 수강하는 학생들에게 항공교통업무를 바르게 이해시키고, 국제기준이 한국에서는 어떻게 적용하고 있는지를 연구 검토하는데 도움이 될 것을 기대하고 있다.

1 정의

업무(service)라 함은 기능 또는 봉사를 가리키는 추상명사를 말하며, 기관(unit)이라 함은 업무(service)를 수행하는 집합체를 말한다.

이 정의에 있는 지명(RR)은 International Telecommunication Union (ITU)의 Radio Regulations에서 도출한 정의를 의미한다.(공인된 ICAO 정책을 설명한 민간항공을 위한 Radio Frequency Spectrum Requirements 인 Handbook 참조).

다음의 용어가 항공교통업무용 표준 및 권고에 사용될 경우 아래와 같은 의미를 가진다.

인수기관(Accepting unit): 항공기관제권을 인수하는 항공교통관제기관.

사고: 승객이 탑승하여 하기 시까지의 시간동안 항공기 운항과 관련하여 발생한 다음 중 어느 하나에 해당하는 것으로

- **사고(Accident)**:
  a) 다음으로 인한 인명의 치명적이거나 심각한 부상
    - 기내 탑승, 혹은
    - 항공기와 그 부품의 직접적인 접촉,
    - jet blast에의 직접적 노출, 자연적인 원인, 자해나 다른 사람으로부터 가해진 부상 / 통상적으로 승객이나 승무원이 사용하는 지역 외에 숨어 있던 무임 탑승자 제외
  b) 다음과 같은 항공기의 손상이나 구조적 결함
    - 항공기의 구조적 강도, 성능, 비행특성에 악영향을 끼침
    - 손상된 부분에 중대한 수리나 교체가 필요한 엔진 결함이나 손상제외, DAMAGE는 엔진, cowling, accessories에 또는 프로펠러, 윙팁, 안테나, 타이어, 브레이크, fairings, small dents, puncture holes in the aircraft skin에 국한됨
  c) 항공기가 실종되거나 접근불가능 할 때
    - 사고 후 30일 이내 사망할 수 있는 손상은 fatal injury로 분류
    - 공식적인 조사가 완료 됐음에도 난파 잔해를 찾을 수 없을 때 실종으로 간주

- **준사고(Incident)**: 안전에 영향을 미치거나 미칠 수 있는, 항공기 운항과 관련된 accident 이외의 상황
    - 사고예방연구와 관련하여 ICAO가 중요시하는 incidents의 종류는 ICAO Accident /Incident Reporting Manual(DOC9156)에 수록되어 있다.

항공교통흐름관리(Air traffic flow management(ATFM)): ATC 수용능력을 극대화하고, ATS기관이 그 능력에 적합한 교통량을 공포함으로써 안전/신속/질서 있는 항공교통의 흐름을 위해 제공되는 서비스

공표된 관제용량(Declared capacity): 정상 운항하는 항공기에 서비스를 제공하는 ATC기관/하부기관/ 운영 position의 수용능력치. 이는 기상/ATC 기관의 구성, 인원, 장비의 이용가능성을 고려하여 관제사가 책임을 지고 있는 특정공역에서 업무량에 영향을 미칠 수 있는 공역의 시간당 항공기의 한계 대수.

정확도(Accuracy): 예상 또는 측정값과 실제 값간의 일치도
- 측정위치자료의 정확도는 통상 실제위치의 신뢰도 범위 내에서 공식위치로부터의 거리로 표현

조언공역(Advisory airspace): 항공교통조언업무가 제공되도록 지정된 일정구역의 공역 또는 비행로.

조언비행로(Advisory route): 항공교통조언업무가 제공되도록 지정된 비행로.

비행장(Aerodrome): 항공기의 이·착륙 및 지상이동을 위하여 전체적 또는 부분적으로 사용되는 육상 또는 해상의 일정지역(건물, 설비 및 장비 포함).

비행장관제업무(Aerodrome control service): 비행장 기동지역 및 비행장 주위에 있는 항공기를 위한 항공교통 관제업무

관제탑(Aerodrome control tower): 비행장 기동지역 및 비행장 주위에 있는 항공기에게 항공교통 관제 업무를 제공하기 위하여 설치된 기관.

비행장교통(Aerodrome traffic): 비행장 기동지역내 및 비행장 주위에서 운항하는 모든 항공기.
- 비행장 교통 장주내에 있거나 교통 장주를 진입 또는 이탈하는 항공기를 비행장 주위에서 운항하는 항공기로 간주함.

항공고정업무(Aeronautical fixed service (AFS)): 항공항행의 안전과 질서 있고 효율적이며 경제적인 항공업무를 위하여 제공되는 특정 고정지점간의 통신업무.

항공정보간행물(Aeronautical Information Publication (AIP)): 항공항행에 필요한 영속적인 성격의 항공정보를 수록 하기 위하여 정부당국이 발행하는 간행물.

항공이동업무(Aeronautical mobile service): 항공국과 항공기국간, 또는 항공기국 상호간의 이동업무로써, 구조용 항공기국도 참여할 수 있음. 즉, 비상위치 지시용 무선표지국들도 지정된 조난 및 비상주파수로 이 업무에 참여할 수 있음.

항공통신국(Aeronautical telecommunication station): 항공통신업무를 수행하는 무선국.

공중충돌경고장치(Airborne collision avoidance system (ACAS)): 조종사에게 2차 감시레이더(SSR) 응답기를 장착한 항공기와의 잠재적 충돌에 관한 조언을 제공하는 장비로써, 지상장비와 독립적으로 운영되며 2차감시레이더 응답기 신호를 기초로 하여 작동하는 항공기 장비

※ ACAS/ ICAO (Airborne collision avoidance system)
※ TCAS/ FAA (Traffic alert and Collision Avoidance System).
※ ACAS 개발배경 및 주요내용/
 - 1956년 그랜드 캐년 상공에서 두 여객기간에 공중충돌발생
  → 항공당국과 항공사가 시스템 개발연구에 착수
 - 1978년 샌디에고에서 경항공기와 여객기간에 공중충돌발생
  → FAA가 1981년에 TCAS 개발에 착수
 - 1986년 캘리포니아 서리토스에서 자가용항공기와 DC9 항공기간에 공중충돌발생
  → 미의회에서 1990년 4월 9일부로 TCAS II 적용 승인
 - 1956년 그랜드케니언 상공에서 항공기간 공중충돌사고발생으로 공중충돌예방장비의 개발 필요성 대두
 - 1970년 TCAS 개발 및 시험평가.(신뢰도 향상 요구)
 - 1981년 Transponder S-Mode를 이용한 TCAS-II 개발.
 - 1989년 FAA에서 TCAS-II 운용절차 및 지침 마련.
 - 1990년 4월9일 미 의회에서 항공기에 사용승인
 - 1993년 12월30일 미연방항공청에서 모든 미국취항 외국항공사(30인 이상 수송)에 TCAS-II 장착의무화
 - 1997년 국제민간항공기구에서 부속서 6에 TCAS 장착의무화 기준 설정
 - 한국에서도 2000년1월1일 부터 장착의무화

항공기(Aircraft): 지표면에 대한 공기의 반작용이 아닌, 공기의 반작용으로 대기중에 부양되는 기기.

공지통신(Air-ground communication): 항공기와 지상의 무선국 또는 지역국 간의 양방향 통신.

AIRMET 정보(AIRMET information): 저고도 항공기 운항의 안전에 영향을 미치며 당해 비행정보구역 및 그의 일부지역에 이미 발행된 예보에 포함되지 않은 항로상의 발생 및 발생 예상 가능한 특정 일기현상에 관해 기상감시사무소가 발행한 정보

공중활주(Air-taxiing): 회전익 항공기/수직 이착륙 항공기가 일반적으로 대지속도 37㎞/h(20kt)미만으로 비행장 지표상공을 비행하는 기동형태.
 - 실제고도는 다양할 수 있으며, 일부 회전익 항공기의 경우 지표요란현상을 감소시키거나, 화물 운반허가를 위해 8m(25ft)AGL 이상으로 Air-taxing을 요구할 수도 있음.

항공교통(Air traffic): 비행중이거나 또는 비행장 내의 기동지역에서 운항하는 모든 항공기.

항공교통조언업무(Air traffic advisory service): IFR비행계획에 따라 운항하는 항공기간의 분리를 유지하기 위해 조언공역에서 제공되는 업무.

항공교통관제허가(Air traffic control clearance): 항공기로 하여금 항공교통관제기관이 지정하는 조건에 따라 비행하도록 하기 위한 인가사항.
 - "항공교통관제허가" 용어가 관련문장에서 사용될 경우 편의상 종종 "허가"로 생략하여 사용하기도 함.
 - 생략된 용어"허가"는 항공교통관제허가와 관련되는 특정 비행의 부분을 나타내기 위하여 "taxi", "take-off", "departure", "en-route" "approach" 또는 "landing"등의 단어 뒤에 사용할 수 있음.

항공교통관제업무(Air traffic control service): 다음의 목적을 위하여 제공되는 업무.
  A) 충돌방지
   - 항공기간 및
   - 기동지역 내의 항공기와 장애물간
  B) 항공교통의 촉진 및 질서 유지

항공교통관제기관(Air traffic control unit): 지역관제소, 접근관제소 또는 비행장 관제탑 등 여러 가지 의미를 가지는 일반적인 용어.

Air traffic flow management(AFTM): 항공교통량이 가능한 최대로 운용될수 있도록 항공교통관제기관이 공시한 교통량을 안전하고, 질서있게, 신속한 항공교통의 흐름을 유지하기 위하여 제공하는 관리업무로서 항공교통량이 항공교통관제시스템의 적정 수용량을 초과하거나, 초과할 것으로 예상되는 시간대의 지역을 통과 또는 도착, 출발하는 항공교통의 흐름을 가장 적절한 수준으로 유지키 위함.

항공교통업무(Air traffic service): 비행정보업무, 경보업무, 항공교통조언업무, 항공교통관제업무(지역관제업무, 접근관제업무, 또는 비행장관제업무)등 여러 가지 의미를 가지는 일반적인 용어.

항공교통업무공역(Air traffic services airspaces): 특정한 형식의 비행이 이루어지고 항공교통업무와 운항규칙이 지정되어 있는 공역으로 알파벳순으로 설정됨.
 - ATS 공역은 부록4에 명시된 것처럼 A에서 G class까지 등급화 됨.

항공교통업무보고취급소(Air traffic services reporting office): 항공교통업무 및 출발 전에 제출하는 비행 계획서에 관한 보고를 접수하기 위하여 설치된 기관.
 - 항공교통업무보고취급소는 단독으로 또는 항공교통업무기관이나 항공정보 업무기관 등과 복합적으로 설치될 수 있음.

항공교통업무기관(Air traffic services unit): 항공교통관제기관, 비행 정보소 또는 항공교통업무보고취급소등 여러 가지 의미를 가지는 일반적인 용어.

항공로(Airway): 항행안전무선시설로 구성되는 회랑형태의 관제구역 또는 이의 한 부분.

ALERFA: 경보단계를 나타내는 용어.

경보업무(Alerting service): 수색 및 구조를 필요로 하는 항공기에 관한 사항을 관계 부서에 통보하고, 필요에 따라 동 관계 부서를 지원하기 위한 업무.

경보단계(Alert phase): 항공기와 탑승자의 안전에 우려가 되는 상황.

교체비행장(Alternate aerodrome): 착륙하고자 하는 비행장으로의 비행 또는 착륙이 불가능하거나, 부적절한 경우에 비행하고자 하는 교체비행장은 다음과 같이 분류한다.

이륙교체 비행장;(Take-off alternate): 이륙직후 착륙해야 할 필요가 발생했으나 출발비행장 사용이 불가능하게 되었을 때 항공기가 착륙할 수 있는 교체비행장.

비행중 교체 비행장(En-route alternate): 비행 중 비정상 또는 비상사태의 발생 시 항공기가 착륙할 수 있는 비행장.

ETOPS enroute alternate: ETOPS 운영중 항로상에서 엔진의 고장, 비상 또는 비 정상상태의 조우시 비행중에 착륙할수 있는 교체공항

목적지교체비행장;(Destination alternate): 착륙비행장에 착륙이 불가능하거나 부적절한 경우에 비행하고자 하는 교체비행장.
 - 출발비행장은 비행중 교체비행장 또는 목적지 교체비행장이 될 수도 있음.

고도(Altitude): 평균해면(mean sea level)으로부터 측정된 평면, 지점 또는 지점으로 간주되는 특정 물체까지의 수직거리.

접근관제기관(Approach control office): 하나 이상의 비행장에 도착 또는 출발하는 관제항공기에 대하여 항공교통관제업무를 제공하기 위해 설치된 기관.

접근관제업무(Approach control service): 도착 또는 출발하는 관제항공기에 대한 항공교통관제업무

관계항공교통업무당국(Appropriate ATS authority): 관련공역 내에서 항공교통업무를 제공할 책임이 있는 국가가 지정한 적절한 당국.

에이프론(Apron): 승객, 우편물, 또는 화물을 싣고 내리거나, 급유, 주기 또는 정비하는 항공기를 수용하기 위하여 육상비행장에 설정된 구역.

에이프론 관리업무(Apron management service): 에이프론 내에 있는 항공기 및 차량의 활동과 이동을 관리하는 업무.

지역관제소(Area control centre): 관할 관제구역내의 관제항공기에게 항공교통관제업무를 제공하기 위해 설치된 기관.

지역관제업무(Area control service): 관제구역내의 관제항공기에 대한 항공교통관제업무

지역항법(Area navigation (RNAV)): 지상항행안전시설의 유효범위 또는 자체 탑재장비의 성능한계 내에서, 또는 이러한 장비들을 결합하여 어떠한 비행방향으로든지 비행이 가능하게 하는 항행방법.

지역항법비행로(Area navigation route): 지역항법을 수행할 수 있는 항공기가 사용하도록 설정된 ATS 비행로.

ATS route: 항공교통업무의 제공이 필요하여 교통흐름의 소통경로로 설정한 특정 비행로.
 - ATS 비행로는 항공로, 조언비행로, 관제 또는 비관제비행로, 도착 또는 출발비행로 등 여러가지 의미를 가짐.

자동항행감시(Automatic dependent surveillance-broadcast(ADS-B)): 항공기와 비행장의 차량과 기타 이동 물체간에 사용되는 통신수단은 Data-Link로 통하는 전송방식으로 식별, 위치, 및 기타 필요자료를 자동적으로 송수신./ 자동차의 Navigation System
A means by which aircraft, aerodrome vehicles and other objects can automatically transmit and/or receive data such as identification, position and additional data, as appropriate, in a broadcast mode via a data link.

자동항행감시.(Automatic dependent surveillance – contract (ADS-C)): ADS-C 이용시 언어 수단은 지상 장비와 항공기간에 Data-Link로 통하게 되고 ADS-C 보고는 어떤 조건하에서 시작이 되고, 보고에 어떤 자료기 포함되어야 하는지에 대한 사전협의필요.
A means by which the terms of an ADS-C agreement will be exchanged between the ground system and the aircraft, via a data link, specifying under what conditions ADS-C reports would be initiated, and what data would be contained in the reports.
항공기 탑재장비와 지상의 고정시설로부터 얻어진 항공기 식별부호, 4차원적 위치 및 부가적인 자료 등의 관련자료를 Data link에 의하여 자동적으로 제공하는 항공기 감시기법

국지정보자동방송업무(Automatic terminal information service (ATIS)): 하루종일 또는 하루의 일정기간 동안 계속적이고 반복적인 방송으로 도착/출발 항공기에게 최신의 일상적인 정보를 제공하는 업무

- D-ATIS: Data link를 경유한 ATIS 제공
- Voice-ATIS: 계속적이고 반복적인 음성방송에 의한 ATIS 제공

Base turn: 항공기가 첫 접근하는 동안 외향진로의 끝과 중간 또는 최종 접근로의 시작 지점 사이에서 행하는 선회.
- Base turn은 각 절차별 상황에 따라, 수평비행 중 또는 강하비행 중에 실시하도록 정할 수 있음.

Change-Over Point: VOR로 구성된 ATS route로 비행하는 항공기가 후방의 시설로부터 전방의 시설로 기본항행 목표를 변경해야 하는 지점.
- Change-over point 는 두 시설사이의 모든 사용고도에서 신호의 강도 및 질을 고려하여 최적 균형을 유지하고, 비행로상의 동일한 부분을 따라 비행하는 모든 항공기가 방위정보를 동일 시설로부터 얻도록 하기 위해 설정함.

허가한계점(Clearance limit): 항공기가 진행하도록 항공교통관제허가를 받은 목표지점.

회의통신(Conference communications): 세 군데 이상의 장소에서 동시에 직접 통화할 수 있는 통신시설.

관제구역(Control area): 지구상의 일정한 고도한계로부터 상부의 특정높이까지 연장되는 관제공역.

관제비행장(Controlled aerodrome): 비행장교통에 대하여 항공교통관제업무를 제공하는 비행장.
- 관제비행장이란 용어는 항공교통관제업무가 비행장교통에 제공됨을 나타내고 있을 뿐이며, 관제권이 존재한다는 것을 의미하지는 않음.

관제공역(Controlled airspace): 공역등급에 따라 항공교통관제업무를 계기비행 또는 시계비행 항공기에게 제공하는 일정범위의 공역.
- 관제공역은 부록4에 수록되어 있는 항공교통업무(ATS) 공역등급 A,B,C,D 및 E를 포함하는 일반적인 용어임.

관제비행(Controlled flight): 항공교통관제 허가 하에 이루어지는 비행.

관제사-조종사 Data link 통신(Controller-pilot data link communications (CPDLC)): Data link를 이용한 관제사와 조종사간의 ATC 통신수단

관제권(Control zone): 지구표면으로부터 일정한 상부한계까지의 관제공역.

순항비행고도(Cruising level): 비행의 중요 부분동안 유지하는 고도.

주기적 용장도(용장도) 검사(Cyclic redundancy check (CRC)): 자료의 손실이나 대체에 대한 정확도를 제공하기 위한 자료의 문자표현에 적용된 수학적 알고리즘.

Data link 통신(Data link communications): Data link를 경유한 전문교환 통신방식

Data quality: Data 이용자의 요구를 충족하도록 자료의 정확성, 선명성 및 완전성을 제공하는 신뢰도

DETRESFA: 조난단계를 나타내는 용어.

Datum: 다른 용량의 계산에 기본이 되거나 참고로 사용되어지는 어떤 수량, 또는 일정용량
Declared Capacity: ATC 시스템에서 측정능력 이나 부속 하부 시스템 또는 항공기의 정상적인 활동기간동안 제공하는 운항상의 기준으로, 이는 당해공역을 책임지고있는 관제사의 업무능력에 영향을 미치는 기상, ATC 기관있는뉘력, 인원 및 장비있는이용가능성, 기타 다른 요인등 으로 인하여, 특정시간대에 특정구역에서 비행중인 항공기의 교통량을 말함.

DETRESFA: Distress 단계를 나타내는 코드부호

조난단계(Distress phase): 항공기 및 탑승자가 중대하고 절박한 위험에 처해 있으며 긴급한 도움이 필요하다는 상당한 확신이 있는 상황.

Downstream clearance: 항공기의 현 관제당국이 아닌 항공교통관제기관이 발부하는 허가

비상단계(Emergency phase): 불확실 단계, 경보단계 또는 조난단계의 의미를 가지는 일반적인 용어.

최종접근(Final approach): 정해진 최종접근지점에서 시작되는 계기 접근절차의 한 부분으로서, 그러한 지점이 정해져 있지 않을 경우.
  a) 최후의 절차선회, Base turn 또는 Base track 절차의 내향선회의 끝, 또는
  b) 접근절차에 명시된 최종진로진입지점에서 시작되어,
    - 착륙이 가능하거나, 또는
    - 실패접근절차가 시작되는, 비행장 주의의 지점에서 끝나는 계기접근절차의 한 부분

운항승무원(Flight crew member): 비행시간 중 항공기의 운항에 필수적인 임무를 수행하는 유자격 승무원

비행정보소(Flight information centre): 비행정보업무 및 경보업무를 제공하기 위해 설치한 기관.

비행정보구역(Flight information region): 비행정보업무 및 경보업무를 제공하는 일정한 범위의 공역.

비행정보업무(Flight information service): 안전하고 효율적인 비행에 유용한 조언 및 정보를 제공할 목적으로 수행하는 업무.

비행고도(Flight level): 특정한 기압(1013.2hpa)을 기준하여 특정한 기압간격으로 분리된 일정한 기압면.
  - 표준대기에 따라 조정된 기압형 고도계는:
    a) QNH 고도계수정치로 수정할 경우, 해발고도를 나타냄.
    b) QFE 고도계수정치로 수정할 경우, QFE 기준면으로부터 높이를 나타냄.
    c) 기압 1013.2 hpa로 수정할 경우, 비행고도(Flight level)를 나타냄.
  - 용어 "높이" 및 "고도"는 기하학적인 높이 및 고도보다는 고도계적인 것을 나타냄.

비행계획(Flight plan): 계획하는 비행 또는 비행의 한 부분에 관하여 항공교통업무기관에 제출하는 일정한 정보.
  - 비행계획에 관한 자세한 사항은 부속서 2에 수록되어 있음. "비행계획서 양식"이라 함은 PANS-RAC의 부록 2에 있는 비행계획서양식 견본을 뜻함.

예보(Forecast): 특정된 시간 또는 기간 및 특정한 지역 또는 공역에 예상되는 기상상태 보고.

측지학 자료(Geodetic datum): 전 세계적인 좌표체계에 대하여 국지적 좌표체계의 위치 및 방위를 정의하기 위한 최소변수

Gregorian Calendar: 일반적으로 달력을 말함. 1582년에 최초로 소개되었으며, Julian Calendar 보다 더 정확한 태양력임.(로마 교황 그레고리우스 13세가 제정한 태양력).
  ※ Julian calendar 율리우스력(Gregorian calendar 이전의 태양력) /365일을 기본으로 10년단위로 미 군에서 사용하는 일력: 2008.01.01은 08001로, 2008.12.31은 08365로 표기

높이(Height): 특정한 기준으로부터 일정한 고도. 지점 또는 지점으로 간주되는 물체까지의 수직거리.

인적요인원칙(Human Factors principles): 항공설계, 증명, 훈련, 운영 및 정비에 적용하는 원칙과 인간의 수행능력을 적당히 고려하여 인간과 다른 시스템 요소들과의 안전한 상호작용을 추구하는 원칙

인간수행능력(Human performance): 항공운항의 안전성 및 효율성에 영향을 미치는 인간의 능력 및 제한

IFR(instrument flight rules): 계기비행규칙을 나타내는 약어.

계기비행(IFR flight): 계기비행규칙에 따라 행하는 비행.

IMC(instrument meteorological conditions): 계기비행기상상태를 나타내는 약어.

INCERFA: 불확실 단계를 나타내는 용어.

준사고(Incident): 안전에 영향을 미치거나 미칠 수 있는, 항공기 운항과 관련된 accident 이외의 상황
 - 사고예방 연구와 관련하여 ICAO가 중요시하는 incidents의 종류는 ICAO Accident/Incident Reporting Manual(DOC9156)에 수록되어 있다.

계기비행기상상태(Instrument meteorological conditions (IMC)): 시계비행기상 최저치 미만으로서, 시정, 구름으로부터의 거리 및 운고로 표시되는 기상 상태.
 - 시계비행 기상 최저치는 제4절에 수록되어 있음.

항공자료의 정밀성기준(Integrity (aeronautical data)): 자료의 원천이나 인가된 수정이후 손실이나 대체가 없는 항공 자료의 완전도

국제항공고시보취급소(International NOTAM office): 항공고시보의 국제적 교환을 위하여 국가가 설치한 사무소.

고도(Level): 비행중인 항공기의 수직위치에 관련되는 일반적인 용어로서, 높이, 고도, 또는 비행고도 등 여러 가지 의미를 가진다.

기동지역(Manoeuvring area): 항공기의 이륙, 착륙 및 지상유도에 사용되는 비행장 내의 한 부분(에이프론 제외)

기상사무소(Meteorological office): 국제항공용 기상업무를 제공하기 위하여 설치한 사무소.

이동지역(Movement area): 기동지역 및 에이프론으로 구성되며 항공기의 이륙, 착륙 및 지상유도용으로 사용되는 비행장내의 한 부분.

항공고시보(NOTAM): 비행업무에 종사하는 자가 적시에 필수적으로 알아야 하는 항공시설, 서비스, 절차 또는 장애의 신설, 상태 또는 그 변경에 관한 정보를 수록하고 있는 공고문을 무선통신에 의하여 배포하는 고시보.

Obstacle: 잠정적이던, 영구적이던 고정물 또는 이동물체, 또는 부분으로서 항공기의 비행안전을 보호하기 위한 항공기 이동구역 표면상에 돌출한 물체

운용자(Operator): 항공기운항에 종사하거나 또는 종사하고자 하는 사람, 단체 또는 기업.

기장(Pilot-in-command): 비행의 안전을 책임지고 지휘권을 갖도록 운영자나 항공기 소유자로부터 지정된 조종사(2001.11.1.부터 발효)

인쇄통신(Printed communications): 수발하는 모든 전문을 각 단말기에서 자동으로 인쇄하여 기록하는 통신.

Radio Telephony: 무선통신을 기본으로 음성정보를 교환하기 위한 형태

보고지점(Reporting point): 항공기가 위치를 보고하는 일정한 지리적 장소.

항행성능기준(Required navigation performance (RNP)): 한정된 공역 내에서 운항할 때 필요로 하는 항행성능 정확도를 나타내는 용어.
 - 항행성능 및 요구는 특별한 RNP 형식 그리고/또는 적용을 위해 정의됨.

구조조정센터(Rescue co-ordination centre): 수색 및 구조업무체제를 효율적으로 발전시키고, 수색 및 구조구역 내에서의 수색 및 구조작업을 조정할 책임이 있는 기관.

항행성능기준형식(RNP type): 전체비행시간의 95퍼센트 이상을 계획된 지점으로부터 해상마일로 표시되는 거리 안에서 비행이 이루어져야 하는 봉쇄구역 수치.
 - RNP4는 전체비행시간의 95%이상을 정해진 진로로부터 +/-7.4km(4NM)의 항행 정확도를 유지하면서 비행해야 한다는 것을 나타냄.

활주로(Runway): 항공기의 착륙 및 이륙을 위하여 육상비행장에 설치된 일정한 장방형구역.

활주로 가시거리(Runway visual range (RVR)): 활주로의 중심선에 있는 항공기의 조종사가 활주로의 윤곽을 나타내거나 또는 활주로의 중심선을 표시하는 활주로표면표시 또는 등화를 볼 수 있는 거리.

악기상정보(SIGMET information): 항공기의 안전운항에 영향을 미치는 특정항로기상현상이 발생하였거나 발생할 것으로 예상될 경우 기상감시사무소에서 발행하는 정보.

중요지점(Significant point): ATS route나 비행로를 나타내고, 또 다른 항행 및 ATS 목적을 위하여 사용되는 특정한 지리적 위치.

특별시계비행(Special VFR flight): 관제권내에서 시계비행기상상태 미만의 기상상태에서 비행하도록 항공교통관제기관이 인가한 관제시계비행.

Station Declination: VOR 기지국을 점검시 진북과 방위각간에 편차를 나타내는 경사각도

지상유도(Taxiing): 이륙 및 착륙을 제외하고 자체동력에 의한 비행장표면에서의 항공기이동.

공항관제구역(Terminal control area): 통상 한 개 또는 두 개 이상의 주요비행장 근처에 있는 항공로 합류지점에 설치되는 관제구역.

항적(Track): 지구표상에 투영된 항공기 통행로로서, 방향이 어떤 지점에서든 북쪽(진북, 자북 또는 Grid North)으로부터의 각도로 표시된다.

교통충돌조언(Traffic avoidance advice): 충돌을 방지하기 위하여 항공교통업무기관에서 조종사에게 제공하는 특정 기동체에 관한 조언.

교통정보(Traffic information): 항공기 근처나 비행로 주위에 알려졌거나 관측된 항공기가 있거나 충돌을 방지하기 위하여 항공교통업무기관에서 조종사에게 발급하는 정보.

관제권이양지점(Transfer of control point): 항공기에 대한 항공교통관제업무 제공책임이 한 관제기관 또는 관제위치에서 다음으로 이양되는, 비행로 상에 위치하는 지점.

이양기관(Transferring unit): 한 항공기에 대한 항공교통관제업무 제공책임을 다음 항공교통관제기관으로 이양하는 항공교통관제기관.

불확실단계(Uncertainty phase): 항공기 및 탑승자의 안전이 불확실한 상황.

시계비행 기상상태(Visual meteorological conditions (VMC)): 특정 최저치 이상의 시정, 구름으로부터의 거리 및 운고로 표시하는 기상상태.

Way-point: 지역항법비행로 또는 지역항법으로 비행하고 있는 항공기의 비행로를 표시하는데 사용되는 특정된 지리적 위치.

Fly-by way-point: 비행로 또는 절차의 다음구역 접선 교차지점을 선회비행 하도록 하는 지점

Fly-over way-point: 비행로 또는 절차의 다음구역을 결합하기 위하여 선회가 시작되는 지점

2 일반사항

1. 당국의 설정

가. 본 부속서의 규정에 의거, 체약국은 공역관할권을 갖고 있는 영역에 대하여 ATS 업무가 제공되는 공역과 비행장을 지정하고 제공될 업무를 결정하여야 한다

- 상호협정에 의거, 타국에 자국내의 비행정보구역, 관제구역 또는 관제권내에 항공교통업무를 설정하고 제공할 책임을 위임 하는 것도 가능
- 항공교통업무를 타국에 위임하드라도 주권이 손상되는 것은 아니며, 양국간 협정에 의거 운용하고 필요시 파기할 수 있음
  ※ 1952.7 ~ 1957.12: 주한 미군
  ※ 1958.1 ~ 1995. 2: 국방부
  ※ 1995.3 ~ 현   재: 국토교통부

□ 항공안전법 제78조(공역 등의 지정)
① 국토교통부장관은 공역을 체계적이고 효율적으로 관리하기 위하여 필요하다고 인정할 때에는 비행정보구역을 다음 각 호의 공역으로 구분하여 지정·공고할 수 있다.
  1. 관제공역: 항공교통의 안전을 위하여 항공기의 비행 순서·시기 및 방법 등에 관하여 제84조제1항에 따라 국토교통부장관 또는 항공교통업무증명을 받은 자의 지시를 받아야 할 필요가 있는 공역으로서 관제권 및 관제구를 포함하는 공역
  2. 비관제공역: 관제공역 외의 공역으로서 항공기의 조종사에게 비행에 관한 조언·비행정보 등을 제공할 필요가 있는 공역
  3. 통제공역: 항공교통의 안전을 위하여 항공기의 비행을 금지하거나 제한할 필요가 있는 공역
  4. 주의공역: 항공기의 조종사가 비행 시 특별한 주의·경계·식별 등이 필요한 공역
② 국토교통부장관은 필요하다고 인정할 때에는 국토교통부령으로 정하는 바에 따라 제1항에 따른 공역을 세분하여 지정·공고할 수 있다.
③ 제1항 및 제2항에 따른 공역의 설정기준 및 지정절차 등 그 밖에 필요한 사항은 국토교통부령으로 정한다.

나. 공해상 또는 주권이 불분명한 공역은 지역항행회의결정에 따라 업무제공

다. 항공교통업무를 제공하기로 결정된 국가는 ATS 업무제공 책임기관지정
 - 항공교통업무를 제공하는 책임기관은 국가 또는 적절한 기관이다.
 - 다음과 같은 경우에는 전부 또는 일부의 항공교통관제업무를 국제선 항공기에게 제공시 고려할 요소로는
   (상황1) 항로의 일부로서, 항공교통관제업무를 제공하는 국가의 영역하에 있는 경우.
   (상황2) 항로의 일부로서, 상호협정에 의거, 항공교통관제업무를 다른 국가에 위임하여 제공하는 경우.: 일본 후꾸오까 상해간 A-593 항로
   (상황3) 공해상에 항로가 포함된 경우, 또는 다른 국가의 동의하에 항공교통관제업무의 책임을 수락한 경우.

   이 부속서의 목적상 항공교통관제업무의 책임기관을 지정하는 국가는
   (상황1) 관련 공역을 관할하는 국가
   (상황2) 항공교통관제업무의 제공을 위임받은 국가
   (상황3) 항공교통관제업무의 제공을 인수받은 국가

라. 항공교통관제업무가 제공되는 곳에서는 그러한 업무가 제공된다는 정보를 알려야 한다.

2. 항공교통업무의 목적

   a) 항공기간의 충돌방지
   b) 기동지역내의 항공기와 장애물간의 충돌방지
   c) 신속하고 질서있는 항공교통의유지
   d) 안전하고 효율적인 비행업무에 유용한 조언 및 정보의 제공
   e) 수색 및 구조를 필요로 하는 항공기에 대하여 관계기관에 통보하고, 필요시 관계기관에 협력

3. 항공교통업무의 구분

가. 항공교통관제업무는 다음과 같은 3가지로 구분 된다

a) 관제하에서 비행중인 항공기에 대한 지역관제업무/2.2항의 a항
b) 2.2항의 a항, c항에 관련된 도착 및 출발항공기에 대한 진입관제/접근 관제업무
c) 접근 관제업무를 제외한 비행장 주위 및 기동구역내에서 운항하는 항공기에게 제공 하는 비행장관제업무

□ 항공안전법 제83조(항공교통업무의 제공 등)
① 국토교통부장관 또는 항공교통업무증명을 받은 자는 비행장, 공항, 관제권 또는 관제구에서 항공기 또는 경량항공기 등에 항공교통관제 업무를 제공할 수 있다.
② 국토교통부장관 또는 항공교통업무증명을 받은 자는 비행정보구역에서 항공기 또는 경량항공기의 안전하고 효율적인 운항을 위하여 비행장, 공항 및 항행안전시설의 운용 상태 등 항공기 또는 경량항공기의 운항과 관련된 조언 및 정보를 조종사 또는 관련 기관 등에 제공할 수 있다.
③ 국토교통부장관 또는 항공교통업무증명을 받은 자는 비행정보구역에서 수색·구조를 필요로 하는 항공기 또는 경량항공기에 관한 정보를 조종사 또는 관련 기관 등에 제공할 수 있다.
④ 제1항부터 제3항까지의 규정에 따라 국토교통부장관 또는 항공교통업무증명을 받은 자가 하는 업무(이하 "항공교통업무"라 한다)의 제공 영역, 대상, 내용, 절차 등에 필요한 사항은 국토교통부령으로 정한다.

• 항공안전법 시행규칙 세227조(항공교통업무 제공 영역 등)
① 법 제83조제4항에 따른 항공교통업무의 제공 영역은 법 제83조제1항에 따른 비행장·공항 및 공역으로 한다.
② 법 제83조제4항에 따라 비행정보구역 내의 공해상(公海上)의 공역에 대한 항공교통업무의 제공은 항공기의 효율적인 운항을 위하여 국제민간항공기구에서 승인한 지역별 다자간협정(이하 "지역항행협정"이라 한다)에 따른다.

• 항공안전법 시행규칙 제228조(항공교통업무의 목적 등)
① 법 제83조제4항에 따른 항공교통업무는 다음 각 호의 사항을 주된 목적으로 한다.
  1. 항공기 간의 충돌 방지

2. 기동지역 안에서 항공기와 장애물 간의 충돌 방지
   3. 항공교통흐름의 질서유지 및 촉진
   4. 항공기의 안전하고 효율적인 운항을 위하여 필요한 조언 및 정보의 제공
   5. 수색·구조를 필요로 하는 항공기에 대한 관계기관에의 정보 제공 및 협조
② 제1항에 따른 항공교통업무는 다음 각 호와 같이 구분한다.
   1. 항공교통관제업무: 제1항제1호부터 제3호까지의 목적을 수행하기 위한 다음 각 목의 업무
      가. 접근관제업무: 관제공역 안에서 이륙이나 착륙으로 연결되는 관제비행을 하는 항공기에 제공하는 항공교통관제업무
      나. 비행장관제업무: 비행장 안의 기동지역 및 비행장 주위에서 비행하는 항공기에 제공하는 항공교통관제업무로서 접근관제업무 외의 항공교통관제업무(이동지역 내의 계류장에서 항공기에 대한 지상유도를 담당하는 계류장관제업무를 포함한다)
      다. 지역관제업무: 관제공역 안에서 관제비행을 하는 항공기에 제공하는 항공교통관제업무로서 접근관제업무 및 비행장관제업무 외의 항공교통관제업무
   2. 비행정보업무: 비행정보구역 안에서 비행하는 항공기에 대하여 제1항제4호의 목적을 수행하기 위하여 제공하는 업무
   3. 경보업무: 제1항제5호의 목적을 수행하기 위하여 제공하는 업무

4. 항공교통업무 제공에 필요한 결정 요인

가. 항공교통업무의 제공 필요성은 다음사항을 고려하여야함

   a) 항공교통이 이루어지는 형태
   b) 항공교통량
   c) 기상 조건
   d) 기타 관계되는 사항
   - 관련요소가 많기 때문에 주어진 지역 또는 장소에서의 항공교통업무제공 필요성을 결정할 특정한 자료를 개발할 수 없었음
     a) 속도가 서로 다른 항공기들이 여러 형태로 비행할 때는 항공교통업무의 제공이 필요하나 상대적으로 한종류의 항공기만 운항할 경우에는 그러하지 아니함

b) 기상상태에 따라 비행이 결정되는 경우
c) 운항빈도가 적을지라도, 넓은 수면, 산악지대, 사막 등과 같은 곳에서는 항공교통업무의 제공이 필요함

• 항공안전법 시행규칙 제221조(공역의 구분·관리 등)
① 법 제78조제2항에 따라 국토교통부장관이 세분하여 지정·공고하는 공역의 구분은 별표 23과 같다.
② 법 제78조제3항에 따른 공역의 설정기준은 다음 각 호와 같다.
  1. 국가안전보장과 항공안전을 고려할 것
  2. 항공교통에 관한 서비스의 제공 여부를 고려할 것
  3. 이용자의 편의에 적합하게 공역을 구분할 것
  4. 공역이 효율적이고 경제적으로 활용될 수 있을 것
③ 제1항에 따른 공역 지정 내용의 공고는 항공정보간행물 또는 항공고시보에 따른다.
④ 법 제78조제3항에 따라 공역 구분의 세부적인 설정기준과 지정절차, 항공기의 표준 출발·도착 및 접근 절차, 항공로 등의 설정에 필요한 세부 사항은 국토교통부장관이 정하여 고시한다.

나. 공중충돌경고장치(ACAS)를 탑재한 항공기의 운항구역 내에서는 항공교통업무의 필요성 결정요인이 될 수 없음.

• 항공안전법 시행규칙 제109조(사고예방장치 등)
① 법 제52조제2항에 따라 사고예방 및 사고조사를 위하여 항공기에 갖추어야 할 장치는 다음 각 호와 같다. 다만, 국제항공노선을 운항하지 아니하는 헬리콥터의 경우에는 제2호 및 제3호의 장치를 갖추지 아니할 수 있다.
  1. 다음 각 목의 어느 하나에 해당하는 비행기에는 「국제민간항공협약」 부속서 10에서 정한 바에 따라 운용되는 공중충돌경고장치(Airborne Collision Avoidance System, ACAS Ⅱ) 1기 이상
    가. 항공운송사업에 사용되는 모든 비행기. 다만, 소형항공운송사업에 사용되는 최대이륙중량이 5천 700킬로그램 이하인 비행기로서 그 비행기에 적합한 공중충돌경고장치가 개발되지 아니하거나 공중충돌경고장치를 장착하기 위하여 필요한 비행기 개조 등의 기술이 그 비행기의 제작자 등에 의하여 개발되지 아니한 경우에는 공중충돌경고장치를 갖추지 아니 할 수 있다.

나. 2007년 1월 1일 이후에 최초로 감항증명을 받는 비행기로서 최대이륙중량이 1만5천킬로그램을 초과하거나 승객 30명을 초과하여 수송할 수 있는 터빈발동기를 장착한 항공운송사업 외의 용도로 사용되는 모든 비행기

다. 2008년 1월 1일 이후에 최초로 감항증명을 받는 비행기로서 최대이륙중량이 5,700킬로그램을 초과하거나 승객 19명을 초과하여 수송할 수 있는 터빈발동기를 장착한 항공운송사업 외의 용도로 사용되는 모든 비행기

2. 다음 각 목의 어느 하나에 해당하는 비행기 및 헬리콥터에는 그 비행기 및 헬리콥터가 지표면에 근접하여 잠재적인 위험상태에 있을 경우 적시에 명확한 경고를 운항승무원에게 자동으로 제공하고 전방의 지형지물을 회피할 수 있는 기능을 가진 지상접근경고장치(Ground Proximity Warning System) 1기 이상

가. 최대이륙중량이 5,700킬로그램을 초과하거나 승객 9명을 초과하여 수송할 수 있는 터빈발동기를 장착한 비행기

나. 최대이륙중량이 5,700킬로그램 이하이고 승객 5명 초과 9명 이하를 수송할 수 있는 터빈발동기를 장착한 비행기

다. 최대이륙중량이 5,700킬로그램을 초과하거나 승객 9명을 초과하여 수송할 수 있는 왕복발동기를 장착한 모든 비행기

라. 최대이륙중량이 3,175킬로그램을 초과하거나 승객 9명을 초과하여 수송할 수 있는 헬리콥터로서 계기비행방식에 따라 운항하는 헬리콥터

3. 다음 각 목의 어느 하나에 해당하는 항공기에는 비행자료 및 조종실 내 음성을 디지털 방식으로 기록할 수 있는 비행기록장치 각 1기 이상

가. 항공운송사업에 사용되는 터빈발동기를 장착한 비행기. 이 경우 비행기록장치에는 25시간 이상 비행자료를 기록하고, 2시간 이상 조종실 내 음성을 기록할 수 있는 성능이 있어야 한다.

나. 승객 5명을 초과하여 수송할 수 있고 최대이륙중량이 5,700킬로그램을 초과하는 비행기 중에서 항공운송사업 외의 용도로 사용되는 터빈발동기를 장착한 비행기. 이 경우 비행기록장치에는 25시간 이상 비행자료를 기록하고, 2시간 이상 조종실 내 음성을 기록할 수 있는 성능이 있어야 한다.

다. 1989년 1월 1일 이후에 제작된 헬리콥터로서 최대이륙중량이 3천 180킬로그램을 초과하는 헬리콥터. 이 경우 비행기록장치에는 10시간 이상 비행자료를 기록하고, 2시간 이상 조종실 내 음성을 기록할 수 있는 성능이 있어야 한다.

라. 그 밖에 항공기의 최대이륙중량 및 제작 시기 등을 고려하여 국토교통부장관이 필요하다고 인정하여 고시하는 항공기

4. 최대이륙중량이 5,700킬로그램을 초과하거나 승객 9명을 초과하여 수송할 수 있는 터빈발동기(터보프롭발동기는 제외한다)를 장착한 항공운송사업에 사용되는 비행기에는 전방돌풍경고장치 1기 이상. 이 경우 돌풍경고장치는 조종사에게 비행기 전방의 돌풍을 시각 및 청각적으로 경고하고, 필요한 경우에는 실패접근(missed approach), 복행(go-around) 및 회피기동(escape manoeuvre)을 할 수 있는 정보를 제공하는 것이어야 하며, 항공기가 착륙하기 위하여 자동착륙장치를 사용하여 활주로에 접근할 때 전방의 돌풍으로 인하여 자동착륙장치가 그 운용한계에 도달하고 있는 경우에는 조종사에게 이를 알릴 수 있는 기능을 가진 것이어야 한다.
5. 최대이륙중량 2만 7천킬로그램을 초과하고 승객 19명을 초과하여 수송할 수 있는 항공운송사업에 사용되는 비행기로서 15분 이상 해당 항공교통관제기관의 감시가 곤란한 지역을 비행하는 하는 경우 위치추적 장치 1기 이상

② 제1항제2호에 따른 지상접근경고장치는 다음 각 호의 구분에 따라 경고를 제공할 수 있는 성능이 있어야 한다.
  1. 제1항제2호가목에 해당하는 비행기의 경우에는 다음 각 목의 경우에 대한 경고를 제공할 수 있을 것
    가. 과도한 강하율이 발생하는 경우
    나. 지형지물에 대한 과도한 접근율이 발생하는 경우
    다. 이륙 또는 복행 후 과도한 고도의 손실이 있는 경우
    라. 비행기가 다음의 착륙형태를 갖추지 아니한 상태에서 지형지물과의 안전거리를 유지하지 못하는 경우
      1) 착륙바퀴가 착륙위치로 고정
      2) 플랩의 착륙위치
    마. 계기활공로 아래로의 과도한 강하가 이루어진 경우
  2. 제1항제2호나목 및 다목에 해당하는 비행기와 세1항제2호라목에 해당하는 헬리콥터의 경우에는 다음 각 목의 경우에 대한 경고를 제공할 수 있을 것
    가. 과도한 강하율이 발생되는 경우
    나. 이륙 또는 복행 후에 과도한 고도의 손실이 있는 경우
    다. 지형지물과의 안전거리를 유지하지 못하는 경우
③ 제1항제3호에 따른 비행기록장치의 종류, 성능, 기록하여야 하는 자료, 운영방법, 그 밖에 필요한 사항은 법 제77조에 따라 고시하는 운항기술기준에서 정한다.
④ 제1항제3호에도 불구하고 다음 각 호의 어느 하나에 해당하는 경우에는 비행기록장치를 장착하지 아니할 수 있다.

1. 제3항에 따른 운항기술기준에 적합한 비행기록장치가 개발되지 아니하거나 생산되지 아니하는 경우
2. 해당 항공기에 비행기록장치를 장착하기 위하여 필요한 항공기 개조 등의 기술이 그 항공기의 제작사 등에 의하여 개발되지 아니한 경우

※ ACAS 개발배경 및 주요내용
- 1956년 그랜드케니언 상공에서 항공기간 공중충돌사고가 발생하자 이에 대한 공중충돌예방장비의 개발 필요성 대두.
- 1970년 TCAS 개발 및 시험평가
- 1981년 Transponder S-Mode를 이용한 TCAS-Ⅱ개발.
- 1989년 FAA에서 TCAS-Ⅱ 운용절차 마련.
- 1990년 4월9일 미 의회에서 항공기에 사용승인
- 1993년 12월30일 미 연방항공청에서 모든 미국취항 외국항공사(30인 이상수송)에 TCAS-Ⅱ 장착의무화
- 1997년 국제민간항공기구에서 부속서 6에 TCAS 장착의무화 기준 설정

5. 항공교통업무가 제공되는 공역 및 관제비행장의 지정

가. 항공교통 관제업무가 제공되는 공역 과 특정공역을 지정하고, 그 공역을 관장 하는 기관을 지정한다.

나. 특정공역, 특정공항의 지정은 다음과 같음
  1) 비행정보구역: 비행정보업무, 경보업무를 제공하는 공역을 비행정보구역으로 지정

다. 관제구역 및 관제권
  1) 계기비행항공기에게 관제업무를 제공하는 공역을 관제구역 및 관제권으로 지정
    - 관제구와 관제권의 구분은 2.9를 참조
  2) 관제공역으로서 시계비행항공기에게 항공교통관제업무를 제공하는 공역을 A, B, C 등급으로 지정한다.
  3) 비행정보구역, 관제구, 관제권의 지정은 비행정보구역의 일부로 형성된다.

라. 관제비행장: 비행장 주위에서 운항하는 항공기에게 관제업무를 제공하는 비행장

6. 공역의 등급

가. ATS 공역은 다음과 같이 등급화되어 지정되어진다(○ 표식은 FAA 기준임)

A급: IFR 항공기만 허용.
　　　모든 항공기는 항공교통관제업무가 제공되며, 항공기간에는 분리된다.
　○ 적극관제구역/18000피트이상 60000피트이하
　○ 모든 항공기는 Mode C Transponder를 장착하여야 함

B급: IFR 비행 및 VFR비행 허용, 모든 항공기는 항공교통관제지시에 따라 비행해야하며, 각 항공기간 분리가 유지됨
　○ 국지관제구역
　○ 한 개 이상의 주변공항을 포함한 공항의 주변공역

C급: IFR 비행 및 VFR 비행 허용, 모든 항공기는 항공교통관제지시에 따라 비행
　○ 공항레이더 업무구역
　○ 한 개 이상의 주공항을 포함한 공항의 주변공역

D급: IFR 비행 및 VER 비행허용, 모든 항공기는 항공교통관제지시에 따라 비행, IFR항공기는 다른 IFR 항공기로부터 분리되고, VFR 항공기에 관한 교통정보를 제공받음, VFR 항공기는 다른 모든 항공기에 관한 교통정보를 제공받음
　○ 관제권/공항교통관제구역
　○ 한 개 이상의 주 공항을 포함한 공항의 주변공역

E급: IFR 비행 및 VFR 비행 허용, IFR 항공기는 항공교통관제지시에 따라 비행, 다른 IFR 항공기로부터 분리, 모든 항공기는 가능한 한 교통정보를 제공받음
　○ 일반관제공역/관제탑이 없는 공항
　○ 고도 14,500피트 이상 18,000피트 이하, Jet 항공기용 고도
　○ 60,000피트 이상 단 SST항공기용 고고도

F급: IFR 비행 및 VFR 비행 허용, 관계되는 IFR 항공기만 항공교통조언업무를 제공 받음, 모든 항공기는 요청겿되는거 비행정보업무를 제공받음
　○ 공역유보

G급: IFR 비행 및 VFR 비행이 허용되며, 요청에 의거 비행정보제공
　○ 공역유보

※ ICAO 공역등급화 구조

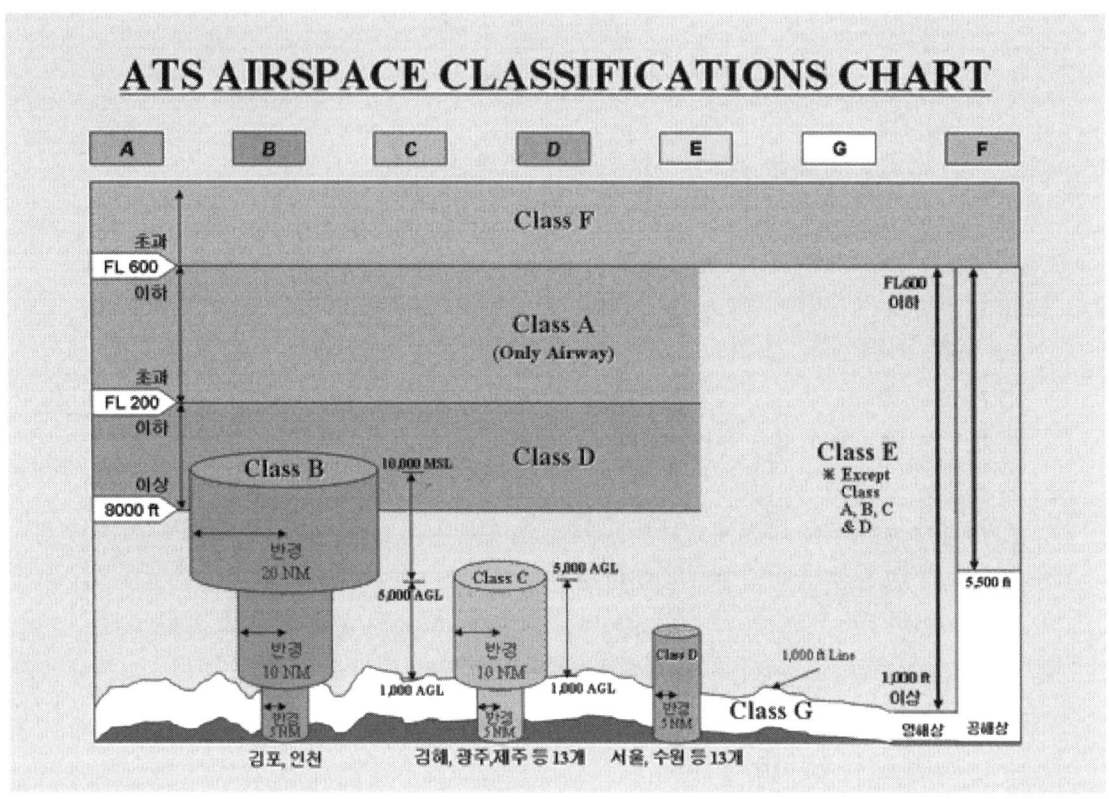

나. 관할국가는 필요에 따라 공역의 등급을 선정 한다

다. 공역 등급 내에서의 비행기준은 부록4 에 있음

□ 항공안전법 제78조(공역 등의 지정)
① 국토교통부장관은 공역을 체계적이고 효율적으로 관리하기 위하여 필요하다고 인정할 때에는 비행정보구역을 다음 각 호의 공역으로 구분하여 지정·공고할 수 있다.
  1. 관제공역: 항공교통의 안전을 위하여 항공기의 비행 순서·시기 및 방법 등에 관하여 제84조 제1항에 따라 국토교통부장관 또는 항공교통업무증명을 받은 자의 지시를 받아야 할 필요가 있는 공역으로서 관제권 및 관제구를 포함하는 공역
  2. 비관제공역: 관제공역 외의 공역으로서 항공기의 조종사에게 비행에 관한 조언·비행정보 등을 제공할 필요가 있는 공역
  3. 통제공역: 항공교통의 안전을 위하여 항공기의 비행을 금지하거나 제한할 필요가 있는 공역
  4. 주의공역: 항공기의 조종사가 비행 시 특별한 주의·경계·식별 등이 필요한 공역
② 국토교통부장관은 필요하다고 인정할 때에는 국토교통부령으로 정하는 바에 따라 제1항에 따른 공역을 세분하여 지정·공고할 수 있다.
③ 제1항 및 제2항에 따른 공역의 설정기준 및 지정절차 등 그 밖에 필요한 사항은 국토교통부령으로 정한다.

• 항공안전법 시행규칙 제221조(공역의 구분·관리 등) ① 법 제78조제2항에 따라 국토교통부장관이 세분하여 지정·공고하는 공역의 구분은 별표 23과 같다.
② 법 제78조제3항에 따른 공역의 설정기준은 다음 각 호와 같다.
  1. 국가안전보장과 항공안전을 고려할 것
  2. 항공교통에 관한 서비스의 제공 여부를 고려할 것
  3. 이용자의 편의에 적합하게 공역을 구분할 것
  4. 공역이 효율적이고 경제적으로 활용될 수 있을 것
③ 제1항에 따른 공역 지정 내용의 공고는 항공정보간행물 또는 항공고시보에 따른다.
④ 법 제78조제3항에 따라 공역 구분의 세부적인 설정기준과 지정절차, 항공기의 표준 출발·도착 및 접근 절차, 항공로 등의 설정에 필요한 세부 사항은 국토교통부장관

1. 제공하는 항공교통업무에 따른 구분

구분		내용
관제공역	A 등급 공역	모든 항공기가 계기비행을 하여야 하는 공역
	B 등급 공역	계기비행 및 시계비행을 하는 항공기가 비행가능하고, 모든 항공기에 분리를 포함한 항공교통관제업무가 제공되는 공역
	C 등급 공역	모든 항공기에 항공교통관제업무가 제공되나, 시계비행을 하는 항공기간에는 비행정보업무만 제공되는 공역
	D 등급 공역	모든 항공기에 항공교통관제업무가 제공되나, 계기비행을 하는 항공기와 시계비행을 하는 항공기 및 시계비행을 하는 항공기간에는 비행정보업무만 제공되는 공역
	E 등급 공역	계기비행을 하는 항공기에 항공교통관제업무가 제공되고, 시계비행을 하는 항공기에 비행정보업무가 제공되는 공역
비관제공역	F 등급 공역	계기비행을 하는 항공기에 비행정보업무와 항공교통조언업무가 제공되고, 시계비행항공기에 비행정보업무가 제공되는 공역
	G 등급 공역	모든 항공기에 비행정보업무만 제공되는 공역

2. 공역의 사용목적에 따른 구분

구분		내용
관제공역	관제권	「항공안전법」 제2조제25호에 따른 공역으로서 비행정보구역 내의 B, C 또는 D 등급 공역 중에서 시계 및 계기비행을 하는 항공기에 대하여 항공교통관제업무를 제공하는 공역
	관제구	「항공안전법」 제2조제26호에 따른 공역(항공로 및 접근관제구역을 포함한다)으로서 비행정보구역 내의 A, B, C, D 및 E 등급 공역에서 시계 및 계기비행을 하는 항공기에 대하여 항공교통관제업무를 제공하는 공역
	비행장 교통구역	「항공안전법」 제2조제25호에 따른 공역 외의 공역으로서 비행정보구역 내의 D등급에서 시계비행을 하는 항공기 간에 교통정보를 제공하는 공역
비관제공역	조언구역	항공교통조언업무가 제공되도록 지정된 비관제공역
	정보구역	비행정보업무가 제공되도록 지정된 비관제공역

구분		내용
통제공역	비행금지구역	안전, 국방상 그 밖의 이유로 항공기의 비행을 금지하는 공역
	비행제한구역	항공사격·대공사격 등으로 인한 위험으로부터 항공기의 안전을 보호하거나 그 밖의 이유로 비행허가를 받지 아니한 항공기의 비행을 제한하는 공역
	초경량비행장치 비행제한구역	초경량비행장치의 비행안전을 확보하기 위하여 초경량비행장치의 비행활동에 대한 제한이 필요한 공역
주의공역	훈련구역	민간항공기의 훈련공역으로서 계기비행항공기로부터 분리를 유지할 필요가 있는 공역
	군작전구역	군사작전을 위하여 설정된 공역으로서 계기비행항공기로부터 분리를 유지할 필요가 있는 공역
	위험구역	항공기의 비행시 항공기 또는 지상시설물에 대한 위험이 예상되는 공역
	경계구역	대규모 조종사의 훈련이나 비정상 형태의 항공활동이 수행되는 공역

7. 항행성능기준

가. 항공항행성능기준의 종류는 국가에 의해 규정되어 진다

나. RNP1, RNP4, RNP12.6 그리고 RNP20의 항행성능기준은 가능한 속히 적용되어져야 하다. 한국의 경우 RNP 5에 준하여 항로가 설정되어있고 그렇게 운용되고 있음.

다. 규정된 항행성능기준의 종류는 관련공역내에서 통신, 항행 그리고 항공교통업무를 제공하는데 적합한 수준이어야 한다.
※ 적용 가능한 항행성능기준규정(RNP)은 ICAO Doc 9613 에 있음

8. 통신성능기준(RCP)

가. 항공통신성능기준의 종류는 국가에 의해 규정되어진다

나. 규정된 통신성능기준의 종류는 관련공역내에서 항공교통업무를 제공하는데 적합한 수준이어야 한다.
 - 적용 가능한 항공통신 성능의 형태와 관련된 절차는 항공통신성능(RCP) 교본에 공고될 것입니다. (Doc 9869)

9. ATS가 제공되는 기관

가. 비행 정보 센터
 - 비행정보구역내의 항공기에게 비행정보 및 경보업무 제공
 ※ 항공교통관제소는 우리나라 전 공역을 관할하는 항공교통관제기관으로서, 관할 공역내를 비행하는 모든 항공기에 대하여 안전하고 신속한 항행을 위해 24시간 무중단 항공교통관제업무를 수행하고 있으며, 항공교통관제업무, 비행정보제공업무, 수색구조업무 등의 업무를 수행.

나. 항공교통 관제기관
 - 관제구 및 관제권내와 비행장내의 관제, 비행정보 및 경보업무 제공

다. 비행정보구역, 관제권 및 관제구

라. 항공교통업무가 제공되는 공역의 획정은 국가의 경계선보다는 항로 구조와 효율적인 서비스 필요성에 따라 획정되어져야 한다
 ※ 국제민간항공기구는 전세계공역을 8개 권역으로 나누고, 각 권역별 비행정보구역을 각 체약국 별로 분담 배정하여 전 세계의 공역이 누락되지 않도록 함으로서 항공기의 안전을 확보하고 있다.

마. 비행 정보 구역
 1) 비행정보구역은 동구역내의 항로구조를 포함하여 설정

2) 비행정보구역은 수평범위내의 모든 공역이 포함되어야 함. 다만, 고고도 비행정보 구역으로 범위가 제한되는 경우에는 예외로 함.
3) 비행정보구역이 상.하로 구분될 경우, 저고도 비행정보구역의 상부한계는 고고도 비행 정보구역의 하부한계와 일치하여야한다

※ **한국의 비행정보구역 제정 배경**
 - 1955년10월: 제1차 태평양지역 항공항행회의(필리핀 마닐라)에서 우리 나라공역을 포함한 동경 비행정보구역 설정
 - 1959년5월: 아.태평양 지역 태국 지역사무소에 대구비행정보구역 설정안 제출
 - 1962년9월: 제2차 태평양지역 항공항행회의(싱가폴)에서 우리나라가 제안한 대구FIR 설정안이 투표(단순과반수 방식)에 의하여 통과.
   ◦ 찬성: 3개국(한국, 대만, 미국)
   ◦ 반대: 1개국(일본)
   ◦ 기권국: 8개국(호주, 캐나다, 프랑스, 네덜란드, 뉴질랜드, 필리핀, 태국, 영국)
   ◦ 1963년5월9일: ICAO이사회는 대구FIR중 일본이 반대하고 있는 공역에 대한 중재안을 제시 하였고, 이를 한.일 양국이 수락함에 따라 현 인천 FIR이 확정

○ 대구 비행정보구역 설정당시(1962.9)

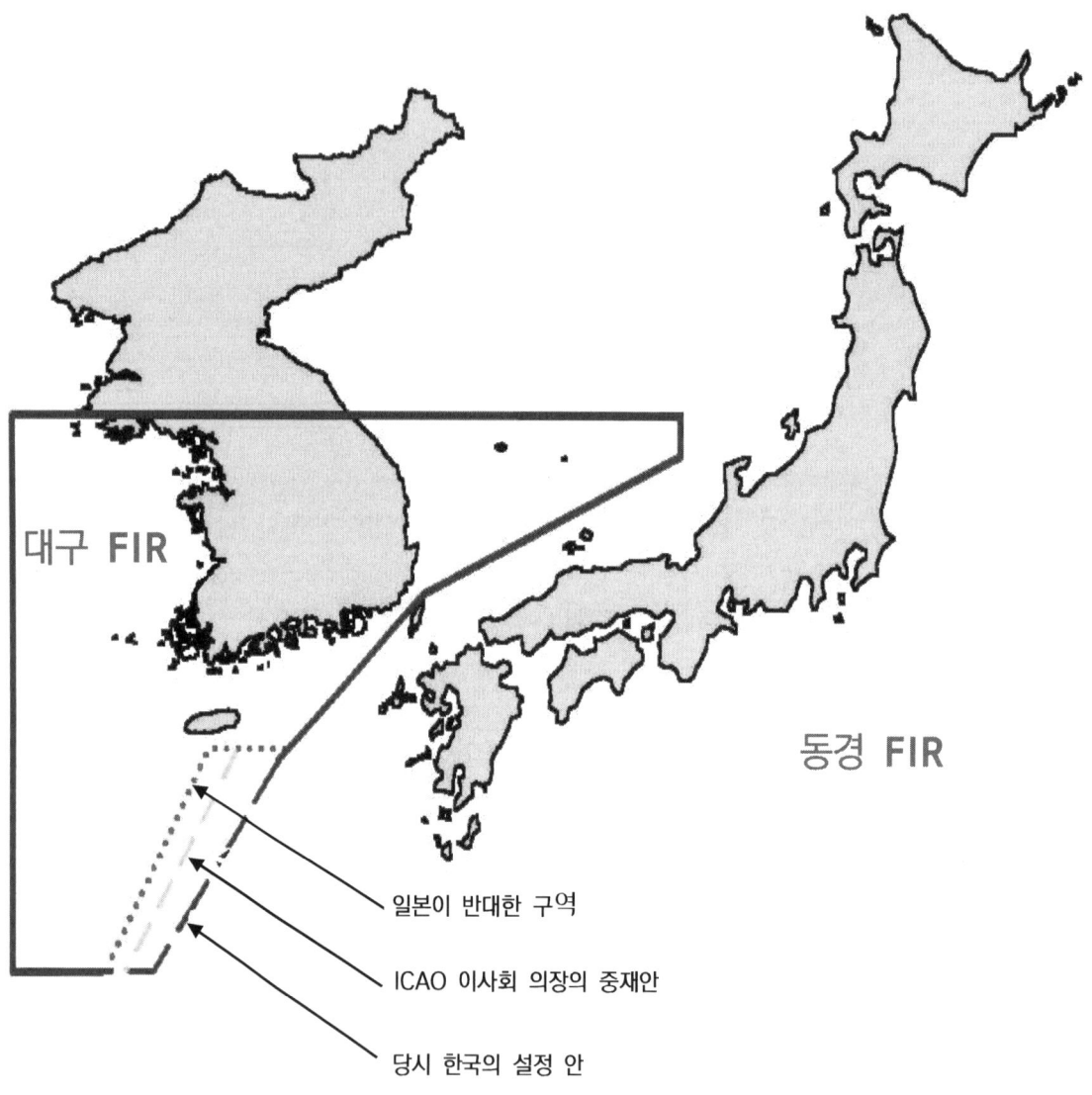

○ 인천 및 주변국가의 비행 정보구역

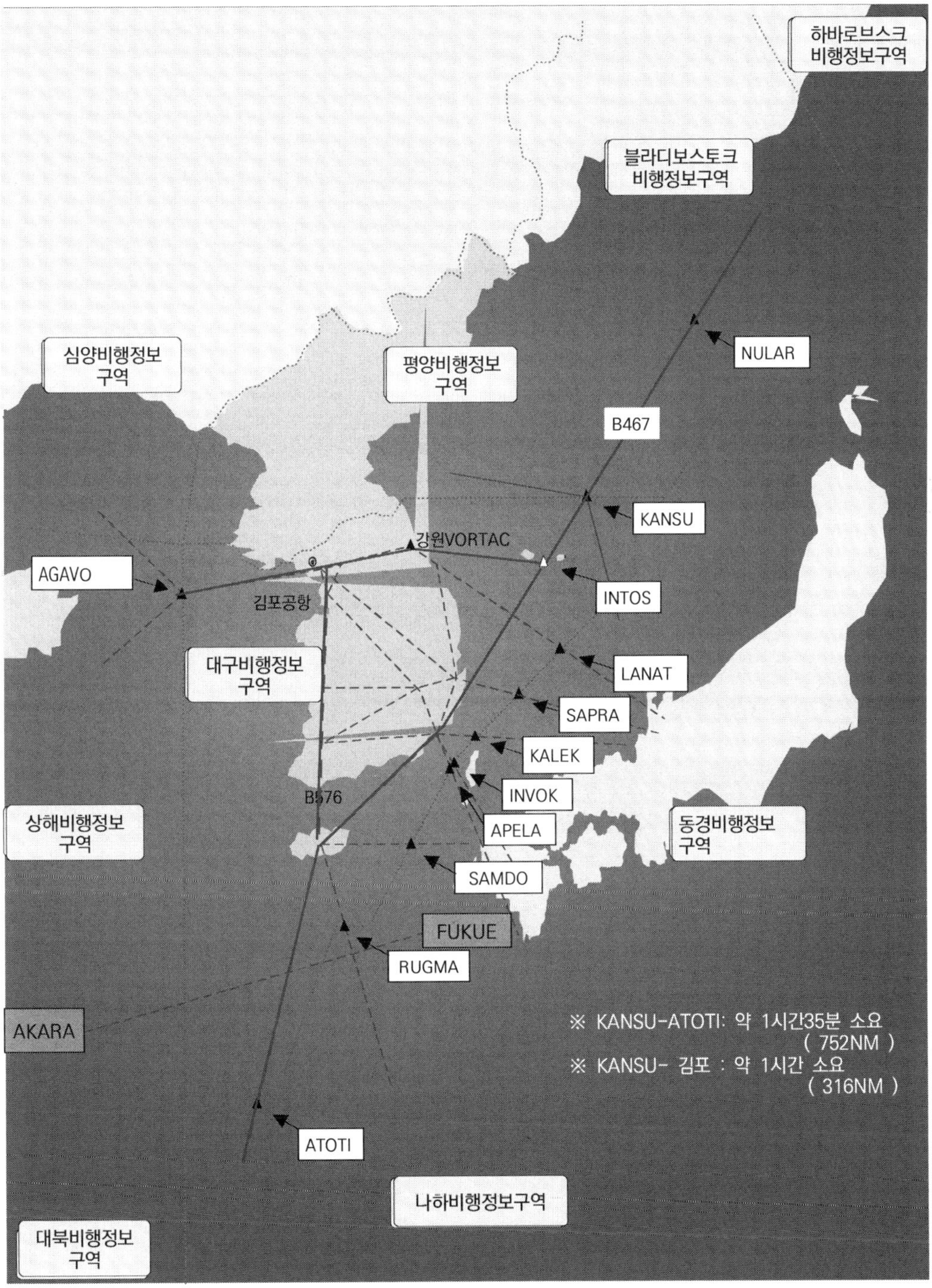

※ KANSU-ATOTI: 약 1시간35분 소요 (752NM)
※ KANSU- 김포 : 약 1시간 소요 (316NM)

바. 관제구역

1) 항로나 국지관제구역을 포함한 관제구역은 계기비행항공기의 비행로 또는 일부분을 포함하여 항공교통관제에 필요하고 충분한 공역확보를 위하여 범위를 설정되어야 한다

2) 관제구역의 하부한계는 200m(700ft) 이상의 높이로 설정 하여야 한다.

- 관제구역의 하부한계는 가능하면 관제구역 아래에서 시계비행항공기가 자유롭게 비행할 수 있도록 하기 위하여 2.9.3.2에 규정한 최저치보다 높게 설정하여야

- 관제구역의 하부한계가 해발 900m(3000ft)보다 높을 경우, 부속서 2, 부록3의 VFR 순항고도와 일치시켜야 한다.

3) 관제구역의 상부한계는 다음과 같은 경우 설정하여야 한다.
    A) 상부한계보다 높은 곳에서는 항공교통관제업무를 제공하지 아니할 때
    B) 관제구역이 고고도 관제구역의 아래에 위치하며, 상부한계가 고고도 관제구역의 하부한계와 일치할 때 상부한계는 부속서2,부록3의 표에 있는 VFR 순항고도와 일치하여야 한다.

2.9.7. 고고도 비행 정보 구역 및 관제구역
권고: 고고도 비행항공기가 비행하는 비행정보구역 또는 관제구역의 숫자를 제한할 필요가 있을 때, 비행정보구역 또는 관제구역은 몇 개의 저고도 비행정보구역 또는 관제구역의 수평범위내의 고고도 공역을 포함하도록 범위를 설정하여야 한다.

2.9.8. 관제권

2.9.8.1. 관제권의 수평범위는 최소한 계기비행 기상 상태 하에서 사용되는 비행장에서 도착및 출발하는 IFR 항공기의 비행로를 포함하는 공역으로서 관제구역내가 아닌 공역을 포함하도록 하여야 한다. (5NM, ILS의 out marker 진입지점이 포함됨).

2.9.8.2. 관제권의 수평범위는 비행장 중심 또는 비행장의 접근이 실시되는 방향으로 최소한

9.3km(5nm)까지 연장되어야 한다.
 - 한 개의 관제권이 서로 인접한 두 개 이상의 비행장을 포함하는 수도 있음.

2.9.8.3. 관제권이 관제구역의 수평범위 내에 위치할 경우 지표면으로부터 관제구역의 하부 한계까지 연장되어야 한다.

2.9.8.4. 관제권이 관제구역의 수평범위 밖에 위치할 경우, 상부한계를 설정하여야 한다

2.9.8.5. 관제구역의 하부한계보다 더 높은 관제권의 상부한계를 설정하고자 하거나, 또는 관제권이 관제구역의 수평범위 바깥에 위치할 경우, 관제권의 상부한계는 조종사가 쉽게 식별할 수 있는 고도로 설정하여야 한다. 이 한계가 해발 900m(3000ft)보다 높을 경우, 부속서 2, 부록3의 표에 있는 VFR 순항고도와 일치시켜야 한다.

2.10. ATS 기관 및 공역의 명칭부여

2.10.1. 지역관제국 또는 비행정보국; 인근마을, 도시이름, 지리적 특정 이름으로 지정
 - Incheon ACC, Incheon FIR

2.10.2. 진입관제소 또는 관제탑: 소재하는 비행장의 이름
 - Gimpo Tower, Seoul App

2.11. ATS Route의 설정 및 명칭부여

2.11.1. ATS 비행로가 설정될 경우, 각각의 ATS 비행로의 보호공역과 인접 ATS 비행로간의 안전분리가 제공되어야 한다.

2.11.2. 권고: 교통의 밀집도,복잡성 또는 상태에 따라, 특별 비행로는 공해상의 수상 헬기장으로 입출항하는 헬기를 포함하여 더 낮은 고도의 항공기가 사용할 수 있도록 설정하여야 한다. 이런 비행 중의 횡적 간격은 이용되는 항공보안시설과 헬기에 탑재된 항행 장비에 따라 결정된다.

2.11.3. ATS Route는 식별부호로 명칭을 부여하여야한다.

2.11.4. 표준출발 및 도착비행로가 아닌 ATS Route용 명칭은 부록 1의 원칙에 따라 선택 되어야 한다.

2.11.5. 표준출발 및 도착비행로 및 관련절차는 부록3의 원칙에 따라 식별되어야 한다
- ATS 항로의 설정에 관한 자료는 Air Traffic Service Planning Manual (Doc 4426)에 있다.
- VOR로 설정되는 ATS 항로의 설정에 관한 자료는 부록 A에 있다.
- RNP 형태의 평행 Tracks 과 평행 ATS 항로의 중심선간 간격은 RNP type으로 명시된 기준을 따른다.
- RNAV-장착항공기의 ATS 항로와 RNP 형태의 항공로간 간격 기준은 부록 B에 있다.

2.1.2 변경지점(Change Over Point)의 설정

2.12.1. 변경지점은 비행로를 따라 정확하게 항행을 하는데 도움이 되는 경우, VOR로 구성되는 ATS Route 상에 설정하여야 함(Line of Sight 의 원인으로 전파수신 불가 사유 등)
- Change Over Point 는 길이가 110km(60nm)이상인 비행로에 한하여 설정되어야함
- 단, ATS route가 복잡하게 설정되어 있거나, 항행보조시설이 밀집해 있거나 다른 기술적 또는 운용상의 이유로 더 짧은 비행로에 변경 지점을 설정하는 경우는 예외로 한다.

2.12.2. 권고: 항공보안시설의 성능, 주파수 보호기준에 따라 달리 설정하지 않는 한 변경지점은 직선비행로의 경우 중간지점에 설정 하여야 하며, 시설사이에서 방향이 변경되는 비행로의 경우 Radial의 교차점에 설정하여야한다
- 변경지점의 설정에 관한 지침은 첨부 A에 수록되어있음

2.13. 중요지점의 설정 및 명칭부여

2.13.1. 중요지점은 ATS route의 구성, 비행중인 항공기의 진행정보를 얻기 위하여 항공교통업무의 필요에 따라 설정 하여야 한다.

2.13.2. 중요지점은 식별부호로 명칭부여

2.13.3. 권고: 주요지점은 부록2에 설명한 원칙에 따라 설정하고, 명칭을 부여하여야한다.

- 항행안전시설: 6개 문자이상, 1100km내 같은 이름 사용불가
- ANYANG, KANGWON, KWANGJU, KUNSAN
- 비항행안전시설: 5개문자 /2음절, 11000km내 같은 문자 사용불가
- ATOTI, INTOS, AGAVO,

2.14. 지상유도 항공기용 표준통행로의 설정 및 명칭 부여

2.14.1. 권고: 필요시, 비행장내 활주로간, 계류장간, 정비지역간 지상유도 항공기용 표준통행로 설정, 통행로는 직선화, 간결화, 항공기간 충돌회피가 가능하여야 함.

2.14.2. 권고: 지상유도용 표준 통행로는 활주로 및 ATS Route와는 다르게 식별부호사용.
- 김포공항 계류장 도면

2.15. 항공기 운용자와 항공교통 업무 기관간 협조

2.15.1. 항공교통업무기관이 업무를 수행할 때에는 부속서6에서 규정된 사항을 이행하는데 따른 항공기 운용자의 책임을 충분히 고려하여야 한다. 또 항공기 운용자가 요구할 경우, 항공기 운용자 또는 지정대리인이 책임을 이행 할 수 있도록 하는데 필요한 정보를 항공기 운용자에게 제공하여야한다

2.15.2. 항공기 운용자가 요구시, 항공교통업무기관이 접수한 항공기의 운항에 관한 정보(위치 보고등)를 합의된 절차에 따라 즉시 항공기 운용자에게 통보

• 항공안전법 시행규칙 제232조(항공교통업무기관과 항공기 소유자등 간의 협의 등)
① 항공교통업무기관은 법 제83조제4항에 따라「국제민간항공협약」부속서 6에서 정한 항공기 소유자등의 준수사항 등을 고려하여 항공교통업무를 수행하여야 한다.
② 항공교통업무기관은 다른 항공교통업무기관이나 항공기 소유자등으로부터 받은 항공기 안전운항에 관한 정보(위치보고를 포함한다)를 항공기 소유자등이 요구하는 경우 항공기 소유자등과 협의하여 해당 정보를 신속히 제공하여야 한다.

2.16. 군 당국과 항공교통업무기관간 협조

2.16.1. 항공교통업무기관은 민항공기에 영향을 미치는 군항공 활동에 관하여 관련 군 당국과 상호 긴밀한 협조체제유지.

2.16.2. 민간 항공기에 잠재적으로 위험한 활동에 관한 협의는 2.17에 따름

2.16.3. 민간 항공기의 안전하고 신속한 비행을 위한 관련정보는 항공교통업무기관 과 군당국간에 수시로 제공되도록 제도적으로 사전 협조되어야 한다.

2.16.3.1. 항공교통업무기관은 요구시 또는 정기적으로 지역별로 사전협의된 절차에 따라 민간 항공기의 비행계획등을 군 당국에 제공하고, 요격을 예방하고, 어떤 지역이나 항로가 부속서 2에서 정한 비행계획서, 양방통신, 위치보고등의 자료가 민항공기의 식별에 도움이 되도록 비행로를 지정함

2.16.3.2. 다음 사항과 같은 특별한 절차의 제정
1. 군 항공교통업무기관은 민간 항공기가 요격이 필요한 구역으로 접근하거나 들어간 경우 민간 항공교통업무기관에 즉시 통보.
2. 모든 가능한 노력으로 항공기를 식별하고 요격을 방지하기 위한 항행지원

2.17. 민간항공기에 잠재적인 위험이 있는 활동의 협조

2.17.1. 국가 상공이든 공해상이든 민간 항공기에 잠재적으로 위험스러운 활동에 대한 대책은 적절한 관련 항공교통관제기관간 수립되어야 한다. 그 관계기관간 협조는 부속서 15에서 정한 절차에 따라 충분한 기간 전에 관련정보가 사전 통보되도록 하여야 한다

2.17.1.1. 권고: 타국의 항공교통관제당국이 동 활동을 계획하고 있는 경우, 해당국가의 공역 관할 당국과 사전협의를 하여야 한다

2.17.2. 관계기관 간의 협조의 목적은 민간항공기의 안전과 정기편 항공기에게 영향을 최소화하는데 있음.

2.17.2.1. 협조시 결정사항은 다음과 같다.
   a) 활동의 위치, 시간, 기간은, 대안이 없는 한, 항로의 재조정, 폐쇄의 예방, 경제 고도의 폐쇄, 정기편의 지연 등이 없도록 한다.
   b) 활동에 소요되는 공역의 규모는 가능한 작게 하여야 한다.
   c) 민간항공기가 비상시, 예상치 않은 사태 발생 시를 대비하여 항공교통관제기관과 관련 군 관제기관, 작전수행기관간에는 직통선이 유지되어 유사시 활동을 중지 시킬 수 있어야 한다.

2.17.3. 관련 항공교통관제기관은 작전활동에 관한 정보의 적용에 관한 배포 책임이 있다

2.17.4. 권고: 작전이 잠재적으로 민항기에 위험이 있는 정기성, 계속성의 상황이라면 모든 관계 기관이 참여한 특별위원회를 설치하여 적절한 조치가 이루어져야 한다

2.17.5. 권고: 공역수용능력을 확대하고 항공기 운항의 효율과 융통성을 증대시키기 위해, 각 국은 군이나 다른 목적을 위해 유보된 공역의 탄력적 사용을 위해 제공되는 절차를 마련하여야 한다. 이 절차는 모든 공역 사용자의 유보공역으로의 안전한 진입을 보장해야 한다.
 - 항공기 운항중 laser 발신에 의한 위험을 초래하는 결과에 관한 자료는 Manual on Laser Emitters and Flight Safety(Doc 9815)에 있다.
 - 부속서 14 참조-Aerodrome,Volume1-Aerodrome Design and Operations, Chapter5.

2.17.6. 권고: 추가된 공역에서 항공기의 용량과 효율성 및 사용상의 유연성을 제공하기 위하여는 국가는 군작전 또는 특별관제구역의 공역사용시 유연성에 대한 제공절차를 수립하여야 한다. 이러한 절차는 모든 항공활동이 이 공역에 안전하게 접근할수 있도록 허용되어야 한다.

• 항공안전법 시행규칙 제233조(잠재적 위험활동에 관한 협의)
① 법 제83조제4항에 따라 항공교통업무기관은 민간항공기에 대한 위험을 회피하고 정상적인 운항의 간섭을 최소화할 수 있도록 민간항공기의 운항에 위험을 줄 수 있는 행위(이하 "잠재적 위험활동"이라 한다)에 대한 계획을 관련된 관할 항공교통업무기관과 협의하여야 한다.
② 제1항에 따라 잠재적 위험활동에 관한 계획에 대하여 협의할 때에는 그 잠재적 위험활동에 관한 정보를「국제민간항공협약」부속서 15에 따른 시기에 공고할 수 있도록 사전에 협의하여야 한다.
③ 관할 항공교통업무기관은 제2항에 따라 잠재적 위험활동에 관한 계획에 대하여 협의를 완료한 경우에는 그 잠재적 위험활동에 관한 정보를 항공고시보 또는 항공정보간행물에 공고하여야 한다.

④ 제2항에 따른 잠재적 위험활동에 관한 계획을 수립하는 경우에는 다음 각 호의 기준에 따라야 한다.
  1. 잠재적 위험활동의 구역, 횟수 및 기간은 가능한 한 항공로의 폐쇄·변경, 경제고도의 봉쇄 또는 정기적으로 운항하는 항공기의 운항 지연 등이 발생되지 아니하도록 설정할 것
  2. 잠재적 위험활동에 사용되는 공역의 규모는 가능한 한 작게 할 것
  3. 민간항공기의 비상상황이나 그 밖에 예측할 수 없는 상황으로 인하여 위험활동을 중지시켜야 할 경우에 대비하여 관할 항공교통업무기관과 직통통신망을 설치할 것
⑤ 항공교통업무기관은 잠재적 위험활동이 지속적으로 발생하여 관계기관 간에 잠재적 위험활동에 관한 지속적인 협의가 필요하다고 인정되는 경우에는 관계기관과 그에 관한 사항을 협의하기 위한 협의회를 설치·운영할 수 있다.

2.18. 항공데이터

2.18.1. 항공데이터와 관련된 항공교통당국에 의해 결정되고 공포되는 항공데이터는 양질의 시스템 절차로 설정하기 위하여 부록5에서 요구되는 정확하고 완전무결할 수 있도록 설정되어져야 한다. 항공데이터로서 요구되는 정확도는 95%의 신뢰도를 바탕으로 하고 있고, 잠재적인 데이터는 3가지 형태로 정의된다.
 - 측량된 지점(예: 항행안전시설의 위치)
 - 계산에 의한 지점(예: 공역이나 fix상에서 이미 알고 있는 지점으로 부터의 수학적계산에 의한 지점)
 - 선포된 지점(예: 비행정보구역을 나타내는 지점)
 - 양질의 시스템에 대한 상세한 설명은 부속서 15 제3절에 수록되어 있음

2.18.2. 각 체약국들은 항공데이터의 완전무결함을 유지할 수 있도록 측량지점/원점으로부터 다음 사용자까지 전체적인 과정에 신뢰도를 갖게 해야 할 것이다. 항공데이터의 완벽성 요구는 자료를 활용하는데 곤란함을 느끼는 부분과 자료의 불명확성의 결과로 인해 일어날 수 있는 위험성에 기반을 둔다.
  a) 치명적인 데이터, 정확도 등급 1×10^{-8}(1억분에1):부정확한 극단적인 자료를 사용함으로서 항공기의 지속적인 안전 운항 및 착륙에 크나큰 불행을 초래할 가능성에 치명적인 위험이 매우 높은 경우
  b) 필수적인 데이터, 정확도 등급 1×10^{-5}(1백만분에1): 불명확한 필수적인 자료를 사용함으로서 항공기의 지속적인 안전운항 및 착륙에 크나큰 불행을 초래할 가능성이 낮은 경우
  c) 일상적인 데이터, 정확도 등급 1×10^{-3}(1천분에1): 불명확한 필수적인 자료를 사용함으로서 항공기의 지속적인 안전운항 및 착륙에 크나큰 불행을 초래할 가능성이 매우 낮은 경우

2.18.3. 저장 또는 전송하는 전자적인 항공데이터의 보호는 주기적인 중복점검(CRC)방식에 의해 감시되어져야 한다. 치명적이고 필수적인 항공데이터의 정확도등급을 설정하기 위하여 2.18.2에서 분류한 것과 같다. a32 나 24bit 주기적인 중복점검(CRC)방식 연산이 각기 적용되어야 한다.

2.18.4. 2.18.2에서 분류한 것과 같이 일상적인 항공자료의 정확도등급의 보호를 설정하기 위해 16bit CRC 연산이 적용될 수 있다.
- 항공데이터의 질적 요구기준(정확성, 분석성, 완전성, 보완성 그리고 유추성)에 대한 지침서는 WGS-1984(WGS-84) 지침서(DOC 9674)에 포함되어 있다. 항공자료의 정확성 및 완전성과 관련된 부록5의 규정에 대한 보충자료는 RTCA DOC DO-201A와 민간항공장비를 위한 유럽기구(EUROCAE)발행 DOC ED-77-항공정보를 위한 요구서에 포함되어 있다

2.18.5. 위도와 경도를 나타내는 지리적 좌표는 WGS-84 지리적 참고자료의 입장에서 항공정보업무기관에 보고되거나 결정지어져야 한다. 즉 수학적 방법에 의해 WGS-84 좌표로 변환한 지리적 좌표는 부록5의 요구사항을 충족하지는 않는다.

2.18.6. 현지의 정확한 측정과 그것을 기반으로 산출하고 결정한 자료는 비행할 때 운영되는 항법데이터의 최대허용오차 내와 적절한 reference frame에 있어야 하며, 이런 내용은 부록5에 있는 표에 표시되어 있다
- 적절한reference frame이란 연관된 모든 좌표와 주어진 지점에서 활용할 수 있는 WGS-84 좌표이다.
- 항공데이터의 발간에 관한 사항은 부속서 4, chapter2와 부속서15, chapter3 에 수록되어있다.
- 두가지 목적으로 제공되는 fix나 지전(예: holding point, missed app' point)은 더욱 더 정밀함이 요구된다.

2.19. 기상관서와 항공교통업무기관간의 협조

2.19.1. 항공기 운항을 위하여 항공기상 당국과 항공교통업무기관간에는 협정을 체결하여 최근의 기상정보를 제공받을 수 있도록 하여야한다.
　a) 관제사의 관측 또는 조종사의 보고내용도 합의된 절차에 따라 통보
　b) 관제사의 관측 또는 조종사의 보고서 내용중 다른 비행장 기상자료는 신속히 통보
　c) 화산활동(폭발전,폭발후 화산재 구름등)에 관한 정보는 신속히 기상관련사무소에 통보

- VAAC는 부속서 3.3.5.1에 의거 지역항행협정으로 지정되어야 한다.
- 특별 보고시의 송신에 관한 4.2.3항을 참조할것.

2.19.2. ACC 와 FIC 및 기상관측부서와는 NOTAM 과 SIGMET 전문에 화산재가 포함되도록 긴밀한 협조가 유지되어야 한다.

• 항공안전법 시행규칙 제224조(항공기상기관과의 협조)
① 영 제18조제1항에 따라 국토교통부장관, 지방항공청장 및 항공교통본부장은 항공기의 운항에 필요한 최신의 기상정보를 항공기에 제공하기 위하여 항공기상에 관한 정보를 제공하는 기관(이하 "항공기상기관"이라 한다)과 다음 각 호의 사항을 협조하여야 한다.
   1. 기상정보표출장치의 사용 외에 항공교통업무 종사자가 관측한 기상정보 또는 조종사가 보고한 기상정보의 통보에 관한 사항
   2. 항공교통업무 종사자가 관측한 기상정보 또는 조종사가 보고한 기상정보가 비행장의 기상예보에 포함되지 아니하는 내용일 경우에는 그 기상정보의 통보에 관한 사항
   3. 화산폭발 전 화산활동 정보, 화산폭발 및 화산재구름의 상황에 관한 정보의 통보에 관한 사항
② 영 제18조제1항에 따라 국토교통부장관, 지방항공청장 및 항공교통본부장은 화산재에 관한 정보가 있는 경우에는 항공고시보와 항공기상기관의 중요기상정보(SIGMET)가 서로 일치하도록 긴밀하게 협조하여야 한다.

2.20. 항공정보기관과 항공교통업무기관간의 협조

2.20.1. 항공정보기관은 최신의 비행 전 정보와 비행중 정보를 신속하게 통보되도록 하기 위하여 항공정보기관과 항공교통 당국자간에 협정을 맺어야하며, 항공교통관련기관은 다음의 정보를 항공정보처리 기관에 지체없이 통보되도록 하여야 한다.
   a) 비행장 상태에 관한 정보
   b) 관할구역내 관련 시설, 업무와 항행안전시설의 운영상태
   c) 화산활동을 목격한 관제사, 조종사의 보고
   d) 기타 운항 상 중요한 정보사항
   ※ 항공정보기관과 항공교통기관이 상호 다른 경우 협정에 의하여 정보제공

2.20.2. 행행안전시설의 변경을 시행하기전 기간 고려는 사전준비, 생산 및 관련 자료의 적용을 위

해 항공정보업무에 의해 필요 되는 시간의 변화를 책임지는 시설관리기관에 의해 고려 되어야 한다. 항공정보에 의한 정보취급상 관련기관간의 협조가 필요 하게 된다.

2.20.3. 특별한 고려대상으로는 항공지도의 변경, 컴퓨터에 입력될 자료의 변경 등인데 이것은 부속서15, 제6장 및 부록4에서 정한 항공정보업무규정(AIRAC) 및 회람(AIC)으로 통보되어야 하며, 항공정보업무에서 완전 무결한 자료/data를 승인할 때에 AIRAC의 발송주기는 국제적으로 사전 지정된 기간에 추가하여 우편에 의한 최소한 14일의 기간을 추가하여야 한다.

2.20.4. 항공정보업무에서 항공자료의 완전무결한 자료/data의 조항을 책임지는 항공교통관제기관은 부록5에서 정한 기준에 따라 항공 data의 정확성과 전체 필요성을 고려함으로써 해나가야 한다.
- NOTAM, SNOTAM, ASTAM의 발행기준은 부속서15, 제5장에 있다.
- 화산활동에 대한 보고자료의 정보의 내용구성은 부속서3, 제4장에 있다.
- AIRAC 정보는 AIRAC 발효일 전 최소 28일전에 도착될 수 있도록 하기 위하여 42일 전에 발송하여야 한다.
- AIRAC 의 유효일 에 맞추기 위한 국제적인 주기는 1997년11월6일부터 28일 간격으로 하며, AIRAC에 관한 안내지침은 항공정보업무 메뉴얼(DOC 8126, 제3장, 3.2과 제4장,4.4)에 있다.

2.21. 최저비행고도는 각 체약국의 관할 항공교통업무당국이 각 ATS 비행로와 관제구마다 결정 공고하여야한다. 최저비행고도의 결정은 해당 지역들 별로 위치한 장애물과의 회피기준을 두도록 하여야 한다.
- 최저비행고도의 결정기준에 관한 국가의 공고기준은 부속서 15 ,부록1 에 수록되어 있으며, 장애물 회피 기준은 PANS-OPS(Doc 8168), 제1권 제4부 제3장 과 제2권 제3부 및 제4부에 있음
- 지형지물에 의한 최저안전고도유지/산등- MNM ENR ALT, MNM SECTOR ALT등

☐ 항공안접법 제68조(항공기의 비행 중 금지행위 등) 항공기를 운항하려는 사람은 생명과 재산을 보호하기 위하여 다음 각 호의 어느 하나에 해당하는 비행 또는 행위를 해서는 아니 된다. 다만, 국토교통부령으로 정하는 바에 따라 국토교통부장관의 허가를 받은 경우에는 그러하지 아니하다.
1. 국토교통부령으로 정하는 최저비행고도(最低飛行高度) 아래에서의 비행
2. 물건의 투하(投下) 또는 살포
3. 낙하산 강하(降下)
4. 국토교통부령으로 정하는 구역에서 뒤집어서 비행하거나 옆으로 세워서 비행하는 등의 곡예비행

5. 무인항공기의 비행
6. 그 밖에 생명과 재산에 위해를 끼치거나 위해를 끼칠 우려가 있는 비행 또는 행위로서 국토교통부령으로 정하는 비행 또는 행위

- **항공안전법 시행규칙 제199조(최저비행고도)** 법 제68조제1호에서 "국토교통부령으로 정하는 최저비행고도"란 다음 각 호와 같다.
  1. 시계비행방식으로 비행하는 항공기
      가. 사람 또는 건축물이 밀집된 지역의 상공에서는 해당 항공기를 중심으로 수평거리 600미터 범위 안의 지역에 있는 가장 높은 장애물의 상단에서 300미터(1천피트)의 고도
      나. 가목 외의 지역에서는 지표면·수면 또는 물건의 상단에서 150미터(500피트)의 고도
  2. 계기비행방식으로 비행하는 항공기
      가. 산악지역에서는 항공기를 중심으로 반지름 8킬로미터 이내에 위치한 가장 높은 장애물로부터 600미터의 고도
      나. 가목 외의 지역에서는 항공기를 중심으로 반지름 8킬로미터 이내에 위치한 가장 높은 장애물로부터 300미터의 고도

2.22. 비상 항공기에 대한 업무

2.22.1. 항공기가 비상상태로 알려졌거나 예상되는 경우, 피랍항공기를 포함, 최대한의 지원을 하고 상황에 따라 다른 항공기에 우선하여 필요한 지원과 관심을 제공하여야 한다

※ 항공기가 자료전송장치를 장비하고 있거나 SSR Transponder 장비를 장착한 경우에는 항공기가 비상상태시에 다음과 같이 지시되어야 한다.
   a) 비상시는 MODE A, CODE 7700 또는
   b) 불법간섭 시는 MODE A, CODE 7500
   c) ADS의 비상 그리고/또는 긴급상황 활성화 또는
   d) CPDLC를 경유하여 비상상태의 전문 송신

2.22.1.1. 권고: ATS 기관과 비상시의 항공기와의 통신은 인적요인에 의한 원리를 적용되어야 한다.
   - 인적요인의 원리에 관한 안내자료는 Human Factors Training Manual9Doc 9683)을 참고할것

2.22.2. 불법간섭행위가 있는 항공기 또는 의심되는 경우, 항공교통관제기관은 신속하게 항공기의 요구에 응해야 하여 ,비행안전에 관계되는 정보는 계속 제공하고, 안전 운항에 관련된 필요한 조치는 안전착륙시까지 비행의 모든 단계에서 신속하게 제공되어야 한다.

- **항공안전법 시행규칙 제234조(비상항공기에 대한 지원)**
① 항공교통업무기관은 법 제83조제4항에 따라 비상상황(불법간섭 행위를 포함한다)에 처하여 있거나 처하여 있다고 의심되는 항공기에 대해서는 그 상황을 최대한 고려하여 우선권을 부여하여야 한다.
② 제1항에 따라 항공교통업무기관은 불법간섭을 받고 있는 항공기로부터 지원요청을 받은 경우에는 신속하게 이에 응하고, 비행안전과 관련한 정보를 지속적으로 송신하며, 항공기의 착륙단계를 포함한 모든 비행단계에서 필요한 조치를 신속하게 하여야 한다.
③ 제1항에 따라 항공교통업무기관은 항공기가 불법간섭을 받고 있음을 안 경우 그 항공기의 조종사에게 불법간섭 행위에 관한 사항을 무선통신으로 질문해서는 아니 된다. 다만, 해당 항공기의 조종사가 무선통신을 통한 질문이 불법간섭을 악화시키지 아니한다고 사전에 통보한 경우에는 그러하지 아니하다.
④ 제1항에 따라 항공교통업무기관은 비상상황에 처하여 있거나 처하여 있다고 의심되는 항공기와 통신하는 경우에는 그 비상상황으로 인하여 긴급하게 업무를 수행하여야 하는 조종사의 업무 환경 및 심리상태 등을 고려하여야 한다.

2.23. 비행중 우발사고

2.23.1. 미식별 또는 항로이탈 항공기
- 항로 이탈힝공기 및 미식별 항공기는 본 항에서 다음과 같은 의미를 가짐
- 항로이탈 항공기: 예정항로에서 중대하게 벗어났거나 항로를 잃었다고 보고한 경우
- 미식별 항공기: 어떤 지역에서 운항하고 있는 것으로 관측 또는 보고되었으나 식별되지 않은 항공기
- 한대의 항공기가 동시에 어떤 기관에서는 항로이탈로 또는 미식별항공기로 간주될 수도 있음.

2.23.1.1. 항공교통관제기관에서 항로이탈항공기를 알게된 경우에는 2.23.1.1.1 및 2.23.1.1.2에 의거 항공기를 지원하여야 한다.
- 요격 또는 위험발생가능성이 있는 지역내로 이탈중이거나, 이탈하려고 하는 항공기를 인지한 경우, 항공교통업무기관에 의한 항행지원 업무는 대단히 중요함.

2.23.1.1.1. 항공기의 위치를 모르는 경우, 항공교통업무기관은 다음과 같이 조치하여야 한다.
  a) 양방 통신시도
  b) 가능한 위치확인
  c) 항공기 항행에 영향을 미쳤을지도 모를 제반 고려사항을 검토, 이탈 또는 이탈가능성이 있는 항공교통관제 기관에 통보
  d) 지역적으로 협의된 바에 따라 군 관련기관에 항로이탈 항공기에 대한 자료제공
  e) c 및 d의 기관과 다른 항공기내에 통신시도 및 필요한 지원요청
    - d) 및 e)는 c)에 따라 통보 받은 ATS 기관에도 적용됨

2.23.1.1.2. 항공기의 위치가 확인되었을 경우, 항공교통관제기관은 다음과 같이 조치한다.
  a) 항공기에 위치를 통보하고 시정되어야할 필요한 조치 통보
  b) 필요시, 다른 항공교통관제기관 및 군 기관에 항로이탈항공기에 대한 사항과 조치 사항 통보

2.23.1.2. 관할구역내에서 미식별항공기가 있는 경우 항공교통관제기관은 항공교통업무의 제공을 위하여 필요하거나 관계 군 당국이 요구시, 지역에서 정한 절차에 따라 항공기를 식별하도록 노력하여야 한다. 항공교통관제기관은 상황에 따라 다음과 같이 조치하여야한다.
  a) 항공기와 통신시도
  b) 비행정보구역내의 다른 관제기관에 통신시도 요청
  c) 인접 비행정보구역 밖의 다른 관제기관에 통신시도 요청
  d) 상기 지역내의 다른 항공기에 필요한 정보획득시도

2.23.1.2.1. 항공교통관제기관은 미식별 항공기가 식별된 경우, 신속히 군 관계기관에 통보 하여야한다.

- **항공안전법 시행규칙 제235조(우발상황에 대한 조치)** 법 제83조제4항에 따라 항공교통업무기관은 표류항공기(계획된 비행로를 이탈하거나 위치보고를 하지 아니한 항공기를 말한다. 이하 같다) 또는 미식별항공기(해당 공역을 비행 중이라고 보고하였으나 식별되지 아니한 항공기를 말한다. 이하 같다)를 인지한 경우에는 다음 각 호의 구분에 따른 신속한 조치를 하여야 한다.
  1. 표류항공기의 경우
    가. 표류항공기와 양방향 통신을 시도할 것
    나. 모든 가능한 방법을 활용하여 표류항공기의 위치를 파악할 것
    다. 표류하고 있을 것으로 추정되는 지역의 관할 항공교통업무기관에 그 사실을 통보할 것

라. 관련되는 군 기관이 있는 경우에는 표류항공기의 비행계획 및 관련 정보를 그 군 기관에 통보할 것
마. 다목 및 라목에 따른 기관과 비행 중인 다른 항공기에 대하여 표류항공기와의 교신 및 표류항공기의 위치결정에 필요한 사항에 관하여 지원요청을 할 것
바. 표류항공기의 위치가 확인되는 경우에는 그 항공기에 대하여 위치를 통보하고, 항공로에 복귀할 것을 지시하며, 필요한 경우 관할 항공교통업무기관 및 군 기관에 해당 정보를 통보할 것

2. 미식별항공기의 경우
   가. 미식별항공기의 식별에 필요한 조치를 시도할 것
   나. 미식별항공기와 양방향 통신을 시도할 것
   다. 다른 항공교통업무기관에 대하여 미식별항공기에 대한 정보를 문의하고 그 항공기와의 교신을 위한 협조를 요청할 것
   라. 해당 지역의 다른 항공기로부터 미식별항공기에 대한 정보 입수를 시도할 것
   마. 미식별항공기가 식별된 경우로서 필요한 경우에는 관련 군 기관에 해당 정보를 신속히 통보할 것

2.23.2. 민간항공기의 요격

2.23.2.1. 민간항공기가 관할구역 내에서 요격된 사실을 알게 된 경우, 항공교통관제기관은 상황에 따라 다음과 같은 조치가 필요하다.
  a) 비상주파수 121.5Mhz를 포함한 모든 주파수를 사용하여 요격받는 항공기와 통신시도
  b) 조종사에게 요격사실 통보
  c) 요격기관과의 통신유지 및 피요격기에 대한 유용한 정보제공
  d) 필요시 요격기관과 피요격 항공기간의 전문중계
  e) 요격기관과 긴밀히 협의하여 피요격기의 안전확보에 필요한 조치를 취함.
  f) 인접비행정보구역에서 항로 이탈된 경우, 관련항공교통관제기관에 항로이탈사항 통보

2.23.2.2. 관할구역 밖에서 요격 받은 사실을 알게 된 항공교통관제기관은 상황에 따라 다음과 같은 조치를 수행.
  a) 요격하는 관할관제기관에 항공기의 식별과 2.23.2.1에서 정한 절차에 따라 요구사항을 제공.
  b) 요격기관과 피 요격항공기 간의 통신중계

- 항공안전법 시행규칙 제196조(요격)
① 법 제67조에 따라 민간항공기를 요격(邀擊)하는 항공기의 기장은 별표 26 제3호에 따른 시각신호 및 요격절차와 요격방식에 따라야 한다.
② 피요격(被邀擊)항공기의 기장은 별표 26 제3호에 따른 시각신호를 이해하고 응답하여야 하며, 요격절차와 요격방식 등을 준수하여 요격에 응하여야 한다. 다만, 대한민국이 아닌 외국정부가 관할하는 지역을 비행하는 경우에는 해당 국가가 정한 절차와 방식으로 그 국가의 요격에 응하여야 한다.

- 항공안전법 시행규칙 제236조(민간항공기의 요격에 대한 조치)
① 항공교통업무기관은 법 제83조제4항에 따라 관할 공역 내의 항공기에 대한 요격을 인지한 경우에는 다음 각 호에 따라 조치하여야 한다.
  1. 항공비상주파수(121.5㎒) 또는 그 밖의 가능한 주파수를 사용하여 피요격항공기와의 양방향 통신을 시도할 것
  2. 피요격항공기의 조종사에게 요격 사실을 통보할 것
  3. 요격항공기와 통신을 유지하고 있는 요격통제기관에 피요격항공기에 관한 정보를 제공할 것
  4. 필요하면 피요격항공기와 요격항공기 또는 요격통제기관 간의 의사소통을 중개할 것
  5. 요격통제기관과 긴밀히 협조하여 피요격항공기의 안전 확보에 필요한 조치를 할 것
  6. 피요격항공기가 인접 비행정보구역으로부터 표류된 것으로 판단되는 경우에는 인접 비행정보구역을 관할하는 항공교통업무기관에 그 상황을 통보할 것
② 법 제83조제4항에 따라 항공교통업무기관은 관할 공역 밖에서 피요격항공기를 인지한 경우에는 다음 각 호에 따라 조치하여야 한다.
  1. 요격이 이루어지고 있는 공역을 관할하는 항공교통업무기관에 그 상황을 통보하고, 항공기의 식별을 위한 모든 정보를 제공할 것
  2. 피요격항공기와 관할 항공교통업무기관, 요격항공기 또는 요격통제기관 간의 의사소통을 중개할 것
③ 국토교통부장관은 민간항공기에 요격행위가 발생되는 것을 예방하기 위하여 비행계획, 양방향 무선통신 및 위치보고가 요구되는 관제구 · 관제권 및 항공로를 지정 · 관리하여야 한다.

2.24. 항공교통업무용 시간

2.24.1. 항공교통업무기관은 UTC(Coordinated Universal Time)시간 사용
Co-ordinated Universal Time (UTC) shall be used and shall be expressed in hours and minutes and, when required, seconds of the 24-hour day beginning at midnight.

2.24.2. 항공교통업무기관은 시, 분, 초가 표시되는 시계를 근무석에서 잘보이는 위치에비치

2.24.3. 항공교통업무기관은 시간이 UTC로 부터 30초 이내의 정확도를 유지 할 수 있도록 점검하여야 한다.

2.24.4. 정확한 시간의 입수는 표준시간국에서 입수

2.24.5. 조종사의 요구 시 정확한 시간을 제공하고 시간은 30초단위로 한다.

- 항공안전법 시행규칙 제195조(시간)

① 법 제67조에 따라 항공기의 운항과 관련된 시간을 전파하거나 보고하려는 자는 국제표준시(UTC: Coordinated Universal Time)를 사용하여야 하며, 시각은 자정을 기준으로 하루 24시간을 시·분으로 표시하되, 필요하면 초 단위까지 표시하여야 한다.
② 관제비행을 하려는 자는 관제비행의 시작 전과 비행 중에 필요하면 시간을 점검하여야 한다.
③ 데이터링크통신에 따라 시간을 이용하려는 경우에는 국제표준시를 기준으로 1초 이내의 정확도를 유지·관리하여야 한다.

2.25. 기압고도보고 응답기의 운영기준 설정

2.25.1. 해당국가는 관할공역 내에서 기압고도 보고용 응답기의 휴대와 운영에 관한 기준을 정하여야한다.
- 이 규성은 공중충돌경고장치와 마찬가지로 항공교통업무의 신속성을 향상시키기 위한 것임
- 300휘트 이상 차이시 통보-

2.26. 항공안전관리계획

2.26.1. 각 국은 공역과 공항내에서 ATS의 제공하에 안전을 보장하기 위한 체계적이고도 적절한 ATS safety management programs을 이행하여야 한다.

2.26.2. 2003. 11. 27부로 관련 각 국은 ATS 제공에 적절한 안전수준과 안전대상을 지정해야 함. 적용시 안전수준과 안전대상은 지역 항행 협정에 의거하여 지정되어야 함

- The acceptable level of safety는 질적 또는 양적 용어로 표현될 수 있다.
  a) 충돌, 분리기준 미달, 활주로 침범등 바람직하지 않은 사건의 최대 가능성
  b) 비행시간당 사고의 최대 건수
  c) 항공기 기동 당 사고의 최대건수
  d) 항공기 기동 당 Short Term Conflict Alert(STCA)의 최대건수

2.26.3. ATS safety management program은
  a) 실제적이고도 잠재적인 위험을 식별하고 개선 필요성을 정의
  b) 안전수준, 유지를 위해 필요한 개선책의 발효를 보장해야 함
  c) 확보되는 안전수준은 계속적으로 감시하고 정기적인 평가를 제공하여야 함

2.26.4. 축소된 분리 최저치나 새로운 절차 등 안전과 관련된 ATC system의 중대한 변경사항은 안전평가 후 적절한 안전수준이 확보되고, 사용자의 의견을 수렴한 후에 발효되어야 함
 - 변화의 특성상 적절한 안전수준이 양적 용어로 표현될 수 없을 경우, 운영상의 판단에 따를 수도 있다.

□ 항공안전법 제58조(국가 항공안전프로그램 등)
① 국토교통부장관은 다음 각 호의 사항이 포함된 항공안전프로그램을 마련하여 고시하여야 한다.
  1. 항공안전에 관한 정책, 달성목표 및 조직체계
  2. 항공안전 위험도의 관리
  3. 항공안전보증
  4. 항공안전증진
② 다음 각 호의 어느 하나에 해당하는 자는 제작, 교육, 운항 또는 사업 등을 시작하기 전까지 제1항에 따른 항공안전프로그램에 따라 항공기사고 등의 예방 및 비행안전의 확보를 위한 항공안전관리시스템을 마련하고, 국토교통부장관의 승인을 받아 운용하여야 한다. 승인받은 사항 중 국토교통부령으로 정하는 중요사항을 변경할 때에도 또한 같다.
  1. 형식증명, 부가형식증명, 제작증명, 기술표준품형식승인 또는 부품등제작자증명을 받은 자
  2. 제35조제1호부터 제4호까지의 항공종사자 양성을 위하여 제48조제1항 단서에 따라 지정된 전문교육기관
  3. 항공교통업무증명을 받은 자
  4. 제90조(제96조제1항에서 준용하는 경우를 포함한다)에 따른 운항증명을 받은 항공운송사업자 및 항공기사용사업자

5. 항공기정비업자로서 제97조제1항에 따른 정비조직인증을 받은 자
  6. 「공항시설법」 제38조제1항에 따라 공항운영증명을 받은 자
  7. 「공항시설법」 제43조제2항에 따라 항행안전시설을 설치한 자
  8. 제55조제2호에 따른 국외운항항공기를 소유 또는 임차하여 사용할 수 있는 권리가 있는 자
③ 국토교통부장관은 제83조제1항부터 제3항까지에 따라 국토교통부장관이 하는 업무를 체계적으로 수행하기 위하여 제1항에 따른 항공안전프로그램에 따라 그 업무에 관한 항공안전관리시스템을 구축·운용하여야 한다.
④ 제2항제4호에 따른 항공운송사업자 중 국토교통부령으로 정하는 항공운송사업자는 항공안전관리시스템을 구축할 때 다음 각 호의 사항을 포함한 비행자료분석프로그램(Flight data analysis program)을 마련하여야 한다.
  1. 비행자료를 수집할 수 있는 장치의 장착 및 운영절차
  2. 비행자료와 분석결과의 보호 및 활용에 관한 사항
  3. 그 밖에 비행자료의 보존 및 품질관리 요건 등 국토교통부장관이 고시하는 사항
⑤ 국토교통부장관 또는 제2항제3호에 따라 항공안전관리시스템을 마련해야 하는 자가 제83조제1항에 따른 항공교통관제 업무 중 레이더를 이용하여 항공교통관제 업무를 수행하려는 경우에는 항공안전관리시스템에 다음 각 호의 사항을 포함하여야 한다.
  1. 레이더 자료를 수집할 수 있는 장치의 설치 및 운영절차
  2. 레이더 자료와 분석결과의 보호 및 활용에 관한 사항
⑥ 제4항에 따른 항공운송사업자 또는 제5항에 따라 레이더를 이용하여 항공교통관제 업무를 수행하는 자는 제4항 또는 제5항에 따라 수집한 자료와 그 분석결과를 항공기사고 등을 예방하고 항공안전을 확보할 목적으로만 사용하여야 하며, 분석결과를 이유로 관련된 사람에게 해고·전보·징계·부당한 대우 또는 그 밖에 신분이나 처우와 관련하여 불이익한 조치를 취해서는 아니 된다.
⑦ 제1항부터 제3항까지에서 규정한 사항 외에 다음 각 호의 사항은 국토교통부령으로 정한다.
  1. 제1항에 따른 항공안전프로그램의 마련에 필요한 사항
  2. 제2항에 따른 항공안전관리시스템에 포함되어야 할 사항, 항공안전관리시스템의 승인기준 및 구축·운용에 필요한 사항
  3. 제3항에 따른 업무에 관한 항공안전관리시스템의 구축·운용에 필요한 사항

• 항공안전법 시행규칙 제130조(항공안전관리시스템의 승인 등)
① 법 제58조제2항에 따라 항공안전관리시스템을 승인받으려는 자는 별지 제62호서식의 항공안전관리시스템 승인신청서에 다음 각 호의 서류를 첨부하여 제작·교육·운항 또는 사업 등을 시작하기

30일 전까지 국토교통부장관 또는 지방항공청장에게 제출하여야 한다.
  1. 항공안전관리시스템 매뉴얼
  2. 항공안전관리시스템 이행계획서 및 이행확약서
  3. 항공안전관리시스템 승인기준에 미달하는 사항이 있는 경우 이를 보완할 수 있는 대체운영절차
② 제1항에 따라 항공안전관리시스템 승인신청서를 받은 국토교통부장관 또는 지방항공청장은 해당 항공안전관리시스템이 별표 20에서 정한 항공안전관리시스템 승인기준 및 국토교통부장관이 고시한 운용조직의 규모 및 업무특성별 운용요건에 적합하다고 인정되는 경우에는 별지 제63호서식의 항공안전관리시스템 승인서를 발급하여야 한다.
③ 법 제58조제2항 후단에서 "국토교통부령으로 정하는 중요사항"이란 다음 각 호의 사항을 말한다.
  1. 안전목표에 관한 사항
  2. 안전조직에 관한 사항
  3. 안전장애 등에 대한 보고체계에 관한 사항
  4. 안전평가에 관한 사항
④ 제3항에서 정한 중요사항을 변경하려는 자는 별지 제64호서식의 항공안전관리시스템 변경승인 신청서에 다음 각 호의 서류를 첨부하여 국토교통부장관 또는 지방항공청장에게 제출하여야 한다.
  1. 변경된 항공안전관리시스템 매뉴얼
  2. 항공안전관리시스템 매뉴얼 신·구대조표
⑤ 국토교통부장관 또는 지방항공청장은 제4항에 따라 제출된 변경사항이 별표 20에서 정한 항공안전관리시스템 승인기준에 적합하다고 인정되는 경우 이를 승인하여야 한다.

- **항공안전법 시행규칙 제131조(항공안전프로그램의 마련에 필요한 사항)** 법 제58조제4항제1호에 따라 항공안전프로그램을 마련할 때에는 다음 각 호의 사항을 반영하여야 한다.
  1. 국가의 안전정책 및 안전목표
     가. 항공안전분야의 법규체계
     나. 항공안전조직의 임무 및 업무분장
     다. 항공기사고, 항공기준사고, 항공안전장애 등의 조사에 관한 사항
     라. 행정처분에 관한 사항
  2. 국가의 위험도 관리
     가. 항공안전관리시스템의 운영요건
     나. 항공안전관리시스템의 운영을 통한 안전성과 관리절차
  3. 국가의 안전성과 검증

가. 안전감독에 관한 사항
　　나. 안전자료의 수집, 분석 및 공유에 관한 사항
　4. 국가의 안전관리 활성화
　　가. 안전업무 담당 공무원에 대한 교육·훈련, 의견 교환 및 안전정보의 공유에 관한 사항
　　나. 항공안전관리시스템 운영자에 대한 교육·훈련, 의견교환 및 안전정보의 공유에 관한 사항
　5. 국제기준관리시스템의 구축·운영
　6. 그 밖에 국토교통부장관이 항공안전목표 달성에 필요하다고 정하는 사항

- 항공안전법 시행규칙 제132조(항공안전관리시스템에 포함되어야 할 사항 등)

① 법 제58조제4항제2호에 따른 항공안전관리시스템에 포함되어야 할 사항은 다음 각 호와 같다.
　1. 안전정책 및 안전목표
　　가. 최고경영자의 권한 및 책임에 관한 사항
　　나. 안전관리 관련 업무분장에 관한 사항
　　다. 총괄 안전관리자의 지정에 관한 사항
　　라. 위기대응계획 관련 관계기관 협의에 관한 사항
　　마. 매뉴얼 등 항공안전관리시스템 관련 기록·관리에 관한 사항
　2. 위험도 관리
　　가. 위험요인의 식별절차에 관한 사항
　　나. 위험도 평가 및 경감조치에 관한 사항
　3. 안전성과 검증
　　가. 안전성과의 모니터링 및 측정에 관한 사항
　　나. 변화관리에 관한 사항
　　다. 항공안전관리시스템 운영절차 개선에 관한 사항
　4. 안전관리 활성화
　　가. 안전교육 및 훈련에 관한 사항
　　나. 안전관리 관련 정보 등의 공유에 관한 사항
　5. 그 밖에 국토교통부장관이 항공안전 목표 달성에 필요하다고 정하는 사항

② 최대이륙중량이 2만킬로그램을 초과하는 비행기를 사용하는 항공운송사업자 또는 최대이륙중량이 7천킬로그램을 초과하거나 승객 9명을 초과하여 수송할 수 있는 헬리콥터를 사용하여 국제항공노선을 취항하는 항공운송사업자는 제1항에 따른 항공안전관리시스템에 다음 각 호의 사항에 관한 비행자료분석프로그램(Flight data analysis program)이 포함되도록 하여야 한다.

1. 비행자료를 수집할 수 있는 장치의 장착 및 운영 절차
2. 비행자료와 그 분석결과의 보호에 관한 사항
3. 비행자료 분석결과의 활용에 관한 사항
4. 그 밖에 비행자료의 보존 및 품질관리 요건 등 국토교통부장관이 정하여 고시하는 사항

③ 항공운송사업자는 제2항에 따라 수집한 비행자료와 그 분석결과를 항공기사고 등을 예방하고 항공안전을 확보할 목적으로만 사용하여야 하며, 그 분석결과가 공개되지 아니하도록 하여야 한다.
④ 항공운송사업자는 제2항에 따라 비행자료의 분석 대상이 되는 항공기의 운항승무원에게는 자료의 분석을 통하여 나타난 결과를 이유로 징계 등 신분상의 불이익을 주어서는 아니 된다. 다만, 범죄 또는 고의적인 절차 위반행위가 확인되는 경우에는 그러하지 아니하다.

- 항공안전법 시행규칙 제133조(항공교통업무 안전관리시스템의 구축·운용에 관한 사항)

① 법 제58조제4항제3호에 따른 항공교통업무 안전관리시스템의 구축·운용은 별표 20을 준용한다. 다만, 항공교통업무 중 레이더를 이용하여 항공교통관제 업무를 수행하는 경우에는 다음 각 호의 사항을 추가하여야 한다.
  1. 레이더 자료를 수집할 수 있는 장치의 설치 및 운영 절차
  2. 레이더 자료와 분석결과의 보호에 관한 사항
  3. 레이더 자료와 분석결과의 활용에 관한 사항
② 제1항 각 호에 따른 레이더자료 및 분석결과는 항공기사고 등을 예방하고 항공안전을 위한 목적으로만 사용되어야 한다.

- 항공안전법 시행규칙 제134조(항공안전 의무보고의 절차 등)

① 법 제59조제1항 및 법 제62조제5항에 따라 다음 각 호의 어느 하나에 해당하는 사람은 별지 제65호서식에 따른 항공안전 의무보고서 또는 국토교통부장관이 정하여 고시하는 전자적인 보고방법에 따라 국토교통부장관 또는 지방항공청장에게 보고하여야 한다.
  1. 항공기사고를 발생시켰거나 항공기사고가 발생한 것을 알게 된 항공종사자 등 관계인
  2. 항공기준사고를 발생시켰거나 항공기준사고가 발생한 것을 알게 된 항공종사자 등 관계인
  3. 항공안전장애를 발생시켰거나 항공안전장애가 발생한 것을 알게 된 항공종사자 등 관계인(법 제33조에 따른 보고 의무자는 제외한다)
② 법 제59조제1항에 따른 항공종사자 등 관계인의 범위는 다음 각 호와 같다.
  1. 항공기 기장(항공기 기장이 보고할 수 없는 경우에는 그 항공기의 소유자등을 말한다)
  2. 항공정비사(항공정비사가 보고할 수 없는 경우에는 그 항공정비사가 소속된 기관·법인 등의

대표자를 말한다)
　3. 항공교통관제사(항공교통관제사가 보고할 수 없는 경우 그 관제사가 소속된 항공교통관제기관의 장을 말한다)
　4. 「공항시설법」에 따라 공항시설을 관리·유지하는 자
　5. 「공항시설법」에 따라 항행안전시설을 설치·관리하는 자
　6. 법 제70조제3항에 따른 위험물취급자
③ 제1항에 따른 보고서의 제출 시기는 다음 각 호와 같다.
　1. 항공기사고 및 항공기준사고: 즉시
　2. 항공안전장애:
　　가. 별표 3 제1호부터 제4호까지, 제6호 및 제7호에 해당하는 항공안전장애를 발생시켰거나 항공안전장애가 발생한 것을 알게 된 자: 인지한 시점으로부터 72시간 이내(해당 기간에 포함된 토요일 및 법정공휴일에 해당하는 시간은 제외한다). 다만, 제6호가목, 나목 및 마목에 해당하는 사항은 즉시 보고하여야 한다.
　　나. 별표 3 제5호에 해당하는 항공안전장애를 발생시켰거나 항공안전장애가 발생한 것을 알게 된 자: 인지한 시점으로부터 96시간 이내. 다만, 해당 기간에 포함된 토요일 및 법정공휴일에 해당하는 시간은 제외한다.

- 항공안전법 시행규칙 제135조(항공안전 자율보고의 절차 등)
① 법 제61조제1항에 따라 항공안전 자율보고를 하려는 사람은 별지 제66호서식의 항공안전 자율보고서 또는 국토교통부장관이 정하여 고시하는 전자적인 보고방법에 따라 한국교통안전공단의 이사장에게 보고할 수 있다.
② 제1항에 따른 항공안전 자율보고의 접수·분석 및 전파 등에 관하여 필요한 사항은 국토교통부장관이 정하여 고시한다.

3 항공교통 관제업무

3.1. 항공교통업무는 다음의 항공기에게 제공하여야한다

a) A,B,C,D 및 E 등급 공역에서의 IFR 항공기
b) B, C 및 D 등급 공역에서의 IFR 항공기
c) 모든 특별시계비행 항공기
d) 비행장내 모든 교통

3.2. 항공교통관제업무는 다음의 기관이 제공하여야한다

(a) 지역관제업무
 1) 지역관제센타
 2) 관제권 또는 주로 접근관제업무를 제공하기 위하여 설정된 제한된 범위의 관제 구역으로서 지역 관제센터가 설치되지 아니한 곳에서 접근관제업무를 제공하는 기관
(b) 접근관제업무
 1) 한 기관의 책임하에 접근관제업무와 비행장 관제업무 또는 지역관제업무를 통합 하는 것이 필요하거나 또는 바람직한 경우, 관제탑 또는 지역관제센터
 2) 독립된 기관을 설치하는 것이 필요하거나 또는 바람직한 경우, 접근관제소
(c) 비행장 관제업무: 관제탑
 - 에이프론 관리업무 등 에이프론에 관한 특정업무의 제공임무는 관제탑 또는 별도의 기관에 부여될 수 있음.

3.3. 항공교통관제업무의 운용

3.3.1. 항공교통관제업무를 제공하기 위하여, 항공교통관제기관은
  a) 각 항공기의 의도적인 이동에 관한 정보 또는 그에 대한 변경 및 각 항공기의 실제 진행상태에 관한 정보를 제공받아야 한다.
  b) 접수된 정보로부터, 알려진 항공기 상호간의 상대적인 위치를 결정 하여야 한다.
  c) 자신의 관제하에 있는 항공기간의 충돌을 방지하고, 항공교통을 촉진하고 질서를 유지하기 위하여 허가를 발부하고 정보를 제공하여야 한다.
  d) 다음의 경우 필요에 따라 다른 기관과 허가에 관하여 협의하여야 한다.
   1) 다른기관의 관제하에 있는 항공기와 충돌할 가능성이 있을 때는 언제든지.
   2) 항공기의 관제권을 다른 기관에 이양하기 전.

3.3.2. 항공기의 이동에 관한 정보는 동 항공기에 발부된 항공교통관제허가의 기록과 함께 전시하여 항공기간 적절한 분리를 유지하면서 효율적인 항공교통을 유지하기 위한 분석을 할 수 있게 하여야 한다.

3.3.3. 항공교통관제기관은 다음의 항공기간분리를 유지하기 위하여 허가를 발부하여야 한다.
  a) 등급 A 그리고 B 공역내의 모든 항공기간
  b) 등급 C, D 그리고 E 공역내의 IFR 항공기간
  c) 등급 C 공역내의 IFR 항공기와 관제 VFR항공기간
  d) 특별 VFR항공기와 IFR 항공기간
  e) 관련 ATS당국이 정하는 경우 특별 VFR 항공기간. 난, 조종사가 요구하고 관게 ATS 당국이 위 a), b) 및 c)에 게기한 경우에 대하여 인가하였을 때에는 시계 비행기상상태에서 비행하는 특정한 부분에 있어서 항공기간 분리를 적용하지 아니 할 수 있다.

3.3.4. 항공교통관제기관은 다음 중 1가지 이상의 방법으로 항공기를 분리시켜야 한다.
  a) 수직분리: 다음의 표에 정해진 대로 서로 다른 고도를 배정
   1) 부속서 2, 부록 3에 있는 순항비행고도표 또는
   2) FL410보다 높은 고도로 비행시 부속서2,부록3에 따라 정해진 수정순항비행고도표 단, 이와 달리 관계 항공정보간행물에 명시되어 있거나 항공교통관제허가에 지정되어 동표에 게기된

비행방향별 고도관계를 적용하지 않을 경우에는 예외로 한다.
- 수직분리에 관한 지침은, FL290과 FL410사이의 300미터(1,000피트) 수직분리 최저치의 적용 에 관한 규정 (Doc 9574)에 수록되어 있음.
  b) 수평분리
  1) 종적분리: 동일, 수렴 또는 역방향의 비행로로 비행하는 항공기간에 시간 또는 거리 간격을 유지
  2) 횡적분리: 서로 다른 비행로 또는 지역으로 항공기가 비행하도록 함.
  c) 복합분리: 수직분리와 위B)에 게기된 분리방법 중 한가지를 복합한 형태로서, 각 종류별 분리 기준치의 절반이상으로 최저치를 적용, 복합분리는 지역 항공항행협정에 근거하여 적용
  - 횡적/수직복합분리의 적용에 관한지침은 ATS planning manual(Doc9426)에 수록되어 있음.

3.3.4.1. 모든공역에 축소된 수직고도 최소치인 300미터(1,000휘트)를 적용하는 FL290이상 FL410이하의 공역에서는 지역항행절로 정한 절차에 따라 안전관리가 유지되도록 항공기의 운항성능에 대한 감시기능을 확인하는 제도가 설정되어야 한다. RVSM 공역내에서 운영중인 모든 항공기의 고도-감시 시설은 적절하여야 한다.
- 개별 감시절차의 수는 지역내에서 효과적으로 제공하는 필요성에 따라 최소화 하여야 한다.

3.3.4.2. 조정은 지역간 협정에 의거 감시절차로부터 자료가 지역간 분담을 통하여 정착되어야 한다.
- 수직 분리 및 고도의 성능유지 감시기능은 The Manual on Implementation of a 300미터 (1,000휘트)Vertical Separation Minimum Between FL290 and FL410 inclusive(Doc 9574).

3.4. 분리최저치

3.4.1. 주어진 공역내에서 적용할 분리최저치는 다음과 같이 결정하여야 한다.
  a) 분리최저치는 PANS-RAC 및 지역보충절차의 규정에 정해진 바에 따라 결정하되, 이용되는 항공보안시설 또는 상황에 대한 ICAO 규정이 없는 경우에는 다음과 같이 설정한다.
  1) 한 국가의 주권이 미치는 공역 내에 있는 비행로에 대하여는 관계 ATS당국이 항공기운용자와 협의하여 설정

2) 공해상의 공역 또는 주권불명의 공역 내에 있는 비행로에 대하여는 지역항공항행협정에 의하여 설정
    - ICAO가 정한 분리 최저치에 대한 자세한 내용은 PANS-RAC(DOC4444) 및 지역 보충절차(DOC7030)제1부에 수록되어 있음.
 b) 다음의 경우에는 인접공역에 대한 항공교통업무의 제공책임이 있는 관계 ATS 당국과 협의하여 분리 최저치를 결정하여야 한다.
  1) 항공기가 한 공역으로부터 인접 공역 내로 진입할 경우
  2) 비행로가 분리 최저치 보다 더 가깝게 인접공역 경계선에 근접해 있을 경우.
    - 본 규정의 목적은 처음의 경우, 관제권 이양지점 양측의 균형을 위한 것이며,
    - 두 번째의 경우는 공통경계선의 양쪽에서 비행하는 항공기간에 적절한 분리를 확보하기 위한 것임.

3.4.2. 결정된 분리 최저치 및 이의 적용지역에 대한 자세한 내용은 다음과 같이 조치하여야 한다.
 a) 관련 ATS 기관에 통보 및
 b) 분리가 특정항공보안시설 및 또는 특정 항행방법에 기준하여 설정되었을 경우 항공정보 간행물을 통하여 조종사 및 항공기운용자에게 통보

3.5. 관제에 대한 책임

3.5.1. 각 항공기의 관제에 대한 책임은 한 대의 항공기는 주어진 시각, 하나의 항공교통관제기관에서만 관제하여야 한다.

3.5.2. 특정한 공역내에서의 관제에 대한 책임은 주어진 공역 내에서 비행하는 모든 항공기의 관제에 대한 책임을 단일 항공교통관제기관에만 부여하여야 한다. 그러나 모든 관련 항공교통관제기관간에 협의가 되어 있을 경우에 한하여 한 대의 항공기 또는 항공기집단에 대한 관제권을 다른 항공교통관제기관에 위임할 수 있다.

3.6. 관제책임의 이양

3.6.1. 이양의 장소 또는 시간

3.6.1.1. 항공기의 관제에 대한 책임은 한 항공교통관제기관으로부터 다른 항공교통관제기관으로 다음과 같이 이양해야 한다.
지역관제업무를 제공하는 두 개의 기관간 항공기의 관제에 대한 책임은 동 항공기에 대한 관제권을 가지고 있는 지역관제센터가 예상하는 관제지역경계선 통과시간에, 또는 두 기관간에 합의한 지점 또는 시간에, 동 관제지역에 대하여 지역관제 업무를 제공하는 기관으로부터 인접 관제지역에 대하여 지역관제업무를 제공하는 기관으로 이양하여야 한다.

3.6.1.2. 지역관제업무를 제공하는 기관과 접근관제업무를 제공하는 기관간 항공기의 관제에 대한 책임은 두 기관간에 합의된 지점 또는 시간에, 지역관제업무를 제공하는 기관으로부터 접근관제업무를 제공하는 기관으로(또는 그 반대로)이양하여야 한다.

3.6.1.3. 접근관제업무를 제공하는 기관과 비행장 관제탑간

3.6.1.3.1. 도착 항공기: 도착 항공기의 관제에 대한 책임은 다음 중 가장 빠른 시기에 접근관제업무를 제공하는 기관으로부터 비행장 관제탑으로 이양하여야 한다.
　a) 항공기가 비행장 주위에 있고 또
　　1) 지상을 육안으로 식별하여 접근 및 착륙을 완료할 수 있을 것으로 판단되거나,
　　2) 완전한 시계비행기상상태에 도달하였을 때, 또는
　b) 항공기가 합의서나 지역 훈령에 지정한 지점이나 고도에 도달 시, 또는
　C) 착륙하였을 때
　　- 비록 접근관제기관이 있더라도, 지역관제센터 또는 관제탑이 접근관제 업무의 상당부분을 제공하도록 관련 기관간에 사전 협의가 되어 있을 경우, 어떤 항공기에 대한 관제권이 지역관제센터로부터 직접 관제탑으로 (또는 그 반대로)이양될 수 있음.

3.6.1.3.2. 출발 항공기: 출발하는 항공기의 관제에 대한 책임은 다음과 같이 비행장관제탑에서 접근관제업무를 제공하는 기관으로 이양하여야 한다
　a) 비행장 주위가 시계비행기상상태일 경우,
　　1) 항공기가 비행장 주위를 떠나기 전, 또는

2) 항공기가 계기비행기상상태에 진입하기 전
3) 지정된 지점이나 고도에 도달 시: 합의서나 지역 훈령에 명시된 대로
b) 비행장 주위가 계기비행기상상태일 경우, 합의서나 지역 훈령에 명시된 대로
1) 항공기가 이륙직후
2) 지정된 지점이나 고도에 도달 시

3.6.1.4. 동일 항공교통관제기관내 sector 혹은 positon간 동일 항공교통관제기관내 sector 혹은 positon간 관제권은 지역 훈령에 명시된 바와 같이 어떤 지점, 고도 혹은 시간에 이양된다.

3.6.2. 이양 협의

3.6.2.1. 이양 받는 관계기관의 동의가 없으면 항공기의 관제에 대한 책임을 한 항공교통관제기관으로부터 다른 항공교통관제 기관으로 이양하여서는 아니 된다

3.6.2.2. 이양하는 관제기관은 이양 받는 관제기관이 요구하는 비행계획상의적절한 부분 및 이양 에 필요한 관제정보를 통보하여야 한다.

3.6.2.2.1. 레이다 관제권 이양의 경우 이양에 필요한 관제정보에는 이양직전 레이다 상의 위치 및, 필요할 경우, 항적 및 속도를 포함시켜야 한다.

3.6.2.2.2. ADS 자료를 이용하여 관제권 이양이 이루어질 때 이양에 관한 관제정보에는 4차원적 위치정보와 필요할 경우 기타 정보가 포함되어야 한다.

3.6.2.3. 이양 받는 관제기관은 다음과 같이 조치하여야 한다.
 a) 두 관제기관간의 사전합의가 되어있지 않는 한 이양하는 관제기관이 지정하는 조건으로 항공기의 관제권을 인수할 의사를 표시할 것. 그러한 표시를 하지 않으면 이는 지정한 조건의 수락을 의미하므로 필요할 경우 이에 대한 변경을 요구할 것, 그리고
 b) 이양 시 항공기에 요구되는 다른 정보 또는 허가사항을 요구할 것.

3.6.2.4. 두 관련기관간에 합의가 되어있지 않는 한, 인수하는 관제기관은 항공기와 통신이 이루어지고, 관제권을 인수하였을 때 그 사실을 이양하는 관제기관에 통보하여야 한다.

3.6.2.5. 관제이양지점을 포함한 시행상의 협조절차는 합의서나 지역 훈령에 명시되어야 함

3.7. 항공교통관제허가는 오직 항공교통관제업무의 제공을 위한 필요성에 입각하여 발부하여야 한다.

3.7.1. 허가의 내용

3.7.1.1. 항공교통관제허가에는 다음의 내용이 표시되어야 한다.
  a) 비행계획서상의 항공기 식별부호
  b) 허가한계점
  c) 비행로
  d) 비행로의 전부 또는 일부분에 대한 고도 및 고도의 변경
   - 만약 고도에 대한 허가가 비행로의 일부분에만 해당될 경우, 부속서 2 의 3.6.2.2.2 a)를 준수하기 위하여, 항공교통관제기관은 고도에 대한 허가가 적용되는 지점을 지정하는 것이 중요함.
  e) 필요시 접근 또는 출발기동, 통신 및 허가의 시효 등에 관한 지시나 정보
   - 허가의 시효란 어느 시각까지 비행이 시작되지 않으면 허가가 자동적으로 취소되는 시각을 말함

※ 인천 --〉뉴욕: KAL081, Cleared to Seatle airport(KSEA), VIA ANYANG1A G597 then as filed, maintain FL330, Departure Frequency one two five decimal one five(125.15) Squawk 4101

※ 김포 --〉제주: KAL2101,Cleared to Cheju(RKPC), VIA MALPA1A then B576, maintain FL280, Departure Frequency one two five decimal one five(125.15),squawk 7401

3.7.1.2. 권고: 표준출발 및 도착비행로 및 관련절차는 다음과 같은 경우 설정해야 한다.
  a) 항공교통을 안전하고 질서있으며 신속하게 하는데 필요한 때
  b) 항공교통관제허가중 비행로 및 절차에 대한 설명을 용이케 하는데 필요한 때
   - 표준출발 및 도착비행로 및 관련 절차의 설정에 관한 자료는 Air Traffic Service Planning Manual(Doc9426)에 수록되어 있으며,설계기준은 PANC-OPS(Doc8168)Volume 2에 수록되어 있음.

3.7.2. 천음속 비행허가

3.7.2.1. 초음속 비행중 천음속 가속단계에 관련한 항공교통관제허가는 최소한 동 단계의 마지막까지 포함되도록 발부되어야 한다.

3.7.2.2. 권고: 항공기가 초음속 순항상태로부터 아음속 비행상태로 감속 및 강하하는데 관련한 항공교통관제허가는 최소한 천음속 단계에서는 중단없이 강하할 수 있도록 발부하여야 한다.

3.7.3. 허가 및 안전관련 정보의 복창

3.7.3.1. 승무원은 음성으로 전달되는 ATC 허가와 지시사항중 안전과 관련된 부분은 복명/복창하여야 함. 필수 복명/복창 사항:
  a) ATC 항로 허가
  b) 활주로 진입, 착륙, 이륙, 대기, 통과와 관련된 허가나 지시
  c) 사용활주로, 고도계수정치, SSR codes, 고도지시, 기수와 속도지시, 전이고도(관제사로부터 발부되었거나, ATIS에 포함되어 있을 경우)

3.7.3.1.1. 조건부 허가 등과 같은 다른 허가/지시사항 역시 복명/복창하거나 확인하여야 함

3.7.3.1.2. 관제사는 승무원이 허가나 지시사항을 정확히 인지하였는지 확인하기 위해 복명/복창을 청취하고, 내용이 불일치 할 경우 즉시 수정해 주어야 함

3.7.3.2. 관제기관의 특별한 지시가 없다면, CPDLC 전문은 음성으로 복창하지 않아도 된다.
 - CPDLC 전문의 확인과 교환에 관한 절차와 관련규정은 부속서10, 제2권 및 PANS-RAC,제6부에 있다.

3.7.4. 항공교통관제허가가 다음과 같이 비행로의 전부 또는 일부분을 포함하도록 하기 위하여 항공교통관제기관간에 협의하여야 한다.

3.7.4.1. 다음의 경우 최초 착륙예정비행장까지의 전 비행로에 대한 허가를 발부하여야 한다.
  a) 출발하기전 동 항공기를 관제하게 될 모든 기관간에 허가에 대한 협의가 가능할 경우

b) 동 항공기를 차례대로 관제하게 될 모든 기관간에 사전협의가 완료될 것이라는 타당한 확신이 있을 경우
- 오직 항공기를 신속하게 출발시킬 목적으로, 비행의 첫 부분에 대한 허가만 발부되었을 경우 뒤따르는 항로상 비행허가는 비록 최초 착륙예정비행장이 항로상 비행허가를 발부하는 지역관제센터가 아닌 다른 지역관제센터의 관할 하에 있더라도 위에 언급한 대로 발부될 것임.

3.7.4.2. 관계기관 협의가 이루어지지 않았거나 또는 예상되지 않을 경우, 협의가 확실시 되는 지점까지만 항공기를 허가하여야 한다. 항공기는 그러한 지점에 도착하기전 또는 동지점에서 추가 허가, 체공지시 등을 발부 받아야 한다.
- downstream clearance delivery service의 적용과 관련한 조건은 Annex10. Volume Ⅱ에 명시되어 있음. 안내자료는 Air traffic services data link applications(Doc 9694)에 있음.

3.7.4.2.1. ATS 기관에서 사전에 정한 경우, 항공기는 다음의 관제기관으로 변경전 연속되는 비행에 필요한 관제허가를 받기위하여 항공교통관제기관에 접속하여야 한다.

3.7.4.2.1.1. 항공기는 연속되는 관제허가를 받을때까지 현재의 관제기관과 양방향 통신을 유지하여야 한다.

3.7.4.2.1.2. 발행된 연속되는 관제허가는 조종사에게 분명하게 식별되어야 한다.

3.7.4.2.1.3. 협조가 되지 아니하였다면, 연속되는 관제허가는 연속되는 관제허가의 전달을 위한 관제책임기관이외의 원래의 공역과 비행계획에 영향을 주어서는 아니된다.

3.7.4.2.1.4 권고: 실행 가능하다면, data link 통신에 의한 연속되는 관제허가를 확실하게 전달할 수 있는 경우에도, 연속되는 관제허가를 받기 위하여, 조종사와 관제기관간의 양방향 음성통신이 가능하여야 한다.

3.7.4.3. 항공기가 관제지역 내의 비행장을 출발하여 30분 (관련 지역관제센터간 합의가 되어 있을 경우는 다른 기간)이내의 비행거리에 있는 다른 관제지역으로 진입 하고자 할 경우, 출발허가를 발부하기 전에 동 지역관제센터와 협의하여야 한다)
3.7.4.4 항공기가 관제공역 바깥에서의 비행을 위하여 관제구역을 떠나고, 또 동일하거나 다른 관제

구역으로 재진입 하고자 할 경우, 출발지점으로부터 최초 착륙예정 비행장까지 허가를 발부할 수 있다. 그러한 허가 또는 이에 대한 수정은 관제공역 내에서 행하는 비행에 대하여만 적용된다.

3.7.5. 항공교통흐름관리(Air traffic flow management)

3.7.5.1. ATFM은 항공교통수요가 공고된 ATS수용능력을 초과하거나 초과하리라 예상되는 공역에서 발효되어야 함
 - ATS 수용능력은 적절한 ATS 당국에 의해 공포될 것임.

3.7.5.2. 권고: ATFM은 지역 항행협정이나, 다자간 협정에 의거 발효될 것이며, 그러한 협정은 수용능력결정을 위한 절차와 방법에 관한 규정을 마련할 것임.

3.7.5.3. 이미 수용한 교통량에 대한 추가교통량을 주어진 기간에 특정한 장소 또는 지역에서 처리하지 못하거나 또는 일정한 비율대로만 처리가 가능할 것이 명백할 경우, 항공교통관제기관은 다른 항공교통관제기관 및 관련된 것으로 알려져 있거나 믿어지는 항공기 운용자 및 동 장소 또는 지역내 항공기의 승무원에게, 추가적인 항공기는 과도하게 지연될 가능성이 있다는 사실, 또는 가능하면, 추가적인 교통량은 비행중인 항공기의 과도한 지연을 피하기 위해서 일정한 기간동안 제한을 받게 될 것임을 통보하여야 한다.
 - 관련운영자는 ATFM이 지정한 제한사항을 (가능하다면 사전에) 통보 받을 것임.

• 항공안전법 시행규칙 제239조(항공교통흐름의 관리 등)
① 법 제83조제4항에 따라 항공교통업무기관은 항공교통업무와 관련하여 같은 시간대에 규정된 수용량을 초과하거나 초과가 예상되는 공역에서 지역항행협정이나 관련 기관 간의 협정에 따라 항공교통흐름을 관리하여야 한다.
② 제1항에 따른 항공교통흐름의 관리에 관한 처리기준 및 방법 등에 관한 세부 사항은 국토교통부장관이 정하여 고시한다.

3.8. 비행장내의 사람 및 차량통제

3.8.1. 비행장 기동지역 내에서 이동하는 사람 또는 예인되고 있는 항공기를 포함한 차량은, 그들 자신 또는 착륙, 지상유도 또는 이륙하는 항공기에 대한 위험을 회피하기 위하여 관제탑에서 필요에 따라 통제하여야 한다.

3.8.2. 악 시정절차가 적용되고 있는 상태에서는 다음과 같이 조치하여야 한다.
  a) 비행장기동지역내에서 활동하는 사람 및 차량은 꼭 필요한 최소한으로 제한하여야 하며, Category II 또는 Category III 정밀계기착륙이 진행중일 때에는 ILS 임계 지역을 보호하기 위한 기준에 특별한 주의를 기울여야 한다.
  b) 3.8.3의 규정에 의거하여 차량과 지상유도중인 항공기간의 분리 최저치는 가능한 보조물을 고려하여 관계 ATS당국이 정하여야 한다.
  c) ILS와 MLS category II 또는 category III 절차가 동일 활주로에서 계속적으로 혼용될 때 ILS 또는 MLS 보호공역이나 임계공역을 보호하기 위하여 더 많은 제한이 이루어짐.
   - 악시정 절차의 적용기간은 국지지시에 따라 결정됨. 악시정하에서의 공항운영지침은Manual of surface Movement Guidance 와 Control Systems(SMGCS) (Doc9476) 규정에 수록되어 있음.

3.8.3. 조난항공기의 구호를 위하여 운항하는 비상차량에게는 지상에서 이동하는 어떠한 것보다 우선권을 부여하여야 한다.

3.8.4. 기동지역내의 차량은 다음의 규칙을 준수하여야 한다.
  a) 차량 및 항공기예인차량은 착륙, 이륙 또는 지상유도중인 항공기에 진로를 양보하여야 한다.
  b) 차량은 항공기예인차량에게 진로를 양보하여야 한다.
  c) 차량은 국지지시에 따르고 있는 다른 차량에게 진로를 양보하여야 한다.
  d) a),b),c)의 규정에도 불구하고, 차량 및 항공기예인차량은 관제탑에서 발부하는 지시를 준수하여야 한다.

• 항공안전법 시행규칙 제248조(비행장 내에서의 사람 및 차량에 대한 통제 등)
① 법 제84조제2항에 따라 관제탑은 지상이동 중이거나 이륙·착륙 중인 항공기에 대한 안전을 확보하기 위하여 비행장의 기동지역 내를 이동하는 사람 또는 차량을 통제하여야 한다.

② 법 제84조제2항에 따라 저시정 기상상태에서 제2종(Category Ⅱ) 또는 제3종(Category Ⅲ)의 정밀계기운항이 진행 중일 때에는 계기착륙시설(ILS)의 방위각제공시설(Localizer) 및 활공각제공시설(Glide Slope)의 전파를 보호하기 위하여 기동지역을 이동하는 사람 및 차량에 대하여 제한을 하여야 한다.
③ 법 제84조제2항에 따라 관제탑은 조난항공기의 구조를 위하여 이동하는 비상차량에 우선권을 부여하여야 한다. 이 경우 차량과 지상이동 하는 항공기 간의 분리최저치는 지방항공청장이 정하는 바에 따른다.
④ 제2항에 따라 비행장의 기동지역 내를 이동하는 차량은 다음 각 호의 사항을 준수하여야 한다. 다만, 관제탑의 다른 지시가 있는 경우에는 그 지시를 우선적으로 준수하여야 한다.
  1. 지상이동·이륙·착륙 중인 항공기에 진로를 양보할 것
  2. 차량은 항공기를 견인하는 차량에게 진로를 양보할 것
  3. 차량은 관제지시에 따라 이동 중인 다른 차량에게 진로를 양보할 것
⑤ 법 제84조제2항에 따라 비행장 내의 이동지역에 출입하는 사람 또는 차량(건설기계 및 장비를 포함한다)의 관리·통제 및 안전관리 등에 대한 세부 사항은 국토교통부장관이 정하여 고시한다.

3.9. 레이더 설치 권고

레이더 시설은 안전에 관련된 경계와 경고표시로 전시되어야 한다. 여기에는 충돌경계와 충돌예고, 최저안전고도의 경고와 의도하지 아니한 SSR Code의 중복 겹침현상들이 있다.

3.10. 지상이동체 감시레이더의 이용 권고

부속서 14,제1권에 의거 기동구역의 일부 또는 전부를 시계로 볼수 없거나, 시계에 의한 보조수단으로 다음 지원을 위하여 지상이동레이다(SMR)를 운용하거나, 기타 다른 감시장비가 운용되어야 한다.
  a) 기동구역내의 항공기와 차량의 이동상태감시
  b) 필요시, 조종사 또는 차량 운전사에게 방향정보을 지시
  c) 기동구역내에서 운항중인 항공기 또는 차량에게 안전하고 효율적인 조언과 지원제공
   - 지상이동안내 및 통제 체계에 대한 메뉴얼은 Doc 9476 참조. 향상된 A-SMCGS는 DOC 9830이며, 지상이동레이다의 운용과 안내자료는 DOC 9426의 항공교통기획 메뉴얼을 참고.

※ 지상이동안내 및 관제시스템(SMGCS: Surface Movement Guidance and Control System)

1. 개요
   - SMGCS는 악시정(시정350m 이하) 조건에서도 항공기 착륙후 활주로부터 계류장까지 지상이동을 감시하여 주기장까지 안전하고 신속하게 항공기 안내 및 관제처리가 가능한 지상이동감시 시스템 으로서, 카테고리Ⅲa 공항운영을 위한 핵심시스템임.

2. 주요기능
   - 이동감시(Monitoring)
     · 이동 물체의 위치, 특성인식, 속도 및 크기의 자동표시
     · 충돌 상황의 검출 및 경보제공
     · 지상 이동경로 및 예정시간표 등 계획 데이터의 표시와 상황검출
   - 유도로 설정 및 항공기 이동안내(Routing & Guidance)
     · 이동동선 설정, 충돌하지 않는 최적 유도경로의 계획
     · 항공등화 자동제어기능으로 항공기 지상이동 안내
   - 충돌경보기능(Alert)
     · 이동지역내 항공기 충돌 및 활주로 침입방지

3. SMGCS 운영절차
   - SMGCS 운영을 위해서는 저시정 상황에 대비한 특별공항운영 절차를 수립하여 정부로부터 승인 획득이 필요
   - 주요내용
     ① 공항시설·장비 및 각종 운항지원 서비스 등 운영절차
     ② 항공기 구조 및 소방체계·절차
     ③ 지상이동차량 통제절차
     ④ 항공교통관제절차
     ⑤ 저시정시 항공사 운항절차
     ⑥ 관계기관별 역할과 책임(공항당국, ATC, 업체 등)

4. 참고: 카테고리Ⅲa의 개념
   - 시정 200m(700ft)의 악시정 조건에서도 항공기 착륙을 가능케하여 항공기 결항율 (연간 0.48%)을 최소화하는 활주로 운용방식

4 비행정보업무

4.1. 적용

4.1.1. 비행정보업무는 동 정보에 의하여 영향을 받을 가능성이 있는 모든 항공기 및 다음의 모든 항공기에게 제공하여야 한다.
   a) 항공교통관제임무를 제공받고 있는 항공기, 또는
   b) 관계 항공교통업무기관이 달리 알고 있는 항공기
 - 비행정보업무는 항공기 기장의 책임을 경감시키지 않으며 비행계획의 변경여부에 대한 최종결심은 기장이 하여야 함.

4.1.2. 항공교통업무기관이 비행정보업무 및 항공교통관제업무를 모두 제공하는 곳에서는 필요할 경우 언제든지 비행정보업무의 제공에 우선하여 항공교통관제업무를 제공하여야 한다.
 - 어떠한 상황에서는 최종접근, 착륙, 이륙 및 상승중인 항공기가 항공교통관제업무제공에 관한 것보다 필수정보를 더 지체 없이 받을 필요가 있음.

4.2 비행정보업무의 범위

4.2.1. 비행정보에는 다음과 같은 사항이 포함된다.
   a) SIGMET정보
   b) 폭발 전 화산활동, 화산폭발, 그리고 화산재구름에 관한 정보
   c) 방사선물질 또는 독성 화학물질의 대기중 방출에 관한 정보
   d) 항공보안시설의 실용성 변경에 관한 정보
   e) 비행장 이동지역의 상태(눈, 얼음, 또는 상당한 깊이의 물이 있을 경우)에 관한 정보를 포함하여 비행장 및 관련 시설의 상태변경에 관한 정보
   f) 무인자유기구에 관한 정보 및 안전에 영향을 미칠 가능성이 있는 기타 정보

4.2.2. IFR항공기에게는 다음의 정보를 제공하여야 한다.
   a) 출발비행장, 목적비행장 및 교체비행장의 기상상태 및 예보

b) 공역등급 C,D,E,F.G에서 비행하는 항공기에 대한 충돌 위험
  c) 수면 상공에서 비행하는 항공기의 경우, 가능한 한 그리고 조종사가 요구할 경우 등 지역에 있는 선박의 무선호출부호, 위치, 진행방향, 속도 등의 정보
 - 충돌위험이 발생할 만한 항공기에 관한 정보를 포함하여, b)의 정보는 때로는 부정확하고 완전하지 않은 자료에 근거할 수 있으며 따라서 항공교통업무기관은 모든 경우 그러한 정보의 제공 또는 정확성에 대한 책임을 질 수가 없음.
 - b)에 따라 제공한 충돌위험정보를 보충 할 필요가 있거나 또는 비행 정보업무를 일시적으로 중단 할경우, 지정 공역 내에서 항공기에 의한 교통정보방송을 할 수 있음. 항공기에 의한 교통정보방송 및 이와 관련한 운용절차는 첨부 C에 수록되어 있음.

4.2.3. 권고: ATS기관은 special air report를 관련된 다른 항공기, 기상사무소 및 다른 ATS기관에 가능한 한 신속히 전달하여야 한다.
항공기에 대한 전달은 관계 기상당국과 ATS 당국간의 합의에 따라 결정되는 기간동안 계속되어야 한다.

4.2.4. VFR항공기에 제공하는 비행정보에는 4.2.1에 게기한 사항에 추가하여 시계비행규칙에 의한 비행이 불가능할 가능성이 있는 비행로의 기상 상태에 관한 정보를 포함하여야 한다.

4.3 비행정보방송

4.3.1. 적용

4.3.1.1. 비행정보에 포함되는 기상정보와 항행안전시설 및 비행장에 관련한 비행정보는 가능한 한 종합된 형태로 제공하여야 한다.

4.3.1.2. 권고: 종합된 비행정보를 항공기에게 방송할 경우, 여러 가지 비행단계에 적절한 내용을 지정된 순서대로 방송하여야 한다.

4.3.1.3. 권고: 비행정보방송은 여러 가지 비행 단계에 적절한 실용요소 및 기상요소에 관한 종합된 정보로 구성하여야 한다. 이러한 방송에는 HF, VHF, 및 ATIS등 세 종류가 있다.

4.3.1.4. Use of the OFIS message in Direct request / reply transmission 조종사 요구시 해당 OFIS 전문은 해당 ATS 기관에 의하여 송신된다.

4.3.2 HF 비행정보(OFIS) 방송

4.3.2.1. 권고: 지역 항공항행협정에 의하여 필요하다고 결정되었을 경우 HF 비행정보 (OFIS) 방송을 하여야 한다.

4.3.2.2. 권고: 동 방송은 다음과 같이 하여야 한다.
  a) 수록정보는, 지역항공항행협정에 의거하여, 4.3.2.5.에 따른 것일 것.
  b) 기상상태 및 예보가 방송될 비행장은 지역항공 항행협정에 따라 결정된 것일 것.
  c) 방송에 참여하는 방송국의 방송순서는 지역항공항행협정에 따라 결정된 것일 것.
  d) 방송내용의 분량은 지역항공항행협정에 따라 할당된 시간을 초과하지 않아야 하며, 송신속도가 방송내용을 이해하는데 지장을 주지 않도록 주의할 것.
  e) 각 비행장별 방송내용은 해당 비행장의 명칭에 따라 식별되도록 할 것.
  f) 방송에 필요한 정보를 입수하지 못하였을 경우에는 가장 최신의 정보를 관측시간과 함께 방송할 것.
  g) 가능하면 해당 방송국에 할당된 시간 범위 내에서 전체 방송내용을 반복하여 방송할 것
  h) 중요한 변경이 있을 경우 즉시 방송내용을 최신의 것으로 할 것.
  I) HF OFIS방송은 각 국가가 지정하는 가장 적절한 기관에서 내용을 준비하고 방송하도록 할 것.

4.3.2.3. 권고: 항공무선선하통신시 진 세계적으로 사용하기 이하여 보다 더 적당한 언어를 개발하고 채택할 때까지는, 국제항공업무에 사용하도록 지정된 비행장에 관련하는 HF OFIS방송은 영어로 하여야 한다.

4.3.2.4. 권고: 둘 이상의 언어로 HF OFIS 방송을 할 경우 각 언어별로 서로 다른 채널을 사용하여야 한다.

4.3.2.5. 권고: HF OFIS 방송은 다음의 정보를 순서대로, 또는 지역항공 항행협정에 의거 결정된 순서대로 방송하여야 한다.

a) 항로기상정보: 중요 항로기상현상에 관한 정보는 부속서 3에 기술된 SIGMET의 형태이어야 한다.
b) 다음과 같은 비행장 정보
 1) 비행장명칭;
 2) 관측시간;
 3) 필수 정보;
 4) 지상풍향 및 풍속, 필요한 경우 최대풍속;
 5) 시정 및, 가능한 경우, 활주로가시거리 (RVR);
 6) 현재기상;
 7) 1,500미터(5,000피트) 또는 가장 높은 최저구역고도보다 낮은 경우, 두 고도 중 더 높은 고도 아래의 구름, 소나기구름(적란운), 하늘이 맑지 않을 경우 수직시정, 및
 8) 비행장 예보
 ※ 이 요소들은 PANS-RAC(Doc 4444), Part IX, 4.3.2.3.9에 명시된 조건들이 충족될경우, 용어 "CAVOK"로 대체가능

4.3.3. VHF 비행정보 (OFIS) 방송

4.3.3.1. 권고: VHF실용비행정보방송은 지역 항공항행협정에 의거하여 결정된 대로 제공해야 한다.

4.3.3.2. 권고: 동 방송은 다음과 같이 하여야 한다.
 a) 기상상태 및 예보가 방송될 비행장은 지역항공항행협정에 따라 결정된 것일 것.
 b) 각 비행장별 방송내용은 해당 비행장의 명칭에 의하여 식별되도록 할 것.
 c) 방송에 필요한 정보를 입수하지 못했을 경우에는 가장 최신의 정보를 관측시간과 함께 방송할 것.
 d) 계속하여 반복적으로 방송할 것.
 e) 방송내용은 가능한 한 5분을 초과하지 않을 것이며, 송신속도가 방송내용을 이해 하는데 지장을 주지 않도록 주의할 것.
 f) 방송내용은 지역항공항행협정에 의거하여 결정된 대로 정기적으로 최신의 것으로 할 것. 이에 부가하여 중요한 변경이 있을 경우 즉시 최신의 것으로 할 것.
 g) VHF OFIS방송은 각 국가가 지정하는 가장 적절한 기관에서 내용을 준비하고 방송하도록 할 것.

4.3.3.3. 권고: 항공무선전화통신시 전 세계적으로 사용하기 위하여 더 적당한 언어를 개발 하고 채

택할 때까지는, 국제항공업무에 사용하도록 지정된 비행장에 관련하는 VHF OFIS 방송은 영어로 하여야 한다.

4.3.3.4. 권고: 둘 이상의 언어로 VHF OFIS 방송을 할 경우 각 언어별로 서로 다른 채널을 사용하여야 한다.

4.3.3.5. 권고: VHF 비행정보방송은 다음의 정보를 순서대로 방송하여야 한다.
   a) 비행장 명칭
   b) 관측시간
   c) 착륙 활주로
   d) 중요 활주로 상태 및, 필요할 경우, 제동상태
   e) 필요할 경우, 항공보안시설 운용상태의 변경
   f) 필요할 경우, 체공지연에 관한 내용
   g) 지상 풍향 및 풍속, 필요할 경우 최대풍속
   h) 시정 및, 가능할 경우, 활주로가시거리(RVR)
   I) 현재기상
   j) 1.500미터(5,000피트)이하 또는 가장 높은 최저구역고도보다 낮은 경우, 두 고도중 더높은 고도 아래의 구름, 소나기구름(적란운), 하늘이 맑지 않을 경우 수직시정
   ※ 이 요소들은 PANS-RAC(Doc 4444), Part IX, 4.3.2.3.9에 명시된 조건들이 충족될 경우, 용어 "CAVOK"로 대체가능
   k) 대기온도
   l) 노점온도
   m) QNH고도계수정치 (지역항공항행협정에 기초 결정될 경우)
   n) 운항적 중요한 최근기상과 Windshear(필요한 곳)에 대한 보충정보
   o) 가능할 경우 경향예보, 및
   p) 최신 SIGMET의 내용

4.3.4. 음성자동국지정보(Voice-ATIS)방송

4.3.4.1. 음성자동국지정보방송은 ATS VHF 공지통신채널의 통신량을 경감시킬 필요가 있는 비행장에서 제공하여야 한다. 자동국지정보방송은 다음과 같이 구분한다.

a) 한 개의 도착항공기용 방송, 또는
b) 한 개의 출발항공기용 방송, 또는
c) 한 개의 도착 및 출발항공기용 방송, 또는
d) 도착 및 출발항공기용 방송의 길이가 너무 긴 비행장에서 두 개의 방송을 도착 및 출발항공기용으로 각각 분리

4.3.4.2. ATIS 방송용으로 가능하면 별도의 VHF주파수를 사용하여야 한다. 별도의 주파수를 사용할 수 없을 경우에는 통달거리 및 이해성이 적절하며 식별부호가 방송내용과 번갈아 삽입됨으로서 방송 내용이 삭제되지 않은 조건으로 가장 적절한 국지 항공 보안시설(VOR이 바람직함)의 음성채널을 사용 할 수 있다.

4.3.4.3. Voice-ATIS방송용으로 ILS의 음성채널을 사용하여서는 아니 된다.

4.3.4.4. Voice-ATIS가 제공될 경우, 방송은 지속적이고 반복적이어야 한다.

4.3.4.5. 방송에 포함된 정보는 즉시 접근, 착륙 및 이륙에 관한 정보를 항공기에게 제공하는 ATS기관 (동 기관이 방송내용을 준비하지 않았을 경우에 한함)에 통보하여야 한다.
※ 주의-Voice-ATIS및D-ATIS에 적용하는 ATIS제공 요구사항은 4.3.6 아래에 포함되어 있다.

4.3.4.6. 권고: 항공무선전화통신시 전 세계적으로 사용하기 위하여 더 적당한 언어를 개발하고 채택할 때까지는, 국제항공업무에 사용하도록 지정된 비행장에 관련하는 Voice-ATIS 방송은 영어로 하여야 한다.

4.3.4.7. 권고: 둘 이상의 언어로 ATIS방송을 할 경우 각 언어별로 서로 다른 채널을 사용하여야 한다.

4.3.4.8. 권고: Voice-ATIS 방송내용은 가능한 한 30초를 초과하지 않아야 하며, 송신속도 또는 ATIS송신용으로 사용되는 항공보안시설의 식별신호가 방송내용을 이해하는데 지장을 주지 않도록 주의하여야 한다. ATIS 방송내용은 인적요소를 고려하여야 한다.

4.3.5. Data-link-automatic terminal information service (D-ATIS)

4.3.5.1. D-ATIS가 현행 Voice-ATIS을 보충하는 곳에서, 정보는 Voice-ATIS 방송에 적합한 내용 및 형식이 이상적이다.

4.3.5.1.1. 실시간 기상정보가 포함되고 자료가 중요변화기준 요소들을 유지하는 곳에서, 동일한 식별부호(designator)를 유지할 목적으로 그 내용은 이상적으로 검토되어야 한다.
 - 중요변화기준은 부속서 3,4.3.3에 명시되어 있다.

4.3.5.2. D-ATIS가 현행 Voice-ATIS를 보충하고 ATIS가 최신을 요구하는 곳에서, Voice-ATIS와 D-ATIS는 동시에 최신으로 수정되어야 한다.

※ 공항정보 자동 방송업무
   (ATIS: Automatic Terminal Information Service)

---

1. ATIS의 개념
비행활동이 많은 특정한 공항지역에서 녹음된 비관제 정보를 계속 자동반복 송신함으로써 관제사의 업무의 효율을 증가시키고 주파수 혼잡을 덜어주기 위한 일방통신 방송제도.

2. ATIS의 분류
 1) 자동 정보방송
 2) 도착·출발항공기용 방송 (도착 및 출발정보를 모두포함)
 3) 도착항공기용 방송 (도착정보만 포함)
 4) 출발항공기용 방송 (출발정보만 포함)

3. 방송의 통달범위(VHF 수파수대)
ATIS위치로부터 최대 60NM 과 최대고도 25,000FT AGL까지 수신될수 있도록 운용된다.

4. ATIS 정보
 1. 정보내용
  1) 최신기상 예보시간
  2) 운고
  3) 시정(하늘상태 혹은 씰링이 5,000FT 이하이고 시정이 5마일 이하일 때)
  4) 시정장애물
  5) 기온
  6) 풍향(자방위) 및 풍속
  7) 기압수정치

8) 계기접근 절차
9) 사용활주로
10) 기타 관련사항

5. 정보제공
   가. ATIS방송은 내용변경 및 공식기상을 접수할 때마다 최신의 것으로 한다.
   나. 활주로 변경 및 계기접근절차등 관련자료 변경이 있을 때 새로운 방송녹음을 한다.
   다. 관제사는 ATIS방송을 수신하지 않은 조종사에게 또는 최신방송을 수신하지 않은 조종사에게 적절한 정보를 제공한다.

4.3.6. ATIS (voice and/or data link)

4.3.6.1. Voice-ATIS 및/또는 D-ATIS방송은 다음과 같은 기준에 따라 제공하여야 한다.
  a) 의사소통 정보는 단일 비행장에 관한 것일 것.
  b) 중요한 변경이 있을 경우, 즉시 방송내용으로 최신의 것으로 할 것
  c) 항공교통업무기관의 책임하에 ATIS 방송내용을 준비하고 방송할 것.
  d) 각 ATIS방송내용은 ICAO 알파벳 발음법에 의한 단일 문자의 식별부호로 식별되도록 할 것.
  e) 항공기는 접근관제업무 또는 비행장관제업무를 제공하는 ATS기관과 첫 교신시 ATIS방송의 수신사실을 통보할 것.
  f) ATS 기관은 관계 ATS당국이 정하는 시간 이외에는 , 도착항공기에 대하여 아래(g)에 대한 응답시 최신의 고도계수정치를 제공할 것.
  g) 기상정보는 국지기상 정시 또는 특별보고로부터 획득되어야 한다.
   - 부속서3, 4.5 와 4.7 항목에 따라, 지상 풍향, 풍속 및 활주로가시거리(RVR)는 각각 2분 및 1분 평균값이어야 한다. 바람정보는 이륙 활주로, 도착 항공기의 접지구역(TDZ)에서의 조건들을 참고한다. 상응하는 거리와 각 요소의 결정을 포함하여 국지기상보고를 위한 Template는 부속서 3 부록 2에 있다. 국지기상보고를 위한 추가기준은 부속서 3 제4부 및 첨부 C에 포함되어 있다.

4.3.6.2. 급속히 변화하는 기상상태로 인하여 ATIS방송에 기상정보를 포함시키는 것이 바람직하지 않을 경우, 적절한 기상정보는 관계 ATS 기관과의 첫 교신시 제공될 것임을 4.3.4.1.의 ATIS방송시 표시하여야 한다.

4.3.6.3. 관련항공기로부터 ATIS 방송수신사실을 통보 받은 경우, 현재의 ATIS방송에 포함된 정보는 4.3.6.1 f)에 따라 제공하는 고도계 수정치를 제외하고는 항공기에게 직접 통보할 필요가 없다.

4.3.6.4. 항공기가 수신하였다고 통보한, ATIS방송이 오래된 것일 경우, 갱신해 줄 필요가 있는 정보는 지체없이 항공기에게 통보하여야 한다.

4.3.6.5. 권고: ATIS방송의 내용은 가능한 한 간단하여야 한다. 4.3.7. 내지 4.3.9의 내용에 추가적인 사항, 예를 들면 이미 항공정보간행물(AIP)및 NOTAM에 수록된 내용들을 꼭 필요하다고 인정될 경우에만 예외적으로 포함시킬 수 있다.

4.3.7. 도착 및 출발정보를 모두 포함하고 있는 ATIS 방송은 다음의 정보를 순서대로 방송하여야 한다.

a) 비행장 명칭
b) 도착 및/또는 출발 부호
c) 계약 형태(D-ATIS를 통하여 통신이 이루어지는 경우)
d) 식별부호
e) 필요한 경우, 관측시간
f) 예정된 접근의 종류
g) 사용활주로, 또는 잠재적인 위협을 발생하는 제동장치(arresting system)의 상태
i) 필요할 경우, 체공지연에 관한 내용
j) 필요할 경우, 전이고도
k) 기타 필수 정보
l) 중요 변동상태를 포함한 풍향 및 풍속 그리고, 사용중인 활주로의 일부분에 관련된 지상 바람 감시기를 이용할 수 있고 정보가 운영자에 의해 요구되는 경우, 정보를 참조하는 활주로 및 활주로 일부분
m) 시정, 및, 필요할 경우, 활주로가시거리(RVR)
n) 현재기상
o) 1,500미터(5,000피트)이하 또는 가장 높은 최저구역 고도보다 낮은 경우, 두 고도 중 더 높은 고도 아래의 구름, 소나기구름(적란운) 하늘이 맑지 않을 경우 수직시정
p) 대기온도
q) 노점온도

r) 고도계수정치
s) 접근 및 상승지역의 중요 기상현상에 관한 정보
t) 가능한 경우 경향 예보, 및
u) ATIS 지시사항

4.3.8. 도착정보만 포함하는 ATIS방송에서는 다음의 정보를 순서대로 방송하여야 한다.

a) 비행장명칭
b) 도착 부호
c) 계약 형태(D-ATIS를 통하여 통신이 이루어지는 경우)
d) 식별부호
e) 필요할 경우, 관측시간
f) 예정된 접근(들)의 종류
g) 주착륙 활주로, 또는 잠재적인 위험을 발생하는 제동장치(Arresting system)의 상태
h) 중요 활주로표면상태, 및 필요할 경우, 제동장치
i) 필요할 경우, 체공지연에 관한 내용
j) 필요할 경우, 전이고도
k) 기타 필수정보
l) 중요 변동상태를 포함한 풍향 및 풍속 그리고, 사용중인 활주로의 일부분에 관련된 지상풍 감시기를 이용할 수 있고 정보가 운영자에 의해 요구되는 경우, 정보를 참조하는 활주로 및 활주로 일부분
m) 시정 및, 필요할 경우, 활주로가시거리(RVR)
n) 현재기상
o) 구름이 1,500미터(5,000피트) 이하 또는 가장 높은 최저구역고도 보다 낮은 경우, 두고도 중 더 높은 고도 아래의 구름, 소나기구름(적란운),하늘이 맑지 않을 경우. 수직시정
p) 대기온도
q) 노점온도
r) 고도계수정치
s) 접근지역의 중요 기상현상에 관한 정보
t) 가능한 경우, 경향 예보, 및
u) ATIS지시사항

4.3.9. 출발정보만 포함하는 ATIS방송에는 다음의 정보를 순서대로 방송하여야 한다.

a) 비행장 명칭
b) 출발 부호
c) 계약 형태(D-ATIS를 통하여 통신이 이루어지는 경우)
d) 식별 부호
e) 필요한 경우, 관측시간
f) 이륙용 활주로, 또는 잠재적인 위험을 발생하는 제동장치(arresting system)의 상태
g) 이륙용 활주로의 중요 표면상태 및, 필요할 경우, 제동상태
h) 이륙지연, 필요한 경우,
I) 전이고도, 필요한 경우,
j) 기타 필수정보
i) 중요 변동상태를 포함한 풍향 및 풍속
k) 중요 변동상태를 포함한 풍향 및 풍속 그리고, 사용중인 활주로의 일부분에 관련된 지상 바람 감시기를 이용할 수 있고 정보가 운영자에 의해 요구되는 경우, 정보를 참조하는 활주로 및 활주로 일부분
l) 시정 및, 필요할 경우, 활주로가시거리(RVR)
m) 현재의 기상
n) 구름이 1,500미터(5,000피트)이하 또는 가장 높은 최저구역보도보다 낮은 경우, 두 고도중 더 높은 고도 아래의 구름, 소나기구름(적란운), 하늘이 맑지 않을 경우 수직시정
o) 온도.
p) 노점온도
q) 고도계수정치
r) 상승지역의 중요 기상현상에 관한 사항
s) 경향예보, 필요한 경우
t) ATIS지시사항

4.4. VOLMET broadcasts and D-VOLMET service

4.4.1. 권고사항: HF and/or VHF VOLMET broadcasts and/or D-VOLMET service는 그 필요성이 지역항행협정에 명시되어 있을 경우 제공된다.
- VOLMET broadcasts and D-VOLMET service에 관한 세부사항은 Annex 3, 11.5와 11.6에 수록되어 있음.

4.4.2. VOLMET broadcasts는 표준무선통신용어를 사용함
- VOLMET에 사용되는 표준무선통신용어는 Manual on Coordination between Air Traffic Services, Aeronautical Information Services and Aeronautical Meteorological Services(Doc 9377)m Appendix에 수록되어 있음

※ 비행중인 항공기를 위한 기상정보(VOLMET: Meteorological Information for Aircraft-in-flight)

1. VOLMET 방송의 개념: 국제 항공로를 비행중인 조종사가 목적지 공항의 기상상태를 파악할 수 있도록 정기적으로 행하는 무선에 의한 기상방송.

2. VOLMET 방송의 종류
  1) HF VOLMET 방송
  2) VHF VOLMET 방송
  3) ATIS 방송

3. ATIS 방송과 VOLMET 방송의 차이점
  가. ATIS 방송: 하나의 특정한 공항의 항공기 이·착륙업무에 대한 사전 정보의 제공으로 조종사가 목적공항에 대한 필요한 정보를 제공하여 조종사가 사전 대비토록 함.
  나. VOLMET 방송: 주로 국제 항공항행 항공기에게 항행상의 항로기상 등 자료제공

4. 업무·제공
  가. 실황 기상상태와 예상되는 기상상태의 정기적인 방송업무를 수행.
  나. 하나의 특정 공항의 항공기 이·착륙업무에 대한 기상정보는,
    ① 기상관서가 관련 ATS 기관에 통보하고, VOLMET 방송으로 제공.
    ② 기상정보는 요청에 의거, 기상당국 또는 관계당국과 운항자 간의 합의에 따라 제공.

5. 방송주파수대: 세계 여러 곳에 VOLMET방송국이 있어 단파(HF)또는 초단파(VHF)로 방송
   - 방송국의 위치: TOKYO, HONGKONG, HONOLULU, AUCKLAND
   - 방송시간: 24시간운용
   - 도쿄 VOLMET 방송담당: 도쿄 지방 항공기상대
   - 사용주파수: 2863KHz, 6679KHz, 13282KHz
   - 방송시간대:

방송국	Honolulu		Tokyo	Hong Kong	Auckland	Honolulu
해당시간 (분)	00-05 30-35	05-10 35-40	10-15 40-45	15-20 45-50	20-25 50-55	25-30 55-00
최신 관측 보고	Honolulu Hilo Kahului Guam 1	San Francisco Los Angeles Seattle Portland Sacrament Ontario Las Vegas	New Tokyo Chitose Nagoya Kansai Fukuoka Seoul	Hongkong Guangzhou Naha Mactan	Auckland Christchurch Wellington Nandi Noumea Tahiti Pago	Anchorage Fairbanks King Salmon Elmendore Vancouver Cold bay Shemya
공항 예보	Honolulu Hilo Kahului Guam 1	San Francisco Los Angeles Seattle	New Tokyo Kansai	Hong Kong Taibei Kaohsiung Manila	20-25분 Nandi Noumea 50-55분 Auckland Christchurch	Anchorage Fairbanks Vancouver Cold Bay

5 경보 업무

5.1. 적 용

5.1.1. 경보업무는 다음의 항공기에 대하여 제공하여야 한다.
  a) 항공교통관제업무를 제공하는 모든 항공기
  b) 가능한 한, 비행계획을 제출하였거나 항공교통업무기관이 알고 있는 기타 항공기
  c) 불법간섭을 받고 있는 것으로 알려졌거나, 믿어지는 항공기.

5.1.2. 비행정보센터 또는 지역관제센터는 비행정보구역 또는 관련 관제구역 내에서 비행하는 항공기의 비상사태에 관한 모든 정보를 수집하고 이를 관계 구조조정센터로 보내는 중심부로서의 임무를 수행하여야 한다.

5.1.3. 관제탑 또는 접근관제소의 관제하에 있는 항공기에 비상사태가 발생하였을 경우, 동 기관은 즉시 구조조정센터에 통보할 책임이 있는 비행정보센터 또는 지역관제센터에 통보하여야 한다. 단, 비상의 상태가 지역관제센터, 비행정보센터, 또는 구조조정센터에 통보할 필요가 없는 것일 경우는 제외한다.

5.1.3.1. 그렇지만, 사태가 긴급할 때에는, 관제탑 또는 접근관제소는 먼저 즉시 필요한 도움을 줄 수 있는 모든 지역 구조 및 비상기구를 동원하는데 필요한 조치를 취하여야 한다.

5.2. 구조조정센터에 대한 통보

5.2.1. 항공교통업무기관은 통보하고자 하는 상황을 악화시키지 아니하고, 5.5.1에 정해진 바를 제외하고, 비상사태에 처한 것으로 간주되는 항공기를 다음에 따라 즉시 구조 조종센터에 통보하여야 한다.
  a) 불확실 단계
   1) 연락이 있어야 할 시간, 또는 동 항공기와의 첫 번째 교신시도가 실패한 시간 중 더 빠른 시간으로부터 30분 이내에 연락이 없을 때, 또는

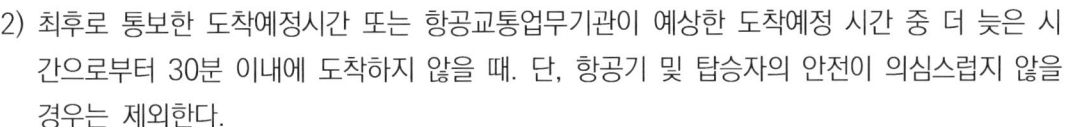

   2) 최후로 통보한 도착예정시간 또는 항공교통업무기관이 예상한 도착예정 시간 중 더 늦은 시간으로부터 30분 이내에 도착하지 않을 때. 단, 항공기 및 탑승자의 안전이 의심스럽지 않을 경우는 제외한다.

b) 경보 단계
   1) 불확실 단계에 뒤이은 항공기와의 교신시도 또는 다른 관련된 기관에 대한 조회로 도 동 항공기의 소식을 알아내는데 실패할 경우, 또는
   2) 항공기가 착륙허가를 받고도 착륙예정시간으로부터 5분 이내에 착륙하지 않고 통신 이 두절되었을 경우, 또는
   3) 항공기의 비행능력이 손상되었으나. 불시착하였을 가능성은 없음을 나타내는 정보 가 입수되었을 경우, 단, 항공기 및 탑승자의 안전에 대한 걱정을 경감시킬 증거가 있을 경우는 제외한다 또는
   4) 항공기가 불법간섭을 받고 있는 것으로 알려졌거나 믿어지는 경우.

c) 조난단계
   1) 경보단계에 뒤이은 추가적인 항공기와의 교신시도가 실패하고, 보다 광범위한 조회결과가 항공기가 조난 당하였을 가능성을 시사 할 경우, 또는
   2) 탑재연료가 고갈되거나, 또는 항공기의 안전을 유지하는데 불충분하다고 간주될 경우, 또는
   3) 항공기의 비행능력이 손상되어 불시착하였을 가능성이 있음을 나타내는 정보가 입수되었을 경우, 또는
   4) 항공기가 불시착하려고 하거나, 하였다는 정보가 입수되어 상당히 확실시되는 경우 단, 항공기 및 탑승자에게 중대하고 절박한 위험이 임박하지 않았으며, 긴급한 도움이 필요하지 않다는 상당한 확신이 있는 경우는 제외한다.

5.2.2. 통보할 때에는 다음의 정보를 순서대로 통보하여야 한다.
a) INCERFA, ALERFA또는 DETRESFA 중 비상의 단계에 적절한 용어
b) 통보하는 기관 및 근무자의 이름
c) 비상의 성질
d) 비행계획 중 중요한 정보
e) 마지막으로 교신한 기관, 시간 및 사용주파수
f) 마지막 위치보고 및 결정방법
g) 항공기의 색깔 및 특징
h) 화물로 탑재된 위험물품

I) 통보하는 기관이 취한 조치
 j) 기타 적절한 사항.

5.2.2.1. 권고: 조난단계가 될 것이 상당히 확실한 경우, 5.2.2.에 명시된 정보 중 구조조정 센터에 통보할 당시 알 수 없는 사항은 조난단계를 선언하기 전에 항공교통업무 기관이 조사하여야 한다.

5.2.3. 다음 사항을 구조 조종센터에 지체 없이 통보하여야 한다.
 a) 유용한 추가정보, 특히 비상사태의 후속단계로의 전진, 또는
 b) 비상상황의 종료사실
  - 구조조종센터가 취한 조치에 대한 취소는 동 센터의 책임.

5.3. 항공교통업무기관은 필요할 경우 비상상태에 처한 항공기와 통신을 설정 및 유지하고 항공기에 관한 소식을 알아내기 위하여 모든 가능한 통신시설을 사용하여야 한다.

5.4. 비상사태가 발생한 것으로 간주되면, 예상되는 장래의 위치 및 마지막으로 알려진 지점으로부터의 최대 행동범위를 결정하기 위하여 해당 항공기의 비행경로를 지도상 에 표시하여야 한다. 해당 항공기의 주위에서 비행중인 것으로 알려진 다른 항공기의 비행경로 역시 예상되는 장래의 위치 및 최대 항속시간을 결정하기 위하여 표시하여야 한다.

5.5. 항공기 운용자에 대한 정보

5.5.1. 지역관제센터 또는 비행정보센터는 어떠한 항공기가 불 확실 단계 또는 경보 단계에 있다고 결정하였을 경우, 가능한 한 구조조정센터에 통보하기 전에 항공기운용자 에게 먼저 알려야 한다.
 - 만약 어떠한 항공기가 조난단계에 있을 경우, 5.2.1.에 따라 즉시 구조조정센터에 통보하여야 한다.

5.5.2. 지역관제센터 또는 비행정보센터가 구조조정센터에 통보한 모든 정보는 가능한 한 지체 없이 항공기운용자에게도 통보하여야 한다.

5.6. 비상상태에 있는 항공기의 주위에서 비행하는 항공기에 대한 정보

5.6.1. 항공교통업무기관에서 어떠한 항공기가 비상상태에 있다고 인정할 경우, 동 항공기의 주위에 있는 것으로 알려진 다른 항공기에게 5.6.2.에 정하는 것을 제외하고 가능한 한 조속히 비상의 상태를 통보하여야 한다.

5.6.2. 항공교통업무기관이 어떤 항공기가 불법간섭을 받고 있음을 알고 있거나 믿고 있는 경우, 동 항공기가 먼저 언급을 하고 그에 관한 문의가 상황을 악화시키지 않을 것이란 확신이 없는 한, 비상의 상태에 관한 ATS공지통신으로 문의하여서는 아니 된다.

참고: 수색구조조정업무 (SAR Coordination Service)
인천비행정보구역(INCHEON FLIGHT INFORMATION REGION)내의 구조조정본부(RESCUE COORDINATION CENTER)는 인천비행정보소(INCHEON FLIGHT INFORMATION CENTER)가 담당하고 있음.

6 항공교통업무용 통신기준

6.1. 항공이동업무 (공지 통신)

6.1.1. 일반

6.1.1.1. 항공교통업무의 목적을 위한 공지통신에는 무선전화를 단독으로 또는 디지털데이타신방식과 결합하여 사용하여야 한다.
  - ATS기관이 비상주파수 121.5MHz를 구비하고 경청하는 데 대한 기준은 부속서 10 제1권 2부에 수록 되어 있음

6.1.1.2. 항공교통관제업무용으로 조종사-관제사 간에 직접무선전화 또는 디지털데이터통신 방식을 사용할 경우, 그러한 모든 공지통신 채널에서 녹음시설을 구비하여야 한다.

6.1.1.3. 통신주파수에 대한 녹음은 최소한 30일 이상 보관하여야 한다.

6.1.2. 비행정보업무용

6.1.2.1. 비행정보업무를 제공하는 기관과 비행정보구역내의 어느 곳이든 비행하는 항공기간에 양방통신이 가능한 공지통신시설이 있어야 한다.

6.1.2.2. 권고: 가능한 한, 지역관제업무용 공지통신시설은 직접적이고 신속하며, 계속적 공전이 없는 양방통신능력이 있어야 한다.

6.1.3. 지역관제업무용

6.1.3.1. 지역관제업무를 제공하는 기관과 비행정보구역내의 어느 곳이든 비행하는 항공기 간에 양방 통신이 가능한 공지통신시설이 있어야 한다.

6.1.3.2. 권고: 가능한 한, 지역관제업무용 공지통신시설은 직접적이고 신속하며, 계속적이고, 공전이 없는 양방통신능력이 있어야 한다.

6.1.3.3. 권고: 공지통신사가 지역관제업무용으로 단파 또는 장거리용 초단파, 공지통신채널을 사용하는 경우, 필요하면, 조종사-관제사간 직접통신이 가능하도록 적절한 설비를 하여야 한다.

6.1.4. 접근관제업무용

6.1.4.1. 접근관제업무를 제공하는 기관과 동 기관의 관제를 받는 항공기간에 직접적이고, 신속하며, 계속적이고, 공전이 없는 양방통신이 가능한 공지통신시설이 있어야 한다.

6.1.4.2. 접근관제업무를 제공하는 기관이 독립된 기관일 경우, 공지통신은 전용의 통신채널을 사용하여야 한다.

6.1.5. 비행장관제업무용

6.1.5.1. 관제탑과 당해 비행장으로부터 45Km(25NM)거리내의 항공기간에 직접적이고, 신속하며, 계속적이고 공전이 없는 양방통신이 가능한 공지통신시설이 있어야 한다.

6.1.5.2. 권고: 정당한 사유가 있을 경우, 기동지역 내에서 운항하는 항공기의 관제용으로 별도의 통신채널이 있어야 한다.

6.2. 항공고정업무(지상 통신)

6.2.1. 일반

6.2.1.1. 직접음성통신 그리고/또는 수치자료변환기술은 항공교통업무 목적의 지상통신으로 사용될 수 있다.

- 시간으로 나타낸 통신설정속도표시는 통신업무 특히 소요 통신장치의 종류를 결정하는 데 기준이 됨. 예를 들면 "즉시"는 관제사 간에 즉시 통화를 할 수 있고, "15초"는 교환이 필요하며, "5분"은 재송신이 필요한 방법을 의미함.

6.2.2. 비행정보 구역내에서의 통신

6.2.2.1. 항공교통업무기관간의 통신

6.2.2.1.1. 비행정보센터에는 동 기관의 책임구역 내에서 업무를 제공하는 다음 기관과의 통신을 위한 시설이 있어야 한다.
 a) 지역관제센터(별도로 설치되어 있을 경우)
 b) 접근관제소
 c) 관제탑

6.2.2.1.2. 지역관제센터에는, 6.2.2.1.1.에 게기한 바와 같은 비행정보센터와의 연결 외에 동 기관의 책임구역 내에서 업무를 제공하는 다음 기관과의 통신을 위한 시설이 있어야 한다.
 a) 접근관제소
 b) 관제탑
 c) 항공교통업무보고취급소(별도로 설치되어 있을 경우)

6.2.2.1.3. 접근관제소에는 6.2.2.1.1. 및 6.2.2.1.2.에 게기한 바와 같은 비행정보센터 및 지역관제센터와의 연결 외에, 관련된 관제탑 및 항공교통업무보고취급소(별도로 설치되어 있을 경우)와의 통신을 위한 시설이 있어야 한다.

6.2.2.1.4. 관제탑에는 6.2.2.1.1., 6.2.2.1.2. 및 6.2.2.1.3에 게기한 바와 같은 비행정보센터, 지역관제센터 및 접근관제소와의 연결 외에, 항공교통업무보고취급소(별도로 설치되어 있을 경우)와의 통신을 위한 시설이 있어야 한다.

6.2.2.2. 항공교통업무기관과 다른 기관과의 통신

6.2.2.2.1. 비행정보센터 및 지역관제센터에는 각각의 책임구역 내에서 업무를 제공하는 다음 기관

과의 통신을 위한 시설이 있어야 한다.
- a) 관련 군 기관
- b) 동 센터를 담당하는 기상관측소
- c) 동 센터를 담당하는 항공통신소
- d) 관련 항공기운용자 사무실
- e) 구조조정센터 또는, 그러한 센터가 없을 경우, 관계비상처리기관
- f) 동 센터를 담당하는 국제 NOTAM취급소

6.2.2.2.2. 접근 관제소 및 관제탑에는 각각의 책임구역 내에서 업무를 제공하는 다음 기관과의 통신을 위한 시설이 있어야 한다.
- a) 관련 군 기관
- b) 구조 및 비상처리기관(기관차, 소방차 등 포함)
- c) 해당기관을 담당하는 기상관측소
- d) 해당기관을 담당하는 항공통신소
- e) 에이프런 관리업무를 수행하는 기관(별도로 설치되어있을 경우)

6.2.2.2.3. 필요한 통신시설을 사용하여 관계 항공교통업무기관과 동 기관의 책임구역 내에서 요격관제의 책임을 지고 있는 군 기관간에 신속하고 확실한 통신을 할 수 있어야 한다.

6.2.2.3. 통신시설의 조건

6.2.2.3.1. 통신시설은 다음의 통신이 가능하여야 한다.
- a) 직접통화에 의한 통신의 경우, 레이다관제권의 이양을 위하여서는 즉시통화기 기능하고, 기타 다른 목적을 위하여서는 15초 이내에 통신이 설정될 수 있을 것.
- b) 인쇄통신의 경우, 서면기록이 필요할 때에는 전문의 전송시간이 5분을 초과하지 아니할 것.

6.2.2.3.2. 권고: 6.2.1.3.1.이외의 모든 경우, 다음의 통신이 가능할 것.
- a) 직접통화에 의한 통신의 경우, 통상 15초 이내에 통신이 설정될 수 있을 것.
- b) 인쇄통신의 경우, 서면기록이 필요할 때에는, 전문의 전송시간이 5분을 초과하지 아니할 것

6.2.2.3.3. 권고: 항공교통업무용 컴퓨터와 자동으로 자료를 교환할 필요가 있는 모든 경우, 자동기

록을 위한 장치가 있어야 한다.

6.2.2.3.4. 권고: 6.2.2.1. 및 6.2.2.2.에 따라 소요되는 통신시설에는 시각 또는 청각통신의 형태에 의한 시설, 예를 들면 폐쇄회로 텔레비전 또는 정보처리장치로 보충하여야 한다.

6.2.2.3.5. 권고: 6.2.2.2.2. a), b) 및 c)에 따라 소요되는 통신시설에는 협의를 위한 직접통화 기능이 있어야 한다.

6.2.2.3.6 권고: 6,2,2,2,2 d)에 따라 소요되는 통신시설에는 15초 이내에 통신설정이 가능한 협의용 직접통화기능이 있어야 한다.

6.2.2.3.7. 항공교통업무기관간 및 항공교통업무기관과 관계 군 기관간의 모든 직접통화 통신시설에는 자동녹음장치가 있어야 한다.

6.2.2.3.8. 권고: 6.2.2.2.1., 6.2.2.2.2. 및 6.2.2.3.7.에 해당되지 않는 모든 직접통화시설에는 자동 녹음장치가 있어야 한다.

6.2.3. 비행정보구역간의 통신

6.2.3.1. 비행정보센터 및 지역관제센터에는 모든 인접 비행정보센터 및 지역관제센터와의 통신을 위한 시설이 있어야 한다.

6.2.3.1.1. 이러한 통신시설은 모든 경우 영구적인 기록으로 보존하고 지역항공항행협정에서 정하는 전송시간에 따라 전달하기에 적당한 형태로 정보를 제공할 수 있어야 한다.

6.2.3.1.2. 지역항공항행협정에 근거하여 별도로 정해지지 않는 한, 인접하는 관제지역을 관할하는 지역관제센터간에는, 레이다관제권 이양의 목적을 위해서는 즉시, 그리고 다른 목적을 위해서는 통상 15초 이내에 통신시설이 가능한 직접통화통신시설 및 자동녹음장치가 있어야 한다.

6.2.3.1.3. 항공기가 배정된 비행로를 이탈하였을 경우, 요격의 필요성을 배제 또는 감소시키기 위하여 관계당국간에 협정이 있는 경우, 6.2.3.1.2.에 언급한 이외의 인접 비행정보 센터 또는 지역관

제센터간에는 직접통화용 통신시설이 있어야 한다. 동 통신시설에는 자동 녹음장치가 있어야 한다.

6.2.3.1.4. 권고: 6.2.3.1.3.의 통신시설은 통상 15초 이내에 통신이 설정될 수 있어야 한다.

6.2.3.2. 권고: 특별한 상황이 있는 모든 경우, 인접하는 항공교통업무기관간에 통신수단이 있어야 한다.
- 특별한 상황은 교통량, 비행의 종류 및/또는 공역의 구조 등에 의한 것으로서, 관제구역/ 및 또는 관제권이 인접하지 않거나 또는 설정되어 있지 않더라도 생길 수 있음.

6.2.3.3. 권고: 출발전 항공기를 인접 관제구역내로 허가할 필요가 있을경우,접근관제소및/또는 관제탑과 인접구역을 관할하는 지역관제센터간에 통신수단이 있어야한다.

6.2.3.4. 권고: 6.2.3.2. 및 6.2.3.3.의 통신시설에는 레이다 관제권 이양의 목적을 위하여서는 통상 15초 이내에 설정이 가능한 직접통화 통신시설 및 자동녹음장치가 있어야 한다.

6.2.3.5. 권고: 항공교통업무용컴퓨터간에 자동으로 자료를 교환할 필요가 있는 모든 경우, 자동기록을 위한 장치가 있어야 한다.

6.2.4 직접통화 절차 권고

항공기의 안전에 관하여 매우 긴급한 통신을 신속히 연결하고, 필요한 경우, 당시 진행 중에 있는 덜 긴급한 통신을 중단시키기 위한 적절한 직접통화용 절차를 수립하여야 한다.

6.3 지상이동 통제 업무

6.3.1. 관제비행장의 기동지역 내에서 항공기를 제외한 차량의 통제를 위한 통신

6.3.1.1. 비행장관제업무를 담당하는 기관에는 기동지역내의 차량을 통제하기 위한 무선전화 통신시설이 있어야 한다. 단, 시각신호장치가 더 적당하다고 인정되는 경우는 제외한다.

6.3.1.2. 권고: 사정이 허락하는 한, 기동지역내의 차량을 통제하기 위한 별도의 통신 주파수가 있어야 한다. 그러한 모든 주파수를 자동으로 녹음하기 위한 장치가 있어야 한다.

6.3.1.3 통신망녹음은 최소한 30일 이상 보관하여야 한다.
  - 참조 annex 10 제2권 3.5.1.5 -200511.24-

6.4. 레이더 자료의 자동 기록

6.4.1. 감시자료의 자동 기록

6.4.1.1. 권고: 항공교통업무에 대한 보조시설로 사용되는 1차 및 2차레이더 장비로부터 얻는 레이더 자료는 사고 및 사건조사, 수색 및 구조, 항공교통관제 및 레이더에 대한 평가 및 훈련을 위하여 자동적으로 기록되어야 한다.

6.4.1.2. 권고: 자동적으로 기록된 자료는 최소한 14일 동안 보존하여야 한다. 기록된 자료가 사고 및 사건에 관련되었을 경우, 이를 더 이상 필요로 하지 않는 것이 명백해 질 때까지 더 오랜 기간 보존하여야 한다.

※ 통신(Communication)
  - 일반통신: 전세계적으로 구축된 항공고정통신망(AFTN)과 항공정보처리시스템(AMS)을 이용하여 국내외의 항공관련 부서들과 항공기 운항에 필수적인 비행계획서, 항공기상 및 항공고시보 전문 등을 송수신 처리하며, 항공관제에 필요한 정보를 관제시스템에 입력하는 업무를 수행하고 있다.

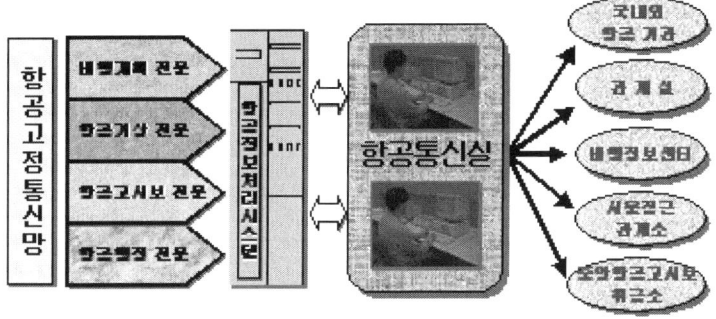

- 비상통신: 위성 조난통신 추적망은 선박, 항공기 등에 장착된 비상 위치 발신기의 신호를 수신하기 위해 인공위성을 이용하는 수색구조 시스템으로써 수신 주파수는 121.5MHZ, 243.0MHZ, 406.0MHZ 이며, 코스파스 · 살샛 인공위성, 지구국, 위성조난통제소, 구조 조정센터의 네트워크로 이루어진다.

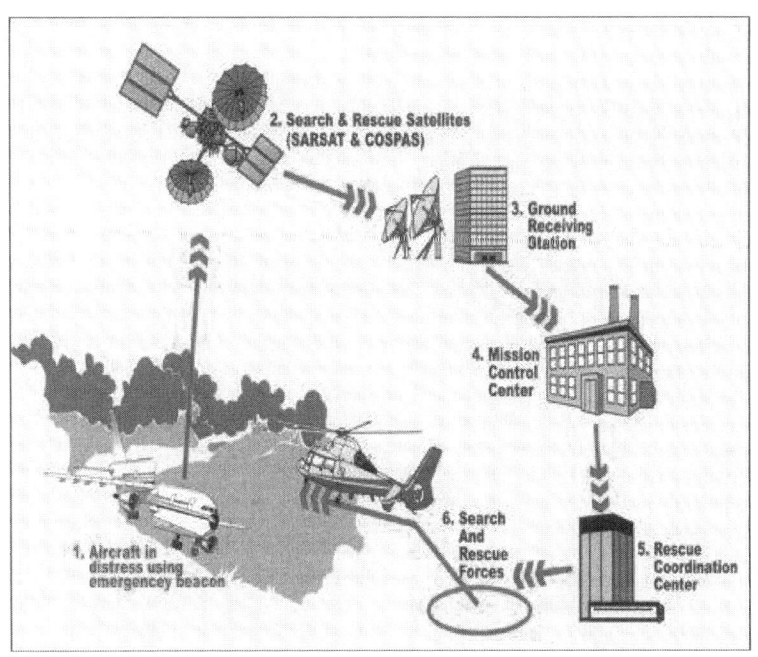

※ 항공고정통신망(AFTN: Aeronautical Fixed Telecommunication Network)
항공고정통신국들 사이에 항공정보를 교환하기 위하여 국제민간항공기구(ICAO)의 기술기준에 의거 전 세계적으로 구축된 통신망을 말한다.

- 항공고정통신망 구성도(Diagram of AFTN)

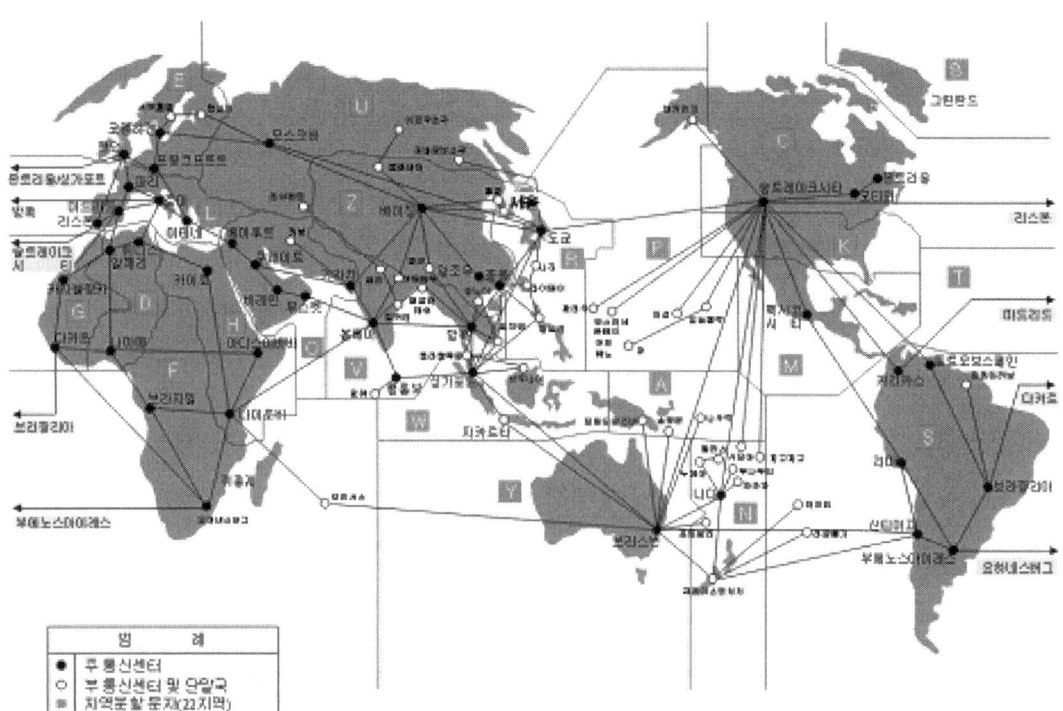

7 항공교통업무용 정보 기준

7.1. 기상정보

7.1.1. 일반

7.1.1.1. 항공교통업무기관에는 각 담당업무의 수행에 필요한 현재의 기상상태 및 예보에 관한 최신의 정보가 제공되어야 한다. 동 정보는 항공교통업무 담당자가 최소한의 해석으로 이해될 수 있는 양식 및 관련된 항공교통업무기관의 요구에 부합할 수 있는 주기로 제공되어야 한다.

7.1.1.2. 권고: 기상사무소는 기상요원과 항공교통업무요원 간에 직접 협의가 용이한 장소에 위치하여야 한다. 동일한 장소에 위치하는 것이 불가능한 경우, 필요한 협의는 다른 방법으로 하여야 한다.

7.1.1.3. 권고: 항공교통업무기관에는 비행장 주변 및 특히 상승지역과 접근지역 내에 있는 항공기의 비행에 위험스러운 기상현상의 위치, 수직범위, 이동방향 및 속도에 관한 자세한 정보가 제공되어야 한다.
 - 동 기상현상은 부속서 3 제4장 4.12.1.에 수록되어 있음.

7.1.1.4. 권고: 컴퓨터 처리된 상층기상자료가 항공교통업무컴퓨터용으로 디지털 형태로 항공교통업무기관에 제공될 경우, 그 내용, 양식 및 송신계획은 기상당국과 관계 ATS 당국간 합의된 바에 의하여야 한다.

7.1.2. 비행 정보센터 및 지역관제센터

7.1.2.1. 비행정보센터 및 지역관제센터에는 SIGMET정보, 특별 air-report, 최신 관측보고 및 예보, 특히 발생하였거나 발생이 예상되는 기상악화 등이 결정되는 대로 신속히 통보되어야 한다. 이러한 기상상태 및 예보는 비행정보구역 또는 관제구역 및 지역항공항행 협정에 의거하여 결정되는 기타 지역에 대한 것이라야 한다.
 - 본 규정의 목적 상, 어떤 기후변화가 상식적으로는 그렇지 않은 일지라도 기상악화로 간주됨. 예를 들면, 기온의 증가가 어떤 종류의 항공기에게는 악영향을 미칠 수도 있음.

7.1.2.2. 비행정보센터 및 지역관제센터에는 관계비행정보센터 또는 지역관제센터가 지정한 위치의 고도계수정용 최신 기압자료가 정기적으로 제공되어야 한다.

7.1.3. 접근관제업무를 제공하는 기관

7.1.3.1. 접근관제업무를 제공하는 기관에는 동 기관이 관할하는 공역 및 비행장의 최신기상 관측보고 및 예보가 제공되어야 한다. 특별기상관측보고 및 수정된 예보가 정해진 기준에 해당될 경우, 다음 정기관측보고 또는 예보 때까지 기다리지 말고 즉시 접근관제업무를 제공하는 기관에 전달되어야 한다. 여러 개의 풍력계가 사용될 경우, 그에 연결되는 지시기는 각 풍력계가 담당하는 활주로 및 활주로 구간을 구분하기 위하여 분명하게 표시되어야 한다
 - 7.1.2.1. 아래의 주 를 참조.

7.1.3.2. 접근관제업무를 제공하는 기관에는 접근관제업무를 제공하는 기관이 지정하는 위치의 고도계 수정용 최신 기압자료가 제공되어야 한다.

7.1.3.3. 최종접근, 착륙 및 이륙을 위한 접근관제업무를 제공하는 기관에는 지상풍력 지시기가 있어야 한다. 지시기는 관제탑 및 기상관측소(기상관측소가 있을 경우) 에 있는 해당 지시기의 것과 동일한 풍력계로부터 공급되는 것이어야 한다.

7.1.3.4. 활주로가시거리를 기계적인 방법에 의하여 평가하는 비행장에서 최종접근. 착륙 및 이륙을 위한 접근관제업무를 제공하는 기관에는 최신 활주로가시거리를 판독할 수 있는 지시기가 있어야 한다. 지시기는 관제탑 및 기상관측소 (기상관측소가 있을 경우)에 있는 해당 지시기의 것과 동일한 장소에 있는 활주로의 가시거리 측정장치로부터 공급되는 것이어야 한다.

7.1.3.5. 권고: 최종 접근단계에서 이륙 및 착륙을 위한 접근관제업무를 제공하는 기관은 현재 구름의 바닥 높이를 읽을수 있도록 계기에 의거 측정되도록 장비가 설치되어야 한다. 자료전시장치는 같은 위치에서 나온 관측자료는 관제탑, 기상관서의 단말기에표시 되어야 한다.

7.1.3.6. 최종 접근을 위한 착륙 및 이륙 관제업무를 제공하는 기관은 이륙, 착륙시 및 선회시의 항공기에 영향을 미칠수 있는 wind shear 정보를 제공하여야 한다.

7.1.4. 관제탑

7.1.4.1. 관제탑에는 관할 비행장의 최신 기상관측보고 및 예보가 제공되어야 한다. 특별기상관측보고 및 수정된 예보가 정해진 기준에 해당될 경우 다음 정기관측보고 또는 예보 때까지 기다리지 말고 즉시 관제탑에 전달되어야 한다.
 - 7.1.2.1. 아래의 주를 참조.

7.1.4.2. 관제탑에는 관할 비행장의 고도계 수정용 최신 기압자료가 제공되어야 한다.

7.1.4.3. 관제탑에는 지상풍력지시기가 있어야 한다. 지시기는 기상관측소(기상관측소가 있을 경우)에 있는 해당 지시기의 것과 동일한 장소에 있는 동일한 풍력계로부터 공급되는 것이어야 한다. 여러 개의 풍력계가 사용될 경우, 그에 연결되는 지시기는 각 풍력계가 담당하는 활주로 및 활주로구간을 구분하기 위하여 분명하게 표시되어야 한다.

7.1.4.4. 활주로가시거리를 기계적인 방법에 의하여 측정하는 비행장에 있는 관제탑에는 최신 활주로 가시거리를 판독할 수 있는 지시기가 있어야한다. 지시기는 기상관측소(기상관측소가 있을 경우)에 있는 해당지시기의 것과 동일한 장소에 있는 동일한 활주로 가시거리 특정장치로부터 공급되는 것이어야 한다.

7.1.4.5. 권고: 비행장에서 비행장 관제업무를 제공하는 기관은 현재 구름의 바닥 높이를 읽을수 있도록 계기에 의거 측정되도록 장비가 설치되어야 한다.
자료전시장치는 같은 위치에서 나온 관측자료는 관제탑, 기상관서의 단말기에 표시되어야 한다.

7.1.4.6. 비행장의 관제탑은 접근 및 착륙시 및 선회접근 과 활주로상의 항공기가 이륙시 ,착륙시의 활주시 에 영향을 미칠수 있는 wind shear 정보를 제공받아야 한다.

7.1.4.7. 권고: 비행장 관제탑 또는 기타 적정기관은 비행장의 경고기능을 제공할수 있어야 한다.
 - 기상조건으로 비행장 경고를 발행하는 기준은 부속서 3, 부록6에 있다.

7.1.5. 비행정보 목적을 위하여 필요한 경우, 통신소에는 최신 기상관측보고 및 예보가 제공되어야 한다. 그러한 정보의 사본은 비행정보센터 또는 지역관제센터에 전달되어야 한다.

7.2. 관제탑 및 접근관제업무를 제공하는 기관에는 관할 비행장내의 일시적인 위험의 존재를 포함한 기동지역상태 및 관련 시설의 운영상태가 항상 통보되어야 한다.

7.3. 항공항행안전시설의 운영상태에 관한 정보

7.3.1. ATS기관에는 책임지역내의 비시각 항공항행안전시설 및 지상이동, 이륙, 출발, 접근 및 착륙절차에 필수적인 시각항행안전시설의 운영상태가 항상 통보되어야 한다.

7.3.2. 권고: 7.3.1.에 관련한 시각 및 비시각항공항행안전시설의 운영상태 및 그의 변경에 대한 정보는 관련 항공항행안전시설의 사용시기와일치하는 시기에 관계 ATS기관에 통보하여야 한다.
 - 시각 및 비시각 항공항행안전시설에 관련하여 ATS기관에 통보하는 데 대한 지침이 Air Traffic Service Planning Manual (Doc9426)에 수록되어 있음. 시각 항공항행안전시설의 감시에 대한 자세한 내용이 부속서14에 수록되어 있으며, 이와 관련한 지침은 Aerodrome Design Manual 제 4부, 제114에수록되어 있음. 비시각 항공항행안전시설의 감시에 대한 자세한 내용은 부속서 10,제 1권에 수록되어 있음.

7.4. 무인자유기구의 운용자는 부속서 2의 규정에 의거하여 무인자유기구의 비행에 관한 자세한 내용을 관계항공교통업무기관에 항상 통보하여야 한다.

7.5. 화산활동에 관한 정보

7.5.1. ATS 기관에는 지역협정에 따라 책임지역 내에서 항공기가 사용하는 비행로에 영향을 미칠 수 있는 폭발전 화산활동, 화산폭발 및 화산재에 관한 정보가 통보되어야 한다.

7.5.2. 지역관제소 또는 비행정보센터는 VAAC에 의한 화산재에 관한 정보를 제공 받아야 한다.
 - VAAC는 annex 3 3.5.1항에 의거 지역항행협정을 맺어야 한다.

7.6. 항공교통업무기관에는 관할 구역내의 비행공역에 영향을 주는 방사선 물질 또는 독성화학물질의 대기중 방출에 관한 정보가 지역 협정에 따라 제공되어야 한다.

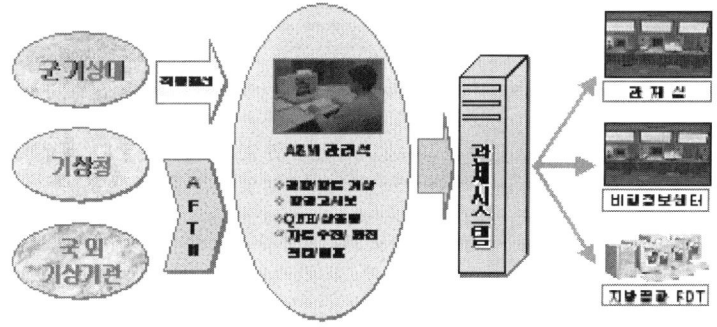

※ 취급정보(Managing Data)
 - 비행계획 전문 / 공항기상 및 항로기상 / 항공기상 관측 및 예보 전문 / 항공고시보 전문 /항공행정 전문 등

Appendix 1. RNP 종류와 ATS Route의 명칭부여 원칙
- 표준출발 및 도착비행로 제외 -

1. ATS route 와 RNP(Required Navigation Performance)종류의 명칭

1.1. ATS route 와 특정 ATS 비행로 부분, 비행로 또는 구역에 적용되는 RNP종류에 대한 명칭체계의 수립목적은, 자동화에 따른 조건을 고려하여, 조종사 및 ATS요원으로 하여금 다음과 같이 할 수 있도록 하는데 있다.
  a) 좌표 또는 다른 방법을 사용하지 않고도 ATS route를 명백히 구분
  b) ATS route를 일정한 수직구조의 공역으로 결부.
  c) 이에 따라 명칭이 부여된 ATS route 비행시 필요한 일정한 항행 성능 기준치를 표시.
  d) 어떤 비행로를 일정한 종류의 항공기만 주로 또는 배타적으로 이용한다는 것을 표시
  - RNP에 대한 국제적 개념이 소개되기 전에는 부록에서 항행성능 기준을 명시할 때는 지역항법비행로도 함께 명시.
  - RNP 종류의 발간에 관한 내용은 부속서 4.제7장과 부속서 15. 부록 1에 명시되어 있음
  - 이 부록과 비행계획목적과 관련하여 ATS비행로 명칭에 RNP종류를 반드시 명시해야 하는 것은 아님.

1.2. 이 목적을 위하여 명칭체제는 다음의 조건에 합치되어야 한다.
  a) ATS route의 명칭을 단순하고 통일된 방법으로 부여할 수 있을 것.
  b) 중복을 피할 것.
  c) 지상 및 항공기탑재 자동장치로 사용할 수 있을 것.
  d) 최대한 간결하게 사용할 수 있을 것.
  e) 근본적인 변경없이 장래의 필요에 따라 확대할 충분한 가능성이 있을 것.

1.3. 관제, 조언 및 비관제 ATS route는 표준도착 및 출발비행로를 제외하고, 다음과 같이 부여하여야 한다.

2. 명칭의 구성

2.1. ATS route명칭은 기본명칭 및, 필요한 경우, 다음과 같은 보충문자로 구성된다.
   a) 2.3.에 규정하는 1개의 접두문자 및
   b) 2.4.에 규정하는 1개의 접미문자.

2.1.1. 명칭을 구성하는데 필요한 기호의 수는 6개를 초과하지 않아야 한다.

2.1.2. 명칭을 구성하는데 필요한 기호의 수는 가능한 한 최대 5개를 초과하지 않아야 한다.

2.2. 기본명칭은 1개의 알파벳문자에 1부터 999까지의 숫자를 덧붙여 구성한다.

2.2.1. 문자는 아래에 수록된 것 중에서 선정한다.
   a) A, B, G, R for routes which form part of the Regional Networks of ATS routes and are not Area Navigation routes; (국제선용).
   - 지역항행용 ATS route망의 일부분을 구성하는 비행로서 RNP용 항법 비행로가 아닌것 (예) A586, G597, B576
   b) L, M, N, P for Area Navigation routes which form part of the Regional Networks of ATS routes;(ATS Route ⇒RNP Routes)
   - 지역항행용 ATS route망의 일부분을 구성하는 RNP용 항법비행로
     예) 현재 우리나라에 지정된 비행로가 없음
   c) H.J.V.W: for Routes which do not form part of the Regional Networks of ATS routes and are not Area Navigation Routes(국내선 선용).
   - 지역항행용 ATS route망의 일부분을 구성하지 않고 RNP용 항법비행로도 아닌 국지비행로.
     예) V11, W66
   d) Q.T.Y.Z: for Area Navigation Routes which do not form part of the Regional Networks of ATS routes.(ATS Route: 좌표용)
   - 지역항행용 ATS route망의 일부분을 구성하지 않는 RNP용 항법비행로
     (예) Y51, Y52, Y64

2.3. 필요한 경우, 다음과 같이 1개의 보충문자를 기본 접두문자로 추가한다.
   a) K: 헬리콥터용으로 설정된 저고도 비행로를 표시
   b) U: 고고도 용역에 설정된 비행로를 표시
   c) S: 초음속항공기가 가속, 감속 및 초음속 비행 중 이용토록 하기 위해 설정한 비행로를 표시.

2.4. 관계 ATS당국에 의하여 또는 지역 항공항행협정에 근거하여 정해졌을 경우, 1개의 접미문자를 다음에 따라 당해 비행로에 제공되는 업무의 종류를 표시하기 위하여 당해비행로의 기본명칭 뒤에 추가한다.
   a) FL200 또는 그 이상에서의 RNP1 비행로 상에서 30.°에서 90.°사이의 선회를 표시하는 Y문자는 직선비행로 사이가 반경 22.5NM의 원호와 접속될 때 RNP허용기준 내에서 이루어져야 한다.
   b) FL190 또는 그 이하의 RNP1 비행로 상에서 30.°에서 90.°사이의 선회를 표시하는 Z문자는 직선비행로 사이가 반경 15NM의 원호와 접속될 때 RNP허용기준 내에서 이루어져야 함을 표시.
   c) D: 동 비행로에는 조언업무만 제공되고 있음을 표시
   - 항공기 탑재장비의 표시한계로 인하여, 문자"D", "F", "Y",또는 "Z"가 조종사에게 표시되지 않을 수 있음.
   - 어떤 비행로를 관제비행로, 조언비행로, 또는 비행정보비행로로 지정하였을 경우 그 내용을 부속서 4 및 15의 규정에 따라 항공지도 및 항공정보간행물에 표시하여야 함.
   - 해당국가가 위 a),b),항에 따라 선회성능을 명시하고자 할 때는 항행성능기준에 관한 규정(Doc9613)을 검토

3. 기본명칭의 부여

3.1. 기본명칭은 다음의 원칙에 따라 부여한다.

3.1.1. 통과하는 공항관제구역, 국가 또는 구역에 관계없이 주 비행로의 전 구간에 대하여 동일한 기본명칭을 부여한다.
   - 이는 자동화된 ATS 데이터 처리장비 및 컴퓨터화된 탑재항법장비를 사용할 경우, 특히 중요함.

3.1.2. 두 개 이상의 비행로가 중복되는 구간의 경우, 당해 구간에는 관련 비행로의 각 명칭을 부여한다. 단. 항공교통업무의 제공에 어려움이 있어 협정에 의하여 1개의 명칭만 부여하는 경우는 제외된다.

3.1.3. 한 비행로에 부여한 기본명칭을 다른 비행로에 부여하여서는 아니 된다.

3.1.4. 국가에서 필요로 하는 명칭은 ICAO 지역사무소와 협의하여야 한다.

4. 통신할 때의 명칭사용

4.1. 인쇄통신의 경우, 명칭은 항상 2개 이상 6개 이하의 기호로 표시하여야 한다.

4.2. 음성통신의 경우, 명칭의 기본문자는 ICAO알파벳 발음법에 따라 발음하여야 한다.

4.3. 접두문자 K. U 또는 S는, 음성 통신의 경우 다음과 같이 발음하여야 한다.
K -KOPTER
U -UPPER
S -SUPERSONIC
"kopter"는 "helicopter"에서의 경우와 같이. "upper" 및 "supersonic"은 영어에서와 같이 발음한다.

4.4. 문자 "D", "F", "Y" 또는 "Z"는 음성통신의 경우 ICAO알파벳 발음법에 따라 발음하여야 한다. 비행승무원들은 음성통신 시 이를 사용할 필요가 없다.

Appendix 2. 중요지점의 설정 및 명칭 부여원칙(제2절 2.1.3)

1. 중요지점의 설정

1.1. 중요지점은 가능한 한. 지상항공보안무선시설(되도록이면 VHF나 HF시설)과 연관하여 설정하여야 한다.

1.2. 그러한 지상항공보안무선시설이 없는 곳에서는, 자체탑재항행보조장비, 또는 지상을 육안으로 보면서 항행해야 하는 곳에서는 육안관측으로 찾을 수 있는 위치에 중요지점을 설정하여야 한다. 어떤 지점은 인접항공교통관제기관 또는 관련 관제위치간의 협정에 따라 "관제권 이양"지점으로 지정될 수 있다.

2. 항공보안무선시설의 위치에 있는 중요지점의 명칭

2.1. 항공보안무선시설의 위치에 있는 중요지점의 평문 명칭

2.1.1. 가능한 한 중요지점은 인지할 수 있고 현저한 지리적 위치를 참고하여 명칭을 부여 하여야 한다.

2.1.2. 중요지점용 명칭을 선정할 때에는, 다음의 조건에 맞도록 주의하여야 한다.
   a) ATS통신에 사용되는 언어로 말할 때 조종사 또는, ATS요원이 발음하는데 어려움이 없어야 한다. 중요지점으로 선정된 지리적 위치의 자국어에 의한 명칭이 발음하기가 어려울 경우, 지리적 의미를 가능한 한 많이 보존하도록 생략하거나 또는 축소하여 변형시킨 명칭을 부여하여야 한다. (예: FUERSTENFELDBRUCK=FURSTY)
   b) 명칭은 음성통신이 용이하게 알아들을 수 있어야 하며 동일지역에 있는 다른 중요 지점의 명칭과 명확히 구별되어야 한다. 또한, 명칭은 항공교통업무기관과 조종사간 통신시 혼란을 초래하지 말아야 한다.
   c) 명칭은 가능한 한 6문자 이상 및 2음절로 구성되어야 하며 되도록 3음절을 초과하지 말아야 한다.

d) 중요지점의 명칭은 동지점을 나타내는 항공보안무선서설의 명칭과 동일하여야 한다.

2.2. 항공보안무선시설의 위치에 있는 중요지점용 부호명칭

2.2.1. 부호명칭은 항공보안무선시설의 식별부호와 동일하여야 한다. 부호명령은 가능하면, 동지점의 평문명칭의 연상이 용이하도록 구성하여야 한다.

2.2.2. 아래의 경우를 제외하고, 부호명칭은 항공보안무선시설로부터 1,100Km(500NM)이내 에서 중복사용 되어서는 아니 된다.
 - 두 개의 항공보안무선시설이 동일위치에서 서로 다른 주파수대로 운용될 경우, 이들의 식별부호는 통상 동일함.

2.3. 국가에서 필요로 하는 부호명칭은 ICAO지역 사무소와 협의하여야 한다.

3. 항공보안무선시설의 위치가 아닌 중요지점의 명칭

3.1. 항공보안무선서설의 위치가 아닌 장소에 중요지점을 설정할 필요가 있을 경우, 독특하고 발음이 가능하며 5문자로 구성되는 "name – code"로 명칭을 부여한다. 이 name-code명칭은 중요지점의 부호명칭과 마찬가지로 사용된다.

3.2. 이 name –code명칭은 ATS 통신에 사용되는 언어로 말할 때 조종사 또는 ATS 요원이 발음하는데 어려움이 없도록 선정하여야 한다. 예: 에; ADOLA, KODAP

3.3. name – code 명칭은 음성통신시 용이하게 알아들을 수 있어야 하며 동일지역에 있는 다른 중요지점의 name – code 명칭과 명확히 구별되어야 한다.

3.4. 하나의 중요지점에 부여된 name-code는 가능하며 다른 중요지점에 부여되어서는 아니 된다. 이 기준에 합치시키지 못할 경우, 동 name – code명칭이 처음으로 사용된 중요지점의 위치로부터 11,000Km(6,000NM) 이내에서 중복사용 되어서는 아니 된다.

3.5. 국가에서 필요로 하는 name – code명칭은 ICAO 지역사무소와 협의하여야 한다.

3.6. 고정된 비행로가 없는 지역 또는 비행로가 이용상태에 따라 달라질 경우, 중요지점은 1984년의 세계 측지기준시스템(WGS-84)의 지리적 좌표를 이용하여 설정한다. 단, 그러한 지역의 출입을 위한 지점으로서 고정적으로 설정된 중요지점은 2 또는 3의 규정에 따라 명칭을 부여한다.

4. 통신할 때의 명칭사용

4.1. 통상 2또는 3에 따라 선정된 명칭은 음성통신시 중요지점을 나타내기 위해 사용된다. 만약 2.1.에 따라 선정된 항공보안무선시설이 위치에 있는 중요지점용 평문명칭을 사용하지 않을 경우, 음성통신시, ICAO알파벳 발음법에 따라 발음되는 부호명칭을 대신 사용한다.

4.2. 인쇄 및 부호화된 통신의 경우, 중요지점을 나타내기 위해서는 부호명칭 또는 name-code만 사용하여야 한다.

5. 보고목적으로 사용되는 중요지점

5.1. ATS기관이 비행중인 항공기의 진행에 관한 정보를 얻도록 하기 위해, 중요지점을 보고지점으로 지정할 수 있다.

5.2. 그러한 지점을 설정할 경우 다음의 사항을 고려하여야 한다.
  a) 제공하는 항공교통업무의 종류
  b) 통상적인 교통량
  c) 항공기의 비행계획이행의 정확성
  d) 항공기의 속도
  e) 적용되는 항공기 분리 최저치
  f) 공역의 복잡성
  g) 사용할 관제방법
  h) 비행의 중요단계(상승, 강하, 방향변경 등)의 시작 또는 끝
  I) 관제권 이양절차
  j) 안전 및 수색, 구조측면
  k) 조종실 및 공지통신 업무부담

5.3. 보고지점은 의무(compulsory) 또는 요구시(on-request)로 구분 설정해야 한다.

5.4. "의무(compulsory)"지점을 설정할 경우, 다음의 원칙을 적용하여야 한다.
   a) 의무보고지점은 조종사 및 관제사의 업무부담 및 공지통신부담을 최소한으로 유지할 필요성을 명심하여, 비행중인 항공기의 진행에 관한 정보를 항공교통업무기관에 일상적으로 통보하는데 필요한 최소한으로 제한하여야 한다.
   b) 어떤 위치에 항공보안무선시설이 있다고 하여 이를 꼭 의무보고지점으로 지정할 필요는 없다.
   c) 비행정보구역 또는 관제구역경계선에 꼭 의무 보고지점을 설정해야 할 필요는 없다.

5.5. 요구 시 보고지점은 교통상황이 필요로 할 경우 항공교통업무의 필요에 따라 추가적인 위치보고용으로 설정한다.

5.6. 의무 및 요구 시 보고지점의 지정은 효율적인 항공교통업무를 위한 일상적인 위치보고의 필요성을 최소한으로 유지하기 위하여 정기적으로 검토하여야 한다.

5.7. 의무보고지점 상공에서의 일상적인 보고가 모든 경우 모든 항공기에 필수적인 것은 아니다. 이 원칙을 적용할 경우 다음 사항에 대한 특별한 주의가 필요하다.
   a) 고공을 고속으로 비행하는 항공기는 저공을 저속으로 비행하는 항공기처럼 설정된 모든 보고지점상공에서 일상적인 위치보고를 해야 할 필요가 없다.
   b) 공항관제구역을 통과하는 항공기는 도착 및 출발하는 항공기처럼 자주 일상적인 위치보고를 해야 할 필요가 없다.

5.8. 보고지점의 설정에 관한 위의 원칙을 지킬 수 없는 지역에서는, 도 단위로 나타낸 경두선 또는 위도선에 의한 보고방식을 설정할 수 있다.

Appendix 3. 표준출발 및 도착비행로와 관련절차의 명칭부여원칙

- 표준출발 및 도착비행로와 관련 절차의 설정에 관한 지침은 Air Traffic Service Planning Manual (Doc9426)에 수록되어 있음.

1. 표준출발 및 도착비행로와 관련절차의 명칭

- 본문에서 "비행로"라 함은 '비행로 및 관련절차"를 의미함

1.1. 명칭체제는 다음의 목적을 위하여 제정되었다.
  a) 각 비행로의 명칭을 간단하고 명확한 방법으로 부여.
  b) 다음의 비행로간 확실한 구분을 도모
   - 출발비행로 및 도착비행로
   - 출발 또는 도착비행로와 다른 ATS route
   - 지상항공보안무선시설 또는 자체 탑재 항행시설을 이용하여 항행해야 하는 비행로와 지상을 육안참조하여 항행해야 하는 비행로
  c) ATS 및 항공기데이타 처리 및 표시의 기준에 적합.
  d) 사용상 최대한 간결
  e) 중복을 회피
  f) 근본적인 변경없이 장래의 필요에 따라 확대할 충분한 가능성을 제공

1.2. 각 비행로에는 평문명칭 및 부호명칭을 부여하여야 한다.

1.3. 명칭은 음성통신시, 표준출발 또는 도착비행로와 관련하여, 용이하게 알아들을 수 있어야 하며, 조종사 또는 ATS요원이 발음하는데 어려움이 없어야 한다.

2. 명칭의 구성

2.1. 평문명칭

2.1.1. 표준출발 또는 도착비행로의 평문명칭은 다음과 같이 구성된다.
  a) 기본명칭, 및
  b) 유효표시, 및
  c) 비행로 표시, 및
  d) 필요할 경우 단어"departure" 또는 "arrival" 및
  e) 시계비행규칙 (VFR)에 따라 비행하는 항공기용으로 설정된 비행로일 경우 단어 "visual"

2.1.2. 기본명칭은 표준출발비행로가 끝나거나 또는 표준도착비행로가 시작되는 중요지점의 명칭 또는 name-code가 된다.

2.1.3. 유효표시는 1부터 9까지의 숫자이다.

2.1.4. 비행로 표시는 1개의 알파벳문자이다. 문자"Ⅰ" 및 "O"은 사용할 수 없다.

2.2. 계기 또는 시계 표준출발 또는 도착비행로의 부호 명칭은 다음과 같이 구성된다.
  a) 2.1.1. a)에 규정한 중요지점의 부호명칭 또는 name-code, 및
  b) 2.1.1. b)에 규정한 유효표시, 및
  c) 필요할 경우, 2.1.1. c)에 규정한 비행로 표시

3. 명칭의 부여

3.1. 각 비행로에는 독립된 명칭을 부여하여야 한다.

3.2. 동일한 중요지점에 관련된 (그리하여 동일한 기본명칭이 부여된) 두 개 이상의 비행로를 구별하기 위하여, 각 비행로에는 2.1.4에 규정한 바에 따라 독립된 비행로 명칭을 부여하여야 한다.

4. 유효표시의 부여

4.1. 유효표시는 현재 유효한 비행로를 구분하기 위하여 각 비행로마다 부여하여야 한다.

4.2. 최초로 부여되는 유효표시는 숫자 "1"이다.

4.3. 비행로가 변경될 경우, 바로 다음의 큰 숫자 "9" 다음에는 숫자 "1"이다

5. 평문명칭 및 부호명칭의 예

5.1. 예 1: 표준출발비행로 - 계기
  a) 평문명칭: BRECON ONE DEPARTURE
  b) 부호명칭: BCN 1

5.1.1. 의미: 이 명칭은 중요지점 BRECON(기본 명칭)에서 끝나는 표준계기출발비행로를 나타낸다. BRECON은 식별부호가 BCN(부호명칭의 기본명칭)인 항행무선시설 이다.

유효표시 ONE(부호명칭의 "1")은 최초로 설정된 비행로가 아직 유효하거나 또는 앞서의 NINE(9판)으로부터 현재의 ONE(1판)로 변경되었음을 나타낸다. (4.3. 을 볼 것) 비행로표시(2.1.2. 및 3.2.를 볼 것)가 없다는 것은 단 한 개의 비행로(이 경우 출발비행로)만이 BRECON에 관련하여 설정되어 있음을 나타낸다.

5.2. 예 2: 표준도착비행로 - 계기
  a) 평문명칭: KODAP TWO ALPHA ARRIVAL
  b) 부호명칭: KODAP 2A

5.2.1. 의미: 이 명칭은 중요지점 KODAP(기본명칭)에서 시작되는 표준계기도착비행로를 나타낸다. KODAP은 항행무선시설의 위치로 표시되는 중요지점이 아니며, 따라서 부속서 11, 부록 2에 따라 5문자 name-code가 부여되었다. 유효표시 TWO(2)는 이 절차가 앞서의 ONE(1판)으로부터 현재 유효한 TWO(2판)로 변경되었음을 나타낸다. 비행로 표시 ALPHA(A)는 이 절차가 KODAP에 관련하여 설정된 여러 개의 비행로중 한 개라는 것을 나타내는 것으로서, 이 비행로 특유의 부호이다.

5.3. 예 3: 표준출발비행로 - 시계
   a) 평문명칭: ADOLA FIVE BRAVO DEPARTURE VISUAL
   b) 부호명칭: ADOLA 5B

5.3.1. 의미: 이 명칭은 항공보안무선시설의 위치가 아닌 중요지점 ADOLA에서 끝나는, 관제 VFR 항공기용 표준출발비행로를 나타낸다. 유효표시 FIVE(5)는 이 절차가 앞서의 FOUR(4판)으로부터 현재 유효한 FIVE(5판)으로 변경되었음을 나타낸다.
비행로표시 BRAVO(B)는 이 절차가 ADOLA에 관련하여 설정된 여러 개의 비행로중 한 개라는 것을 나타낸다.

6. MLS/RNAV 접근 절차의 명칭 구성

6.1. 평문 명칭

6.1.1. MLS/RNAV 접근절차의 평문 명칭은 다음과 같이 구성된다.
   a) "MLS"; 및
   b) 기본명칭;
   c) 유효표시; 및
   d) 비행로 표시; 및
   e) "approach" 단어; 및
   f) 절차가 설정된 활주로의 명칭

6.1.2. 기본명칭은 접근절차가 시작되는 중요지점의 명칭 또는 명칭부호가 된다.

6.1.3. 유효 표시는 1부터 9까지의 숫자이다.

6.1.4. 비행로 표시는 1개의 알파벳 문자이다. 문자 "I" 및 "O"은 사용할 수 없다.

6.1.5. 활주로의 명칭은 부속서 14, Volume 1, 5.2.2.에 따라 부여된다.

6.2. 부호명칭

6.2.1. MLS/RNAV접근절차의 부호명칭은 다음과 같이 구성된다.
   a) "MLS"; 및
   b) 6.1.1. b)에서 규정한 중요지점의 부호명칭 또는 name-code; 및
   c) 6.1.1 c)에서 규정한 유효표시; 및
   d) 6.1.1. d)에서 규정한 비행로 표시; 및
   e) 6.1.1. f)에서 규정한 활주로 명칭

6.3. 명칭의 부여

6.3.1. MLS/RNAV 접근절차의 명칭부여는 3항에 따른다. 동일한 항적이나 다른 비행이 이루어지는 절차에는 독립된 비행로 명칭을 부여한다.

6.3.2 하나의 비행장에 있는 모든 MLS/RNAV접근절차의 비행로 표시문자는 모든 문자를 사용할 때까지 다르게 부여되어야 한다. 그런 이후에는 비행로 표시문자를 반복해서 사용한다. 동일한 MLS 지상시설을 이용하는 두 개의 비행로에 대하여 동일한 비행로 표시문자의 사용은 허용되지 않는다.

6.3.3 접근절차의 유효표시는 사항에 따라 부여한다.

6.4. 평문명칭 및 부호명칭의 예
   a) 평문명칭: MLS HAPPY ONE ALPHA APPROACH RUNWAY ONE EIGHT LEFT
   b) 부호명칭: MLS HAPPY IA 18L

6.4.1. 의미: 이 명칭은 중요지점 HAPPY (기본 명칭)에서 시작되는 MLS/RNAV 접근절차를 나타낸다. HAPPY는 중요지점이나 항행무선시설의 위치를 표시하는 것은 아니며 따라서 부속서11, 부록 2에 따라 5개 문자의 name-code가 부여되었다. 유효표시 ONE(부호명칭의 1)은 최초로 설정된 여러 개의 비행로가 아직 유효하거나 또는 앞서의 NINE(9)으로부터 현재의 ONE(1)으로 변경되었음을 나타낸다. 비행로 표시 ALPHA(A)는 이 비행로가 HAPPY에 설정된 여러 개의 비행로 중 한 개라는 것을 나타내는 것으로서, 이 비행로 특유의 부호이다.

7. 통신할때의 명칭사용

7.1. 음성통신시, 평문명칭만 사용하여야 한다.

7.2. 인쇄 또는 부호화된 통신의 경우, 부호명칭만 사용한다.

8. 항공교통관제시설 내 비행로 및 절차의 게시

8.1. 평문명칭 및 부호명칭을 포함하여 각각의 유효한 표준출발 및/또는 도착비행로에 대한자세한 설명을, ATS허가의 일부분으로서 비행로를 항공기에 배정하는 근무위치에 게시하여야 한다.

8.2. 비행로의 도면도 가능한 한 게시하여야 한다.

Appendix 4. 항공자료의 신뢰성 기준

(Aeronautical Data Quality Requirements) Date: November 5, 1998

○ Table 1. Latitude and longitude

Latitude and longitude	Accuracy Data type	Integrity Classification
Flight information region boundary points	2 km (1 NM) declared	1×10^{-3} routine
P, R, D areas boundary points (outside CTA/CTZ boundaries)	2 km (1 NM) declared	1×10^{-3} routine
P, R, D areas boundary points (inside CTA/CTZ boundary)	100 m calculated	1×10^{-5} essential
CTA/CTZ boundary points	100 m calculated	1×10^{-5} essential
En-route navaids and fixes, holding, STAR/SID points	100m surveyed/ calculated	1×10^{-5} essential
Obstacles en-route	100 m surveyed	1×10^{-3} routine
Final approach fixes/points and other essential fixes/points comprising instrument approach procedure	3m surveyed/calculated	1×10^{-5} essential

○ Table 2. Elevation / Altitude / Height

Elevation /altitude /height	Accuracy Data type	Integrity Classification
Threshold crossing height, precision approaches	0.5 m or 1 ft calculated	1×10^{-8} critical
Obstacle clearance altitude/height (OCA/H)	as specified in PANS-OPS (Doc 8168)	1×10^{-5} essential
Obstacles en-route, elevations	3 m (10 ft) surveyed	1×10^{-3} routine
Distance measuring equipment (DME),	elevation 30m(100ft) surveyed	1×10^{-5} essential
Instrument approach procedures altitude	as specified in PANS-OPS (Doc 8168)	1×10^{-5} essential
Minimum altitudes	50 m or 100 ft calculated	1×10^{-3} routine

○ Table 3. Declination and Magnetic Variation

Declination/variation	AccuracyData type	Integrity Classification
VHF NAVAIDstation declination used for technical line-up	1 degree surveyed	1×10^{-5} essential
NDB NAVAID magnetic variation	1 degree surveyed	1×10^{-3} routine

○ Table 4. Bearing

Bearing	Accuracy Data type	Integrity Classification
Airway segments	1/10degree calculated	1×10^{-3} routine
En-route and terminal fix formations	1/10degree calculated	1×10^{-3} routine
Terminal arrival/departure route segments	1/10degree calculated	1×10^{-3} routine
Instrument approach procedure fix formations	1/100degree calculated	1×10^{-5} essential

○ Table 5. Length/distance/dimension

Length/distance/dimension	Accuracy Data type	Integrity Classification
Airway segments length	1/10 km or 1/10 NM calculated	1×10^{-3} routine
En-route fix formations distance	1/10 km or 1/10 NM calculated	1×10^{-3} routine
Terminal arrival/departure route segments length	1/100km or 1/100NM calculated	1×10^{-5} essential
Terminal and instrument approach procedure fix formations distance	1/100km or 1/100NM calculated	1×10^{-5} essential

Attachment A. VOR로 구성되는 ATS Route의 설정에 관한 지침

1. 서문

1.1. 본 첨부에 있는 지침은 일반적인 합의에 의해 1972년 유럽 및 1978년 미국에서 진행된 포괄적인 연구의 결과이다.
- 유럽의 연구에 대한 자세한 내용은 ICAO Circular120 (ATS route 구조에서의 평행 비행로간의 간격에 적용되는 분리 최저치 산출방법론) 에 수록되어 있음.

1.2. 3 및 4의 지침을 적용할 때에는 동 자료가 Doc 8071-Manual on Testing of Radio Navigation Aids 의 전 기준에 합치하는 VOR을 이용하는 항행시의 대표적인 자료에 근거한 것임을 인식하여야 한다. 추가적인 요소, 즉 특별한 운용상의 기준, 항공기 통행 빈도 또는 항적을 주어진 공역 내로 유지시키기 위한 항공기 성능 등이 고려되어야 한다.

1.3. 4.1.에 주어진 수치는 신중한 접근에 의한 것이라는 사실 및 4.2의 기본적인 가정에 주 의 할 필요가 있다. 이 수치를 적용하기 전에 항공기의 전반적인 항행 능력의 향상 가능성뿐만 아니라 해당 공역에서 얻은 실제 경험등을 고려하여야 한다.

1.4. 국가는 본 지침의 이행상태를 모두 ICAO에 통보하여야 한다.

2. VOR System 성능의 결정

전체 VOR system을 이루고 있는 각 요소에 관련된 수치의 광범위한 변화성, 및 필요한 정밀성에 개별적으로 영향을 미치는 모든 사항을 측정하는 방법의 한계로 인하여 전체 system오차에 대한 평가가 VOR system성능을 결정하는 보다 실제적인 방법을 제공한다는 결론에 도달하였다. 3 및 4에 수록된 지침은 ICAO Cirular 120 특히 주위의 여건에 관한 검토를 마친 후에 적용하여야 한다.
- 전체적인 VOR system정밀성에 관한 지침은 부속서 10 제 1권 제 1부 첨부C에 수록되어 있음.

3. VOR 비행로의 보호공역 결정

- 본 절의 내용은 collision-risk/target level of safety method에 의하여 도출되지 않았음
- 본 절에서 "수용"은 설정된 보호공역이 당해 비행로로 비행하는 항공기의 총 비행시간(전 항공기의 것을 합한 시간)의 95퍼센트의 교통을 수용할 것이라는 것을 나타내기 위해 사용됨. 이는 총 비행시간의 5퍼센트에 해당하는 교통은 보호공역 바깥에 위치함을 의미함. 그러한 교통이 보호공역 바깥으로 벗어나는 최대거리를 재는 것은 불가능함.

3.1. 항공기를 보호공역 내로 유지토록 돕기 위한 레이더가 사용되지 않는 VOR비행로를 위 해 다음과 같은 지침이 마련되었다. 그러나 해당공역에서 얻은 실제경험에 따라 항공기의 측면이탈이 레이더의 감시를 받게 될 경우 필요한 보호공역의 범위는 축소될 수 있다.

3.2. 비행로 인접공역 내에는 최소한 95퍼센트의 교통이 수용되어야 한다.

3.3. ICAO Circular 120에 수록된 연구결과에 의하면, 95퍼센트의 수용에 기준한 VOR system은 이탈가능성으로 인하여 비행로중심선 주위에 다음과 같은 보호공역이 필요하다.
  1. VOR 간의 간격이 93Km(50NM)이하인 VOR route: ±7.4Km (4NM)
  2. VOR 간의 간격이 278Km(150NM)이하인 VOR route: VOR로부터 46Km(25NM)까지는 ±7.4km(4NM),.그런 다음 VOR로부터 139 Km(75NM) 지점에서±11.1Km(6NM)이 될 때까지 넓어진다.

〈그림 A-1〉

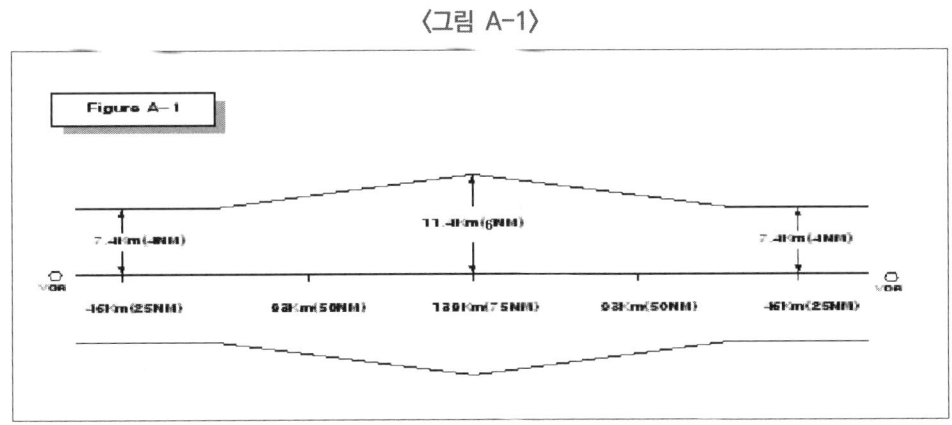

3.4. 관계 ATS당국이 금지, 제한 또는 위험구역, 군용기의 상승, 또는 강하통로 등에 가깝기 때문에 보다 넓은 보호공역이 필요하다고 인정할 경우, 더 높은 수준의 수용을 결정할 수 있다. 이 경우 보호공역의 범위는 다음과 같다.

1. VOR간의 간격이 93Km(50NM)이하인 구간은 아래 표의 A란의 수치
2. VOR간격이 93Km(50NM)를 초과하고 278Km(150NM)미만인 구간은, 46Km(25NM)까지는 표의 A란의 수치, 그런 다음 VOR로부터 139Km (75NM)지점에서 B란에 주어진 수치가 될 때까지 넓어진다.

⟨ Percentage containment ⟩

		95	96	97	98	99	99.5
A	(km)	±7.4	±7.4	±8.3	±9.3	±10.2	±11.1
	(nm)	±4.0	±4.0	±4.5	±5.0	±5.5	±6.0
B	(km)	±11.1	±11.1	±12.0	±12.0	±13.0	±15.7
	(nm)	±6.0	±6.0	±6.5	±6.5	±7.0	±8.5

예를 들면, VOR간의 간격이 222Km(120NM)이고 99.5퍼센트의 수용이 필요한 비행로의 보호구역은 다음과 같은 형태를 가진다.

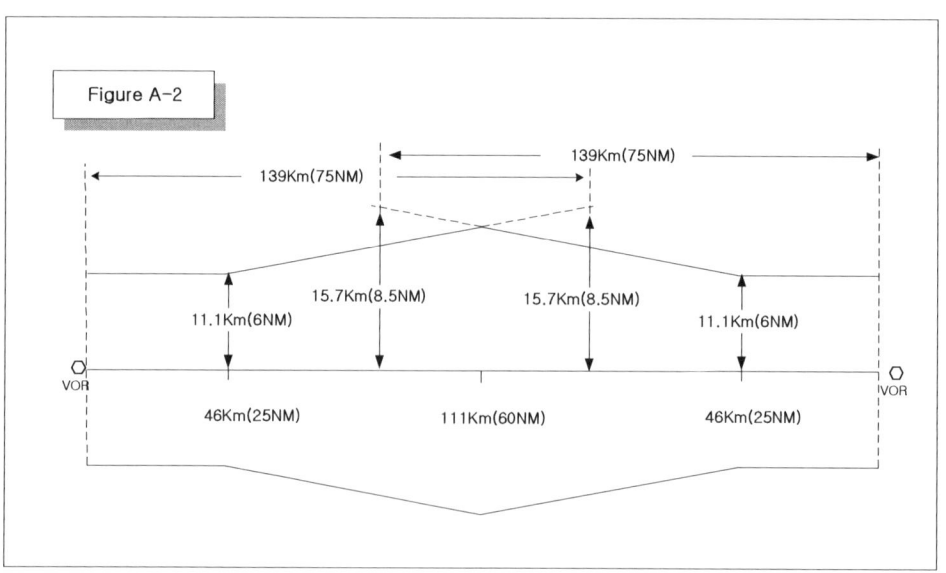

3.5. VOR을 이용하여 설정된 두 개의 ATS route가 25도를 초과하는 각도로 교차할 경우, 선회부분의 외곽에 추가보호공역을 설정해야 한다. 이 추가 공역은 25도를 초과하는 방향변경도중 실제로 증가하는 항공기의 측면이동에 대한 완충용이다. 추가되는 공역의 양은 교차각도에 따라 다르다. 각도가 커지면 추가 공역도 커진다. 90도 선회에 필요한 보호공역의 설정에 관련된 지침이 제공되며, 90도 이상 선회가 이루어지는 예외적인 경우에는 해당국가는 그러한 선회에 필요한 보호공역을 설정해야 한다.

3.6. 다음의 예는 계획목적으로 공역의 작도를 용이토록 하기 위해 template을 사용한 두 국가의 실제경험을 종합한 것이다. 선회구역 template의 설계시 항공기속도, 선회각도, 예상풍속, 위치오차. 조작지연 및 새 비행로로 변경하기 위해 30도 이상의 각도로 진입, 95퍼센트의 수용확보 등의 요소를 고려하였다.

3.7. 30도, 45도, 60도 75도 및 90도의 각도로 선회하는 항공기를 수용하는데 필요한 추가 공역을 설정하기 위해 template을 사용하였다. 아래의 단순화한 그림은 이 공역의 작도를 쉽게 하기 유선형곡선을 없앤 외곽한계를 보여준다. 각 그림은 큰 화살표방향으로 비행하는 항공기용 추가공역을 보여준다. 양쪽방향으로 사용되는 비행로의 경우, 이와 동일한 추가공역이 다른 쪽 외곽경계에 설정되어야 한다.

3.8. 다음 그림은 60도의 각도로 VOR에서 교차하는 두 비행로의 경우를 나타낸다.

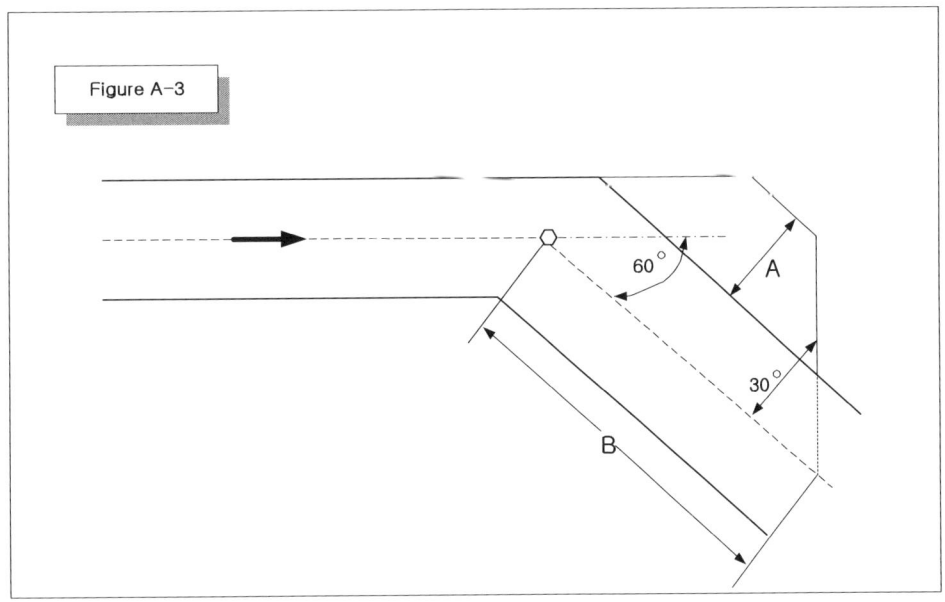

3.9. 다음 그림은 상기 그림 A-1을 준수하기 위해 경계선이 벌어지는 지점을 지나 60도의 각도로 VOR교차점에서 만나는 두 비행로의 경우를 나타낸다.

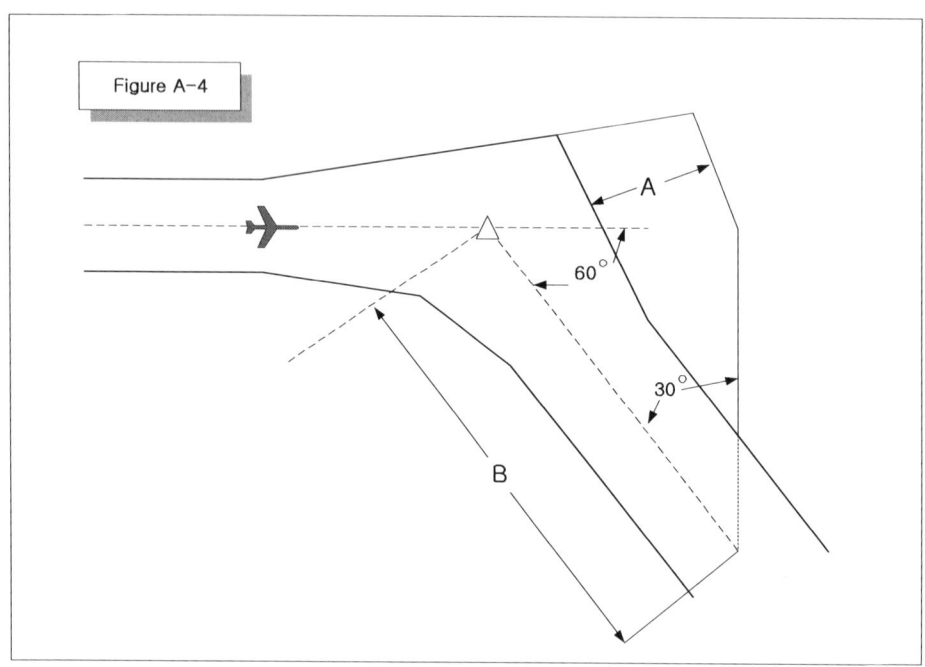

3.10. 다음의 표는 FL450이하의 고도로, VOR에서 교차하거나 또는 각 VOR로부터 139Km(75NM) 이내의 거리에 있는 VOR교차점에서 만나는 비행로용 추가보호 공역을 설정할 때 견본으로 이용되는 거리를 나타낸다.

angle of Intersection	30°	45°	60°	75°	90°
VOR					
distance A(Km)	5	9	13	17	21
(nm)	3	5	7	9	11
distance B(Km)	46	62	73	86	92
(nm)	25	34	40	46	50
Intersection					
distance A(Km)	7	11	17	23	29
(nm)	4	6	9	13	16
distance B(Km)	66	76	88	103	111
(nm)	36	41	48	56	60

- 항공기가 선회할 때의 동작에 대하여는 ICAO Circular 120 4.4.를 참조할 것

3.11. 다음 그림은 90도 이하의 선회시 선회구역안쪽의 추가적인 보호공역 설정방법을 나타내고 있다. 선회지점 도착전 항공로의 중심선상에 선회반경에 항적오차 허용치를 더한 거리만큼의 점을 정한다.
이 점에서 항공로의 중심선과 수직이 되게 선회구역 안쪽으로 선을 그어 항공로 외곽선과의 교차점을 구한다. 이 점과 선회이후의 항공로 중심선과 선회각도의 1/2각도만큼 교차하는 선을 항로의 내측선과 교차하도록 한다. 선회구역 내측에 생긴 삼각형의 추가공역이며 방향변경시의 보호공역이 된다. 90도 이하의 선회시 내측의 추가공역은 양방향으로부터 선회를 위하여 접근하는 항공기를 위한 것이다.

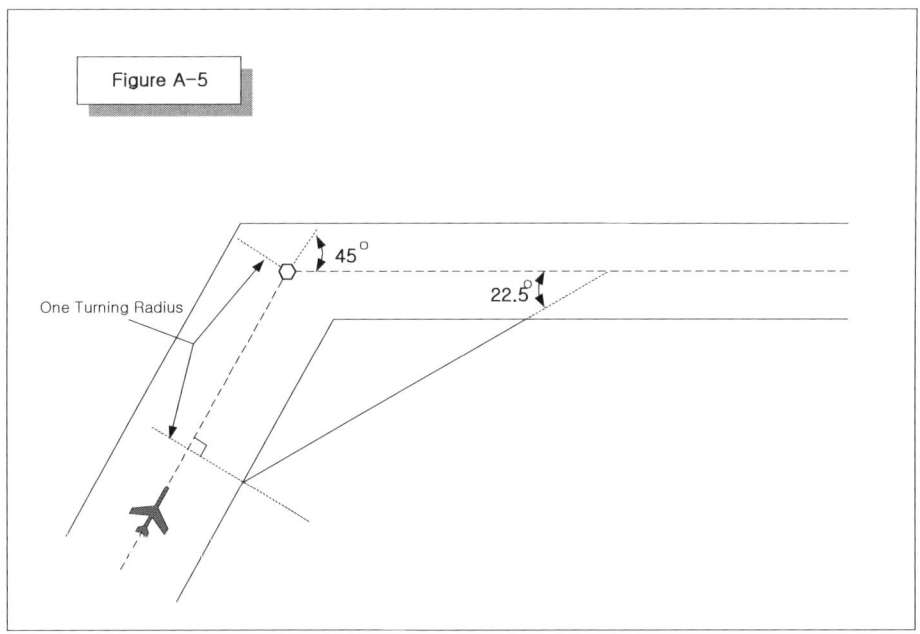

- 항적오차 허용치의 계산기준은 항행업무절차-항공기운항(PANS-OPS,Doc8168) 제 2권, 제31장에 수록되어 있음.
- 선회반경 계산지침은 다음의 7항에서 설명됨.

3.12. VOR교차점에서의 선회시, 선회구역 내측의 보호공역 설정원칙은 위에서 설명한 방법과 동일하다. 하나 또는 두 개의 VOR이 교차하는 거리에 따라, 하나 또는 두개의 항공로는 교차점까지 퍼져나간다. 경우에 따라, 추가공역은 부분적으로 충족하지만 95퍼센트 수용을 충족할 수도 또는 못할 수도 있다. 비행로가 양방향으로 사용될 경우, 보호공역은 각각의 방향에 각각 설정되어 있다.

3.13. VOR간의 간격이 278KM(150NM)를 초과하는 비행로용 자료는 아직 없다. VOR로 부터 139Km(75NM)이후의 보호공역을 결정하기 위해서는 예상 system성능을 나타내는 5。의 각도를 사용하면 충분할 것이다. 다음의 그림은 이 경우를 나타내고 있다.

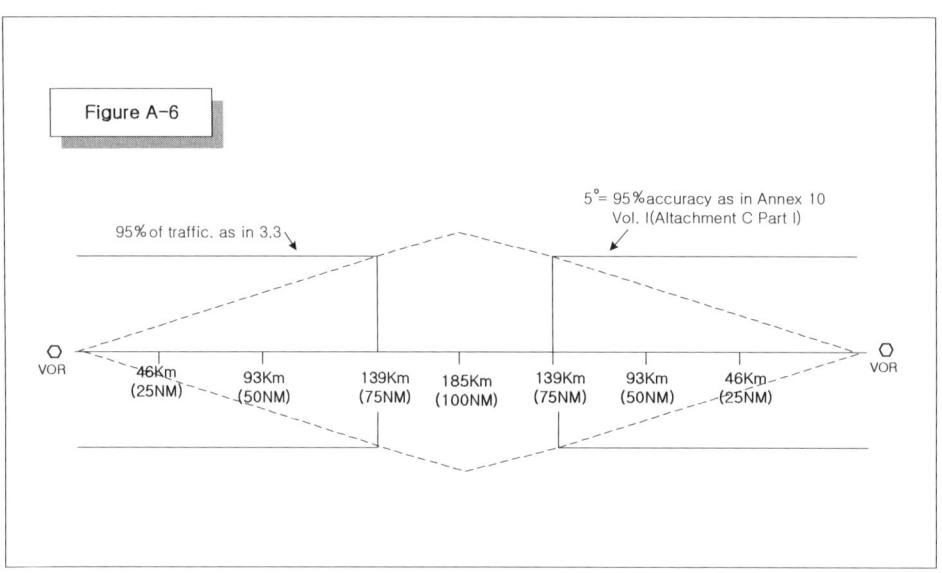

4. VOR을 이용하여 설정하는 평행비행로의 간격

- 본 절의 내용은 충돌위험/target level of safety method를 이용하여 측정된 자료로부터 도출되었음.

4.1. 1.1에 언급한 유럽측 연구자료로 실시된 충돌위험계산에 의하면, 조사된 여건의 종류에서, VOR간의 간격이 278Km(150NM)이하인 비행로 중심선간의 거리는 통상적으로 다음의 거리 이상이어야 한다.
   a) 각 비행로에 있는 항공기가 서로 반대방향으로 비행하게 되는 평행비행로 간에는 33.3Km (18NM), 및

b) 두 비행로 상에 있는 항공기가 서로 같은 방향으로 비행하게 되는 평행비행로 간에는 30.6Km(16.5NM)

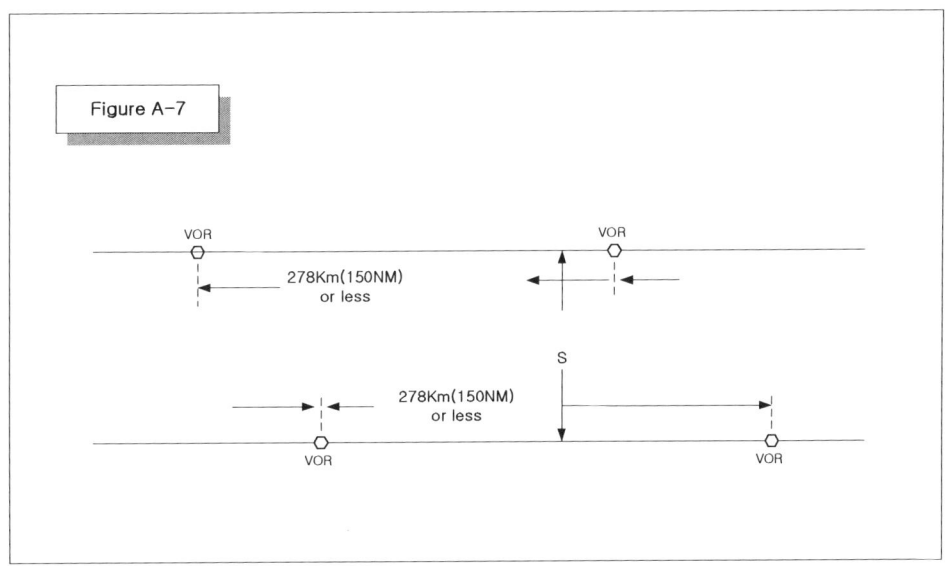

- 다음의 경우 두 비행로는 서로 평행 하는 것으로 간주됨.
- 동일한 방위일 경우, 이는 각도의 차이가 10도 이하일 때를 말함.
- 서로 교차하지 않을 것. 이는 교차점으로부터 정해진 거리에서는 서로 다른 형태의 분리를 적용하기 때문임.
- 각 비행로에 있는 항공기는 서로 다른 비행로에 있는 항공기와 관계가 없을 것. 이는 서로 다른 비행로에 제한을 주지 않기 때문임.

4.2. 평행비행로가 이와 같은 간격일 경우:
 a) 두 비행로에 있는 항공기가 동일한 고도로 상승 또는 강하 또는 수평비행이 가능하다.
 b) 교통이 빈번한 2개월 동안 최대 25,000대의 항공기가 비행할 수 있다.
 c) VOR은 ICAO Doc8071-Manual on Testing of Radio Navigation Aids에 따라 정기적으로 비행점검을 받아야 하며, 동 매뉴얼에 있는 절차에 따라 설정된 비행로로 항행하는데 적합하다는 판정을 받아야 한다.
 d) 실시간 레이더의 감시 또는 측면 이탈통제를 하지 않는다.

4.3. 예비작업 결과에 의하며, 아래 a)내지 c)에 설명한 상황에서는, 비행로간 최소간격을 축소할 수 있다. 그러나 이에 주어진 수치는 정밀하게 계산되지 않았으며 각 경우 특정의 상황에 대한 자세한 연구가 필수적이다.

  a) 이웃 비행로상의 항공기에 동일한 고도를 배정하지 않을 경우, 비행로간의 간격은축소될 수 있다. 축소되는 간격은 이웃하는 비행로상 항공기의 수직분리 및 상승 및 강하하는 항공기 비율에 따라 결정되나, 5.6Km(3NM)을 초과하지는 않는다.
  b) 만약 교통의 특성이 ICAO Circular120에 수록된 것과 상당히 다를 경우, 4.1에 수록 된 최저치는 조정되어야 한다. 예를 들면, 분주한 2개월 동안 10,000대 정도의 교통량이 있을 경우 900에서 1,850m(0.5에서 1.0NM)까지의 축소가 가능하다.
  c) 두 비행로를 구성하는 VOR의 상대적인 위치 및 VOR간의 거리가 간격에 영향을 미치나 그 양은 정해지지 않았다.

4.4. 레이더감시 및 항공기의 측면이탈통제의 적용은 두 비행로간 최소간격에 큰 영향을 준다. 레이더감시의 영향에 관한 연구 결과, 다음과 같은 사항이 밝혀졌다.

  a) 충분히 만족스러운 수학적 모형을 개발하기 전에 추가적인 연구가 필요하다.
  b) 간격의 축소는 다음 사항과 밀접한 관련이 있다.
   - 교통 (양, 특성)
   - 레이더 포착범위 및 처리, 자동경보의 유효성
   - 감시의 계속성
   - 구역별 업무분담, 및
   - 무선통화의 질

이러한 연구 및 몇개의 국가가 계속적인 레이더 관제하에 평행비행로 체제로 다년간 쌓은 경험에 의하며, 레이더 감시업무 분담이 축소로 인하여 늘어나지 않는 한 15내지18.5Km(8내지 10NM)까지, 그러나 13Km(7NM)미만이 되지 않게, 축소가 가능할 것이 예상된다. 단축간격체제로 실제 운용한 결과 다음과 같은 점이 지적되었다.

  - VOR항행목표 변경점을 설정하는 것이 매우 중요함(6을 볼 것)
  - 가능한 한 선회를 크게 하지 말 것.
  - 선회를 크게 하는 것이 불가피할 경우, 20도를 초과하는 선회를 위하여 필요한 선회보호구역을 설정할 것. 비록 레이더가 고장날 확률이 극히 적을지라도 그에 대비한 절차를 검토하여야 한다.

5. 평행하지 않는 VOR 비행로간의 간격

- 본 절은 교차하지 않는 VOR비행로가 서로 인접해 있고 각도의 차이가 10도를 초과하는 경우에 대한 지침을 제공하기 위한 것임.
- 본 절의 내용은 충돌위험/target level of safety method에 의하여 도출되지 않았음.

5.1. 서로 인접하면서 평행하지 않고 교차가 없는 VOR비행로에는 collision-risk/target level of method가 현재의 개발상태로서는 전혀 적절하지 않다. 그렇기 때문에 3에 있는 지침을 잘 사용해야 한다.

5.2. 그러한 비행로간의 보호공역은 서로 겹치지 않고 3.4의 표에 나타나 있는 99.5퍼센트 수용의 수치 미만이어서는 아니 된다.

5.3. 비행로 구간간에 25도를 초과하는 각도차이가 있을 경우, 3.3 내지 3.10에 나타나 있는 것처럼 추가보호공역을 설정하여야 한다.

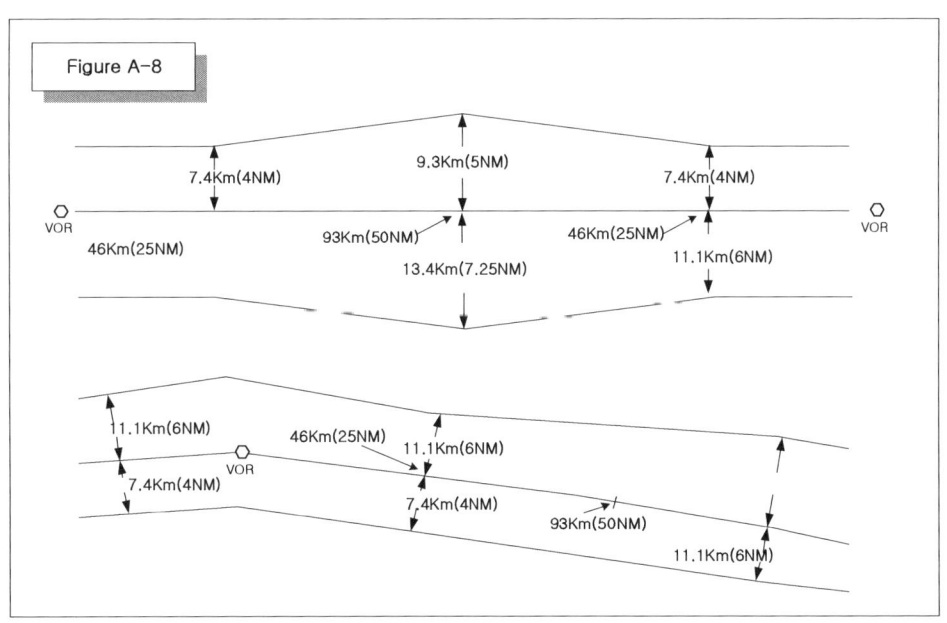

6. VOR용 항행목표 변경점

6.1. VOR로 구성된 ATS route상에서 한 VOR로부터 다른 VOR로 기본 항행 목표를 변경 하는 지점의 설정을 검토할 때, 국가는 다음 사항을 유념하여야 한다.
   a) VOR 항행목표 변경점은 혼신보호기준의 평가를 포함한 관련 VOR의 성능에 기초하여 설정하여야 한다. 설정 후에는 비행점검을 하여 확인하여야 한다. (Doc8071,제 1권 제 2장을 볼 것)
   b) 주파수보호가 심각할 경우, 해당 시설이 보호되고 있는 최고고도에서 비행점검을 하여야 한다.

6.2. 6.1의 어느 부분도 부속서 10 제 1권 1부 3.3의 기준에 적합하게 설치한 VOR의유효 범위에 제한을 두게 할 수 없다.

7. 선회반경의 계산법

7.1. 아래에 제시된 선회반경 계산법과 선회반경은 일정한 반경을 선회하는 항공기에 적용된다. 이 지침은 RNP1 ATS비행로 개발을 위한 선회성능 기준으로부터 도출되었으며 VOR항로 이외에 ATS 비행로에도 선회구역 내측의 추가보호구역 설정에 사용된다.

7.2. 선회성능은 대지속도와 선회각도의 두 가지 요소에 의하여 결정된다. 기수방향 변화시바람요소의 변경에 따라 일정한 반경을 선회하는 동안 대지속도와 선회각도는 변한다. 그러나 아래와 같이 90도 이하의 선회와 속도가 고려된다면 다음의 공식은 대지속도가 진대기속도에 풍속을 합한 경우 일정한 선회반경을 계산할 수 있다.

$$선회반경 = \frac{(대지속도)^2}{상수G \; TAN(선회각도)}$$

7.3. 더 큰 대지속도는 더 큰 선회각을 필요로 한다. 선회반경이 모든 예측 가능한 상황을 반영하기 위하여 더 많은 요소를 고려할 필요가 있다.

고고도에서의 최대 진대기속도를 시간당 1020 km/h(550노트), 중고도 또는 고고도에서의 최대예상풍속을 시간당 370km/h(200노트)라고 할 때 (기상자료에 따라 99.5퍼센트의 숫치), 최대대지속도는 시간당 1,400km/h(750노트)가 된다. 최대선회각은 각각의 항공기에 따라 매우 다양하다. 최대비행고도면 부근에서 비행하는 높은 익면하중을 갖는 항공기는 최대 선회각의 허용이 더 많이 제한된다.

대다수의 운송용 항공기는 특정상황하에서의 그 항공기의 실속속도의 1.3배 이하의 속도로 비행할 수 없도록 허가되어 졌다. 실속속도가 TAN(선회각도)를 증가시키기 때문에, 많은 운영자들은 돌풍이나 요란현상에서 항공기를 보호하기 위하여 실속속도의 1.4배 이하의 속도로 순항비행하지 않도록 한다. 같은 이유로, 대다수 운송용 항공기는 순항시 감소된 최대선회각도로 비행한다. 그러므로 모든 기종의 항공기에게 허용 될 수 있는 최대선회각도는 20도 정도로 간주할 수 있다.

7.4. 계산 결과, 20도의 선회각도로 시간당 대지속도 1400km/h(750노트)로 비행하는 항공기의 선회반경은 22.51NM(41.69Km)이다. 신속하게 비행하기 위하여 22.5NM의 선회반경을 감축할 수 있다.
저고도공역에 있어서 같은 논리에 따라, FL200(6100m)이상에서 배풍이 시간당 370킬로미터(200노트)일 때 최대 진대기속도를 시간당 740km/h (400노트)이며, 최대선회각도를 20도로 유지한다면 동일한 공식에 따라 선회반경은 14.45NM(26.76Km)가 된다. 신속한 비행을 위해 선회반경은 약 15NM(27.8Km)이 될 수 있다.

7.5. 위에서와 같이, 두 대지속도 사이에서의 가장 논리적인 중지점은 FL190(5800m) 와 FL200(6100m)사이가 된다. 예상할 수 있는 모든 상황 하에서 최근의 비행관리체계(FMS)에서 사용되는 선회반경의 예상 연산치를 결정하기 위하여 FL200이상에서의 선회반경은22.5NM (41.6Km) 그리고 FL190이하에서는 15NM(27.8Km)로 지정되었다.

Attachment B. RNAV장착 항공기용 ATS 비행로의 설정방법

(METHOD OF ESTABLISHING ATS ROUTES FOR USE BY RNAV-EQUIPPED AIRCRAFT)

1. 서문

1.1. 이 지침서는 몇몇 국가에서 수행했던 연구결과에 의한 것이다. 또한 몇몇 국가에서 오랫동안 적용하여온 RNAV기준을 반영했다. 본 첨부물에서 제시된 일부 수치들은 Collision-risk/target level of safety method 의해서 도출되지 않았음을 밝힌다. 이것은 적용할 수 있을 경우에 표시된다.

1.2. 각 국가들은 이 지침서의 적용에 대한 결과를 ICAO에 통보하여야 한다.

2. RNP4 기준의 RNAV route 적용

2.1. 일 반

2.1.1. 이 지침서는 RNAV 실수오차를 개선하기 위하여, 제공되는 전자시설 포착범위 내에서 설정된 RNAV route에 적용하기 위한 것이다.

2.1.2. 항행성능기준(RNP) 편람(Doc9613) 제5.5절 및 5.6절에 따라 감항성 허가와 운항 허가를 받은 항공기에 한하여 이 지침에 따라 개발된 RNAV 비행로상에서 항공교통업무를 제공받을 수 있다.

2.1.3. RNAV 장비는 VOR을 이용하여 설정된 ATS 비행로를 비행하기 위하여 사용될 수 있다. 추가적으로, RNAV 비행로는 RNAV 능력을 보유하고 있는 항공기들이 사용하고자 하는 장소와 시간에 사용될 수 있다. 이 비행로에는 다음과 같은 것이 있다 :
  a) 고정 RNAV 비행로 ;
  b) 임시 RNAV 비행로 ;
  c) 수시 RNAV 비행로.

2.1.4. RNAV 장비의 항행성능기준은 RNAV 장비를 이용하는 모든 항공기의 비행시간의 99.5%에서 ±11.1km(6NM)의 오차로 항적을 유지할 수 있는 정도로 예상된다. 이것은 95%에서 ±7.4km(4NM)의 오차로 항적을 유지하는 것과 동일한 것으로 간주된다. 이 수준은 VOR이 93km(50NM) 이하의 간격으로 설치된 기존의 VOR/DME비행로에서 RNAV 장비가 없는 항공기가 달성한 정확도와 유사한 수준이다

2.2. RNP4 기준의 RNAV ATS 비행로를 위한 보호공역

2.2.1. RNAV ATS 비행로의 최소 보호공역은 RNAV 장착 항공기가 비행시간의 99.5% 동안 유지할 것으로 예상되는 계획된 비행로의 양측으로 11.1km(6NM)의 넓이를 갖는 공역이다. 이 논리로부터 얻어지는 수치 적용이전에, 해당공역에서 얻는 실제적 경험과 항공기 항행성능 개선 가능성 등도 고려하여야 한다. 또한 측면 이탈이 레이다 감시에 따라 통제될 수 있을 때 요구되는 보호공역의 크기는 다음과 같이 축소될 수 있다.

	수용 %					
	95	96	97	98	99	99.5
km	±7.4	±7.4	±8.3	±9.3	±10.2	±11.1
NM	±4.0	±4.0	±4.5	±5.0	±5.5	±6.0

2.2.2. 레이더감시 연구에 의하면 보호공역은 교통특성, 관제사의 가용정보 및 업무부하 정도 등에 따라 가변적으로 축소될 수 있음을 제시하고 있다. 최종적으로, 수용능력측정을 위해 유럽국가들에서 수행된 RNAV 성확두 분석결과, RNAV 기능을 갖출 경우 비행이 99.5% 시간동안 비행로의 중심선으로부터 5NM이내에서 이루어졌다는 연구결과는 고려할만한 가치가 있다. (EUR Doc001, RNAV/4 참조). 관계 ATS 당국이, 비행금지구역, 제한구역 또는 위험구역, 군 항공기의 상승 및 강하 경로의 밀집 등으로 인하여 더 많은 보호가 필요하다고 판단되면, 추가적인 완충구역이 제공될 수 있다.

2.2.3. 비행로 구간간에 25도 이상의 각도 차이가 있을 때, 첨부A, 3.5에서 3.12, 그리고 제7절에서 게시한 것처럼 추가적인 보호공역이 제공될 수 있다.
 - RNAV 장착 항공기의 비행에 대하여 가들은 상이한 수준의 항행정밀도를 요구할 수 있다. 본 지침에는 이런 요구사항이 포함되어 있지 않으며 보호공역기준의 변경이 필요할 수도 있다.

2.3. RNP4 기준의 평행 RNAV route간의 간격

2.2에 기술된 대로 보호공역을 운영할 경우, 비행로의 중앙선 사이의 간격이 99.5% 수용의 오차한계로 지정된 공역이 상호 겹치지 않아야 한다. 99.5% 수용의 오차한계보다 적은 간격으로 하려면 레이다 감시가 필요하다.

3. RNP형식에 따른 평행항적로 또는 평행 RNAV비행로 중심선 사이의 간격

3.1. 이하에서 제시하는 간격분리는 특정 네트워크 내의 진로 또는 비행로 운영의 안전성을 고려하여 결정되었음을 보이고 있다. 따라서, 해당 네트워크 내의 교통 특성을 측정, 평가해야 할 것이다. 예를 들면, 교통 밀집도, 최소분리로 통과하는 항공기의 빈도, 통신 및 감시장비 등이 고려되어야 한다. 안전평가 수행에 필요한 추가정보는 최소분리기준 결정을 위한 공역계획 방법에 관한 편람(Doc 9689)에 수록되어 있다.

3.2. 평행 진로 또는 ATS 비행로(이하 "시스템"이라 한다)의 간격을 결정할 때에는 3.1에서 열거한 요인들에 대하여 최소수용안전수준에 관한 안전도 평가가 수행되어야 한다.

3.2.1. 측정기준으로 "비행시간당 사망사고 건수"를 고려할 경우, 5×10^{-9}의 안전도 수준목표(TLS)를 2000년 이후 이행될 항로시스템의 수용성을 결정하는데 적용하여야 한다. 그 전까지는 비행시간당 사망사고 건수의 안전도 수준목표로 2×10^{-8}을 적용할 수 있다.

3.2.2. "비행시간당 사망사고 건수"를 측정기준으로 고려하지 않을 경우, 해당국가들이 적절한 대체 측정기준과 측정방법을 정하고 지역협정에 따라 적용하여야 한다.

3.3. 시스템이 설정되었을 당시에, 또는 후속의 시스템 안전도평가에서 사용된 측정방법으로 시스템이 해당 안전도 수준을 충족하지 못한다는 결정이 나왔다면, 재평가가 고려되어야 한다. 수용할 수 있는 최저치와 동등 이상의 안전도 수준이 충족되는가를 결정하기 위하여 Doc9689에 따라서 측정이 수행되어야 한다.

3.4. RNP 종류에 따른 특정 구역 또는 지역에서 시스템의 간격에 대한 예들이 이하에 제시된다. 이와 같은 간격이 특정 구역 또는 지역의 특성에 근거하는 경우(기준 시스템) 다른 국가들이나 지역에서는 기준 시스템과 자신들의 시스템을 비교 평가할 필요가 있다.

3.4.1. 절차적 환경 :

a) RNP 20: 간격: 185km(100NM) ;

근거: 오랜 운영경험에 근거한 기존관행 ;

ATS 최소요건:

항행 - 모든 항공기들은 비행할 비행로/진로에 적합한 RNP 20의 승인이 필요함.

통신 - 제3자를 통한 음성통신.

감시 - 절차적 조종사 위치보고.

b) RNP 12.6

간격: 110km(60NM) ;

근거: NAT Organized Track Structure를 위한 충돌위험모형(Doc9182;
　　　Report of the limited/North Atlantic Regional Air Navigation Meeting(1976));

ATS 최소요건:

항행 - 모든 항공기들은 비행할 비행로/진로에 적합한 RNP 12.6의 승인이 필요함.

통신 - 제3자를 통한 음성통신.

감시 - 절차적 조종사 위치보고.

기타 - 시스템 안전도가 주기적으로 평가되어야 함.

　- 대류기상이 있는 것으로 알려진 지역과 같은 특정구역에서는 관제사와 조종사 간의 직접통신이 바람직함.

c) RNP 10

간격: 93km(50NM);

근거: FAA가 북태평양시역 교통특성에 근거하여 수행한 충돌위험모형 ;

ATS 최소요건:

항행 - 모든 항공기들은 비행할 비행로/진로에 적합한 RNP 10의 승인이 필요함.

통신 - 제3자를 통한 음성통신.

감시 - 절차적 조종사 위치보고.

기타 - 시스템 안전도가 주기적으로 평가되어야 함.

　- 대류기상이 있는 것으로 알려진 지역과 같은 특정구역에서는 관제사와 조종사간의 직접통신이 바람직함.

d) RNP 5(또는 RNP 4 또는 그 이상)

간격: 30.6km(16.5NM)

- 일방향 시스템 33.3km(18NM)
- 양방향 시스템 ;

근거: 첨부A에 기술된 고밀도 대륙 기준 시스템(VOR 간격)과의 비교 ;

ATS 최소요건:

항행 - 모든 항공기들은 비행할 비행로/진로에 적합한 RNP 5의 승인이 필요하며, RNP 5 운영을 지원하기에 충분한 항행안전 기반시설이 제공되어야 함.

통신 - 조종사와 관제사간 직접적인 VHF 음성통신.

감시 - 절차적 조종사 위치보고.
 - RNP 5 사용관련 지침은 RNP 편람에 수록되어 있음(Doc9613)
 - 이 간격기준은 VOR 기반시설이 없는 원거리와 해상공역에 적용할 수 있도록 개발된 것이 아님.

e) RNP 4

간격: 55.5 km(30NM):

근거1: 비행시간당 사망사건이 $5*10^9$인 안전 목표 수준에 도달시 까지 55.5km(30NM)의 트랙 간격을 사용하는 평행항로 체제에서 전체의 측면 오류를 수용할 수 있는 비율을 분석한 근거로 미 항공청에 의거 수행한 안전성 평가임.

근거2: 아래에 나열된 통신과 감시를 위한최소의 요건은 55.5ｋｍ（３０ＮＭ）의 항로에서우발상황과 비상상태를 관리하기 위하여 운영상 필요 할 것.
 - 안전 평가 수행상 더 많은 정보는 분리 최소치 결정을 위한 공역설정방식교범에 수록되어 있다.

최저 ＡＴＳ 요건

항행 - ＲＮＰ４는 진로나 ＡＴＳ항로로 설정된 구역에 명시될것이다.

통신 - 관제사와 조종사간에 음성통신이나 관제사와 조종사간에 데이터링크통신사용.

감시 - 사건 발생이 정해지게 될 ＡＤＳ시스템은 9.3ｋｍ（５ＮＭ）에서 일어날 수 있는것 보다 더 큰 진로중심선으로부터 이탈할 때 마다 측면이탈사건보고가 포함되어야한다.

기타 - 이행에 앞서서, 충분한 지속성과 완전성을 위한 시스템 확인은 27.8km(15NM)과 같거나 보다 큰 측면이탈을 최대로 수용 할 수 있는 비율이 표B-1에 나열된 수치에 초과하지 않는 다는 것을 보여주기 위해 수행될 것이다. 그리고 그 시스템은 운영성이고 기술적 요건에 일치한다. 그 확인 작업은, 위에 나열된 최소의 항행과, 통신과 감시요건이 충족된 후에 수행되어야 한다. 이행 후에는, 모니터링 계획이 표B-1에 서술된 최대치에 초과하지 않고 27.8km(15NM)과 같거나 더

큰 측면이탈인 시스템 실제 비율을 정기적으로 확인하는 계획을 세워야한다.(모니터링에 포함된 정보는 분리최저치 결정을 위한 공역 설정방법을 위한 교범(Doc9689)제8장에서 볼 수 있다.)

- 공역입안자가 첫 번째 결정해야 하는 것은 공역 적용에서 고려 사항으로 4 가지 시스템 설명서 이다. 만약 그 시스템이 표B-1에 설명된 4가지 경우중 한가지에도 같지 않다면, 입안자는 그 시스템과 닮은 2가지 케이스를 택하고 그 케이스간에 세심하게 근접한 수치로 고쳐야 한다. 더 낮은 측면 이탈 비율을 가진 것 하나와 그 다음에는 첫 번째 줄에서 선택하고, 시스템 측면 점유 수치는 그 시스템이 계획상으로 수평면에 초과할거라고는 기대하지 않는다. 선택한 줄과 열을 도표에서 읽으므로 입안자는 비행시간당 사망사건이 $5*10^9$인 안전성목표수준(TLS)과 일치하므로 시스템에 초과하지 않아야하는 측면이탈비율의 수치를 얻게 된다.

- 시스템안전성검토의 목적으로 고려하는 측면이탈은 승인된 우발상황과 연관되지 않는 27.8km (15NM)과 같거나 더큰 크기의 트랙으로부터 모든 이탈이다.

- ADS와 CPDLC 사용에 포함된 절차는 PANS-ATM(Doc4444)제13장과 제14장에 각각 수록되어 있다. CPDLC와ADS의 기준은 해당 안전평가로 설정되어야 한다.안전평가에 대한 정보는 최소 분리 결정을 위한 공역 설정방법인 교범(Doc9689)에 수록되어 있다.

- 이와 같은 간격 설정은 해당 VOR의 내부시설이 불가능한 먼 곳 또는 대양공역에 적용을 위하여 개발 되었다.

- 이와 같은 자료로서는, 측면점유란 측면에 가장 가까운 항공기쌍의 두배의 수를 항공기 총수로 나눈수와 동일 수을 의미한다. 충돌위험보형에 사용된 용어들의 상세한 설녕은항공교통업무계획 교범(Doc9426)제4장 제2절 Appendices A and C에 수록되어 있다.

3.4.2. 레이다 환경:
  a) RNP 4
    간격: 14.8-22.2km(8-12NM);
    근거: 기준 시스템과의 비교 - 2.2.1에 의거 결정된 중복되지 않는 수용구역; 그리고
    ATS 최소요건:
    항행 - 모든 항공기들은 비행할 비행로/진로에 적합한 최소한 RNP 4의승인이 필요하며, RNP

4 운영을 지원하기에 충분한 항행안전 기반시설이 제공되어야 함.

통신 - 조종사와 관제사간 직접적인 VHF 음성통신.

감시 - 기존의 표준을 충족시키는 레이다.

기타 - 관제사의 업무부담을 포함한 시스템 안전도가 평가되어야 함.

b) RNP 5

간격: 18.5-27.8km(10-15NM) ;

근거: 기준 시스템과의 비교 - RNP 5에 반영하는데 위 2.2.1의 규정에 적합한 중복되지 않는 수용구역;

ATS 최소요건:

항행 - 모든 항공기들은 비행할 비행로/진로에 적합한 최소한 RNP 5의승인이 필요하며, RNP 5 운영을 지원하기에 충분한 항행안전 기반 시설이 제공되어야 함.

통신 - 조종사와 관제사간 직접적인 VHF 음성통신.

감시 - 기존의 표준을 충족시키는 레이다.

기타 - 관제사의 업무부담을 포함한 시스템 안전평가가 필요함.

Attachment B Annex 11 — Air Traffic Services

Table B-1. Maximum acceptable rates of lateral deviations greater than or equal to 27.8 km (15 NM)

Maximum expected route system lateral occupancy	Rate for two same-direction routes	Rate for four same-direction routes	Rate for seven same-direction routes	Rate for two opposite-direction routes
0.1	1.99×10^{-4}	1.75×10^{-4}	1.52×10^{-4}	3.14×10^{-5}
0.2	1.06×10^{-4}	9.39×10^{-5}	8.27×10^{-5}	2.23×10^{-5}
0.3	7.50×10^{-5}	6.70×10^{-5}	5.95×10^{-5}	1.92×10^{-5}
0.4	5.95×10^{-5}	5.35×10^{-5}	4.79×10^{-5}	1.77×10^{-5}
0.5	5.03×10^{-5}	4.55×10^{-5}	4.10×10^{-5}	1.68×10^{-5}
0.6	4.41×10^{-5}	4.01×10^{-5}	3.64×10^{-5}	1.62×10^{-5}
0.7	3.97×10^{-5}	3.62×10^{-5}	3.30×10^{-5}	1.58×10^{-5}
0.8	3.64×10^{-5}	3.34×10^{-5}	3.06×10^{-5}	1.55×10^{-5}
0.9	3.38×10^{-5}	3.11×10^{-5}	2.86×10^{-5}	1.52×10^{-5}
1.0	3.17×10^{-5}	2.93×10^{-5}	2.71×10^{-5}	1.50×10^{-5}
1.1	3.00×10^{-5}	2.79×10^{-5}	2.58×10^{-5}	1.48×10^{-5}
1.2	2.86×10^{-5}	2.66×10^{-5}	2.48×10^{-5}	1.47×10^{-5}
1.3	2.74×10^{-5}	2.56×10^{-5}	2.39×10^{-5}	1.46×10^{-5}
1.4	2.64×10^{-5}	2.47×10^{-5}	2.31×10^{-5}	1.45×10^{-5}
1.5	2.55×10^{-5}	2.39×10^{-5}	2.25×10^{-5}	1.44×10^{-5}
1.6	2.48×10^{-5}	2.33×10^{-5}	2.19×10^{-5}	1.43×10^{-5}
1.7	2.41×10^{-5}	2.27×10^{-5}	2.14×10^{-5}	1.42×10^{-5}
1.8	2.35×10^{-5}	2.22×10^{-5}	2.09×10^{-5}	1.42×10^{-5}
1.9	2.29×10^{-5}	2.17×10^{-5}	2.05×10^{-5}	1.41×10^{-5}
2.0	2.24×10^{-5}	2.13×10^{-5}	2.01×10^{-5}	1.41×10^{-5}

Attachment C. 항공기에 의한 교통정보방송 및 관련절차

서문

항공기에 의한 교통정보방송은 지정된 VHF무선전화(RTF)주파수에 있는 조종사가 적절한 보충정보를 주위에 있는 다른 항공기의 조종사에게 통보할 수 있게 한 것이다.

항공기에 의한 교통정보방송(TIBA: Traffic Information Broadcasts by Aircraft)

1. 방송의 개요 및 적용

1.1. TIBA는 항공기 조종사가 그 주변에서의 다른 항공기에 관한 정보의 보고 시에 한하여 사용되어져야 한다.

1.2. TIBA는 필요한 경우 일시적인 수단으로만 사용하여야 한다.

1.3. 방송절차는 다음의 경우 지정된 공역 내에서 적용된다.
  a) 관제구역 밖에서 항공교통업무기관이 제공한 충돌위험정보를 보충할 필요가 있을 경우, 또는
  b) 정상적인 항공교통업무가 일시적으로 중단되었을 경우,

1.4. 그러한 공역은, 필요할 경우 관계ICAO지역사무소의 협력을 받아, 동 지역에 대하여 항공교통업무를 제공할 책임이 있는 국가가 지정하여야 하며 VHF RTF주파수, 방송양식 및 사용절차를 항공정보간행물 또는 NOTAM으로 적절히 공고하여야 한다. 위 1.2 a)의 경우 2이상의 국가가 관련되어 있을 때는 동 공역을 지역항공항행협정에 따라 지정하여야 하며 Doc7030에 수록하여야 한다.

1.5. 지정공역을 설정할 경우, 12개월 이내의 간격으로 동 공역의 적용여부를 검토하기 위한 일정을 관계ATS 당국이 합의하여야 한다.

2. 세부 방송 절차

2.1. 사용VHF RTF주파수

2.1.1. 사용되는 VHF RTF주파수는 지역적 기준에 따라 결정되고 공고되어야 한다. 그러나 관제공역내에서 일시적으로 중단되는 경우, 책임국가는 해당공역 내에서 사용할 RTF주파수로서 해당 공역 내에서 통상적으로 항공교통관제업무의 제공을 위하여 사용되는 주파수를 지정 공고할 수 있다.

2.1.2. ATS기관과의 공지통신용으로 VHF가 사용되고 항공기가 2대의 VHF통신기만 탑재 하고 있을 경우, 한 대는 관계 ATS주파수에 맞추고 또 다른 한 대는 TIBA주파수에 맞추어야 한다.

2.2. 경청
지정된 공역을 진입하기 10분전부터 해당 공역을 떠날 때까지 TIBA주파수를 계속 경청 하여야 한다. 지정공역내에 위치한 비행장에서 이륙하는 항공기는 이륙직후부터 동 공역을 떠날 때까지 계속 경청하여야 한다.

2.3. 방송시간
방송은 다음의 시간에 하여야 한다.
  a) 지정된 공역을 진입하기 10분전, 또는 지정공역내에 위치한 비행장에서 이륙하는항공기에 있어서는 이륙 직후,
  b) 보고지점을 통과하기 10분전
  c) ATS route를 통과하거나 진입하기 10분전
  d) 멀리 떨어져 있는 보고지점간에서는 20분 간격으로,
  e) 가능할 경우, 비행고도를 변경하기 2-5분전
  f) 비행고도를 변경하였을 때
  g) 기타 조종사가 필요하다고 인정하는 다른 시간

2.4. 방송형식

2.4.1 비행고도변경을 제외하고 2.3 a), b), c), d), 및 g)에 언급한 방송은 다음의 형식에 의하여야 한다.

ALL STATIONS(교통정보방송임을 나타내는데 필요)
(호출부호)
FLIGHT LEVEL(숫자) (또는 CLIMBING TO FLIGHT LEVEL(숫자)
(방향)
(ATS route) (또는 DIRECT FROM(위치)TO(위치)
POSITION(위치)AT(시간)
ESTIMATING (다음의 보고지점, 또는 지정된 ATS route의 통과 또는 진입위치)
AT(시간)
(호출부호)
FLIGHT LEVEL(숫자)
(방향)
가상의 예;
"ALL STATIONS WINDAR 671 FLIGHT LEVEL, 350 NORTHWEST BOUND DIRECT FROM PUNTA SAGA TO PAMPA POSITION 5040 SOUTH 2010 EAST AT 2358 ESTIMATING CROSSIN ROUTE LIMA THREE ONE AT 4930 SOUTH 1920 EAST AT 0012 WINDAR 671 FLIGHT LEVEL 350 NORTHWEST BOUND OUT"

2.4.2. 비행고도를 변경하기 전의 방송(2.3 e)참조)은 다음의 형식에 의하여야 한다.
ALL STATIONS
(호출부호)
(방향)
(ATS route) 또는 (DIRECT FROM (위치) TO(위치)
LEAVING FLIGHT LEVEL (숫자) FOR FLIGHT LEVEL (숫자) AT(위치 및 시간)

2.4.3. 2.4.4.에 규정하는 것을 제외하고, 비행고도를 변경할 때의 방송(2.3 f) 참조)은 다음의 형식에 의하여야 한다.
ALL STATIONS
(호출부호)
(방향)
(ATS route) (또는 DIRECT FROM (위치) TO (위치)
LEAVING FLIGHT LEVEL (숫자) NOW FOR FLIGHT LEVEL (숫자)

비행고도 변경후 ;
ALL ATATION
(호출부호)
MAINTAINING FLIGHT LEVEL (숫자)

2.4.4. 급박한 충돌위험을 회피하기 위하여 일시적으로 비행고도를 변경할 때의 방송은 다음의 형식에 의하여야 한다.
(호출부호)ALL STATIONS
LEAVING FLIGHT LEVEL (숫자) NOW FOR FLIGHT LEVEL (숫자)
상황종료후 ;
ALL STATIONS
(호출부호)
RETURNING TO FLIGHT LEVEL (숫자) NOW

2.5. 방송에 대한 응답
잠재적인 충돌위험이 느껴지는 않는 한 방송에 대한 응답을 하여서는 아니 된다.

3. 관련절차

3.1. 순항비행고도의 변경

3.1.1 조송사가 충돌을 회피하거나, 기상회피, 또는 기타 타당한 이유로 인하여 필요하다고 인정하는 경우를 제외하고, 지정공역 내에서 순항비행고도를 변경하여서는 아니 된다.

3.1.2 순항비행고도의 변경이 불가피한 경우, 육안탐지에 도움이 될만한 모든 항공기등화를 고도 변경중 켜야 한다.

3.2. 충돌회피
다른 항공기의 교통정보방송을 수신하였을 때, 자신의 항공기에 대한 급박한 충돌 위험을 회피하기 위하여 즉각적인 조치가 필요하며, 또 부속서 2의 통행우선권규정에 의하여서는 해결될 수 없다고 판단될 경우, 조종사는 다음과 같이 하여야 한다.

a) 다른 조치가 더 적절하다고 판단되지 않는 한 신속히, 150미터 (500피트), 또는 600미터 (2,000피트)의 수직분리 최저치가 적용되는 FL290를 초과하는 고도에서는 1,000피트를 강하할 것.
b) 항공기를 육안 탐지하는데 도움이 될만한 모든 항공기 등화를 켤 것.
c) 가능한 한 빨리, 방송에 응답하여, 취하고 있는 조치내용을 통보할 것.
d) 관계 ATS주파수로 조치내용을 통보할 것.
e) 가능한 한 빨리, 관계 ATS주파수로 조치내용을 통보하면서, 정상 비행고도로 복귀할 것.

3.3. 정상적인 위치보고절차

교통정보방송을 시작하거나 또는 응답하기 위해 취한 조치에 관계없이, 항상 정상적인 위치보고절차를 계속하여야 한다.

ATTACHMENT D. 우발상황 계획에 관련된 자료

1. 소개

1.1. 항공교통업무와 관련 지원업무에 혼란사태가 발생시 이에 대한 대응으로 우발상황 대처방안의 지침이 항행위원회 및 각국가 및 관련 국제기구와의 의견을 취합한후 이사회 결의안 A23-12에 의하여 1984년 6월27일 처음 승인을 받았다. 그 지침은 여러 나라 다양한 분야와 상이한 환경에서 우발상황 대처방안을 적용함으로써 얻게 된 많은 경험으로 계속 수정 확대되고 있다.

1.2. 본 지침의 목적은 항공교통업무와 관련 지원업무의 혼란 사태에서도 국제항공교통의 안전하고 질서정연한 흐름의 업무제공을 지원하는 것이며 또 어떤 상황이든 항공수송 체제내에 주요 세계 항공로의 유용성을 유지하는 것이다.

1.3. 본 지침은 국제민간항공의 다양한 업무혼란의 사건들이나 이전 상황의 사실을 인식하고 개발하였다. 그리고 우발상황 대처방안은, 사람을 위주로 설계된 공항에 사람의 접근을 포함하여, 특정한 사건과 상황에 대한 대응으로 우발상황 대처 방안을 수용해야 한다. 그와 같은 계획을 적용을 개발하고, 응용하고 완수을 위한 우발상황 계획과 수단의 이행은 앞으로 각 나라와 ICAO사이에서 책임을 활당하도록 했다.

1.4. 본 지침은 공역수변의 업무가 심각한 영향을 받게 되는 공역의 특수 한 부분으로 업무 혼란의 결과를 보여주는 것을 경험으로 하여 근거로 삼았다. 그런 까닭에 국제간에 협조사항이 생겼으며. 이는 ICAO의 해당부서의 지원 사항이 되었다. 따라서 그와 같은 계획의 협조사항과 우발상황의 계획분야는 ICAO의 역할로서 지침서에 서술되어 있다. 본 지침서는 ICAO의 역활로서 우발상황 계획이 국제적이며, 공해상이나 미 지정 상공의 공역에 관한 경험들이 반영된 것이다. 만약 항공수송 체계 내에 주요 세계 항공로의 유용성이 유지되었다면, 결과적으로 지침서는 국제 관련기구로서, 국제항공운송협회(IATA)와 국제 항공사 조종사 연맹(IFALPA)과 같은 관련 기구는 현실들을 더 많이 반영하게 하고 우발상황 대처 계획의 부분요소들과 전반적으로 계획을 실현 가능케 한 유익한 조언자 들 이였다.

2. 우발상황 계획의 상태

우발상황계획들은 기존 시설과 업무가 일시적으로 중단될때 지역항법계획으로 그와 같은 대체시설과 업무을 준비하는 것을 의미한다. 우발상황의 준비는 결과적으로 특성상 잠정적인 것이다. 이는 지역항법계획으로 기존 시설과 업무가 재개 될 때 까지 효력이 있으며, 따라서 승인된 지역계획의 수정 절차에 따라 처리가 요구되는 지역계획수정으로는 성립되지 안는다. 대신에 우발상황 계획이 승인된 지역 항법계획으로부터 일시적으로 다르게 시행될 경우에는, 필요에 따라 이사회 대신 ＩＣＡＯ이사회 의장의 승인을 받아야 한다.

3. 우발상황계획의 공포와 시행 개발의 책임

3.1. 공역의 특수한 부분에 항공교통업무와 관련된 지원업무를 제공하는 각국의 책임은 항공교통관제업무에 예상되는 혼란사태나 이미 처한 혼란 사태에 대하여 책임이 있으며, 필요한곳에, 국제민간항공운영에 대한 안전보장을 위한 대책마련과, 대체시설과 업무규정을 마련하는 것이다. 결과적으로 각국은 해당 우발상황 계획을 개발하고 공포하고 시행해야한다. 그와 같은 계획은 언제든지 업무혼란사태의 여파가 주변 공역 업무에 영향을 미치게 될 때는 해당 이웃나라와 또 관련공역 사용자와 ＩＣＡＯ담당자와 협의하에 개발해야한다.

3.2. 공해상공의 공역에 대해서 해당 우발상황 조치에 대한 책임은, ＩＣＡＯ가 다른 나라에 잠정적으로 책임을 위임하지 아니하는 한, 상기 우발계획업무를 계속 제공하는 나라에 있다.

3.3. 마찬가지로, 업무제공의 책임이 다른 나라로 위임된 공역에 대해서 는 해당 우발상황 대책 조치를 위한 책임도 계속 업무를 제공하고 있는 나라에 있으며, 위임 받은 나라는 잠정적으로 위임이 종료되며, 위임받은 나라는 해당 우발상황 조치에 대한 책임이 있다.

3.4. ＩＣＡＯ는 항공교통업무의 혼란에 대한 해당 우발상황의 조치와 한 나라에서 제공하는 국제민간항공운영에 영향을 끼치는 관련 지원업무를 주도 및 중재를 한다. 어떤 이유로도, 담당기관은 3.1항의 상황에서 부여된 책임은 면책 할 수 없다. ICAO는 관련 국제기구와 협의를 하고 혼란에 영향을 입는 주변공역에 책임있는 나라와 중재작업을 해야한다.
ICAO는 각 나라에서 요구하는 해당 우발상황 조치를 주도 및 중재를 해야한다.

4. 준비 단계

4.1. 항행에 위험이 있으면 당연히 막아야 하고 이에 우발상황 계획으로서 시간은 급하다. 우발상황 협정조항의 적절한 체택사항은 결정적으로 초동조치와 실행이 요구되며, 실행 가능하다면, 우발상황 계획들을 가정하여 우발상황이 발생하기 전에 관련 부서는 합의되어야 한다. 이와같은 협정사항에는 공포시점과 방법등이 포함되어 야 한다.

4.2. 4.1항에서 제시한 이유로 각 나라는, 할수 있으면, 준비 단계를 가져야 하고, 이는 우발상황 협정의 적절한 시기 채택를 쉽게하기 위하여 다음과 같은 준비 단계가 포함된다.

a) 노동쟁의나 항공교통 관제량이나 지원업무에 영향을 입는 노동불만등, 일반적으로 예상 할 수 있는 사건 소개를 위하여 우발상황계획의 전반적인 준비들로서, 세계항공단체는 그와 같은 논쟁의 대상이 아니다는 사실을 인식해야하고, 대양의 높은 상공 공역에서 또는 결정되지 않은 영공에서 업무를 제공하는 나라는 통치권이 없는 공역에서 국제민간 항공운영에 적절한 항공교통업무 제공이 이어지도록 관련조치를 취해야 한다. 같은 이유로, 자기나라 영공에서 항공교통업무를 제공하는 나라는, 또는 위임받아서, 다른 나라 영공에서 관련된 국제민간 항공운영에 적절한 항공교통 업무가 계속 제공되도록 해당 조치를 취해야한다, 여기에는 노동쟁의 영향을 입은 나라에서 이 착륙 하는것은 포함되지 않는다.

b) 군용기와 충돌로 인한 민간항공교통의 위험성검토나, 자연재해로 인한 추정되는 결과나, 있을 법한 민간 항공의 불법간섭행위들이다. 준비단계로는 자연재해에 대한 특별한 우발상황 대처계획과, 군용기와 충돌 또는 민간항공기 운영을 위한 공역유효성에 영향을 주는 민간항공의 불법 간섭 행위나 항공교통업무와 지원업무의 양의 문제는 초기 개발 단계에 포함 된다. 관찰이 잘 안 되는 공역의 특수한 부분의 누락은 공역주변 부분에 책임있는 나라에서 특별한 노력이 요구되며 그리고 대체 항로와 대체업무를 하도록 한 계획에 관련된 국제항공기운영자들에 의해서도 지원 노력이 요구되며, 항공교통업무를 하는 나라의 기관은 ,가능한대로 그와 같은 대치 조치에 대한 필요성을 갖도록 노력해야한다.

c) 어떤 개발 단계을 감시하는 것은 우발상황에 필요한 협정조항들을 개발하고 적용하게 하는 단계에 이르게 한다. 나라에서는 인력을 지정해야하고, 행정기관은 그와 같은 감시 업무를 해야 하고, 필요시 부수적으로 따르는 조치를 효과적으로 주도해야한다.

d) 중앙기관의 지정이나 설립은, 항공교통업무을 혼란하게 하는 사건이나 우발상황에 대한 대비 조항들을 도입하기 위함이며, 하루24시간, 상황에 대한 최신정보자료와 관련 조직이 정상단계로 될 때까지 우발상황에 연합된 조치를 마련할 수 있어야 한다. 중재팀은 혼란사태가 있는 동안 중재활동 목적으로 중앙기관으로서 연합된 내부에서 지명되어야 한다.

4.3 ICAO는 필요하다면 비상상황 대처방안을 개발하고 적용시키는데 도움을 줄 수 있는 의견들을 모니터링 해야한다. 비상상황이 발생한경우에는 몬트리올 ICAO수뇌부와 지역 사무국에 조정기관을 만들고, 인력을 모아 24시간 기구를 가동해야 한다.

이러한 조정기관의 업무는 모든 관련 정보의 계속적인 모니터링, 수뇌부와 지역 사무소에사 발표하는 항공관련 정보를 수집하여 정리 하는것, 가능하다면 관련 국제기관과 그들의 지역기구와 연락을 취하여 국가와 직 간접적으로 관련있는 정보를 최신정보로 갱신해야 한다. 모든 수용가능한 정보들을 정리하는데 있어 필요한 여건에 대한 행동양식은 관련정부에서 찾을 수 있다.

5. 중재

5.1. 우발상황에 대한 계획은 우발상황 업무와 동일하게 제공자와 사용자가 모두 수용이 가능 해야 하고, 이는 그들에게 배당된 기능을 면제할 수있는 능력이 있으며, 상황에 따른 계획으로 교통량 조절과 운행의 안정도 맡는다.

5.2. 따라서, 항공교통업무의 혼란 있거나 예상되는 국가에, ICAO의 지역사무소는 그 상황을 평가하여 영향을 입을수 있는 다른 나라에도 알려야한다. 그와 같은 알림에는 우발상황 대책에 관련된 정보와 형식화된 우발상황 계획의 지원을 요구해야한다.

5.3. 자세한 중재요구 사항은 관련 국가와 ICAO에 의해 결정되어야 한다. 우발상황의 조정은 특정 영향권 내의 공역사용자 또는 해당 나라의 공역 이외의 제공업무등 같은 사항에서는 영향이 거의 미치지 못한다. 그런 경우는 더물다.

5.4. 다국가 협력의 경우, 새로 작성하는 우발상황 계획에 공식적인 협정은 각 나라가 동참하게 하는 것이다. 그와 같은 자세한 중재는 그와 같은 업무에 심각한 영향을 입게되는 나라를 보살펴야한다. 항공기의 비행로 재설정의 예로, 운항에 귀중한 통찰력과 경험을 제공하는 관련 국제 기구와도 동의을 얻어야 한다.

5.5. 언제든지 필요시 우발상황 처리 협정문은 질서있는 전달이 보장되며,이와 같은 부서와 중재로서 자세한 동의서가 있으며, 일반적으로 NOTAM전문으로 공통적인 동의 유효날자가 공포된다.

6. 우발사황 계획의 개발, 시행과 적용

6.1. 우발상황계획의 합리적인 개발은 환경요인에 의존하게 된다. 국제 민간 항공 운영을 위해 사용할때 장애적인 환경요인에 의해 영향을 받을 공역인지 아닌지가 포함되며, 주권이 있는 공역은, 합의서나 동의서에 의해서, 그러한 공역 사용에 관련있는 당국에 의해서만 주도적으로 사용된다. 그렇지 않으면 우발상황에 대한 협정조항으로 공역을 우회할 수 있는 방법이 포함되어야 하고 인접국가와 또는 인접국가와 협동하고 있는 ICAO에 의해 개발되어야 한다. 대양 혹은 주권이 정해지지 않은 공역의 경우에는, 우발상황 계획의 개발은, 환경요인에 따라, 제공되는 대체 업무의 어려움의 수위가 포함되고, 관련공역에 항공교통 업무를 제공하는 책임은 ICAO에 의해 잠정적으로 다시 위임된다.

6.2. 현재로서 가능한 많은 정보로서 가정할 수 있는 우발상황에 대한 계획의 개발은 대체항로등, 항공기의 항행능력과 지상장비로부터 항행유도의
가능범위 또는 부분 범위, 항공교통업무기관주변의 감시와 통신능력, 항공기의 기종과 교통량을 고려해야하고, 항공교통 업무의 현실 상태로서는 통신, 기상, 항공정보등이다. 다음은 환경요인에 따라 우발상황에 대한 계획에 고려되어야 할 주요 요소 들이다.

a) 관련공역의 전체 또는 일부분을 회피하기 위한 비행로 재설정은, 사용을 위한 연합된 조건들로 구간비행로나 부수적인 비행로의 설정은 정상적으로 포함된다.
b) 가능하다면, 관련된 공역을 통하는 단순한 비행로망의 설정으로는 수직분리와 횡적 분리을 보장하는 비행고도 활당 계획이 있어야하고, 해당공역을 통하며 그러한 분리를 유지하고 진입지점에서 종적분리를 확립하도록 하는 관제센터 주변지역을 위한 절차등이다.
c) 공해상이 공역 또는 위임된 공역에서의 항공교통 업무제공 책임의 재할당등
d) 적절한 공대지 통신의 운영과 규징에, AFTN나 ATS의 직동신, 항행지원시설의 현황 정보와 기상정보제공에 책임있는 주변국가와 재 계약등
e) 항공기로부터의 비행중과 비행후 보고의 수집과 배포를 위한 특별한 조약등
f) 공지 통신이 불확실하거나 없는 특정지역에서의 지정된 조종사와 조종사간에 VHF주파수에서 항공기가 지속적인 수신을 유지하게 하는 요구와, 위치정보와 예상시간, 상승과 하강의 시작과 종료등을 포함하여, 영어로 그 주파수로 방송하는것등
g) 특정 지역내에 비행하는 모든 항공기는 항시 충돌방지 라이트와 항행전시를 되도록한 조건등.
h) 동일한 순항고도에 있는 항공기간에 유지해야 하는 종적분리를 증가해야하는 절차와 조건등.
l) 특정하게 구별된 비행로의 중심선 우편에서 적절한 상승과 하강을 하도록한 조건등.

j) 우발상황 체제에서 지나친 방어로 우발상황 지역으로 접근 통제를 하게한 협정 조건등.

k) 해당 지역내의 ATS 비행로, ANNEX 2의 Appendix3에 있는 순항고도도표로부터 IFR 비행고도의 할당과, IFR에따라 수행되는 우발상황지역내에서 모든 운항의 조건등.

6.3. 예상했거나, 혹은 항공교통업무나 관련 지원업무의 실제혼란사태는 가능한 빨리 항행업무 이용자들에게 전파되어야 한다. NOTAM은 관련 우발상황에 대한 협정조항이 포함 하여야 한다. 예상할 수 있는 혼란사태인 경우는, 진행 사항은 어떤 경우든 48시간 안에 통보되어야 한다.

6.4. 지역항해 계획수립으로 업무정상복구와, 가능한 빨리 우발상황 조건하에서 정상 상황조건으로 질서 정연하게 전환되었음을 전파해야하고, 우발상황에 대한 대책 취소는 NOTAM으로 통보되어야 한다.

부록

1. 신호
2. 민간항공기의 요격 관련
3. 순항 고도표
4. 무인자유기구
첨부A. 민간항공기의 요격 관련
첨부B. 불법간섭행위

부록 1

신호(주 - 본 부속서 제3절 참조 3.4참조)

1 조난(遭難) 및 긴급신호(緊急信號)

주1. 조난에 처한 항공기는 본 절의 규정에 관계없이 주의를 끌고, 자신의 위치를 알리고, 도움을 얻기 위한 어떠한 방법이라도 사용할 수 있음.
주2. 조난 및 긴급신호용의 자세한 장거리통신절차는 부속서 10 제2권 제5장을 볼 것.
주3. 수색 및 구조용 가시신호에 관한 자세한 내용은 부속서 12를 볼 것.

1.1 조난신호(遭難信號)

다음의 신호가 복합적으로 또는 각각 따로 사용될 경우, 이는 중대하고 절박한 위험이 있으며 즉각적인 도움이 필요함을 뜻한다.

a) **무선전신** 또는 기타의 신호방법에 의한 "SOS" 신호(모르스부호는: ··· --- ···)
b) **무선전화(無線電話)로 송신되는 "MAYDAY"**
c) **데이타 링크로 송신되는 "MAYDAY"**
d) **짧은 간격으로 한번에 1발씩 발사되는 적색불빛을 내는 로켓 또는 대포**
e) **적색불빛을 내는 낙하산부착 불빛**

주: 국제전기통신연맹(ITU)무선통신규칙(Nos 3268, 3270 및 3271참조) 제41조에 무선전신 및 무선전화 자동경보장치 작동용 경보신호에 관한 사항을 규정하고 있음.

3268 무선전신경보신호는 길이가 4초이고 간격이 1초이며 1분간에 12개 송신되는 -(dash)부호로 구성된다. 동 신호는 수동으로 송신될 수도 있으나 자동장치에 의한 송신을 권고한다.

3270 무선전화경보신호는 교대로 송신되는 두 개의 가청주파수음으로 구성된다. 한쪽 음은 2,200Hz이고 다른 쪽 음은 1,300 Hz이며, 각 음의 길이는 250밀리초이다.

3271 무선전화경보신호가 자동으로 송신되는 것일 경우 30초 이상, 1분 이내 연속하여 송신해야 하며, 기타의 경우 약 1분 이상 가능한 한 연속하여 송신하여야 한다.

1.2 긴급신호(緊急信號)

1.2.1. 다음의 신호가 복합적으로 또는 각각 별도로 사용될 경우, 이는 즉각적인 도움은 필요하지 않으나 불가피하게 착륙해야 할 어려움이 있음을 뜻한다.
  a) 착륙등 스위치의 개폐를 반복, 또는
  b) 점멸항행등과는 구분될 수 있는 방법으로 항행등 스위치의 개폐를 반복.

1.2.2. 다음의 신호가 복합적으로 또는 각각 별도로 사용될 경우, 이는 선박, 항공기 또는 다른 차량, 탑승자 또는 목격된 자의 안전에 관하여 매우 긴급한 통보사항을 가지고 있음을 나타낸다.
  a) **무선전신** 또는 기타의 신호방법에 의한 **"XXX"** 신호
  b) **무선전화로 송신되는 "PAN PAN"**
  C) 데이타 통신으로 송신되는 "PAN PAN"

2 邀擊時 使用되는 信號

2.1. 요격기의 신호 및 피요격기의 응신

Series	요격기 신호	의 미	피요격기 응신	의 미
1	주간 또는 야간-피요격기의 약간 위쪽 전방 좌측(또는 피요격기가 헬기인 경우에는 우측)에서 날개를 흔들고 항행등을 불규칙적으로 점멸시킨후, 응답을 확인하고 나서, 통상 좌측(헬기인 경우 우측)으로 완만한 선회를 하여 원하는 방향으로 향한다. 주1. - 기상조건 또는 지형에 따라 위에서 제시한 요격기의 위치 및 선회방향을 반대로 할 수도 있음. 주2. - 피요격기가 요격기의 속도를 따르지 못할 경우 요격기는 race-track형으로 비행을 반복하며, 피요격기의 옆을 통과할 때마다 날개를 흔들어야 함.	당신은 요격을 당하고 있으니 나를 따라오라.	주간 또는 야간 -날개를 흔들고, 항행등을 불규칙적으로 점멸시킨후 뒤를 따라간다. 주.-피요격기에 필요한 추가적인 조치는 제3장 3.8에 수록되어 있다.	알았다, 지시를 따르겠다.
2	주간 또는 야간 - 피요격기의 진로를 가로지르지 않고 90°이상의 상승선회를 하며 피요격기로부터 급속히 이탈한다.		주간 또는 야간 -날개를 흔든다	알았다, 지시를 따르겠다.
3	**주간 또는 야간** - 바퀴다리를 내리고 고정착륙등을 켜고 착륙방향으로 활주로 상공을 통과하거나 또는, 피요격기가 헬기인 경우에는 헬기착륙구역상공을 통과한다. 헬기의 경우, 요격헬기는 착륙접근을 하고 착륙장 부근에 공중에서 저고도비행을 한다.	그냥가도 좋다. 이비행장에 착륙하라.	주간 또는 야간 - 바퀴다리를 내리고, 고정착륙등을 켜고 요격기를 따라서 활주로나 헬기착륙구역 상공을 통과한 후 안전하게 착륙할 수 있다고 판단되면 착륙한다.	알았다, 지시를 따르겠다.

2.2. 피요격기의 신호 및 요격기의 응신

Series	피요격기 신호	의미	요격기 응신	의미
4	주간 또는 야간 - 비행장 상공 300미터(1,000피트) 이상 600미터(2,000피트) 이하의 (헬기의 경우 50미터(170피트) 이상 100미터(330피트) 이하) 고도로 착륙활주로나 헬기착륙구역 상공을 통과하면서 바퀴다리를 올리고 섬광착륙등을 점멸하면서 착륙활주로나 헬기착륙구역을 계속 선회한다. 착륙 등을 점멸할 수 없는 경우에는 사용가능한 다른 등화를 점멸한다.	지정한 비행장이 적절하지 못하다. 2500미터 이하인 경우	주간 또는 야간 - 피요격기를 교체비행장으로 유도하고자 할 경우, 바퀴다리를 올린 후 Series 1의 요격기 신호방법을 사용한다. 피요격기를 방면하고자 할 경우 Series 2의 요격기 신호방법을 사용한다.	알았다. 나를 따라오라 알았다. 그냥 가도 좋다.
5	주간 또는 야간 - 점멸하는 등화와는 명확히 구분할 수 있는 방법으로 사용가능한 모든 등화의 스위치를 규칙적으로 개폐한다.	지시를 따를수 없다.	주간 또는 야간-Series 2의 요격기신호방법을 사용한다.	알았다.
6	주간 또는 야간 - 사용가능한 모든 등화를 불규칙적으로 점멸한다.	조난 상태에 있다.	주간 또는 야간-Series 2의 요격기 신호방법을 사용한다.	알았다.

3 제한구역, 금지구역 또는 위험구역을 침범하였거나 침범하려고 하는 비인가 항공기를 경고하기 위한 가시신호

주야간, 지상에서 10초 간격으로 발사되어 적색 및 녹색빛 또는 별모양을 나타내며 폭발하는 신호탄은 비 인가된 항공기가 제한구역, 금지구역 또는 위험구역을 침범하였거나 침범하려고 하며 이에 필요한 시정 조치를 취해야 한다는 것을 나타낸다.

4 비행장내에서 사용되는 신호

4.1. 빛

4.1.1. 지시

빛		관제탑으로부터	
		비행중인 항공기에게	지상에 있는 항공기에게
대상항공기를 향하여 투사 (그림1.1을 볼 것)	고정녹색	착륙을 허가함.	이륙을 허가함.
	고정적색	다른 항공기에게 진로를 양보하고 계속 선회할 것.	정지
	녹색점멸의연속	착륙을 준비할 것.*	지상유도를 허가함.
	적색점멸의연속	비행장이 불안전하니 착륙하지 말 것.	사용중인 착륙지역을 벗어날 것.
	백색점멸의연속	이 비행장에 착륙하여 계류장으로 갈 것.*	비행장내의 출발지점으로 돌아갈 것.
	적색불꽃	이미 지시받은 내용에 관계없이 착륙하지 말 것.	

* 착륙 및 지상유도를 위한 허가가 뒤이어 발부될 것임.

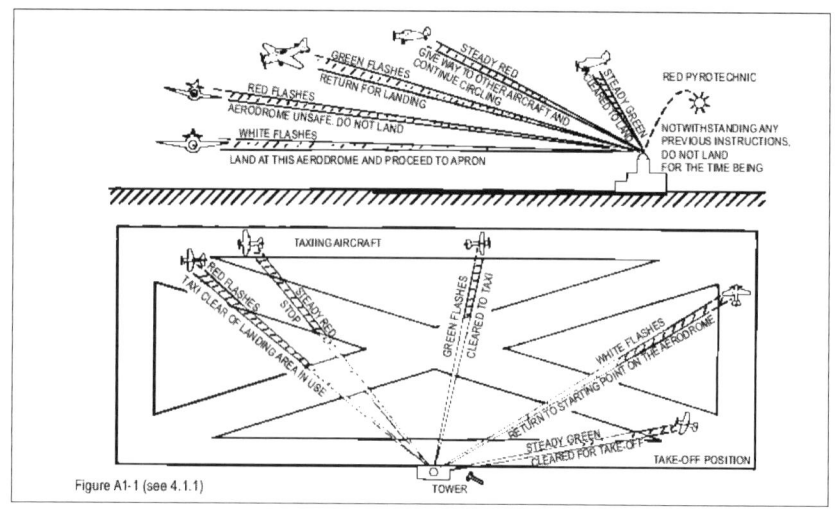

Figure A1-1 (see 4.1.1)

4.1.2. 항공기의 응신

a) 비행중일 경우
  1) 주 간 – 날개를 흔든다.
    주: 이 신호는 base구간 및 final 구간에 있는 항공기의 경우 해당되지 않음.
  2) 야 간 – 착륙등을 2회 점멸하거나, 또는 착륙등이 장착되지 않았을 경우 항행등을 2회 점멸한다.
b) 지상에 있을 경우
  1) 주 간 – 항공기의 보조익 또는 방향타를 움직인다.
  2) 야 간 – 착륙등을 2회 점멸하거나, 또는 착륙등이 장착되지 않았을 경우 항행등을 2회 점멸한다.

4.2. 가시 지상신호

주. 가시지상시설에 대한 자세한 사항은 부속서 14를 볼 것.

4.2.1. 착륙금지

평면의 적색사각판 위에 황색대각선(그림 1.2)이 그려져 신호구역에 표시되어 있을 경우, 이는 착륙이 금지되고, 동 금지가 지속적인 것임을 나타낸다.

〈그림 1.2〉

4.2.2. 접근 또는 착륙시 특별한 주의가 필요

평면의 적색사각판 위에 한 개의 황색대각선(그림 1.3)이 그려져 신호구역에 표시되어 있을 경우, 이는 기동지역내의 불량한 상태 또는 다른 이유로 인하여 접근 또는 착륙시 특별한 주의가 필요함을 나타낸다.

〈그림 1.3〉

4.2.3. 활주로 및 유도로 사용

4.2.3.1. 평면의 백색아령(그림 1.4)이 신호구역에 표시되어 있을 경우, 이는 활주로 또는 유도로 상에서만 착륙, 이륙 및 지상 유도해야 함을 나타낸다.

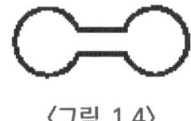

〈그림 1.4〉

4.2.3.2. 4.2.3.1의 것과 같으나 아령의 원형부분을 가로지르는 검은 선이 축에 수직으로 그어져(그림1.5) 신호구역에 표시되어 있을 경우, 이는 착륙 및 이륙은 활주로 상에서만 가능하지만 다른 기동은 활주로 및 유도로에 국한되지 않음을 나타낸다.

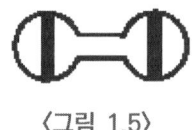

〈그림 1.5〉

4.2.4. 폐쇄된 활주로 또는 유도로

활주로 및 유도로 또는 이의 일부분상의 평면에 황색 또는 백색으로 선명하게 그려진 십자형표시(그림1.6)는 동 구역이 항공기의 이동에 부적합하다는 것을 나타낸다.

〈그림 1.6〉

4.2.5. 착륙 또는 이륙방향

4.2.5.1. 평면상의 백색 또는 주황색 landing T(그림 1.7)는 항공기의 착륙 및 이륙방향을 나타내며, T자의 가로획 방향을 향하여, 축과 평행하게 착륙 및 이륙한다.

　주. 야간에 사용될 경우, 동 landingT를 조명하던지, 또는 백색등으로 윤곽을 나타낸다.

〈그림 1.7〉

4.2.5.2. 관제탑 또는 관제탑근처에 수직으로 표시된 한 쌍의 두 단위 숫자(그림1.8)는 기동지역에 있는 항공기에게 나침반 상 가까운 10도의 이륙방향을 10도 단위로 나타낸다.

〈그림 1.8〉

4.2.6. 우측선회

신호구역 내, 또는 사용중인 활주로 또는 착륙대 끝의 평면에, 선명한 색으로 그려진 우측으로 꺾어진 화살 표시(그림 1.9)는 착륙 전 또는 이륙 후 우측으로 선회하여야 함을 나타낸다.

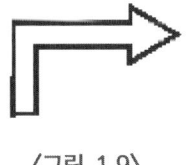

〈그림 1.9〉

4.2.7. 항공교통업무보고취급소/ 한국의 경우 운항실을 의미함

황색바탕에 C자가 검은색으로 쓰여진 수직판(그림 1.10)은 항공교통업무보고취급소의 위치를 나타낸다.

〈그림 1.10〉

4.2.8. 글라이더 비행

신호구역에 평면으로 표시된 이중십자형표시(그림 1.11)는 동 비행장이 글라이더용이며, 글라이더가 비행중임을 나타낸다.

〈그림 1.11〉

5 유도신호(誘導信號)

5.1. 항공기에 대한 유도원의 신호

주1: 본 신호는 유도원용으로서, 다음의 위치에서 항공기를 마주보며, 필요할 경우 조종사가 용이하게 식별할 수 있도록 손을 적절히 조명하여 사용한다.
  a) 고정익항공기: 좌측날개 끝의 전방으로서 조종사가 볼 수 있는 위치
  b) 헬리콥터: 조종사가 가장 잘 볼 수 있는 위치
주2: **본 신호는 배트, 조명봉 또는 횃불을 사용할 경우에도 동일한 의미를 가짐.**
주3: 항공기의 엔진은 항공기를 마주보고 있는 유도원의 위치를 기준하여 우측에서부터 좌측으로 번호를 붙임
  (항공기의 좌측 끝에 있는 엔진이 1번임)
주4: 별표(*)가 표시된 신호는 헬리콥터용임.

5.1.1. 다음의 신호를 사용하기 전, 유도원은 항공기를 유도코자 하는 지역 내에 3.4.1을 준수하고 있는 항공기가 부딪칠 만한 물체가 있는지를 확인하여야 한다.

주: 많은 항공기들의 구조상 지상운행 중에 조종석에서 날개 끝, 엔진 및 기타 다른 부분들을 볼 수 없게 되어 있음.

1. 유도원의 안내에 따라 진행할 것	2. 탑승교 알림
 비행장내 교통상황에 따라 필요할 경우, 유도원이 조종사에 지시.	 손바닥을 안쪽으로 향하게 하여 안내봉을 지고, 두팔을 머리위로 수직이 되게 함.
3. 다음 유도원쪽으로 이동	4. 전 진
 두팔을 머리위로 수직되게하였다가 가슴을 가로질러 다음 유도원이 있는 쪽을 향하게 함.	 손바닥을 위로하고 두팔을 약간 옆으로 벌려 어깨높이에서 올리고 내리는 동작을 반복.
5. a) 좌 선 회	5. b) 우 선 회
 a) 좌측으로 선회할 것. 우측팔을 몸과 90도 수평으로 벌리고, 좌측팔을 올리고 내리는 동작을 반복. 항공기 선회율은 팔의 동작 속도에 따라 조절.	 b) 우측으로 선회할 것: 좌측팔을 몸과 90도 수평으로 버리고, 우측팔은 올리고 내리는 동작을 반복. 항공기 선회율은 팔의 동작속도에 따라 조절.

6.a) 정 상 정 지 	6.b) 급 정 지 
두팔을 들어 머리위에서 안내봉이 90도 천천히 교차하게 한다(동작의 속도는 정지의 긴급성과 관련이 있음. 즉 동작이 빨라질수록 신속히 정지해야 함.	두팔을 들어 머리위에서 안내봉 잡은 손에서 90도 급하게 교차하게 한다(동작의 속도는 정지의 긴급성과 관련이 있음. 즉 동작이 빨라질수록 신속히 정지해야 함.
7.a) 브레이크 잠금 	7.b) 부레이크 품 
a) 브레이크를 걸 것: 손바닥을 펴고 어깨높이로 들고 승무원 눈을 바라보면서 주먹을 지고 인지할때까지 움직이지 않는다.	b) 브레이크를 풀 것: 손바닥을 펴고 어깨높이로 들고 승무원 눈을 바라보면서 주먹을 펴고 인지할때까지 움직이지 않는다.
8.a) 쵸 우 크 끼움 	8.b) 쵸 우 크 제거 
a) 쵸우크를 끼웠음. 손바닥을 안쪽으로 향하게하여 두팔을 머리 위로 뻗은 후 승무원이 인지할때까지 안내봉이 서로 닫게한다.	a) 쵸우크를 끼웠음. 손등을 안쪽으로 향하게하여 두팔을 머리 위로 뻗은 후 승무원이 허락할때까지 안내봉이 서로 떨어지게한다.
9. 엔진시동 	10. 엔진정지 
시동할 엔진의 번호만큼 좌측손의 손가락을 펴서 머리 위로 올린 후, 우측손으로 머리높이까지 원을 그린다.	오른쪽팔과 손을 어깨높이까지 들어올린후 손바닥을 밑으로 향하게하여 왼쪽 어깨에서 오른쪽어깨까지 목을 가로지르게 한다.

11. 천 천 히 	**12. 한쪽 엔진의 출력을 감소** 
손바닥을 지면을 향하게 한 채로 두팔을 악기를 치는 자세로 내렸다 올렸다하는 동작을 수차례 반복한다.	손바닥이 지면을 향하게하여 두팔을 내린후, 출력을 감소시키고자 하는 쪽의 손을 상하로 흔든다.
13. 후 진 	**14.a) 후진하면서 우선회** 
손바닥을 앞으로 향하게 하고 두팔을 양옆으로 내밀어 어깨높이까지 올리는 동작을 반복.	후미를 우측으로: 좌측팔은 아래쪽을 가리키며 우측팔은 머리위로 수직으로 세웠다가 옆으로 수평위치까지 내리는 동작을 반복한다.
14.b) 후진하면서 좌선회 	**15. 완 료** 
후미를 좌측으로:우측팔은 아래쪽으로 가르키며 좌측팔은 머리위로 수직으로 세웠다가 옆으로 수평까지 내리는 동작을 반복한다.	우측팔을 팔꿈치만 급히 들어올리고 엄지손가락을 세운다.
*16. 수평비행 	***17. 상 승** 
두팔을 몸에 90도로 수평으로 벌린다.	손바닥을 위로 향하게 하고 두팔을 몸에 90도 수평으로 벌린 상태에서 위쪽으로 들어올리는 동작을 한다. 상승율은 동작의 속도에 따라 조절한다.

*18. 강 하		***19.a) 수평 좌선회**	
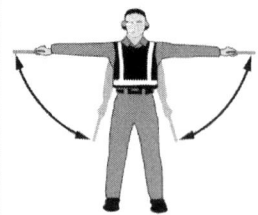	손바닥을 아래로 향하게 하고 두팔을 몸에 90도 수평으로 벌린 상태에서 아래쪽으로 내리는 동작을 한다. 강하율은 동작의 속도에 따라 조절.		이동시키고자 하는 쪽의 팔을 몸에 90도 수평위치까지 벌리고 다른쪽 팔을 몸앞에서 동일한 방향으로 움직이는 동작을 반복한다.
19.b) 수평 우선회		***20. 착 륙**	
	이동시키고자 하는 쪽의 팔을 몸에 90도 수평위치까지 벌리고 다른쪽 팔을 몸앞에서 동일한 방향으로 움직이는 동작을 반복한다.	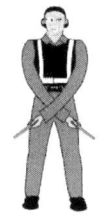	두팔을 몸앞에서 교차시켜 아래쪽을 향하여 뻗친다.
21. 화제		**22. 대 기**	
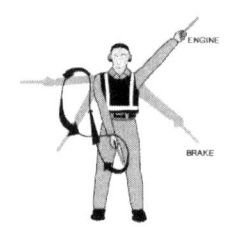	왼손은 불난 곳에 오른손은 어깨에서 무릎까지 팬모양을 그린다.	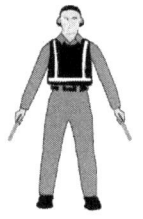	다음지시를 받을때까지 몸에서 45도 아래로 양팔을 뻗는다.
23. 업무종료		**24. 조절기 접촉금지**	
	항공기가 taxi 할때까지 승무원을 계속 보면서 오른손으로 경례를 한다.		왼손은 무릎쪽으로 오른손은 머리와 높이로 안내봉을 잡은주먹을 보인다.

25. 지상 전원연결 	왼쪽팔은 머리위로 들고 손바닥은 머리에 나란하게하고 오른손은 왼쪽손바닥에 T자형으로하고 야간이나 날씨가 흐릴때는 안내봉으로 T자로 한다.	26. 전원을 끊다. 	왼쪽팔은 머리위로 들고 손바닥은 머리에 나란하게하고 오른손은 왼쪽손바닥에 T자형을 아래로 때는 자세를 하고 야간이나 날씨가 흐릴때는 안내봉으로 T자로한며 승무원이 인지할때까지 전원은 끊지 안는다..
27. 거 절 	왼손은 무릎쪽으로 향하고 오른손은 몸에 90도로 뻗고 엄지손가락이나 안내봉을 아래로 한다.	28.인터폰으로 통화 요구 	머리에 90도가 되게 양손바닥을 양 귀에 덮는다.
29. 탑승교 열림/닫힘 	왼팔은 몸에서 45도로 들고 오른손은 아래에서 왼쪽어깨 쪽으로 쓸어올리다.		

5.2. 유도원에 대한 조종사의 신호

주1: 본 신호는 조종실에 있는 조종사용으로서 조종사의 손이 유도원에게 명확히 보여야 하며, 필요할 경우 용이하게 식별될 수 있도록 조명함.

주2: 항공기의 엔진은 항공기를 마주보고 있는 유도원의 위치를 기준으로 하여 우측에서부터 좌측으로 번호를 붙임(항공기의 좌측 끝에 있는 엔진이 1번임.)

5.2.1. 브레이크
주1. 주먹을 쥐거나 손가락을 펴는 순간이 각각 브레이크를 걸거나 푸는 순간을 나타냄.
 a) 브레이크를 걸었음: 손가락을 펴고 팔과 손을 얼굴 앞에 수평으로 올린 후, 주먹을 쥔다.
 b) 브레이크를 풀었음: 주먹을 쥐고 팔을 얼굴 앞에 수평으로 올린 후, 손가락을 편다.

5.2.2. 쵸우크
 a) 쵸우크를 끼울 것: 손바닥을 바깥쪽으로 향하게 한 두 손을 안쪽으로 이동시켜 두 손이 얼굴 앞에서 교차되게 한다.
 b) 쵸우크를 뺄 것: 손바닥을 안쪽으로 향하게 한 두 손을 얼굴 앞에서 교차시키고 있는 상태에서 두 팔을 바깥쪽으로 이동시킨다.

5.2.3. 엔진시동 준비 완료
시동시킬 엔진의 번호만큼 한쪽 손의 손가락을 들어올린다.

5.3. 기술/통신신호업무 -2005.11.24-

 5.3.1. 수신호는 기술/통신상의 신호를 대화로는 교환 불가능시에 사용되어진다.
 5.3.2. 신호요원은 승무원으로부터 기술/통신상의 신호를 수신하였다는 확인을 하여야 한다.
주기-기술/ 통신 신호 업무는 그 항공기가 이동하는 동안 처리하는 능력이나 또는 업무와 관련하여 비행 승무원과 대화로 이용되는 수신호 표준사용은 부록 1에 포함되어 있다.

6 표준 비상 수신호

다음의 수 신호는 항공기 구조 소방관이나 사고 지휘관과 사고항공기 조종실이나 승무원과의 비상교신으로 필요한 가장 간편한 방식에 의해 이뤄졌다. 항공기 구조 소방관의 비상 수신호는 비행승무원을 위하여 항공기 왼쪽 전방 옆에서 보내야 한다.

주기- 승무원과 더욱 효과적으로 교신하기위하여 비상 수신호는 다른 위치에서도 항공기 구조 소방관이 보낼 수 있다.

1. 탈출 요구

항공기구조 소방관이나 외부상황을 알고 있는 사고 지휘관에 의해 탈출 요구를 하게 된다.
손을 눈높이로 세워서 몸에서 펴거나 수평으로 접거나 신호를 하고 있는 팔은 팔꿈치로 앞뒤로 움직이고, 신호하지 않는 팔은 몸에 나란 하게 한다.
밤- 지시등으로 위와 같이 한다.

2. 정지 요구

진행되고 있는 탈출 요구는 중지되고, 움직이는 항공기와 진행 중인 다른 활동을 정지 시킨다.
머리 앞에 팔을 올리고, 팔목을 겹친다.
밤-지시등으로 위와 같이 한다.

3. 비상 발견

위험한 조건이나 위험이 해제되었다는 외부 증거가 없을 때 팔을 밖으로 45도 내리고. 팔을 허리 아래로 동시에 교차하게 움직인다. 그때 아래로 팔을 벌린 자세는 시작 자세이다.
(경기 심판이 SAFE 라는 신호와 같다.)
밤- 지시등으로 위와 같이 한다.

4. 불이요

오른 팔로 어깨에서 무릎까지 팬이 도는 모습으로 움직인다.
동시에 왼손으로 불이 난 쪽을 가리킨다.
밤-지시등으로 위와 같이 움직인다.

부록 2

민간항공기의 요격 관련(본 부속서 제3장 3.8을 볼 것)

1 국가가 준수하여야 할 원칙

1.1. 민간항공기의 항행안전에 필요한 규정의 통일을 기하기 위하여, 체약국들은 규정 및 행정명령을 제정할 때 다음의 원칙을 충분히 고려하여야 한다.
  a) 민간항공기에 대한 요격은 오직 최후의 수단으로서만 실시할 것.
  b) 만약 요격을 한다면, 항공기를 원래의 비행로로 되돌려 보내거나, 국가공역경계선 밖으로 유도하거나, 금지구역이나 제한구역 또는 위험구역으로부터 멀어지게 하거나, 지정 된 비행장에 착륙토록 지시하는 데 필요한 경우를 제외하고 항공기의 신원을 확인하데 국한되어야 한다.
  c) 민간항공기에 대하여 요격연습을 실시하여서는 아니 된다.
  d) 무선교신이 이루어졌을 경우 언제든지 항행안내 및 관련정보를 무선전화를 통하여 피요격기에 제공하여야 한다.
  e) 피요격민간항공기를 통과지역 내에 착륙시켜야할 경우, 지정된 착륙비행장이 당해 기종항공기의 안전착륙에 적합하여야 한다.
  주: 1984. 5. 10 국제민간항공기구 총회 제25차 특별회의 시 국제민간항공협약 제3조 bis를 만장일치로 채택하면서, 체약국들은 다음 사항을 승인하였음. "각 체약국은 비행중인 민간항공기에 대한 무기사용을 억제하여야 한다."

1.2. 체약국은 민간항공기를 요격하는 항공기의 기동을 위하여 제정한 표준절차를 공고하여야 한다. 그러한 조치는 피요격항공기에 대한 위험을 예방하기 위하여 설정되어져야 한다.
  주: 기동방법에 관한 특별권고사항이 첨부A 제3절에 수록되어 있음.

1.3. 체약국은 요격실시 대상지역 내에서, 가능한 경우, 민간항공기를 식별하기 위한 2차감시레이다 사용규정을 제정하여야 한다.

2 피요격기의 조치

2.1. 다른 항공기에 의해 요격 당한 항공기는 즉시 다음과 같이 조치하여야 한다.
  a) 부록1에 규정된 바에 따라 가시신호를 해석하고 응신하며 요격기의 지시를 따른다.
  b) 가능하면 관계 항공교통업무기관에 동 사실을 통보한다.
  c) 비상주파수 121.5MHz로 일괄호출을 하여 피요격기의 신원 및 비행의 상태를 통보하며 요격기 또는 관계 요격관제기관과 무선교신을 시도한다. 그래도 무선교신이 이루어지지 않으면, 가능한 경우, 동 사항을 비상주파수 243.0 MHz로 반복하여 송신한다.
  d) 만약 SSR트랜스폰더를 탑재하고 있다면, 관계항공교통업무기관이 달리 지시하지 않는 한 Mode A, Code 7700에 맞춘다.
  e) ADS-B나 ADS-C가 설치되었다면, 항공교통업무기관의 지시와 다르지 않도록 적절 한 비상시의 기능성을 선택한다.

2.2. 만약 어떤 곳으로부터 무선으로 수신한 지시가 요격기의 가시신호 지시와 상이할 경우, 피요격기는 요격기의 가시신호 지시대로 이행하면서 조속한 확인을 요구하여야 한다.

2.3. 만약 어떤 곳으로부터 무선으로 수신한 지시가 요격기의 무선지시와 상이할 경우,
피요격기는 요격기의 무선지시대로 이행하면서 조속한 확인을 요구하여야 한다.

3 요격도중의 무선통신

요격도중 무선교신이 이루어졌으나 공용언어에 의한 의사소통이 불가능한 경우, 표2.1에 수록된 관용구 및 발음방법에 의하여 지시에 대한 응답 및 필수적인 정보를 전달하여야 하며, 각 관용구는 두 번씩 송신하여야 한다.

⟨표 2.1⟩

요격기가 사용하는 관용구			피 요격기가 사용하는 관용구		
용 어	발음 방법1	의 미	용 어	발음 방법	의 미
CALL SIGN	KOL SA-IN	호출부호가 무엇인가?	CALL SIGN	KOL SA-IN	나의호출부호는 ~이다.
FOLLOW	FOL-LO	나를 따라 오라	WILCO	VILL-KO	알았다 지시를 따르겠다.
DESCEND	DEE-SEND	착륙을 위해 강하하라	CAN NOT	KANN NOTT	지시를 따를 수 없다.
YOU LAND	YOU LAAND	이 비행장에 착륙하라	REPEAT	REE-PEET	지시를 반복하라
PROCEED	PRO-SEED	그냥 가도 좋다	AM LOST	AM LOSST	위치를 알 수 없다.
			MAYDAY	MAYDAY	조난중이다.
			HIJACK3	HI-JACK	공중납치 당했다.
			LAND (place name)	LAAND (place name)	(장소명칭)에 착륙하기를 원한다.
			DESCEND	DEE-SEND	강하하고자한다.

부록 3

순항 고도표

본 부속서에서 말하는 순항비행고도는 다음과 같다.

a) 지역항행협정과 동 협정에서 명시한 조건에 따라 FL290과 FL410 이하 사이에서 300미터(1,000피트)의 수직분리최저치가 적용되는 지역*

비 행 방 향**											
000°에서 179°까지						180°에서 359°까지**					
계 기 비 행			시 계 비 행			계 기 비 행			시 계 비 행		
비행고도	고 도		비행고도	고 도		비행고도	고 도		비행고도	고 도	
	미 터	피 트		미 터	피 트		미 터	피 트		미 터	피 트
-90			-	-	-	0			-	-	-
10	300	1,000	-	-	-	20	600	2,000	-	-	-
30	900	3,000	35	1,050	3,500	40	1,200	4,000	45	1,350	4,500
50	1,500	5,000	55	1,700	5,500	60	1,850	6,000	65	2,000	6,500
70	2,150	7,000	75	2,300	7,500	80	2,450	8,000	85	2,600	8,500
90	2,750	9,000	95	2,900	9,500	100	3,050	10,000	105	3,200	10,500
110	3,350	11,000	115	3,500	11,500	120	3,650	12,000	125	3,800	12,500
130	3,950	13,000	135	4,100	13,500	140	4,250	14,000	145	4,400	14,500
150	4,550	15,000	155	4,700	15,500	160	4,900	16,000	165	5,050	16,500
170	5,200	17,000	175	5,350	17,500	180	5,500	18,000	185	5,650	18,500
190	5,800	19,000	195	5,950	19,500	200	6,100	20,000	205	6,250	20,500
210	6,400	21,000	215	6,550	21,500	220	6,700	22,000	225	6,850	22,500
230	7,000	23,000	235	7,150	23,500	240	7,300	24,000	245	7,450	24,500
250	7,600	25,000	255	7,750	25,500	260	7,900	26,000	265	8,100	26,500
270	8,250	27,000	275	8,400	27,500	280	8,550	28,000	285	8,700	28,500
290	8,850	29,000				300	9,150	30,000			
310	9,450	31,000				320	9,750	32,000			
330	10,050	33,000				340	10,350	34,000			
350	10,650	35,000				360	10,950	36,000			
370	11,300	37,000				380	11,600	38,000			

비 행 방 향**											
000°에서 179°까지						180°에서 359°까지**					
계 기 비 행			시 계 비 행			계 기 비 행			시 계 비 행		
비행고도	고 도		비행고도	고 도		비행고도	고 도		비행고도	고 도	
	미 터	피 트		미 터	피 트		미 터	피 트		미 터	피 트
390	11,900	39,000				400	12,200	40,000			
410	12,500	41,000				430	13,100	43,000			
450	13,700	45,000				470	14,350	47,000			
490	14,950	49,000				510	15,550	51,000			
etc.	etc.	etc.				etc.	etc.	etc.			

* 지역항행협정에 의거하여, 지정공역내에서 FL410보다 높은 고도로 비행하는 항공기로서 일정조건에 따라 300미터(1,000피트)의 통상적인 수직분리최저치에 의한 수정순항고도표를 사용하는 경우에는 예외로 한다.

** magnetic track, 또는 위도 70도를 초과하는 극지역 및 관계 항공교통업무당국이 지정한 지역에서는, 북극방향의 Polar streographic 지도에 그린 그리니치자오선의 평행선으로 구성된 grid track이 Grid North로 사용된다.

*** 지역항행협정에 의거하여 090°에서 269°까지 및 270°에서 089°까지의 방향으로 교통이 현저하고 그에 적절한 전이절차가 정해져 있는 경우에는 예외로 한다.

주 - 수직분리에 관한 지침은 FL290과 FL410 이하 사이에서 300미터(1,000피트)의 수직분리최저치의 적용에 관한 편람(Doc 9574)에 수록되어 있음.

b) 기타지역

비행방향*										
000°에서 179°까지**						180°에서 359°까지**				
계기비행			시계비행			계기비행			시계비행		
비행고도	고도		비행고도	고도		비행고도	고도		비행고도	고도	
	미터	피트		미터	피트		미터	피트		미터	피트
-90			-	-	-	0			-	-	-
10	300	1,000	-	-	-	20	600	2,000	-	-	-
30	900	3,000	35	1,050	3,500	40	1,200	4,000	45	1,350	4,500
50	1,500	5,000	55	1,700	5,500	60	1,850	6,000	65	2,000	6,500
70	2,150	7,000	75	2,300	7,500	80	2,450	8,000	85	2,600	8,500
90	2,750	9,000	95	2,900	9,500	100	3,050	10,000	105	3,200	10,500
110	3,350	11,000	115	3,500	11,500	120	3,650	12,000	125	3,800	12,500
130	3,950	13,000	135	4,100	13,500	140	4,250	14,000	145	4,400	14,500
150	4,550	]5,000	155	4,700	15,500	160	4,900	16,000	165	5,050	16,500
170	5,200	17,000	175	5,350	17,500	180	5,500	18,000	185	5,650	18,500
190	5,800	19,000	195	5,950	19,500	200	6,100	20,000	205	6,250	20,500
210	6,400	21,000	215	6,550	21,500	220	6,700	22,000	225	6,850	22,500
230	7,000	23,000	235	7,150	23,500	240	7,300	24,000	245	7,450	24,500
250	7,600	25,000	255	7,750	25,500	260	7,900	26,000	265	8,100	26,500
270	8,250	27,000	275	8,400	27,500	280	8,550	28,000	285	8,700	28,500
290	8,850	29,000	300	9,150	30,000	310	9,450	31,000	320	9,750	32,000
330	10.050	33,000	340	10,350	34,000	350	10,650	35,000	360	10,950	36,000
370	11,300	37,000	380	11,600	38,000	390	11,900	39,000	400	12,200	40,000
410	12,500	41,000	420	12,800	42,000	430	13,100	43,000	440	13,400	44,000
450	13,700	45,000	460	14,000	46,000	470	14,350	47,000	480	14,650	48,000
490	14,950	49,000	500	15,250	50,000	510	15,550	51,000	520	15,850	52,000
etc.	etc.	etc.	etc.	etc.	etc.	etc.	etc.	etc.	etc.	etc.	etc.

* magnetic track, 또는 위도 70도를 초과하는 극지역 및 관계 항공교통업무당국이 지정한 지역에서는, 북극방향의 Polar streographic 지도에 그린 그리니치자오선의 평행선으로 구성된 grid track이 Grid North로 사용된다.

** 지역항행협정에 의거하여 090°에서 269°까지 및 270°에서 089°까지의 방향으로 교통이 현저하고 그에 적절한 전이절차가 정해져 있는 경우에는 예외로 한다.

주 - 수직분리에 관한 지침은 FL290과 FL410 이하 사이에서 300미터(1,000피트)의 수직분리최저치의 적용에 관한 편람 (Doc 9574)에 수록되어 있음.

부록 **4**

무인자유기구(주:- 제3장 3.1.9를 볼 것)

1 무인자유기구의 분류

무인자유기구는 다음과 같이 분류된다.
  a) **light급**: 1개 이상의 짐의 총 중량이 4kg미만인 Payload를 운반하는 무인자유기구로서, 아래 c) 2), 3) 또는 4)에 따라 heavy급으로 분류되는 것을 제외한다.
  b) **medium급**: 2개 이상의 짐의 총 중량이 4kg이상 6kg미만인 Payload를 운반하는 무인자유 기구로서 아래 c) 2), 3) 또는 4)에 따라 heavy급으로 분류되는 것을제외한다.
  c) **heavy급**: 다음과 같은 Payload를 운반하는 무인자유기구
    1) 총 중량 6kg이상, 또는
    2) 1개의 짐의 중량이 3kg이상, 또는
    3) Area density가 평방 센티미터 당 13g으로서 1개의 짐의 중량이 2kg이상, 또는
    4) 기구로부터 계류중인 Payload를 분리시키기 위해서는 230N 이상의 Impact힘이 소요되는 Payload를 줄 또는 다른 도구로 계류하는 것.
  주1:-c)3)에서 말하는 Area density는 총 중량을 그램(g)으로 나타낸 Payload를 평방 센티미터(cm^2)단위로 나타낸 최소표면적으로 나눈 값임.
  주2:-그림4.1을 볼 것.

2 일반 운용규칙

2.1. 당해 국가로부터 적절한 허가를 받지 않고, 무인자유기구를 운용하여서는 아니 된다.

2.2. 기상관측용으로서 관계당국이 정하는 방법에 의하여 운용하는 light급 기구를 제외하고, 당해 국가의 허가 없이 다른 국가의 영토를 가로질러 무인자유기구를 운용하여서는 아니 된다.

2.3. 계획당시 기구가 다른 국가의 영토상공으로 흘러갈 것이 분명히 예상되면 기구를 부양하기 전 2.2의 허가를 받아야 한다. 그러한 허가는 일련의 기구비행에 대하여, 또는 대기연구용 기구비행 등 특정한 종류의 회수성 비행에 대하여 받을 수 있다.

2.4. 무인자유기구는 등록국 및 비행코자 하는 국가가 정하는 조건에 따라 운용하여야한다.

2.5. 무인자유기구는 기구 또는 운반물을 포함한 그 일부분과 지면과의 충돌로 인하여 동 운용과 관련이 없는 사람 또는 재산에 장해를 발생시켜서는 아니 된다.

2.6. heavy급 무인자유기구는 관계 항공교통업무당국과의 사전 협의 없이 공해상에서 운용하여서는 아니 된다.

3 운용한계 및 장비기준

3.1. heavy급 무인자유기구는 다음과 같은 경우 관계 항공교통업무당국의 허가 없이 18,000미터(60,000피트)미만의 어느 고도에서도 운용하여서는 아니 된다.
   a) 4옥타 이상의 구름 또는 Obscuring pheno-mena가 있을 경우,
   b) 수평시정이 8킬로미터 미만일 경우

3.2. heavy급 또는 medium급 무인자유기구는 도시, 번화가 또는 주거지의 인구밀집지역 또는 동 운용과 관련이 없는 옥외의 군중집회상공을 300미터(1,000피트)미만의 고도로 비행하게 하여서는 아니 된다.

3.3. heavy급 무인자유기구는 다음의 조건에 따르시 않는 한 이를 운용하여서는 아니 된다.
   a) 각각 독립적으로 동작하여 Payload의 비행을 자동 또는 원격조정으로 종료시키는 도구 또는 장치가 2이상 있을 것.
   b) 폴리에틸렌 0(Zero) 기압 기구의 경우, 각각 독립적으로 동작하여 기구 자체의 비행을 종료시키는 방법, 장치, 도구 또는 이들의 조합이 2이상 있을 것.
   주:- 고압기구의 경우 Payload를 분리 후 급속히 상승하여 기구에 구멍을 내는 도구나 장치가 필요 없이 폭발하므로 이러한 도구들이 필요 없음. 고압기구는 외부보다 기압이 높은 상태에서 기압의 차이를 견디는 간단한 비신축성의 기구로서 소량의 응축가스가 기구를 충분히 팽창시킨 다음 일정한 수준을 필수적으로 유지하게 됨.

c) 기구는 200 MHz-2,700 MHz의 주파수 범위 내에서 운용되는 지상레이다에 반사신호를 보내는 반사기 또는 반사체를 탑재하거나, 또는 지상레이다의 유효범위 밖에서 운용자가 계속적으로 항적을 추적할 수 있도록 하는 장비를 탑재할 것. ----제주 기상관측소----

3.4. heavy급 무인자유기구는 배정된 code로 계속 작동되거나 또는 필요한 경우 추적스테이션(tracking station)에서 작동시킬 수 있고 고도통보기능이 있는 SSR트랜스폰더를 탑재하지 않는 한 지상 SSR장비가 운용중인 지역에서 운용하여서는 아니 된다.

3.5. 어느 부분이든 파손시키는데 230 N을 초과하는 힘이 필요한 안테나를 가지고 있는 무인자유기구는 동 안테나에 15미터 이하의 간격으로 부착된 유색 삼각깃발 또는 표지기를 달지 않는 한 이를 운용하여서는 아니 된다.

3.6. heavy급 무인자유기구는 일몰과 일출사이 또는 일몰과 일출 사이 중(운용고도에 따라 수정) 관계 항공교통업무당국이 정하는 기간 중에는 기구 및 그 부착물 및 Payload 등의 운용중 분리여부에 관계없이 등화를 달지 않는 한, 고도 18,000미터(60,000피트) 미만에서 운용하여서는 아니 된다.

3.7. 15미터를 초과하는 길이의 계류도구(현저히 눈에 띄는 색깔의 낙하산이 아닌 것)를 가진 heavy급 무인자유기구는 계류도구가 현저한 색깔로 교대로 도색되거나 또는 유색 삼각깃발을 부착하지 않는 한 일출과 일몰사이에 고도 18,000미터(60,000피트) 미만에서 운용하여서는 아니 된다.

〈그림 4. 1〉 무인 자유기구의 분류

4 종료

heavy급 무인자유기구의 운용자는 다음의 경우 위 3.3 a) 및 b)에서 정하는 적절한 종료장치를 작동시켜야 한다.
  a) 기상상태가 동 기구의 운용에 필요한 기준치 미만일 때,
  b) 고장 또는 다른 원인에 의해 항공기, 사람 또는 지상의 재산에 위험을 초래할 우려가 있을 때, 또는
  c) 다른 국가의 영토상공으로 허가를 받지 않고 진입하기 전.

5 비행통보

5.1. 비행전 통보

5.1.1. medium 및 heavy급 무인자유기구의 비행은 예정된 비행일로부터 7일 이전까지 관계 항공교통업무기관에 사전 통보되어야 한다.

5.1.2. 비행예정통보에는 관계 항공교통업무기관의 필요에 따라 다음의 사항이 포함된다.
  a) 기구비행 식별부호 또는 계획명칭
  b) 기구의 등급 및 특징
  c) SSR code 또는 NDB 주파수
  d) 운용자의 이름 및 전화번호
  e) 발사위치
  f) 발사예정시간(연속하여 발사할 경우 시작 및 종료시간)
  g) 발사기구수 및 예정발사간격(여러 개를 발사 할 경우)
  h) 예상 상승방향
  i) 순항비행고도(기압고도)
  j) 기압고도 18,000미터(60,000피트)를 통과하거나 고도 18,000미터(60,000피트)이하의 수평 비행고도에 도달할 때까지의 예정소요시간 및 예정위치
  주:- 연속하여 발사할 경우 동시간은 최초 및 최종기구가 해당 고도에 도달할 예정시간을 말함

(예 ; 122136 Z-130330 Z)
k) 예정 비행종료일시 및 계획된 낙하/귀환지역 위치·기구가 장기간 비행하여 비행종료 일시 및 낙하위치를 정확하게 예상할 수 없는 경우 "장기간"이란 용어를 기입.
　주:- 낙하/귀환위치가 둘 이상인 경우 각 위치별 낙하예정시간을 기입함. 연속하여 낙하하는 경우, 최초 및 최종의 예정시간을 기입함(예 ; 070330 Z-072300 Z)

5.1.3. 위 5.1.2에 따라 통보한 내용에 대한 변경은 발사예정시간으로부터 6시간 이전 또는 시간이 중요 요소인 태양 또는 우주방해조사의 경우 운용개시예정시간으로부터 30분 이전에 관계 항공교통업무기관에 통보하여야 한다.

5.2. 발사통보

운용자는 medium급 또는 heavy급 무인자유기구를 발사한 직후 다음 사항을 관계 항공교통업무기관에 통보하여야 한다.
a) 기구비행 식별부호
b) 발사위치
c) 발사시간
d) 기압고도 18,000미터(60,000피트) 통과 예정시간 또는 고도 18,000미터(60,000피트) 이하의 수평비행고도 도달예정시간 및 예정위치
e) 5.1.2 g) 및 h) 에 따라 이미 통보한 내용에 대한 변경사항

5.3. 취소통보

운용자는 5.1에 따라 통보한 medium급 또는 heavy급 무인자유기구의 비행이 취소되었을 경우 이를 지체 없이 관계 항공교통업무기관에 통보하여야 한다.

6 위치 기록 및 보고

6.1. 기압고도 18,000미터(60,000피트)이하에서 운용되는 heavy급 무인자유기구의 운용자는 기구의 비행 경로를 추적하여 관계 항공교통업무기관이 요구할 경우 위치보고를 하여야 하며, 항공교통업무기관이 더욱 짧은 주기로 보고할 것을 요구하지 않는 한 매 2시간마다 위치를 기록하여야 한다.

6.2. 18,000미터(60,000피트)를 초과하는 고도에서 운용되는 heavy급 무인자유기구의 운용자는 기구의 비행 진행상태를 추적하여 항공교통업무기관이 요구할 경우, 위치보고를 하여야 하며, 항공교통업무기관이 더욱 짧은 주기로 보고할 것을 요구하지 않는 한 매 24시간마다 위치를 기록하여야 한다.

6.3. 만일 6.1 및 6.2에 따라 위치를 기록할 수 없을 경우 운용자는 이를 지체 없이 관계 항공교통업무기관에 통보하여야 하며, 동 통보에는 최종위치를 포함하여야 한다. 기구의 추적이 재개되었을 경우, 지체 없이 관계 항공교통업무기관에 통보하여야 한다.

6.4. heavy급 무인자유기구의 강하개시예정 1시간 전에 운용자는 기구에 관한 다음 사항을 관계 항공교통업무기관에 통보하여야 한다.
   a) 최근의 지리적 위치
   b) 최근의 고도(기압고도)
   c) 기압고도 18,000미터(60,000피트) 침투예상시간
   d) 지상 낙하의 예상시간 및 위치

6.5. heavy급 또는 medium급 무인자유기구의 운용자는 동 운용이 종료되었을 경우, 이를 관계 항공교통업무기관에 통보하여야 한다.

첨부 A

민간항공기의 요격 관련

주. – 부속서 부록2에 있는 규정의 일부가 본 첨부에 인용되었음.(부속서 제3장 3.8 및 관련 주를 볼 것)

1. 국제민간항공협약 제3조 d)에 따라 국제민간항공기구의 체약국은 "자국의 국가항공기에 대한 규정을 제정할 때, 민간항공기의 항행의 안전을 필히 고려하여야 한다."

민간항공기에 대한 요격은 항상 잠재적인 위험요소를 가지고 있기 때문에 국제민간항공기구 이사회는 체약국들이 관계 규정 및 행정명령을 통하여 이행해야 할 다음과 같은 특별권고사항을 공식화하였다.

민간항공기 및 탑승자의 안전을 위해서는 모든 관계 부서에 의한 일률적인 적용이 필수적이기 때문에 국제민간항공기구 이사회는 체약국으로 하여금 자국 국내규정 또는 절차와 다음에 게기한 특별권고사항과의 차이점을 국제민간항공기구에 통보토록 하고 있다.

2 일반

2.1. 민간항공기에 대한 요격은 피해야 하며, 오직 최후의 수단으로서만 실시하여야 한다. 만약 요격을 한다면, 항공기를 원래의 비행로로 되돌려 보내거나, 국가공역경계선 밖으로 유도하거나, 금지구역이나 제한구역 또는 위험구역부터 멀어지게 하거나, 지정된 비행장에 착륙토록 지시하는데 필요한 경우를 제외하고 항공기의 신원을 확인하는데 국한되어야 한다. 민간항공기에 대한 요격연습을 실시하여서는 아니 된다.

2.2. 민간항공기에 대한 요격을 배제, 또는 감소시키기 위해서는 다음 사항이 중요하다.
 a) 요격관제기관은 민간항공기일 수도 있는 어떤 항공기의 신원을 파악하고, 그 항공기에 필요한 지시 또는 조언을 하기 위해, 관계 항공교통업무기관을 통하여 모든 가능한 노력을 하여야 한다. 이를 위하여 요격관제기관과 항공교통업무기관간에 신속하고 확실한 통신수단을 설정하고, 부속서 11의 규정에 따라 그러한 기관간에 민간항공기의 이동에 관한 정보의 교환에 대한 협정을 체결하는 것이 필수적이다.
 b) 민간항공기의 비행이 금지되는 지역 및 당해 국가의 특별한 허가가 없으면 민간항공기의비행이 허용되지 않는 지역은 부속서 15의 규정에 따라, 그러한 지역을 침범할 경우 요격 당할 위험이 있다는 사실과 함께 항공정보간행물에 명확히 공고하여야 한다. 그러한 지역을 공고된 항공로 또는 빈번히 사용되는

비행로에 매우 근접하여 설정할 경우, 국가는 민간 항공기가 이용하는 항행장치의 효율성 및 전체장치의 정밀도와 설정된 지역에 대한 회피능력을 고려하여야 한다.
c) 항행안전시설을 추가로 설치할 경우, 민간항공기가 금지구역 또는 제한구역의 주위를 안전하게 항행할 수 있도록 검토하여야 한다.

2.3. 최후의 수단으로 실시되는 요격에 따른 위험을 배제 또는 감소시키기 위하여 조종사와 지상관제기관이 정해진 대로 조치를 하도록, 모든 가능한 노력을 하여야 한다. 이를 위하여 체약국은 필히 다음과 같이 조치 하여야 한다.
a) 모든 민간항공기 조종사들이 그들이 취할 조치 및 본 부속서 제3장 및 부록1에 수록된 가 시신호를 충분히 알고 있을 것.
b) 민간항공기 운용자 또는 기장이 121.5 MHz 통신능력, 유효한 요격절차 및 항공기에서 사용하는 가시 신호에 관한 부속서6, 제1, 2부 및 제3부의 규정을 이행할 것.
c) 모든 항공교통업무 종사자들이 부속서 II 제2장 및 PANS-RAC(Doc 4444)의 규정에 따른 조치절차를 충분히 알고 있을 것.
d) 모든 요격기의 기장이 민간항공기의 일반적인 성능한계 및 피요격기가 기술적인 문제 또는 불법간섭행위의 발생으로 인한 비상사태에 처해 있을 가능성에 대하여 알고 있을 것.
e) 요격기동, 피 요격기의 유도, 피 요격기의 행동, 공대공 가시신호, 피 요격기와의 무선교신,무기사용 억제필요성 등에 관한 완전하고 명백한 지시가 요격관제기관 및 요격기의 기장 에게 전달되어 있을 것.
주. - 3항 내지 8항을 볼 것.
f) 요격관제기관 및 요격기에 부속서 10, 제1권의 기준에 적합한 무선전화 장비가 있어 피요격기와 비상주파수 121.5 MHz로 통신할 수 있을 것.
g) 요격실시대상지역에 있는 민간항공기를 식별할 수 있도록 요격관제기관에 SSR시설이 가능한 한 있을 것이며, 그러한 시설은 Mode A, code 7500, 7600 및 7700에 대한 즉각적인 인지를 포함하여 Mode A의 4단위 code를 인지할 수 있을 것.

3 요격기동

3.1. 피 요격기에 대한 위험발생을 피하기 위하여 민간항공기를 요격하는 항공기의 기동에 관한 표준방식을 설정하여야 한다. 표준방식에는 민간항공기의 성능한계, 충돌이 일어날 정도로 피 요격기에 근접하여 비행하는 것을 회피할 필요성, 피 요격기의 진로횡단회피, 특히 피 요격기가 경항공기인 경우 후류 요란으로 인한 위험이 발생하지 않게 기동할 필요성 등이 충분히 고려되어야 한다.

3.2. 육안식별을 위한 기동

다음은 민간항공기를 육안식별하기 위하여 권고된 요격기의 기동방식이다.

제1단계
요격기는 피 요격기의 뒷편으로부터 접근한다. 편대장기(또는 단일요격기)는 통상 피 요격기의 약간 위쪽 전방 좌측에 위치하여 피 요격기 조종사의 시야 내에 들도록 하되 처음에는 300미터 이상의 거리를 유지하여야 한다. 다른 요격기는 피 요격기로부터 충분히 떨어진 거리의 후방 위쪽에 위치한다. 속도 및 위치를 조절한 다음 제2단계의 절차를 취한다.

제2단계
편대장기(또는 단일요격기)는 피 요격기에 동일고도로 서서히 접근을 시작하되 필요한 정보를 얻는데 꼭 필요한 거리까지만 접근한다.
편대장기(또는 단일요격기)는 요격기로서는 통상적인 행동일지라도 민간항공기의 승객이나 승무원에게는 위험스럽게 느껴질 수가 있음을 항상 명심하여 피요격기의 승무원이나 승객이 놀라지 않도록 조심하여야 한다. 다른 요격기는 계속 피 요격기로부터 충분한 거리를 유지하고 있어야 한다. 식별완료 후 요격기는 제3단계에 기술한대로 피 요격기의 주위로부터 철수한다.

제3단계
편대장기(또는 단일요격기)는 급강하하여 피 요격기로부터 이탈한다.
다른 요격기는 피 요격기로부터 충분한 거리를 유지하고 있다가 편대장기와 재합류한다.

3.3. 항행유도를 위한 기동

3.3.1. 위의 제1단계 및 제2단계에 의한 식별결과 피 요격기의 항행에 개입할 필요가 있을 경우, 편대장기(또는 단일요격기)는 피 요격기의 기장이 시각신호를 볼 수 있도록 피 요격기의 약간 위쪽 전방 좌측에 위치한다.

3.3.2. 요격기의 기장은 피 요격기의 기장으로 하여금 자신이 요격당하고 있다는 사실을 인지하고 신호에 응신하도록 하는 것이 절대적으로 필요하다.
부록1 제2절에 있는 series1의 신호를 반복하여도 피 요격기 기장의 주의를 끌지 못할 경우, 최후의 수단으로, 피 요격기에 위험하지 않는 범위 내에서 Reheat/ Afterburner의 시각효과를 사용하는 등 다른 신호방식을 사용할 수 있다.

3.4. 기상조건 또는 지형에 따라 편대장기(또는 단일요격기)가 피 요격기의 약간 위쪽 전방 우측에 위치해야 할 경우도 있다. 그러한 경우 요격기의 기장은 항상 피 요격기 기장의 시야 내에 있도록 특별한 주의를 하여야 한다.

4 피 요격기에 대한 유도

4.1. 무선전화교신이 가능할 경우 피 요격기에게 항행유도 및 그와 관련된 정보를 제공하여야 한다.

4.2. 피 요격기를 유도할 경우, 시정이 시계비행 기상 최저치 미만인 지역으로 유도하지 말 것이며, 피 요격기의 안전운항이 침해받아 발생한 위험상태를 더 가중시키지 않도록 주의하여야 한다.

4.3. 피 요격민간항공기를 통과비행중인 영토에 착륙시켜야 될 예외적인 경우 다음 사항을 주의하여야 한다.
   a) 지정된 비행장이, 특히 통상적으로 민간항공운송용으로 사용되지 않을 경우, 당해 기종 항공기의 안전 착륙에 적당할 것.
   b) 주위지형이 선회, 접근 및 실패접근 비행에 적당할 것.
   c) 피 요격기에 비행장까지 비행하는데 충분한 양의 연료가 있을 것.
   d) 피 요격기가 민간운송용 항공기일 경우, 지정비행장이 해면고도기준 2,500미터에 상당하는 길이의 활주로가 있고, 표면강도가 동 항공기의 착륙에 충분할 것.
   e) 가능한 한, 항공정보간행물에 자세한 내용이 수록되어 있는 비행장에 착륙시킬 것.

4.4. 민간항공기로 하여금 생소한 비행장에 착륙토록 할 경우, 오직 민간항공기의 기장만이 당시 항공기의 중량 및 활주로 길이를 감안하여 안전착륙 여부를 판단할 수 있다는 사실을 명심하여 착륙을 준비하는데 충분한 시간을 부여하여야 한다.

4.5. 안전접근 및 착륙을 용이하게 하는데 필요한 모든 정보를 무선전화를 이용하여 피요격기에게 제공하는 것은 특히 중요하다.

5　피 요격기의 조치

부록2, 제2절에 다음과 같은 표준절차가 수록되어 있다.

5.1. 다른 항공기에 의해 요격 당한 항공기는 즉시 다음과 같이 조치하여야 한다.
   a) 부록1에 규정된 바에 따라 가시신호를 해석하고 응신하며 요격기의 지시를 따른다.
   b) 가능하면 관계 항공교통업무기관에 동 사실을 통보한다.
   c) 비상주파수 121.5MHz로 일괄호출을 하여 피요격기의 신원 및 비행의 상태를 통보하며 요격기 또는 관계 요격관제기관과 무선교신을 시도한다. 그래도 무선교신이 이루어지지 않으면, 가능한 경우, 동 사항을 비상주파수 243.0 MHz로 반복하여 송신한다.
   d) 만약 SSR트랜스폰더를 탑재하고 있다면, 관계 항공교통업무기관이 달리 지시하지 않는 한 Mode A, Code 7700에 맞춘다.

5.2. 만약 어떤 곳으로부터 무선으로 수신한 지시가 요격기의 가시신호 지시와 상이할 경우, 피요격기는 요격기의 가시신호 지시대로 이행하면서 조속한 확인을 요구하여야 한다.

5.3. 만약 어떤 곳으로부터 무선으로 수신한 지시가 요격기의 무선지시와 상이할 경우, 피요격기는 요격기의 무선지시대로 이행하면서 조속한 확인을 요구하여야 한다."

6　공대공 가시신호

요격기와 피요격기가 사용하는 가시신호는 본 부속서 부록1에 수록되어 있다. 요격기 및 피요격기는 동 신호를 정확히 사용하고 상대방 항공기가 보내는 신호를 정확히 이해해야 하며, 요격기는 피요격기로부터 조난 또는 긴급상태에 있음을 알리는 신호가 있는지 특별한 주의를 기울일 필요가 있다.

7 요격관제기관 또는 요격기 와 피요격기간 의 무선통신

7.1. 요격을 실시할 경우, 요격관제기관 및 요격기는 다음과 같이 조치하여야 한다.
  a) 먼저 "INTERCEPT CONTROL", "INTERC- EPTOR(호출부호)" 및 "INTERCEPTED AI-RCREFT"란 호출부호를 사용하여 피요격기와 비상주파수 121.5 MHz로 공용언어를 사용하여 교신을 시도한다.
  b) 이것이 실패할 경우, 관계 항공교통업무당국이 정한 주파수로 피요격기와 교신을 시도하거나, 또는 관계 항공교통업무기관을 통하여 접촉을 시도한다.

7.2. 요격도중 무선교신이 이루어졌으나 공용언어에 의한 의사소통이 불가능할 경우,
표A-1에 수록된 용어 및 발음방법에 의하여 지시, 지시에 대한 응답 및 필수적인 정보를 전달하여야 하며, 각 용어는 두 번씩 송신하여야 한다.

〈표 A-1〉

요격기가 사용하는 관용구			피 요격기가 사용하는 관용구		
용 어	발음방법[1]	의 미	용 어	발음방법	의 미
CALL SIGN	KOL SA-IN	호출부호가무엇인가?	CALL SIGN	KOL SA-IN	나의호출부호는~이다.
FOLLOW	FOL-LO	나를 따라 오라	WILCO	VILL-KO	알았다지시를따르겠다.
DESCEND	DEE-SEND	착륙을 위해강하하라	CAN NOT	KANN NOTT	지시를 따를수 없다.
YOU LAND	YOU LAAND	이 비행장에착륙하라	REPEAT	REE-PEET	지시를 반복하라
PROCEED	PRO-SEED	그냥 가도 좋다	AM LOST	AM LOSST	위치를 알수없다.
			MAYDAY	MAYDAY	조난중이다.
			HIJACK[3]	HI-JACK	공중납치당했다.
			LAND (place name)	LAAND (place name)	(장소명칭)에 착륙하기를 원한다.
			DESCEND	DEE-SEND	강하하고자 한다.

 1. 둘째란의 밑줄 친 음절은 강하게 발음한다.
 2. 호출부호는 비행계획서 상에 기재된 것으로서 항공교통업무기관과의 무선전화통신시 사용되는 것을 말한다.
 3. 상황에 따라, 또는 바람직하지 않아서, HIJACK라는 말을 사용하지 못할 경우도 있다.

8 무기사용 억제

　주. - **1984.5.10. 국제민간항공기구 총회 제25차 특별회의**시 국제민간항공협약 제3조 bis를 만장일치로 채택하면서, 체약국들은 다음 사항을 승인하였음.
　"각 체약국은 비행중인 민간항공기에 대한 무기사용을 억제하여야 한다." 주의를 끌기 위하여 예광탄을 사용하는 것은 위험하므로, 탑승자의 생명과 항공기의 안전을 위험하지 않게 하기 위해 이의 사용을 피해야 한다.

9 요격관제기관과 항공교통업무기관간의 협조

민간항공기일 수도 있는 항공기에 대한 요격실시 중 항공교통업무기관이 진행상태 및 피요격기에 필요한 조치를 완전히 알 수 있도록 하기 위하여 요격관제기관과 관계 항공교통업무기관간에 긴밀히 협조할 필요가 있다.

첨부 B
불법간섭행위

1 일반

다음의 절차는 항공기에 불법간섭행위가 발생하였으나 항공교통업무기관에 동 사실을 통보할 수 없을 경우 조종사가 취할 조치에 대한 지침이다.

2 절차

2.1. 항공기내의 상황이 허용하는 한 기장은 최소한 항공교통업무기관에 통보할 수 있거나 레이다 포착범위 내에 들어갈 때까지, 배정된 항로 및 고도로 비행을 계속할 것.

2.2. 항공교통업무기관과의 무선통화가 불가능한 상황 하에서 배정된 항로 및 고도를 강제로 이탈하도록 강요될 경우, 가능한 한 다음과 같이 조치할 것.
 a) 항공기내의 상황이 허용하는 한 VHF 비상주 파수 및 기타 적절한 주파수로 경고방송을 할 것이며, 도움이 되고 상황이 허용할 경우 트랜스폰더, data links 등의 탑재장비를 이용할 것.
 b) 비행 중 우발사고 발생시의 특별절차가 설정되어 Doc 7030(지역별 보충절차)에 수록되어있을 경우 이에 따라 비행할 것.
 c) 지역별 특수절차가 설정되어 있지 않을 경우, 계기비행용 순항고도는 아래와 같이 비행한다.
  1) 300미터(1,000피트)의 최저 수직고도가 분리적용되는 곳에서는 150미터(500피트)
  2) 600미터(2,000피트)의 최저 수직고도가 분리적용되는 곳에서는 300미터(2,000피트)

주:- 불법간섭행위 발생중 요격 당한 항공기의 조치사항은 본 부속서 3.8에 수록되어 있음.

별첨

I. 국제민간항공 협약
 1. 파리협약
 2. 하바나 협약
 3. 국제민간항공협약(시카고 협약)

II. 항공안전관련 협약
 1. 동경협약(1963. 9.14 제정 / 1971. 5.20 발효)
 2. 헤이그 협약(1970.12.16 제정 / 1973. 2.17 발효)
 3. 몬트리올 협약(1971. 9.23 제정 / 1973. 9. 1 발효)
 4. 몬트리올 추가 의정서(1988. 2.24 제정 / 1990. /.27 발효)
 5. 프라스틱 협약(1991. 3. 1 제정 / 1998. 6.21 발효)

별첨 1
국제민간항공 협약

1 파리 협약
Convention for the regulation of aerial navigation

Done at Paris, October, 19, 1919

The United States of America, Belium, Bolivia, Brazil, the British Empire, China, Cuba, Ecuador, France, Greece, Gutamala, Haiti, the Hedjas, Honduras, Italy, Japan, Libria, Niaragua, Panama, Pery, Poland, Portugal, Roumania, the Serb-Croat-Sslovene state, Siam, Caecho-Slovakia and Uruguay,

Who have agreed as follows:-

CHAPTER I *General Principles*

ARTICLE 1

The high contracting parties recognize that every Power has complete and exclusive sovereignty over the air space above its territory.

For the purpose of the present convention the territory of a state shall be understood as including the national territory, both that of the mother country and of the colonies, and the territorial waters adjacent thereto.

ARTICLE 2

Each contracting state undertakes in time of peace to accord freedom of innocent passage above its territory to the aircraft of the other contracting states, provided that the conditions laid down in the present convention are observed.

Regulations made by a contracting state as to the admission over its territory of the aircraft of the other contracting states shall be applied with-out distinction of nationality.

ARTICLE 3

Each contracting state is entitled, for military reasons or in the interest of public safety, to prohibit the aircraft of the other contracting states, under the penalties provided by its legislation and subject to no distinction being made in this respect between its private aircraft and those of the other contracting
states, from flying over certain areas of its territory.

In that case the locality and the extent of the prohibited areas shall be published and notified beforehand to the other contracting states.

ARTICLE 4

Every aircraft which finds itself above a prohibited ares shall, as soon as award of the fact, give the signal of distress provided in paragraph 17 of Annex (D)^2 and land as soon as possible outside the prohibited area at one of the nearest aerodromes of the state unlawfully flown over.

CHAPTER II *Nationality of aircraft*

ARTICLE 5

No contracting state shall, except by a special and temporary authorization, permit the flight above its territory of an aircraft which does not possess the nationality of a contracting state.

ARTICLE 6

Aircraft possess the nationality of the state on the register of which they air entered, in accordance with the provisions of section I(C) of Annex (A)^2

ARTICLE 7

No aircraft shall be entered on the register of one of the contracting states unless it belongs wholly to nationals of such states.

No incorporated company can be registered as the owner of an aircraft unless it possesses the nationality of the state in which the aircraft is regis-tered, unless the president or chairman of the company and at least two-thirds of the directors possess such nationality, and unless the company fulfils all other conditions which may be prescribed by the laws of the said state.

ARTICLE 8

An aircraft cannot be validly registered in more than one state.

ARTICLE 9

The contracting states shall exchange every month among themselves and transmit to the International Commission for Air Navigation referred to in Article 34 copies of registrations and of cancellations of registration which shall have been entered on their official registers during the preceding month.

ARTICLE 10

All aircraft engaged in international navigation shall bear their nation-ality and registration marks as well as the name and residence of the owner in accordance with Annex (A)[2]

CHAPTER III *Certificates of Airworthiness and Competency*

ARTICLE 11

Every aircraft engaged in international navigation shall, in accordance with the condition laid down in Annex (B),[3] be provided with a certificate of airworthiness issued or rendered valid by the state whose nationality it possesses.

ARTICLE 12

The commanding officer, pilots. engineers and other members of the oper-ating crew of every aircraft shall, in accordance with the conditions laid down in **Annex (E)**,[3] be provided with certificates of competency and licences issued or rendered valid by the state whose nationality the aircraft possesses.

ARTICLE 13

Certificates of airworthiness and of competency and licences issued or rendered valid by the state whose nationality the aircraft possesses, in accordance with re regulations established by Annex (B)[3] and Annex (E)[2] and hereafter by the International Commission for Air Navigation, shall be recognized as valid by the other states.

Each state has the right to refuse to recognize for the purpose of flights within the limits of and above its own territory certificates of competency and licences granted to one of its nationals by another contracting state.

ARTICLE 14

No wireless apparatus shall be carried without a special licence issued by the state whose nationality the aircraft possesses. Such apparatus shall not be used except by members of the crew provided with a special licence for the purpose.

Every aircraft used in public transport and capable of carrying ten or more persons shall be equipped with sending and receiving wireless apparatus when the methods of employing such apparatus shall have been determined by the International Commission for Air Navigation.

This commission may later extend the obligation of carrying wireless apparatus to all other classes of aircraft in the conditions and according to the methods which it may determine.

CHAPTER IV *Admission to Air Navigation above Foreign Territory*

ARTICLE 15

Every aircraft of a contracting state has the right to cross the air space of another state without landing. In this case it shall follow the route fixed by the state over which the flight takes place. However, for reasons of general security it will be obliged to land if ordered to do so by menas of the signals provided in Annex (D).[4]

Every aircraft which passes from one state into another shall, if the reg- ulations of the latter state require it, land in one of the aerodromes fixed by the later. Notification of these aerodromes shall be given by the contract-ing states to the International Commission for Air Navigation and by it trans-

mitted to all the contracting states.

The establishment of international airways shall be subject to the consent of the states flown over.

ARTICLE 16

Each contracting state shall have the right to establish reservations and restrictions in favor of its national aircraft in connection with the carriage of persons and goods for hire between two points on its territory.

Such reservations and restrictions shall be immediately published, and shall be communicated to the International Commission for Air Navigation, which shall notify them to the other contracting states.

ARTICLE 17

The aircraft of a contracting state which establishes reservations and restrictions in accordance with Article 16 may be subjected to the same reservations and restrictions in any other contracting state, even though the letter state does not itself impose the reservations and restrictions on other foreign aircraft.

ARTICLE 18

Every aircraft passing through the territory of a contracting state, in-cluding landing and stoppages reasonably necessary for the purpose of such transit, shall be exempt from any seizure on the ground of infringement of patent, design or model, subject to the deposit of security the amount of which in default of amicable agreement shall be fixed with the least possible delay by the competent authority of the place of seizure.

CHAPTER V *Rules to be Observed on Departure, when under Way and on Landing*

ARTICLE 19

Every aircraft engaged in international navigation shall be provided with:

(a) A certificate of registration in accordance with Annex (A);[4]

(b) A certificate of airworthiness in accordance with Annex (B);[4]

(c) Certificates and licences of the commanding officer, pilots and crew in accordance with Annex (E)'[4]

(d) If it carries passengers, a list of their names;

(e) If it carries freight, bills of lading and manifest;

(f) Log books in accordance with Annex(c);

(g) If equipped with wireless, the special licence prescribed by Article 14.

ARTICLE 20
The log books shall be kept for two years after the last entery.

ARTICLE 21
Upon the departure or landing of an aircraft, the authorities of the country shall have, in all cases, the right to visit the aircraft and to verify all the documents with which it must be provided.

ARTICLE 22
Aircraft of the contracting states shall be entitled to the measures of assistance for landing, particularly in cases of distress, an national aircraft.

ARTICLE 23
With regard to the salvage of aircraft wrecked at sea the principles of maritime law will apply in the absence of any agreement to the contrary.

ARTICLE 24
Every aerodrome in a contracting state, which upon payment of charges is open to public use by its national aircraft, shall likewise be open to the aircraft of all the other contracting states.
In every such aerodrome there shall be a single tariff of charges for landing and lengthen of stay applicable alike to to national and foreign aircraft.

ARTICLE 25
Each contracting state undertakes to adopt measures to ensure that every aircraft flying above the limits of its territory, and every aircraft wherever it may be, carrying its nationality mark, shall comply with the regulations contained in Annex(D).
Each of the contracting states undertakes to ensure the prosecution and punishment of all persons contravening these regulations.

CHAPTER VI *Prohibited Transport*

ARTICLE 26

The carriage by aircraft of explosives and of arms and munitions of war is forbidden in international navigation. No foreign aircraft shall be permitted to carry such articles between any two points in the same contracting state.

ARTICLE 27

Each state may, in aerial navigation, prohibit or regulate the carrige or sue of photographic apparetus. Any such regulations shall be ar once notified to the International Commisions for Air Navigation, which shall communicate this information to the other contracting states.

ARTICLE 28

As a measure of public safety, the carriage of objects other than those mentioned in Article 26 and 27 may be subjected to restrictions by any contracting state. Any such regulations shall be at once notified to the International Commission for Air Navigation, which shall communicate this information to the other contracting states.

ARTICLE 29

All restrictions mentioned in Article 28 shall be applied equally to national and foreign aircraft.

CHAPTER VII *State Aircraft*

ARTICLE 30

The following shall be deemed to be state aircraft;
(a) Military aircraft;
(b) Aircaft exclusively employed in state service, such as posts, customs, police. Every other aircraft shall be deemed to a private aircraft.
All state aircraft other than military, customs, and police aircraft shall be treated as private aircraft and as such shall be subject to all the provisions of the present convention.

ARTICLE 31

Every aircraft commanded by a person in military service detailed for the purpose shall be deemed to be a military aircraft.

ARTICLE 32

No military aiscraft of a contracting state shall fly over the territory of another contracting state land nor land thereon without special authrization.

In case of such authrization the military aircraft shall enjoy, in principle, in the absence of special stipulation the privileges which are customarily accorded to foreign ships of war.

A military aircraft which is forced to land or which is requested or summoned to land shall by reason thereof acquire no right to the privileges referred to in the above paragraph.

ARTICLE 33

Special arrangements between the states concerned will determine in what cases police and customs aircraft may be authorized to cross the frontier.

They shall in no cases be entitled to the privileges referred to in Article 32.

CHAPTER VIII *International Commission for Air Navigation*

ARTICLE 34

There shall be instituted, under the name of the International Commission for Air Navigation, a permanant Commission placed under the direction of the League of Nations, and composed of:

Two representatives of each of the following states: The United States of America, France, Italy, and Japan;

One representative of each of Great British and one of each of the British Dominions and of India;

One representative of each of the other contracting states.

Each of the five states first named(Great British, the British Dominions and India counting for this purpose as one state) shall have the least whole number of votes which, when multiplied by five, will give a product exceeding by at least one vote the total number of votes of all the other contracting states.

All the states other than the five first named shall each have one vote.

The International Commission for Air Navigation shall determine the rules of its own procedured and the place of its permanent seat, but it shall be free to meet in such places as it may deem convenient. Its first meeting shall take place at Paris. This meeting shall be convened by the French Government, as soon as a majority of the signatory states shall have notified to it their ratification of the present convention.

The duties of this Commission shall be:

(a) To receive proposals from or to make proposals to any of the contracting states for the modification or amendment of the provisions of the present convention and to notify changes adoped;

(b) To carry out the duties imposed upon it by the present article and by Articles 9,13, 14,15,16,27,28,36 and 37 of the present convention;

(c) To amend the provisions of the Annexes(A) to (G);

(d) To collect and communicate to the contracting states information of every kind concerning international air navigation;

(e) To collect and communicate to the contracting states all information selating to wireless telegraphy, meterology and medical science which may be of interest to air navigation;

(f) To ensure the publication of maps for air navigation in accordance with the provisions of Annex(F);

(g) To give its opinion on question which the states may submit fot examination.

Any modification of the provisions of any one of the annexes may be made by the International Commission for Air Navigation when such modification shall have been approved by three-fourths of the total possible votes which could be east if all the states were repesented, and shall become effective from the time when it shall have been notified by the International Commission for Air Navigation to all the contracting states.

Any proposed modification of the articles of the present convention shall be examined by the International Commission for Air Navigation, whether it originates with one of the contracting states or with the Commission itself.

No such modification shall be proposed for adoption by the contracting states unless it shall have approved by at least two-thirds of the total possible votes.

All such modifications of the articles of the convention(but not of the provisions of the annexes) must be formally adopted by the contracting states before they become effective. The expebses of organization and operation of the International Commission for Air Navigation shall be borne by the contracting states in proportion to the number of votes at their disposal.

The expenses occasioned by the sending of technical delegations will be borne by thier respective states.

Chapter IX *Final Provisions*

Article 35
The high contracting parties undertake as far as they are respectively concerned to cooperate as far as possible in international measures concerning:
(a)The collection and dissemination of statistical , current, and special meterological information, in accordance with the provisions of Annex(G)
(b)The publication of standard aeronautical maps, and the establishment of a uniform system of ground marks for flying, in accordance with the provisions of annexs(F)
(c)The use of wireless telegraphy in air navigation, the establishment of th necessary wireless stations, and the observance of international wireless regulations.

Article 36
General provisions relative to customs in connection with international air navigation are the subject of a special agreement contained in Annex(H) to the present convention.
Nothing in the present convention shall be construed as preventing the contracting states from concluding, in conformity with its principles, special protocols as between state and state in respect of customs, police, osts and other matters of common interest in connection with air navigation. Any such protocols shall be at once notified to the International Commission for Air Navigation, which shall communicate this information to the other contracting states.

Article 37
in the case of a disagreement between two or more states relating to the interpretation of te present convention, the qustion in dispute shall e determined the permanent court of international justice to be established by the League of Nations and, until its establishment, by aritration.
if the parties do not agree on the choice of the arbitrators, they shall proceed as follows:
each of the parties shall name an arbitrator, and the arbitrators shall meet to name an umpire. if the aritrators cannot agree, the parties shall each name a third state, and the third

states so named shall proceed to designate the unpire, by agreement or by each proposing a name and them determining te choice by lot. Disagreement relating to the technical regulations annexed to the present convention shall be settled by the decision of the international Commotion for Air Navigation by a majority of votes.

In case the difference invovlves the question whether the interpretation of the convention or that of a regulation in concerned, final decision shall be made by arbitration as provided in the first paragraph of this article.

Article 38

In case of war, the provisions of the present convention shall not affect the freedom of action of the contracting states either as belligerents or a neutrals.

Article 39

The provisions of the present convention are completed by the Annexes (A) to (H), which, subject to Article 34,(c), shall have the same effect and shall come into forces at the same time as the convention itself.

Article 40

The British Dominions and India shall be deemed to be states for the purpose of the present convention.

The territories and nationals of protectorates of territories administerd in the name of the League of Nations shall for the purpose of the present convention be assimilated to the territory and nationls of the protecting or mandatory states.

Article 41

States which have not taken part in the war of 1914-1919 shall be permitted to adhere to the present convention.

This adhesion shall be notified through the diplomatic channel to the Government of the French Republic, and by it to all the signatory or adhering states.

Article 42

A states which took part in the war of 1914-1919 but which is not signatory of the present convention may adhere only if it is a member of the League of Nations or until the 1st January, 1923, if its adhesion is approved by the Allied and Associated Powers signatories of the treaty of peace concluded with the said state. After the 1st least three-fourths of the signatory and adhering states voting under the conditions provided by Article 34 of the present convention.

Applications for adhesions shall be addressed to the Government og the French Republic, which will communicate them to the other contracting Powers. Unless the state applying is admitted *ipse feeto* as a member of the League of Nations, the French Government will receive the votes of the said Powers and will announce to them the result of the voting.

Article 43

The present convention may not be denounce before the 1st January,1922.

In case of denunciation, notification therefore shall be made to the Government of the French Republic, which shall communicate it to the other contracting parties. Such denunciation shall not take effect until at least one year after the giving of notice, and shall take effect only with respect to the Power which has given notice.

The present convention shall be ratified.

Each Power will address its ratification to the French Government, which will inform the other signatory Powers.

The ratification will remain deposited in the archives of the French Government.

The present convention will come into force for each signatory Power, in respect of other Powers, which have already ratified, forty days from the date of the deposit of its ratification. On the coming into force of the present convention, the French Government will deposit a certified copy to the Powers which d copy to treaties of peace have d coptaken to enforce rules of s deal navigation in conformity with those contained in it.

Done at Paris, the 13th day of October, 1919, in a single copy which shall remain deposited in the archives of the French Government and of which duly authorized copies shall be sent to the contracting states.

The said copy, dated as aboe, may be signed until the 12th day of April, 1920, inclusively. In faith whereof the herein after-named pleniaotentiaries, whose powers have been found in good and due form, have signed the present convention in the French, English, and Italian languages, which are equally authentic.

customs

General Provisions

1

Any aircraft going abroad shall depart only from aerodrome specially designated by the customs administration of each contracting state, and named "customs aerodrome."
Aircraft coming from abroad shall land only in such aerodrome.

note-certain divergencies appear to exist between the French, English and Italian texsts of Anne H, all three of which have the same value. His Majesty's Government consider it desirable to call attention to these divergencies and to place on record the following suggestions for corrections in the English text of paragraphs 9,11 and 17 of Annex H, which their representatives will eventually propose for consideration.
Paragraph 0 of the Annex is not dearly intelligible in either the French or English text.
The following is suggested as an alternative to the English text of the third sub-paragraph:-

"In the event of the establishment between two or more countries of a Federation of Touring Societies, the aircraft of the said countries shall have the benefit of the Triptyque system"

In paragraph 11 of the Annex there is a discrepancy between the French text and the English and Italian text. The French text is apparently the correct version. The English text should threfore probably run as follows:-

"With regard to goods exported in discharge of a "temporary admission"bond, or exported from bonded warehouse or on drawback, the exporter shall produce at proof of wxportation a certificate of landing from the customs at the place of destination."

2

Every aircraft which passes from one state another is obliged to cross the frontier between certain points fixed by the contracting states. These points are shown on the seronautical maps.

3

All necessary information concerning customs aerodrome within a state, including any alternation made to the list and any coresponding alterations necessary on the aeronautical maps and the dates when such alterational aerodrome which may be established, shall be communicated by the state concerned to the Internation to all of the contracting states. The contracting states may agree to establish international aerodrome at which there may be joint custome services for two or more states.

4

When, by reason of a case of *force majeure,* which must be duly justified an aircraft crosses the frontier at any other point than those designated, it shall land at the reaching this aerodome it shall inform the nearest police or customs authorities.
It will only be permitted to leave again with the authorization of these authorities, who shall, after verication, stamp the log book and manifest provided for in paragraph 5: they shall out the formalities of customs clearance.

5

Before departure, or immediately after arrival, according to whether they are going to or coming back from a foreign country, pilots shall show their log books to the authorities of the aerodrome and, if necessary, the manifest of the goods and supplies for the journey which they carry.

6

The manifest is to be kept in conformity with the attached form No.1.
The goods must be the subject of detailed declarations in conformity with the attached form No.2, made out by the senders.
Every contracting state has the right to prescribe for the insertion either on the manifest or on the customs declaration of such supplementary entries as it may deem necessary.

7

In the case of an aircraft transporting goods the customs officer, before departure, shall examine the manifest and declaration, make the prescribed verifications and sign the log book as well as the manifest. He shall verify his signature with a stamp. He shall seal the goods or sets of goods, for which such a formality is required.

On arrival the customs officer shall ensure that the seal is unbreaken, shall pass the goods, shall sign the log book and keep the manifest.
In the case of an aircraft with an goods on board, the log book only shall be signed by the police and customs officials.
The fuel on board shall not be liable to customs duties provided the quantity thereof does not exceed that nedded for the journey as defined in the log book.

8

As an exception to the general regulation, certain classes of aircraft, particularly postal aircraft, aircraft belonging to serial transport companies regularly constituted and authorized and those belonging to members of revognized touring societiesnot engazed in the public conveyance of persons or goods, may be freed from the obligation of landing at a customs aerodome appointed by the customs and police administration of each state at which customs formalities shall be complied with.
However, such aircraft shall follow the normal air route, and make thier identity known by signals agreed upon as they fly across the frontier.

Repulation Applicable to Aircraft and Goods

9

Aircraft landing in foreign countries are in principle liable to customs duties if such exist.
If they are to be reexported they shall have the benefit of the regulations as to permit by bond or deposit of the taxes.
In the case of the formation, beteween two or more countries of the Union, of touring societies, the aircraft of the said countries will have the benefit of the regulations of the "Tryptique."

10

Goods arriving by aircraft shall considered as coming from the country where the log book and manifest have been signed by the customs officer.
As regards thier origin and the different customs regimes, they are liable to the regulations of the same kind as are applicable to goods imported by land or sea.

11

With regard to-goods exported in discharge of a temporary receiving or bonded account or liable to inland taxes, the senders shall prove thier right to send the goods abroad by producing a certificate from the customers of the place of destination.

Air Trensit

12

When an aircraft to reach its destination must fly over one or more contracting states, without prejudice to the right of sovereignty of each of the contracting states, two cases must be distinguished:
1.If the aircraft neither sets down nor takes up passengers or goods, it is bound only to keep to the normal air route and make itself kno주 by signals when passing over the points designated for such purose.
2.In other cases, it shall be bound to land at a customs aerodome and the name of such aerodome shall be entered in the log book before departure. On landing, the customs authorities shall examine the papers and the cargo, and take, if need be, the necessary steps to ensure the reexportation of the craft and goods or the payment of the dues.
The provisions of paragraph 9(2) are applicable to goods to be reexported.
If the aircraft sets down or takes up goods, the customs officer shall verify the fact on the manifest, duly completed, and shall affix, if necessary, a new seal.

Various Provisions

13

Every aircraft during flight, whereever it may be, must conform to the orders from police or customs statics and police or customs aircraft of the state over which it is flying.

14

Customs officers and exercise officials, and generally speaking the representative of the public authorities shall have free access to all starting and landing places for iarcraft; they may also search any aircraft and its cargo to exercise thier rights of supervision.

15
Except in the case of postal aircraft, all unloading or throwing out in the course of flight, except of ballast, may be prohibited.

16
In addition to any penslities which may be imposed by local law for infringement of the preceding regulations, such infringement shall be reported to the state in which the aircraft is registered, and that state shall suspend for a limited time, or permarently, the certificate of registration of the offending aircraft.

17
The provisions of this annex do not apply to military aircraft visiting a state by special authorization(Article 31,32 and 33 of the Convention), nor to police and customs aircraft(Article 31, and 34 of the Convention).

ADDITIONAL PROTOCOL TO THE CONVENTION FOR REGULATION OF AERIAL NAVIGATION OF OCTOBER 13, 1919,

No.1
Additional Protocal to the Convention of October 13, 1919, relating to the Republic of Aerial Navigation

The high contracting parties declare themselves ready to grant, at the request of signatory or adhering states who are concerned, certain derogations to Article 5 of the conention, but only where they consider the easons involved worthy of consideration.

The requsts should be addressed to the Government of the French Republic, who will lay them before the International Commission on Aerial Navigation provided for in Article 34 of the convention.

The International Commission on Aerial Navigation will examine each request, which may only be submitted for the acceptance of the contractng states if it has been approved by at least a two-thirds majority of the total possible number of votes, that is to say, of the total number of votes which could be given if the representatives of all the states were present.

Each derogation which is granted must be expressly accepted by the contracting states before coming into effect.

The derogation granted will authorize the contracting state profiting thereby to allow the aircraft of one or more named non-contracting states to fly over its territory, but only for a limited period of time fixed by the text of the decision granting the derogation.

At the expiration of this period the derogation will be automatically renewed for a similar period unless one of the contracting states has declared its opposition to such renewal.

Further, the high contracting parties decide to fix June 1, 1920, as the date up to which the present protocal may be

signed, and, on account of the bearing which the present protocal has on the convention of October 13, 1919, to prolong until that date the period under which the above-mentioned convention may be signed.

Done at Paris, the first of may, nineteen hundred and twenty, is a single copy, which shall remain deposited in the archives of the Government of the French Republic, and of which authenticeted copies will be transferred to the contracting states.
The said copy, dates as above, may be signed up to and inclusive of the first day of June, nineteen hundred and twenty.
In faith whereof, the undermentioned plenipotentiaries, whose powers have been found in good and due form, have signed the present protocal, of which the French, English and Italian text will be recognized as of equal validity.

No.2

procts-serbal of the Deposil of Relifications of the convention for the Regulation of Aerial Navigation, dated Paris, October 13, 1919, and of the Additional Protocal to the said Convention, dated Paris, May 1, 1920

Huge C. Wallace.	A. Millerand.
E. De Gatiffier.	A. Romanos.
E. De Gatiffier.	Bonin.
J.C.Aeteaga	K. Matsui.
Debby	R.A.Amados
Geroge H. Pertiey	Erasme Pilti.
Andrew Fisher	Joao Chagas
Tbomas Macenzie	D. J. Getika.
R.A.Blankenberg	Dr. Ante Trumbic.
Debby	Charoon.
Rafael Martiniz Ortiz.	Stefan Osusky.
E. Dorn Y De Alsua	J.C.Blanco.

In accordance with the final clauses of the Convention for the Regulation of Aerial Navigation, dated Paris, the 13th October, 1919, signed by the United States of America, Belgium, Bolivia, Brazil, the British Empire, China, Cuba, Ecuador, France, Greece, Guatamala, Italy, Japan, Panama, Poland, Portugal, Roumania, the Serb-Cr Et-Slovene State, Siam, Czecho Slovakia and Uruguay, and to which Peru, by declaration dated Paris, the 22nd June, 1920, Nicarsgus, by declaration dated Pris, the 29th March, 1922, have acceded, the undesigned have met together at 곧 Ministry for Foreign Affairs at Paris in order to proceed to the deposit of the retifications of the said convention and to hand them over to the Government of the French Republic.

The instruments of ratification of Belgium, Bolivia, the British Empire, France, Greece, Portugal, the Scrb-Croat-Slovene State and Siam beig produced, and, on examination, being found in good and due form, have been entrusted to the Government of the French Republic to be deposited in its archives.

The undersigned, representatives of Belgium, Bolivia, the British Empire, France, Greece, Portugal, he Serb-Creat-Slovene State, Siam, duly authorized, declare that thier respective governments may postpone, as regards the signatory states which have not yet deposited thier ratifications, as well as Spain, Switzerland, Norway, Sweden, the Netherlands, Denmark, Finland, Eathonis, Lativia and Monaco, the application of the provisions of Article 5 of the convention, until it may be possible to grant the derogations provided in the additional protocal to the said convention.

The decisions adopted by the said governments, in regard to the above right to postpone the application of the provisions of the article so far as the French Republic, which will communicate the information to the various contracting states.
As soon as the International Commission for Aerial Navigation shall be constitued, these notifications shall be addressed to the deposit of ratifications which are made subsquently.

A certified copy of the present *proces-verbal* shall be communicated by the French Government to all the signatory states.
In faith whereof the unfersigned have the present *proces-verbal* and have affixed thier seals thereto.
Done at Paris, the 1st June, 1922.
[L.S] E. DE GAIFFIER. [L.S] P.METAXAS.
[L.S] FELIK AVELINO ARAMATO. [L.S] JOAO CHAGAS.
[L.S] HARDIRGE OF PENSHURST. [L.S] M. BOSHKOTICH.
[L.S] R. PONSFAEE. [L.S]CHAROON.

No.3

Proces-verbal fo the Deposit of the Ratification of Japan of the Convention for the Regulation of Aerial Navigation, dated Paris, October 13, 1919, and of the Additional Protocal to the said Convention, dated Paris, May 1, 1920.

In accordance with the final clauses of the Convention for the Regulation of Aerial Navigation, dated Paris, the 13th October, 1919, signed by the United States of America, Belgium, Bolivia, Brazil, the British Empire, China, Cuba, Ecuador, France, Greece, Guatemala, Italy, Japan, Panama, Poland, portugal, Roumania, the Serb-Croat-Slovene State, Siam, Czecho-Slovakia and Siam, and to which Peru, by declaration dated Paris, the 22nd June, 1920, Nicaragua, by declaration dated Paris, the 31st December, 1920, and Liberia, by declaration dated Paris, the 29th March, 1922, have Ministry for Foreign Affairs at Paris in order to proceed to the deposit of the ratification of Japan of the said convention and to hand it over to the Government of the French Republic.

This instrumental being produced and, on examination, being found in good and due form, has been entrusted to the Government of the French Republic to be deposited in its archives.

A certified copy of the present, *proces-verbal* shall be communicated by the French Government to all the signatory states.

In faith whereof the undersigned the present *proces-verbal* and have affaired thier seals thereto.

Done at Paris, the 1st June, 1922.

No.4

M. Samad Khan, Minister of Persia at Paris, to M. A. Millerand, President of the Council, Minister for Foreign Affairs.

Sir,

By a telegram which which I have just received from Tehranm the Government of His Majesty the Shah has instructed me to notify to the Government of the French Repulic its adhesion to the Convention for the Regulation of Aerial Navigation of 1919, whilst pointing out that the Imperial Government reserves the right to prepare, to the extent possible, the new means and organizations required to carry out the clauses of this convention.

I avail,

SAMAD KRAF.

CONVENTIONS ON PUBLIC INTERNATIONAL LAW ADOPTED BY THE SIXTH INTERNATIONAL AMERICAN CONFERENCE

Held at Habana January 16- February 20,1928

CONVENTION ON COMMERCIAL AVLATION

The Governments of the American Republics, desirous of establishing the rules they should observe among themselves for serial traffic, have decided to lay them down in a convention, and to that effect have appointed as thier:

english translation reprinrsd from the appendices to the report of the delegates of the united states of america to the south international conference of american states, issued by the departurement of state and published by the gorvenment: printing office, washington.

[here follow the names of the plenipotetiaries.]

who, after having exchanged their respectivo full powers, which have been found to be in good and due form, have agreed upon the following:

2 하바나 협약

Conventions On Public International Law Adopted By The Sixth International American Conference

Held at Habana January 16 – February 20, 1928

CONVENTION ON COMMERCIAL AVIATION

The Governments of American Republics, desires of establishing the rules they should observe among themselves for serial traffic, have decided to lay them down in a convention, and to that effect have appointed as their plenipotentiaries :

English translation reprinted the appendices to toe Report of the Delegates of the United States of America to the Sixth International Conference of American States, issued by the Department of State and published by the Government Printing Office, Washington.

OFFICIAL DOCUMENTS

{Here follow the names of the plenipotentiaries.]
 Who, after having exchanged their respective full powers, which have been found to be in good and due form, have agreed upon the following:

ARTICLE 1
The high contracting parties recognize that every state has complete and exclusive sovereignty over the air space above its territory and territorial waters.

ARTICLE 2
The present convention applies exclusively to private aircraft.

ARTICLE 3
The following shall be deemed to be state aircraft:

(a) Military and naval aircraft;

(b) Aircraft exclusively employed in state service, such as posts, customs, and police.

Every other aircraft shall be deemed to be a private aircraft.

All state aircraft other than military, naval, customs and police aircraft shall be treated as private aircraft and as such shall be subject to all the provisions of the present convention.

ARTICLE 4

Each contracting state undertakes in time of peace to accord freedom of innocent passage above its territory to the private aircraft of the other contracting states, provided that the conditions laid down in the present convention are observed, The regulations established by a contracting state with regard to admission over its territory of aircraft of other contracting states shall be applied without distinction of nationality.

ARTICLE 5

Each contracting state has the right to prohibit, for reason which it deems convenient in the public interest, the fight over fired zones of its territory by the aircraft of the other contracting states and privately owned national aircraft employed in the service of international themercof iaviation, with the reservation that no distinction shall be made in the respect bcoween its own private aircraft engaged in international themerce the shose of the other contracting states likewise engaged. Each contracting state may furthermore prescribe the route to be followed over its territory by the aircraft of the other states, except in cases of force majeure which shall be governed in accordance with the stipulations of Article 18 of this convention. Each state shall publish in advance and notify the other contracting states of the fixation of the authorized routes and the situation and extension of the prohibited zones.

THE AMERICAN JOURNAL OF INTERNATIONAL LAW

ARTICLE 6

Every aircraft over a prohibited area shall be obliged, as soon as this fact is realized or upon being so notified by the signals agreed upon, to land as soon as possible outside of said area in the airdrome nearest the prohibited area over which it was improperly flying and which is considered as an international airport by the subjacent state.

ARTICLE 7

Aircraft shall have the nationality of the state in which they are registered and cannot be validly registered in more than one state.

The registration entry and the certificate of registration shall contain a description of the aircraft and state, the number or other mark of identification given by the constructor of the machine, the registry marks and nationality, the name of the airdrome or airport usually used by the aircraft, and the full name, nationality and domicile of the owner, as well as the date of registration.

ARTICLE 8

The registration of aircraft referred to in the preceding article shall be made in accordance with the laws and special provisions of each contracting state.

ARTICLE 9

Every aircraft engaged in international navigation must carry a distinctive mark of its nationality, the nature of such distinctive mark to be agreed upon by the several contracting states. The distinctive marks adopted will be communicated to the Pan American Union and to the other contracting states.

ARTICLE 10

Every aircraft engaged in international navigation shall carry with it in the custody of the aircraft commander:

(a) A certificate of registration, duly certified to according to the laws of the state in which it is registered ;
(b) A certificate of airworthiness, as provided for in Article 12 ;
(c) The certificates of competency of the commander, pilots, engineers, and crew, as provided for in article 13 ;
(d) If carrying passengers, a list of their names, addresses and nationality ;
(e) If carrying merchandise, the bills of lading and manifests, and all other documents required by customs law and regulations of each country ;
(f) Log books ;
(g) If equipped with radiotelegraph apparatus, the corresponding license.

ARTICLE 11

Each contracting state shall every month file with every other state party to this convention and every otPan American Union, a copy of all registrations and c witllations of registrations of aircraft engaged in international navigation as between the several contraction states.

ARTICLE 12

Every aircraft engaged in international navigation (between the several contracting states) shall be provided with a certificate of airworthiness issued by the state whose nationality it possesses.

This document shall certify to the states in which the aircraft is to operate, that, according to the opinion of the authority that issues it, such aircraft complies with the airworthiness requirements of each of the states named in said certificate.

The aircraft commander shall at all times hold the certificate in his custody and shall deliver it for inspection and verification to the authorized representatives of the state which said aircraft visits.

Each contracting state shall communicate to the other states parties to this convention and to the Pan American Union its regulations governing the rating of its aircraft as to airworthiness and shall similarly communicate any changes made therein.

While the states affirm the principle that the aircraft of each contracting states shall have the liberty of engaging in air commerce with the other contracting states without being subjected to the licensing system of any state with which such commerce is carried on, each and every contracting state mentioned in the certificate of airworthiness reserves the right to refuse to recognize as valid the certificate of airworthiness of any foreign aircraft where inspection by a duly authorized commission of such state shows that the aircraft is not, at the time of inspection, reasonably airworthy in accordance with the normal requirements of the laws and regulations of such state concerning the public safety.

In such cases said state may refuse to permit further transit by the aircraft through its air space until such times as it, with due regard to the public safety, is satisfied as to the airworthiness of the aircraft, and shall immediately notify the state whose nationality the air craft possesses and the Pan American Union of the action taken.

ARTICLE 13

The aircraft commander, pilots, engineers, and other members of the operating crew of every aircraft engaged in international navigation between the several contracting states shall, in accordance with the laws of each state, be provided with a certificate of competency by the contracting state whose nationality the aircraft possesses

Such certificate or certificates shall set forth their each pilot, in addition to having fulfilled the requirements of the state issuing the same, has passed a satisfactory examination with regard to the traffic rules existing in the other contracting states over which be desires to fly. The requirements of form of said documents shall be uniform throughout all the contracting states and shall be drafted in the language of all of them, and for this purpose the Pan American Union is charged with making the necessary arrangements amongst the contracting states.

Such certificate of certificates shall be held in the possession of the aircraft commander as long as the pilots, engineers and other members of the operating crew concerned continue to be employed on the aircraft. Upon the return of such certificate an authenticated copy thereof shall be retained in the files of the aircraft.

Such certificate of certificates shall be open at all times to the inspection of the duly authorized representatives of any state visited.

Each contracting state shall communicate to the other states parties to this convention and to the Pan American Union its regulations governing the issuance of such certificates and shall from time to time communicate any changes made therein.

ARTICLE 14

Each and every contracting state shall recognize as valid, certificates of competency of the aircraft commander, pilots, engineers and other members of the operating crew of an aircraft, issued in accordance with the laws and regulations of other contracting states.

ARTICLE 15

The carriage by aircraft of explosives, arms and munitions of war is prohibited in international serial navigation. Therefore, no foreign or native aircraft authorized for international traffic shall be permitted to transport articles of this nature, either between poin. Thituated within the territory of any of the contracting states or through the same even though simply in transit.

ARTICLE 16

Each state may prohibit or regulate the carriage or use, by aircraft possessing the nationality of other contracting states, of photographic apparatus. Such regulations as may be adopted by each state concerning this matter shall be communicated to each other contracting state and to the Pan American Union.

ARTICLE 17

As a measure of public safety or because of lawful prohibitions, the transportation of articles in international navigation other then those mentioned in Articles 15 and 16 may be restricted by any contracting state. Such restrictions shall be immediately communicated to the other contracting states and to the Pan American Union.

All restrictions mentioned in this article shall apply equality to foreign and national aircraft employed in international traffic.

ARTICLE 18

Every aircraft engaged is international traffic which enters the air space of a contracting with the intention of landing in said state shall do so in the corresponding customs airdrome, except in the cases mentioned in Article 19 and is *case of fore majeure*, which must be proved.

Every aircraft engaged in international navigation, prior to its departure form the territorial jurisdiction of a contracting state in which it has landed, shall obtain such clearance as is required by the laws of such state at a port designated as point of departure by such state.

Each and every contracting state shall notify every other state party to this convention and the Pan American Union of such airports as shall be designated by such state as ports of entry and departure.

When the laws or regulations of any contracting state so require, no aircraft shall legally enter into or depart from its territory through places other than those previously authorized by such state as international airports, and the landing therein shall be obligatory unless a special permit, which has been previously communicated to the authorities of said airport, is obtained from the competent authorities of said state, in which permit shall be clearly expressed the distinctive marks which the aircraft is obliged to make visible whenever requested to do so in the manner previously agree upon in said permit.

In the event that for any reason, after entering the territorial jurisdiction of a contracting state, aircraft of another contracting state should land at a point other than an airport designated as a port of entry in that state, the aircraft commander shall immediately notify the nearest competent authority and hold himself, crew, passengers and cargo at the point of landing until proper entry has been granted by such competent authority, unless communication therewith is impracticable within twenty-four hours.

Aircraft of one of the contracting states which flies over the territory of another contracting state shall be obliged to land as soon as ordered to do so by means of the regulation signals, when for any reason this may be necessary.

In the cases provided for in this article, the aircraft, aircraft commander, crew, passengers and cargo shall be subject to such immigration, emigration, customs, police, quarantine or sanitary inspection as the duly authorized representatives of the subjacent state may make in accordance with its laws.

ARTICLE 19

As an exception to the general rules, postal aircraft and aircraft belonging to aeriel transport companies regularly constituted and authorized may be exempted, at the option of the subjacent state, from the obligation of landing at an airdrome designated as a port of entry and authorized to land at certain inland airdromes, designated by the customs and police administration of such state, at which customs formalities shall be complied with, The departure of such aircraft from the state visited may be regulated in a similar manner.

However, such aircraft shall follow the normal air route, and make their identity known by signals agreed upon as they fly across the frontier.

ARTICLE 20

From the time of landing of a foreign aircraft at any point whatever until its departure the authorities of the state visited shall have, in all cases, the right to visit and examine the aircraft and to verify all documents with which it must be provided, in order to determine that all the laws, rules and regulations of such states and all the provisions of this convention are complied with,

ARTICLE 21

The aircraft of a contracting state engaged in interactional air commerce shall be permitted to discharge passengers and a part of its cargo at one of the airports designated as a port of entry of any other contracting state, and to proceed to any other airport or airports in such state for the purpose of discharging the remaining passengers and portions of such cargo and in like manner to take on passengers and load cargo destined for a foreign state or states, provided that they comply with the legal requirements of the country over which they fly, which legal requirements shall be the same for native and foreign aircraft engaged in international traffic and shall be communicated in due course to the contracting states and to the Pan American Union.

ARTICLE 22

Each contracting state shall have the right to establish reservations and restrictions in favor of its own national aircraft in regard to the commercial transportation of passengers and merchandise between to or more points in its territory, and to other remunerated aeronautical operations wholly within its territory. Such reservations and restrictions shall be immediately published and communicated to the other contracting states and to the Pan American Union.

ARTICLE 23

The establishment and operation of airdromes will be regulated by the legislation of each country, equality of treatment being observed.

ARTICLE 24

The aircraft of one contracting state engaged in international commerce with another contracting state shall not be compelled to pay other or higher charges in airports or airdromes open to the public than would be paid by national aircraft of the state visited, likewise engaged in international commerce.

ARTICLE 25

So long as a contracting state shall not have established appropriate regulations, the commander of an aircraft shall have rights and duties analogous to those of the captain of a merchant steamer, according to the respective laws of each state.

ARTICLE 26

The salvage of aircraft lost at sea shall be regulated, in the absence of any agreement to the contrary, by the principles of maritime law.

ARTICLE 27

The aircraft of all states shall have the right, in cases of danger, to all possible aid.

ARTICLE 28

Reparations for damages caused to persons or property located in the subjacent territory shall be governed by the laws of each state.

ARTICLE 29

In case of war the stipulations of the present convention shall not after the freedom of action of the contracting states either as belligerent or as neutrals.

ARTICLE 30

The right of any of the contrecting states to enter into any convention or special agreement with any other state or states concerning international serial navigations is recognized, so long as such convention or special agreement shall not impair the rights or obligations of any of the states parties to this convention, acquired or imposed herein ; provided, however, that two or more states, for reasons of reciprocal convenience and interest may agree upon appropriate regulations pertaining to the operation of aircraft and the fixing of specified routes. These regulations shall in so case prevent the establishment and operation of practicable inter American aerial lines and terminals. These regulations shall guarantee equality of treatment of the aircraft of each and every one of the contracting states and shall be subject to the same conditions as are set forth in Article 5 of this convection with respect to prohibited areas within the territory of a particular state.

Nothing contained in this convention shall after the rights and obligations established by existing treaties.

ARTICLE 31

The contracting states obligate themselves in so far as possible to cooperate in inter-American measures relative to :
  (a) The centralization and distribution of meteorological information, whether statistical, current or special ;
  (b) The publication of uniform aeronautical charts, as well as the establishment of a uniform system of signals ;
  (c) The use of radiotelegraph is serial navigation, the establishment of the necessary radiotelegraph stations and the observance of the inter-American and international rediotelegraph regulations or conventions at present existing or which may come into existence.

ARTICLE 32

The contracting states shall precure as far as possible uniformity of laws and regulations governing aerial navigation. The Pan American Union shall cooperate with the governments of the contrecting states to attain the desired uniformity of laws and regulations for aerial navigation in the states parties to the convention.

Each contracting state shall exchange with every other contracting state within three months after the date of ratification of this convention copies of its air-traffic rules and requirements as to competency for aircraft commanders, pilots, engineers, and other members of the operation crew, and the requirements for airworthiness of aircraft intended to engage in international commerce.

Each contracting state shall deposit with every other state party to this convention and with the Pan American Union three months prior to the date proposed for their enforcement any additions to or amendments of the regulations referred to in the last preceding paragraph.

ARTICLE 33

Each contracting state shall deposit its ratification with the Cuban Government, which shall thereupon inform the other contracting states. Such ratification shall remain deposited in the archives of the Cuban Government.

ARTICLE 34

The present convention will come into force for each signatory state ratifying it is respect to other states which have already ratified, forty days from the date of deposit of its ratification.

ARTICLE 35

Any state may adhere to this convention by giving notice thereof to the Cuban Government, and such adherence shall be effective forty days thereafter. The Cuban Government shall inform the other signatory states of such adherence.

ARTICLE 36

In case of disagreement between to contracting states regarding the interpretation or execution of the present convention the question shall, on the request of one of the governments in disagreement, be submitted arbit in dison hereinafter provided. Each of the governments in involved the disagreement shall choose another government not interested in the question at issuement, be government so chosen shall arbit ine the dispute In the event the tis arbit inoe gcannot reach an agreement they shall point another disinterested government on additional arbit inor. If the arbit inoe gcannot agree upon the choice of this third government, each arbit inoe shall prbit i a government not interested in the dispute ent,ls shall be d iwn between the tis governments proposed. The drawing shall devolve upon the Governing board of the Pan American Union.

The decision of the arbitrators shall be by majority vote.

ARTICLE 37

Any contracting state may denounce this convention at any time by transmitting notification thereof to the cuban Government, which shall communicate it to the other states parties to this convention. Such denunciation shall not take effect until six months after notification thereof to the Cuban Government, and shall take effect only with respect to the state making the denunciation.

In witness whereof, the above-named plenipotentiaries have signed this convention and the seal of the Sixth International Conference of American States has been hereto affixed.

RESERVATION OF THE DOMINICAN REPUBLIC

The delegation of the Dominican Republic records, as an explanation of its vote, that upon signing the present convention it does not understand that the Dominican Republic dissociates itself from conventions it has already ratified and which are in force.

CONVENTION REVISING THE CONVENTION OF BUENOS AIRES REGARDING LITERARY AND ARTISTIC COPYRIGHT
Signed February 18, 1998

The countries members of the Pan American Union, represented at the Sixth International Conference of American States, sent to it the following delegates duly authorized to approve any recommendations, resolutions conventions and treaties which they might deem useful to the interests of america:

[Here follow the names of the delegates.]

who, after communication to one another their respective powers and finding them in good and due order, have agreed to revise the convention on the protection of literary and artistic copyright, signed in Buenos Aires on August 11, 1910.[68]

---

[68] Printed in Supplement to this JOURNAL, Vol. 5 (1911), pp. 11-14

3 국제민간항공협약(시카고 협약)
Convention on International Civil Aviation

- 체결일자 및 장소 : 1944년 12월 07일 시카고에서 작성(발효일; 1947년 04월 04일)
- 국회동의일   : 1957년 02월 04일
- 가입서 기탁일   : 1952년 11월 11일
- 발효일   : 1952년 12월 11일 (조약 제38호)
- 체약국현황   : 2010년 3월 1일 (190개국)

第1部 航 空

제1장 協約의 一般原則과 適用

제1조 主權; 締約國은 各國이 그 領域상의 空間에 있어서 完全하고 排他的인 主權을 保有한다는 것을 承認한다.

제2조 영역; 본 협약의 적용상 국가의 영역이라 함은 그 나라의 주권, 종주권보호 또는 위임 통치하에 있는 육지와 그에 인접하는 영수를 말한다.

제3조 民間航空機 및 國家航空機;
 (a) 本協約은 民間 航空機에 한하여 適用하고 國家의 航空機에는 適用하지 아니한다.
 (b) 軍, 稅關과 警察業務에 使用하는 航空機는 國家의 航空機로 看做한다.
 (c) 어떠한 체약국의 국가 항공기도 특별협정 또는 기타방법에 의한 허가를 받고 또한 그 조건에 따르지 아니하고는 **타국의 영역의 상공**을 비행하거나 또는 그 영역에 착륙하여서는 아니된다.
 (d) 체약국은 자국의 국가항공기에 관한 규칙을 제정하는 때에는 민간항공기의 항행의안전을 위하여 타당한 고려를 할 것을 약속한다.

제3조의2 民間航空機 및 國家航空機(1983.9.1 KE007 항공기 피격 사건후 제정)
 - 1984년 5월10일: 몬트리올에서 채택

- 비준서 기탁일 : 1985년 02월 27일
- 발효일   : 1998년 10월 01일 (조약 제1462호)
- 관보게재일   : 1998년 10월 23일
- 당사국현황   : **140개국 (2010년 3월 1일 현재)**

(a) **체약국은 모든 국가가 비행중인 民間航空機에 대하여 武器의 使用을 삼가** 하여야 하며, 또한 민간항공기를 유도 통제하는 경우에 탑승객의 생명과 항공기의 안전을 위태롭게 하여서는 아니된다는 것을 인정한다. 이 규정은 어떠한 경우에도 국제연합헌장에 규정된 국가의 권리와 의무를 수정하는 것으로 해석 되지 아니한다.

(b) **체약국은 모든 국가가 그 주권을 행사함에 있어서**, 민간항공기가 허가없이 그 영토상공을 비행하거나 또는 이 협약의 목적에 합치되지 아니하는 어떠한 의도로 사용되고 있다고 믿을만한 합리적인 이유가 있는 경우, 동 **民間航空機에 대하여 其他 指示를** 할 수 있음을 인정한다. 이러한 목적으로 체약국은 이 협약의 관계 규정, 특히 이 조의 (a)항을 포함한 국제법의 관계 규칙에 합치되는 모든 적절한 수단을 취할 수 있다.

각 체약국은 민간항공기의 유도통제에 관한 자국의 현행 규정을 공표할 것을 동의한다.

(c) **모든 민간항공기는 이 조의(b)항에 따라 내려진 命令에 服從**하여야 한다. 이를 위하여 각 체약국은 자국에 등록되어 있거나 또는 자국에 사업의 주된 사무소나 주소를 둔 운용권자에 의하여 운용되는 어떠한 민간항공기도 그러한 명령에 따르도록 하기 위하여 모든 필요한 규정을 자국의 국내법령에 규정하여야 한다. 각 체약국은 그러한 관계법령의 어떠한 위반에 대하여도 엄중히 처벌하여야 하며, 자국의 법령에 따라 자국의 권한있는 당국에 사건을 회부하여야 한다.

(d) 각 체약국은 자국에 등록되어 있거나 또는 자국에 사업의 주된 사무소나 주소를 둔 운용권자에 의하여 운용되는 어떠한 민간항공기도 이 협약의 목적에 합치되지 아니하는 어떠한 의도로 고의적으로 사용되는 것을 방지하기 위하여 적절한 조치를 취하여야 한다. 이 규정은 이 조의 (a)항에 영향을 미치거나 또는 (b)항과 (c)항을 부분적으로 폐기시켜서는 아니된다.

제4조 민간항공의 남용

각체약국은, 본 협약의 목적과 양립하지 아니하는 목적을 위하여 민간항공을 사용하지 아니할 것을 동의한다.

제2장 締約國 領域 上空의 飛行

제5조 不定期 飛行의 權利

각 체약국은, 타 체약국의 모든 항공기로서 정기 국제항공업무에 종사하지 아니하는 항공기가 사전의 허가를 받을 필요 없이 피비행국의 착륙요구권에 따를 것을 조건으로, 체약국의 영역 내에의 비행 또는 그 영역을 무착륙으로 횡단비행하는 권리와 또 운수이외의 목적으로서 착륙하는 권리를 본 협약의 조항을 준수하는 것을 조건으로 향유하는 것에 동의한다. 단 각 체약국은 비행의 안전을 위하여, 접근하기 곤란하거나 또는 적당한 항공 보안시설이 없는 지역의 상공의 비행을 희망하는 항공기에 대하여 소정의 항로를 비행할 것 또는 이러한 비행을 위하여 특별한 허가를 받을 것을 요구하는 권리를 보류한다.

전기의 항공기는 정기 국제항공업무로서가 아니고 유상 또는 대체로서 여객화물 또는 우편물의 운수에 종사하는 경우에도 제7조의 규정에 의할 것을 조건으로, 여객, 화물, 또는 우편물의 적재와 하재를 하는 권리를 향유한다. 단 적재 또는 하재가 실행되는 국가는 그가 필요하의 적인정하는 규칙, 조건 또는 제한을 설정하는 권리를 향유한다.

제6조 定期 航空業務

정기 국제항공업무는 체약국의 특별한 허가 또는 타의 인가를 받고 그 허가 또는 인가의 조건에 따르는 경우를 제외하고 그 체약국의 영역의 상공을 비행하거나 또는 그 영역에
비행할 수 없다.

제7조 國內營業

각 체약국은, 자국 영역내에서 유상 또는 대체의 목적으로 타지점으로 향하는 여객, 우편물, 화물을 적재하는 허가를 타체약국의 항공기에 대하여 거부하는 권리를 향유한다. 각 체약국은 타국 또는 타국의 항공기업에 대하여 배타적인 기초위에 전기의 특권을 특별히 부여하는 협약을 하지 아니하고 또 타국으로부터 전기의 배타적인 특권을 취득 하지도 아니할 것을 약속한다.

제8조 무조종자 항공기

조종자 없이 비행할 수 있는 항공기는 체약국의 특별한 허가없이 또 그 허가의 조건에 따르지 아니하고는 체약국의 영역의 상공을 조종자 없이 비행하여서는 아니된다. 각체약국은 민간 항공기에 개방되어 있는 지역에 있어서 전기 무조종자항공기의 비행이 민간 항공기에 미치는 위험을 예방하도록 통제하는 것을 보장하는데 약속한다.

제9조 禁止區域

(a) 각 체약국은 타국의 항공기가 자국의 영역내의 일정한 구역의 상공을 비행하는 것을 군사상의 필요 또는 공공의 안전의 이유에 의하여 일률적으로 제한하고 또는 금지할 수 있다. 단, 이에 관하여서는 그 영역소속국의 항공기로서 국제정기 항공업무에 종사하는 항공기와 타 체약국의 항공기로서 우와 동양의 업무에 종사하는 항공기간에 차별을 두어서는 아니된다. 전기 금지구역은 항공을 불필요하게 방해하지 아니하는 적당한 범위와 위치로 한다. 체약국의 영역 내에 있는 이 금지구역의 명세와 그 후의 변경은 가능한 한 조속히 타 체약국과 국제민간항공기구에 통보한다.

(b) 각 체약국은 특별사태 혹은 비상시기에 있어서 또는 공공의 안전을 위하여, 즉각적으 로 그 영역의

전부 또는 일부의 상공비행을 일시적으로 제한하고 또는 금지하는 권리를 보류한다. 단, 이 제한 또는 금지는 타의 모든 국가의 항공기에 대하여 국적의 여하를 불문 하고 적용하는 것이라는 것을 조건으로 한다.

(c) 각 체약국은 동국이 정하는 규칙에 의거하여 전기 (a) 또는 (b)에 정한 구역에 들어가 는 항공기에 대하여 그 후 가급적 속히 그 영역내 어느 지정한 공항에 착륙하도록 요구할 수가 있다.

제10조 稅關空港에의 着陸

항공기가 본 협약 또는 특별한 허가조항에 의하여 체약국의 영역을 무착륙 횡단하는 것이 허용되어있는 경우를 제외하고 체약국의 영역에 입국하는 모든 항공기는 그 체약국의 규칙이 요구할 때에는 세관 기타의 검사를 받기 위하여 동국이 지정한 공항에 착륙한다. 체약국의 영역으로부터 출발할 때 전기의 항공기는 동양으로 지정된 세관공항으로부터 출발한다.

지정된 모든 세관공항의 상세는 그 체약국이 발표하고 또 모든 타 체약국에 통보하기 위하여 본 협약의 제2부에 의하여 설립된 국제민간항공기구에 전달한다.

제11조 航空에 관한 規則의 適用

국제항공에 종사하는 항공기의 체약국 영역에의 입국 혹은 그 영역으로부터의 출국에 관한 또는 그 항공기의 동영역내에 있어서의 운항과 항행에 관한 체약국의 법률과 규칙은 본 협약의 규정에 따를 것을 조건으로 하여 국적의 여하를 불문하고 모든 체약국의 항공기에 적용되고 또 체약국의 영역에의 입국 혹은 그 영역으로부터의 출국시 또는 체약국의 영역내에 있는 동안은 전기의 항공기에 의하여 준수된다.

제12조 航空規則

각 체약국은 그 영역의 상공을 비행 또는 동 영역 내에서 동작하는 모든 항공기와 그 소재의 여하를 불문하고 그 국적표지를 게시하는 모든 항공기가 당해지에 시행되고 있는 항공기의 비행 또는 동작에 관한 법규와 규칙에 따르는 것을 보장하는 조치를 취하는 것 을 약속한다. 각 체약국은 이에 관한 자국의 규칙을 가능한 한 광범위하게 본 협약에 의하여 수시 설정되는 규칙에 일치하게 하는 것을 약속한다. 공해의 상공에서 시행되는 법규는 본 협약에 의하여 설정된 것으로 한다. 각 체약국은 적용되는 규칙에 위반한 모든 자의 소추를 보증하는 것을 약속한다.

제13조 入國 및 出國에 관한 規則

항공기의 여객 승무원 또는 화물의 체약국 영역에의 입국 또는 그 영역으로부터의 출국에 관한 동국의 법률과 규칙, 예를 들면 입국, 출국, 이민, 여권, 세관과 검역에 관한 규칙은 동국영역에의 입국 혹은 그 영역으로부터 출국을 할 때 또는 그 영역에 있는 동안 항공기 의 여객, 승무원 또는 화물이 스스로 준수하든지 또는 이들의 명의에서 준수되어야 한다.

제14조 병역의 만연의 방지

각 체약국은 콜레라, 티프스, 천연두, 황열, 흑사병과 체약국이 수시 지정을 결정하는 타의 전염병의 항공에 의한 만연을 방지하는 효과적인 조치를 취하는 것에 동의하고 이 목적으로써 체약국은 항공기에 대하여 적용할 위생상의 조치에 관하여 국제적 규칙에 관계가 있는 기관과 항시 긴밀한 협의를 한다. 이 협의는 체약국이 이 문제에 대한 현재국제조약의 당사국으로 있는 경우에는 그 적용을 방해하지 아니한다.

제15조 空港의 使用料 및 其他의 使用料金

체약국내의 공항으로서 동국 항공기 일반의 사용에 공개되어 있는 것은 제86조의 규정에 따를 것을 조건으로, 모든 타 체약국이 항공기에 대하여 동일한 균등 조건하에 공개한다.

동일한 균등 조건은 무선전신과 기상의 업무를 포함한 모든 항공 보안시설로 항공의 안전과 신속화를 위하여 공공용에 제공되는 것을 각 체약국의 항공기가 사용하는 경우에 적용 한다. 타 체약국의 항공기가 이 공항과 항공보안시설을 사용하는 경우에 체약국으로서 부과하고 또는 부과하는 것을 허여하는 요금은 다음의 것보다 고액이 되어서는 안 된다.

(a) 국제정기항공업무에 종사하지 아니하는 항공기에 관하여서는 동양의 운행에 종사하고 있는 자국의 동급의 항공기가 지불하는 것;
(b) 국제정기항공업무에 종사하고 있는 항공기에 관하여는 동양의 국제항공기업무에 종사하고 있는 자국의 항공기가 지불하는 것. 전기의 요금은 모두 공표하고 국제민간항공기구에 통보한다. 단, 관계체약국의 신입이 있을 때에는 공항과 타시설의 사용에 대하여 부과된 요금은 이사회의 심사를 받고 이사회는 관계국 또는 관계제국에 의한 심의를 위하여 이에 관하여 보고하고 또 권고한다. 어느 체약국이라도 체약국의 항공기 또는 동양 상의인 혹은 재산이 자국의 영역의 상공의 통과, 동영역에의 입국 또는 영역으로부터의 출국을 하는 권리에 관한 것에 대해서만은 수수료, 세금 또는 타의 요금을 부과하여서는 아니된다.

제16조 航空機의 檢査

각 체약국의 당해 관헌은 부당히 지체하는 일 없이, 착륙 또는 출발 시에 타 체약국의 항공기를 검사하고 또 본 협약에 의하여 규정된 증명서와 타 서류를 검열하는 권리를 향유한다.

제3장 航空機의 國籍

제17조 航空機의 國籍

항공기는 등록국의 국적을 보유한다.

제18조 이중등록

항공기는 일개 이상의 국가에 유효히 등록할 수 없다. 단, 그 등록은 일국으로부터 타국으로 변경할 수는 있다.

제19조 등록에 관한 국내법

체약국에 있어서 항공기의 등록 또는 등록의 변경은 그 국가의 법률과 규칙에 의하여 시행한다.

제20조 기호의 표시

국제항공에 종사하는 모든 항공기는 그 적당한 국적과 등록의 표지를 게시한다.

제21조 등록의 보고

각 체약국은 자국에서 등록된 특정한 항공기의 등록과 소유권에 관한 정보 요구가 있을 때에는 타 체약국 또는 국제민간항공기구에 제공할 것을 약속한다. 또 각 체약국은 국제민간항공기구에 대하여 동기구가 규정하는 규칙에 의하여 자국에서 등록되고 또 항상 국제항공에 종사하고 있는 항공기의 소유권과 관리에 관한 입수 가능한 관계자료를 제시한 보고서를 제공한다. 국제민간항공기구는 이와 같이 입수한 자료를 타 체약국이 청구할 때에는 이용시킨다.

제4장 運航을 容易케하는 措置

제22조 수속의 간이화

각 체약국은 체약국 영역간에 있어서 항공기의 항행을 용이하게 하고 신속하게 하기 위하여 또 특히 입국 항 검역, 세관과 출국에 관한 법률의 적용에 있어서 발생하는 항공기 승무원 여객 및 화물의 불필요한 지연을 방지하기 위하여 특별한 규칙의 제정 또는 타 방법으로 모든 실행 가능한 조치를 취하는 것에 동의한다.

제23조 세관 및 출입국의 수속

각 체약국은, 실행 가능하다고 인정하는 한 본 협약에 의하여 수시 인정되고 권고되는 방식에 따라 국제항공에 관한 세관 및 출입국 절차를 설정할 것을 약속한다. 본조약의 여하한 규정도 자유공항의 설치를 방해하는 것이라고 해석되어서는 아니된다.

제24조 관 세

(a) 타 체약국의 영역을 향하여, 그 영역으로부터 또는 그 영역을 횡단하고 비행하는 항공기는, 그 국가의 세관규정에 따를 것을 조건으로, 잠정적으로 관세의 면제가 인정된다. 체약국의 항공기가 타 체약국의

영역에 도착할 때에 동항공기상에 있는 연료, 윤골유, 예비부분품 및 항공기저장품으로써 그 체약국으로부터 출발하는 때에 기상에 적재하고 있는 것은 관세, 검사, 수수료 등 국가 혹은 지방세와 과금이 면제된다. 이 면제는 항공기로부터, 내려진 양 또는 물품에는 적용하지 아니한다. 니한다동량 또는 물품을 세관의 감시하에 두는 것을 요구하는 그 국가의 세과규칙에 따르는 경우에는 제외한다.
(b) 국제항공에 종사하는 타 체약국의 항공기에 부가하거나 또는 그 항공기가 사용하기 위하여 체약국의 영역에 수입된 예비부분품과 기기는 그 물품을 세관의 감시와 관리하에 두는 것을 규정한 관계국의 규칙에 따를 것을 조건으로 관세의 면세가 인정된다.

제25조 遭難 航空機

각 체약국은 그 영역 내에서 조난한 항공기에 대하여 실행 가능하다고 인정되는 구호조치를 취할 것을 약속하고 또 동 항공기의 소유자 또는 동항공기의 등록국의 관헌이 상황에 따라 필요한 구호조치를 취하는 것을, 그 체약국의 관헌의 감독에 따르는 것을 조건으로, 허가할 것을 약속한다. 각 체약국은 행방불명의 항공기의 수색에 종사하는 경우에 있어서는 본 협약에 따라 수시 권고되는 공동조치에 협력한다.

제26조 事故의 調査

체약국의 항공기가 타 체약국의 영역에서 사고를 발생시키고 또 그 사고가 사망 혹은 중상을 포함하든가 또는 항공기 또는 항공보안시설의 중대한 기술적 결함을 표시하는 경우에는 사고가 발생한 국가는 자국의 법률이 허용하는 한 국제민간항공기구가 권고하는 절차에 따라 사고의 진상 조사를 개시한다. 그 항공기의 등록국에는 조사에 임석할 입회인을 파견할 기회를 준다. 조사를 하는 국가는 등록 국가에 대하여 그 사항에 관한 보고와 소견을 통보하여야 한다.

제27조 특허권에 의하여 청구된 차압의 면제

(a) 국제항공에 종사하고 있는 한 체약국의 항공기가 타 체약국의 영역에의 허가된 입국, 착륙 혹은 무착륙으로 동 영역의 허가된 횡단을 함에 있어서는, 항공기의 구조, 기계장치, 부분품, 부속품 또는 항공기의 운항이, 동항공기가 입국한 영역 소속국에서 합법적으로 허여되고 또는 등록된 발명특허, 의장 또는 모형을 침해한다는 이유로 전기의 국가 또는 동국내에 있는 국민에 의하던가 또는 차등의 명의에 의하여 항공기의 차압 혹은 억류항공기의 소유자 혹은 운항자에 대한 청구 또는 항공기에 대한 타의 간섭을 하여서는 아니된다. 항공기의 차압 또는 억류로부터 전기의 면제에 관한 보증금의 공탁은 그 항공기가 입국한 국가에서는 여하한 경우에 있어서라도 요구되지 아니하는 것으로 한다.
(b) 본조 (a)항의 규정은, 체약국의 항공기를 위하여 예비부분품과 예비기기를 타 체약국의 영역내에 보관하는 것에 대하여 또 체약국의 항공기를 타체약국의 영역내에서 수리하는 경우에 전기의 물품을사용하고 또 장치하는 권리에 대하여 적용한다. 단, 이와 같이 보관되는 어떠한 특허부분품 또는 특허기기라도 항공기가 입국하는 체약국에서 국내적으로 판매하고 혹은 배부하고 또는 그 체약국으로부터 상업의 목적으로서 수출하여서는 아니된다.

(c) 본조의 이익은 본 협약의 당사국으로서, (1) 공업 소유권 보호에 관한 국제협약과 그 개정의 당사국인 국가 또는 (2) 본 협약의 타 당사국 국민에 의한 증명을 승인하고 또 이에 적당한 보호를 부여하는 특허법을 제정한 국가에 한하여 적용한다.

제28조 航空施設 및 標準樣式

각 체약국은, 실행 가능하다고 인정하는 한, 다음 사항을 약속한다.

(a) 본 협약에 의하여 수시 권고되고 또는 설정되는 표준과 방식에 따라, 영역내에 공항, 무선업무, 기상업무와 국제항공을 용이하게 하는 타의 항공보안시설을 설정하는 것.

(b) 통신수속, 부호, 기호, 신호, 조명의 적당한 표준양식 또는 타의 운항상의 방식과 규칙으로서 본 협약에 의하여 수시 권고되고 또는 설정되는 것을 채택하여 실시하는 것.

(c) 본 협약에 의하여 수시 권고되고 또는 설정되는 표준에 따라, 항공지도와 항공지도의 간행을 확실하게 하기 위한 국제적 조치에 협력하는 것.

제5장 航空機에 관하여 移行시킬 要件

제29조 航空機가 携帶하는 書類

국제항공에 종사하는 체약당사국의 모든 항공기는, 본 협약에 정한 조건에 따라 다음의 서류를 휴대하여야 한다.

(a) 등록증명서;
(b) 내항증명서;
(c) 각 승무원의 적당한 면허장;
(d) 항공일지;
(e) 무선전신장치를 장비할 때에는 항공기무선전신국면허장;
(f) 여객을 수송할 때는 그 성명 및 승지와 목적지의 표시;
(g) 화물을 운송할 때는 석하목록과 화물의 세목신고서

제30조 航空機의 無線裝備

(a) 각 체약국의 항공기는, 그 등록국의 적당한 관헌으로부터, 무선송신기를 장비하고 또 운용하는 면허장을 받은 때에 한하여, 타 체약국의 영역내에서 또는 그 영역의 상공에서 전기의 송신기를 휴행할 수 있다. 피비행 체약국의 영역에서의 무선송신기의 사용은 동국이 정하는 규칙에 따라야 한다.

(b) 무선송신기의 사용은 항공기등록국의 적당한 관헌에 의하여 발급된 그 목적을 위한 특별한 면허장을 소지하는 항공기 승무원에 한한다.

제31조 堪航證明書
국제항공에 종사하는 모든 항공기는 그 등록국이 발급하거나 또는 유효하다고 인정한 내항증명서를 비치한다.

제32조 航空從事者의 免許狀
(a) 국제항공에 종사하는 모든 항공기의 조종자와 기타의 운항승무원은 그 항공기의 등록국이 발급하거나 또는 유효하다고 인정한 기능증명서와 면허장을 소지한다.
(b) 각 체약국은 자국민에 대하여 타 체약국이 부여한 기능증명서와 면허장을 자국영역의 상공 비행에 있어서 인정하지 아니하는 권리를 보류한다.

제33조 증명서 및 면허장의 승인
항공기의 등록국이 발급하거나 또는 유효하다고 인정한 내항증명서, 기능증명서 및 면허장은 타 체약국도 이를 유효한 것으로 인정하여야 한다. 단, 전기의 증명서 또는 면허장을 발급하거나 또는 유효하다고 인정한 요건은 본 협약에 따라 수시 설정되는 최저 표준과 그 이하이라는 것을 요한다.

제34조 航空日誌
국제항공에 종사하는 모든 항공기에 관하여서는 본 협약에 따라 수시 특정하게 되는 형식으로 그 항공기 승무원과 각항공의 세목을 기입한 항공일지를 소지 한다.

제35조 화물의 제한
(a) 군수품 또는 군용기재는 체약국의 영역내 또는 상공을 그 국가의 허가없이 국가항공에 종사하는 항공기로 운송하여서는 아니된다. 각국은 통일성을 부여하기 위하여 국제민간항공기구가 수시로 하는 권고에 대하여 타당한 고려를 하여 본조에 군수품 또는 군용기재가 무엇이라는 것을 규칙으로서 결정한다.
(b) 각 체약국은 공중의 질서와 안전을 위하여 (a)항에 게시된 이외의 물품에 관하여 그 영역내 또는 그 영역의 상공운송을 제한하고 또는 금지하는 권리를 보류한다. 단, 이에 관하여서는 국제항공에 종사하는 자국의 항공기와 타체약국의 동양의 항공기관에 차별을 두어서는 아니되며, 또한 항공기의 운항 혹은 항행 또는 직원 혹은 여객의 안전을 위하여 필요한 장치의 휴행과 기상사용을 방해하는 제한을 하여서는 아니된다.

제36조 사 진 기
각 체약국은 그 영역의 상공을 비행하는 항공기에서 사진기를 사용하는 것을 금지하거나 또는 제한할 수 있다.

제6장 國際標準과 勸告慣行

제37조 國際標準 및 手續의 採擇

각 체약국은, 항공기직원, 항공로 및 부속업무에 관한 규칙, 표준, 수속과 조직에 있어서의 실행 가능한 최고도의 통일성을 확보하는데에 협력할 것을 약속하여, 이와 같은 통일성으로 운항이 촉진되고 개선되도록 한다.

이 목적으로써 국제민간항공기구는 다음의 사항에 관한 국제표준 및 권고되는 방식과 수속을 필요에 응하여 수시 채택하고 개정한다.

(a) 통신조직과 항공 보안시설 (지상표지를 포함);
(b) 공항과 이착륙의 성질;
(c) 항공규칙과 항공 교통관리방식;
(d) 운항관계 및 정비관계 종사자의 면허;
(e) 항공기의 내항성;
(f) 항공기의 등록과 식별;
(g) 기상정보의 수집과 교환;
(h) 항공일지;
(j) 세관과 출입국의 수속;
(k) 조난 항공기 및 사고의 조사.

또한 항공의 안전, 정확 및 능률에 관계가 있는 타의사항으로서 수시 적당하다고 인정하는 것.

제38조 國際標準 및 手續의 排除

모든 점에 관하여 국제표준 혹은 수속에 추종하며, 또는 국제표준 혹은 수속의 개정후 자국의 규칙 혹은 방식을 이에 완전히 일치하게 하는 것이 불가능하다고 인정하는 국가, 혹은 국제표준에 의하여 설정된 것과 특정한 점에 있어 차이가 있는 규칙 또는 방식을 채용하는 것이 필요하다고 인정하는 국가는, 자국의 방식과 국제표준에 의하여 설정된 방식간의 차이를 직시로 국제민간항공기구에 통고한다. 국제표준의 개정이 있을 경우에, 자국의 규칙 또는 방식에 적당한 개정을 가하지 아니하는 국가는, 국제표준의 개정의 채택으로부터 60일 이내에 이사회에 통지하든가 또는 자국이 취하는 조치를 명시하여야 한다.

이 경우에 있어서 이사회는 국제표준의 특이점과 이에 대응하는 국가의 국내 방식간에 있는 차이를 직시로 타의 모든 국가에 통고하여야 한다.

제39조 證明書 및 免許狀의 裏書

(a) 내항성 또는 성능의 국제표준이 존재하는 항공기 또는 부분품으로 증명서에 어떤 점에 있어 그 표준에 합치하지 못한 것은 그 합치하지 못한 점에 관한 완전한 명세를 그 내항증명서에 이서하든가 또는 첨

부하여야 한다.

제40조 이서된 증명서 및 면허장의 효력

전기와 같이 보증된 증명서 또는 면허장을 소지하는 항공기 또는 직원은 입국하는 영역의 국가의 허가없이 국제항공에 종사하여서는 아니된다. 전기의 항공기 또는 증명을 받은 항공기 부분품으로서 최초에 증명을 받은 국가 이외의 국가에 있어서의 등록 또는 사용은 그 항공기 또는 부분품을 수입하는 국가가 임의로 정한다.

제41조 내항성의 현행표준의 승인

본장의 규정은 항공기기로서 그 기기에 대한 내항성의 국제표준을 채택한 일시 후 3년을 경과하기 전에 그 원형이 적당한 국내 관헌에게 증명을 받기 위하여 제출된 형식의 항공기와 항공기 기기에는 적용하지 아니한다.

제42조 항공종사자의 기능에 관한 현행표준의 승인

본장의 규정은 항공종사자에 대한 자격증명서의 국제표준을 최초로 채택한 후 1년을 경과하기 전에 면허장이 최초로 발급되는 직원에게는 적용하지 아니한다. 그러나 전기의 표준을 채택한 일자 후 5년을 경과하고 상금 유효한 면허장을 소지하는 모든 항공종사자에게는 어떠한 경우에 있어서도 적용한다.

第2部 國際民間航空機構

제7장 機 構

제43조 명칭 및 구성

본 협약에 의하여 국제민간항공기구라는 기구를 조직한다. 본 기구는 총회, 이사회 및 필요한 타의 기관으로 구성된다.

第44條 目 的

본기구의 목적은 다음의 사항을 위하여 국제항공의 원칙과 기술을 발달시키고 또한 국제항공수송의 계획과 발달을 조장하는 것에 있다:
(a) 세계를 통하여 국제민간항공의 안전하고도 정연한 발전을 보장하는 것;
(b) 평화적 목적을 위하여 항공기의 설계와 운항의 기술을 장려하는 것;
(c) 국제민간항공을 위한 항공로, 공항과 항공 보안시설의 발달을 장려하는 것;

(d) 안전하고 정확하며 능률적인 그리고 경제적인 항공수송에 대한 세계 제인민의 요구에 응하는 것;
(e) 불합리한 경쟁으로 발생하는 경제적 낭비를 방지하는 것;
(f) 체약국의 권리가 충분히 존중될 것과 체약국이 모든 국제항공 기업을 운영하는 공정한 기회를 갖도록 보장하는 것;
(g) 체약국간의 차별대우를 피하는 것;
(h) 국제항공에 있어서 비행의 안전을 증진하는 것;
(i) 국제민간항공의 모든 부문의 발달을 일반적으로 촉진하는 것:

第45條 恒久的 所在地
본 기구의 항구적 소재지는 1944년 12월 7일 시카고에서 서명된 국제민간항공에 관한 중간협정에 의하여 설립된 임시 국제민간항공기구의 중간총회의 최종회합에서 결정되는 장소로 한다. 이 소재지는 이사회의 결정에 의하여 일시적으로 타의 장소에 또한 총회의 결정에 의하여 일시적이 아닌 타의 장소로 이전할 수 있다.
이러한 총회의 결정은 총회가 정하는 표수에 의하여 취하여져야 한다. 총회가 정하는 표수는 체약국의 총수의 5분의3 미만이어서는 아니된다.
※ 체결일자 및 장소 1954년 06월 14일 몬트리올에서 작성, 발효일 1958년 05월 16일

제46조 총회의 제1차 회합
총회의 제1차 회합은 전기의 임시기구의 중간이사회가 결정하는 시일과 장소에서 회합하도록 본 협약의 효력발생 후 직시 중간이사회가 소집한다.

제47조 법률상의 행위능력
기구는, 각 체약국의 영역내에서 임무의 수행에 필요한 법률상의 행위능력을 향유한다. 완전한 법인격은 관계국의 헌법과 법률에 양립하는 경우에 부여된다.

제8장 總 會

제48조 총회의 회합 및 표결
(a) 총회는 적어도 매 3년에 1회 회합하고 적당한 시일과 장소에서 이사회가 소집한다. 임시총회는 이사회의 소집 또는 사무장에게 발송된 10개 체약국의 요청이 있을 때 하시라도 개최할 수 있다.
(b) 모든 체약국은 총회의 회합에 대표를 파견할 평등한 권리를 향유하고, 각 체약국은 일개의 투표권을 보유한다. 체약국을 대표하는 대표는 회합에는 참가할 수 있으나 투표권을 보유하지 아니하는 기술고문의 원조력을 받을 수 있다.

(c) 총회의 정족수를 구성하기 위하여서는 체약국의 과반수를 필요로 한다. 본 협약에 별단의 규정이 없는 한, 총회의 결정은 투표의 과반수에 의하여 성립된다.

제49조 총회의 권한 및 임무

총회의 권한과 임무는 다음과 같다.
(a) 매 회합시에 의장 및 기타 역원을 선출하는 것;
(b) 제9장의 규정에 의하여 이사회에 대표자를 파견할 체약국을 선출하는 것;
(c) 이사회의 보고를 심사하고 적당한 조치를 취할 것과 이사회로부터 총회에 위탁한 사항을 결정하는 것;
(d) 자체의 의사규칙을 결정하고 필요하다고 인정하는 보조위원회를 설립하는 것;
(e) 제12장의 규정에 의하여 기구의 연도예산을 표결하고 재정상의 분배를 결정하는 것;2)
(f) 기구의 지출을 검사하고 결산보고를 승인하는 것;
(g) 그 활동범위내의 사항을 이사회, 보조위원회 또는 타 기관에 임의로 위탁하는 것;
(h) 기구의 임무를 이행하기 위하여 필요한 또는 희구되는 권능과 권한을 이사회에 위탁하고 전기의 권한의 위탁을 하시라도 취소 또는 변경하는 것;
(i) 제13장의 적당한 규정을 실행하는 것;
(j) 본 협약의 규정의 변경 또는 개정을 위한 제안을 심의하고 동제안을 승인한 경우에는 제21장의 규정에 의하여 이를 체약국에 권고하는 것;
(k) 기구의 활동 범위내의 사항에서 특히 이사회의 임무로 되지 아니한 것을 처리하는 것.

제9장 理事會

제50조 이사회의 구성 및 선거 ;1990년 10월 26일 개정, 2002.11.28 발효[69]

(a) 이사회는 총회에 대하여 책임을 지는 상설기관이 된다. 이사회는 총회가 선거한 **(27개국⇨33개국⇨36개국으로)** 36개국의 체약국으로 구성된다. 선거는 총회의 제1차 회합에서 또 그 후는 매 3년마다 행하고 또 이와 같이 선거된 이사회의 구성원은 차기의 선거까지 재임한다.
(b) 이사회의 구성원을 선거함에 있어서 총회는;
 (1) 항공운송에 있어 가장 중요한 국가 **(10개 국가에서)** ⇨ **(11개 국가로)**
 (2) 타점에서 포함되지 아니하나 국제민간항공을 위한 시설의 설치에 최대의 공헌을 하는 국가 **(11개 국가에서)** ⇨ **(12개 국가로)**
 (3) 타점에서는 포함되지 아니하나 그 국가를 지명함으로써 세계의 모든 중요한 지리적 지역이 이사회에 확실히 대표되는 국가**(12개 국가에서)** ⇨**(13개 국가로)**를 적당히 대표가 되도록 한다. 이사회

---

[69] 1990년10월26일 제28차 총회에서 개정-2002년11월28일발효, 2005년8월29일 현재 130개국비준

의 공석은 총회가 가급적 신속히 보충하여야 한다. 이와 같이 이사회에 선거된 체약국은 전임자의 잔임기간중 재임한다.

(c) 이사회에 있어서 체약국의 대표자는, 국제항공업무의 운영에 적극적으로 참여하거나 또는 그 업무에 재정적으로 관계하여서는 아니 된다.

※ ICAO 이사회 이사국현황
  ㅇ Part I (주요 항공운송국 11개국) : 호주, 브라질, 캐나다, **중국,** 프랑스, 독일, 이태리, **일본**, 영국, 미국, 러시아
  ㅇ Part II (항공시설기여국 12개국) : 아르헨티나, 오스트리아, 콜롬비아, 이집트, 핀란드, **인도**, 멕시코, 나이지리아, 사우디아라비아, **싱가폴,** 남아공, 스페인
  ㅇ Part III (지역 대표국 13개국) : **한국,** 카메룬, 칠레, 이디오피아, 가나, 온두라스, 헝가리, **레바논,** 모잠비크, **파키스탄**, 페루, 세인트루시아, 튀니지

제51조 이사회의 의장

이사회는 그 의장을 3년의 임기로 선거한다. 의장은 재선할 수 있다. 의장은 투표권을 보유하지 아니한다. 이사회는 그 구성원 중에서 1인 또는 2인 이상의 부의장을 선거한다. 부의장은 의장대리가 되는 때라도 투표권을 보유한다. 의장은 이사회의 구성원의 대표자 중에서 선거할 필요는 없지만 대표자가 선거된 경우에는 그 의석은 공석으로 간주하고 그 대표자가 대표하는 국가에서 보충한다. 의장의 임무는 다음과 같다:

(a) 이사회, 항공운송위원회 및 항공위원회의 회합을 소집하는 것;
(b) 이사회의 대표자가 되는 것;
(c) 이사회가 지정하는 임무를 이사회를 대리하여 수행하는 것.

제52조 이사회에 있어서의 표결

이사회의 결정은 그 구성원의 과반수의 승인을 필요로 한다. 이사회는 특정의 사항에 관한 권한을 그 구성원으로 구성되는 위원회에 위탁할 수 있다. 이사회와 위원회의 결정에 관하여서는 이해관계가 있는 체약국이 이사회에 소송할 수 있다.

제53조 투표권 없는 참석

체약국은 그 이해에 특히 영향이 미치는 문제에 관한 이사회 또는 그 위원회와 전문위원회의 심의에 투표권 없이 참가할 수 있다. 이사회의 구성원은 자국이 당사국이 되는 분쟁에 관한 이사회의 심의에 있어 투표할 수 없다.

제54조 이사회의 수임기능

이사회는 다음 사항을 장악 한다:

(a) 총회에 연차보고를 제출하는 것;
(b) 총회의 지령을 수행하고 본 협약이 부과한 임무와 의무를 이행하는 것;
(c) 이사회의 조직과 의사규칙을 결정하는 것;
(d) 항공운송위원회를 임명하고 그 임무를 규정하는 것. 동 위원회는 이사회의 구성원의 대표자중에서 선거되고 또 이사회에 대하여 책임을 진다.
(e) 제10장의 규정에 의하여 항공위원회를 설립하는 것;
(f) 제12장과 제15장의 규정에 의하여 기구의 재정을 관리하는 것;
(g) 이사회 의장의 보수를 결정하는 것;
(h) 제11장의 규정에 의하여 사무총장이라 칭하는 수석 행정관을 임명하고 필요한 타직원의 임명에 관한 규정을 작성하는 것;
(i) 항공의 진보와 국제항공업무의 운영에 관한 정보를 요청, 수집, 심사 그리고 공표하는 것. 이 정보에는 운영의 비용에 관한 것과 공공 자금으로부터 항공기업에 지불된 보조금의 명세에 관한 것을 포함함.
(j) 본 협약의 위반과 이사회의 권고 또는 결정의 불이행을 체약국에 통보하는 것;
(k) 본 협약의 위반을 통고한 후, 상당한 기한내에 체약국이 적당한 조치를 취하지 아니 하였을 경우에는 그 위반을 총회에 보고하는 것;
(l) 국제표준과 권고되는 방식을, 본 협약 제6장의 규정에 의하여, 채택하여 편의상 이를 본 협약의 부속서로 하고 또한 취한 조치를 모든 체약국에 통고하는 것;
(m) 부속서의 개정에 대한 항공위원회의 권고를 심의하고, 제20장의 규정에 의하여 조치를 취하는 것;
(n) 체약국이 위탁한 본 협약에 관한 문제를 심의하는 것.

제55조 이사회의 임의기능

이사회는 다음의 사항을 행할 수 있다:
(a) 적당한 경우와 경험에 의하여 필요성을 인정하는 때에는 지역적 또는 타의 기초에 의한 항공운송소위원회를 창설할 것과 국가 또는 항공기업의 집합 범위를 정하여 이와 함께 또는 이를 통하여 본 협약의 목적수행을 용이하게 하도록 하는 것;
(b) 본 협약에 정한 임무에 추가된 임무를 항공위원회에 위탁하고 그 권한위탁을 하시든지 취소하거나 또는 변경하는 것;
(c) 국제적 중요성을 보유하는 항공운송과 항공의 모든 부문에 관하여 조사를 하고, 그 조사의 결과를 체약국에 통보하고 항공운송과 항공상의 문제에 관한 체약국간의 정보교환을 용이하게 하는 것;
(d) 국제간선 항공업무의 국제적인 소유 및 운영을 포함하는 국제항공운송의 조직과 운영에 영향을 미치는 문제를 연구하고 이에 관한 계획을 총회에 제출하는 것;
(e) 피할 수 있는 장애가 국제항공의 발달을 방해한다고 인정하는 사태를 체약국의 요청에 의하여 조사하고 그 조사 후 필요하다고 인정하는 보고를 발표하는 것.

제10장 航空委員會

제56조 위원의 지명 및 임명

항공위원회는 이사회가 체약국이 지명한 자중에서 임명된 **15인(1971.7.7개정)**을⇨**19인 (1989.10.6개정 및 2005.4.18발효)**[70]의 위원으로 구성한다. 이들은 항공의 이론과 실제에 관하여 적당한 자격과 경험을 가지고 있어야 한다. 이사회는 모든 체약국에 지명의 제출을 요청한다. 항공위원회의 위원장은 이사회가 임명된다.

제57조 위원회의 의무

항공위원회는 다음의 사항을 관장한다.
(a) 본 협약의 부속서의 변경을 심의하고 그 채택을 이사회에 권고하는 것;
(b) 희망된다고 인정되는 경우에는 어떠한 체약국이라도 대표자를 파견할 수 있는 전문소위원회를 설치하는 것;
(c) 항공의 진보에 필요하고 또한 유용하다고 인정하는 모든 정보의 수집과 그 정보의 체약국에의 통보에 관하여 이사회에 조언하는 것.

제11장 職 員

제58조 직원의 임명

총회가 정한 규칙과 본 협약의 규정에 따를 것을 조건으로, 이사회는 사무총장과 기구의 타직원의 임명과 임기종료의 방법, 훈련, 제수당 및 근무조건을 결정하고 또 체약국의 국민을 고용하거나 또는 그 역무를 이용할 수 있다.

제59조 직원의 국제적 성질

이사회의 의장, 사무총장 및 타 직원은 그 책임의 이행에 있어 기구외의 권위자로부터 훈령을 요구하거나 또는 수락하여서는 아니 된다. 각 체약국은 직원의 책임의 국제적인 성질을 충분히 존중할 것과 자국민이 그 책임을 이행함에 있어서 이들에게 영향을 미치지 아니할 것을 약속한다.

---

70) 협약 제56조 개정(1989.10.6, 제27차 총회), 108개국이 비준하여 2005.4.18일 발효,
  -한국에서 비준서 기탁:2004.4.16일, 관보게제일:2005.6.20 조약: 제1737호.
  -체약국현황: 2005.8.29 현재(32개국)
  -항행위원회 위원국: 기존 15개국:알젠틴,호주, 브라질,카나다,중국, 프랑스,독일,일본,,소련,세네갈,
  ,스페인, 영국, 미국, 노르웨이, 스위스, 추가 4개국: 한국, 싱가폴, 탄자니아, 큐바.

제60조 직원의 면제 및 특권

각 체약국은, 그 헌법상의 절차에 의하여 가능한 한도 내에서, 이사회의 의장, 사무총장 및 기구의 타직원에 대하여 타의 공적 국제기관이 상당하는 직원에 부여되는 면제와 특권을 부여할 것을 약속한다. 국제적 공무원의 면제와 특권에 관한 일반 국제 협정이 체결된 경우에는, 의장, 사무총장 및 기구의 타 직원에 부여하는 면제와 특권은 그 일반 국제협정에 의하여 부여하는 것으로 한다.

제12장 財政

제61조 예산 및 경비의 할당

이사회는 연차예산, 연차 결산서 및 모든 수입에 관한 개산을 총회에 제출한다. 총회는 적당하다고 인정하는 수정을 가하여 예산을 표결하고 또 제15장에 의한 동의국에의 할당금을 제외하고 기구의 경비를 총회가 수시 결정하는 기초에 의하여 체약국간에 할당한다.

제62조 투표권의 정지

총회는 기구에 대한 재정상의 의무를 상당한 기간내에 이행하지 아니한 체약국의 총회와 이사회에 있어서의 투표권을 정지할 수 있다.

제63조 대표단 및 기타대표자의 경비

각 체약국은 총회에의 자국 대표단의 경비, 이사회 근무를 명한 자 및 기구의 보조적인 위원회 또는 전문 위원회 또는 전문 위원회에 대한 지명자 또는 대표자의 보수, 여비 및 기타 경비를 부담한다.

제13장 其他 國際約定

제64조 안전보장 약정

기구는 그 권한내에 있는 항공문제로서 세계의 안전보장에 직접으로 영향을 미치는 것에 관하여 세계의 제국이 평화를 유지하기 위하여 설립한 일반기구와 총회의 표결에 의하여 상당한 협정을 할 수 있다.

제65조 타 국제단체와의 약정

이사회는, 공동업무의 유지 및 직원에 관한 공동의 조정을 위하여, 그 기구를 대표하여, 타 국제단체와 협정을 체결할 수 있고 또한 총회의 승인을 얻어 기구의 사업을 용이하게 하는 타의 협정을 체결할 수 있다.

제66조 타 협정에 관한 기능

(a) 기구는 또 1944년 12월 7일 시카고에서 작성된 국제항공업무통과협정과 국제항공운송협정에 의하여

부과된 임무를 이 협약에 정한 조항과 조건에 따라 수행한다.
(b) 총회 및 이사회의 구성원으로서 1944년 12월 7일 시카고에서 작성된 국제항공업무통과협정 또는 국제항공운송협정을 수락하지 아니한 구성원은 관계협정의 규정에 의하여 총회 또는 이사회에 기탁된 사항에 대하여서는 투표권을 보유하지 아니한다.

第3부 國際航空運送

제14장 情報와 報告

제67조 이사회에 대한 보고제출
각 체약국은, 그 국제항공기업이 교통보고, 지출통계 및 재정상의 보고서로써 모든 수입과 그 원천을 표시하는 것을 이사회가 정한 요건에 따라 이사회에 제출할 것을 약속한다.

제15장 空港과 他의 航空保安施設

제68조 航空路 및 空港의 지정
각 체약국은, 본 협약의 규정을 따를 것을 조건으로, 국제항공업무가 그 영역내에서 종사할 공로와 그 업무가 사용할 수 있는 공항을 지정할 수 있다.

제69조 항공시설의 개선
이사회는, 무선전신과 기상의 업무를 포함하는 체약국의 공항 또는 타의 항공보안시설이 현존 또는 계획 중의 국제항공업무의 안전하고 정확하며, 또 능률적이고 경제적인 운영을 기하기 위하여 합리적으로 고찰하여 적당하지 아니한 경우에는 그 사태를 구제할 방법을 발견하기 위하여 직접 관계국과 영향을 받은 타국과 협의하고 또 이 목적을 위하여 권고를 할 수 있다. 체약국은 이 권고를 실행하지 아니한 경우라도 본 협약의 위반의 책임은 없다.

제70조 항공시설 비용의 부담
체약국은 제69조의 규정에 의하여 생기는 사정하에 전기의 권고를 실시하기 위하여 이사회와 협정을 할 수 있다. 동 체약국은 전기의 협정에 포함된 모든 비용을 부담할 수 있다. 동국이 이를 부담하지 아니할 경우에 이사회는 동국의 요청에 의하여 비용의 전부 또는 일부의 제공에 대하여 동의할 수 있다.

제71조 이사회에 의한 시설의 설치 및 유지

체약국이 요청하는 경우에는, 이사회는 무선전신과 기상의 업무를 포함한 공항과 기타 항공보안시설의 일부 또는 전부로서 타 체약국의 국제항공업무의 안전하고 정확하며, 또 능률적이고 경제적인 운영을 위하여 영역내에서 필요하다고 하는 것에 설치, 배원, 유지 및 관리를 하는 것에 동의하고 또 설치된 시설의 사용에 대하여 정당하고 합리적인 요금을 정할 수 있다.

제72조 토지의 취득 및 사용

체약국의 요청에 의하여 이사회가 전면적으로 또는 부분적으로 출자하는 시설을 위하여 토지가 필요한 경우에는, 그 국가는 그가 희망하는 때에는 소유권을 보유하고 토지 그 자체를 제공하든가 또는 이사회가 정당하고 합리적인 조건으로 또 당해국의 법률에 의하여 토지를 사용할 것을 용이하게 한다.

제73조 자금의 지출 및 할당

이사회는, 총회가 제12장에 의하여 이사회의 사용에 제공하는 자금의 한도 내에서, 기구의 일반자금으로부터 본장의 목적을 위하여 경상적 지출을 할 수 있다. 이사회는 본장의 목적을 위하여 필요한 시설자금을 상당한 기간에 선하여 사전에 협정한 율로써 시설을 이용하는 항공기업에 속하는 체약국에서 동의한 자에게 할당한다. 이사회는 필요한 운영자금을 동의하는 국가에 할당할 수 있다.

제74조 기술원조 및 수입의 이용

체약국의 요청에 의하여, 이사회가 자금을 전불하든가 또는 항공 혹은 타시설을 전면적으로 혹은 부분적으로 설치하는 경우에, 그 협정은 그 국가의 동의를 얻어, 그 공항과 타 시설의 감독과 운영에 관하여 기술적 원조를 부여할 것을 규정하고 또 그 공항과 타 시설의 운영비와 이자 그리고 할부 상환비를 그 공항과 타시설의 운영에 의하여 생긴 수입으로부터 지불할 것을 규정할 수 있다.

제75조 이사회로부터의 시설의 인계

체약국은, 하시라도 그 상황에 따라 합리적이라고 이사회가 인정하는 액을 이사회에 지불하는 것에 의하여, 제70조에 의하여 부담한 채무를 이행하고 또 이사회가 제71조와 제72조의 규정에 의하여 자국의 영역내에 설치한 공항과 타 시설을 인수할 수 있다. 체약국은, 이사회가 정한 액이 부당하다고 인정하는 경우에는, 이사회의 결정에 대하여 총회에 이의를 제기할 수 있다. 총회는 이사회의 결정을 확인하거나 또는 수정할 수 있다.

제76조 자금의 반제

이사회가 제55조에 의한 변제 또는 제74조에 의한 이자와 할부상환금의 수령으로부터 얻은 자금은, 제73조에 의하여 체약국이 최초에 전불금을 출자하고 있을 경우에는, 최초에 출자가 할당된 그 할당시에 이사회가 결정한 율로써 반제한다.

제16장 共同運營組織과 共同計算業務

제77조 공동운영조직의 허가
본 협약은 두 개 이상의 체약국이 공동의 항공운송운영조직 또는 국제운영기관을 조직하는 것과 어느 공로 또는 지역에서 항공업무를 공동 계산하는 것을 방해하지 아니한다. 단, 그 조직 또는 기관과 그 공동 계산업무는 협정의 이사회에의해 등록에 관한 규정을 포함하는 본 협약의 모든 규정에 따라야 한다. 이사회는 국제운영기관이 운영하는 항공기의 국적에 관한 본 협약의 규정을 여하한 방식으로 적용할 것인가를 결정한다.

제78조 이사회의 기능
이사회는 어느 공로 또는 지역에 있어 항공업무를 운영하기 위하여 공동 조직을 설치할 것을 관계 체약국에 제의할 수 있다.

제79조 운영조직에의 참가
국가는 자국정부를 통하여 또는 자국정부가 지정한 1 또는 2 이상의 항공회사를 통하여 공동운영조직 또는 공동 계산협정에 참가할 수 있다. 그 항공 회사는 관계국의 단독적인 재량으로 국유 또는 일부국유 또는 사유로 할 수 있다.

第4部 最終規程

제17장 他航空協定의 航空約定

제80조 파리협약 및 하바나협약
체약국은, 1919년 10월 13일 파리에서 서명된 항공법규에 관한 조약 또는 1928년 2월 20일 하바나에서 서명된 상업 항공에 관한 협약중 어느 하나의 당사국인 경우에는, 그 폐기를 본 협약의 효력 발생후 즉시 통보할 것을 약속한다. 체약국간에 있어 본 협약은 전기 파리협약과 하바나 협약에 대치한다.

제81조 현존협정의 등록
본 협약의 효력발생시에 존재하는 모든 항공협정으로서 체약국과 타국간 또는 체약국의 항공기업과 타국 혹은 타국의 항공기업간의 협정은 직시로 이사회에 등록되어야 한다.

제82조 양립할 수 없는 협정의 폐지

체약국은, 본 협약이 본 협약의 조항과 양립하지 아니하는 상호간의 모든 의무와 양해를 폐지 한다는 것을 승인하고 또한 이러한 의무와 양해를 성립시키지 아니할 것을 약속한다. 기구의 가맹국이 되기전에 본 협약의 조항과 양립하지 아니하는 의무를 비체약국 혹은 비체약국의 국민에 대하여 약속한 체약국은 그 의무를 면제하는 조치를 즉시 그 조치를 취하여야 한다.

제83조 신 협정의 등록

체약국은 전조의 규정에 의할 것을 조건으로, 본 협약의 규정과 양립하는 협정을 체결할 수 있다. 그 협정은 직시 이사회에 등록하게 되고 이사회는 가급적 속히 이를 공표한다.

제18장 分爭과 違約

제84조 분쟁의 해결

본 협약과 부속서의 해석 또는 적용에 관하여 둘 이상의 채약국간의 의견의 상위가 교섭에 의하여 해결되지 아니하는 경우에는, 그 의견의 상위는 관계 국가의 신청이 있을 때 이사회가 해결한다. 이사회의 구성원은 자국이 당사국이 되는 분쟁에 관하여 이사회의 심리 중에는 투표하여서는 아니된다. 어느 체약국도 제85조에 의할 것을 조건으로, 이사회의 결정에 대하여 타의 분쟁 당사국과 합의한 중재재판 또는 상설국제사법재판소에 제소할 수 있다. 그 제소는 이사회의 결정통고의 접수로부터 60일 이내에 이사회에 통고한다.

제85조 중재절차

이사회의 결정이 제소되어 있는 분쟁에 대한 당사국인 어느 체약국이 상설 국제사법재판소 규정을 수락하지 아니하고 또 분쟁당사국인 체약국이 중재재판소의 선정에 대하여 동의할 수 없는 경우에는 분쟁당사국인 각 체약국은 일인의 재판위원을 지명하는 일인의 중재위원을 지명한다. 그 분쟁 당사국인 어느 체약국의 제소의 일자로부터 3개월의 기간내에 중재위원을 지정하지 아니할 경우에는 중재위원도 이사회가 조치하고 있는 유자격자의 현재원 명부 중에서 이사회의 의장이 그 국가를 대리하여 지명한다. 중재위원이 중재재판장에 대하여 30일 이내에 동의할 수 없는 경우에는 이사회의 의장은 그 명부 중에서 중재재판장을 지명한다. 중재의원과 중재재판장은 중재재판소를 공동으로 구성한다. 본조 또는 전조에 의하여 설치된 중재재판소는 그 절차를 정하고 또 다수결에 의하여 결정을 행한다. 단 이사회는 절차문제를 심산 지연이 있다고 인정하는 경우에는 스스로 결정할 수 있다.

제86조 이의신청

이사회가 별도로 정하는 경우를 제외하고, 국제항공기업이 본 협약의 규정에 따라서 운영되고 있는 가의 여부에 관한 이사회의 결정은, 이의신입에 의하여 파기되지 아니하는 한, 계속하여 유효로 한다. 타의 사항에 관한 이사회의 결정은, 이의신청이 있는 경우에는, 그 이의신청이 결정되기까지 정지된다. 상설국제사법재판소와 중재재판소의 결정은 최종적이고 구속력을 가진다.

제87조 항공기업의 위반에 대한 제재

각 체약국은 자국의 영토상의 공간을 통과하는 체약국의 항공기업의 운영을 당해 항공기업이 전조에 의하여 표시된 최종결정에 위반하고 있다고 이사회가 결정한 경우에는 허가하지 아니할 것을 약속한다.

제88조 국가의 위반에 대한 제재

총회는 본장의 규정에 의하여 위약국으로 인정된 체약국에 대하여 총회 및 이사회에 있어서의 투표권을 정지하여야 한다.

제19장 戰 爭

제89조 전쟁 및 긴급사태

전쟁의 경우에, 본 협약의 규정은, 교전국 또는 중립국으로서 영향을 받는 체약국의 행동자유에 영향을 미치지 아니한다. 이러한 원칙은 국가긴급사태를 선언하고 그 사실을 이사회에 통고한 체약국의 경우에도 적용한다.

제20장 附屬書

제90조 부속서의 채택 및 개정

(a) 제54조에 언급된 이사회에 의한 부속서의 채택은 그 목적으로 소집된 회합에 있어 이사회의 3분의 2의 찬성투표를 필요로 하고, 다음에 이사회가 각 체약국에 송부한다. 이 부속서 또는 그 개정은 각 체약국에의 송달 후 3개월 이내, 또는 이사회가 정하는 그 이상의 기간의 종료시에 효력을 발생한다. 단, 체약국의 과반수가 그 기간 내에 그 불승인을 이사회에 제출한 경우에는 차한에 부재한다.

(b) 이사회는 부속서 또는 그 개정의 효력 발생을 모든 체약국에 직시 통고한다.

제21장 批准, 加入, 改正과 廢棄

제91조 협약의 비준

(a) 본 협약은 서명에 의하여 비준을 받을 것을 요한다. 비준서는 미합중국정부의 기록 보관소에 기탁된다. 동국 정부는 각 서명국과 가입국에 기탁일을 통고한다.

(b) 본 협약은 26개국이 비준하거나 또는 가입한 때 제26번의 문서의 기탁후 30일에 이들 국가간에 대하

여 효력을 발생한다. 본 협약은 그 후 비준하는 각국에 대하여서는 그 비준서의 기탁후 30일에 효력을 발생한다.
(c) 본 협약이 효력을 발생한 일을 각 서명국과 가입국의 정부에 통고하는 것은 미합중국정부의 임무로 한다.

제92조 협약에의 가입
(a) 본 협약은 연합국과 이들 국가와 연합하고 있는 국가 및 금차 세계전쟁 중 중립이었던 국가의 가입을 위하여 개방된다.
(b) 가입은 미합중국정부에 송달하는 통고에 의하여 행하고 또 미합중국정부가 통고를 수령후 30일부터 효력을 발생한다. 동국정부는 모든 체약국에 통고한다.

제93조 기타 국가의 가입승인
제91조와 제92조(a)에 규정한 국가 이외의 국가는, 세계의 제국이 평화를 유지하기 위하여 설립하는 일반적 국제기구의 승인을 받을 것을 조건으로, 총회의 5분의 2의 찬반투표에 의하여 또 총회가 정하는 조건에 의하여 본 협약에 참가할 것이 용인된다. 단, 각 경우에 있어 용인을 요구하는 국가에 의하여 금차 전쟁중에 침략되고 또는 공격된 국가의 동의를 필요로 한다.

제94조 協約의 改正
(a) **本協約의 改正案은 總會의 3분의 2의 贊成투표에 의하여 承認되어야 하고** 또 총회가 정하는 수의 締約國이 批准한 때에 그 개정을 비준한 국가에 대하여 효력을 발생한다. 총회의 정하는 수는 체약국의 총수의 3분의 2의 미만이 되어서는 아니된다.
(b) 총회는 전항의 개정이 성질상 정당하다고 인정되는 경우에는, 채택을 권고하는 결의에 있어 개정의 효력 발생후 소정의 기간내에 비준하지 아니하는 국가는 직시 기구의 구성원과 본 협약의 당사국의 지위를 상실하게 된다는 것을 규정할 수 있다.

제95조 협약의 폐기
(a) 체약국은 이 협약의 효력 발생의 3년후에 미합중국정부에 보낸 통고에 의하여서 이 협약의 폐기를 통고할 수 있다. 동국정부는 직시 각 체약국에 통보한다.(b) 폐기는 통고의 수령일로부터 1년후에 효력을 발생하고 또 폐기를 행한 국가에 대하여서만 유효하다.

第22章 定議

제96조 본 협약의 적용상:

(a) **航空業務**라 함은 여객, 우편물 또는 화물의 일반수송을 위하여 항공기로써 행하는 정기항공업무를 말한다.
(b) **國際航空業務**라 함은 2이상의 국가의 영역상의 공간을 통과하는 항공업무를 말한다.
(c) **航空企業**이라 함은 국제항공업무를 제공하거나 또는 운영하는 항공수송기업을 말한다.
(d) **運輸以外의 目的으로서의 着陸**」이라 함은 여객, 화물 또는 우편물의 적재 또는 하재 이외의 목적으로서의 착륙을 말한다.

協約의 署名

이상의 증거로써 하명의 전권위원은, 정당한 권한을 위임받아, 각자의 정부를 대표하여 그 서명의 반대편에 기재된 일자에 본 협약에 서명한다.

1944년 12월 7일 시카고에서 영어로써 본문을 작성한다. 영어, 불란서어와 서반아어로써 기술한 본문 1통을 각어와 같이 동등한 정문으로 하고 워싱톤 D.C.에서 서명을 위하여 공개한다. 양 본문은 미합중국정부의 기록보관소에 기탁되고 인증 등본은 동국 정부가 본 협약에 서명하거나 또는 가입한 모든 국가의 정부에 송달한다.

별첨 2
항공안전관련 협약

1 東京協約: 航空機內에서 行한 犯罪 및 其他 行爲에 관한 協約
Convention on Offenses and Certain Other Acts Committed on Board Aircraft

- 체결일자 및 장소 : 1963년 09월 14일 **동경(東京)**에서 작성
- 발효일 : 1969년 12월 04일

※ 체약국 185개국 (2010년 3월 1일 현재)

【우리나라 관련사항】
- 국회동의일 : 1970년 12월 22일
- 비준서 기탁일 : 1971년 02월 19일
- 발효일 : 1971년 05월 20일 (조약 제385호)
- 관보게재일 : 1971년 05월 20일
- 수록문헌 다자 조약집 제2권

본 협약의 당사국은 다음과 같이 합의하였다.

第1章 協約의 範圍

제 1 조
1. 본 **협약은 다음 사항에 대하여 적용된다.**
   (a) 형사법에 위반하는 범죄
   (b) 범죄의 구성여부를 불문하고 항공기와 기내의 인명 및 재산의 안전을 위태롭게 할 수 있거나 하는 행위 또는 기내의 질서 및 규율을 위협하는 행위
2. 제3장에 규정된 바를 제외하고는 본 협약은 체약국에 등록된 항공기가 비행중이거나 공해 수면상에 있거나 또는 어느 국가의 영토에도 속하지 않는 지역의 표면에 있을 때에 동 항공기에 탑승한 자가 범한 범죄 또는 행위에 관하여 적용된다.
3. 본 협약의 적용상 항공기는 이륙의 목적을 위하여 시동이 된 순간부터 착륙 활주가 끝난 순간까지를

비행중인 것으로 간주한다.
4. 본 협약은 군용, 세관용, 경찰용 업무에 사용되는 항공기에는 적용되지 아니한다.

제 2 조

제4조의 규정에도 불구하고, 또한 항공기와 기내의 인명 및 재산의 안전이 요청하는 경우를 제외하고는 본 협약의 어떠한 규정도 형사법에 위반하는 정치적 성격의 범죄나 또는 인종 및 종교적 차별에 기인하는 범죄에 관하여 어떠한 조치를 허용하거나 요구하는 것으로 해석되지 아니한다.

第2章 裁判官轄權

제 3 조

1. 항공기의 등록국은 동 항공기내에서 범하여진 범죄나 행위에 대한 재판관할권을 행사할 권한을 가진다.
2. 각 체약국은 자국에 등록된 항공기내에서 범하여진 범죄에 대하여 등록국으로서의 재판관할권을 확립하기 위하여 필요한 조치를 취하여야 한다.
3. 본 협약은 국내법에 따라 행사하는 어떠한 형사재판관할권도 배제하지 아니한다.

제 4 조

체약국으로서 등록국이 아닌 국가는 다음의 경우를 제외하고는 기내에서의 범죄에 관한 형사재판관할권의 행사를 위하여 비행중의 항공기에 간섭하지 아니하여야 한다.
   (a) 범죄가 상기 국가의 영역에 영향을 미칠 경우,
   (b) 상기 국가의 국민이나 또는 영주자에 의하여 또는 이들에 대하여 범죄가 범하여진 경우,
   (c) 범죄가 상기 국가의 안전에 반하는 경우,
   (d) 상기 국가에서 효력을 발생하고 있는 비행 및 항공기의 조종에 관한 규칙이나 법규를 위반한 범죄가 범하여진 경우,
   (e) 상기 국가가 다변적인 국제협정하에 부담하고 있는 의무의 이행을 보장함에 있어서 재판관할권의 행사가 요구되는 경우.

第3章 航空機 機長의 權限

제 5 조

1. 본 장의 규정들은 최종 이륙지점이나 차기 착륙예정지점이 등록국 이외의 국가에 위치하거나 또는 범인이 탑승한 채로 동 항공기가 등록국 이외 국가의 공역으로 계속적으로 비행하는 경우를 제외하고는 등록국의 공역이나 공해상공 또는 어느 국가의 영역에도 속하지 아니하는 지역 상공을 비행하는 중에

항공기에 탑승한 자가 범하였거나 범하려고 하는 범죄 및 행위에는 적용되지 아니한다.
2. 제1조 제3항에 관계없이 본장의 적용상 항공기는 승객의 탑승이후 외부로 통하는 모든 문이 폐쇄된 순간부터 승객이 내리기 위하여 상기 문들이 개방되는 순간까지를 비행중인 것으로 간주한다. 불시착의 경우에는 본장의 규정은 당해국의 관계당국이 항공기 및 기내의 탑승자와 재산에 대한 책임을 인수할 때까지 기내에서 범하여진 범죄와 행위에 관하여 계속 적용된다.

제 6 조

1. 항공기 기장은 항공기내에서 어떤 자가 제1조제1항에 규정된 범죄나 행위를 범하였거나 범하려고 한다는 것을 믿을만한 상당한 이유가 있는 경우에는 그 자에 대하여 다음을 위하여 요구되는 감금을 포함한 필요한 조치를 부과할 수 있다.
    (a) 항공기와 기내의 인명 및 재산의 안전의 보호
    (b) 기내의 질서와 규율의 유지
    (c) 본 장의 규정에 따라 상기 자를 관계당국에 인도하거나 또는 항공기에서 하기조치(Disembarkation)를 취할 수 있는 기장의 권한 확보
2. 항공기 기장은 자기가 감금할 권한이 있는 자를 감금하기 위하여 다른 승무원의 원조를 요구하거나 권한을 부여할 수 있으며, 승객의 원조를 요청하거나 권한을 부여할 수 있으나 이를 요구할 수는 없다. 승무원이나 승객도 누구를 막론하고 항공기와 기내의 인명 및 재산의 안전을 보호하기 위하여 합리적인 예방조치가 필요하다고 믿을만한 상당한 이유가 있는 경우에는 기장의 권한부여가 없어도 즉각적으로 상기 조치를 취할 수 있다.

제 7 조

1. 제6조에 따라서 특정인에게 가하여진 감금조치는 다음 경우를 제외하고는 항공기가 착륙하는 지점을 넘어서까지 계속되어서는 아니된다.
    (a) 착륙지점이 비체약국의 영토내에 있으며, 동 국가의 당국이 상기 특정인의 상륙을 불허하거나, 제6조제1항(c)에 따라서 관계당국에 대한 동인의 인도를 가능하게 하기 위하여 이와 같은 조치가 취하여진 경우,
    (b) 항공기가 불시착하여 기장이 상기 특정인을 관계당국에 인도할 수 없는 경우,
    (c) 동 특정인이 감금상태하에서 계속 비행에 동의하는 경우.
2. 항공기 기장은 제6조의 규정에 따라 기내에 특정인을 감금한 채로 착륙하는 경우 가급적 조속히 그리고 가능하면 착륙이전에 기내에 특정인이 감금되어 있다는 사실과 그 사유를 당해국의 당국에 통보하여야 한다.

제 8 조

1. 항공기 기장은 제6조제1항의 (a) 또는 (b)의 목적을 위하여 필요한 경우에는 기내에서 제1조제1항(b)

의 행위를 범하였거나 범하려고 한다는 믿을만한 상당한 이유가 있는 자에 대하여 누구임을 막론하고 항공기가 착륙하는 국가의 영토에 그 자를 하기시킬 수 있다.
2. 항공기 기장은 본조에 따라서 특정인을 하기시킨 국가의 당국에 대하여 특정인을 하기 시킨 사실과 그 사유를 통보하여야 한다.

제 9 조
1. 항공기 기장은 자신의 판단에 따라 항공기의 등록국의 형사법에 규정된 중대한 범죄를 기내에서 범하였다고 믿을만한 상당한 이유가 있는 자에 대하여 누구임을 막론하고 항공기가 착륙하는 영토국인 체약국의 관계당국에 그 자를 인도할 수 있다.
2. 항공기 기장은 전항의 규정에 따라 인도하려고 하는 자를 탑승시킨 채로 착륙하는 경우 가급적 조속히 그리고 가능하면 착륙이전에 동 특정인을 인도하겠다는 의도와 그 사유를 동 체약국의 관계당국에 통보하여야 한다.
3. 항공기 기장은 본조의 규정에 따라 범죄인 혐의자를 인수하는 당국에게 항공기등록국의 법률에 따라 기장이 합법적으로 소지하는 증거와 정보를 제공하여야 한다.

제 10 조
본 협약에 따라서 제기되는 소송에 있어서 항공기 기장이나 기타 승무원, 승객, 항공기의 소유자나 운항자는 물론 비행의 이용자는 피소된 자가 받은 처우로 인하여 어떠한 소송상의 책임도 부담하지 아니한다.

第4章 航空機의 不法占有

제 11 조
1. 기내에 탑승한 자가 폭행 또는 협박에 의하여 비행중인 항공기를 방해하거나 점유하는 행위 또는 기타 항공기의 조종을 부당하게 행사하는 행위를 불법적으로 범하였거나 또는 이와 같은 행위가 범하여지려고 하는 경우에는 체약국은 동 항공기가 합법적인 기장의 통제하에 들어가고, 그가 항공기의 통제를 유지할 수 있도록 모든 적절한 조치를 취하여야 한다.
2. 전항에 규정된 사태가 야기되는 경우 항공기가 착륙하는 체약국은 승객과 승무원이 가급적 조속히 여행을 계속하도록 허가하여야 하며, 또한 항공기와 화물을 각각 합법적인 소유자에게 반환하여야 한다.

第5章 締約國의 權限과 義務

제 12 조
체약국은 어느 국가를 막론하고 타 체약국에 등록된 항공기의 기장에게 제8조 제1항에 따른 특정인의 하기조치를 인정하여야 한다.

제 13 조

1. 체약국은 제9조제1항에 따라 항공기 기장이 인도하는 자를 인수하여야 한다.
2. 사정이 그렇게 함을 정당화한다고 확신하는 경우에는 체약국은 제11조 제1항에 규정된 행위를 범한 피의자와 동국이 인수한 자의 신병을 확보하기 위하여 구금 또는 기타 조치를 취하여야 한다. 동 구금과 기타 조치는 동국의 법률이 규정한 바에 따라야 하나, 형사적 절차와 범죄인 인도에 따른 절차의 착수를 가능하게 하는 데에 합리적으로 필요한 시기까지에만 계속되어야 한다.
3. 전항에 따라 구금된 자는 동인의 국적국의 가장 가까이 소재하고 있는 적절한 대표와 즉시연락을 취할 수 있도록 도움을 받아야 한다.
4. 제9조 제1항에 따라 특정인을 인수하거나 또는 제11조 제1항에 규정된 행위가 범하여진 후 항공기가 착륙하는 영토국인 체약국은 사실에 대한 예비조사를 즉각 취하여야 한다.
5. 본 조에 따라 특정인을 구금한 국가는 항공기의 등록국 및 피구금자의 국적국과 타당하다고 사료할 경우에는 이해관계를 가진 기타 국가에 대하여 특정인이 구금되고 있으며 그의 구금을 정당화하는 상황 등에 관한 사실을 즉시 통보하여야 한다. 본 조 제4항에 따라 예비조사를 취하는 국가는 조사의 결과와 재판권을 행사할 의사가 있는가의 여부에 대하여 상기 국가들에게 즉시 통보하여야 한다.

제 14 조

1. 제8조제1항에 따라 특정인이 하기조치를 당하였거나 또는 제9조 제1항에 따라 인도되었거나 제11조 제1항에 규정된 행위를 범한 후 항공기에서 하기조치를 당하였을 경우, 또한 동인이 여행을 계속할 수 없거나 계속할 의사가 없는 경우에 항공기가 착륙한 국가가 그의 입국을 허가하지 아니할 때에는 동인이 착륙국가의 국민이거나 영주자가 아니라면 착륙국가는 동인이 국적을 가졌거나 영주권을 가진 국가의 영토에 송환하거나 동인이 항공여행을 시작한 국가의 영토에 송환할 수 있다.
2. 특정인의 상륙, 인도 및 제13조 제2항에 규정된 구금 또는 기타 조치나 동인의 송환은 당해 체약국의 입국관리에 관한 법률의 적용에 따라 동국 영토에 입국이 허가된 것으로 간주되지 아니하며, 본 협약의 어떠한 규정도 자국 영토로부터의 추방을 규정한 법률에 영향을 미치지 아니한다.

제 15 조

1. 제14조의 규정에도 불구하고 제8조 제1항에 따라 항공기에서 하기 조치를 당하였거나, 제9조 제1항에 따라 인도되었거나, 제11조 제1항에 규정된 행위를 범한 후 항공기에서 내린 자가 여행을 계속할 것을 원하는 경우에는 범죄인 인도나 형사적 절차를 위하여 착륙국의 법률이 그의 신병확보를 요구하지 않는 한 그가 선택하는 목적지로 향발할 수 있도록 가급적 조속히 자유롭게 행동할 수 있게 하여야 한다.
2. 입국관리와 자국 영토로부터의 추방 및 범죄인 인도에 관한 법률에도 불구하고, 제8조 제1항에 따라 특정인이 하기조치를 당하였거나 제9조 제1항에 따라 인도되었거나 제11조 제1항에 규정된 행위를 범한 것으로 간주된 자가 항공기에서 내린 경우에는 체약국은 동인의 보호와 안전에 있어 동국이 유사

한 상황하에서 자국민에게 부여하는 대우보다 불리하지 않는 대우를 부여하여야 한다.

第6章 其他 規程

제 16 조
1. 체약국에서 등록된 항공기내에서 범하여진 범행은 범죄인 인도에 있어서는 범죄가 실제로 발생한 장소에서 뿐만 아니라 항공기 등록국의 영토에서 발생한 것과 같이 취급되어야 한다.
2. 전항의 규정에도 불구하고 본 협약의 어떠한 규정도 범죄인을 허용하는 의무를 창설하는 것으로 간주되지 아니한다.

제 17 조
항공기내에서 범하여진 범죄와 관련하여 수사 또는 체포 조치를 취하거나 재판권을 행사함에 있어서 체약국은 비행의 안전과 이에 관련된 기타 권익에 대하여 상당한 배려를 하여야 하며 항공기, 승객, 승무원 및 화물의 불필요한 지연을 피하도록 노력하여야 한다.

제 18 조
여러 체약국들이 이들 중 어느 한 국가에도 등록되지 아니한 항공기를 운항하는 공동 항공운송운영기구나 국제적인 운영기구를 설치할 경우에는 이들 체약국은 그때그때의 상황에 따라서 본 협약의 적용상 등록국으로 간주될 국가를 그들 중에서 지정하여야 하며, 이 사실을 국제민간항공기구에 통보하여 본 협약의 모든 당사국에게 통보하도록 하여야 한다.

第7章 最終 條項

제 19 조
제21조에 따라 효력을 발생하는 날까지 본 협약은 서명시에 국제연합 회원국이거나 또는 전문기구의 회원국인 모든 국가에게 서명을 위하여 개방된다.

제 20 조
1. 본 협약은 각국의 헌법절차에 따라서 서명국이 비준하여야 한다.
2. 비준서는 국제민간항공기구에 기탁된다.

제 21 조
1. 12개의 서명국이 본 협약에 대한 비준서를 기탁한 후 본 협약은 12번째의 비준서 기탁일부터 90일이

되는 날에 동 국가들간에 발효한다. 이후 본 협약은 이를 비준하는 국가에 대하여 비준서 기탁이후 90일이 되는 날에 발효한다.
2. 본 협약이 발효하면 국제민간항공기구는 본 협약을 국제연합사무총장에게 등록한다.

제 22 조
1. 본 협약은 효력 발생 후 국제연합 회원국이나 전문기구의 회원국이 가입할 수 있도록 개방된다.
2. 상기 국가의 가입은 국제민간항공기구에 가입서를 기탁함으로써 효력을 발생하며, 동 기탁이후 90일이 되는 날에 동국에 대하여 발효한다.

제 23 조
1. 체약국은 국제민간항공기구 앞으로 된 통고로써 본 협약을 폐기할 수 있다.
2. 상기 폐기는 국제민간항공기구 앞으로 된 폐기통고가 접수된 날로부터 6개월 이후에 효력을 발생한다.

제 24 조
1. 본 협약의 해석이나 적용에 있어서 둘 또는 그 이상의 체약국간에 협상을 통한 해결을 볼 수 없는 분쟁이 있을 경우에는 이중 어느 국가이든지 중재회부를 요청할 수 있다. 중재요청의 날로부터 6개월이내에 당사자들이 중재기구에 관한 합의에 도달하지 못하는 경우에는 이중 어느 당사자든지 국제사법재판소의 규정에 따른 요청으로 동 분쟁을 국제사법재판소에 제소할 수 있다.
2. 각국은 본 협약에 대한 서명, 비준 또는 가입시에 자국이 전항에 구속되지 아니한다는 바를 선언할 수 있다. 기타 체약국은 상기와 같은 유보를 선언한 체약국과의 관계에서는 전항에 구속되지 아니한다.
3. 전항에 따라 유보를 선언한 체약국은 언제든지 국제민간항공기구에 대한 통고로써 동 유보를 철회할 수 있다.

제 25 조
제24조에 규정한 이외에는 본 협약에 대한 유보를 할 수 없다.

제 26 조
국제민간항공기구는 모든 국제연합 회원국과 전문기구의 회원국에 대하여 다음 사항을 통보한다.
   (a) 본 협약에 대한 서명과 그 일자
   (b) 비준서 또는 가입서의 기탁과 그 일자
   (c) 제21조제1항에 따른 본 협약의 발효 일자
   (d) 폐기통고의 접수와 그 일자
   (e) 제24조에 따른 선언 또는 통고의 접수와 그 일자
이상의 증거로서 하기 전권위원은 정당히 권한을 위임받고 본 협약에 서명하였다.

1963년 9월14일 토쿄에서 동등히 정본인 영어, 불어 및 서반아어본의 3부를 작성하였다.
본 협약은 국제민간항공기구에 기탁되고 제19조에 따라 서명이 개방되며, 동기구는 모든 국제연합 회원국과 전문기구의 회원국에게 협약의 인증등본을 송부하여야 한다.

2 헤이그 협약: 航空機의 不法拉致 抑制를 위한 協約
Convention for the Suppression of Unlawful Seizure of Aircraft

- 체결일자 및 장소 : 1970년 12월 16일 헤이그에서 작성
- 발효일   : 1971년 10월 14일
※ 체약국 185개국 (2010년 3월 1일 현재)

【우리나라 관련사항】
- 국회동의일   : 1972년 11월 28일
- 가입서 기탁일 : 1973년 01월 18일
- 발효일   : 1973년 02월 17일 (조약 제460호)
- 관보게재일   : 1973년 02월 17일
- 수록문헌 다자 조약집 제3권

※ **선언내용:** 동 협약에 대한 대한민국 정부의 가입은 대한민국 정부가 국가 또는 정부로 승인하지 아니한 영역 또는 집단의 승인을 의미하는 것은 아니다.

航空機의不法 拉致 抑制를 위한 協約

전 문

본 협약 당사국들은,

비행중에 있는 항공기의 불법적인 납치 또는 점거행위가 인명 및 재산의 안전에 위해를 가하고 항공업무의 수행에 중대한 영향을 미치며 또한 민간항공의 안전에 대한 세계 인민의 신뢰를 저해하는 것임을 고려하고, 그와 같은 행위의 발생이 중대한 관심사임을 고려하고,

그와 같은 행위를 방지하기 위하여 범인들의 처벌에 관한 적절한 조치들을 규정하기 위한 긴박한 필요성이 있음을 고려하여, 다음과 같이 합의하였다.

제 1 조

비행중에 있는 항공기에 탑승한 여하한 자도

(가) 폭력 또는 그 위협에 의하여 또는 그 밖의 어떠한 다른 형태의 협박에 의하여 불법적으로 항공기를 납치 또는 점거하거나 또는 그와 같은 행위를 하고자 시도하는 경우, 또는

(나) 그와 같은 행위를 하거나 하고자 시도하는 자의 공범자인 경우에는 죄(이하 "범죄"라 한다)를 범한 것으로 한다.

제 2 조
각 체약국은 범죄를 엄중한 형벌로 처벌할 수 있도록 할 의무를 진다.

제 3 조
1. 본 협약의 목적을 위하여 항공기는 탑승후 모든 외부의 문이 닫힌 순간으로부터 하기를 위하여 그와 같은 문이 열려지는 순간까지의 어떠한 시간에도 비행중에 있는 것으로 본다. 강제착륙의 경우, 비행은 관계당국이 항공기와 기상의 인원 및 재산에 대한 책임을 인수할 때까지 계속하는 것으로 본다.
2. 본 협약은 군사, 세관 또는 경찰업무에 사용되는 항공기에는 적용하지 아니한다.
3. 본 협약은 기상에서 범죄가 행하여지고 있는 항공기의 이륙장소 또는 실제의 착륙장소가 그 항공기의 등록국가의 영토외에 위치한 경우에만 적용되며, 그 항공기가 국제 혹은 국내 항행에 종사하는지 여부는 가리지 아니한다.
4. 제5조에서 언급된 경우에 있어서 본 협약은 기상에서 범죄가 행하여지고 있는 항공기의 이륙장소 및 실제의 착륙장소가 동조에 언급된 국가중의 하나에 해당하는 국가의 영토내에 위치한 경우에는 적용하지 아니한다.
5. 본조 제3 및 제4항에 불구하고, 만약 범인 또는 범죄혐의자가 그 항공기의 등록국 이외의 국가의 영토내에서 발견된 경우에는 그 항공기의 이륙장소 또는 실제의 착륙장소 여하를 불문하고 제6, 제7, 제8 및 제10조가 적용된다.

제 4 조
1. 각 체약국은 범죄 및 범죄와 관련하여 승객 또는 승무원에 대하여 범죄혐의자가 행한 기타 폭력행위에 관하여 다음과 같은 경우에 있어서 관할권을 확립하기 위하여 필요한 제반 조치를 취하여야 한다.
    (가) 범죄가 당해국에 등록된 항공기 기상에서 행하여진 경우
    (나) 기상에서 범죄가 행하여진 항공기가 아직 기상에 있는 범죄혐의자를 싣고 그 영토내에 착륙한 경우
    (다) 범죄가 주된 사업장소 또는 그와 같은 사업장소를 가지지 않은 경우에는 주소를 그 국가에 가진 임차인에게 승무원없이 임대된 항공기 기상에서 행하여진 경우
2. 각 체약국은 또한 범죄혐의자가 그 영토내에 존재하고 있으며, 제8조에 따라 본조 제1항에서 언급된 어떠한 국가에도 그를 인도하지 않는 경우에 있어서 범죄에 관한 관할권을 확립하기 위하여 필요한 제반 조치를 취하여야 한다.
3. 본 협약은 국내법에 의거하여 행사되는 어떠한 형사 관할권도 배제하지 아니한다.

제 5 조

공동 또는 국제등록에 따라 항공기를 운영하는 공동 항공운수 운영기구 또는 국제운영기관을 설치한 체약국들은 적절한 방법에 따라 각 항공기에 대하여 관할권을 행사하고 본 협약이 목적을 위하여 등록국가의 자격을 가지는 국가를 당해국중에서 지명하여야 하며, 또한 국제민간항공기구에 그에 관한 통고를 하여야 하며, 동 기구는 본 협약의 전 체약국에 동 통고를 전달하여야 한다.

제 6 조

1. 사정이 그와 같이 허용한다고 인정한 경우, 범인 및 범죄혐의자가 그 영토내에 존재하고 있는 체약국은 그를 구치하거나 그의 신병확보를 위한 기타 조치를 취하여야 한다. 동 구치 및 기타 조치는 그 국가의 국내법에 규정된 바에 따라야 하나, 형사 또는 인도절차를 취함에 필요한 시간 동안만 계속될 수 있다.
2. 그러한 국가는 사실에 대한 예비조사를 즉시 행하여야 한다.
3. 본조 제1항에 따라 구치중에 있는 어떠한 자도 최근거리에 있는 본국의 적절한 대표와 즉시 연락을 취하는데 도움을 받아야 한다.
4. 본조에 의거하여 체약국이 어떠한 자를 구치하였을 때, 그 국가는 항공기의 등록국가, 제4조 제1항(다)에 언급된 국가, 피구치자가 국적을 가진 국가 및 타당하다고 생각할 경우 기타 관계국가에 대하여 그와 같은 자가 구치되어 있다는 사실과 그의 구치를 정당화하는 사정을 즉시 통고하여야 한다. 본조 제2항에 규정된 예비조사를 행한 국가는 전기 국가에 대하여 그 조사결과를 즉시 보고하여야 하며 그 관할권을 행사할 의도가 있는지 여부를 명시하여야 한다.

제 7 조

그 영토내에서 범죄혐의자가 발견된 체약국은 만약 동인을 인도하지 않을 경우에는, 예외없이, 또한 그 영토내에서 범죄가 행하여진 것인지 여부를 불문하고 소추를 하기 위하여 권한있는 당국에 동 사건을 회부하여야 한다. 그러한 당국은 그 국가의 법률상 중대한 성질의 일반적인 범죄의 경우에 있어서와 같은 방법으로 결정을 내려야 한다.

제 8 조

1. 범죄는 체약국들간에 현존하는 인도조약상의 인도범죄에 포함되는 것으로 간주된다. 체약국들은 범죄를 그들 사이에 체결될 모든 인도조약에 인도범죄로서 포함할 의무를 진다.
2. 인도에 관하여 조약의 존재를 조건으로 하는 체약국이 상호 인도조약을 체결하지 않은 타 체약국으로부터 인도 요청을 받은 경우에는, 그 선택에 따라 본 협약을 범죄에 관한 인도를 위한 법적인 근거로서 간주할 수 있다. 인도는 피요청국의 법률에 규정된 기타 제조건에 따라야 한다.
3. 인도에 관하여 조약의 존재를 조건으로 하지 않는 체약국들은 피요청국의 법률에 규정된 제조건에 따를 것을 조건으로 범죄를 동 국가들간의 인도범죄로 인정하여야 한다.

4. 범죄는, 체약국간의 인도목적을 위하여, 그것이 발생한 장소에서 뿐만 아니라 제4조 제1항에 따라 관할권을 확립하도록 되어 있는 국가들의 영토내에서 행하여진 것과 같이 다루어진다.

제 9 조

1. 제1조(가)에서 언급된 어떠한 행위가 발생하였거나 또는 발생하려고 하는 경우 체약국은 항공기에 대한 통제를 적법한 기장에게 회복시키거나 또는 그의 항공기에 대한 통제를 보전시키기 위하여 적절한 모든 조치를 취하여야 한다.
2. 전항에 규정된 경우에 있어서 항공기, 그 승객 또는 승무원이 자국내에 소재하고 있는 어떠한 체약국도 실행이 가능한 한 조속히 승객 및 승무원의 여행의 계속을 용이하게 하여야 하며, 항공기 및 그 화물을 정당한 점유권자에게 지체없이 반환하여야 한다.

제 10 조

1. 체약국들은 범죄 및 제4조에 언급된 기타 행위와 관련하여 제기된 형사소송절차에 관하여 상호간 최대의 협조를 제공하여야 한다. 피요청국의 법률은 모든 경우에 있어서 적용된다.
2. 본조 제1항의 규정은 형사문제에 있어서 전반적 또는 부분적인 상호협조를 규정하거나 또는 규정할 그 밖의 어떠한 양자 또는 다자조약상의 의무에도 영향을 미치지 아니한다.

제 11 조

각 체약국은 그 국내법에 의거하여 국제민간항공기구이사회에 그 국가가 소유하고 있는 다음에 관한 어떠한 관계 정보도 가능한 한 조속히 보고하여야 한다.
   (가) 범죄의 상황.
   (나) 제9조에 의거하여 취하여진 조치.
   (다) 범인 또는 범죄혐의지에 대하여 취하여진 조치, 또한 특히 인도절차 또는 기타 법적절차의 결과.

제 12 조

1. 협상을 통하여 해결될 수 없는 본 협약의 해석 또는 적용에 관한 2개국 또는 그 이상의 체약국들간의 어떠한 분쟁도 그들 중 일 국가의 요청에 의하여 중재에 회부된다. 중재 요청일로부터 6개월 이내에 체약국들이 중재 구성에 합의하지 못할 경우에는, 그들 당사국중의 어느 일국가가 국제사법재판소에 동 재판소규정에 따라 분쟁을 부탁할 수 있다.
2. 각 체약국은 본 협약의 서명 또는 비준, 또는 가입시에 자국이 전항규정에 구속되지 아니하는 것으로 본다는 것을 선언할 수 있다. 타방체약국들은 그러한 유보를 행한 체약국에 관하여 전항규정에 의한 구속을 받지 아니한다.
3. 전항규정에 의거하여 유보를 행한 어떠한 체약국도 기탁정부에 대한 통고로써 동 유보를 언제든지 철회할 수 있다.

제 13 조

1. 본 협약은 1970년 12월 1일부터 16일까지 헤이그에서 개최된 항공법에 관한 국제회의(이하 "헤이그 회의"라 한다)에 참가한 국가들에 대하여 1970년 12월 16일 헤이그에서 서명을 위하여 개방된다. 1970년 12월 31일 이후 협약은 모스크바, 런던 및 워싱톤에서 서명을 위하여 모든 국가에 개방된다. 본조 제3항에 따른 발효이전에 본 협약에 서명하지 않은 어떠한 국가도 언제든지 본 협약에 가입할 수 있다.
2. 본 협약은 서명국에 의한 비준을 받아야 한다. 비준서 및 가입서는 이에 기탁정부로 지정된 소련, 영국 및 미국정부에 기탁되어야 한다.
3. 본 협약은 헤이그회의에 참석한 본 협약의 10개 서명국에 의한 비준서 기탁일 후 30일에 효력을 발생한다.
4. 기타 국가들에 대하여, 본 협약은 본조 제3항에 따른 본 협약의 발효일자 또는 당해국의 비준서 또는 가입서를 기탁한 일자 후 30일 중에서 나중의 일자에 효력을 발생한다.
5. 기탁 정부들은 모든 서명 및 가입국에 대하여 매 서명일자, 매 비준서 또는 가입서의 기탁일자, 본 협약의 발효일자 및 기타 통고를 즉시 통보하여야 한다.
6. 본 협약은 발효하는 즉시 국제연합헌장 제102조에 따라, 또한 국제민간항공협약(시카고, 1944) 제83조에 따라 기탁정부들에 의하여 등록되어야 한다.

제 14 조

1. 어떠한 체약국도 기탁정부들에 대한 서면통고로써 본 협약을 폐기할 수 있다.
2. 폐기는 기탁정부들에 의하여 통고가 접수된 일자의 6개월 후에 효력을 발생한다.

이상의 증거로써 하기 전권 대표들은, 그들 정부로부터 정당히 권한을 위임받아 본 협정에 서명하였다.

일천구백칠십년 십이월 십육일, 각기 영어, 불어, 노어 및 서반아어로 공정히 작성된 원본 3부로 작성하였다.

3 몬트리올 협약:國際航空安全에 대한 不法的 行爲의 抑制를 위한 協約

(Convention for the Suppression of Unlawful Acts Against the Safety of Civil Aviation)으로 일명 "Sabotage Convention" 이라고도 하며, 항공기 위해 행위에 대한 엄중 처벌 의무를 명시.

- 체결일자 및 장소 : 1971년 09월 23일 몬트리올에서 작성
- 발효일　　　　 : 1973년 01월 26일
- ※ 체약국 188개국 (2010년 3월1일 현재)

【우리나라 관련사항】
- 국회동의일　　 : 1973년 06월 02일
- 가입서 기탁일 : 1973년 08월 02일
- 발효일　　　　 : 1973년 09월 01일 (조약 제484호)

民間航空의 安全에 대한 不法的 行爲의 抑制를 위한 協約
Convention for the Suppression of Unlawful Acts against the Safety of Civil Aviation

본 협약 당사국들은,
민간항공의 안전에 대한 불법적 행위가 인명 및 재산의 안전에 위해를 가하고, 항공업무의 수행에 중대한 영향을 미치며, 또한 민간항공의 안전에 대한 세계인민의 신뢰를 저해하는 것임을 고려하고,
그러한 행위의 발생이 중대한 관심사임을 고려하고 :
그러한 행위를 방지하기 위하여 범인들의 처벌에 관한 적절한 조치를 규정할 긴박한 필요성이 있음을 고려하여, 다음과 같이 합의하였다.

제 1 조
1. 여하한 자도 불법적으로 그리고 고의적으로 :
    (가) 비행중인 항공기에 탑승한자에 대하여 폭력 행위를 행하고 그 행위가 그 항공기의 안전에위해를 가할 가능성이 있는 경우 ; 또는
    (나) 운항중인 항공기를 파괴하는 경우 또는 그러한 비행기를 훼손하여 비행을 불가능하게 하거나 또는 비행의 안전에 위해를 줄 가능성이 있는 경우 ; 또는
    (다) 여하한 방법에 의하여서라도, 운항중인 항공기상에 그 항공기를 파괴할 가능성이 있거나 또는 그 항공기를 훼손하여 비행을 불가능하게 할 가능성이 있거나 또는 그 항공기를 훼손하여 비행의 안

전에 위해를 줄 가능성이 있는 장치나 물질을 설치하거나 또는 설치되도록 하는 경우 ; 또는
(라) 항공시설을 파괴 혹은 손상하거나 또는 그 운용을 방해하고 그러한 행위가 비행중인 항공기의 안전에 위해를 줄 가능성이 있는 경우 ; 또는
(마) 그가 허위임을 아는 정보를 교신하여, 그에 의하여 비행중인 항공기의 안전에 위해를 주는 경우에는 범죄를 범한 것으로 한다.
2. 여하한 자도 :
(가) 본 조 1항에 규정된 범죄를 범하려고 시도한 경우 ; 또는
(나) 그러한 범죄를 범하거나 또는 범하려고 시도하는 자의 공법자인 경우에도 또한 범죄를 범한 것으로 한다.

제 2 조

본 협약의 목적을 위하여 :
(가) 항공기는 탑승 후 모든 외부의 문이 닫힌 순간으로부터 하기를 위하여 그러한 문이 열려지는 순간까지의 어떠한 시간에도 비행 중에 있는 것으로 본다. 강제착륙의 경우, 비행은 관계당국이 항공기와 기상의 인원 및 재산에 대한 책임을 인수할 때까지 계속하는 것으로 본다 ;
(나) 항공기는 일정 비행을 위하여 지상원 혹은 승무원에 의하여 항공기의 비행전 준비가 시작된 때부터 착륙 후 24시간까지 운항 중에 있는 것으로 본다. 운항의 기간은, 어떠한 경우에도, 항공기가 본 조 1항에 규정된 비행 중에 있는 전 기간동안 계속된다.

제 3 조

각 체약국은 제1조에 규정된 범죄를 엄중한 형벌로 처벌할 수 있도록 할 의무를 진다.

제 4 조

1. 본 협약은 군사, 세관 또는 경찰 업무에 사용되는 항공기에는 적용되지 아니한다.
2. 제1조 1항의 세항 (가), (나), (다) 및 (마)에 규정된 경우에 있어서, 본 협약은 항공기가 국제또는 국내선에 종사하는지를 불문하고 :
 (가) 항공기의 실제 또는 예정된 이륙 또는 착륙 장소가 그 항공기의 등록국가의 영토 외에 위치한 경우 ; 또는
 (나) 범죄가 그 항공기 등록국가 이외의 국가 영토 내에서 범하여진 경우에만 적용된다.
3. 본 조 2항에 불구하고 제1조 1항 세항 (가), (나), (다) 및 (마)에 규정된 경우에 있어서, 본 협약은 범인 및 범죄 혐의자가 항공기 등록 국가 이외의 국가 영토 내에서 발견된 경우에도 적용된다.
4. 제9조에 언급된 국가와 관련하여 또한 제1조 1항 세항 (가), (나), (다) 및 (마)에 언급된 경우에 있어서, 본 협약은 본 조 2항 세항 (가)에 규정된 장소들이 제9조에 규정된 국가의 하나에 해당하는 국가의 영토 내에 위치한 경우에는, 그 국가 이외의 국가 영토 내에서 범죄가 범하여지거나 또는 범인이나

범죄 혐의자가 발견되지 아니하는 한, 적용되지 아니한다.
5. 제1조 1항 세항 (라)에 언급된 경우에 있어서, 본 협약은 항공시설이 국제 항공에 사용되는 경우에만 적용된다.
6. 본 조 2, 3, 4 및 5항의 규정들은 제1조 2항에 언급된 경우에도 적용된다.

제 5 조

1. 각 체약국은 다음과 같은 경우에 있어서 범죄에 대한 관할권을 확립하기 위하여 필요한 제반 조치를 취하여야 한다.
   (가) 범죄가 그 국가의 영토 내에서 범하여진 경우
   (나) 범죄가 그 국가에 등록된 항공기에 대하여 또는 기상에서 범하여진 경우
   (다) 범죄가 기상에서 범하여지고 있는 항공기가 아직 기상에 있는 범죄 혐의자와 함께 그 영토 내에 착륙한 경우
   (라) 범죄가 주된 사업장소 또는 그러한 사업장소를 가지지 않은 경우에는 영구 주소를 그 국가 내에 가진 임차인에게 승무원 없이 임대된 항공기에 대하여 또는 기상에서 범하여진 경우
2. 각 체약국은 범죄 혐의자가 그 영토 내에 소재하고 있으며, 그를 제8조에 따라 본 조 1항에 언급된 어떠한 국가에도 인도하지 않는 경우에 있어서, 제1조 1항 (가), (나) 및 (다)에 언급된 범죄에 관하여 또한 제1조 2항에 언급된 범죄에 관하여, 동조가 그러한 범죄에 효력을 미치는 한, 그 관할권을 확립하기 위하여 필요한 제반조치를 또한 취하여야 한다.
3. 본 협약은 국내법에 따라 행사되는 어떠한 형사 관할권도 배제하지 아니한다.

제 6 조

1. 사정이 그와 같이 허용한다고 인정한 경우, 범인 및 범죄협의자가 그 영토 내에 소재하고 있는 체약국은 그를 구치하거나 그의 신병확보를 위한 기타 조치를 취하여야 한다. 동구치 및 기타 조치는 그 국가의 국내법에 규정된 바에 따라야 하나, 형사 또는 인도 절차를 취함에 필요한 시간 동안만 계속될 수 있다.
2. 그러한 국가는 사실에 대한 예비 조사를 즉시 행하여야 한다.
3. 본 조 1항에 따라 구치 중에 있는 어떠한 자도 최근거리에 있는 그 본국의 적절한 대표와 즉시 연락을 취하는데 도움을 받아야 한다.
4. 본 조에 의거하여 체약국이 어떠한 자를 구치하였을 때, 그 국가는 제5조 1항에 언급된 국가, 피 구치자가 국적을 가진 국가 및 타당하다고 생각할 경우 기타 관계국가에 대하여 그와 같은 자가 구치되어 있다는 사실과 그의 구치를 정당화하는 사정을 즉시 통고하여야 한다. 본 조 2항에 규정된 예비조사를 행한 국가는 전기 국가에 대하여 그 조사 결과를 즉시 보고 하여야 하며, 그 관할권을 행사할 의도가 있는지의 여부를 명시하여야 한다.

제 7 조

그 영토 내에서 범죄 혐의자가 발견된 체약국은 만약 동인을 인도하지 않은 경우, 예외 없이 또한 그 영토 내에서 범죄가 범하여진 것인지 여부를 불문하고, 소추를 하기 위하여 권한 있는 당국에 동 사건을 회부하여야 한다. 그러한 당국은 그 국가의 법률상 중대한 성질의 일반 범죄의 경우에 있어서와 같은 방법으로 그 결정을 내려야 한다.

제 8 조

1. 범죄는 체약국간에 현존하는 인도 조약상의 인도 범죄에 포함되는 것으로 간주된다. 체약국은 범죄를 그들 사이에 체결될 모든 인도 조약에 인도 범죄로 포함할 의무를 진다.
2. 인도에 관하여 조약의 존재를 조건으로 하는 체약국이 상호 인도조약을 체결하지 않은 타 체약국으로부터 인도 요청을 받은 경우에는, 그 선택에 따라 본 협약을 범죄에 관한 인도를 위한 법적인 근거로서 간주할 수 있다. 인도는 피 요청국의 법률에 규정된 기타 제 조건에 따라야 한다.
3. 인도에 관하여 조약의 존재를 조건으로 하지 않는 체약국들은 피 요청국의 법률에 규정된 제조건에 따를 것을 조건으로 범죄를 동 국가들 간의 인도범죄로 인정하여야 한다.
4. 각 범죄는, 체약국간의 인도 목적을 위하여, 그것이 발생한 장소에서 뿐만 아니라 제5조 1항 (나), (다) 및 (라)에 의거하여 그 관할권을 확립하도록 되어 있는 국가의 영토 내에서 범하여진 것처럼 취급된다.

제 9 조

공동 또는 국제 등록에 따라 항공기를 운영하는 공동 항공운수 운영기구 또는 국제운영기관을 설치한 체약국들은 적절한 방법에 따라 각 항공기에 대하여 관할권을 행사하고 본 협약의 목적을 위하여 등록국가의 자격을 가지는 국가는 당해국 중에서 지명하여야 하며 또한 국제민간항공기구에 그에 관한 통고를 하여야 하며, 동 기구는 본 협약의 전 체약국에 동 통고를 전달하여야 한다.

제 10 조

1. 체약국은, 국제법 및 국내법에 따라, 제1조에 언급된 범죄를 방지하기 위한 모든 실행 가능한 조치를 취하도록 노력하여야 한다.
2. 제1조에 언급된 범죄의 하나를 범함으로써, 비행이 지연되거나 또는 중단된 경우, 항공기, 승객 또는 승무원이 자국 내에 소재하고 있는 어떠한 체약국도 실행이 가능한 한 조속히 승객 및 승무원의 여행의 계속을 용이하게 하여야 하며, 항공기 및 그 화물을 정당한 점유권자에게 지체없이 반환하여야 한다.

제 11 조

1. 체약국들은 범죄와 관련하여 제기된 형사 소송절차에 관하여 상호간 최대의 협조를 제공하여야 한다. 피요청국의 법률은 모든 경우에 있어서 적용된다.
2. 본 조 1항의 규정은 형사문제에 있어서 전반적 또는 부분적인 상호 협조를 규정하거나 또는 규정할 그

밖의 어떠한 양자 또는 다자조약상의 의무에 영향을 미치지 아니한다.

제 12 조
제1조에 언급된 범죄의 하나가 범하여질 것이라는 것을 믿게 할만한 이유를 가지고 있는 어떠한 체약국도, 그 국내법에 따라 제5조 1항에 언급된 국가에 해당한다고 믿어지는 국가들에게 그 소유하고 있는 관계정보를 제공하여야 한다.

제 13 조
각 체약국은 그 국내법에 의거하여 국제민간항공기구 이사회에 그 국가가 소유하고 있는 다음에 관한 어떠한 관계 정보도 가능한 한 조속히 보고하여야 한다.
   (가) 범죄의 상황.
   (나) 제10조 2항에 의거하여 취하여진 조치.
   (다) 범인 또는 범죄 혐의자에 대하여 취하여진 조치, 또한 특히 인도절차 기타 법적 절차의 결과.

제 14 조
1. 협상을 통하여 해결될 수 없는 본 협약의 해석 또는 적용에 관한 2개국 또는 그 이상의 체약국들간의 어떠한 분쟁도 그들중 일국가의 요청에 의하여 중재에 회부된다. 중재 요청일로부터 6개월 이내에 체약국들이 중재구성에 합의하지 못할 경우에는, 그들 당사국 중의 어느 일국가가 국제사법재판소에 동 재판소 규정에 따라 분쟁을 부탁할 수 있다.
2. 각 체약국은 본 협약의 서명, 비준, 또는 가입 시에 자국이 전항 규정에 구속되지 아니한 것으로 본다는 것을 선언할 수 있다. 타방 체약국들은 그러한 유보를 행한 체약국에 관하여 전항 규정에 의한 구속을 받지 아니한다.
3. 전항 규정에 의거하여 유보를 행한 어떠한 체약국도 수탁정부에 대한 통고로써 동 유보를 언제든지 철회할 수 있다.

제 15 조
1. 본 협약은 1971년 9월 8일부터 23일까지 몬트리올에서 개최된 항공법에 관한 국제회의(이하 몬트리올 회의라 한다)에 참가한 국가들에 대하여 1971년 9월 23일 몬트리올에서 서명을 위하여 개방된다. 1971년 10월 10일 이후 본 협약은 모스크바, 런던 및 워싱턴에서 서명을 위하여 모든 국가에 개방된다. 본 조 3항에 따른 발효 이전에 본 협약에 서명하지 않은 어떠한 국가도 언제든지 본 협약에 가입할 수 있다.
2. 본 협약은 서명국에 의한 비준을 받아야 한다. 비준서 및 가입서는 이에 수탁정부로 지정된 소련, 영국 및 미국 정부에 기탁되어야 한다.
3. 본 협약은 몬트리올 회의에 참석한 본 협약의 10개 서명국에 의한 비준서 기탁일로부터 30일 후에 효

력을 발생한다.
4. 기타 국가들에 대하여, 본 협약은 본 조 3항에 따른 본 협약의 발효일자 또는 당해국의 비준서 또는 가입서 기탁일자 후 30일 중에서 나중의 일자에 효력을 발생한다.
5. 수탁정부들은 모든 서명 및 가입국에 대하여 서명일자, 비준서 또는 가입서의 기탁일자, 본 협약의 발효일자 및 기타 통고를 즉시 통보하여야 한다.
6. 본 협약은 발효하는 즉시 국제연합 헌장 제102조에 따라, 또한 국제민간항공협약(시카고, 1944) 제83조에 따라 수탁정부들에 의하여 등록되어야 한다.

제 16 조
1. 어떠한 체약국도 수탁정부들에 대한 서면통고로써 본 협약을 폐기할 수 있다.
2. 폐기는 수탁정부들에 의하여 통고가 접수된 일자로부터 6개월 후에 효력을 발생한다.

이상의 증거로써 하기 전권대표들은, 그들 정부로부터 정당히 권한을 위임받아 본 협약에 서명하였다.

일천구백칠십일년 구월 이십삼일, 각기 영어, 불어, 러어 및 서반아어로 공정히 작성된 원본 3부로 작성하였다.

조약문
Convention for the Suppression of Unlawful Acts against the Safety of Civil Aviation 민간항공의 안전에 대한 불법적 행위의 억제를 위한 협약

4 몬트리올협약 추가의정서

(1988.2.24): 1971.9.23 몬트리올 협약에 대한 추가의정서로서 민간항공의 안전에 대한 불법적 행위 억제를 위한 몬트리올협약에 대한 추가 의정서.(Protocol for the Suppression of Unlawful Acts of Violence at Airports Serving International Civil Aviation, Supplementary to the Convention for the Suppression of Unlawful Acts against the Safety of Civil Aviation, Done at Montreal on 23 September 1971)

- 체결일자 및 장소 : 1988년 02월 24일 몬트리올에서 작성
- 발효일   : 1989년 08월 06일
※ 체약국 169개국 (2010년 3월 1일 현재)

【우리나라 관련사항】
- 서명일   : 1988년 02월 24일
- 비준서 기탁일 : 1990년 06월 27일
- 발효일   : 1990년 07월 27일 (조약 제1012호)

※ 이 의정서의 당사국은,

국제민간항공에 사용되는 공항에서 인명을 위태롭게 하거나 위태롭게 할 가능성이 있는 불법적 폭력행위 또는 그러한 공항의 안전한 운영을 위협하는 불법적 폭력행위가 공항의 안전에 대한 전세계 사람들의 신뢰를 저해하며, 모든 국가를 위한 민간항공의 안전하고 질서있는 운영을 방해하는 것임을 고려하고,
그러한 행위의 발생이 국제사회의 중대한 관심사이며, 그러한 행위를 억제하기 위하여 범인들의 처벌을 위한 적절한 조치를 마련할 긴박한 필요성이 있음을 고려하고,

국제민간항공에 사용되는 공항에서의 불법적인 폭력행위에 대처하기 위하여 1971년 9월 23일 몬트리올에서 채택된 민간항공의 안전에 대한 불법적 행위의 억제를 위한 협약의 규정을 보충하는 규정을 채택하는 것이 필요하다는 것을 고려하여,
다음과 같이 합의하였다.

제 1 조
이 의정서는 1971년 9월 23일 몬트리올에서 채택된 민간항공의 안전에 대한 불법적 행위의 억제를 위한 협약(이하 "협약"이라 함)을 보충하며, 이 의정서의 당사국간에는 협약과 이 의정서는 함께 단일문서로 취급되고 해석된다.

제 2 조

1. 협약 제 1조에서 아래 규정이 제 1-1항으로 추가된다.

    "제 1-1항. 여하한 자도 여하한 장치, 물질 또는 무기를 사용하여 불법적으로 그리고 고의적으로 아래의 행위를 하는 경우 범죄를 행한 것으로 간주된다.

    (a) 국제민간항공에 사용되는 공항에 소재한 자에 대하여 중대한 상해나 사망을 야기하거나 야기할 가능성이 있는 폭력행위를 행한 경우, 또는

    (b) 국제민간항공에 사용되는 공항의 시설 또는 그러한 공항에 소재하고 있는 취항중에 있지 아니한 항공기를 파괴하거나 중대한 손상을 입히는 경우 또는 공항의 업무를 방해하는 경우, 단, 그러한 행위가 동 공항에서의 안전을 위태롭게 하거나 위태롭게 할 가능성이 있는 경우에 한한다."

2. 협약 제1조 제2항 (a)호에서 다음 문안이 "제 1항"뒤에 "또는 제 1-1항"으로 삽입된다.

제 3 조

협약 제 5조에서 아래 규정이 제 2-1항으로 추가된다.

"제 2-1항. 각 체약당사국은 범죄협의자가 그 영토내에 소재하고 있으며, 그를 본조 제1항 (a)항에 규정된 국가에 제 8조에 따라 인도하지 아니하는 경우에는 제 1조 제 1-1항에 언급된 범죄와, 제 1조 제 2항이 그러한 범죄에 관련되는 한, 동항에 언급된 범죄에 대한 관할권을 확립하기 위하여 필요한 제반조치를 마찬가지로 취하여야 한다."

제 4 조

이 의정서는 1988년 2월 9일부터 24일까지 몬트리올에서 개최된 항공법에 관한 국제회의에 참가한 국가들에 대하여 1988년 2월 24일 몬트리올에서 서명을 위하여 개방된다. 1988년 3월 1일부터 이 의정서는 제 6조에 따라 본 의정서가 발효할 때까지 런던, 모스크바, 워싱턴 및 몬트리올에서 서명을 위하여 개방된다.

제 5 조

1. 이 의정서는 서명국가에 의하여 비준되어야 한다.
2. 협약의 체약당사국이 아닌 어떠한 국가라도 만약 협약 제 15조에 따라 동 협약을 비준하거나 또는 동 협약에 가입하는 경우에는 동시에 이 의정서를 비준할 수 있다.
3. 비준서는 기탁국으로 지정된 소련, 영국, 미국 또는 국제민간 항공기구에 기탁되어야한다.

제 6 조

1. 서명국중 10개국이 이 의정서의 비준서를 기탁하면 이 의정서는 10번째의 비준서 기탁일자로부터 30일후에 그들간에 발효한다. 발효일자 이후에 비준서를 기탁한 국가에 대하여는 동 비준서 기탁일로부터 30일후에 동 국가에 대하여 발효한다.

2. 이 의정서가 발효하는 즉시 동 의정서는 국제연합헌장 제 102조 및 국제민간항공협약(1944년 시카고) 제 83조에 따라 기탁국들에 의하여 등록된다.

제 7 조
1. 이 의정서는 발효된 이후에는 모든 비서명국들에게 가입을 위하여 개방된다.
2. 협약의 체약당사국이 아닌 어떠한 국가도 만약 협약 제 15조에 따라 동 협약을 비준하거나 또는 동 협약에 가입하는 경우에는 동시에 이 의정서에 가입할 수 있다.
3. 가입서는 기탁국들에 기탁되며, 기탁일자로부터 30일후에 발효한다.

제 8 조
1. 이 의정서의 어떠한 당사자도 기탁국들에 대한 서면 통고로써 탈퇴할 수 있다.
2. 탈퇴는 상기 통고가 기탁국들에 접수된 날로부터 6월후에 효력을 발생한다.
3. 이 의정서로부터의 탈퇴가 바로 협약 탈퇴의 효과를 가지는 것은 아니다.
4. 이 의정서에 의하여 보충되는 협약의 체약당사국에 의한 협약 탈퇴는 또한 이 의정서 탈퇴의 효과를 가진다.

제 9 조
1. 기탁국들은 이 의정서의 모든 서명국 및 가입국들과 협약의 모든 서명국 및 가입국들에게 다음 사항을 즉시 통보한다.
   (a) 이 의정서의 각 서명일자 및 비준서 기탁 또는 가입일자
   (b) 이 의정서의 탈퇴통고 접수사실 및 그 일자
2. 기탁국들은 또한 제1항에 언급된 국가들에게 이 의정서 제6조에 따른 의정서 발효일자를 통보한다. 이상의 증거로, 아래 전권대표들은 각자의 정부로부터 정당히 권한을 위임받아 이 의정서에 서명하였다.

1989년 2월 24일 몬트리올에서 동등히 정본인 영어, 불어, 러시아어 및 스페인어로 4부를 작성하였다. 1971년 9월 23일 몬트리올에서 채택된 민간항공의 안전에 대한 불법적 행위의 억제를 위한 협약을 보충하는, 국제민간항공에 사용되는 항공에서의 불법적 폭력행위의 억제를 위한 의정서

5 프라스틱 협약: 가소성 폭약의 탐지를 위한 식별조치에 관한 협약
Convention on the Marking of Plastic Explosives for the Purpose of Detection

- 체결일자 및 장소 : 1991년 03월 01일 몬트리올에서 작성
- 발효일　　　　 : 1998년 06월 21일
- 기탁처　　　　 : ICAO

※ 체약국 143 개국 (2010년 3월 1일 현재)

【우리나라 관련사항】
- 서명일　　　　 : 1991년 03월 01일
- 비준서 기탁일　: 2002년 01월 02일
- 한국에서의 발효일 : 2002년 03월 03일 (조약 제1584호)
- 관보게재일　　 : 2002년 03월 04일

※ 유보내용 〈유보 및 선언〉
1. 대한민국은 이 협약 제11조 제1항의 기속을 받지 아니한다.
2. 대한민국은 폭약 생산국임을 선언한다.

다음과 같이 합의하였다.

제 1 조: 이 협약의 목적상,
1. "폭약"이라 함은 이 협약의 기술부속서에 규정된 바와 같이 유연하거나 탄력적인 박판형의 폭약을 포함하여 일반적으로 "가소성폭약"으로 알려진 폭발성 제품을 말한다.
2. "탐지제"라 함은 이 협약의 기술부속서에 규정된 바와 같이 폭약에 첨가되어 그 폭약이 탐지될 수 있도록 하는 물질을 말한다.
3. "식별조치"라 함은 이 협약의 기술부속서에 따라 폭약에 탐지제를 첨가하는 것을 말한다.
4. "제조"라 함은 재처리과정을 포함하여 폭약을 제조하는 모든 과정을 말한다.
5. "정당하게 허가받은 군수품"은 관련 당사국의 법령에 따라 군사용·치안용 목적으로만 제조된 포탄·폭탄·탄환·지뢰·미사일·로켓·성형작약·수류탄 및 천공기를 의미하나, 이들에 국한되지 아니한다.
6. "생산국"이라 함은 자국의 영토안에서 폭약이 제조되는 국가를 말한다.

제 2 조

각 당사국은 비식별조치 폭약이 자국 영토안에서 제조되는 것을 금지·방지하기 위하여 필요한 효과적인 조치를 행한다.

제 3 조

1. 각 당사국은 비식별조치 폭약이 자국 영토의 내외로 이동되는 것을 금지·방지하기 위하여 필요한 효과적인 조치를 행한다.
2. 제1항은 군사적·치안적 임무를 수행하는 당국이 제4조제1항에 따라 그 당사국의 통제하에 있는 비식별조치 폭약을 이동하는 경우에는 협약의 목적에 위배되지 아니하는 한 이를 적용하지 아니한다.

제 4 조

1. 각 당사국은 이 협약에 위배되는 목적으로 폭약이 전환·이용되는 것을 방지하기 위하여, 이 협약이 자국에 대하여 발효하기 이전에 자국 영토안에서 제조되거나 자국 영토안으로 반입된 비식별조치 폭약의 소유 및 그 이전에 대하여 엄격하고 효과적인 통제를 시행하기 위하여 필요한 조치를 행한다.
2. 각 당사국은 제1항에 규정된 폭약으로서 군사·치안 임무를 수행하는 당국이 보유하지 아니하는 폭약에 대하여는, 이 협약이 자국에 대하여 발효한 후 3년 이내에 당해 폭약의 모든 재고가 폐기되거나 이 협약에 위배되지 아니하는 목적으로 소비되거나, 식별조치되거나, 영구히 무력화되도록 보장하기 위하여 필요한 조치를 행한다.
3. 각 당사국은 제1항에 규정된 폭약으로서 군사·치안 임무를 수행하는 당국이 보유하되, 정당하게 허가받은 군수품의 불가분의 일부를 구성하지 아니하는 폭약에 대하여는, 이 협약이 자국에 대하여 발효한 후 15년 이내에 당해 폭약의 모든 재고가 폐기되거나, 이 협약에 위배되지 아니하는 목적으로 소비되거나, 식별조치되거나, 영구히 무력화되도록 보장하기 위하여 필요한 조치를 행한다.
4. 각 당사국은 자국에 대한 이 협약의 발효일에 군사적·치안적 임무를 수행하는 당국이 보유하는 정당하게 허가받은 군수품의 불가분의 일부를 구성하는 비식별조치폭약을 제외한 폭약으로서, 자국의 영토안에서 발견되는 제1항 내지 제3항에서 규정되지 아니한 비식별조치폭약에 대하여는 당해 폭약이 가능한 한 신속히 자국의 영토안에서 폐기되도록 필요한 조치를 행한다.
5. 각 당사국은 이 협약에 위배되는 목적으로 비식별조치 폭약이 전환·이용되는 것을 방지하기 위하여 이 협약의 기술부속서 제1부 제2항에 규정된 폭약의 소유나 그 이전을 엄격하고 효과적으로 통제하기 위하여 필요한 조치를 행한다.
6. 각 당사국은 이 협약이 자국에 대하여 발효한 이후에 제조된 폭약으로서 이 협약의 기술부속서 제1부 제2항 라목에 규정된 바와 같이 구성되지 아니하는 비식별조치 폭약과 위 부속서 제2항 다른 목의 범위에 속하지 아니하는 비식별조치 폭약에 대하여는, 당해 폭약이 가능한 한 신속히 자국의 영토안에서 폐기되도록 필요한 조치를 행한다.

제 5 조

1. 이 협약 당사국에 의하여 지명된 인사중에서 국제민간항공기구 이사회(이하 "이사회"라 한다)가 임명한 15인 이상 19인 이하의 위원으로 구성되는 국제폭약기술위원회(이하 "위원회"라 한다)를 이 협약에 의하여 설립한다.
2. 위원회의 위원은 폭약의 제조·탐지 또는 연구와 관련된 문제에 직접적이고 실질적인 경험을 가진 전문가이어야 한다.
3. 위원회 위원의 임기는 3년으로 하되, 중임될 수 있다.
4. 위원회의 회의는 국제민간항공기구 본부에서 적어도 1년에 한 번 이상 소집되며, 그 외에 이사회가 지시·승인하는 시간과 장소에서 소집된다.
5. 위원회는 이사회의 승인하에 자체의 의사규칙을 채택한다.

제 6 조

1. 위원회는 폭약의 제조·식별조치 및 탐지에 관련된 기술발전을 평가한다.
2. 위원회는 이사회를 통하여 그 평가결과를 당사국 및 관련 국제기구에 보고한다.
3. 위원회는 필요한 경우 이사회에 대하여 이 협약 기술부속서의 개정을 권고한다. 위원회는 그러한 권고와 관련하여 총의를 통한 결정을 위하여 노력한다. 총의를 얻지 못한 경우, 위원회는 위원 3분의 2의 다수결에 의하여 그러한 결정을 한다.
4. 이사회는 위원회의 권고에 따라 당사국에 대하여 이 협약 기술부속서의 개정을 제안할 수 있다.

제 7 조

1. 당사국은 이 협약 기술부속서의 개정안이 통고된 날부터 90일 이내에, 자국의 의견을 이사회에 제출할 수 있다. 이사회는 이 의견의 심의를 위하여 가능한 한 신속히 이를 위원회에 송부한다. 이사회는 개정안에 대하여 의견을 제출하거나 반대한 당사국에 대하여 위원회와 협의하도록 요청한다.
2. 위원회는 제1항의 규정에 따라 제출된 당사국의 의견을 심의하여 이사회에 보고한다. 이사회는 위원회의 보고를 심의하고, 개정안의 성격과 생산국을 포함한 당사국의 의견을 고려한 후 모든 당사국에 개정안을 채택하도록 제안할 수 있다.
3. 이사회가 개정안을 통고한 후 90일 이내에 5 이상의 당사국에 의하여 서면통고로써 반대되지 아니하는 때에는 동 개정안은 채택된 것으로 간주되고, 그 개정안에 명시적으로 반대하지 아니하는 당사국에 대하여는 180일 또는 개정안에 규정된 별도의 기간이 경과한 후에 발효한다.
4. 개정안에 대하여 명시적으로 반대한 당사국은 추후 수락서 또는 승인서를 기탁함으로써 개정안의 규정에 구속되는 데 동의를 표시할 수 있다.
5. 이사회는 5 이상의 당사국이 개정안에 대하여 반대하는 때에는 추가 심의를 위하여 동 개정안을 위원회에 회부한다.
6. 이사회는 개정안이 제3항에 따라 채택되지 못하는 경우에는 당사국 총회를 개최 할 수 있다.

제 8 조

1. 가능한 경우, 당사국은 위원회가 제6조제1항에 따라 임무를 수행하는 것을 지원할 수 있는 정보를 이사회에 제출한다.
2. 당사국은 이 협약의 규정을 이행하기 위하여 자국이 행한 조치를 이사회에 상시적으로 통보한다. 이사회는 그 정보를 모든 당사국과 관련 국제기구에 송부한다.

제 9 조

이사회는 당사국 및 관련 국제기구와의 협력하에 기술지원의 제공과 폭약의 식별조치·탐지분야에서의 기술발전에 관한 정보교환을 위한 조치를 포함하여 이 협약의 이행을 용이하게 하는 적절한 조치를 행한다.

제 10 조

이 협약의 기술부속서는 협약의 불가분의 일부를 구성한다.

제 11 조

1. 이 협약의 해석이나 적용에 관한 2 이상의 당사국간의 분쟁이 교섭을 통하여 해결될 수 없는 경우, 이 분쟁은 일방 분쟁당사국의 요청에 의하여 중재에 회부된다. 분쟁당사국이 중재요청 후 6월 이내에 중재기구의 구성에 대하여 합의할 수 없는 경우에는 일방 분쟁당사국은 국제사법재판소의 규정에 따른 신청에 의하여 국제사법재판소에 그 분쟁을 회부할 수 있다.
2. 각 당사국은 이 협약에의 서명·비준·수락·승인 또는 가입시 자국이 제1항에 구속되지 아니함을 선언할 수 있다. 그 밖의 다른 당사국은 그 유보를 행한 당사국과 관련하여 제1항에 구속되지 아니한다.
3. 제1항에 따라 유보를 행한 당사국은 언제나 기탁처에 통고함으로써 그 유보를 철회할 수 있다.

제 12 조

제11조에 규정된 경우를 제외하고는 이 협약에 대한 어떠한 유보도 허용되지 아니한다.

제 13 조

1. 이 협약은 1991년 2월 12일부터 3월 1일까지 몬트리올에서 개최된 항공법에 관한 국제회의에 참가한 국가에 대하여 1991년 3월 1일 몬트리올에서 서명을 위하여 개방된다. 1991년 3월 1일 이후 이 협약은 제3항에 따라 발효될 때까지 몬트리올의 국제민간항공기구 본부에서 서명을 위하여 모든 국가에 개방된다. 이 협약에 서명하지 아니한 어떠한 국가도 언제나 이 협약에 가입할 수 있다.
2. 이 협약은 국가의 비준·수락·승인 또는 가입을 받아야 한다. 비준서·수락서·승인서 또는 가입서는 기탁처로 지정된 국제민간항공기구에 기탁된다. 각국은 비준서·수락서·승인서 또는 가입서를 기탁할 때 자국이 생산국인지의 여부를 선언한다.
3. 이 협약은 제2항에 따라 5 이상의 국가가 자국이 생산국임을 선언하는 경우 35번째 국가가 비준서·수

락서·승인서 또는 가입서를 기탁한 날부터 60일 후에 발효하되, 5 이상의 생산국이 위 문서를 기탁하기 이전에 35번째 기탁서 등이 기탁되는 때에는 5번째 생산국이 비준서·수락서·승인서 또는 가입서를 기탁한 날부터 60일 후에 발효한다.
4. 그 밖의 국가에 대하여는 이 협약은 비준서·수락서·승인서 또는 가입서가 기탁된 날부터 60일 후에 발효한다.
5. 이 협약은 발효한 즉시 국제연합헌장 제102조 및 국제민간항공협약(시카고, 1944) 제83조에 따라 기탁처에 의하여 등록된다.

제 14 조

기탁처는 모든 서명국과 당사국에게 다음의 사항을 신속히 통고한다.
1. 이 협약의 서명사실 및 그 서명일자
2. 비준서·수락서·승인서 또는 가입서의 기탁사실 및 그 기탁일자와 당해국가가 자국이 생산국임을 확인하였는지에 대한 여부
3. 이 협약의 발효일자
4. 이 협약 또는 기술부속서 개정의 발효일자
5. 제15조에 따라 행하여진 폐기
6. 제11조제2항에 따라 행하여진 선언

제 15 조

1. 당사국은 기탁처에 서면통고함으로써 이 협약을 폐기할 수 있다.
2. 폐기는 그 서면통고가 기탁처에 접수된 날부터 180일 후에 발효한다.

이상의 증거로 아래 전권대표들은 자국 정부에 의하여 정당하게 권한을 위임받아 이 협약에 서명하였다.

영어·프랑스어·러시아어·스페인어 및 아랍어의 5개 언어본을 정본으로 하여 1991년 3월 1일 몬트리올에서 작성하였다.

기술부속서

제 1 부 : 폭약의 정의

1. 협약 제1조제1항에 규정된 폭약이라 함은 다음을 말한다.
    가. 순수형태로 섭씨 25도에서 10^{-4} Pa 미만의 증기압을 갖는 1 이상의 고성능 폭약으로 합성된 것
    나. 결합제를 포함하여 합성된 것
    다. 통상의 실온에서 순응성 또는 유연성이 있는 혼합물

2. 이 부 제1항의 폭약의 정의에 부합하는 경우에도 아래의 목적을 위하여 계속 보유·사용되거나 그 규정된 대로 구성되는 다음의 폭약은 이를 폭약으로 간주하지 아니한다.
   가. 정당하게 허가받은 신규 또는 변형 폭약의 연구·개발 또는 시험에만 사용하기 위하여 제조·보유되는 제한된 양의 폭약
   나. 정당하게 허가받은 폭약탐지의 훈련 및 폭약탐지장치의 개발·시험에만 사용하기 위하여 제조·보유되는 제한된 양의 폭약
   다. 정당하게 허가받은 법과학적 목적을 위하여만 제조·보유되는 제한된 양의 폭약
   라. 이 협약이 당사국인 생산국에 대하여 발효한 후 3년 이내에 그 생산국의 영토안에서 정당하게 허가받은 군수품의 불가분의 일부로 그 구성이 예정되어 구성되는 폭약. 3년 이내에 생산된 군수품들은 이 협약 제4조제4항에 규정된 정당하게 허가받은 군수품으로 본다.
3. 2부 제2항 가목 내지 다목에서 "정당하게 허가받은"이라 함은 관련 당사국의 법령에 따라 인가된 것을 말하며, "고성능 폭약"은 사이클로테트라메틸렌테트라니트라민(HMX), 펜타에리스리톨 테트라니트레이트(PETN) 및 사이클로트리메틸렌트리니트라민(RDX)을 포함하나, 이들에 국한되지 아니한다.

제 2 부 : 탐지제

탐지제는 다음의 표에서 규정한 물질중의 하나이다. 이 표에 규정된 탐지제는 증기탐지 방법에 의하여 폭약의 탐지도를 제고시키는데 사용되는 것을 목적으로 한다. 각각의 경우에 있어 폭약에의 탐지제 첨가는 완제품에 동질로 분포되도록 하는 방법으로 이루어진다. 제조시점에 완제품의 탐지제 최저농도는 다음 표에 표시된 것과 같다.

〈 표 〉

탐지제의 명칭	분 자 식	분자량	질량대비 최저농도	비고
에틸렌글리콜디니트레이트(EGDN)	$C_2H_4(NO_3)_2$	152	0.2%	
2, 3-디메틸- 2, 3-디니트로부탄 (DMNB)	$C_6H_{12}(NO_2)_2$	176	0.1%	
파라-모노니트로톨루엔(p-MNT)	$C_7H_7NO_2$	137	0.5%	
오소-모노니트로톨루엔(o-MNT)	$C_7H_7NO_2$	137	0.5%	

※ 통상적인 합성의 결과로서 필요한 최저농도수준 이상으로 지정된 탐지제를 함유한 폭약은 식별 조치된 것으로 본다.

항공교통론

초판 발행 2002.3.25.
제2판 발행 2006.3.1.
제3판 발행 2010.3.1.
전면 개정판 발행 2021.2.1.

지은이 김맹선, 최진호 共著
펴낸이 홍연희
펴낸곳 도서출판 삼일
출판등록 제2007-00023호

주소 세종특별자치시 보듬8로 45 삼일기획빌딩
전화 044) 866-3011~4
팩스 044) 867-3133
이메일 31@samil3131.com

ISBN 979-11-89942-18-2
값 35,000원

잘못된 책은 구입하신 곳에서 바꾸어 드립니다.
이 책의 전부 또는 일부 내용을 재사용하려면 사전에
저작권자와 펴낸곳의 동의를 받아야 합니다.